Dienstleistungspotenziale und Geschäftsmodelle in der Personalisierten Medizin

D1918952

Elisabeth Eppinger • Bastian Halecker
Katharina Hölzle • Martin Kamprath (Hrsg.)

Dienstleistungspotenziale und Geschäftsmodelle in der Personalisierten Medizin

Konzepte, Analysen und Potenziale

Springer Gabler

Herausgeber
Elisabeth Eppinger
Universität Potsdam
Potsdam, Deutschland

Bastian Halecker
Universität Potsdam
Potsdam, Deutschland

Katharina Hölzle
Universität Potsdam
Potsdam, Deutschland

Martin Kamprath
Universität Potsdam
Potsdam, Deutschland

ISBN 978-3-658-08402-8 ISBN 978-3-658-08403-5 (eBook)
DOI 10.1007/978-3-658-08403-5

Die Deutsche Nationalbibliothek verzeichnet diese Publikation in der Deutschen Nationalbibliografie; detaillierte bibliografische Daten sind im Internet über http://dnb.d-nb.de abrufbar.

Springer Gabler
© Springer Fachmedien Wiesbaden 2015
Das Werk einschließlich aller seiner Teile ist urheberrechtlich geschützt. Jede Verwertung, die nicht ausdrücklich vom Urheberrechtsgesetz zugelassen ist, bedarf der vorherigen Zustimmung des Verlags. Das gilt insbesondere für Vervielfältigungen, Bearbeitungen, Übersetzungen, Mikroverfilmungen und die Einspeicherung und Verarbeitung in elektronischen Systemen.
Die Wiedergabe von Gebrauchsnamen, Handelsnamen, Warenbezeichnungen usw. in diesem Werk berechtigt auch ohne besondere Kennzeichnung nicht zu der Annahme, dass solche Namen im Sinne der Warenzeichen- und Markenschutz-Gesetzgebung als frei zu betrachten wären und daher von jedermann benutzt werden dürften.
Der Verlag, die Autoren und die Herausgeber gehen davon aus, dass die Angaben und Informationen in diesem Werk zum Zeitpunkt der Veröffentlichung vollständig und korrekt sind. Weder der Verlag noch die Autoren oder die Herausgeber übernehmen, ausdrücklich oder implizit, Gewähr für den Inhalt des Werkes, etwaige Fehler oder Äußerungen.

Springer Fachmedien Wiesbaden ist Teil der Fachverlagsgruppe Springer Science+Business Media
(www.springer.com)

Geleitwort

Der vorliegende Herausgeberband beginnt mit wichtigen Fragen: „Wie können Medikamente effektiver und effizienter eingesetzt werden? Wie können Nebenwirkungen für die Patienten reduziert und die Wirksamkeit des Medikaments erhöht werden?“ Eingeteilt in die Abschnitte Konzepte, Analysen und Potenziale untersucht das Buch verschiedene Aspekte „personalisierten Medizin“, einem der vielzitierten, aber in ihren Herausforderungen und Konsequenzen oftmals nicht gut verstandenen Konzepte.

Vermutlich etwas (zu) vereinfachend gesagt beruht die „personalisierte Medizin“ auf drei Entwicklungen, nämlich (1) der Evidenz-basierten Medizin (EbM), (2) naturwissenschaftlichen Fortschritten insbesondere bei der Gen-Identifizierung und (3) einer stärkeren Berücksichtigung von individuellen (Patienten-) Erwartungen.

Als Archie Cochrane 1972 sein Buch „Effectiveness and Efficiency: random reflection on health services“ veröffentlichte waren Zulassungsstudien für neue Arzneimittel nach dem Contergan-Skandal noch ein neues Konzept und die Arzneimittelanwendung beruhte, genau wie die Nutzung diagnostischer Maßnahmen oder chirurgischer Prozeduren, überwiegend auf aus der Physiologie und Pathophysiologie abgeleiteten Überlegungen bzw. dem, was (angehende) Mediziner von ihren Lehrern lernten. Archie Cochrane hinterfragte dies und forderte randomisierte kontrollierte Studien (RCTs) für alle medizinischen Maßnahmen, um festzustellen ob sie wirklich wirksam sind. Für weitere 20 Jahre blieb dieser Ruf jedoch weitgehend ungehört, ehe die nach ihm benannte Cochrane Collaboration sich seit 1993 dieser Aufgabe widmete und die Kernzelle der Evidenz-basierten Medizin bildete. Schon bald wurde aber klar, dass die Ergebnisse selbst gut designter und durchgeführter klinischer Studien nicht ohne weiteres auf jeden individuellen Patienten übertragen werden können. Zwei Probleme standen dabei im Fokus: (i) RCTs haben – um eine hohe interne Validität zu erreichen – typischerweise sehr viele Ein- und Ausschlusskriterien, die dafür sorgen, dass die allermeisten Patienten, die nach der Zulassung ein bestimmtes Medikament erhalten, in die Studie gar nicht eingeschlossen worden wären (etwa weil sie zu alt sind oder noch andere Erkrankungen gleichzeitig haben) – und es somit unklar ist, ob die Ergebnisse auf sie übertragen werden können. (ii) Selbst wenn die Patienten den Einschlusskriterien genügen, stehen zumeist nur die Ergebnisse für die Gesamtgruppe zur Verfügung, also die durchschnittlichen Effekte (ein Umstand, der den Powerberechnungen und den kalkulierten Fallzahlen geschuldet ist, um statistisch signifikante Ergebnisse zu erhalten). Zunehmend ist aber klar geworden, dass unterschiedliche Subgruppen unterschiedlich stark von Medikamenten, Bestrahlungen und Operationen profitieren – ohne dass oftmals klar ist, warum.

Hier kommt die zweite Entwicklung ins Spiel: Aufbauend auf den Erfahrungen bei Frauen mit Brustkrebs, wo verschiedene genetische Ausprägungen zunächst die Therapie – und inzwischen zunehmend auch das Vorgehen bezüglich Früherkennung und präventiven Maßnahmen – bestimmen, hat sich die Erwartung breit gemacht (und ist auch von der Industrie entsprechend gefördert worden), dass die Medizin der Zukunft „personalisiert" sein kann, dass also die Ansprech- und Erfolgsraten beim einzelnen Patienten entscheidend verbessert werden können. Jenseits aller Hoffnungen gibt es mehrere Bedenken: (i) Aus Sicht von EbM dürfte der Begriff „personalisiert" falsch bzw. übertrieben gewählt sein; hier wird eher in Kategorien wie „Subgruppen-spezifisch" gedacht – und entsprechend bessere Evidenz jenseits der Mittelwertbetrachtungen gefordert. (ii) Wie klein können Subgruppen sein, damit sich Zulassungen von neuen Medikamenten nicht nur (finanziell) lohnen, sondern entsprechende Studien auch das Erreichen der zu Recht aufgestellten Zulassungskriterien für Sicherheit, Wirksamkeit und Qualität belegen können? (iii) Führen ganz kleine Subgruppen wirklich dazu, dass personalisierte Medizin nicht nur effektiver, sondern auch kosteneffektiver sein kann? Oder führt die Umlage sehr hoher Entwicklungskosten auf nur wenige „Kunden" nicht zu Kosten, die die explizit oder implizit vorhandenen Kosten-Nutzen-Grenzen überschreiten? (iv) Ist das genetisch geprägte und an Krebserkrankungen entwickelte Modell auf andere Erkrankungen übertragbar? Wissen wir nicht sein Robert Koch, dass das Tuberkulosebakterium zwar eine notwendige, aber keine hinreichende Voraussetzung für Tuberkulose ist, sondern Ernährung und Umwelt mindestens genauso wichtig sind? Wie soll hier ein biologisch geprägtes Paradigma greifen?

Genau an diesem letzten Punkt setzt eine Gegenbewegung der personalisierten Medizin an, nämlich die „patientenzentrierte Medizin", die den einzelnen Patienten und seine Präferenzen in den Mittelpunkt stellt und in alle Entscheidungen mit einbezieht. Die Vertreter dieser Richtung gehen davon aus, dass Patienten nicht primär durch ihre Gene geprägt sind, sondern vielmehr durch psychosoziale Umwelt.

Egal aus welcher Perspektive man sich dem Inhalt dieses Buches jedoch nähert, immer bleibt genügend Stoff, die Herausforderungen, Möglichkeiten und damit verbundene Dienstleistungspotenziale der personalisierte Medizin (ob als genetisch determiniert oder breiter interpretiert) dazustellen und zu analysieren.

Berlin, im Oktober 2014 Prof. Dr. med. Reinhard Busse

Vorwort

Wie können Medikamente effektiver und effizienter eingesetzt werden? Wie können Nebenwirkungen für die Patienten reduziert und die Wirksamkeit des Medikaments erhöht werden? Die Antworten auf diese Fragen gelten seit einigen Jahren als eine der größten Chancen für das Gesundheitssystem. Unabhängig davon, ob man sie als logische Weiterentwicklung der Medizin oder als bahnbrechende Neuerung versteht, bergen sie das Potenzial, mit besseren Behandlungen die Lebensqualität und Zufriedenheit von Patienten und Ärzten zu erhöhen. Mittlerweile ist diese „personalisierte" Medizin für einzelne Therapien schon Wirklichkeit geworden. So werden im Vorfeld bestimmter Krebstherapien Tests eingesetzt, um die individuell beste Medikamentenkombination für den Patienten zusammenstellen zu können. In Zukunftsstudien und in der wissenschaftlichen Literatur werden die ersten Ergebnisse der Personalisierten Medizin als Indikator für eine anstehende tiefgreifende Veränderung in der Gesundheitsversorgung angesehen. Dabei wird angenommen, dass sie die relative Bedeutung der verschiedenen Stadien in der Wertschöpfungskette verändern wird. So entstehen in der Forschung und Entwicklung neue Möglichkeiten durch den Einsatz von Biomarkern, die dazu beitragen können, dass der Entwicklungsprozess der Arzneimittelhersteller effektiver wird. Die Kommerzialisierung der Produkte wird über kleinere, fokussierte Kundengruppen erfolgen, was nur durch zusätzliche Informationsdienstleistungen bewerkstelligt werden kann. Wie neue Geschäftsmodelle aussehen könnten, um diese Potenziale auszuschöpfen und was Unternehmen berücksichtigen sollten, um sich neu aufzustellen, ist aktuell weitestgehend unklar. Insbesondere da es sich um eine streng regulierte Industrie handelt, die bisher hauptsächlich auf Produkte und nicht auf Dienstleistungen ausgerichtet war.

Hier knüpft das vom Bundesministerium für Bildung und Forschung geförderte, interdisziplinäre Verbundforschungsprojekt „Dienstleistungspotenziale in der Personalisierten Medizin" unter der Leitung von Prof. Dr. Katharina Hölzle vom Lehrstuhl für Innovationsmanagement und Entrepreneurship an der Universität Potsdam in Zusammenarbeit mit Prof. Dr. Dr. Jürgen Ensthaler vom Lehrstuhl für Wirtschafts-, Unternehmens- und Technikrecht der Technischen Universität Berlin und Frau Prof. Dr. Tiziana Margaria-Steffen vom Lehrstuhl für Service- und Software Engineering der Universität Potsdam an. Es verfolgt während der Projektlaufzeit von Oktober 2010 bis Oktober 2014 vier wesentliche Ziele: (1) Die Analyse der Chancen, Herausforderungen und Marktpotenziale der Personalisierten Medizin; (2) die Entwicklung von Konzepten zur Modellierung und Verbesserung der Produktivität von dienstleistungsorientierten Geschäftsmodellen; (3) die Visualisierung und Simulation von dienstleistungsorientieren Geschäftsmodellen in der Personalisierten Medizin; und (4) die Ableitung von Handlungsempfehlungen für Wirtschaft und Politik zum Voranbringen von Produkt-Service-Systemen neuer Geschäftsmodelle in der Personalisierten Medizin.

Zu Beginn des Projekts bestanden wesentliche Herausforderungen darin, dass die Regulierungs- und Zulassungsverfahren hauptsächlich auf traditionelle Arzneimittel ausgerichtet waren, die Erstattung und Vergütungsmodelle für personalisierte Medikamente noch unklar waren und auf Seiten der Unternehmen Unsicherheit bezüglich der betriebswirtschaftlichen Vorgehensweise bestand, um beispielsweise neue Geschäftsmodelle zu entwickeln. Dabei musste das Zusammenspiel unterschiedlicher Akteure wie Unternehmen der Pharma- und der Diagnostikindustrie, der Politik, Ärzte und Zulassungsstellen berücksichtigt werden.

Das Erreichen der Ziele des Forschungsprojektes wurde durch eine umfassende Empirie ermöglicht. Insgesamt haben wir sieben unterschiedliche qualitative und quantitative Studien durchgeführt. So wurden u. a. folgende Ergebnisse erzielt:

- Identifikation von Akteuren und ihrer Einflussmöglichkeiten, Treiber und Barrieren der Personalisierten Medizin ,
- Abbildung der öffentlichen Meinung zur Personalisierten Medizin in den Printmedien,
- Erstellung einer branchenübergreifenden Patentübersicht,
- Analyse der Patentierbarkeit von Gensequenzen und der Zulassungsregularien,
- Erarbeitung von verschiedenen Geschäftsmodellen für die Diagnostikindustrie und Ableitung einer Geschäftsmodell-Landkarte mit vier Geschäftsmodelltypen,
- Identifikation von zukünftigen Trends und Handlungsfeldern für Diagnostik- und Pharmaunternehmen,
- Konzeption und Anwendung eines Innovationsprozess zur Neuausrichtung von Geschäftsmodellen,
- Entwicklung und Erprobung eines Software-Prototypen zur Geschäftsmodellanalyse und –simulation,
- Ableitung von konkreten Handlungsempfehlungen für Politik und Wirtschaft.

Diese Ergebnisse sind in dem vorliegenden Herausgeberband zusammengefasst. Sie werden den drei Bereichen Konzepte, Analysen und Potenziale zugeordnet. Die Vielfalt der Beiträge zeigt wie komplex die Thematik ist. Daher war die enge Zusammenarbeit zwischen den Wissenschaftlern aus unterschiedlichen Fachrichtungen unentbehrlich. Im Rahmen des Forschungsprojekts wurden immer wieder externe Wissenschaftler und Branchenvertreter zum Ideenaustausch eingeladen. Daher umfasst dieser Band auch einige Arbeiten, die außerhalb des Forschungsprojekts entstanden und die Projektergebnisse komplementieren.

Der Abschnitt Konzepte beinhaltet eine Einführung in Geschäftsmodelle in der Personalisierten Medizin (*Geschäftsmodelle in der Personalisierten Medizin – Konzeptioneller Rahmen zum Status Quo und Perspektiven*) sowie Überlegungen, wie diese durch die Dominant Logic, d. h. Denkmuster eingeschränkt sind (*Der Wandel dominanter Geschäftslogiken durch die Personalisierte Medizin*) und wie sie neu ausgerichtet werden können (*Neuausrichtung von Geschäftsmodellen – am Beispiel Pharma*). Ferner wird das IT Tool („Geschäftsmodell-App") beschrieben, welches im Rahmen des Forschungsprojekts entwickelt wurde, um Geschäftsmodelle von Diagnostikunternehmen zu konzipieren und zu analysieren (*Der Business Model Developer – Entwicklung eines Tools zur Erstellung und Analyse von Geschäftsmodellen*).

Im Abschnitt Analysen werden die Treiber und Barrieren für Unternehmensakteure und die des Markts (*Wissenschaft, Politik und Gesellschaft: Treiber, Barrieren und Handlungsempfehlungen zur Umsetzung der Personalisierten Medizin*) und die Akteure Wissenschaft, Politik und Gesellschaft (*Wirtschaft und Markt: Treiber, Barrieren und Handlungsempfehlungen zur Umsetzung der Personalisierten Medizin*) vorgestellt. In der Medienanalyse (*Nutzen und Risiken der Personalisierten Medizin – Analyse der Berichterstattung in den deutschen, britischen und US-amerikanischen Medien*) werden die Diskurse der Personalisierten Medizin in den Medien in Deutschland, Großbritannien und den USA aufgezeigt. Ferner werden aktuelle Geschäftsmodelle in der Diagnostikindustrie (*Die Konstruktion von Geschäftsmodelltypologien – Das Beispiel der Diagnostik-Industrie*) und die Besonderheiten der Arzneimittelzulassung in der Personalisierte Medizin (*Die Zulassung von Arzneimitteln der Personalisierten Medizin*) diskutiert. Eine gesundheitsökonomische Bewertung zeigt anhand der Beispiele Immunadsorption und Arzneimittelnebenwirkungen auf, welche Kostenersparnisse und zusätzliche Ausgaben mit der Personalisierten Medizin verbunden sein können (*Gesundheitsökonomische Bewertung der Personalisierten Medizin*). Die Semantische Patentanalyse bietet einen Überblick über Schwerpunkte der Patentanmeldungen im Bereich der Personalisierten Medizin (*Patentrechtlicher Schutz von Biomarkern* und *Zur Entwicklung der Personalisierten Medizin – Eine semantische Analyse zur Bestimmung der Patentaktivitäten in den USA*).

Im dritten Abschnitt stehen die Zukunftspotenziale der Personalisierten Medizin im Fokus. Es werden Trends auf Basis einer Delphistudie aufgezeigt (*Trends in der Personalisierten Medizin und deren Eintrittswahrscheinlichkeit*), Potenziale von neuen Produkt-Service-Systemen (*Neue Geschäftsmodelle in der Personalisierten Medizin*) sowie konkrete Dienstleistungspotenziale für die Gesundheitsindustrie (*Szenarien zur Zukunft personenbezogener Dienstleistungen im Gesundheitswesen*) vorgestellt. Die Potenziale öffentlicher Forschungseinrichtungen als Innovationsquellen für Personalisierte Medizin werden dargestellt (*Der Zugang zu Innovationsquellen für die Personalisierte Medizin – Nutzung des Patentverwertungssystems öffentlicher Forschungseinrichtungen*) und der Beitrag des Internets der Dinge für Innovationen im Gesundheitsdienstleistungsbereich diskutiert (*Das Internet der Dinge als Grundlage für innovative e-Health-Dienste*).

Der vorliegende Herausgeberband zeigt somit umfassend, welche Möglichkeiten Unternehmen haben, neue Geschäftsmodelle in der Personalisierten Medizin zu entwickeln und umzusetzen. Für Wissenschaftler und Praktiker bieten die Beiträge Einblicke in die Möglichkeiten der Geschäftsmodellanalyse, des Managements von Geschäftsmodellinnovationen und in das Innovationssystem der Personalisierten Medizin.

Potsdam, 10. Oktober 2014 Prof. Dr. Katharina Hölzle

Inhaltsverzeichnis

Geschäftsmodelle in der Personalisierten Medizin – Konzeptioneller Rahmen zum Status Quo und Perspektiven

Bastian Halecker, Martin Kamprath und Andreas Braun

Inhaltsverzeichnis

1 Einführung

1.1 Ausgangssituation

Die Personalisierte Medizin (PM) beschreibt eine Entwicklung im Pharmaziebereich, bei der Wirkstoffe und Medikamente nicht auf alle Patientengruppen gleichermaßen wirken, sondern auf einzelne Gruppen (Strati) unterschiedliche Wirkungen haben. Diese Medikamente werden in Kombination mit Diagnostiktests verabreicht, die sicherstellen sollen, ob das jeweilige Medikament oder eine Therapie bei dem Patienten die gewünschte Wirkung erzielen kann. Diese Entwicklung wird einerseits als Möglichkeit gesehen, den steigenden Kosten im Gesundheitsbereich entgegenzuwirken und andererseits Wirkstoffe, die nur bei einem Teil der Patienten wirken, für diese Gruppen zugänglich zu machen und ihnen eine bessere Behandlung zu ermöglichen. Daher wird die PM als eine Entwicklung mit großem Innovationspotential für Pharma- und Diagnostikunternehmen sowie den gesamten *Life Sciences* Bereich gesehen (Ernst und Young 2009; Deloitte 2009; Amir-Aslani und Mangematin 2010; Mittra und Tait 2012; Davis et al. 2010).

Trotz des enormen Innovationspotentials wurden bisher überwiegend nur die ökonomischen und sozialen Auswirkungen der PM sektorial aus Perspektiven der Patienten, Ärzte, Krankenkassen und Unternehmen diskutiert. Wenig ist bislang im Vergleich dazu hinsichtlich des betriebswirtschaftlichen Einflusses auf die involvierten Unternehmen bekannt und entsprechend erforscht worden. Gerade der mit der PM einhergehende Trend, weg vom Blockbuster-Medikament („*One size fits all*") hin zum Medikament für kleinere Patientengruppen, wird eine Neuorientierung für Pharma- und Diagnostikunternehmen mit sich bringen. Dieser Trend stellt eine radikale Herausforderungen für die Unternehmen dar, dessen z. T. noch verstecktes Potenzial nur mit einer Neuausrichtung der bisher existierenden Geschäftsmodelle u.a. auf Blockbuster-fokussierten Geschäftsmodelle realisiert werden kann (Deloitte, 2009).

1.2 Zielsetzung

Ziel dieses Beitrages soll es sein, die grundsätzlichen Begrifflichkeiten rund um die Geschäftsmodelle und PM zu erklären, sowie die Geschäftsmodelle der Unternehmensgruppen Pharma und Diagnostik intensiver zu betrachten und verstehen. Dazu sollen mit Hilfe eines *Business Model Frameworks* die beiden Geschäftsmodelle vereinfacht dargestellt und beschrieben werden. Zusätzlich werden mit Hilfe von verschiedenen Veröffentlichungen zukünftige Einflüsse und Anforderungen an die Geschäftsmodelle identifiziert und beschrieben. Damit soll deutlich gemacht werden, dass es innerhalb des Pharma- als auch Diagnostik Geschäftsmodells teils erheblichen Veränderungsbedarf gibt und gleichzeitig auch enorme Potentiale bestehen. Durchgeführte Fallstudien und ein konkretes Praxisbeispiel sollen zudem einen tiefen Einblick in die Vielfalt und Unterschiedlichkeit von Geschäftsmodellen in der PM geben und deutlich machen, dass es eine Vielzahl an innovativen Stellschrauben gibt, die jedem Unternehmen in unterschiedlicher Art und Weise zur Verfügung stehen.

1.3 Vorgehensweise und Aufbau

Das erste Kapitel diente der Beschreibung der Ausgangssituation, Zielsetzung und Vorgehensweise des vorliegenden Beitrages. Im zweiten Kapitel des Beitrags soll das grundlegende Verständnis und die Forschung zum Konzept des Geschäftsmodells erläutert werden. Zudem soll ein geeignetes *Framework* für die weitere Arbeit im Rahmen des Geschäftsmodellkonzeptes ausgewählt und kurz auf die wirtschaftliche Relevanz der PM eingegangen werden. Im dritten Kapitel wird das Geschäftsmodell *Framework* genutzt, um vereinfacht das Geschäftsmodell Pharma und Diagnostik zu beschreiben. Auf Basis von aktuellen Veröffentlichungen sollen anschließend die zukünftigen Einflüsse und Anforderungen an diese Geschäftsmodelle in PM aufgezeigt werden. Im vierten Kapitel wird auf Basis von empirischen Daten auf die Unterschiede in den Geschäftsmodellausprägungen bei Pharma und Diagnostik eingegangen. Anschließend wird im fünften Kapitel ein Praxisbeispiel beschrieben, bei dem es um die Entwicklung eines Geschäftsmodells in der Diagnostik geht, um Aufzuzeigen welche Lehren daraus gezogen werden können. Den Abschluss bildet das sechste Kapitel mit einer Zusammenfassung und einen kurzen Ausblick.

2 Beschreibung der Untersuchungsgegenstände

Dieses Kapitel der Arbeit beschäftigt sich mit dem Begriff des Geschäftsmodells und dem damit einhergehenden Gesamtkonzept welches das „Denken in Geschäftsmodellen“ unterstützt. Darüber hinaus wird das Konstrukt der Personalisierten Medizin mit seiner wirtschaftlichen Relevanz betrachtet.

2.1 Geschäftsmodellkonzept

Die anfängliche Unklarheit und fehlende Konzeptionierung des Begriffs Geschäftsmodell ist mittlerweile einem breiteren Verständnis innerhalb der Wissenschaft und Praxis gewichen. Wurde früher der Begriff unreflektiert oder sogar falsch gebraucht, so kann heute festgestellt werden, dass das Konzept des Geschäftsmodells mittlerweile eine etablierte Daseinsberechtigung sowohl in der Management-Praxis als auch in der Wissenschaft hat (Zott et al. 2011). Das bedeutet nicht, dass Klarheit in allen Dingen besteht, jedoch ist man sich darüber einig, was generell unter dem Begriff Geschäftsmodell gefasst werden kann und wo das Anwendungs- und Forschungspotenzial des Ansatzes liegt. So zeigen George und Bock (2011) in ihrer Befragung unter Praktikern, dass der Geschäftsmodellbegriff bekannt und grob genug umrissen ist, um damit zu kommunizieren. Zugleich fällt eine Spezifizierung des Begriffs (bspw. welche Komponenten ein Geschäftsmodell beschreiben) den befragten Managern schwer. Das bedeutet aber auch, dass im Alltag der Begriff Verbreitung gefunden hat und damit etwas kommuniziert, worüber zumindest ein Grundkonsens besteht, auch wenn der Begriff nicht trennscharf definiert ist. In der Wissenschaft wird die viel zitierte Unklarheit über den Begriff als häufig genannter Kritikpunkt aufgeführt (Arend 2013) und vor allem mit älteren Publikationen belegt (Morris et al. 2005; Schallmo 2013). In der Tat ist eine exakte Beforschung des Konstruktes schwierig, wenn sich Überlegungsansätze und Ansichten unterscheiden. Einige Arbeiten versuchen daher die unterschiedlichen Facetten des Konzeptes aufzuzeigen und das Konzept in Verbindung oder in Abgrenzung zu vorhandenen Managementtheorien zu setzen, um damit mehr Klarheit zugewinnen (Amit und Zott 2001; George und Bock 2011).

2.1.1 Annäherung und Definitionen

Die Definitionen von Geschäftsmodellen sind zahlreich und spiegeln die unterschiedlichen Nuancen des Forschungsgegenstands wider. Viele Publikationen geben eine eigene Definition von Geschäftsmodellen wieder; einen tatsächlichen Konsens über eine einheitliche Definition gibt es wie auch bei anderen im Management benutzten Begriffen (z. B. Innovation, Kreativität) nicht (Jansen et al. 2007). Eine Liste der bekanntesten Definitionen ist in Tabelle 1 aufgeführt.

Tabelle 1 Übersicht der Definitionen zum Geschäftsmodell

Quelle	Definition
Amit, R. und Zott, C. (2001), Value creation in E-business. *Strategic Management Journal*, 22 (6–7), S. 493–520.	“A business model depicts the content, structure, and governance of transactions designed so as to create value through the exploitation of business opportunities.” (S. 511)
Chesbrough, H.W. und Rosenbloom, R.S. (2002), The role of the business model in capturing value from innovation: evidence from Xerox Corporation’s technology spin-off companies. *Industrial and Coporate Change*, 11 (3), S. 529–555.	“The business model is “the heuristic logic that connects technical potential with the realization of economic value” (S. 529).

Quelle	Definition
Magretta, J. (2002), Why business models matter. *Harvard* business *review*, 5, S. 86–93.	"Business models are "stories that explain how enterprises work. A good business model answers Peter Drucker's age old questions: Who is the customer? And what does the customer value? It also answers the fundamental questions every manager must ask: How do we make money in this business? What is the underlying economic logic that explains how we can deliver value to customers at an appropriate cost?" (S. 87).
Casadesus-Masanell, R. und Ricart, J. E. (2010), From Strategy to Business Models and onto Tactics. *Long Range Planning*, 43 (2–3), S. 195–215.	"A business model, we argue, is a reflection of the firm's realized strategy" (S. 195).
Teece, D. J. (2010), Business models, business strategy and innovation. *Long Range Planning*, 43 (2/3), S. 172–194.	"A business model articulates the logic, the data and other evidence that support a value proposition for the customer, and a viable structure of revenues and costs for the enterprise delivering that value" (S. 179).

Die Definitionen von Geschäftsmodellen zeigen auf, dass die Begrifflichkeit an sich allgemein und damit unscharf ist. Analysiert man die verschiedenen Definitionen, wird deutlich, dass ein grundlegender Konsens darin besteht, was mit dem Begriff des Geschäftsmodels ausgedrückt werden soll nämlich, wie ein Unternehmen funktioniert (Magretta 2002) bzw. welche ökonomische Logik hinter einem Geschäft steckt. Allerdings ist die Art und Weise der Beschreibung, also wie dieser Begriff operationalisiert werden kann, nicht einheitlich. Mit Blick auf die verschiedenen Definitionen, schließt sich der vorliegende Beitrag der Geschäftsmodelldefinition von Teece (2010) an. Das Nutzenversprechen an den Kunden wird in den Mittelpunkt und als Kernausgangspunkt jeglicher Geschäftsmodellgestaltung gestellt. Ergänzend dazu spielt die Interaktion mit der Umwelt eine zunehmen wichtigere Rolle und wird als wesentliche Einflussdeterminante auf die Geschäftsmodellstruktur verstanden (Chesbrough und Rosenbloom 2002; Björkdahl 2009; Zott und Amit 2007; Johnson et al. 2008). Wir verstehen daher das Geschäftsmodell als ein System von Unternehmensaktivitäten, das die Kunden- und Unternehmenslogik und die Umwelteinflüsse berücksichtigt, und darauf ausgerichtet ist, ein Wertversprechen für den Kunden zu formulieren, diesen Wert zu erstellen und für diesen entsprechende Mechanismen zu etablieren, um Umsätze zu generieren (in Anlehung an Zott und Amit 2007; Teece 2010; Baden-Fuller und Morgan 2010; Baden-Fuller und Haefliger 2013).

2.1.2 Theoretische Fundierung und Kritik

Das Geschäftsmodellkonzept ist in der Wissenschaft ein kontrovers diskutiertes Konstrukt. So reflektieren Zott et al. (2011), dass zwar die Anzahl an Publikationen über Geschäftsmodelle in der Periode 1995–2010 deutlich angestiegen ist, sich aber im Gegenzug nur langsam in den hoch gerankten Wissenschaftsjournalen wieder finden. Ein deutlich höherer Anteil von relevanten Publikationen in nicht-wissenschaftlichen Zeitschriften im Verhältnis zu den wissenschaftlichen kann darauf schließen lassen, dass die Forschung über Geschäftsmodelle der Praxis hinterher hängt (Zott et al. 2011). Dies scheint sich jedoch, mit Blick auf aktuelle Veröffentlichungen und Konferenzbeiträge, zu verändern und wird durch die großen Anzahl der *Special Issues* zum Thema Geschäftsmodelle deutlich (allein für 2013 und 2014: *Int. J. of Innovation Management; R&D Management Journal; Long Range Planing; Int. J. of Technology Management; Organization & Environment; J. of Business Economics; Int. J. of Entrepreneurship and Innovation Management*).

Obwohl der Ansatz viel diskutiert und angewendet wird, bleibt für einige Autoren die Unsicherheit bestehen, was genau Geschäftsmodelle sind (Perkmann und Spicer 2010). Der Ursprung des konzeptionellen Ansatzes von Geschäftsmodellen wird überwiegend in der eher technischen Sichtweise von Geschäftsprozessmodellen gesehen (Osterwalder 2004, S. 14). Hier wird das Geschäftsmodell im Sinne einer Systemmodellierung aufgefasst, in dem systemische Veränderungen als Anweisung von Entscheidern umgesetzt werden. Neben dieser Sichtweise sieht Wirtz (2011) noch einen *organisations-theoretischen* und einen *strategischen* Ansatz (ähnlich auch Morris et al. 2013). Beim organisationstheoretischen Ansatz wird das Geschäftsmodell als Instrument oder Plan genutzt, um das Management bei organisatorischen Entscheidungen zu unterstützen. Hingegen wird beim strategischen Ansatz das Geschäftsmodell als ein Zwischenschritt zum Erreichen bzw. Umsetzen eines strategischen Planes gesehen (Casadesus-Masanell und Ricart 2010; Teece 2010). Das Geschäftsmodell kann auf einer solchen strategischen Ebene als Plan zur Aufstellung (engl. *Deployment*) angesehen werden und damit den (Umsetzungs-) Erfolg auf der operativen Ebene unterstützen (hierzu auch Halecker und Hartmann 2014).

Die theoretische Fundierung des Konzeptes wurde erstmals grundlegend von Amit und Zott (2001) untersucht. Sie kommen allerdings zum Schluss, dass jede der Theorien (*virtual markets, Schumpeterian innovation, value chain analysis, the resource-based view of the firm, dynamic capabilities, transaction cost economics and strategic networks*) einzelne Elemente des Geschäftsmodellansatzes erklären kann, keine Theorie allerdings Geschäftsmodelle umfassend beschreibt. Ein Großteil der Wissenschaftler beklagt die fehlende theoretische Fundierung des Konzeptes und die schwierige Einordnung des Konzeptes in die existierende Literatur zu Strategie und organisationalen Management (Perkmann und Spicer 2010; DaSilva und Trkman 2013). Auch Teece (2010) argumentiert, dass das Konzept des Geschäftsmodells in der Tat keine theoretische Fundierung weder in der Ökonomie noch in der Managementliteratur hat. In der sehr frühen Phase der Begriffsprägung stellte Porter sogar das gesamte Konzept in Frage (Porter 2001, S. 73).

Allerdings wird auch konstatiert, dass das Konzept gerade, weil es in den verschiedenen Disziplinen Anwendung findet und noch relativ jung ist, eine Daseinsberechtigung in einer komplexen und turbulenten Unternehmensumwelt hat (Al-Debei und Avison 2010). Auch zeigt die steigende Anzahl der wissenschaftlichen Veröffentlichungen, dass das Konzept noch viel Potenzial besitzt (Zott et al. 2011; Schneider und Spieth 2013). Es lässt sich aber letztendlich nicht bestreiten, dass der Geschäftsmodellansatz sich in den letzten Jahren hinsichtlich der Popularität in der Praxis etabliert und darüber hinaus zu neuen Sichtweisen geführt hat. Die weite Verbreitung des *Business Model Canvas* von Osterwalder und Pigneur (2009) ist dafür ein guter Beleg.

2.1.3 Operationalisierung

Die konkrete Untersuchung von Geschäftsmodellen wird von Baden-Fuller und Morgan (2010) als besondere Stärke des Geschäftsmodellkonzepts hervorgehoben. Die Geschäftsmodellanalyse trägt dazu bei, die Funktionsweise eines Unternehmens modellhaft zu verstehen, indem Sichtweisen abstrahiert und schematisch auf wesentliche Aspekte fokussiert werden. Dabei gilt es, das Geschäftsmodell, was eigentlich eher als mentales Modell zu verstehen ist und daher von Individuen desselben Unternehmens möglicherweise unterschiedlich gesehen wird, möglichst objektiv und wahrheitsgetreu zu beschreiben (Baden-Fuller und Morgan 2010; Baden-Fuller und Mangematin 2013).

Für die Operationalisierung, d. h. für die praktische Umsetzung und Anwendung des Geschäftsmodellansatzes gibt es eine Vielfalt an sogenannten *Business Model Ontologien* oder *Frameworks*. Diese beschreiben einzelne abstrakte Komponenten eines Unternehmens, die in Verbindung zueinander die Funktionsweise des Unternehmens im Verhältnis zu anderen abgrenzen.

Ebenso wie die Definitionen der Geschäftsmodelle zueinander unterschiedlich sind, gibt es für die Darstellung und Beschreibung der *Business Model Frameworks* ebenfalls unterschiedliche Ansätze. Je nach Disziplin und Standpunkt des jeweiligen Autors variieren verschiedene Komponenten (Pateli und Giaglis 2004, S. 308). Die unterschiedlichen Sichtweisen zur Definition und Nutzung des Konstruktes Geschäftsmodelle spiegelt sich in den einzelnen *Business Model Frameworks* wider. Mehr oder weniger detailliert bestehen die verschiedenen Modelle aus unterschiedlichen Komponenten, die in Verbindung miteinander möglichst spezifisch die Funktionsweise eines Unternehmens erklären sollen (zur umfassenden Analyse der Business Model Frameworks siehe Kamprath 2012; Schallmo 2013; Shafer et al. 2005; Osterwalder 2004).

Als ein Ergebnis des Vergleichs der Ansätze kann festgestellt werden, dass einige Beschreibungen von Geschäftsmodellen zu stark auf einer Metaebene angesiedelt sind oder die Abgrenzungen zwischen Komponenten nicht eindeutig dargestellt werden. Markant ist, dass einige Autoren verschiedene Strategien als Teil des Geschäftsmodells verstehen (siehe Wirtz 2011; Chesbrough und Rosenbloom 2002; Brousseau und Penard 2007). Hingegen argumentieren Casadesus-Masanell und Ricart (2010) und Teece (2010), dass das Geschäftsmodell und die Strategie miteinander verbunden sind und dabei das Design eines Geschäftsmodells der Logik einer Strategie folgen muss.

Für das DPM Projekt und die Arbeit und Forschung mit Geschäftsmodellen in der Personalisierten Medizin war es notwendig sich auf eines der vorhandenen *Frameworks* zu fokussieren und damit die gesamte Forschungsarbeit zu systematisieren. Eine wesentliche Anforderung an das *Framework* war den Interpretationsspielraum des Erhebers möglichst klein zu halten. So sollte einerseits die Anforderung eines praktischen Bezugs zur Arbeitswelt von Managern erfüllt werden, indem das Modell leicht verständlich und übertragbar ist. Anderseits sollte das entsprechende *Business Model Framework* theoretisch fundiert und in ein optimalen Verhältnis zwischen Detailgrad und Abstraktion zu einer treffenden Geschäftsmodellbeschreibungen sicherstellen.

Aufgrund dieser Anforderungen wurde das *Business Model Canvas* von Osterwalder und Pigneur (2009) als Grundlage für die Analyse und Arbeit mit Geschäftsmodellen im Rahmen des DPM Projektes gewählt. Obwohl es Vorbehalte in der wissenschaftlichen Diskussion zum *Business Model Canvas* aufgrund seiner starken Vereinfachung gibt, findet es groß Verbreitung unter Praktikern und besticht durch die logische Verkettung der einzelnen Komponenten miteinander. Das Konzept hat auf der einen Seite mit dem *Balanced Scorecard* Ansatz eine nachvollziehbare theoretische Basis (Osterwalder 2004, S. 42 f.), auf der anderen Seite überwiegt jedoch die Relevanz auf der Praxisseite. Mit anderen Worten, dieses *Framework* hat sich schlichtweg wegen seines intuitiven Zugangs sowie auf Grund einer innovativen Marketingstrategie durchgesetzt, und weniger durch seine theoretische Herleitung. Die Verbreitung ist ein relevanter Punkt, warum Geschäftsmodellanalysen oft mit dem *Business Model Canvas* durchgeführt werden.

2.2 Personalisierte Medizin

Die Idee der PM hat, basierend auf der Entschlüsselung des menschlichen Genoms, eine weittragende Diskussion um die Zukunft des Gesundheitssystems angestoßen (Eppinger et al. 2011). Bei Therapien für stratifizierte Patientengruppen sollen die Informationen aus dem Genom genutzt werden, um den Patienten und seine gesundheitlichen Eigenschaften näher beschreiben zu können. Aus diesen Eigenschaften lassen sich entsprechende individuelle, medizinische Maßnahmen zur Behandlung des Patienten ableiten. In Zukunft – und teilweise schon bei derzeitigen personalisierten Medikamenten – sollen so Therapien auf den Patienten passend zu seinem Genom zugeschnitten werden. Dies stellt eine Abkehr der bisherigen *„One-Size-Fits-All"*-Präparate dar, bei der ein Präparat auf eine relativ große Gruppe an Patienten angewendet wird, unabhängig der genetischen Eigenschaften und dem Wirkungsgrad des jeweiligen Patienten (Eppinger et al. 2011, S. 73). Durch die PM verkleinert sich die Charakterisierung der Patientenpopulation, daher spricht man auch von „stratifizierter" Medizin.

Eine einheitliche Definition des Begriffs der PM existiert bisher nicht. So gibt es unterschiedliche Auslegungen des Begriffs und auch unterschiedliche Begriffe für die Personalisierte Medizin. Eppinger et al. (2011) haben basierend auf existierenden Definitionen eine Definition erstellt, die das Verständnis im vorliegenden Beitrag widerspiegelt.

> *„Personalisierte Medizin (auch als stratifizierte und stratifizierende Medizin bezeichnet) ist im Vergleich zur herkömmlichen Medizin dadurch gekennzeichnet, dass sie Individuen auf der Basis von Informationen bezüglich ihrer genetischen, molekularen oder zellulären Merkmale näher charakterisiert, die für einen Krankheitsverlauf und die Wirkung von Therapien ausschlaggebend sind. Dieses ermöglicht eine gezieltere Arzneimittelforschung und Entwicklung, sowie präzisere Diagnosen zur Therapie-entscheidung und Therapiebegleitung."*
>
> (Eppinger et al. 2011, S. 7)

Neben der medizinischen Perspektive umfasst die PM auch eine ökonomische Perspektive, die durch verschiedene Akteure gekennzeichnet ist und auf die kurz eingegangen wird.

Ausgangspunkt ist eine Untersuchung von Eppinger et al. (2011), die auf der Auswertung von Studien zur PM, sowie Experteninterviews basiert. Die Akteure stellen dabei die Teilnehmer des Wertschöpfungssystems der PM dar. Die Akteure sind *Wissenschaft, Markt-Kunden, Politik und Regulation, Gesellschaft und Medien*, sowie *Wirtschaft,* die unter Abbildung 1 dargestellt sind und untereinander vielfältige Beziehungen eingehen.

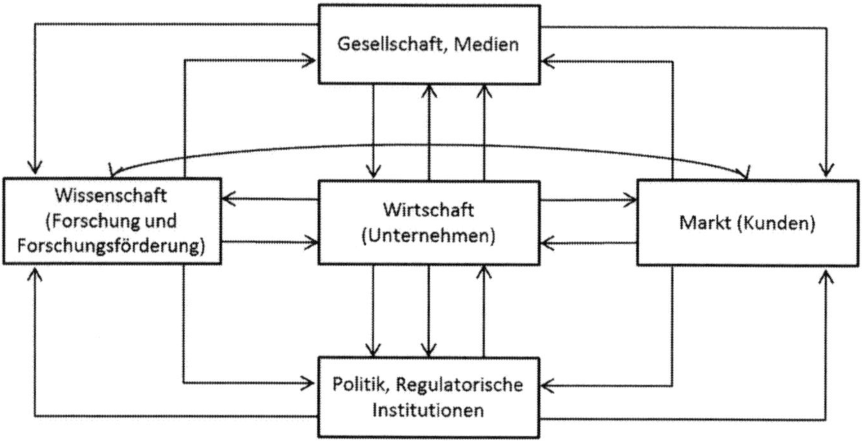

Abbildung 1 Akteure in der Personalisierten Medizin (Eppinger et al. 2011, S. 20)

Für die gesamte Forschung im Rahmen des DPM Projektes standen die Akteure im Bereich Wirtschaft im Mittelpunkt des Interesses. Eine umfangreiche Betrachtung der Akteure findet in den Buchbeiträgen zur Marktanalyse in diesem Herausgeberband statt.

Die Fokussierung auf den Bereich Wirtschaft lässt sich auf die wirtschaftliche Relevanz der PM zurückzuführen, die sich kurz in drei Punkten skizzieren lässt:

Die PM als ein (strategischer) Hoffnungsträger

Die PM wird zunehmend als ein Hoffnungsträger bzw. eine strategische Stoßrichtung gesehen, um gerade im Pharmabereich nicht oder zumindest nicht zu stark von der „Patentklippe“ betroffen zu sein (Halecker und Kamprath 2013). Zudem soll das zunehmende Ungleichgewicht zwischen den Forschungs- und Entwicklungskosten für neue Produkte und der Anzahl der letztendlich zugelassenen Produkte besser in den Griff bekommen werden (Mittra und Tait 2012).

Zunehmende Marktpräsenz und steigende Anzahl der Entwicklungsprojekte zu personalisierten Anwendungen

Zum einen gibt es bereits 37 Medikamente auf dem Markt von denen für 28 ein diagnostischer Test vorgeschrieben ist, für die Übrigen ist der Test zumindest empfohlen. Zum anderen führen die forschenden Pharmaunternehmen bereits 37% ihrer Entwicklungsprojekte für neue Medikamente und neue Medikamenten-Anwendungen mit begleitenden Studien zu Möglichkeiten der personalisierten Anwendung durch (VFA 2014).

Zunehmend relevanter gesamtwirtschaftlicher Mehrwert

Kosteneffektive Diagnosen von Krankheiten vor, während und nach der Therapie versprechen aus gesamtwirtschaftlicher Sicht einen Mehrwert für alle Akteure. Besonders die Erhöhung der Evidenz bei gleichzeitiger Sicherstellung eines ökonomischen Nutzens stellt die größte wirtschaftliche Herausforderung dar. Dies wurde bereits von verschiedenen Akteuren als Chance erkannt und entsprechend genutzt (Veenstra et al. 2009).

3 Geschäftsmodelle in der Personalisierten Medizin – Literaturübersicht

3.1 Traditionelle Geschäftsmodelle von Pharma und Diagnostik

Im nachfolgenden Kapitel soll das Geschäftsmodelldenken auf die bestehenden Geschäftsmodelle in der PM angewendet werden. Hier wird auf den idealtypische pharmazeutische Geschäftsmodelltyp (das „Big Pharma“ Geschäftsmodell *One-Size-Fits-All*) und den diagnostischen Geschäftsmodelltypus (Testentwicklung, Herstellung, Vertrieb) eingegangen. Diese werden jeweils mit Hilfe des *Business Model Canvas* von Osterwalder und Pigneur (2009) dargestellt und beschrieben. Andere Geschäftsmodelle wie Biotechnologie o. ä. sowie spezielle Abwandlungen werden nicht betrachtet. Ziel soll es sein, anhand von idealisierten Extrembeispielen ein gemeinsames Verständnis von den zwei zentralen Geschäftsmodellen, die in der PM vorherrschen, zu entwickeln.

Die Forschung im Rahmen des DPM-Projekts hat sich, wie bereits erwähnt, auf die näher beschriebenen Geschäftsmodelle von Pharma und Diagnostik fokussiert. Im Zentrum der Betrachtung der Geschäftsmodelle steht dabei das Nutzenversprechen an den Kunden (Siehe Kapitel 2.1.1). Weiterhin wird jeweils für Pharma und Diagnostik beschrieben, wie das Nutzenversprechen generiert und wie aus dem Nutzenversprechen ein Wertbeitrag für das Unternehmen geschaffen wird. Als Grundlage für die Beschreibung dienten zum einen die durchgeführten Gespräche und Interviews im Rahmen der Datenerhebung. Zum anderen wurde auf bereits publizierte Arbeiten zu den aktuellen Geschäftsmodellen Pharma und Diagnostik zurückgegriffen (Gassmann 2004; Huber et al. 2001).

Pharma

Das klassische pharmazeutische Geschäftsmodell des sog. Big Pharma Geschäftsmodell hat sich in den vergangen Jahren kaum verändert und konzentriert sich schwerpunktmäßig auf die Forschung, Entwicklung, Produktion und Verkauf von patentgeschützten Blockbuster Medikamenten (verschreibungspflichtige Medikamente für den Massenmarkt mit einem Jahresumsatz von mehr als 1 Mrd. US-Dollar). Doch dieses Modell wird sich in den nächsten Jahren verändern (müssen) bzw. passt sich bereits teilweise den neuen Bedingungen an (Mittra und Tait 2012; Davis et al. 2010; Accenture 2009; Cohen 2012; Boston Consulting Group 2011; Ferrara 2007). Nichts destotrotz lässt sich feststellen, dass die vorhandene Geschäftsmodelllogik der meisten großen forschenden Pharmaunternehmen in seinen Grundfesten kaum verändert (Sabatier et al. 2012). Ein (vereinfachtes) Geschäftsmodell für Pharma lässt sich mit Hilfe des *Business Model Canvas* darstellen (vgl. Abbildung 2).

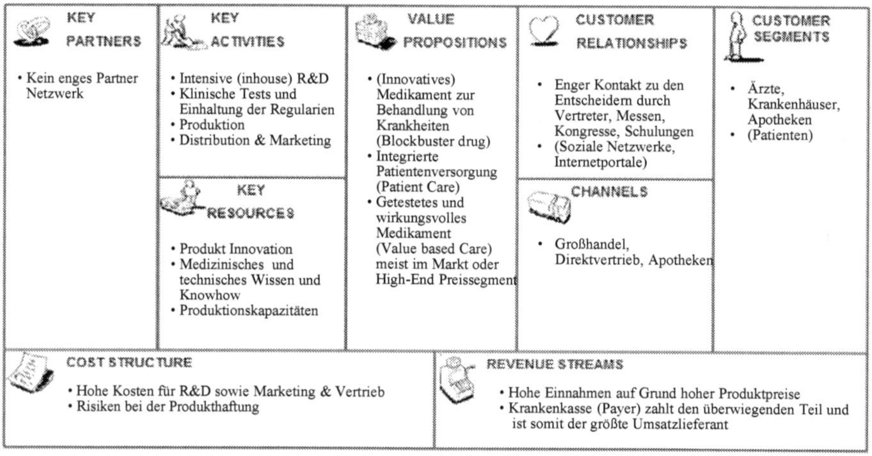

Abbildung 2 Business Model Canvas eines (vereinfachten) pharmazeutischen Blockbuster-Geschäftsmodells

Das Nutzenversprechen (Value Proposition) beschreibt, welchen Mehrwert das Unternehmen seinen Kunden bietet bzw. welchen Nutzen es erbringt. Bei den meisten klassischen pharmazeutischen Unternehmen geht es primär darum, ein möglichst innovatives Medikament zur Behandlung von Krankheiten anzubieten, welches im Rahmen einer integrierten Versorgung, einen nachweisbaren medizinischen Mehrwert für den Abnehmer (meist Patient) bietet. Das Nutzenversprechen kann und muss abhängig von der Zielgruppe variieren. Zum Beispiel steht für ein Krankenhaus, neben der bestmöglichen Behandlung und Versorgung der Patienten, die Effizienz der Prozesse und Abläufe stark im Mittelpunkt. Ein Pharmaunternehmen kann und sollte also mehrere Nutzenversprechen für die unterschiedlichen Kundengruppen besitzen.

Das Nutzenversprechen wird meist ohne enge Partner (Netzwerke) erstellt. In der Regel erfolgt die Erstellung und Weitergabe des Nutzenversprechens durch die eigene Forschung und Entwicklung, Produktion, Distribution und Marketing. Die Innovation von Produkten (Medikamente) und das entsprechende Know-how spielen in der, mit verhältnismäßig großen Budgets ausgestatteten komplexen Forschung und Entwicklung, eine entscheidende Rolle. Aber auch in Zeiten von *Open Innovation* öffnen sich die Pharmaunternehmen zunehmend und gehen neue Kooperationen ein (Mühlbauer 2012, S. 247 ff).

Ergänzend sind natürlich eine Vielfalt an Sachmitteln und Technologien notwendig, die sowohl die Produktinnovation und das Management von Wissen und Know-how, als auch die teils hohen Produktionskapazitäten ermöglichen. Die Empfänger bzw. Zielgruppe des erstellten Nutzens sind überwiegend Ärzte, Krankenhäuser und Apotheken, die überwiegend durch Großhandel oder Direktvertrieb erreicht und beliefert werden. Letztendlich wird indirekt jedoch der Patient als finaler Empfänger des Nutzens (innovative Medikament zur Behandlung einer Krankheit) adressiert und bei allen Überlegungen berücksichtigt. Die Besonderheit besteht schließlich in dem Unterschied, wer verschreibt, wer verabreicht, wer bezahlt und wer letztlich nutzt (Roski 2009; Eppinger et al. 2011). Der Kontakt zwischen der Pharmaunternehmen und den Abnehmern wird über Netzwerke mit Schulungen, Vertreter, Messen, oder Kongresse hergestellt, gepflegt und ausgebaut. Zunehmend spielen Soziale Netzwerke und Internetportale eine wichtigere Rolle.

Der Wertbeitrag für das Unternehmen aus dem Nutzenversprechen und dessen Erstellung und Vermittlung an den Kunden ist gekennzeichnet durch hohe Kosten für Forschung und Entwicklung, sowie großem Aufwand in Marketing und Vertrieb. Zudem existieren große Risiken bei der Produkthaftung. Durch die hohen Entwicklungskosten werden entsprechend hohe Preise für die Produkte verlangt, was sich in einem entsprechend hohen Umsatz niederschlägt. Der Patient als Konsument der Medikamente ist nicht direkt der Zahler für die pharmazeutischen Produkte. Die Bezahlung wird zu einem Großteil durch die Krankenkasse des Patienten vorgenommen.

Diagnostik

Das Geschäftsmodell der Diagnostikunternehmen ist deutlich fragmentierter und lässt sich recht schwer verallgemeinern bzw. zusammenfassen, da die Dienstleistungen und Produkte von Diagnostikunternehmen sehr vielfältig sind (unterschiedliche Technologien, unterschiedlich adressierte Produktnutzen etc.) (Amir-Aslani und Mangematin 2010; Reger et al. 2008). Es existieren zudem deutlich weniger Veröffentlichungen, die sich mit Geschäftsmodellen in der Diagnostik beschäftigen (neuere u. a. Mittra und Tait 2012).

Auf Basis der Projektergebnisse sowie der vorhanden Literatur lassen sich Diagnostikunternehmen bezüglich ihrer Produktstrategie in drei verschiedene Bereiche einteilen (Eppinger et al. 2011): (1) Das Diagnostikum ist an ein bestimmtes Arzneimittel gebunden und wird im Bündel vertrieben (*Companion Diagnostic*). (2) Das Diagnostikum ist für mehrere Arzneimittel nutzbar und wird daher eigenständig gehandelt. (3) Das Diagnostikum wird entwickelt und anschließend unter Lizenz vermarket.

Somit ist es, im Vergleich zum klassischen pharmazeutischen Geschäftsmodell deutlich schwieriger ein Geschäftsmodell für Diagnostikunternehmen abzubilden. Die Abbildung 3 stellt dennoch eine Möglichkeit dar, wie ein Diagnostik-Geschäftsmodell vereinfacht dargestellt werden kann.

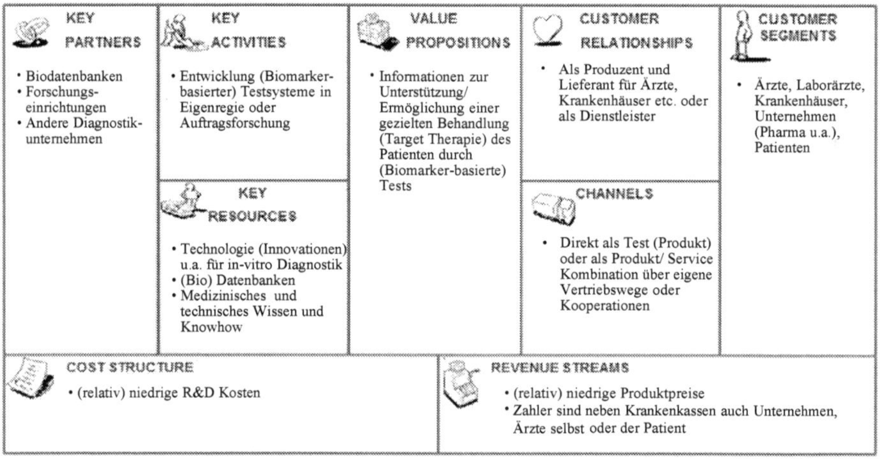

Abbildung 3 Business Model Canvas eines (vereinfachten) Diagnostik Geschäftsmodells

Das Nutzenversprechen an den Kunden bei den Diagnostikunternehmen ist die Bereitstellung von Informationen welche eine zielgerechte Behandlung (*Target*

Therapy) eines Patienten unterstützt bzw. erst ermöglicht. Diese Informationen werden vor allem aus Tests gewonnen, die auf verschiedenen Biomarkern basieren. Die Tests bzw. die Information daraus ermöglichen eine Abstimmung des Medikaments auf den Patienten.

Die Erstellung des Nutzenversprechens erfolgt durch die Entwicklung von Testsystemen, entweder in Eigenregie oder durch Auftragsforschung. Dabei spielen Partnerschaften zu anderen Diagnostikunternehmen, Forschungseinrichtungen, oder auch Biodatenbanken, sowie die verwendete Diagnostiktechnologie und ein entsprechendes Know-how eine entscheidende Rolle. Zu den Kunden zählen Ärzte, Laborärzte, Krankenhäuser, Pharmaunternehmen und Patienten. Das Nutzenversprechen besteht aus der informationsbasierten Unterstützung bzw. Ermöglichung einer speziellen und vor allem gezielteren Behandlung des Patienten z. B. durch Biomarker-basierte Test (Systeme). Dies kann entweder als einzelnes Produkt oder in einer Produkt-Servicekombination angeboten werden. Die Diagnostikunternehmen sind demnach als Produzenten und Lieferanten für die Abnehmer, aber auch als Dienstleister tätig.

Der Wertbeitrag für das Diagnostikunternehmen durch das Nutzenversprechen ist charakterisiert durch niedrige Forschungs- und Entwicklungskosten und weniger starke regulatorische Hürden bei der Zulassung (im Vergleich zur pharmazeutischen F&E), woraus sich i. d. R. niedrigere Produktpreise ergeben. Wie auch bei den Pharmaunternehmen sind die Zahler des Produktes oder der Leistung zu einem großen Teil die Krankenkassen. Es existiert aber auch eine Anzahl an Leistungen, die mit den Empfängern direkt abgerechnet werden (Selbstzahler).

Zusammenfassend lässt sich feststellen, dass die beiden vorherrschenden Geschäftsmodelle in der PM mit Hilfe des *Business Model Canvas* vereinfacht abbildet werden können. Wobei größere Schwierigkeiten beim Geschäftsmodell Diagnostik bestehen, auf Grund der vielfältigen Ausprägungen der einzelnen Komponenten und einer starken Heterogenität. Zudem wird deutlich, dass sich beide Geschäftsmodelle in der hier dargestellten Form erheblich unterscheiden. Dies verwundert nicht, da das pharmazeutische Geschäftsmodell eher eine Erzeuger-Rolle und das Diagnostikgeschäftsmodelle eher eine Lieferanten- bzw. Dienstleisterrolle einnimmt. Es kommt jedoch die Frage auf, wie sich beide Geschäftsmodelle zukünftig, auf Grund der zunehmenden Herausforderungen, hinsichtlich des Geschäftsmodells verändern werden. Dies wird in den nachfolgenden Kapiteln untersucht.

3.2 *Zukünftige Anforderungen an die Geschäftsmodelle in der Personalisierten Medizin – Veröffentlichungsübersicht*

Nachdem die aktuellen Geschäftsmodelle in der PM anhand von Pharma und Diagnostik vereinfacht beschrieben wurden, wird nun mit Hilfe aktueller Veröffentlichungen ein Blick in die Zukunft gewagt. Ziel ist es anhand der identifizierten Veröffentlichungen eine Aussage über Einflüsse und zukünftige Anforderungen an die Geschäftsmodelle (Pharma und Diagnostik) treffen zu können. Um einen möglichst systematischen Überblick zu schaffen, wird erneut das *Business Model Canvas* genutzt. Die Aussagen der einzelnen Veröffentlichungen bezogen auf Einflüsse und Anforderungen werden den Komponenten im Geschäftsmodell zugeordnet, denen sie am ehesten entsprechen. Diese Zuordnung dient nur der Systematisierung bzw. Strukturierung. Es soll und kann nicht darauf hindeuten, welche Bereiche der Geschäftsmodelle direkt beeinflusst werden, oder sich tatsächlich verändern. Hierzu fehlt es an einer tieferen Ursachen-Wirkungsanalyse.

Insgesamt wurden 11 Veröffentlichungen identifiziert, entsprechend analysiert, und aufgelistet (vgl. Tabelle 2). Die Tabelle enthält Informationen zur Herkunft der Veröffentlichungen, den Betrachtungszeitraum, den Fokus der Veröffentlichungen, sowie die Art und Weise des Vorgehens. Darüber hinaus werden Ausprägungen und Anzahl hinsichtlich der Aussagen in Bezug auf die Einflüsse des Geschäftsmodells je Veröffentlichungen festgehalten. Im weiteren Verlauf dieses Beitrags wird aus Gründen der Übersichtlichkeit die vorangestellte Nummer der Veröffentlichungen angegeben.

Tabelle 2 Übersicht der Veröffentlichungen zu geschäftsmodellrelevanten Entwicklungen in der Personalisierten Medizin

Nr.	Quelle	Zeit-raum	Fokus	Art	Aussagen zu zukünftigem GM
1	Amir-Aslani, A., Mangematin, V. (2010), The future of drug discovery and development.	–	Diagnostik	Desk Research	Revenue Streams Key Activities Key Partners Value Propositions
2	Beeler, J. (2013), Integrating Companion Diagnostic Assays into Drug Development.	–	Pharma/ Diagnostik	Desk Research	Key Partners Value Propositions Key Activities Revenue Streams

Nr.	Quelle	Zeit-raum	Fokus	Art	Aussagen zu zukünftigem GM
3	Cattell, J.et al., McKinsey & Company (2013), How Big Data Can Revolutionize Pharmaceutical R&D.	–	Pharma	Szenarioanalyse	Key Resources Key Partners Key Activities Value Proposition
4	Dröge, A. (2009), Warten auf die Revolution.	–	Pharma/ Diagnostik	Desk Research (Zeitungsartikel)	Customer Segments Value Propositions Key Activities Key Resources
5	Pricewaterhouse-Coopers, (2009), Pharma 2020: Challenging business models.	Bis 2020	Pharma	Desk Research, basiert auf PwC Studie 2007: The vision	Key Partners Value Propositions Customer Relationships Key Activities
6	Germino, N., Chan, K., (2013), Simulation of Consumer Trends in Direct-to-Consumer (DTC) Genetic Testing.	Bis 2032	Diagnostik	Quantitativ	Channels Customer Relationships Value Propositions
7	Harvey, A. et al. (2012), The future of technologies for personalised medicine.	Kurz-, Mittel-, Lang-fristig (bis 2031	Pharma	Qualitativ, Workshop	Key Resources Key Activities Value Propositions
8	Hodgson, D. et al. (2012), Practical perspectives of personalized healthcare in oncology.	–	Pharma	Qualitativ	Value Propositions
9	Hültenschmidt, N., et al., Bain & Company (2011), The end of Healthcare…	2010-2020	Pharma	Quantitative Studie unter Einbeziehung von Desk Research	Revenue Streams Customer Relationships Cost Structure Key Activities Key Partners Value Propositions Customer Segments

Nr.	Quelle	Zeit-raum	Fokus	Art	Aussagen zu zukünftigem GM
10	Koelsch, C. et al. (2013), Towards a balanced value business model for personalized medicine.	–	Pharma/ Diagnostik		Value Propositions Revenue Streams Key Activities Cost Structure Key Resources Channels Key Partners
11	Meyer, C. (2013), What Does It Take to Redesign an Industry?	–	Pharma	Workshop	Key Activities Key Partners

Die Aussagen der einzelnen Veröffentlichungen über die zukünftigen Einflüsse wurden gesammelt und in die Geschäftsmodelle von Pharma und Diagnostik separiert und entsprechend dargestellt.

3.3 Ergebnisse der Analyse zu den zukünftigen Anforderungen an Geschäftsmodelle in der Personalisierten Medizin

3.3.1 Pharmaunternehmen

Aus den untersuchten Veröffentlichungen lassen sich für das Pharma-Geschäftsmodell die in Abbildung 4 aufgezeigten Einflüsse und Anforderungen entlang des *Business Model Canvas* strukturieren. Dabei sind die einzelnen Punkte im Canvas nicht als Ausprägungen eines integriertes Geschäftsmodellsystems zu verstehen, sondern die einzelnen Aussagen sind Einflüsse, die auf die Komponenten einwirken. Die Klammer hinter jeder Aussage verweist auf die jeweilige Veröffentlichung aus Tabelle 2.

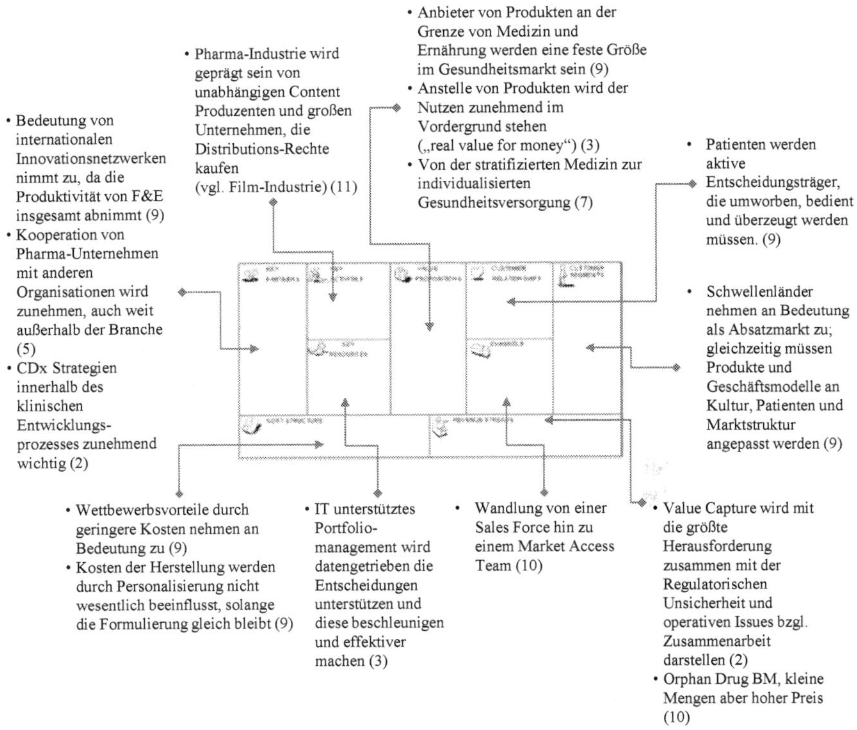

Abbildung 4 Zukünftige Einflüsse und Anforderungen für Pharma entlang des Business Model Canvas

Ein wesentliches Nutzenversprechen an den Kunden, beim zukünftigen Geschäftsmodell der PM im Bereich Pharma, beinhaltet in Zukunft die Bereitstellung von individualisierten Medikamenten (anstatt ein Produkt für alles), zugeschnitten auf den jeweiligen Patienten mit starkem Fokus auf den Mehrwert (*Value*) (Cattell et al. 2013; Harvey et al. 2012; Hültenschmidt et al. 2011). Dabei werden sich die Grenzen zwischen Medizin und anderen Bereichen (u. a. Ernährung) durch steigende Fokussierung auf den eigentlichen Nutzen zunehmend auflösen (Cattell et al. 2013; Hültenschmidt et al. 2011).

Dieses Nutzenversprechen soll vor allem durch ein ausgeprägtes Partnernetzwerk geschaffen werden, wobei diese Kooperationen auch länderübergreifend und branchenübergreifend in Innovationsnetzwerken stattfinden sollen (Beeler 2013; PricewaterhouseCoopers 2009; Hültenschmidt et al. 2011). Dabei werden die Pharmaunternehmen immer mehr zu Erstellern von Produkten und Inhalten

(Informationen und Daten), aber auch zu Händlern von Verkaufsrechten (vergleichbar mit der Film-Industrie) (Meyer 2013). Das Management von Informationen und Daten basiert vor allem auf der Gewinnung und Analyse großer Gesundheitsdaten (Big Data in Healthcare), welche durch die Akteure der PM zur Auswertung bereitgestellt werden sollen (Cattell et al. 2013). Die Patienten (zukünftig immer mehr „der einzelne Patient“) sollen darüber hinaus durch mehr Informationsangebote in ihren eigenen Krankheitsverlauf eingebunden werden und nehmen dadurch eine stärkere Position bei der Entscheidungsfindung für die Behandlung ein (Hültenschmidt et al. 2011). Unabhängig von der PM weiten sich die adressierten Patientengruppen auf bisher vernachlässigte Märkte aus, wie bspw. Schwellenländer und Entwicklungsländer, und werden demnach die traditionelle Kundenlandschaft verändern. Diese neuen Märkte gelte es erst noch voll zu erschließen (Hültenschmidt et al. 2011).

Der Wertbeitrag für das Unternehmen aus dem Nutzenversprechen an den Kunden, wird auf der einen Seite von weiteren Kostensenkungen und demnach einer günstigeren Kostenstruktur im Vergleich zu heute geprägt sein (Hültenschmidt et al. 2011). Auf der anderen Seite werden auf der Erlösseite die Absatzmengen, auf Grund der kleiner werdenden Zielgruppen sinken bei gleichzeitig steigenden (Premium) Preisen (Hültenschmidt et al. 2011; Koelsch et al. 2013).

Insgesamt wird deutlich, dass die Einflüsse und somit auch die Anforderungen an das Geschäftsmodell der Zukunft sich vermehrt in den Bereichen Key Partners, Key Activities, Key Resources, sowie Value Propositions zuordnen lassen. Aussagen bezüglich dieser vier Bereiche des Geschäftsmodells traten in den Veröffentlichungen besonders häufig auf und stellen somit einen möglichen Schwerpunkt zukünftiger Veränderungen im Pharma-Geschäftsmodell in Bezug auf die PM dar.

3.3.2 Diagnostikunternehmen

Für das Geschäftsmodell der Diagnostikunternehmen lassen sich aus den untersuchten Veröffentlichungen ähnliche Beobachtungen machen. Wie in Abbildung 5 gezeigt wird, lassen sich die Aussagen der Veröffentlichungen wieder entlang des *Business Model Canvas* strukturieren.

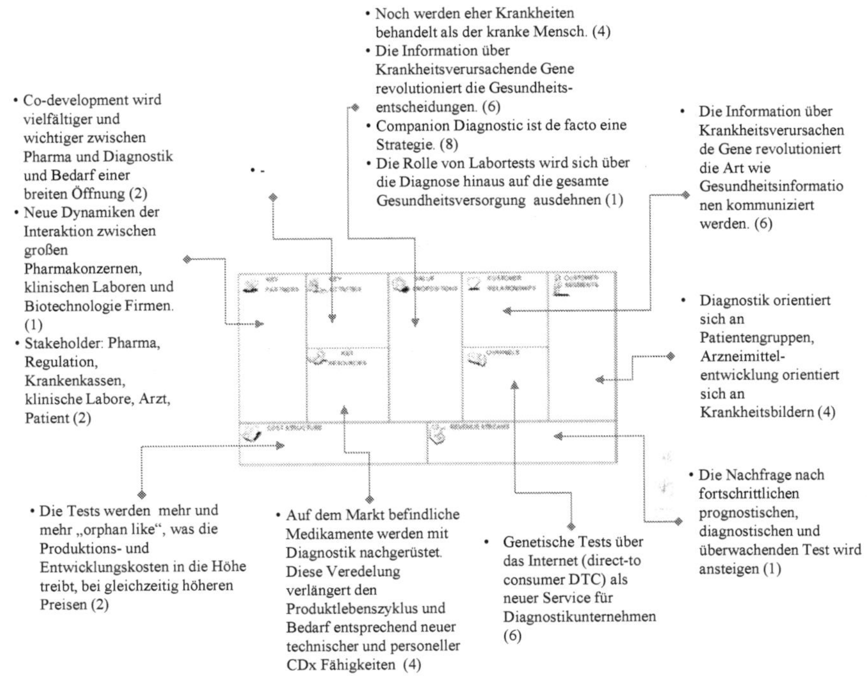

Abbildung 5 Zukünftige Einflüsse und Anforderungen für Diagnostik entlang des Business Model Canvas

Im Bereich Diagnostik soll sich das Nutzenversprechen im Rahmen der PM mehr auf den Patienten als (kranken) Menschen konzentrieren, als nur auf vom (einzelnen) Patienten losgelöste Krankheit zu betrachten. Dies wird u. a. durch eine ganzheitliche und gleichzeitig individuelle Betrachtung der Krankheit erreicht werden (Dröge 2009). Ausgehend von u. a. genetisch basierten Diagnosen soll dem Patienten eine zielgerichtete Beurteilung über seine Gesundheit und deren Zustand gegeben werden, was wiederum zu einem erheblichen Einfluss auf die Behandlungsmethoden und möglicherweise letztendlich auf den Erfolg führen soll (Germino und Chan 2013; Hodgson et al. 2012). Das Tandem *Companion Diagnostic* wird strategisch immer bedeutsamer, da es eine zunehmende Verbreitung in der Gesundheitsversorgung im Rahmen von Diagnose, Prognose und Überwachung einnimmt (Amir-Aslani und Mangematin 2010; Hodgson et al. 2012).

Hinsichtlich der Produktion soll diese, wie auch bei den Pharmaunternehmen, verstärkt in Netzwerken stattfinden. Im Rahmen dieser Netzwerke rücken Pharma- und Diagnostikunternehmen dichter zusammen (Beeler 2013). Spezifische Details, wie solche Netzwerke aufgebaut werden und später sinnvoll betrieben werden können, lassen sich in den betrachteten Veröffentlichungen kaum finden. Es wird lediglich eine notwendigere engere Verbindung bzw. Verflechtung zu Laboren und Forschungseinrichtungen genannt (Amir-Aslani und Mangematin 2010; Beeler 2013). Die Tests nehmen nach Auffassung der Autoren insgesamt einen deutlich höheren Stellenwert im Gesundheitssystem ein als bisher, da sie mehr abbilden und damit eine höhere Aussagekraft erreichen können. Dies soll am Ende eine effektive und effiziente Behandlung erleichtern (Amir-Aslani und Mangematin 2010) und damit letztendlich wieder den Kundennutzen steigern. Einige Autoren sind überzeugt, dass zukünftig eine Vielzahl an pharmazeutischen Produkten nur noch in Kombination mit einem Test angeboten und vertrieben wird (*Companion Diagnostic*) (u. a. Dröge 2009). Der Vertrieb von Diagnostikleistungen wird nach Meinungen einiger Autoren dabei unter anderem direkt über das Internet organisiert, so dass die Kunden (vor allem Endkonsumenten) für die Diagnostikunternehmen ohne Intermediäre erreichbar sein werden (u. a. Germino und Chan 2013). Die vielfältigen Informationen, die durch die Analyse der genetischen Eigenschaften gewonnen werden, sollen eine gezielte Informationsweitergabe an den Patienten ermöglichen (Germino und Chan 2013). Zu den Aktivitäten konnte keine relevante Aussage in den Veröffentlichungen gefunden werden.

Für das Diagnostikunternehmen wird der Wertbeitrag dadurch gekennzeichnet sein, dass es auf der einen Seite zu hohen Forschungs- und Entwicklungskosten kommt, da die Tests mehr und mehr *„orphan-like"* (kleiner werdende Zielgruppe) werden (Beeler 2013). Das heißt, es werden mehr spezifischere Tests für „Nischenmedikamente" benötigt. Dem gegenüber steht auf der Erlösseite eine steigende Nachfrage (u. a. für Prognose und Überwachung), sowie höhere Preise, die mit den spezifischeren Test zu realisieren sind (Amir-Aslani und Mangematin 2010).

Auch beim zukünftigen Geschäftsmodell der Diagnostik stehen die Key Partners und Key Activities zukünftig im Fokus, was besonders das Arbeiten in Netzwerken sowie konstruktiven Partnerschaften notwendig macht. Die Nachfrage seitens der Kunden nach genaueren Analysen und letztendlich mehr Transparenz und Gewissheit wird einen wesentlichen Einfluss auf die Ausgestaltung und die Vermittlung des Kundennutzens mit sich bringen.

Zusammenfassend kann gesagt werden, dass sich die Veröffentlichungen in ihren Abschätzungen eher gleichen. Auffällig ist, dass der Effekt der größeren Vernetzung mit Partnern wiederholend als Hauptargument einer Veränderung auf einem sehr allgemeinen abstrakten Niveau beschrieben wird. Es wird nicht konkret deutlich, wie diese Vernetzungen aussehen könnten und was das für das Management beider Unternehmenstypen bedeutet. Weiterhin wird bei der Beschreibung zukünftiger Geschäftsmodelle häufig das *Companion Diagnostic* beschrieben. Neue Aktivitätsfelder, die durch die eigentliche Personalisierung entstehen, werden wenig betrachtet.

Der Grund für die recht unscharfen Übereinstimmungen kann zum einen in einem breiten Konsens zu den Veränderungen begründet sein, da diese Veränderungen naheliegend und leichter sichtbar und damit abschätzbar sind. Weiterhin fällt auf, dass einige Entwicklungen für die Zukunft diskutiert werden, welche aber bereits stattfinden Jedoch gibt es wenige Veröffentlichungen, die direkt Geschäftsmodellideen jenseits der „*Companion Diagnostic*"- und Partnernetzwerkthematik detaillierter diskutieren. Das kann zu Folge haben, dass dahinterliegende, möglicherweise nicht so offensichtliche Veränderungen im Detail wenig diskutiert werden.

4 Fallstudien zu den Geschäftsmodellen in der Personalisierten Medizin – Empirische Standortbestimmung

Die beiden Standpunkte der Literaturauswertung – einerseits die stereotypische Darstellung der aktuellen Geschäftsmodelle, sowie andererseits die Einflüsse Anforderungen an zukünftige Geschäftsmodelle – eröffnen ein interessantes Kontinuum zweier Extrempole, zwischen denen verschiedene Abstufungen möglich sind. Wir denken, dass es daher möglich ist, eine Standortbestimmung vorzunehmen, wo sich derzeitig die Geschäftsmodelle der PM befinden bzw. hinbewegen. Zugleich eröffnet dies die Möglichkeit genauer in die Geschäftsmodelle hineinzuschauen, und sich von der reinen „*Companion Diagnostic*"-Diskussion etwas zu lösen.

Die sich andeutenden Veränderungen in den Geschäftsmodellen hinsichtlich einer Entwicklung zu einer individualisierten Medizin, sollen mit Hilfe von Fallstudien untersucht werden. Dabei soll es vor allem auf den internen Vergleich sich verändernder Geschäftsmodelle einiger Pharmaunternehmen und einiger Diagnostikunternehmen ankommen, die sich nach eigenen Angaben der PM zuwenden.

Für die Analyse verschiedener in der Praxis existierender Geschäftsmodelle wurden Daten aus Forschungsinterviews zu Geschäftsmodellen von neun Pharmaunternehmen und neun Diagnostikunternehmen verwendet. Zur Triangulation der erhobenen Daten wurden weitere halbstrukturierte Interviews mit Verbänden und Forschungsrichtungen, die in diesem Feld aktiv sind, geführt (n=7). Diese dienten dazu, das (Branchen-)Umfeld genauer zu untersuchen. Insgesamt ergibt sich eine Datenbasis von 25 Interviews zwischen je 30 und 90 Minuten. Interviewt wurden Geschäftsführer/innen oder leitende Angestellte, die dem Forschungsteam als Ansprechpartner für den Bereich PM genannt wurden. Die Interviews wurden anhand eines halb-strukturierten Interviewleitfadens basierend auf den Überlegungen in Kapitel 2 im Zeitraum Mitte 2011 bis Anfang 2012 in Deutschland aufgenommen und unter Zusicherung der vertraulichen Nutzung der persönlichen Daten transkribiert. Aufgrund der strategisch wichtigen und damit sensiblen Daten wurden die Daten anonymisiert.

Zur Auswertung der Interviews wurden im ersten Schritt alle Aussagen den einzelnen Komponenten des *Business Model Canvas* zugeordnet und somit strukturiert. Im zweiten Schritt wurde das restliche Interview nach Beschreibungen und Aussagen durchsucht, die zusätzliche Inhalte zu den relevanten Komponenten liefern können, aber an einer anderen Stelle genannt wurden. Anschließend wurden die Aussagen kondensiert und in das *Business Model Canvas* eingefügt. In mehreren internen Workshops wurden die Ergebnisse miteinander verglichen, diskutiert und aggregiert.

Im Nachfolgenden wird nur auf die ermittelten Unterschiede einerseits zwischen den unterschiedlichen Pharmaunternehmen und andererseits zwischen den verschiedenen Diagnostikunternehmen eingegangen, die sich während der Untersuchung mit Fokus auf die PM in der jeweiligen Geschäftsmodellgruppe (Pharma, Diagnostik) entlang der Komponenten des *Business Model Canvas* ergeben haben.

4.1 Pharmaunternehmen

Das Partnernetzwerk der Pharmaunternehmen unterschied sich untereinander kaum. Allerdings wurde hier die Kooperation zwecks des Vertriebs mit anderen Pharmaunternehmen angesprochen, was einen Unterschied zu den Diagnostikunternehmen darstellt.

Der Tätigkeitsschwerpunkt der Pharmaunternehmen wurde oft mit dem unterschiedlichen Indikationsgebieten des Wirkstoffes beschrieben, aber entlang der eigenen F&E-Tätigkeiten. Wesentliche Unterschiede gab es beispielsweise bei der Anbindung der Diagnostikunternehmen. Dies spiegelt sich mit den Ausprägungen des geführten Partnernetzwerks. Ein Pharmaunternehmen ist beispielsweise dafür bekannt, dass es eine eigene Diagnostiksparte im Unternehmen besitzt, während andere auf externe Anbieter zurückgreifen und mit diesen in unterschiedlicher Form kooperieren. Wie auch bei den Diagnostikunternehmen gibt es die Möglichkeiten der Lizensierung für Wirkstoffe (Ein- und Auslizenzierung), einer Eigenentwicklung oder dem Hinzukauf. Hier wird deutlich, dass sich das pharmazeutische Geschäftsmodell mit Fokus auf die PM im Hinblick auf die Kooperation und Partnerschaften wesentlich von dem klassischen pharmazeutischen Geschäftsmodell unterscheidet (siehe 3.1).

Als Schlüsselressource wurde, ähnlich wie bei den Diagnostikunternehmen, die Kompetenz der Mitarbeiter als wichtig angesehen, jedoch auch der patentrechtliche Schutz neuer Wirkstoffe. Im Wesentlichen konnten hier jedoch keine Unterschiede in den Geschäftsmodellen der Pharmaunternehmen festgestellt werden. Das Thema Ein- und Auslizensierung wurde eher im Bereich Tätigkeitsschwerpunkt gesehen, obwohl beide Themen stark miteinander verknüpft sind und dies in den erarbeiteten jeweiligen *Business Model Canvas* nicht deutlich hervorgehoben wird.

Beim Nutzerversprechen, also auch der Wirkung des Medikaments, wurde als Unterscheidungskriterium die Entwicklung des Tests in seiner zeitlichen Abfolge zur Entwicklung des Medikaments identifiziert. Bei einigen Wirkstoffen wurde erst zum Markteintritt die Verwendung eines Tests vor der Einnahme des Medikaments vorgeschrieben. Bei einem Großteil jedoch wird meist zu Beginn in den ersten klinischen Phasen bereits erkannt, dass das Medikament auf vereinzelte Subpopulationen eine (andere) Wirkung hat und daher stratifiziert werden muss. Mit anderen Worten, erfährt das Nutzenversprechen einerseits eine Einschränkung in Bezug auf ein kleineres Kundensegment und andererseits gibt es eine Bedingung (der Test), der darüber entscheidet, ob das Nutzenversprechen überhaupt beim Kunden Anwendung findet.

Das Kundensegment wird, analog zu den Diagnostikunternehmen, mit seinen einzelnen Akteursgruppen und damit verschiedenen Marktseiten beschrieben. Genannt wurden Patienten aber auch Hausärzte, Fachärzte, Krankenhäuser, andere Pharmaunternehmen, sowie Krankenkassen genannt. Allerdings wurden hier nicht die möglichen Kunden aus anderen Branchen erwähnt, was dem natürlichen Umstand geschuldet ist, dass das personalisierte Medikamente nicht in anderen Branchen angewendet werden (im Gegensatz zur Veterinärmedizin oder in der Nahrungsmittelindustrie).

Hinsichtlich der Kundenbeziehungen und der Vertriebskanäle waren zwischen den Pharmaunternehmen keine großen Unterschiede wahrzunehmen. Allerdings gaben die Diagnostikunternehmen an, dass der Einfluss der Pharmakonzerne hinsichtlich der Patienten, Ärzte, Krankenkassen und der Politik durch ihre wirtschaftliche Macht größer sein, um die Akzeptanz der Personalisierten Medizin durchzusetzen. Dies wurde in den Interviews von den Pharmavertretern jedoch nicht thematisiert und spiegelte sich in deren Geschäftsmodellkomponenten (z. B. durch explizite Lobby-Aktivitäten) nicht explizit wider.

Bei den Erlösmechanismen wurden zwei Varianten genannt. Der Direktvertrieb von Medikamenten und die Auslizensierung durch Patente. Wichtiger war den Interviewten hier der Hinweis, dass die Erlösstruktur maßgeblich davon abhängig ist, wie die Kaufentscheider in den Anwendungsprozess eingebunden sind (Krankenkassen, Ärzte, Patienten). Die Kunst bestehe hier, ein Gleichgewicht des Erlössystems zwischen Anreizen bei den Ärzten, der Wirkung beim Patienten und den Kosten für die Krankenkassen herzustellen. Keine Angaben wurden zu Einnahmen von Insourcing-Aktivitäten gemacht (z. B. Vertrieb), die für Diagnostikunternehmen übernommen werden.

4.2 Diagnostikunternehmen

Wesentliche Unterschiede konnten im Verhalten der Unternehmen bei der Kooperation mit Partnern festgestellt werden. Dies ist vor allem der Fall, wenn es um die Kooperation mit Pharmaunternehmen geht. Hier gibt es Diagnostikunternehmen, die sich sehr stark an einen Pharmaunternehmen binden und alleiniger Partner in der Entwicklung für einen Diagnostiktest für ein bestimmtes Medikament sind. Auf der anderen Seite gibt es Diagnostikunternehmen, die sich nicht auf ein bestimmtes Pharmaunternehmen festlegen und eher im Auftrag vieler verschiedener Pharmaunternehmen verschiedene Tests entwickeln. Dies sind meistens größere Diagnostikunternehmen.

Bezüglich des Tätigkeitsschwerpunkts gibt es ebenfalls Unterschiede zwischen den Diagnostikunternehmen. Einige Unternehmen fokussieren sich auf die eigene Forschung von Diagnostikverfahren und betreiben eigene F&E-Labore. Andere lizenzieren bekannte Tests ein und modifizieren diese gegebenenfalls. Teilweise werden auch verschiedene Tests miteinander kombiniert, um eine Palette an Tests je nach Kundenwunsch anbieten zu können. Beide Ansätze sind keine Reinform, sondern treten bei den Unternehmen auch gemischt auf. Weiterhin kann in diesem Feld auch nach Auftragsforschung für ein bestimmtes Pharmaunternehmen und in selbstständige Forschung für bspw. die Auslizenzierung dieser Tests unterschieden werden. Weiterhin wird die Art der Testdurchführung unterschiedlich angegeben. So kann der Test nur vom Diagnostikunternehmen an sich durchgeführt werden, zugleich gibt es aber Möglichkeiten den Test vom Endkunden, vom behandelnden Arzt oder vom Laborarzt durchführen zu lassen. Dies beeinflusst, ob die eigenen Tätigkeiten genutzt werden ein Produkt, ein Service oder ein Produkt-Service-System anzubieten. Diese Kombinationsmöglichkeiten variieren stark zwischen den Diagnostikern.

Hinsichtlich der Schlüsselressourcen gab es wenig Unterschiede zwischen den Diagnostikunternehmen. Alle nannten die Kompetenzen und das Wissen der Mitarbeiter als wesentliche Ressource. Einige gingen auch auf die Patentierung von Verfahren ein. Der Großteil setzt auf eine frühzeitige Patentierung, wenn dies möglich ist. Ein einziges Diagnostikunternehmen gab an, nicht auf eine Patentierung hin zu arbeiten, um so für eine möglichst große Verbreitung des Tests zu sorgen.

Das Nutzerversprechen der Diagnostikunternehmen wurde zumeist damit beschrieben, in welchem Indikationsbereich der Test seine Anwendung findet, was dieser Test anzeigt und für welche(s) Medikament(e) er Anwendung findet. Dabei geht es um die Zuverlässigkeit und auch um die Geschwindigkeit mit denen ein Test beispielsweise die Ausprägung von Biomarkern bestimmt.

Als Kundensegmente wurden andere Diagnostik- oder Pharmaunternehmen, Patienten, Haus- und Laborärzte, Kliniken, Apotheken, aber auch Unternehmen anderer Branchen, wie die der Nahrungsmittelindustrie oder Labore mit biologischen Tätigkeitsfeldern genannt.

Die Kundenbeziehungen beschrieben die Interviewten unterschiedlich, da das Kundensegment durch die Zersplitterung äußerst fragmentiert ist. Überwiegend unterschieden sich die Antworten darin, wen das Unternehmen vorrangig als Kunden ansieht. Die Kundenbeziehungen zu den einzelnen Beteiligten variierten jedoch kaum.

Beim Vertriebskanal wurden kaum Unterschiede festgestellt. Allerdings ist die finale Entscheidung, ob ein Test angewendet und damit gekauft wird, stark davon abhängig, wie die einzelnen Akteure in den Vertriebsprozess eingebunden sind. Ziel der Vertriebsaktivität ist es fast ausschließlich, durch Vertriebsteams oder durch Auftritte auf Messen und Konferenzen Einfluss in erster Linie auf die Meinungsführer unter den Ärzten zu nehmen und erst in zweiter Distanz den Patienten.

Hinsichtlich der Erlösmechanismen wurden bei den Diagnostikunternehmen drei Grundtypen identifiziert, die auch in Kombination auftreten können. Dies sind der Verkauf der Tests zur Anwendung, der Verkauf der Testergebnisse und die Auslizenzierung von Tests an andere Unternehmen.

Die Analyse der Fallstudien zeigt, dass die Geschäftsmodellstruktur wesentlich vielfältiger und komplexer beschrieben werden kann, wenn die Verflechtungen zwischen den Komponenten berücksichtigt werden. Bisherige Veröffentlichungen und Studien gehen nur grobmaschig auf den Kooperationseffekt bei den *Companion Diagnostics* ein, wenn es um neue Geschäftsmodelle in der PM geht. Sämtliche andere Aspekte werden kaum betrachtet. Anhand der Vielfalt an Ausgestaltungsoptionen einzelner und verbundener Komponenten sehen wir einen interessanten Gestaltungsspielraum, der sich nicht in einer großen Veränderung des Geschäftsmodells widerspiegelt, sondern in mehreren kleinen Veränderungen, die in ihrer Summe aber zu gänzlich anderen Ausrichtungen führen können.

5 Praxisbeispiel – Analyse der Veränderung eines Geschäftsmodells in der Personalisierten Medizin

Ziel dieses Kapitels ist, die vorher beschriebenen statischen Ausprägungen eines Geschäftsmodells in einen evolutionären Kontext einzubetten. In der Breite konnte der evolutionäre Pfad einer Geschäftsmodellveränderung über die unterschiedlichen Fallstudien hinaus nicht ausreichend beschrieben werden, da Langzeitdaten fehlten. Hier soll nun der Versuch unternommen werden, aufzuzeigen, wie sich das Geschäftsmodell eines einzelnen Diagnostikunternehmens über den Zeitablauf entwickelte und welche Rolle verschiedene Einflüsse spielten.

Ausgangspunkt für die Untersuchung war das Geschäftsmodell der Diagnostik AG (Name geändert) und zwei durchgeführte Interviews, die mit der Leiterin des Bereichs Forschung und Entwicklung im Juni 2011 und September 2012 geführt und aufgezeichnet sowie anschließend transkribiert wurden. Das erste Interview diente dazu, das Geschäftsmodell des Unternehmens zu erfassen und entsprechend des *Business Model Canvas* zu beschreiben. Das zweite Interview verfolgte das Ziel, die Darstellung des Geschäftsmodells anhand des *Business Model Canvas* zu bewerten und Kontextwissen abzufragen, warum das Geschäftsmodell so aussieht.

Im Folgenden wird zunächst das Geschäftsmodell des Unternehmens kurz dargestellt. Hierbei wird dann deutlich, dass Geschäftsmodelle keine statischen Konstrukte sind, sondern sich im Zeitablauf verändern und erweitern.

5.1 Darstellung der Fallstudie zu einem Geschäftsmodell

Die Diagnostik AG bietet seit dem Jahr 2000 ein Testverfahren an, mit deren Hilfe unter anderem der Schweregrad einer Blutvergiftung ermittelt werden kann. Das Nutzenversprechen ist, basierend auf dem Testergebnis, die Sinnhaftigkeit einer Verabreichung von Antibiotika besser abschätzen zu können. Hauptadressaten des Tests sind behandelnde Ärzte. Die Anwendungsmöglichkeit des Tests umfasst das Gebiet der schnellen Feststellung der therapeutischen Wirksamkeit.

> *„Man hat in klinischen Studien gezeigt (...), dass man 80 Prozent der Antibiotika einsparen kann. Das ist de facto personalisierte Medizin.“*

Das Testverfahren entstand in Zusammenarbeit mit einem Mediziner, der das Potential der entsprechende Testsubstanz erkannte und mit der Idee zur Entwicklung eines Testverfahrens an die Diagnostik AG herantrat. Der Tätigkeitsschwerpunkt des Unternehmens, das die Substanz lizensierte, bestand anfangs in der Entwicklung und Vermarktung des Testverfahrens. Auf Basis eigenständiger

Forschung- und Entwicklungsaktivitäten wurde somit ein eigenes Verfahren und Produkt eingeführt. Das Verfahren wird auf Basis einer Blutprobe des Patienten überwiegend von Labors durchgeführt, die die Ergebnisse anschließend den behandelnden Ärzten zur Verfügung stellen.

Mit zunehmender Marktdurchdringung und steigender Marktnachfrage erweiterte sich das Wertschöpfungsnetzwerk der Diagnostik AG, das anfangs lediglich aus dem externen Ideengeber und dem Unternehmen selbst bestand. Zum einen wurden das Testverfahren zusammen mit Hochschulen und Forschungseinrichtungen ständig verbessert, zum anderen wurde die Zusammenarbeit mit großen Herstellern von Diagnostikgeräten intensiviert, um das Testverfahren in bereits bestehende Diagnostikgeräte zu integrieren. Mit anderen Worten: Das Wertschöpfungsnetzwerk der Diagnostik AG weitete sich mit dem zunehmenden Erfolg des Produkts aus. Inzwischen ist der Test in eine Reihe bestehender Diagnostiksysteme großer Hersteller integriert.

> *„Es ist dann ein gewisser Konkurrenzdruck da und dann ist es für die größeren Unternehmen auch eine Rationale, zu sagen, sie wollen auch diesen Test haben.“*

Behandelnde Ärzte und Laborärzte sind die zwei wichtigsten Kundengruppen für das Testverfahren. Laborärzte führen den Test durch und fungieren deshalb als *Gatekeeper*. Diese Kundengruppe wurde überwiegend in Form Demonstrationen und Schulungen informiert. Die weitaus größere Kundengruppe stellen die behandelnden Ärzte dar, da sie den Test letztlich anfordern. Einerseits erhielt eine ausgewählte Gruppe von Ärzten, die gleichzeitig als Meinungsbilder identifiziert wurden, die Möglichkeit, sich durch die Teilnahme an klinischen Studien von der Sinnhaftigkeit des Testverfahrens zu überzeugen. Andererseits wurden die daraus gewonnenen Ergebnisse einer größeren Gruppe von Ärzten in Artikeln in wissenschaftlichen Fachzeitschriften präsentiert.

> *„Das Wichtigste ist, (...) dass sie eine Interventionsstudie haben, die sie dann in einem sehr hohen Journal publiziert bekommen. Wir hatten mal eine im New England Journal of Medicine.“*

Als wichtigste Schlüsselressource wird das *Intellectual Property-Management* angesehen. Dazu zählt auch die Fähigkeit, neue wissenschaftliche Erkenntnisse wahrzunehmen und in Claims übersetzen zu können, die patentierbar sind. Im Falle des Testverfahrens der Diagnostik AG hatte der Innovator bereits ein Patent angemeldet, bevor er die Zusammenarbeit mit der Diagnostik AG einging.

> *„Sie müssen eine lupenreine und wasserdichte sehr gute Strategie haben, um das geistige Eigentum zu schützen oder Wettbewerber abzuhalten, in den Markt vorzudringen.“*

Die Gesamtkosten für Forschung, Entwicklung, Zulassung und Marketing belaufen sich auf einen zweistelligen Millionenbetrag. Die reinen Entwicklungskosten schlagen etwa 500.000 Euro zu Buche. Dem gegenüber stehen jährliche Umsatzerlöse in Höhe von etwa 50 Millionen Euro.

5.2 Lessons Learned vom analysierten Praxisbeispiel

Es zeigte sich, dass die zwei Komponenten Schlüsselressourcen und Wertschöpfungsnetzwerk für das Unternehmen von besonderer Bedeutung bei der Entwicklung und damit für den Erfolg des Geschäftsmodells waren. Im Bereich Schlüsselressourcen wurde vor allem die Patentierbarkeit des betreffenden Tests hervorgehoben.

> *„Also für XX war das IP-Management ein wesentlicher Kern gewesen. Also konsequent und umfassenden Schutz des Marktes und nicht nur dessen, sondern auch Schutz des Geschäftes."*

Als weiterer zentraler Punkt, der für die erfolgreiche Einführung des Produkts entscheidend war, stellte sich das Wertschöpfungsnetzwerk heraus, und hier insbesondere der Kontakt zu so genannten *„Opinion Leaders"*, die als *Lead User* in Aktion treten.

> *„Sie brauchen Meinungsmacher, die einen in die Lage versetzen, ein klinisches Netzwerk zu haben, wo man sehr früh Informationen bekommt, aber wo man auch relativ schnell an Material kommt."*

Anhand der Analyse wird deutlich, dass die Produktinnovation an sich ein Ausgangspunkt darstellt, die erfolgreiche Kommerzialisierung aber kein Automatismus darstellt. Viel wichtiger war die Etablierung von Geschäftsmodellmechanismen, die dazu führen, dass sich einerseits das Angebot unter den relevanten Zielgruppen verbreitet und durch eigene Versuche als wertvoll eingeschätzt wird. Andererseits war es von großer Wichtigkeit, dass das Wissen nicht schnell von Konkurrenten übernommen werden kann.

Diese Analyse macht deutlich, dass Produktinnovation und das Denken in Geschäftsmodellen zwei Seiten derselben Medaille sind. Beide Seiten entscheiden darüber, wie sich Geschäftsmodelle optimal an existierende Rahmenbedingungen anpassen – sei es auch nur durch inkrementelle Veränderungen in einzelnen Komponenten.

6 Zusammenfassung

Der vorliegende Beitrag hat sich schwerpunktmäßig mit den vorherrschenden Geschäftsmodellen (Pharma und Diagnostik) in der PM beschäftigt, den zukünftigen Einflüssen und Anforderungen sowie welche Veränderungen möglicherweise an den Geschäftsmodellen u. a. durch die Personalisierte Medizin stattfinden (werden). Zudem wurden Unterschiede und Besonderheiten in den Geschäftsmodellen auf Grundlage empirischer Daten aufgezeigt.

Im ersten Schritt wurde dazu der Begriff Geschäftsmodell, seine Herkunft und der aktuelle Forschungsstand diskutiert. Ziel war es, den Begriff zu operationalisieren um klar zu machen, wie eine Analyse von Geschäftsmodellen durchgeführt werden kann. Es wurde jeweils für Pharma und Diagnostik ein vereinfachtes allgemeines Geschäftsmodell skizziert, um ein überblickartiges Verständnis zu schaffen. Diesen Beschreibungen wurden die Aussagen aus aktuellen Veröffentlichungen gegenübergestellt, bei denen der Fokus auf zukünftige Einflüsse und Anforderungen lag. Anschließend wurden mittels Fallstudien empirisch die jeweiligen Geschäftsmodelle von Pharma- und Diagnostikunternehmen detaillierter beschrieben und Unterschiede aufgezeigt.

In der Pharmaindustrie wird sich das Geschäftsmodell durch die PM im besonderen Maße verändern. Der Umfang der Veränderung hängt dabei stark vom (strategischen) Fokus des einzelnen Pharmaunternehmens ab, d.h. ist die PM ein relevanter strategischer Baustein sowohl in F&E als auch im bestehenden Produktportfolio und spielt die PM eine entscheidende Rolle in der zukünftigen Gesamtausrichtung des Unternehmens. Klar ist, dass nahezu jedes Pharmaunternehmen nach neuen Wegen sucht, um das Wachstum weiter voranzutreiben oder zumindest die bestehende Position im Markt zu halten. Hierbei wird es auf eine breitere Öffnung des Netzwerkes, über die bestehende Akquisitionsvorhaben hinaus, ankommen. Im Nutzenversprechen des Pharma-Geschäftsmodells wird der einzelne Patient bzw. die Patientengruppe weiter in den Vordergrund rücken. Für diese gilt es dann entsprechend kombinierte Produkt-Services mit einem klaren Nutzenversprechen in einem kleineren nischenartigen Marktsegment über neue Wege anzubieten.

Das Geschäftsmodell der Diagnostiker wird sich durch die PM weiter verändern und gleichzeitig wird die Bedeutung im Gesamtsystem zunehmen. Dies trifft vor allem auf das Partnernetzwerk zu. Neben den Verbindungen und Kooperationen zwischen Diagnostikunternehmen untereinander sowie mit verschiedenen Forschungseinrichtungen wird auch eine enge (Ver)Bindung zu Pharmaunternehmen zunehmend wichtiger. Die Tätigkeitsschwerpunkte werden durch die PM ausgebaut und die Schlüsselressourcen liegen vor allem bei den Mitarbeitern und Patenten. Durch die PM tritt im Bereich des Nutzerversprechens die Kombination eines Tests mit einem bestimmten Medikament (*Companion Diagnostic*) stärker in den Vordergrund – wie groß jedoch dieser Anteil dieser Tandems jedoch werden wird, ist nicht klar. Denn es wird deutlich, dass Pharmaunternehmen, abhängig vom Medikament und Strategie, nicht immer Interesse an einer Stratifizierung haben.

Der gesamte Bereich des Wertschöpfungsnetzwerkes in Richtung Kunde wird wichtiger, da die Kundeneinbindung eine größer werdende Rolle spielen wird. Damit ist beispielsweise die Rolle des Arztes oder des Patienten im Testanwendungsprozess gemeint, ob der Test vom Arzt, einem Labor oder vom Patienten selbst durchgeführt wird. Diese Entscheidung stellt beispielsweise eine tiefgreifende Geschäftsmodelldesign-Entscheidung dar, die bisher kaum in der relevanten Literatur diskutiert wurde.

Sowohl bei Pharmaunternehmen als auch bei den Diagnostikunternehmen wird es auf strategischer Ebene vor allem auf den Umgang mit Kooperationen ankommen. Die Diagnostikunternehmen werden zunehmend Partner und Dienstleister für Pharmaunternehmen, da sie Produkte und Services anbieten, die z. B. helfen Implikationen zur Vorgehensweise bei der Medikamentenentwicklung zu geben. Herausforderung wird hier der gegenseitige Umgang mit den neuen Veränderungen sein. Gerade Pharmaunternehmen teilen die Sorge, dass neue Abhängigkeiten auftreten. Es könnte…

> *„…vor allem bei Kooperationen mit kleineren Diagnostikunternehmen die Gefahr besteh[en], dass diese den Entwicklungs- und Zulassungszeitraum des Arzneimittels nicht überleben. Da die Diagnostikunternehmen überwiegend eine kleine (sic) bis mittlere Unternehmensgröße aufweisen, ist deren Kapitalausstattung recht dünn. So bleibt das Risiko, frühestmöglich einen Diagnostikhersteller einzubinden, ob dieser jedoch zur Einführung des Arzneimittels die entsprechenden Tests liefern kann, ist nicht gesichert. Tritt dieses ein, muss das Pharmaunternehmen das Diagnostikunternehmen im schlimmsten Fall dementsprechend über-nehmen oder finanziell unterstützen."* (Eppinger et al. 2011, S. 46)

Trotz all der beschriebenen Aspekte bleibt festzuhalten, dass jedes Geschäftsmodell in der PM als einzigartig angesehen werden kann. Die Heterogenität hinsichtlich der Geschäftsmodellvielfalt besonders in der Diagnostikindustrie ist bei genauerem Hinsehen sehr groß. Während der praktischen (Forschungs-) Arbeiten mit den Geschäftsmodellen in der PM ist zudem klar geworden, dass Theorie und Praxis sich oft unterscheiden. In der Praxis ist häufig mehr möglich z. B. hinsichtlich der Ausprägungen von Geschäftsmodellkomponenten als in der Literatur angesprochen wird. Im Gegensatz dazu kann mit Hilfe der Theorie und der entsprechend methodisch strukturierten Vorgehensweise das Denken in Geschäftsmodellen auf Praxisseite gefördert werden. Damit können für die Praxis neue Stellschrauben deutlich gemacht werden (z. B. beyond CDx), die ohne einem detaillierten Verständnis des Geschäftsmodellansatz nur schwer möglich wären.

7 Ausblick

Mit Blick auf die untersuchten Veröffentlichungen als auch Basis der empirischen Daten kann festgehalten werden, dass es zu Veränderungen in den Geschäftsmodellen der Pharma- und Diagnostikunternehmen durch die PM kommen wird. In welchem Ausmaß bleibt dabei noch abzuwarten und ist u.a. abhängig, ob das jeweilige Unternehmen sich strategisch auf die PM fokussieren kann und will. Die Diagnostikunternehmen, oft klein- und mittelständisch geprägt, operieren schon überwiegend im Themenfeld der Personalisierung und ihr Geschäftsmodell ist z. T. darauf schon ausgerichtet. Schwerer werden es dagegen die Pharmaunternehmen haben, da diese mit dem Zerfall des Blockbuster-Geschäftsmodells dringend auf neue Geschäftsmodelle angewiesen sind. Eine der größten Herausforderungen wird für die Pharmaunternehmen die teilweise (und möglicherweise zunehmende) Abkehr von einem eher Massenmarkttauglichem Geschäftsmodell hinzu einem Portfolio an Nischenorientierten Geschäftsmodellen sein. Hierbei kann die PM als eine interessante strategische Option dienen, die im Rahmen eines klar visionär strategischen Vorgehens in einem neuen Geschäftsmodell umgesetzt werden kann.

Letztendlich muss bei beiden Unternehmensgruppen ein Gesamtverständnis zum permanenten Wandel existieren bzw. geschaffen werden. Eine Offenheit und Sensibilisierung mit Blick auf das eigene Geschäftsmodell sorgt dafür, dass Chancen, die sich ergeben, auch ergriffen werden und schnell in neue innovative Geschäftsmodelle umgesetzt werden können.

8 Literaturverzeichnis

Accenture (2009): The Era of Outcomes – Emerging Pharmaceutical Business Models for High Performance. Accenture.

Al-Debei, M. M. und Avison, D. (2010): Developing a unified framework of the business model concept. European Journal of Information Systems, 19 (3), S. 359–376.

Amir-Aslani, A. und Mangematin, V. (2010): The future of drug discovery and development: Shifting emphasis towards personalized medicine. Technological Forecasting and Social Change, 77 (2), S. 203–217.

Amit, R. und Zott, C. (2001): Value creation in E-business. Strategic Management Journal, 22 (6-7), S. 493–520.

Arend, R. J. (2013): The business model: Present and future – beyond a skeumorph. Strategic Organization, 11 (4), S. 390–402.

Baden-Fuller, C. und Haefliger, S. (2013): Business Models and Technological Innovation. Long Range Planning, 46 (6), S. 419–426.

Baden-Fuller, C. und Mangematin, V. (2013): Business models: A challenging agenda. Strategic Organization, 11 (4), S. 418–427.

Baden-Fuller, C. und Morgan, M. S. (2010): Business models as models. Long Range Planning, 43 (2/3), S. 156–171.

Beeler, J. (2013): Integrating Companion Diagnostic Assays into Drug Development: Addressing the Challenges from the Diagnostic Perspective: Companion Diagnostic Assays. Drug Development Research, 74 (2), S. 148–154.

Björkdahl, J. (2009): Technology cross-fertilization and the business model: The case of integrating ICTs in mechanical engineering products. Research Policy, 38 (9), S. 1468–1477.

Boston Consulting Group (2011): Medizinische Biotechnologie in Deutschland 2011: Biopharmazeutika: Wirtschaftsdaten und Nutzen der Personalisierten Medizin. Boston Consulting Group, http://www.vfa-bio.de/vb-de/aktuelle-themen/branche/wirtschaftsdaten-und-nutzen-der-personalisierten-medizin.html (Zugriff am 10.07.2014).

Brousseau, E. und Penard, T. (2007): The economics of digital business models: A framework for analyzing the economics of platforms. Review of Network Economics, 6 (2), S. 81–114.

Casadesus-Masanell, R. und Ricart, J. E. (2010): From Strategy to Business Models and onto Tactics. Long Range Planning, 43 (2-3), S. 195–215.

Cattell, J., Chilukuri, S. und Levy, M. (2013): How big data can revolutionize pharmaceutical R & D. McKinsey & Company, http://www.mckinsey.com/isights/health_systems_and_services/how_big_data_can_revolutionize_pharmaceutical_r_and_d (Zugriff am 30.06.2014).

Chesbrough, H. W. und Rosenbloom, R. S. (2002): The role of the business model in capturing value from innovation: evidence from Xerox Corporation's technology spin-off companies. Industrial and Coporate Change, 11 (3), S. 529–555.

Cohen, J. P. (2012): Overcoming regulatory and economic challenges facing pharmacogenomics. New biotechnology, 29 (6), S. 751–756.

DaSilva, C.M. und Trkman, P. (2013): Business Model: What It Is and What It Is Not. Long Range Planning, http://www.sciencedirect.com/science/article/pii/S0024630113000502 (Zugriff am 12.03.2014)

Davis, J., Furstenthal, L., Desai, A., Norris, T., Saumya, S., Flemming, E. und Ma, P. (2010): The microeconomics of personalized medicine. In: Pharma R&D Compendium 2010. S. 87–99, http://ww1.mckinsey.com/clientservice/pharmaceuticalsmedicalproducts/pdf/R&D_emerging_markets.pdf (Zugriff am 13.07.2011).

Deloitte (2009): The ROI for targeted therapies: A strategic perspective. Deloitte Center for Health Solutions. http://medicalcenter.osu.edu/pdfs/cphc/Deloitte_White_Paper_ROI_PHC.pdf (Zugriff am 12.07.2014).

Dröge, A. (2009): Warten auf die Revolution. Innovationsmanager, (01/09), S. 50–52.

Eppinger, E., Almeyda, T., Braun, A., Kamprath, M., Wieck, K. und Piatek, E. (2011): Marktanalyse der Personalisierten Medizin: Übersicht über Schlüsselakteure, Treiber, Potenziale und Barrieren für Unternehmen. Potsdam, University of Potsdam, http://www.uni-potsdam.de/dpm/material/Bericht%20Marktanalyse%202011-02.pdf, (Zugriff am 11.07.2014).

Ernst & Young (2009): Von der Molekulardiagnostik zur Personalisierten Medizin, http://www.dvfa.de/files/finanzkommunikation/kapitalmarktkonferenzen/life_science/application/pdf/1__Schueler-Ernst-Young.pdf (Zugriff am 12.07.2014).

Ferrara, J. (2007): Personalized Medicine: Challenging Pharmaceutical and Diagnostic Company Business Models. McGill Journal of Medicine, 10 (1), S. 59–61.

Gassmann, O. (2004): Leading pharmaceutical innovation: trends and drivers for growth in the pharmaceutical industry. Berlin ; New York, Springer.

George, G. und Bock, A. J. (2011): The Business Model in Practice and Its Implications for Entrepreneurship Research. Entrepreneurship Theory and Practice, 35 (1), S. 83–111.

Germino, N. und Chan, K. (2013): Simulation of Consumer Trends in Direct-to-Consumer (DTC) Genetic Testing. Journal of Consumer Health On the Internet, 17 (3), S. 272–283.

Halecker, B. und Hartmann, M. (2014): Das Geschäftsmodell als „Strategic Deployment" im strategischen Denken. In: Kompendium Geschäftsmodell-Innovation: Grundlagen, aktuelle Ansätze und Fallbeispiele zur erfolgreichen Geschäftsmodell-Innovation. Springer Gabler, S. 209–232.

Halecker, B. und Kamprath, M. (2013): Patentrezepte für die Pharmaindustrie. CHEManager, S. 15–16.

Harvey, A., Brand, A., Holgate, S.T., Kristiansen, L.V., Lehrach, H., Palotie, A. und Prainsack, B. (2012): The future of technologies for personalised medicine. New Biotechnology, 29 (6), S. 625–633.

Hodgson, D. R., Wellings, R. und Harbron, C. (2012): Practical perspectives of personalized healthcare in oncology. New Biotechnology, 29 (6), S. 656–664.

Huber, T., Alt, R., Barak, V. und Österle, H. (2001): Future Application Architecture for the Pharmaceutical Industry. In: Business Networking. Springer Berlin Heidelberg, S. 155–173, http://link.springer.com/chapter/10.1007/978-3-642-56502-1_8 (Zugriff am 11.07.2014)

Hültenschmidt, N., Eliades, G., Singh, K. und Danke, I. (2011): The end of healthcare...as we know it? Bain & Company, http://www.bain.de/publikationen/articles/the-end-of-healthcare-as-we-know-it.aspx (Zugriff am 11.07.2014).

Jansen, W., Steenbakkers, W. und Jagers, H. (2007): New Business Models for the Knowledge Economy. illustrated edition. Gower Publishing Ltd.

Johnson, M. W., Christensen, C. M. und Kagermann, H. (2008): Reinventing Your Business Model. Harvard Business Review, 86 (December), S. 57–68.

Kamprath, M. (2012): Geschäftsmodelle in der Personalisierten Medizin – Operationalisierung und erste Ergebnisse. IME Working Paper Series, 2012-2, http://www.uni-potsdam.de/ime/images/DPM_Working_Paper_2012_3_IME.pdf (Zugriff am 10.07.2014).

Koelsch, C., Przewrocka, J. und Keeling, P. (2013): Towards a balanced value business model for personalized medicine: an outlook. Pharmacogenomics, 14 (1), S. 89–102.

Magretta, J. (2002): Why business models matter. Harvard business review, 5, S. 86–93.

Meyer, C. (2013): What Does It Take to Redesign an Industry? Harvard Business Review, http://hbr.org/2013/03/what-does-it-take-to-redesign-an-industry/ar/1 (Zugriff am 30.07.2014).

Mittra, J. und Tait, J. (2012): Analysing stratified medicine business models and value systems: innovation-regulation interactions. New Biotechnology, 29 (6), S. 709–719.

Morris, M., Schindehutte, M. und Alcaide-Marzal, J. (2005): The entrepreneur's business model: toward a unified perspective. Journal of Business Research, 58 (6), S. 726–735.

Morris, M. H.., Shirokova, G. und Shatalov, A. (2013): The Business Model and Firm Performance: The Case of Russian Food Service Ventures. Journal of Small Business Management, 51 (1), S. 46–65.

Mühlbauer (2012): Zukunftsperspektiven der Gesundheitswirtschaft. LIT Verlag Münster.

Osterwalder, A. (2004): The business modell ontology – A proposition in a design science approach. Lausanne, Universite de Lausanne, http://www.hec.unil.ch/aosterwa /PhD/ (Zugriff am 28.06.2014)

Osterwalder, A. und Pigneur, Y. (2009): Business model generation: a handbook for visionaries, game changers, and challengers. Amsterdam, Modderman Druckwerk.

Pateli, A. G. und Giaglis, G. M. (2004): A research framework for analysing eBusiness models. European Journal of Information Systems, 13 (4), S. 302–314.

Perkmann, M. und Spicer, A. (2010): What are business models? Developing a theory of performative representations. In: N. Phillips, G. Sewell, und D. Griffiths Verl. Research in the Sociology of Organizations. Bingley, Emerald Group Publishing, S. 265–275, http://www.aimresearch.org/uploads/file/Working%20Papers/RSO-proof read.pdf (Zugriff am 25.06.2014).

Porter, M. E. (2001): Strategy and the Internet. Harvard Business Review, March, S. 63–78.

PricewaterhouseCoopers (2009): Pharma 2020: Challenging business models: Which path will you take? PricewaterhouseCoopers.

Reger, G., Mietzner, D. und Nolting, M. (2008): Szenarioanalyse – Dienstleistungen in der roten Biotechnologie. Aachen, Shaker Verlag.

Roski, R. (2009): Akteure, Ziele und Stakeholder im Gesundheitswesen – Business Marketing, Social Marketing und Zielgruppensegmentierung. In: R. Roski ed. Zielgruppengerechte Gesundheitskommunikation. VS Verlag für Sozialwissenschaften, S. 3–31, http://link.springer.com/chapter/10.1007/978-3-531-91476-3_1 (Zugriff am 30.07.2014)

Sabatier, V., Craig-Kennard, A. und Mangematin, V. (2012): When technological discontinuities and disruptive business models challenge dominant industry logics: Insights from the drugs industry. Technological Forecasting and Social Change, 79 (5), S. 949–962.

Schallmo, D. (2013): Geschäftsmodell-Innovation - Grundlagen, bestehende Ansätze, methodisches Vorgehen und B2B-Geschäftsmodelle. Wiesbaden, Springer Gabler.

Schneider, S. und Spieth, P. (2013): Business Model Innovation: Towards an Integrated Future Research Agenda. International Journal of Innovation Management, 17 (01), S. 1340001.

Shafer, S., Smith, H. J. und Linder, J. C. (2005): The power of business models. Business Horizons, 48 (3), S. 199–207.

Teece, D. J. (2010): Business models, business strategy and innovation. Long Range Planning, 43 (2/3), S. 172–194.

Veenstra, D., Garrison, L. P. und Ramsey, S. (2009): Economic Issues and Genomics Medicine. In: Academic Press, S. 233–244.

VFA (2014): vfa.de - In Deutschland zugelassene Arzneimittel für die personalisierte Medizin [Internet], http://www.vfa.de/de/arzneimittel-forschung/datenbanken-zu-arzneimitteln/individualisierte-medizin.html/_1, (Zugriff am 30.07.2014)

Wirtz, B. (2011): Business Model Management: Design – Instruments – Success Factors. Gabler.

Zott, C. und Amit, R. (2007): Business Model Design and the Performance of Entrepreneurial Firms. Organization Science, 18 (2), S. 181–199.

Zott, C., Amit, R. und Massa, L. (2011): The Business Model: Recent Developments and Future Research. Journal of Management, 37 (4), S. 1019–1042.

Der Wandel dominanter Geschäftslogiken durch die Personalisierte Medizin

Karen Smolka und Martin Kamprath

Inhaltsverzeichnis

1 Einleitung

Die DNA eines jeden Menschen ist entschlüsselt, dokumentiert in seiner Krankenakte und Grundlage für Behandlungsentscheidungen (Hood und Flores 2012). Medizin wird nicht mehr nur reaktiv praktiziert um zu heilen, sondern auch präventiv, um vorzubeugen (TAB 2008, S. 48). Jeder Mensch übernimmt mehr Verantwortung für seine Gesundheit und nimmt maßgeschneiderte Ernährungspläne und individuelle Therapien mit individualisierten Medikamenten in Anspruch (TAB 2008, S. 47) – das ist die Vision der personalisierten Medizin.

Die personalisierte Medizin ist ein Forschungsgegenstand, über den kontrovers diskutiert wird. Neuen Technologien und Wissen, darauf aufbauende Produkte und Geschäftsmodelle und den damit einhergehenden, angestoßenen Auswirkungen auf den Gesundheitsbereich werden teilweise überschwängliche, aber in jedem Falle ernstzunehmende Veränderungskräfte zugesprochen.

Über die Zukunft mit einer personalisierten Medizin (PM) wurde und wird viel geschrieben und diskutiert.

Begreift man die Personalisierte Medizin als Resultat aus verschiedenen Technologien, die neue Anwendungsfelder ermöglichen (ähnlich wie die Digitalisierung im Medienbereich), dann ist die Auswirkung dieser Entwicklung auf die Akteure des Gesundheitsbereichs besonders interessant. Diverse Studien und Veröffentlichungen diskutieren die strategischen Implikationen für die Vielzahl an Akteuren und Institutionen, wie die produzierenden Unternehmen, Krankenkassen, Ärzte und Patienten.

Kaum diskutiert wurde jedoch, wie dieser viel beschriebene Wandel an sich wahrgenommen wird und mit dem existierenden Verständnis von der Funktion des Gesundheitsbereichs vereinbar oder konträr ist. In diesem Fall spricht man von der dominanten Industrielogik. Diese Logik beschreibt, inwiefern das von Individuen wahr genommene Bild oder die Art und Weise, wie eine Industrie überhaupt funktioniert, verhindert oder zulässt ob Neuerungen oder Veränderungen eintreten können. Sind Veränderungen so gegensätzlich zur dominanten Industrielogik, ist es unwahrscheinlich, dass diese Veränderung eine bestehende Logik aufweichen oder ersetzen kann.

Ziel dieses Kapitels ist es zu diskutieren, ob und inwiefern die Personalisierte Medizin die dominanten Logiken der Pharma- und Diagnostikindustrie ändert oder sogar zerstört.

Nach einer kurzen Vorstellung des Marktumfeldes und der Erläuterung des Konzeptes der dominanten Logik stützt sich der Hauptteil der Arbeit auf die Analyse der bisherigen dominanten Logiken der zwei Industrien Pharma und Diagnostik. Auf Basis existierender Veröffentlichungen zum Thema wird dann diskutiert, wie die PM diese dominanten Logiken beeinflusst und wie eine veränderte Logik der personalisierten Medizin für Pharma- und Diagnostikunternehmen aussehen könnte.

2 Marktumfeld

2.1 Charakteristik des Biotech-, Pharma- und Diagnostiksektors

Die einzelnen Akteure des Biotech-, Pharma- und Diagnostiksektors könnten kaum unterschiedlicher sein. Im Gesundheitssektor nehmen die Pharmakonzerne momentan eine monopolartige Machtstellung ein, da sie aufgrund ihres Alters und ihrer früheren Erfolge große, finanzstarke Unternehmen sind. Ihr Manko geht allerdings mit ihrer Stärke einher, denn aufgrund ihrer Größe und ihres Alters zeichnen sie sich auch durch fest eingefahrene, konservative Strukturen und komplexe Organisationssysteme aus. Ihre Marktpartner, die Biotech- und Diagnostikunternehmen, hingegen nehmen eher eine untergeordnete Rolle ein. Sie sind jünger und meist unterkapitalisiert, aber durch die Notwendigkeit sich ständig anpassen zu müssen um markt- und wettbewerbsfähig zu bleiben, haben diese Unternehmen sich eine hohe Flexibilität und schnelle Reaktionsfähigkeit angeeignet und auch oft gezeigt, dass sie sogar bereit und fähig sind, ihre Geschäftsmodelle den Marktveränderungen anzupassen. Im Sektor stehen sich also auf der einen Seite die finanzstarken, konservativen, innovationsträgen Pharmakonzerne und auf der anderen Seite die finanzschwachen, innovationsfreudigen Biotech- und Diagnostikunternehmen gegenüber.

2.2 Entwicklungen des Marktes hin zur PM

Obwohl die personalisierte Medizin mit einigen kommerziellen Anwendungen und vielen laufenden klinischen Studien bereits eine praktische Realität geworden ist, ist sie in der medizinischen Praxis weitaus weniger entwickelt als in der Theorie (Aspinall und Hamermesh 2007, S. 109). Noch vor einigen Jahren wurde die personalisierte Medizin als bahnbrechende Innovation angesehen, die die Gesundheitsindustrie grundlegend verändern wird. Heute birgt die Personalisierte Medizin noch immer großes Potential, jedoch ist sie nicht mehr als die eine große Marktentwicklung angesehen, sondern nur noch als eine Möglichkeit oder Chance. Im Jahr 2013 klingen die Zukunftsprognosen und Einschätzungen nicht mehr so überschwänglich wie noch einige Jahre zuvor (McKinsey 2013, S. 4). Die größten Marktmöglichkeiten ergeben sich eher außerhalb der traditionellen Gesundheitsindustrie auf einer übergeordneten Ebene (PWC (II) 2009, S. 3), nämlich für den Sektor der personalisierten medizinischen Versorgung, einschließlich der Telemedizin, des Krankheitsmanagements und der Informatiktechnologien für Gesundheitsdaten. Im Jahre 2009 wurde der Markt auf 4–12 Milliarden US-Dollar geschätzt, doch für 2015 wurde dem Markt schon ein Volumen von über 100 Milliarden US-Dollar prognostiziert. Auch der verwandte „Wellness- und Nutrition“-Markt erwartete damals ein jährliches Wachstum von sieben Prozent und das Marktvolumen hätte 2015 schon 290 Milliarden US-Dollar betragen können (PWC (II) 2009, S. 3). Verglichen damit ist das Kerngeschäft der personalisierten Medizin weniger ertragsreich, dennoch erwartete PWC 2009 auch in diesem Bereich ein jährliches Wachstum, das auf etwa zehn Prozent geschätzt wurde (PWC 2009, S. 3). In den darauffolgenden Jahren sollte sich das Volumen des Marktes von 24 auf etwa 42 Milliarden US-Dollar im Jahr 2015 steigern (PWC (II) 2009, S. 3). Die prognostizierten Marktvolumen wurden zwar nicht erreicht, aber der Marktanteil der PM am gesamten deutschen Pharmamarkt verzeichnet trotzdem jährlich ein Wachstum und betrug 2013 bereits 21 Prozent[1]. Heute sind 36 personalisierte Medikamente auf dem Markt, von denen für 28 ein diagnostischer Test vorgeschrieben und für acht weitere ein Test empfohlen wird[2]. Die Einsatzgebiete reichen dabei von HIV/Aids, über Onkologie bis hin zu Epilepsie und Multipler Sklerose. Der personalisierten Medizin kommt besonders in der Krebsforschung eine bedeutende Rolle zu, deshalb wirken die personalisierten Medikamente, die momentan auf dem Markt sind, meist auch gegen bestimmte Arten von Tumoren. Das erste personalisierte Medikament, das in Europa auf den Markt kam, ist Gefitinib, welches gegen Lungenkrebs wirkt und speziell für Patienten entwickelt wurde, deren Tumor bestimmte Mutationen aufweist. Die Standardbehandlung bei Lungenkrebs ist heutzutage noch immer eine Chemotherapie, doch Studien belegen, dass individualisierte Behandlungen, die z. B. auf Patienten mit mutierten Tumoren zugeschnitten sind, effektiver sind. So haben beispielsweise Menschen mit einem mutierten Lungentumor, die nur eine Chemotherapie machen, eine fünfmal geringere zwölfmonatige Überlebenschance als die Patienten, die personalisiert behandelt werden (Aspinall und Hamermesh 2007, S. 110 f.).

3 Dominant Business Logic

Die dominante Logik einer Industrie funktioniert wie eine „mentale Landkarte“ (Prahalad und Bettis 1986, S. 485), die durch Erfahrungen im vertrauten Geschäftsfeld entstanden ist. Als dominante Logik wird eine vorherrschende Denkart oder Ansicht über ein Geschäftsfeld verstanden, welche als eine Art Informa-

---

1 www.vfa-bio.de/vb-de/aktuelle-themen/branche/biopharmazeutika-wirtschaftsdaten-und-nutzen-fuer-patienten-im-demografischen-wandel.html (Zugriff am 23.02.2014).

2 www.vfa.de/personalisiert (Zugriff am 16.05.2014).

tionsfilter fungiert und dem Manager als Grundlage für Entscheidungsprozesse und Zielerreichungen dient (Prahalad und Bettis 1986, S. 492).

Jeder Manager entwickelt im Laufe seiner Tätigkeit eine Vorstellung über das Geschäftsfeld, in dem er tätig ist. Zum einen ist das auf die individuelle Erfahrung in dem jeweiligen Geschäftsfeld zurückzuführen und zum anderen darauf, dass diese Vorstellung als ein System zur Entscheidungsfindung dienen kann (Prahalad und Bettis 1986, S. 490). Dieses System kann die Arbeit des Managements wesentlich vereinfachen: Die Erfahrungen des Managements sind eine wichtige Informationsquelle für strategische Entscheidungen (Prahalad und Bettis 1986, S. 493), obwohl diese auch zu Stolpersteinen werden können. Erfahrungen sind nicht nur eine Informationsquelle, sondern auch ein Informationsfilter. Nur die Daten, die durch Erfahrung und angelerntes Denken relevant sind, werden in Entscheidungsprozessen berücksichtigt (Prahalad und Bettis 1995, S. 7).

Eine der Hauptkomponenten der dominanten Logik ist die Erfahrung. Das Handeln und Denken, das sich in der Vergangenheit bewährt hat, wird als allgemein richtig und angemessen erachtet (Prahalad und Bettis 1986, S. 492). Es geht weniger darum, Prozesse zu optimieren und die beste Strategie zu wählen, sondern darum, konventionell nach angelernten Verhaltensregeln zu handeln (Prahalad und Bettis 1986, S. 491). In einem stabilen Umfeld vereinfacht ein solches angelerntes Verhalten Entscheidungsprozesse. Doch oft wird die dominante Logik unreflektiert auf Situationen übertragen, die neue und andere Vorgehensweisen erfordern. In solchen Fällen ist die dominante Logik ein Hindernis, eine angemessene Lösung zu finden und kann zu einem unpassenden Vorgehen führen (Côté et al. 1999, S. 925).

Im Zusammenhang mit Organisationen kann das Konzept der dominanten Logik erklären, warum viele Organisationen Schwierigkeiten bei der Anpassung an Veränderungen in ihrem Umfeld haben. Oft sehen Unternehmen die Veränderungen, sind aber nicht in der Lage, auf diese zu reagieren (Prahalad und Bettis 1995, S. 7). Da die dominante Logik oft eng mit dem Organisationssystem und den Organisationsstrukturen verbunden ist und diese auch meist Teile der dominanten Logik verkörpern (Prahalad und Bettis 1995, S. 10), kann die dominante Logik als einer der Hauptfaktoren im Innovations- und Veränderungsprozess gesehen werden. Wie ein „genetischer Faktor“ (Prahalad und Bettis 1995, S. 8 f.) durchdringt die dominante Logik eine Organisation, bleibt aber unsichtbar. Sie macht das Unternehmen anfällig für bestimmte Arten von strategischen Problemen (Prahalad und Bettis 1995, S. 8) und hat einen tiefgreifenden Einfluss auf den Handlungsspielraum eines Unternehmens.

In der Literatur finden sich illustrative Beispiele für Industrien, deren dominante Logik durch Innovationen herausgefordert wurde. So beschreiben Hadida und

Paris (2013) den Wandel der Musikindustrie, in welcher das Beharren auf einer dominanten Logik zu einer negativen Entwicklung des Marktes und der dominierenden Akteure geführt hat. Die Musikindustrie sah sich bekanntermaßen mit neuen Technologien wie Breitbandinternet, der Entwicklung des MP3-Formats und den daraus erwachsenden neuen Geschäftsmodellen konfrontiert, die die Art und Weise wie Musik bezogen und konsumiert wird, von Grund auf veränderten. Manager traditioneller Unternehmen versuchten die neuen Technologien und Informationen nach alten Mustern und Regeln zu interpretieren und auszufiltern. Als Entrepreneur aufzutreten und neue Lösungen für die Unsicherheiten, mit denen sie dadurch konfrontiert wurden, zu finden, stand weitestgehend entgegen der traditionellen Logik der Industrie (Hadida und Paris 2013, S.2). Die Inflexibilität der traditionellen Unternehmen führte jedoch dazu, dass neuen Marktakteuren mehr Spielraum gelassen wurde, um Marktanteile zu gewinnen und Barrieren zu durchbrechen. Die neuen Marktakteure wie Napster oder später auch Apple hinterfragten die dominanten Logiken der traditionellen Musikindustrie und definierten sie selbst neu, indem sie sich signifikant von der traditionellen Branche abhebten und so weniger anfällig für die kognitiven Barrieren waren, die die traditionelle Industrie beeinträchtigten. Sie folgten einer eigenen Logik, welche die traditionelle Logik der Industrie anzweifelte und ablehnte, wodurch es ihnen gelang, sich auf dem Markt zu etablieren (Hadida und Paris 2013, S.8 ff.).

Lepoutre und Valente (2012) untersuchen in einer induktiven Studie die Ursachen für unterschiedliche Reaktionen ausgewählter Unternehmen aus der belgischen Landwirtschaft auf eine neue aufstrebende Logik. Die neue Logik ist im Groben von größerer Umweltfreundlichkeit geprägt. Unternehmen der Landwirtschaft berichten in der neuen Logik freiwillig über die Umweltverträglichkeit der Pestizide und Düngemittel, die sie verwenden. Auf Basis der übermittelten und kontrollierten Werte werden die Firmen untereinander verglichen und kategorisiert. Die traditionelle Logik hingegen legt den Fokus weniger auf die Umweltverträglichkeit, sondern auf die Effektivität der Pestizide und der Düngemittel. Das Interesse an einer Datenerfassung zur Umweltfreundlichkeit ihrer verwendeten Mittel ist gering, vor allem, weil das Verhältnis der Firmen untereinander eher von Misstrauen geprägt ist. In Ihrer Studie ermitteln Lepoutre und Valente zunächst, welche unternehmenseigenen Attribute die unterschiedlichen Reaktionen der untersuchten Unternehmen beeinflussen und diskutieren dann die Faktoren, die dem Unternehmen zu diesen Attributen verholfen haben (S.285).

Es wird deutlich, dass die dominante Logik der Industrie ein wichtiger Faktor bei der Entwicklung des Marktes und der Beziehungen einzelner Akteure zueinander ist. Die zwei wesentlichen Attribute für eine Vorhersage, wie ein Unternehmen auf eine neue Logik reagiert, sind die materielle und symbolische Immunität eines Unternehmens. Die Ausprägung der Immunität ist entscheidend dafür, in welchen Bereichen sich für das einzelne Unternehmen Änderungen durch die aufstrebende Logik entwickeln könnten (Lepoutre und Valente 2012, S. 285).

Die Relevanz der dominanten Logik für den Umgang mit einer Innovation im Unternehmen wird auch in einer Studie von Sabatier et al. (2012) deutlich. Die Autoren beschreiben, dass sich mit neuen Technologien neue Geschäftsmodelle entwickeln, die die dominante Logik der Gesundheitsindustrie herausfordern. Die Personalisierte Medizin nimmt in ihrer Studie zwar nur einen Teilaspekt ein, dennoch wird deutlich, dass die Infragestellung der dominanten Logik ein entscheidender Faktor für den Erfolg eines Unternehmens ist, wenn der Industriezweig sich mit Innovationen und damit verbundenen gesellschaftlichen Veränderungen konfrontiert sieht.

Sabatier et al. (2012) identifizierten drei große Bereiche, die zu Änderungen in den Geschäftsmodellen im Health-Care Bereich führen und damit die existierende dominante Logik herausfordern: Neue Gesundheitsphilosophien, neue Arten der Kooperationen und neue Arten der Steuerung und Integration von Unternehmen. Die Personalisierte Medizin wurde nur als ein Teilaspekt gesehen. Diese Betrachtung soll nun vertieft werden. Das Kapitel soll beantworten, inwiefern die existierende Industrielogik des „Blockbuster-Denkens" durch den steigenden Anteil an Personalisierter Medizin und den damit verbundenen Veränderungen herausgefordert wird. Dabei soll herausgearbeitet werden, welche Herausforderungen speziell für Pharma- und Diagnostikunternehmen existieren, wie eine neue (Industrie-)Logik aussehen könnte und ob die vorherrschende Logik vollständig ersetzt oder ergänzt wird.

4 Veränderungen der Strukturen bei Pharma- und Diagnostikunternehmen

Die Gesundheitsindustrie wird aufgrund vieler Regularien und einer Vielzahl an unterschiedlichsten Akteuren, die Veränderungen eher in kleinen Schritten vollziehen, als sehr konservativ eingeschätzt. Die potentiellen Möglichkeiten der personalisierte Medizin stoßen eine Debatte über einen weitreichenden Wandel an, der für einige der Akteure des Sektors momentan nur Nebenrollen verspricht, anderen aber die Möglichkeit bietet, entscheidend zum Änderungsprozess beizutragen. Im Fokus der hier gemachten Betrachtung im Szenario der personalisierten Medizin sollen die Pharma- und Diagnostikunternehmen stehen (Braun et al. 2012, S. 5) für die sich große Veränderungen durch die PM ergeben. Im Folgenden sollen für beide Bereiche die Veränderungen illustriert werden, die konträr zur existierenden, Blockbuster-dominierten Logik verlaufen.

4.1 Veränderungen für die Pharmaindustrie

Die PM stellt die Pharmaindustrie vor große Herausforderungen – sowohl im strukturellen und organisatorischen Bereich, als auch in Hinblick auf Flexibilität und nachhaltige Innovationsfähigkeit. Bedeutende Bereiche der Unternehmen werden von Veränderungen betroffen sein bzw. müssen erneuert und ergänzt werden.

In der nachfolgenden Tabelle 1 werden die Veränderungen und die jeweiligen Gründe anschaulich dargestellt.

Tabelle 1 Veränderungen für die Pharmaindustrie

Veränderungen	Mögliche Gründe für einen Wandel	Herausforderung für die traditionelle Logik
	Pharmaindustrie	
Mehr Effizienz und Produktivität	Ablauf von Patenten, kurze Produktlebenszyklen, steigende Entwicklungskosten und behördliche Hürden setzen Industrie unter Zeitdruck	Geringere Mengen, fragmentierte Portfolios
Maximierung des Patientennutzens	PM bietet effektivere Behandlungsmöglichkeiten mit weniger Nebenwirkungen	Fokus nicht mehr nur auf hohen Absatzzahlen
Kleinere Absatzmärkte durch Marktsegmentierung	PM lässt sich nicht als „One-size-fits-all"-Ansatz vermarkten	Neue Vertriebsstrategien werden nötig
Komplexere Forschungsansätze	Reduktionistische Forschungsansätze führen nicht mehr zu den erwünschten Ergebnissen	Zeitaufwendigere, idealerweise allumfassende Forschungsmethoden
Qualitative Bewertung in der Medikamentenentwicklung	Quantitative Bewertungsmethoden demotivieren Kreativität	Langfristige Bewertung von Medikamentenkandidaten, Fokus von Quantität auf Qualität

Veränderungen	Mögliche Gründe für einen Wandel	Herausforderung für die traditionelle Logik
Erweiterte Kooperationsmöglichkeiten	Neue Marktakteure im Feld der PM, die ein möglicher Ausweg aus rückläufigen Zulassungen und Medikamentenkandidaten sein könnte	Ausgliederung von Wertschöpfungsaktivitäten, Eingehen von interdependenten Verbindungen zu Kooperationspartnern

Mehr Effizienz und Produktivität

Durch den Ablauf von Patenten, kurzen Medikamenten-Produktlebenszyklen, steigenden Entwicklungskosten, erhöhte Prüfung von Neuzulassungen durch die Aufsichtsbehörden, erhöhten Wettbewerb und zerstreute Märkte gerät die Pharmaindustrie mehr und mehr unter Druck. Eine Möglichkeit diesem Druck zu entgehen, befindet sich laut Prajapati et al. (2013) im Management der Produktlebenszyklen, das zur Maximierung der Lebensdauer eines Medikaments, Verbesserungen der Entwicklungsprozesse im Unternehmen und effektiveren Vertriebsentscheidungen führen kann (S. 1). Das PLM (Product Lifecycle Management) ist ein Ansatz, der das intellektuelle Kapital eines Pharmaunternehmens von der Entwicklung bis zum Ausscheiden zu verwalten hilft (S. 1). Bei der Wahl einer richtigen PLM-Strategie könnte das PLM gerade in reifen Märkten (wie es in der EU und in den USA der Fall ist) zur erhöhten Wettbewerbsfähigkeit führen (Prajapati et al. 2013, S. 2 ff.). Die PLM Strategie sollte dabei auf der Entwicklung und Umsetzung des geistigen Eigentums basieren, da PLM Strategien darauf abzielen, die Exklusivitätsperioden zu maximieren (Prajapati et al. 2013, S. 1). Gleichzeitig sollten die PLM Strategien ständig neu beurteilt und angepasst werden, da die Märkte sehr dynamisch sind und schnell auf neue Gesetze und Regulierungen sowie Marktveränderungen reagiert werden muss (Prajapati et al. 2013, S. 2).

Im Bereich der Forschung und Entwicklung ergeben sich durch die personalisierte Medizin ebenfalls mögliche Veränderungen. Gegenwärtig nimmt die Anlagenrendite (ROI) aufgrund steigender FuE-Ausgaben und sinkender Einnahmen (Mittra und Tait 2012) stetig ab (Styrhe 2011, S. 312). Die Pharmaunternehmen mussten aufgrund der Entwicklungen in Technologien und Forschungsmethoden beträchtliche Investitionen im FuE- und Personalbereich machen, um wettbewerbsfähig zu bleiben (Styrhe 2011, S. 318), während sich die Einnahmen aufgrund des schwächelnden Blockbuster-Modells verringerten. Die so entstandene Lücke zwischen Einnahmen und Ausgaben drängt auf eine Veränderung im FuE-Bereich, der schließlich der Motor eines Pharmaunternehmens ist und das Unternehmen durch innovative Entdeckungen zurück auf Erfolgskurs führen kann.

In der heutigen Zeit sind jedoch schon alle „einfachen“ und auch profitablen Therapien entdeckt worden (z. B. Herz-Kreislauf-Krankheiten), übrig bleiben nur noch die komplexeren Ziele (z. B. Alzheimer), die unter Umständen auch weniger profitabel sein könnten (Styrhe 2011, S. 318). Einen Ausweg aus dem Dilemma sehen viele Autoren in der PM. Im TAB-Bericht (2012) wird die PM z. B. als Chance gesehen, Medikamente effizienter zu entwickeln (S. 265).

Dhankhar et al. (2012) sehen die Veränderungen, die die PM in der FuE mit sich bringt, in einer reduzierten Anzahl an Forschungsprojekten und einem insgesamt kleinerem bzw. stärker diversifizierten Portfolio (S. 6), was als Schlussfolgerung in einer effizienteren FuE resultiert. Je effizienter die FuE eines Unternehmens, desto höher ist die Wettbewerbsfähigkeit und desto fähiger ist ein Unternehmen, Innovationen zu implementieren.

Gonce und Schrader beschreiben, dass die Pharmaindustrie ihre Produktionsabläufe jahrelang nicht innoviert hat und sich aus diesem Grund momentan mit dem Problem einer ineffizienten und teuren Produktion konfrontiert sehe (siehe im Folgenden Gonce und Schrader 2012). In der Zukunft könne die Produktion von Pharmaprodukten anders aussehen: „schmalere Auflagen, kürzere Laufzeiten, höhere Qualitätserwartungen und eine weitergehende Innovation der Produktionsprozesses selbst“ (Gonce und Schrader 2012, S. 2). Weniger produktive FuE-Pipelines und eine größere Preistransparenz seien Herausforderungen, für die die Pharmaindustrie Lösungen finden müsse. Dabei empfehle sich die Innovation der Produktionsprozesse sogar als Bestandteil der neuen, an die PM angepassten Unternehmensstrategie, da es im Herstellungsbereich bisher keinen klaren Marktführer gebe und deshalb daraus noch ein großer Wettbewerbsvorteil resultieren könne.

Maximierung des Patientennutzens

Im Bereich der Medikamentenentwicklung bewegt sich der dominante Entwicklungsansatz vom „one-size-fits-all“-Modell zu einem personalisierten, maßgeschneiderten Modell (siehe im Folgenden Cheng et al. 2012). Das alte Modell zielt darauf ab, ein Medikament zu entwickeln, das für einen großen Teil der menschlichen Bevölkerung wirksam ist und dem Pharmaunternehmen demnach auch einen großen Marktanteil mit hohen Einnahmen zusichert. Das neue Modell hingegen zielt darauf ab für eine bestimmte, kleinere Gruppe von Patienten ein Medikament zu entwickeln, das genau für diese Menschen wirksamer ist, als für andere. Die Segmentierung erfolgt dabei mit Hilfe von diagnostischen Tests. Mit dem Diagnostiktest wird die Zielgruppe identifiziert, für die die Therapie wirksam ist, wodurch weniger Patienten Therapien mit all ihren Nebenwirkungen erdulden müssen, die u. U. ineffektiv sind. Der personalisierte Ansatz verbessert zum Einen den Prozess der Medikamentenentwicklung, zum anderen aber auch die Effizienz und Sicherheit der Therapien, was dazu führt, dass Medikamente – im Sinne des öffentlichen Interesses an sicheren und effektiven Behandlungen – schneller zugelassen werden können.

Kleinere Absatzmärkte durch Marktsegmentierung

Auch die Vertriebsstrategie ihrer Produkte könnte sich ändern. Das gegenwärtig vertretene Blockbuster-Modell, das darauf abzielt, Medikamente mit größtmöglichem Marktanteil einzuführen, die folglich mehr als eine Milliarde US-Dollar an Verkaufserlösen erreichen, steht aufgrund mangelnder Effektivität in der Kritik (Amir-Aslani und Mangematin 2009). Viele Medikamente, die als „Blockbuster" auf den Markt kommen, sind nur für eine schmale Mehrheit wirksam und stellen außerdem keinen geeigneten Rahmen für die Entwicklung von Medikamenten für kleinere Patientengruppen, die z.B. an speziellen Formen von Krankheiten leiden und auch einen Anspruch auf eine sichere und effektive Behandlung haben, dar (Amir-Aslani und Mangematin 2009). Die Pharmaunternehmen könnten zu einem Vertriebsmodell übergehen, das auf kleinere Marktsegmente abgestimmt ist und daher auch geringere Verkaufserlöse einberechnet. Mit dem richtigen Management könnte aber auch mit einem an die PM angepassten Vertriebsmodell eine gleichwertige Anlagenrendite (ROI) erzielt werden wie beim Blockbuster-Modell, indem die Preise z.B. dem Aufwand angepasst werden und Kostenersparnisse durch Effizienzsteigerungen errungen werden.

Komplexere Forschungsansätze

Ein weiterer Punkt, der sich in der Medikamentenentwicklung ändern könnte, sind die Forschungsmethoden der Wissenschaftler. In der Vergangenheit und zum Teil auch heute noch, war bzw. ist das Denken beim Erkennen und Verstehen von Krankheiten nach eher reduktionistisch veranlagt (Styrhe 2011 S.319). Wenn Wissenschaftler einen Anhaltspunkt gefunden haben, den sie als den Auslöser einer Krankheit identifiziert haben – unabhängig davon, ob dies der tatsächliche Auslöser ist oder nicht – wurde nicht weiter nachgeforscht, sondern ein Medikament gegen genau diesen Auslöser entwickelt. Dieser Reduktionismus hängt mit dem Ansatz der *small molecules therapy* (Mittra und Tait 2012), der in der Entwicklung von Therapien vorherrschte, zusammen. In jüngerer Vergangenheit war ein Wandel zu neuen Formen von technologie-basierten Therapien (Styrhe 2011, S.324) zu erkenntlich, nämlich unter anderem zur Pharmakogenomik (Harvey etal. 2012). Der Unterschied zwischen den beiden Ansätzen ist, dass die Pharmakogenomik das genetische Profil eines Patienten bezüglich der Wirksamkeit eines Medikaments berücksichtigt, sodass daraufhin eine Therapie mit maximalem Erfolg und den minimalsten Nebenwirkungen identifiziert werden kann; die *small molecules therapy* hingegen berücksichtigt bei der Medikamentenentwicklung eher die Strukturen, die als Auslöser der Krankheit identifiziert werden, die dann von den „small molecules", also dem entwickelten Medikament, angegriffen werden. In der Zukunft sollen Forschungsansätze breiter gefächert sein und Krankheiten in ihrer gesamten Komplexität erfasst werden (Styrhe 2011, S. 319). Es wird nicht nach dem einen Auslöser gesucht, sondern nach allen Faktoren, die bezüglich der Entstehung, Intensität und Auswirkungen der Krankheit eine Rolle spielen. Vereinfacht gesagt, bewegt sich der Fokus bei der Betrachtung von Krankheiten weg von dem begrenzten Blick allein auf krankheitsauslösende Strukturen (Styrhe 2011, S. 319) und hin zu einem weiter gefassten Blick, der auch auf Faktoren gerichtet ist, die nicht auf den ersten Blick mit der Krankheit im Zusammenhang stehen (Styrhe 2011, S. 312).

Qualitative Bewertung in der Medikamentenentwicklung

Styrhes Beschreibung nach wird die Medikamentenentwicklung aktuell eher kaufmännisch mit Zahlen und Nummern bewertet (2011, S. 319). Es gehe eher darum, besonders viele Vorschläge zu erbringen, als einen guten (Styrhe 2011, S. 319), da die Entwicklung mit diesem Ansatz aus kaufmännischer Sicht einfacher zu bewerten sei. Das Problem bei diesem Bewertungsansatz sei jedoch, dass sich Kreativität und Motivation unter dem Druck der Quantität nicht entfalten können. Der Fokus der Bewertungsmaßstäbe werde sich deshalb von Quantität zu Qualität wandeln (Styrhe 2011, S. 319). Es wird nicht mehr nur darum gehen, besonders viele Medikamentenkandidaten vorweisen zu können, sondern Entwicklungen, die langfristig zu Erfolgen führen und nicht nur aufgrund des Erreichens einer vorgegebenen Anzahl einen kurzfristigen Erfolg darstellen. Die Bewertungsmaßstäbe werden zukünftig nicht kurzfristig (Styrhe 2011, S. 318), sondern eher langfristig orientiert sein.

Erweiterte Kooperationsmöglichkeiten

Ein Bereich, der sich durch die Veränderung der institutionellen Logik anpassen wird, umfasst die Kooperationen. Während die Pharmaunternehmen die *small molecules therapies* weitgehend im Alleingang entwickeln konnten, benötigen sie für die Entwicklung von technologiebasierten Therapien z. B. unter dem Ansatz der Pharmakogenomik die Mithilfe von Diagnostikunternehmen. Einige große Pharmaunternehmen sind zwar weniger auf externe Kooperationen angewiesen, da sie bereits in den Diagnostikbereich investiert haben (z. B. Novartis und Pfizer) (PWC (I) 2009, S. 9), doch eine Umsetzung der PM ohne Kooperation mit Diagnostikunternehmen oder -abteilungen ist schwer möglich (Sheibley 2009, S. 8). Es existieren nicht genügend positive Beispiele und die Pharmaunternehmen halten noch immer an den alten Gewohnheiten fest, möglichst alle Wertschöpfungsaktivitäten in ihrem Unternehmen selbst auszuführen, (Heitmann et al. 2011, S. 230), weshalb die Pharmakonzerne möglichen Kooperationen noch immer kritisch gegenüber stehen. Den Autoren Mittra und Tait zufolge wird sich die Kooperationsbereitschaft der Pharmakonzerne in Zukunft erhöhen, da die gesparte Zeit und die gesparten Kosten in der Medikamentenentwicklung durch die Anwendung von Diagnostiktests (die zu kleineren, besser definierten klinischen Studien und zu einem verringerten Risiko in den ersten zwei klinischen Phasen führen) viele Pharmaunternehmen überzeugen werde (Mittra und Tait 2012). Gegenwärtig leiden die Pharmakonzerne unter rückläufigen Zulassungszahlen und Medikamentenkandidaten, da es sich u.a. als schwierig erwies, mögliche Probleme und Nebenwirkungen eines Medikaments vorherzusagen (Sainz de la Fuente 2013, S.49). Mithilfe der Diagnostiktests könnte diese Problematik überwunden werden, da diagnostische Tests helfen, möglichen Wirkungen abzuschätzen und die Nebenwirkungen für den Patienten durch eine angepasste Therapie so gering wie möglich zu halten. Zum anderen werden Kooperationen für Pharmaunternehmen in Zukunft möglicherweise attraktiver werden, da das Outsourcing der vorklinischen Studien zu spezialisierten Diagnostikunternehmen aufgrund deren detaillierter Erfahrung mit speziellen Krankheiten oder in bestimmten therapeutischen Bereichen, eine effizientere Forschung ermöglicht (Styrhe 2011, S.320).

Veränderungen für die Diagnostikindustrie

Die Diagnostikunternehmen wurden noch 2009 als die „frühen Gewinner der personalisierten Medizin“ gesehen (McDougall 2010, S.55). In einer Studie von McKinsey aus dem Jahr 2013 klingen die Prognosen für die Diagnostikunternehmen im Bereich der PM jedoch wesentlich vorsichtiger (McKinsey 2013, S.31 f.). Laut den Schätzungen des Verbands der Diagnostika-Industrie (VDGH) haben sich zwischen 2011 und 2013 die teils überschwänglichen Prognosen nicht bewahrheitet, sondern nur minimal bestätigt[3]. Die Diagnostikunternehmen spielen im Gesundheitssektor eine eher untergeordnete Rolle, da der Sektor aufgrund niedriger Gewinnmargen (Amir-Aslani und Mangematin 2009, S.10) für die ohnehin schon unterkapitalisierten (March-Chorda und Yagüe-Perales 2008, S.882) Diagnostikunternehmen weniger attraktiv ist. In Zukunft können sich durch die PM aber attraktive Geschäftsmöglichkeiten im Gesundheitssektor ergeben, die für die Diagnostikunternehmen sowohl bezüglich ihrer finanziellen Situation, als auch bezüglich ihrer Rolle im Gesundheitssektor Änderungen mit sich bringen könnten.

Die möglichen Veränderungen für die Diagnostikindustrie werden in der nachfolgenden Tabelle 2 anschaulich dargestellt.

---

3 http://www.vdgh.de/media/file/3902.VDGH__4Quartal_13_Internet.pdf, (Zugriff am 14.05.2014).

Tabelle 2 Veränderungen für die Diagnostikindustrie

Veränderungen	Mögliche Gründe für einen Wandel	Herausforderung für die traditionelle Logik
	Diagnostikindustrie	
Neue Möglichkeiten zur Stärkung der Finanzlage	Diagnostikunternehmen sind generell eher unterkapitalisiert, benötigen jedoch viel Kapital, um lange Entwicklungs- und Zulassungszeiten zu überbrücken; Kooperationen mit Pharmaunternehmen bieten möglichen Ausweg	Unabhängigere finanzielle Situation, die u. U. mit höherer Abhängigkeit von Kooperationen einhergeht
Etablierung neuer Geschäftsmodelle	Geschäftsmodelle der Diagnostikunternehmen waren auch vor der PM flexibel, könnten sich durch diese möglicherweise wieder verändern	Schutz des geistigen Eigentums trotz offenem Innovationsprozess
Erweiterung der Produktpipeline	PM bietet die Möglichkeit neue Produkte in Portfolio aufzunehmen	Erweiterte Produktpipeline, gestreutes und somit verringertes Risiko
Moralische Herausforderungen	Gen-Tests könnten zum „gläsernen Patienten“ führen	Moralischer Druck auf Diagnostikunternehmen, da diese in den Fokus gesellschaftlicher Debatten geraten könnten

Neue Möglichkeiten zur Stärkung der Finanzlage

Die finanzielle Situation der Diagnostikunternehmen ist gegenwärtig ungünstig. Aufgrund sehr langer Entwicklungs- und Zulassungszeiten ihrer Produkte benötigen Diagnostikunternehmen ein hohes Kapital, um die Zeit zwischen Beginn und Ende eines Projektes, eine Zeitspanne von zehn bis zwölf Jahren, zu überbrücken und Entwicklungen finanzieren zu können (March-Chorda und Yagüe-Perales 2008, S. 882).

Oft lizensieren sie ihre Entwicklungen nach der zweiten klinischen Phase, da die Kosten für Marketing und Produktion aufgrund des hohen finanziellen Aufwands untragbar sind (March-Chorda und Yagüe-Perales 2008, S. 884). Außerdem besteht in der Regel auch kein kommerzielles Interesse an der Vermarktung einer Therapie selbst (Mittra und Tait 2012). Dadurch, dass Diagnostikunternehmen ihre eigenen Produkte nicht vermarkten, sind diese jedoch auf externe Finanzierungsmöglichkeiten angewiesen, da nicht wie bei den Pharmaunternehmen die Möglichkeit besteht, FuE-Ausgaben mit der erfolgreichen Vermarktung ihrer Produkten zu finanzieren (Heitmann et al. 2011, S. 230).

Zukünftig wird sich die finanzielle Situation der Diagnostikunternehmen dahingehend ändern, dass die Chancen, die sich durch die PM ergeben, die Diagnostikindustrie erstens attraktiver für Investoren machen werden und zweitens zu attraktiven Kooperationen mit finanzstarken Pharmaunternehmen verhelfen könnten (Amir-Aslani und Mangematin 2009, S. 13). Außerdem könnte sich eine größere finanzielle Stabilität ergeben, wenn sich die Vergütungsmoral im Sektor ändern würde. Im Gegensatz zu den Produkten der Pharmaindustrie werden die Dienstleistungen der Diagnostikindustrie auf Kostenbasis vergütet (Mittra und Tait 2012). Die Kostenträger sehen diese Leistungen als „weniger wert“ an als Medikamente und es widerstrebt ihnen daher, hohe Preise dafür zu zahlen (Amir-Aslani und Mangematin 2009, S. 10). Durch eine Verknüpfung von Diagnostik- und Pharmaprodukten könnte sich diese Einstellung jedoch ändern, sodass auch Diagnostikprodukte künftig auf einer Wertbasis vergütet werden und Diagnostikunternehmen folglich höhere Einnahmen erzielen können, die schließlich zu einer unabhängigeren finanziellen Situation führen, was als einer der Hauptfaktoren für den Erfolg eines Diagnostikunternehmens gilt (Amir-Aslani und Mangematin 2009, S. 13).

Etablierung neuer Geschäftsmodelle

Bei Betrachtung der Geschäftsmodelle in der Diagnostikindustrie ist auffällig, dass die Industrie von einer enormen Vielfalt geprägt ist, weshalb es schwierig ist, genaue Vorhersagen darüber zu machen, in welche Richtungen die Diagnostikunternehmen sich diesbezüglich entwickeln (Konde 2008, S. 215). Charakteristisch für ein Diagnostikunternehmen ist, dass es Geschäftsmodell und Leistungsvermögen (*capabilities*) im Laufe der Existenz ändert (Brink und Holmén 2009, S. 116). Auch die PM wird wahrscheinlich wieder eine Änderung des Geschäftsmodells vieler Diagnostikunternehmen nach sich ziehen. Die Herausforderung bei der Realisierung eines neuen Modells wird dabei sein, die „Schere“ zwischen dem geistigen Eigentum (das sind die Diagnostiktests) und den Anforderungen des Geschäftsumfelds anzupassen, nämlich einem offenen Innovationsprozess mit Fokus auf Kooperationen (Amir-Aslani und Mangematin 2009, S. 10).

Erweiterung der Produktpipeline

Die Unternehmensstrategie der Diagnostikunternehmen wird sich dahingehend ändern, dass der Fokus nicht mehr nur auf einem Produkt liegt, sondern auf einer breiteren Produktpipeline (March-Chorda und Yagüe-Perales 2008, S. 888), da somit auch das Risiko, welches auch im Zeitalter der PM hoch bleiben wird (March-Chorda und Yagüe-Perales 2008, S. 889), gestreut wird. Die Diagnostikindustrie ist aufgrund ihrer desintegrierten Wertschöpfungskette von Kooperationen geprägt (Heitmann et al. 2011, S. 242) und wird es auch im Zeitalter der PM bleiben. Es bieten sich jedoch neue Formen von Kooperationen. Die bahnbrechendste Möglichkeit einer Kooperation ist es, Diagnostiktest und passendes Therapeutikum zeitgleich in Kooperation mit einem Pharmaunternehmen zu entwickeln und bei erfolgreicher Markteinführung nicht nur für die Entwicklung des Tests bezahlt, sondern auch am Gewinn beteiligt zu werden (Mittra und Tait 2012). Ohne den Diagnostiktest könnte das Pharmaunternehmen kein personalisiertes Therapeutikum auf den Markt bringen; der Erfolg der entwickelten Therapie ist daher auch ein Verdienst des Diagnostikunternehmens für den dieses angemessen vergütet werden sollte. Doch trotz der guten finanziellen Aussichten werden Kooperationen im Bereich der PM mit einem erhöhten Risiko verbunden sein. Bei der oben beschriebenen Form von Kooperation könnte das Schicksal des Diagnostiktests an das des Medikaments gebunden sein, d. h. wenn das Medikament scheitert, was besonders in den ersten beiden klinischen Phasen häufig der Fall ist, kann auch der Erfolg des Diagnostiktests auf dem Spiel stehen (Mittra und Tait 2012).

Es gibt jedoch auch andere Formen von Kooperationen mit einem geringeren Grad an Abhängigkeit, die mit einem geringeren Risiko verbunden sind (Mittra und Tait 2012); und auch im Falle einer gescheiterten Kooperation besteht noch die Möglichkeit, den Diagnostiktest allein zu vermarkten (Mittra und Tait 2012). In diesem Fall könnte der Diagnostiktest direkt an den Konsumenten verkauft werden, frei zugänglich und ohne Kopplung an ein Medikament (Germino und Chan 2013, S. 273), was aber wieder das Risiko einer unangemessenen Verwendung birgt, die zu physischen, sozialen oder emotionalen Schäden führen kann (Germino und Chan 2013, S. 280).

Moralische Herausforderungen

Ein weiteres mögliches Risiko für die Anwendung von Diagnostiktests ist in der gesellschaftlichen Moral verwurzelt. In der Literatur wird viel diskutiert, inwiefern es ethisch und moralisch vertretbar ist, Patienten zu klassifizieren und (wie es im öffentlichen Gesundheitssystem aus Kostengründen passieren könnte) nur den vielversprechendsten Kandidaten den Zugang zu einer möglicherweise lebensrettenden Therapie zu ermöglichen (Fleck 2012, S. 2). Auf der einen Seite steht das Problem, dass eine klare Abgrenzung von Patienten, die in die Zielgruppe einer Therapie passen, kaum möglich ist und auf der anderen Seite, dass hohe Kosten für die Allgemeinheit ein moralisch nicht vertretbares Argument darstellen, um einem Menschen möglicherweise lebensrettende Maßnahmen zu verweigern (Fleck 2012, S. 8). Außerdem ist die Missbrauchsgefahr sehr hoch, da eine Klassifizierung von Patienten zu Diskriminierung und Brandmarkung führen kann (Zemlo 2004, S. 1). So könnten z. B. genetische Tests den Zugang zu Krankenversicherung, Arbeitsplätzen, Bildungsmöglichkeiten etc. behindern. Genetische Tests bergen aus moralischer Sicht viele Unsicherheiten und Risiken, die die Marktchancen deshalb u. U. schmälern könnten.

4.2 Veränderungen des Verhältnisses der Pharma- und Diagnostikindustrie zueinander

Nachdem die Veränderungen einzeln für sowohl Pharma- als auch Diagnostikindustrie betrachtet wurden, soll in der nachfolgenden Tabelle 3 dargestellt werden, was sich für die beiden Industrien in Verbindung zueinander verändern könnte.

Tabelle 3 Veränderungen für die Pharma- und Diagnostikindustrie

Veränderungen	Mögliche Gründe für einen Wandel	Herausforderung für die traditionelle Logik
	Pharma- und Diagnostikindustrie	
Kooperative Entwicklung von Therapien	Personalisierte Medikamente können in Verbindung mit einem Diagnostiktest am effektivsten vermarktet werden	Große Unterschiede zwischen den beiden Industrien, problematische Risiko- und Gewinnverteilung in Kooperationen

Kooperative Entwicklung von Therapien

Wie in den vorherigen Kapiteln erwähnt, werden sich sowohl für die Pharma- als auch für die Diagnostikindustrie im Zeitalter der PM Änderungen ergeben. Im Rahmen der PM müssen beide Industrien ihre Unternehmensstrategien und Produktportfolios den Bedürfnissen einer Entwicklung von „maßgeschneiderten" Produkten anpassen und zusätzliche Kooperationen eingehen, um den Informations- und Wissensstand zu erreichen, den ein erfolgreiches Agieren auf dem Markt der PM erfordert (Chataway et al. 2012). Die Schwierigkeiten dabei liegen besonders in den Unterschieden zwischen den beiden Industrien: Während die Diagnostikindustrie vorwiegend aus kleinen, risikofreudigen und dynamischen Unternehmen mit begrenzten finanziellen Mitteln besteht, wird die Pharmaindustrie überwiegend durch größere, bürokratische Unternehmen, die aufgrund ihrer fehlenden Flexibilität im Entscheidungsprozess weniger risikofreudig, dafür aber finanziell gut aufgestellt sind, charakterisiert (Kermani und Bonacossa 2003, S. 156). Eine Kooperation im Bereich der PM ist jedoch beinahe unausweichlich, da die Diagnostikunternehmen nicht über die Ressourcen und die „Marketing-Power" der Pharmaunternehmen verfügen, die zur Einführung von personalisierten Produkten notwendig sind (Kermani und Bonacossa 2003, S. 156). Darüber hinaus können die Pharmaunternehmen ein personalisiertes Medikament ohne dazugehörigen Diagnostiktest nicht effektiv vermarkten (Chataway et al. 2012).

Hinzu kommt, dass in einer Kooperation angemessene Vereinbarungen bezüglich des Schutzes des geistigen Eigentums und der Gewinnverteilung getroffen werden müssen. Das Problem im Bereich des geistigen Eigentums ist, dass ein Diagnostiktest, der an ein Medikament gekoppelt ist, einen höheren Wert hat als ein Test ohne dazugehöriges Medikament. Bei Medikamenten, die aber einen Diagnostiktest zwingend voraussetzen, kann das Pharmaunternehmen das Medikament ohne den Test nicht effektiv vermarkten (Chataway et al. 2012). Das größte Risiko bei der Entwicklung eines personalisierten Therapeutikums liegt jedoch beim Pharmaunternehmen, da es unwahrscheinlich ist, dass ein personalisiertes Medikament ohne dazugehörigen Diagnostiktest erfolgreich sein wird, während der Diagnostiktest – wenn das Medikament scheitert – potentiell auch anderweitig verwendet werden kann (Mittra und Tait 2012).

Umgekehrt gehen Pharmaunternehmen ein großes Risiko ein, wenn sie sich schon während der klinischen Studien frühzeitig auf eine exklusive Partnerschaft mit einem Diagnostikunternehmen einlassen. Da Diagnostikunternehmen in der Regel zu den kleinen und mittleren Unternehmen zählen, kann man sich aus Sicht des Pharmaunternehmens nicht sicher sein, ob das Diagnostikunternehmen zum Zeitpunkt der Medikamentenzulassung (was durchaus mehrere Jahre dauern kann) überhaupt noch existiert. Daher präferieren viele Pharmaunternehmen eher lose Partnerschaften mit Diagnostikunternehmen, die dann selbständig einen Test entwickeln und keine Exklusivrechte besitzen. Eine andere Option wäre die Auftragsforschung und -produktion eines bestimmten, oftmals komplexeren Tests für einen Biomarker, der aber an diagnostische Großunternehmen vergeben wird.

Aufgrund der unterschiedlichen Risikoverteilung ist es deshalb unwahrscheinlich, dass pauschale Gewinnbeteiligungen zwischen Pharma- und Diagnostikunternehmen festgelegt werden. Zu viele Einflussfaktoren wie Genauigkeit, Zuverlässigkeit und Aussagekraft des Tests in Verbindung mit unternehmensrelevanten Bedingungen, beeinflussen die kooperativen Verbindungen zwischen

Pharma- und Diagnostikunternehmen, um deren Entwicklung pauschal vorhersagen zu können.

Eine weitere Herausforderung für das Projektmanagement einer Kooperation könnten die relativ unabhängigen Geschäftsmodelle und Zeitspannen der Pharma- und Diagnostikunternehmen sowie die unterschiedlichen regulatorischen Voraussetzungen sein (Mittra und Tait 2012). Bei früheren Versuchen von Kooperationen dieser Art waren die Ergebnisse oft suboptimal, deshalb müssen die Industrien Wege finden, die Ungleichheiten zu überwinden und als „interdependente Partner" zusammenzuarbeiten.

5 Veränderung der Dominant Business Logic

In der Analyse der Veränderungen wurde deutlich, dass die personalisierte Medizin sowohl Chancen als auch Herausforderungen bietet. Zum einen könnten sich die Strukturen im Gesundheitssektor durch die Erweiterung der traditionellen Geschäftsfelder grundlegend wandeln (von Holleben et al. 2011, S. 43 ff.). Zum anderen könnten sich aber auch die internen Strukturen der einzelnen Marktakteure ändern.

Da sich die bisherigen Geschäftsmodelle der Pharma- und Diagnostikunternehmen (aufgrund ihrer Ausrichtung auf große Zielgruppen) nicht für die Einführung personalisierter Therapien eignen (Sheibley und Firouzbakht 2009, S. 5), müssen die Unternehmen ihre Unternehmensstrategien und Wertschöpfungsketten den neuen Marktbedürfnissen anpassen, um auch weiterhin wettbewerbsfähig zu sein (Sheibley und Firouzbakht 2009, S. 11). Die Unternehmen müssten Strategien finden, die es ermöglichen flexibel auf Veränderungen zu reagieren und die auch im Entwicklungsprozess Raum für Kreativität lassen (Styrhe 2011, S. 319).

Darüber hinaus unterscheidet sich der Absatzmarkt der personalisierten Produkte vom traditionellen Absatzmarkt, da es nicht mehr einen großen einheitlichen Markt, sondern mehrere kleinere Marktsegmente geben wird (von Holleben et al. 2011, S. 44). Auf Grundlage der Veränderungen der Marktbedingungen und -anforderungen durch die PM soll in diesem Abschnitt diskutiert werden, wie eine neue dominante Logik aussehen könnte.

6 Vision der zukünftigen dominanten Logik

Die alten dominanten Logiken werden in ihren bisherigen Formen wahrscheinlich teilweise nicht weiter bestehen können, da die Unternehmen ansonsten aufgrund der veränderten Marktlandschaft nicht mehr wettbewerbsfähig wären. Der

Wechsel in eine neue Logik könnte für Diagnostikunternehmen einfacher sein als für Pharmaunternehmen, da diese kleiner und flexibler sind und bereits radikale Änderungsprozesse erlebt haben (Sabatier et al. 2012). Außerdem sind zwischen der neuen und der traditionellen Logik der Diagnostikunternehmen keine grundlegenden Veränderungen zu erwarten. Bei den Pharmaunternehmen hingegen sind größere Veränderungen zwischen der traditionellen und der neuen Logik wahrscheinlich. Zudem sind die Pharmaunternehmen größer, bürokratischer und weniger flexibel. Ein rascher Übergang zu einer neuen, dominanten Logik ist deshalb unwahrscheinlich, wenn nicht sogar unmöglich.

Tabelle 4 Vergleich der traditionellen und der PM Logik in Pharma- und Diagnostikindustrie (eigene Darstellung in Anlehnung an Lepoutre und Valente 2012, S. 289)

	Traditionelle Logik	Neue Logik
Herstellung und Vertrieb	Produktion und Verkauf in großen Mengen Angebot: Blockbuster-Modelle Nachfrage: große, breitgefächerte Zielgruppe Umsatz: hohe Absatzzahlen, hohe Gewinne	schmale Produktionsauflagen, geringere Absatzzahlen Angebot: Personalisierte Therapien Nachfrage: kleine Zielgruppen Umsatz: geringere Absatzzahlen, geringere Gewinne pro Produkt Denken in Geschäftsmodellen
Transparenz	wenig Transparenz bezüglich Entwicklungs- und Produktionsprozessen, wenig Transparenz bzgl. Patientendaten	erhöhte Transparenz in Entwicklungs- und Produktionsprozessen, Sensibilität und Berücksichtigung ethischer und moralischer Aspekte bei den Vor- und Nachteile des „gläsernen Patienten“
Forschungsansatz	reduktionistisches Denken beim Verständnis von Krankheiten, "One-Size-fits-all"-Modell	komplexes, breit gefächertes Verständnis von Krankheiten, personalisierte Therapien

Kooperationsbereitschaft	Pharmaunternehmen agieren unabhängig voneinander, verrichten Wertschöpfungsaktivitäten ausschließlich intern, Kooperationen sind selten Diagnostikunternehmen arbeiten viel in Netzwerken und mit Kooperationen, weisen ein offenes Organisationssystem auf	verstärkte Interdependenzen, Auslagerung einiger Wertschöpfungsaktivitäten, Nutzung von Netzwerken und Kooperationen Kooperationen als Potenziale für Wertschöpfungssteigerungen in den Geschäftsmodellen
Rationalität	Rein medizinische Perspektive bei Pharmaunternehmen Diagnostikunternehmen weisen eine überwiegend technische Perspektive auf	Ein modernes Pharmaunternehmen braucht auch diagnostische Expertise Diagnostikunternehmen gewinnen durch höhere Nachfrage im Bereich der PM zusätzlich eine medizinische Komponente

Bei einem Vergleich der traditionellen und dominanten Logik unter dem Einfluss der PM (neue Logik) wird deutlich, dass die neue Logik teilweise wesentlich von der traditionellen Logik abweichen könnte. Das Herstellungsverfahren, das bisher nur durch die wirtschaftlichen Vorteile der Massenproduktion tragbar und ansonsten aufgrund mangelnder Innovation ineffizient und überholt war, wäre in der neuen Logik effizient und innovativ, um trotz geringer Produktionsauflagen auch minimale Herstellungskosten verzeichnen zu können (Gonce und Schrader 2012, S. 3 f.). In der neuen Logik wird es schwierig Medikamente nur aufgrund von großen Auflagen kostengünstig zu produzieren, da Produkte aufgrund eines segmentierten Marktes möglicherweise nicht mehr nach dem Blockbuster-Modell vertrieben werden können. In der traditionellen Logik wird die Entscheidung über die Entwicklung eines Medikaments vom potentiellen Marktanteil und vom erwarteten Umsatz abhängig gemacht. Das Angebot umfasst deshalb (in der Anzahl wenige) Blockbuster-Modelle, die idealerweise von einer großen, breit gefächerten Zielgruppe nachgefragt werden und demnach hohe Absatzzahlen und hohe Gewinne erwarten lassen. In der neuen Logik wird neben Blockbustern, die immer noch ein strategischer Pfeiler der Pharmaunternehmen sein werden, ein Produktportfolio mit personalisierten Therapien angeboten, das von kleineren Zielgruppen in einem segmentierten Markt nachgefragt wird (von Holleben et al. 2011, S. 44) und deshalb auch geringere Absatzzahlen aber immer noch mit Gewinnen erwarten lässt. Das Denken in Geschäftsmodellen kann den bisherigen Fokus auf Produkte sinnvoll ergänzen und helfen, neue Potenziale zu identifizieren, wie medizinische Produkte vertrieben und ergänzt werden können, um Patienten und Ärzten einen sinnvollen Mehrwert zu bieten. Kooperationen mit neuen Partnern im Gesundheitsbereich, aber auch über Industriegrenzen hinaus, könnten zu neuen Geschäftsfeldern und Tätigkeiten führen.

In der traditionellen Logik besteht wenig Transparenz bezüglich der Entwicklungs- und Produktionsprozesse. Pharmaunternehmen agieren in ihrer traditionellen Logik als „Einzelkämpfer“. Sie vereinen möglichst alle Wertschöpfungsaktivitäten intern (Heitmann et al. 2011, S. 230) und akquirieren eher Unternehmen als Kooperationen einzugehen. In der PM-Logik könnte sich das ändern, da Produktions- und Entwicklungsprozesse zunehmend in Kooperation erfolgen (Harvey et al. 2012) und Prozesse dadurch transparenter werden.

Ein anderer Gesichtspunkt der Transparenz betrifft die Patientendaten. Die Möglichkeit diagnostische Tests durchzuführen, entspricht (aus einer statistischen Perspektive betrachtet) erweiterten Erfassungsmöglichkeiten von Patientendaten. Informationen aus genetischen Tests könnten missbraucht werden, um Patienten in anderen Lebensbereichen Leistungen zu verweigern (Zemlo 2004, S. 13). Auch Aktivitäten von IT-Unternehmen, deren Geschäftsgrundlage Datensammlung und Informationsbereitstellungen sind (Shore und Parver 2011, S. 7), zeigen auf, dass die Sammlung verschiedenster persönlicher Daten einerseits ein Segen sein kann, wenn Daten genutzt werden, um Produkte oder Dienstleistungen zu individualisieren und zu verbessern, andererseits aber Fluch ist, wenn Privates nach außen gekehrt wird und dadurch negative Auswirkungen für Menschen entstehen (z. B. die Verweigerung von Versicherungsdienstleistungen). Die Auswirkungen solcher Entwicklung sind zum heutigen Zeitpunkt schwer abzusehen, bedürfen jedoch dringend gesellschaftlicher Diskussionen, um politische Richtlinien zu etablieren (Zemlo 2004, S. 13).

Der übliche Forschungsansatz ist in der traditionellen Logik von einem eher reduktionistischen Denken geprägt (Styrhe 2011, S. 319). Wie im vorherigen Abschnitt erwähnt, handelt es sich dabei um eine Denkweise im Entwicklungsprozess, in welchem Krankheiten auf die kleinen Molekülverbindungen beschränkt werden, die als die Krankheitsauslöser identifiziert wurden. Dieses Denken bringt den „One-size-fits-all“-Ansatz mit sich, welcher davon ausgeht, dass ein bestimmtes Medikament bei jedem an einer bestimmten Krankheit leidenden Patienten wirkt (Cheng et al. 2012). Im Gegensatz dazu ist in der neuen Logik ein komplexeres, breit gefächertes Verständnis von Krankheiten notwendig (Styrhe 2011, S. 319).

Die Kooperationsbereitschaft der Pharmaunternehmen ist in der traditionellen Logik eher gering. Sie agieren eher unabhängig voneinander und verrichten

Wertschöpfungsaktivitäten möglichst intern, sodass kein Bedarf an Kooperationen besteht (Heitmann et al. 2011, S. 230). In der neuen Logik könnten die Pharmaunternehmen jedoch abhängiger voneinander bzw. von Kooperationen und Netzwerken werden. Zur Steigerung der Effizienz der Entwicklungs- und Produktionsprozesse wird es u. U. notwendig sein, einige Wertschöpfungsaktivitäten auszulagern (z. B. Auslagerung zu spezialisierten Unternehmen) (Styrhe 2011, S. 320). Kooperationen und Netzwerke werden außerdem auch hilfreich, wenn nicht sogar notwendig sein, da Pharmaunternehmen in einem stärker personalisierten Umfeld diagnostische Erfahrung benötigen (Pickl et al. 2012, S. 5).

Die Kooperationsbereitschaft der Diagnostikunternehmen ist bereits in der traditionellen Logik hoch, da Diagnostikunternehmen ein offenes, flexibles Organisationssystem haben (Sabatier et al. 2012) und Netzwerke, Plattformen und Kooperationen nutzen (Heitmann et al. 2011, S. 236). In der neuen Logik bleibt die traditionelle Kooperationsbereitschaft erhalten, es werden sich durch die PM voraussichtlich engere Kooperationen zu anderen Akteuren der Gesundheitsbranche und angrenzender Industrien entwickeln (z. B. Nahrungsmittel- oder Sportbranche).

Während Pharmaunternehmen in der traditionellen Logik noch eine rein medizinische Perspektive hatten, könnte diese sich in Bezug auf die PM wandeln, da eine erfolgreiche Umsetzung der PM moderne Unternehmen mit diagnostischer Expertise erfordert, die nicht mehr nur nach rein medizinischen Gesichtspunkten entwickeln, sondern auch nach technischen, also vermehrt unter Anwendung von neuesten Technologien wie Stammzellen-, Antikörper- und biologischen Therapien, die die traditionelle *small molecules therapy* komplementieren (Styrhe 2011, S. 312). Deshalb könnten die Pharmaunternehmen in der neuen Logik auch eine technische Komponente gewinnen.

Die Diagnostikindustrie nimmt traditionell eine technische Perspektive ein, doch in der neuen Logik könnte eine medizinische Komponente hinzukommen. Der Fokus im Entwicklungsprozess von Diagnostikprodukten liegt auf der Anwendung und Erforschung neuester Biotechnologien, das Interesse am medizinischen Bereich ist traditionell eher gering. Die Entwicklungen der letzten Jahre haben jedoch gezeigt, dass sich das Interesse erhöhen könnte. Die Diagnostik schafft einen Mehrwert in medizinischen Therapien, denn sie ist der Kern personalisierter Therapien, da kaum eine personalisierte Therapie nur aus einem personalisierten Medikament bestehen kann, sondern immer auch ein Diagnostiktest dazugehört, um Patienten, die auf die Therapie ansprechen, identifizieren zu können (Pickl et al. 2012, S. 5). Folglich kann durch erhöhte Anwendungsmöglichkeiten diagnostischer Produkte im medizinischen Bereich auch in den Diagnostikunternehmen selbst ein größeres medizinisches Interesse wachsen. Die

Geschäftsfelder der Diagnostikunternehmen könnten somit vermehrt auch auf den medizinischen Bereich ausgedehnt werden.

Die Vision einer möglichen neuen Logik weist im Vergleich zwischen Pharma- und Diagnostikindustrie weitaus größere Veränderungen für die Pharmaindustrie auf. Inwiefern die dominante Logik der einzelnen Industrien sich tatsächlich ändern wird, ist (noch) nicht abzusehen. Dennoch ist eine Veränderung der dominanten Logik aufgrund der Veränderungen des Marktes wahrscheinlich.

Die Pharmaunternehmen werden ihre dominante Logik wahrscheinlich schrittweise ändern. Nach und nach könnten sie zu Zugeständnisse gezwungen werden, um wettbewerbsfähig zu bleiben. Am erfolgreichsten werden voraussichtlich die Unternehmen sein, die am flexibelsten und zum richtigen Zeitpunkt agieren und sich schon früh eine dominante Logik aneignen, die mit dem Ansatz der PM kompatibel ist. Als Anfang könnten neue und alte Logik parallel existieren und die alte dominante Logik wird dann nach und nach „verlernt“ (Prahalad und Bettis 1995, S. 9 f.). Für die Unternehmen, die den Wechsel nicht schaffen, wird es wahrscheinlich schwierig, die Chancen, die die PM bietet, nutzen zu können.

7 Fazit

Durch die personalisierte Medizin ergeben sich Veränderungen für die gesamte Gesundheitsindustrie. Dieses Kapitel nährte sich aus einer Managementperspektive den Veränderungen für die Pharma- und Diagnostikunternehmen, welche in der Vergangenheit eher wenige Kontakt- und Anknüpfungspunkte hatten. Aufgrund jüngster technologischer und naturwissenschaftlicher Entwicklungen zur Stratifizierung von Patientengruppen und dem wachsenden Verständnis von Krankheitszusammenhängen auf zellulärer und genetischer Ebene, die unter dem Begriff der „personalisierten Medizin“ subsummiert werden, wird eine Veränderung des Gesundheitsbereichs erwartet. Diese Veränderung beleuchten wir unter Nutzung des Konzeptes der dominanten Logik nach Prahalad und Bettis (1986) und gehen der Frage nach, inwiefern die dominanten Logiken von Pharma- und Diagnostikunternehmen herausgefordert werden.

Die personalisierte Medizin ist eine Innovation im medizinischen Bereich, die traditionelle Therapien in einem anderen Licht erscheinen lässt. Im Gegensatz zu den herkömmlichen Behandlungen wird in der personalisierten Medizin das genetische, zelluläre und molekularbiologische Profil eines Patienten durch Biomarker berücksichtigt. Somit werden der personalisierten Medizin große Marktchancen, von denen sowohl die traditionellen Akteure der Gesundheitsindustrie als auch marktfremde Akteure profitieren können, prognostiziert (PWC (II) 2009, S. 3).

Die Analyse zeigt, dass für Pharma- und Diagnostikunternehmen unterschiedliche Veränderungen anstehen, die die bisherige Logik herausfordern. Diese lassen sich bei den Pharmaunternehmen in die Felder „Effizienz und Produktivität“, „Patientennutzen“, „Absatzmärkte durch Marktsegmentierung“, „Forschungsansätze“, „Bewertung in der Medikamentenentwicklung“ und „Kooperationsmöglichkeiten“ unterteilen. Für Diagnostikunternehmen treten Veränderungen vor allem in den Feldern „Neue Möglichkeiten zur Stärkung der Finanzlage“, „Etablierung neuer Geschäftsmodelle“, „Erweiterung der Produktpipeline“ und „Moralische Herausforderungen“ ein. Herausforderungen für beide stellt das Feld „Kooperative Entwicklung von Therapien“ dar.

Im anschließenden Vergleich wird festgestellt, dass die traditionelle dominante Logik sich teilweise stark von der neuen, durch Individualisierung geprägte, dominante Logik unterscheidet. Basierend auf dem angepassten Analyseraster dominanter Logiken von Lepoutre und Valente (2012) werden die Unterschiede beider Logiken auf den Ebenen „Herstellung und Vertrieb“, „Transparenz“, „Forschungsansatz“, „Kooperationsbereitschaft“ und „Rationalität“ festgestellt.

Es ist wahrscheinlich, dass sich die dominanten Logiken der Pharma- und Diagnostikindustrie durch die PM ändern, damit die Unternehmen in einem sich ändernden Gesundheitssektor weiterhin wettbewerbsfähig bleiben. Die neuen „Spielregeln“ erfordern ein Umdenken und Anpassen, weshalb sich sowohl für die Pharmaindustrie, als auch für die Diagnostikindustrie Veränderungen ihrer jeweiligen dominanten Logiken ergeben werden. Die neue dominante Logik unterscheidet sich in der Diagnostikindustrie jedoch weniger von der traditionellen als es in der Pharmaindustrie der Fall ist.

Die Diagnostikunternehmen werden voraussichtlich aufgrund ihrer enormen Diversität und der Erfahrung mit radikalen Veränderungen der Unternehmensstrategie und des Geschäftsmodells weniger Probleme damit haben, eine neue dominante Logik anzunehmen (siehe ähnlich Erkenntnisse von Sabatier et al. 2012). In der Vergangenheit waren sie oft zu Veränderungen gezwungen, um weiterhin wettbewerbsfähig zu sein, und da die neue Logik sich nicht grundlegend von der traditionellen unterscheidet, vereinfacht sich ein Wechsel bzw. eine Erweiterung der dominanten Logik zusätzlich.

Die sofortige Annahme einer neuen dominanten Logik ist für Diagnostikunternehmen durchaus realistisch, für Pharmaunternehmen allerdings eher weniger. Zum einen könnte ihnen ihre eher geringe Kooperationsbereitschaft und zum anderen ihre Erfahrung (Entwicklung und Vertrieb nach dem früher sehr erfolgreichen Blockbuster-Modell) ein Hindernis bei der Annahme einer neuen dominanten Logik sein, weshalb hier ein stufenweiser Wechsel, der sich über Jahre hinweg ziehen könnte, realistischer wäre.

Ungeachtet der jeweiligen dominanten Logik besteht die eigentliche Herausforderung im Finden einer geeigneten Unternehmensstrategie und eines darauf abgestimmten Geschäftsmodells, welche den Bedürfnissen des Marktes und den regulatorischen und rechtlichen Anforderungen entsprechen. Egal wie stark sich eine neue dominante Logik durchsetzen wird, sicher ist, dass sie sich ändert. Unternehmen müssen darauf offen reagieren, indem sie ihren eigenen „Informationsfilter" re-kalibrieren und auch Geschäftsmodelle, die derzeit als unkonventionell, illusorisch oder kannibalisierend angesehen werden, durchaus in Betracht ziehen. Denn sie könnten die Geschäftsmodelle der Zukunft in einer Industrie mit einer neuen dominanten Logik sein.

8 Literaturverzeichnis

Amir-Aslani, A. und Mangematin, V. (2010): The future of drug discovery and development: shifting emphasis towards personalized medicine. Technological Forecasting and Social Change, 77 (2), S. 203–217.

Aspinall, M. und Hamermesh, R. (2007): Realizing the promise of personalized medicine. Harvard Business School Publishing. http://hbr.org/2007/10/realizing-the-promise-of-personalized-medicine/ar/1 (Zugriff am 17.10.2012).

Braun, A., Eppinger, E., Kamprath, M. und Wieck, K. (2012): The driving forces of business model innovation: An integrated perspective on personalised medicine. http://dpm.ceip.de/material/ISPIM%20Conference.pdf (Zugriff am 17.10 2012).

Brink, J. und Holmén, M. (2009): Capabilities and radical changes of the business models of new bioscience firms. Creativity and Innovation Management, 18 (2): S. 109–120.

Chataway, J., Koch, W. und Wu, L. (2012): Public-private collaborations and partnerships in stratified medicine: Making Sense of New Interactions. New Biotechnology, 29 (6), S. 732–740.

Cheng, S., Koch, W. und Wu, L. (2012): Co-development of a companion diagnostic for targeted cancer therapy. New Biotechnology, 29 (6), S. 682–688.

Côté, L., Langley, A. und Pasquero, J. (1999): Acquisition strategy and dominant logic in an engineering firm. Journal of Management Studies, 36 (7). S. 919–952.

Dhankhar, A., Evers, M. und Møller, M. (2012): Escaping the sword of Damocles: Toward a new future for pharmaceutical R&D. McKinsey Perspetives on Drug and Device R&D.http://www.mckinsey.com/client_service/pharmaceuticals_and_medical_products (Zugriff am 21.10.2012).

Fleck, L. M. (2012): Pharmacogenomics and personalized medicine: wicked problems, ragged edges and ethical precipices. New Biotechnology 29 (6), S. 757–768.

Germino, N. und Chan, K. (2013): Simulation of consumer trends in direct-to-consumer (DTC) genetic testing. Journal of Consumer Health on the Internet, 17 (3) S. 272–28.

Gonce, A. und Schrader, U. (2012): Plantopia? A mandate for innovation in pharma manufacturing. McKinsey Quarterly. http://www.mckinseyquarterly.com/files/article/PDF/Plantopia.pdf (Zugriff am 02.11.2012).

Hadida, A. und Paris, T. (2013): Managerial control and the value chain in the digital music industry. Technological Forecasting & Social Change, http://dx.doi.org/10.1016/j.techfore.2013.01.005.

Harvey, A., Brand, A., Holgate, S., Kristiansen, L., Lehrach, H., Palotie, A. und Prainsack, B. (2012): The future of technologies for personalised medicine. New Biotechnology, 29(6), S.625–633.

Heitmann, M., zu Knyphausen-Aufseß, D., Mansel, R. und Zaby, A. (2011): Auf der Suche nach Einflussfaktoren auf die Wahl des Geschäftsmodells – Das Beispiel der Biotech-Industrie. Innovative Geschäftsmodelle, Berlin, Heidelberg: Springer, S.229–248.

Hood, L. und Flores, M. (2012): A personal view on systems medicine and the emergence of proactive P4 medicine: Predictive, preventive, personalized and participatory. New Biotechnology, 29(6), S.613–624.

Kermani, F. und Bonacossa, P. (2003): Current and future prospects for the biotechnology industry. Journal of Commercial Biotechnology, 10(2), S.154–161.

Konde, V. (2008): Biotechnology business models: An Indian perspective. Journal of Commercial Biotechnology, 15, S.215–226.

Lepoutre, J. und Valente, M. (2012): Fools breaking out: The role of symbolic and material immunity in explaining institutional noncomformity. Academy of Management Journal, 55(2), S.285–313.

March-Chorda, I. und Yagüe-Perales, R. (2008): New directions for the biopharma industry in Canada: Modeling and empirical findings. Management Decision, 46(6), S.880–893.

McDougall, G. (2010): Competing in an era of personalised medicine (S.54–56). Drug Discovery, Delivery & Therapeutics. http://www.samedanltd.com/magazine/11/issue/139/article/2751?wt.ac=healthindustries_twitter, (Zugriff am 21.11.2012).

Mittra, J. und Tait, J. (2012): Analyzing stratified medicine business models and value systems: Innovation-Regulation Interactions. New Biotechnology, 29(6), S.709–719.

o.V. McKinsey (2013): Personalized Medicine – the path forward. Pharmaceutical and Medical Products Practice 2013.

o.V. PWC(I) (2009): Pharma2020: Challenging business models. Which path will you take? PricewaterhouseCooper's Health Research Institute. http://www.pwc.com/gx/en/pharma-life-sciences/pharma-2020-business-models/index.jhtml (Zugriff am 14.11.2012).

o.V. PWC(II) (2009): The new science of personalized medicine: Translating the promise into practice. PricewaterhouseCooper's Health Research Institute.

http://www.pwc.com/us/en/healthcare/publications/personalized-medicine.jhtml (Zugriff am 04.12.2012).

o.V. TAB (2008): Individualisierte Medizin und Gesundheitssystem. Berlin, Büro für Technikfolgenabschätzung beim Deutschen Bundestag.

Pickl, M., Ruge, E. und Venturi,M. (2012): Predictive markers in early research and companion diagnostic developments in oncology. New Biotechnology,00(00).

Prahalad, C. und Bettis, R. (1986): The dominant logic: A new linkage between diversity and performance. Strategic Management Journal, 7, S. 485–501.

Prahalad, C. und Bettis, R. (1995): The dominant logic: Retrospective and extension. Strategic Management Journal, 16, S. 5–14.

Prajapati, V., Tripathy, S. und Dureja, H. (2013): Product lifecycle management through patents and regulatory strategies. Journal of Medical Marketing: Device, Diagnostic and Pharmaceutical Marketing, http://mmj.sagepub.com/content/early/2013/07/17/1745790413497388.

Sabatier, V., Craig-Kennard, A. und Mangematin, V. (2012): When technological discontinuities and disruptive business models challenge dominant industry logics: Insights from the drugs industry. Technological Forecasting & Social Change, 79, S. 949–962.

Sainz de la Fuente, G. (2013): Personalised medicine, unmet need or business strategy. Journal of Business Chemistry, 10(1), S. 49–56.

Sheibley, P. und Firouzbakht, R. (2009): The era of outcomes: Emerging pharmaceutical business models for high performance. Accenture. http://www.accenture.com/us-en/Pages/insight-emerging-pharmaceutical-high-performance.aspx (Zugriff am 20.12.2012).

Shore, Parver (2011): The era of outcomes: Emerging pharmaceutical business models for high performance. Accenture. http://www.accenture.com/us-en/Pages/insight-emerging-pharmaceutical-high-performance.aspx (Zugriff am 20.12.2012).

Styhre, A. (2011): Competing institutional logics in the biopharmaceutical industry: The move away from the small molecules therapies model in the post-genomic era. Creativity and Innovation Management, 20(4), S. 311–329.

von Holleben, M., Pani, M. und Heinemann, A. (2011): Medizinische Biotechnologie in Deutschland 2011, Biopharmazeutika: Wirtschaftsdaten und Nutzen der Personalisierten Medizin. Boston Consulting Group. http://www.vfa-bio.de/vb-de/aktuelle-themen/branche/wirtschaftsdaten-und-nutzen-der-personalisierten-medizin.html (Zugriff am 15.11.2012).

Zemlo, T. (2004): Pharmacogenomic. Promise, pitfalls. Drug Discovery and Development.

Neuausrichtung von Geschäftsmodellen – am Beispiel Pharma

Bastian Halecker, Katharina Hölzle

Inhaltsverzeichnis

1 Einführung

1.1 Ausgangssituation

Die Situation vieler Unternehmen zeichnet sich heute durch eine Verkürzung der Innovationszyklen mit einer zunehmenden Anzahl von Wettbewerbern aus. Gleichzeitig erhöhen sich die Komplexität der Anforderungen und Lösungsmöglichkeiten bei gleich bleibenden oder sogar sinkenden Ressourcen. Dies gilt nicht nur für Unternehmen aus traditionell wettbewerbsintensiven Industrien, sondern vermehrt auch für Unternehmen aus erfolgsverwöhnten Industrien (z.B. Pharma, Rüstung). Diese Unternehmen stehen auf Grund vielschichtiger komplexer Unternehmensumwelten und einer zunehmenden Dynamik vor der Frage, wie es mit ihrem Geschäft sowie mit der gesamten Branche weiter geht. Vielfach ist von notwendigen, nicht mehr vermeidbaren Neuausrichtungen, bezogen auf Angebot, Funktion und Struktur solcher, eher klassisch konservativen Unternehmen die Rede. Dies gilt nicht nur für die klassischen Themen Produkt- oder Prozessinnovationen, sondern für alle. Eine Möglichkeit diese Neubetrachtung und eventuelle Neuausrichtung zu realisieren, ist die Anwendung des Geschäftsmodell-Konzeptes. Dieses in Wissenschaft und Praxis mittlerweile gut eingeführte und bekannte Konzept schafft ein substanzielles Verständnis für die Grundlogik des bestehenden Geschäftes (Magretta 2002). Auf diesem Grundverständnis aufbauend können dann Überlegungen hinsichtlich einer Neuausrichtung angestellt werden (Teece 2010). Trotz aller Euphorie rund um das Geschäftsmodell sind dennoch viele Fragen hinsichtlich eines ganzheitlichen Konzeptes, das über die Ideenfindung (z.B. mit Hilfe des Business Model Canvas) hinausgeht, weitgehend unbeantwortet. Dabei ist klar, dass auf Basis der aktuellen Herausforderungen ein systematisches Konzept zum ganzheitlichen Management von möglichst innovativen Geschäftsmodellen einen bedeutenden Mehrwert sowohl für die Praxis als auch für die Wissenschaft hätte. Eine Veränderung bzw. Neuausrichtung des Geschäftsmodells ist ein Prozess von hoher Komplexität und stellt damit eine herausfordernde aber (über)lebensnotwendige Kompetenz im Management dar (Zott *et al.* 2011). Dieser Managementprozess fällt unter die Kategorie „Management des Übergangs", der wiederum in drei Phasen des Entscheidungsprozesses unterteilt ist (Syring 1993, S. 9-11): (1) Planung bzw. Konzeptionierung, (2) Organisation des Anpassungs- und Umgestaltungsprozesses (Handlungsprogramm), (3) Kontrolle des Erfolges der Anpassung und Umgestaltung.

Der vorliegende Beitrag fokussiert sich auf die Phase 1 sowie teilweise auch auf die Phase 2 und damit auf den Kern des Managementprozesses.

1.2 Zielsetzung

Im Gegensatz zu den bereits existierenden Geschäftsmodellkonzepten (u.a. Bucherer 2010; Wirtz 2013), die überwiegend aus der Literatur oder aus Fallbeispielen abgeleitet wurden, setzt das Konzept im vorliegenden Beitrag sowohl auf bestehendes Wissen aus der Theorie als auch auf Untersuchungen im Feld. Ziel des Beitrags bzw. des hier beschriebenen Forschungsprojektes ist es, ein bestehendes theoretisches Konzept (Funktional-Markt-Konzept von Pfeiffer *et al.* 1997) im Rahmen einer Aktionsfallstudie auf ein Unternehmen und damit auf einen praktischen Fall zu übertragen. Im Rahmen dieser Übertragung soll begleitend die komplette Neuausrichtung eines Geschäftsmodells methodisch bearbeitet und getestet werden. Dabei wird ein Mehrwert für die Praxis in Form von direkten und greifbaren Ergebnissen geschaffen. Die Wissenschaft profitiert von den Erkenntnissen und Implikationen der Methoden bzw. Theorieanwendung.

1.3 Vorgehensweise und Aufbau

Im zweiten Abschnitt wird zunächst auf die noch recht neue Methode der Aktionsfallstudie eingegangen und diese im Kontext der verwendeten Methodologie, der Abduktion, erläutert. Anschließend wird im dritten Abschnitt das anzuwendende theoretische Konzept vorgestellt und erläutert warum dieses geeignet ist für die Anwendung bzw. Übertragung auf die Neuausrichtung von Geschäftsmodellen. Der vierte Abschnitt beschreibt den ersten Schritt des Konzeptes, die Exploration. Wir werden sowohl die grundsätzlichen Perspektive als auch die Anwendungsseite im Rahmen der durchgeführten Aktionsfallstudie beschreiben. Anschließend werden die gesammelten Erkenntnisse aus der Konzeptübertragung in die Realität dargestellt und kurz reflektiert. Diese Vorgehensweise wird ebenfalls in Abschnitt fünf und sechs angewandt, da es sich hier um den zweiten und dritten Schritt des Neuausrichtungskonzeptes handelt. Abschließend wird im siebten und letzten Abschnitt ein Fazit aus der gesamten Arbeit gezogen und die wesentlichen Erkenntnisse für Wissenschaft und Praxis zusammengefasst dargestellt.

2 Forschungsmethode

2.1 Der Praxispartner

Die Auswahl der Praxispartner für eine Untersuchung werden i.d.R. durch die Forschungsfrage bestimmt (Yin 2009, S. 30).

Für die vorliegende Arbeit wurden zur Fallstudienauswahl die Kriterien Relevanz und Zugang (Access) angewendet (Pettigrew 1990). Relevanz steht in dem

Fall für Unternehmen, die vor großen Veränderungen stehen (u.a. durch starke Umfeldveränderungen) und für die die Notwendigkeit sich über neue Geschäftsmodelle grundsätzlich Gedanken zu machen, relativ neu ist. Hier sind besonders Unternehmen aus eher klassisch konservativen Branchen betroffen. Solche Unternehmensgruppen weisen in der Regel eine relativ hohe Ineffizienz auf, bei gleichzeitig hohem Verbesserungspotential (siehe Abbildung 1).

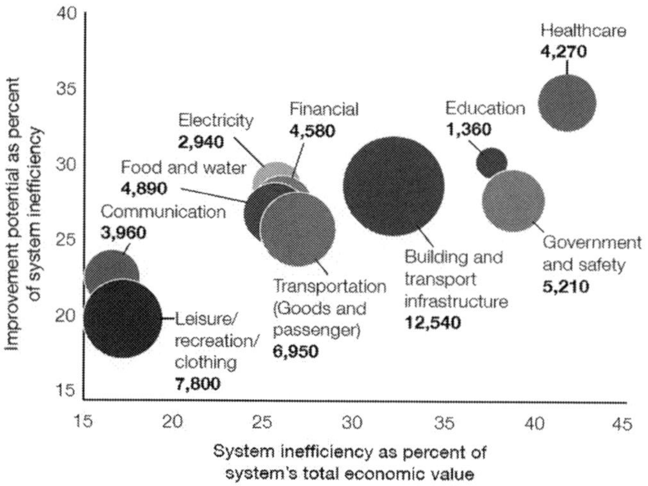

Abbildung 1 Ineffizienzen in verschiedenen Branchen (Quelle: IBM 2010)

Es wird deutlich, dass die Relevanz sich entsprechend zu verbessern – mit Hilfe u.a. von Geschäftsmodellinnovationen – bei den Unternehmen aus der Gesundheitsbranche, Bildung, Bau- Transport und Infrastruktur, bei öffentlichen Einrichtungen sowie in der Rüstungsindustrie als hoch bis sehr hoch eingeschätzt werden kann.

Das zweite Kriterium Zugang steht für die Möglichkeit einen entsprechenden Kontakt in die verschiedenen Unternehmensgruppen zu bekommen, verbunden mit der Bereitschaft, sich mit der Wissenschaft zum Thema Geschäftsmodellinnovation auseinanderzusetzen. Hier ist es von Bedeutung, wie und in welchem Umfang Kontakte und Netzwerke bestehen und entsprechend genutzt werden können.

Für die Untersuchung im Rahmen der gesamten Forschungsarbeit (im vorliegenden Beitrag wird nur eine Aktionsfallstudie betrachtet) konnten drei Unternehmenspartner aus eher klassisch konservativ einzuschätzenden Branchen gewonnen werden. Zum einen ein großer forschender Pharmakonzern, zum zweiten ein Industriekonzern aus dem Bereich Infrastruktur und zum dritten ein Unternehmen aus der Rüstungsindustrie. Für den vorliegenden Beitrag wird die Aktionsfallstudie des Pharmaunternehmens beschrieben. Diese wurde analog auch bei den anderen beiden Unternehmen eingesetzt. Eine kurze Beschreibung des Pharmaunternehmens erfolgt im Abschnitt drei.

2.2 *Methodologie*

Im Rahmen der Forschungsarbeit kommt der relativ neue und teilweise unbekannte abduktive Ansatz zum Tragen. Hierbei handelt es sich um einen hybriden Ansatz zwischen Deduktion und Induktion mit dem Ziel der systematischen Kombination von theoretisch konzeptioneller Arbeit, empirischer Feldforschung und Fallstudienanalyse (Dubois & Gadde 2002; Kovács & Spens 2005). Die permanente Abstimmung (zirkulärer Prozess) zwischen Theorie und Empirie eignet sich besonders für eine theoriegeleitete und gleichzeitig praxisnahe Forschung. Da es vorrangig um die Entwicklung neuer Konzepte und/oder Hypothesen oder um die Weiterentwicklung theoretischer Modelle geht, ist das abduktive Verfahren näher an der Induktion als an der Deduktion. Die wesentlichen Merkmale des abduktiven Verfahrens sind (Dubois & Gadde 2002, S. 556–558; Kovács & Spens 2005, S. 138–139):

- Kombination von Theorie und Empirie (Realität),
- Betrachtung aktueller Phänomene aus einer neuen Perspektive mit Hilfe bzw. der Anwendung eines theoretischen Frameworks,
- „Ausleihen" von Theorien und Konzepte aus anderen Gebieten und Anwendung in der Praxis,
- Stetige Interaktion *„back and forth"* zwischen Theorie und Empirie unter Einsatz aktionsbasierter Forschungsmethoden.

Im vorliegenden Fall unterstützt das Verfahren den Einsatz eines theoretischen Rahmenkonzeptes als eine Art Rahmen bzw. Richtlinie in einem aktionsbasierten Forschungsprozess.

Als Forschungsmethode wird die Aktionsfallstudie (engl. *Action Case Study*) im Rahmen des abduktiven Verfahrens eingesetzt, die ihren Ursprung in Studien zu Informationssystemen in den 1990er Jahren hat (Braa & Vidgen 1995). Wie bereits aus dem Namen ersichtlich wird, kommen dabei Komponenten sowohl aus der Aktionsforschung (u.a. Susman & Evered 1978; Checkland 1981) als auch der Fallstudienforschung (Yin 1984; Eisenhardt 1989) in einer hybriden

Form zum Einsatz. Besonders deutlich wird die Einordnung der Aktionsfallstudie beim Betrachten der Abbildung 2. In dem Dreieck sind verschiedene Forschungsmethoden abgebildet. Die Eckpunkte beschreiben jeweils das vorgesehene Forschungsergebnis (*Outcome*).

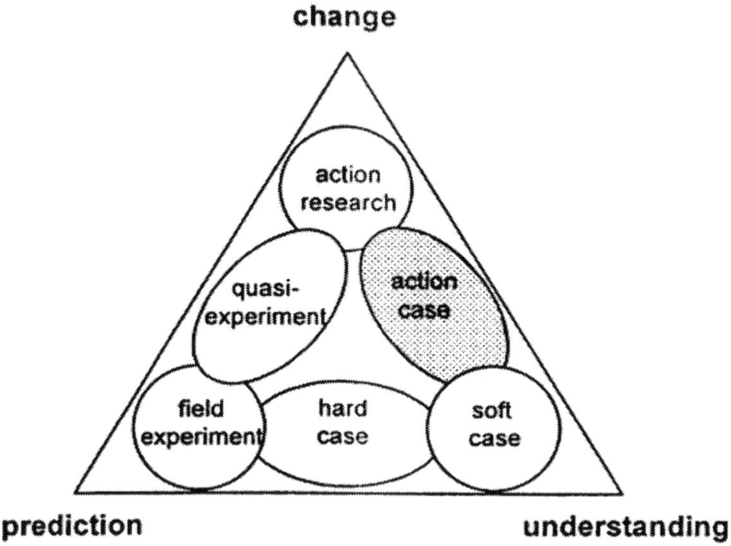

Abbildung 2 Einordnung der Aktionsfallstudie (Quelle: Braa & Vidgen 1999, S. 32)

Demnach besteht mit Hilfe der Aktionsfallstudie für die Forschung die Möglichkeit die Organisation bzw. das Untersuchungsobjekt realitätsnah zu untersuchen, zu verstehen und gleichzeitig Änderungen vorzunehmen bzw. einzuleiten sowie die direkten Auswirkungen zu beobachten. Die Aktionsfallstudie wird immer in einem organisatorischen Kontext eingesetzt (Braa & Vidgen 1995, 1999).

Folgende Merkmale lassen sich für die Aktionsfallstudie zusammenfassen (Braa & Vidgen 1995; Dubois & Gadde 2002, S. 556; Johansson *et al.* 2007):

- Untersucht das Phänomen in seiner natürlichen und meist komplexen Umgebung (innerhalb der Organisation)
- Forscher nimmt temporär und aktiv (also nicht als Außenstehender) am „Forschungsprojekt" teil, in dem er z.B. über Workshops theoretischen Input in die Organisation und damit zur Anwendung bringt

- Die Analyse, d.h. das Verstehen des aktuellen Kontextes innerhalb der Organisation, wird durch Fallstudien (z.B. durch Interviews) abgedeckt
- Veränderungen können innerhalb der Organisation begleitet und gleichzeitig beobachtet werden
- Ermöglicht die permanente Abstimmung zwischen Theorie und Empirie (Konzept vs. Realität)

Ziel ist es, mit Hilfe der Aktionsfallstudie eine Balance zwischen der Interpretation qualitativer Daten und der Intervention eine Lösung von Problemen zu finden.

Die Anwendung der Aktionsfallstudie ist im vorliegenden Forschungsprojekt durch den Einsatz von Interviews und Workshops umgesetzt worden. Die Abbildung 3 verdeutlicht das prinzipielle dreistufige Vorgehen sowie die erwarteten Ergebnisse.

Abbildung 3 Vorgehen, Inhalte und erwartete Ergebnisse einer Aktionsfallstudie (eigene Darstellung)

Die Erkenntnisse der Interviews aus dem Schritt 1 wurden in den Workshops (Schritt 2) gespiegelt und umgekehrt (Howard *et al.* 2004). Damit konnte eine kontinuierliche Verbesserung und ein permanenter Erkenntnisgewinn sichergestellt werden. In der vorliegenden Aktionsfallstudie mit dem Pharmaunternehmen wurden im ersten Schritt vier Interviews mit Entscheidungsträgern aus dem Bereich Vertrieb und Innovationsmanagement geführt. Zudem wurden Unterlagen und Prozesse gesichtet und diskutiert. Im Rahmen des zweiten Schrittes gab es drei Workshops von jeweils 4-5 Stunden. Der dritte Schritt wurde als Gesamtauswertung, auch im Hinblick auf die anderen Aktionsfallstudien, vom Forscherteam in mehreren Iterationen durchgeführt.

3 Konzept zur Neuausrichtung von Geschäftsmodellen

3.1 Das Grundkonzept als Ausgangsbasis

An dieser Stelle soll das Grundkonzept erläutert werden, welches im Rahmen der Aktionsfallstudie zur Neuausrichtung von Geschäftsmodellen aus der Theorie entnommen und in die Praxis übertragen sowie angewendet wurde.

Als Grundkonzept wurde das Funktional-Markt-Konzept von Pfeiffer et al. (1997) gewählt. Dieses legt den Fokus auf Technologiemanagement bzw. technologische Innovationen, lässt sich aber gut auf das Themenfeld Geschäftsmodellinnovation übertragen. Im Folgenden wird in Kurzform das Konzept erläutert und anschließend argumentiert, warum eine Übertragung auf das Thema Geschäftsmodellinnovation möglich und sinnvoll ist.

Jedes Unternehmen, das langfristig überleben will, muss den zukünftigen Fortschritt (s)einer Industrie im Hinblick auf die grundsätzliche technische Entwicklung verstehen und hinsichtlich ihrer Innovationskraft begreifen (Pfeiffer 1971). Eine erfolgreiche Innovation kommt zu Stande, wenn ein (technologisches) Potential auf einen kundenseitigen Bedarf trifft und auf mindestens einer Seite etwas „Neues“ auftritt (Pfeiffer 1980, S.422). Dabei kann es entweder zu einer bedarfsbasierten oder einer potentialbasierten Innovation kommen, abhängig vom auslösenden Impuls (Pfeiffer *et al.* 1997, S.30). Auf dieser Grundlage ist das Funktional-Markt-Konzept entstanden welches Unternehmen helfen soll, die Herausforderungen von innovationsbezogenen Chancen und Risiken in wettbewerbsintensiven Branchen zu meistern. Dabei ist eine wesentliche Eigenschaft des Funktional-Markt-Konzeptes die Abkehr von einer gegenwartsbezogenen Beschreibung und Bewertung der Innovation hin zu einer besseren und frühzeitigeren Wahrnehmung von Substitutions- und Bedrohungsgefahren der Innovationen aus anderen Branchen durch eine funktional-abstrakte Charakterisierung des zu untersuchenden Objektes (u.a. Lender 1998). Ziel dabei ist es, Technologien und ihre Märkte strikt in Form ihrer eigentlichen Funktion und ihrer Problemlösungseigenschaft zu betrachten (den „Funktionalmärkten“). Das Funktional-Markt-Konzept nutzt und verbindet verschiedene existierende Methoden u.a. Technologie-Portfolio, S-Kurve und Szenarioanalyse (Pfeiffer *et al.* 1997).

Die Durchführung einer Funktional-Marktanalyse erfolgt grundsätzlich in drei Phasen (Pfeiffer *et al.* 1997):

1. Exploration

In der Explorationsphase geht es um die systematische Suche nach Anwendungen für eine Technologie (potentialbasierte Vorgehensweise) auf der einen Seite, als auch um die Identifikation von denkbaren technologischen Alternativen für einen gegebenen Bedarf (bedarfsbasierte Vorgehensweise) auf der anderen Seite. Daraus ergibt sich ein Überblick über den potentiellen Gesamtmarkt (d.h. prinzipiell mögliche Anwendungen) als auch über den Funktionalmarkt (d.h. Gesamtheit aller funktional äquivalenten Substitutionstechnologien).

2. Bewertung

Ziel der Bewertung ist es, innerhalb eines identifizierten Funktionalmarktes die Auswahl der Alternativen zu ermöglichen, die zukünftig am besten geeignet sind. Hierbei wird unter Berücksichtigung der im Unternehmen verfügbaren und beschaffbaren Ressourcen und der technisch-ökonomischen Marktattraktivität der potentielle Gesamtmarkt bewertet. Im Rahmen der Einzelschritte der Bewertung geht es weniger um die exakte Ermittlung der Ist-Situation als vielmehr um die zukunftsorientierte Analyse der Bedarfe und Potentiale.

3. Entscheidung und Gestaltung

Um letztendlich eine neue Technologie hervorbringen und erfolgreich zu vermarkten, ist es notwendig, eine sachlich wie zeitlich gestaffelte Zielsetzung und Ressourcensteuerung vorzunehmen. Zum einen müssen die notwendigen personellen und materiellen Ressourcen aufgebaut werden. Zum anderen muss zeitlich festgelegt werden, wann und wie welche Potentiale zur Verfügung stehen müssen, um eine abgestimmte Gestaltung der Problemlösung durchzuführen.

3.2 Übertragung des Grundkonzeptes auf die Neuausrichtung von Geschäftsmodellen

Mit Blick auf das Funktional-Markt-Konzept lassen sich folgende Punkte festhalten, die eine Übertragung auf das Thema Neuausrichtung von Geschäftsmodellen bzw. Geschäftsmodellinnovation möglich und sinnvoll erscheinen lassen:

- Exploration von Marktchancen und neuen Geschäftsfeldern jenseits der aktuellen und offensichtlichen Anwendungsgebiete ist eines der Hauptziele bei den Überlegungen zu neuen Geschäftsmodellen
- Verbindung zwischen Problem und Lösung unabhängig von bestehenden Märkten und bekannten (kognitiven) Grenzen und damit Schaffung neuer innovativer Geschäftsmodelle

- frühzeitige Identifizierung von (technologie-bezogenen) Schwächen und damit Verdeutlichung einer eventuell notwendigen Neuausrichtung bzw. Anpassung des bestehenden Geschäftsmodells
- Bietet einen interessanten systemisch geprägten Ansatz zur Neuentwicklung von (strategischen) Innovation (Markides 2006) - sprich Geschäftsmodellinnovationen
- Stellt einen systemtheoretischen Ansatz in einer praktisch anwendbaren Form dar und eignet sich damit besonders für die Anwendung im Rahmen herausfordernder Managementaufgaben, wie der Innovation von Geschäftsmodellen (weitere Argumente siehe auch Halecker & Hartmann 2013)

Aus diesen Überlegungen und auf Basis des Grundkonzeptes wurde ein Konzept zur Neuausrichtung von Geschäftsmodellen entwickelt (siehe Abbildung 4).

Exploration	Bewertung	Handlungs-programm
▪ (Bezugspunkt) Einführung in die Grundlagen von Potential- und Bedarfsbasierter Sichtweise zur Beschreibung des Geschäftsmodells (P&B) ▪ (Abstraktionsgrad) Vermittlung des Funktional-abstrakten Denkens zur Ermittlung des Funktionalmarktes und des potentiellen Gesamtmarktes ▪ (Identifikation von ersten Stoßrichtungen für neue GM-Alternativen)	▪ Ermittlung und Zuordnung von potentiellen Geschäftsmodelloptionen ▪ Zukunftsorientierte Bewertung mit Hilfe von Szenarien ▪ Festlegen/ Operationalisierung von Bewertungsmerkmalen (Subjekt) ▪ Zuordnung/ Einordnung des Bewertungsobjektes durch Subjekt ▪ Definieren von (robusten) Referenzsystem(en) – szenarioartiges umfassendes Zukunftsbild	▪ Positionierung mit Hilfe eines Portfolios – Ressourcen vs. Attraktivität bzw. eines Geschäftsmodellrasters ▪ Adäquate Formulierung von Handlungs-empfehlungen mit Hilfe einer sachlich und zeitlich gestaffelten Zielsetzung und Ressourcensteuerung ▪ Festlegen eines Handlungsprogramms aus dem Portfolio bzw. Raster ▪ „Trial & Error" (Prototyp) ▪ Unterstützung einer gezielten, rechtzeitigen und konsequenten Investitionsentscheidung

Abbildung 4 Konzept zur Neuausrichtung von Geschäftsmodellen (eigene Darstellung)

Ein Aspekt der in der Arbeit mit Geschäftsmodellen häufig unterschätzt wird, ist die unter zeitlicher Perspektive zukunftsorientierte Ausrichtung der zu implementierenden Geschäftsmodellideen. Meist wird eine Geschäftsmodellidee erarbeitet und geplant, aber frühestens nach zwei bis drei Jahren am Markt realisiert. Anschließend besteht die Erwartung möglichst lang mit dem neuen Geschäftsmodell am Markt bestehen zu können und einen entsprechenden Ertrag zu generieren. Mit einer zukunftsorientierten Ausrichtung gilt es zu vermeiden ein Geschäftsmodell zu entwickeln und zu implementieren, welches kurze Zeit nach Markteinführung scheitert oder obsolet ist (zum Scheitern von Geschäftsmodellinnovationen siehe Halecker *et al.* 2014). Der gesamte Anpassungs- und Umgestaltungsprozess muss somit ausreichend zukunftsorientiert und im Einklang mit der Strategie sein (mehr zur Verbindung zwischen Strategie und Geschäftsmodell siehe Halecker & Hartmann 2014).

Die Notwendigkeit zum Überdenken des bestehenden Geschäftsmodells vorausgesetzt, wird im Folgenden der Ablauf und Inhalt beschrieben, der im Rahmen des Forschungsprojektes durchlaufen wurde. Hierbei liegt der Fokus auf einer Fallstudie aus der Personalisierten Medizin am Beispiel eines etablierten Pharmaunternehmens. Dieses Pharmaunternehmen gehört international zu den größten in der Branche und hat sich im Rahmen seiner strategischen Ausrichtung u.a. auch auf die Personalisierte Medizin konzentriert. Auf Grund von Vertraulichkeitsvereinbarungen sind jegliche Namen und Ergebnisses anonymisiert bzw. vereinfacht und abgewandelt worden. Zudem wird der auslösende Moment zur Neuausrichtung des Geschäftsmodells nicht betrachtet. Hier sei darauf verwiesen, dass nahezu jedes forschende Pharmaunternehmen von der „Patentklippe“, steigender Regulierung usw. betroffen ist (mehr dazu in den entsprechenden Beiträgen in diesem Herausgeberband). Bei vielen Pharmaunternehmen ist ein entsprechend hohes *„Pain-level“* erreicht, was wiederum die Bereitschaft zur Neuausrichtung vom bestehenden Geschäftsmodell steigen lässt.

In den nachfolgenden Abschnitten werden die einzelnen Phasen der Neuausrichtung beschrieben. Hierzu wird in jeder Phase beschrieben wie das jeweilige Vorgehen war und welche Erkenntnisse nach einer Reflektion gewonnen wurden.

4 Exploration von neuen Geschäftsmodell-Optionen

Die Exploration, sprich das Auffinden bzw. die Generierung neuer Ideen stellt einen der ersten und entscheidenden Schritte im Neuausrichtungskonzept dar. Im Mittelpunkt steht dabei das Praktizieren des funktional-abstrakten Denkens zum Auffinden neuer Geschäftsmodell-Optionen. Dieser Ansatz wurde bereits zum Auffinden neuer Produktinnovation (Gassmann & Zeschky 2008), im Rahmen des *Cross-Industry* Innovation (Brunswicker & Hutschek 2010) und neuerdings auch für die Innovation von Geschäftsmodellen (Enkel & Mezger 2013) angewendet.

4.1 Inhalte und Vorgehen

Ein wesentlicher Ausgangspunkt im Rahmen der Explorationsarbeit im ersten Workshop war die Vermittlung von Grundlagen einer potential- und bedarfsbasierten Sichtweise zur späteren Beschreibung von Geschäftsmodellen.

Hierzu gibt es, wie bereits beim Funktional-Markt-Konzept dargestellt, zwei Sichtweisen bzw. Funktionalmärkte (Abbildung 5).

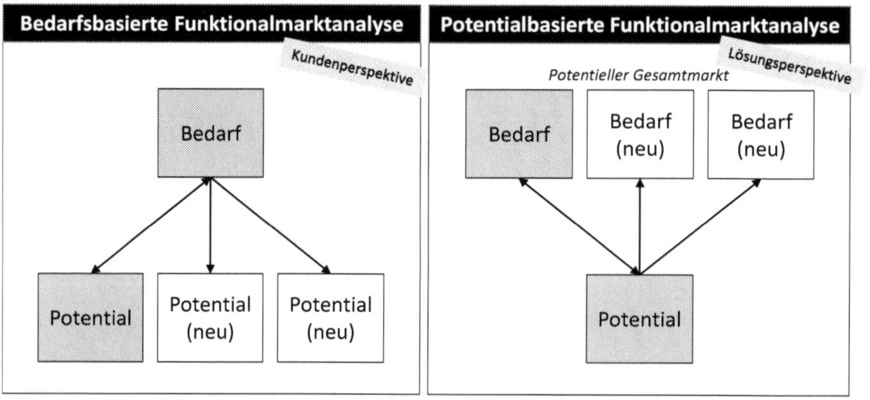

Abbildung 5 Zwei Sichtweisen bzw. Funktionalmärkte (Quelle: eigene Darstellung angelehnt an Pfeiffer et al. 1997)

Mit Hilfe dieser beiden Sichtweisen lässt sich ein erstes Verständnis über die beiden Denkrichtungen gewinnen, die wiederum Grundlage sind für das weitere Vorgehen. Ziel ist es immer einen „Fit" zwischen Bedarf und Potential zu erreichen. Ein Impuls zur Veränderung bzw. Neuausrichtung dieses „Fit's" kann entweder von der Bedarfsseite (Bedarfsinduktion) als auch von der Potentialseite (Potentialinduktion) ausgehen (Pfeiffer 1971).

Ein typisches Beispiel für eine Bedarfsinduktion ist die bedarfsgesteuerte pharmazeutische Forschung, mit dem Ziel einen bestimmen Krankheitserreger zu bekämpfen. Neue Problemsituationen wie z.B. neue Krankheiten sind der Ausgangspunkt für die Ermittlung neuer Lösungsalternativen. Ein Beispiel für eine Potentialinduktion ist das Medikament Viagra, welches ursprünglich Bluthochdruck behandeln sollte. Dann aber durch eine Zufallsentdeckung einen neuen, vorher nicht adressierten Bedarf decken konnte.

Nach der Vermittlung dieser Grundlagen ging es um die Anwendung des funktional-abstrakten Denkens zur Ermittlung der Funktionalmärkte. Hier wurde im Rahmen der Forschungsarbeit der vom Pharmaunternehmen erstellte Output, der

Ausgangspunkt zur Definition des Unternehmenszwecks ist, betrachtet. Der Unternehmenszweck beschreibt die Funktion eines Unternehmens für seine Umwelt (u.a. Volz 1997). Die (systemische) Funktion kann aus der Geschäftsmodellsicht mit dem Nutzenversprechen (Value Proposition) gleichgesetzt werden (Halecker & Hartmann 2013) und dient als der ideale Ausgangspunkt für das Suchen nach neuen innovativen Geschäftsmodell-Optionen (Enkel & Mezger 2013).

Die Funktion bzw. Value Proposition wurde im ersten Schritt abstrahiert, d.h. es wurde sich von der strukturierten und phänomenologischen Sichtweise gelöst und eine allgemeinere Sicht auf Angebot und Nachfrage eingenommen. Dabei musste ein optimaler Abstraktionsgrad gefunden werden, der hoch genug ist um möglichst viele Alternativen zu entdecken, jedoch nicht zu abstrakt ist, sodass kein Erkenntnisgewinn erreicht werden kann.

Die durchgeführten Arbeitsschritte werden in der Abbildung 6 aufgezeigt.

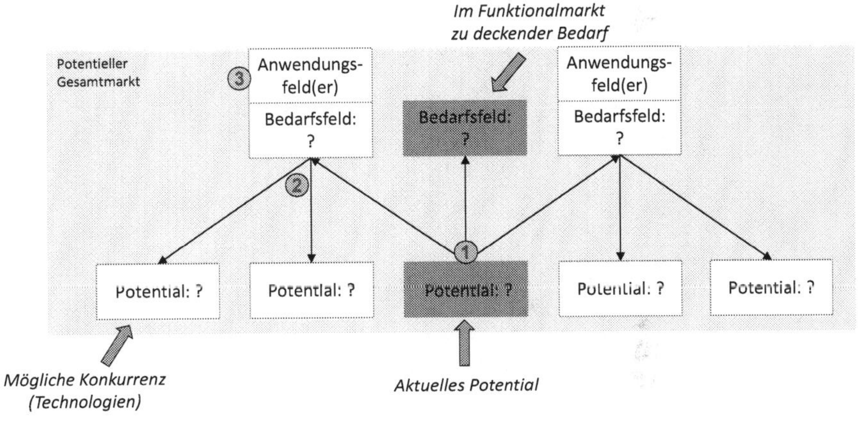

Abbildung 6 Arbeitsschritte zum funktional-abstrakten Denken (eigene Darstellung)

Im ersten Schritt mussten die Vertreter des Pharmaunternehmens funktional-abstrakt beschreiben, welches Potential aktuell besteht und welcher Bedarf entsprechend gedeckt wird. Zeitgleich wurden zusätzliche Bedarfe ermittelt, die aktuell mit dem Potential gedeckt wurden oder die am Markt bestehen, jedoch vom Unternehmen (noch) nicht adressiert werden. Als Ergebnis entstand eine breite Übersicht verschiedenster Bedarfe, die zum einen sehr unterschiedlich waren und verschiedenen Überkategorien zugeordnet wurden. Z.B. war ein Bedarfsfeld „Selektion geeigneter Anwendung“ bzw. „Gewissheit“. Eine Überkategorie dazu war „Gesundheit und Wellness“.

Im zweiten Schritt wurden zu den ermittelten Bedarfen entsprechende Potentiale erarbeitet, die notwendig sind (wären), um den Bedarf zu decken. Hier ergaben sich dann vielfältigste Kombinationen. Zum Beispiel wurde zur „Selektion geeigneter Anwendungen“ das Potential „stratifizierte Medizin“ genannt.

Ein dritter möglicher Schritt, der aber auf Grund von Zeitrestriktionen nicht durchgeführt wurde, ist die Identifikation von neuen komplementären Leistungsbedarfen der Nutzer. D.h. hier könnten z.B. ergänzende Dienstleistungen als spezifische komplementäre Leistungsbedarfe das Spektrum ausdehnen.

Insgesamt wurden mehrere dieser Schrittfolgenden durchgeführt, da das Pharmaunternehmen mehrere Kernkundengruppen (Patient, Krankenhaus u.a.) adressiert mit jeweils einem anderen Potential. In Summe konnten sechs potentielle Geschäftsmodelloptionen erarbeitet werden, die mehrheitlich einen prinzipiellen Charakter aufwiesen (siehe Abbildung 7). Eine prinzipielle Geschäftsmodelloption ist gekennzeichnet durch, einerseits einer Veränderung in der Struktur (Potential) und andererseits einer Veränderung auf der Marktseite (Bedarf). Beide Veränderungen sollten einen radikalen Charakter aufweisen, also mehr als nur kleine inkrementelle Veränderungen beinhalten (Halecker & Hartmann 2013, S. 259–260).

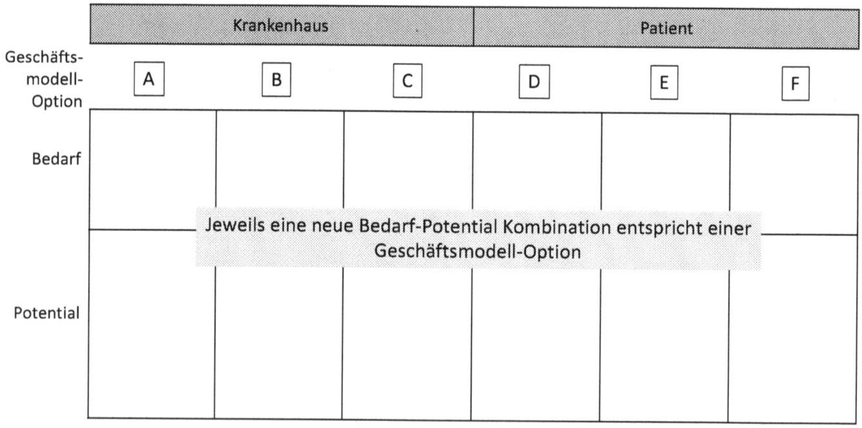

Abbildung 7 Potentielle Geschäftsmodell-Optionen als Ergebnis

4.2 *Erkenntnisse und Reflektion*

Insgesamt konnte aus der Exploration und der Zusammenarbeit mit dem Pharmaunternehmen im Rahmen des ersten Workshops folgende Erkenntnisse sowohl bezogen auf das Konzept als auch auf die Inhalte gewonnen werden:

- Die Bedarfs- und Potentialdenkweise ist schnell greifbar und anwendbar unabhängig vom Erfahrungshintergrund der Teilnehmer und schafft eine gemeinsame Ausgangsbasis bzgl. des Innovationsverständnisses
- Die Zuordnung zwischen Arbeitsschritt 1 (Ermittlung des Bedarfes) und Arbeitsschritt 2 (Zuordnung / Ermittlung von Potentialen) beim funktional-abstrakten Denken ist schwierig, und bedarf Diskussion und gezielte Moderation
- Die erarbeiteten Ergebnisse auf der Potentialseite existierten vielfach schon. Der (kreative) Sprung weg vom phänomenologischen Denken ist somit herausfordernd
- Die erarbeiteten GM-Optionen brauchen einen (möglichst kreativen) Titel, der in den Köpfen der Leute bleibt und eine kurze Beschreibung (Entwurf)
- Eine Festlegung welchen Fokus die GM-Option geografisch hat, muss frühzeitig erfolgen, da es sonst zu Verwirrungen kommen kann
- Es muss zugelassen werden, das eigene Geschäft in Frage zu stellen („Kannibalisierung“ von bestehenden Geschäftsmodellen)
- Der gesamte Ansatz des funktional-abstrakten Denkens eignet sich auch als eigenständiges Konzept zum Ermitteln neuer Geschäftsfelder (z.B. im Vertrieb)

5 Bewertung der Geschäftsmodell-Optionen

Einer der größten Fehler in der Bewertung von Ideen (gerade bei Ideen mit längerem Umsetzungszeitraum, wie Geschäftsmodellideen) ist, dass diese nicht zukunftsorientiert erfolgt. D.h. nachdem die Ideen bzw. die Ermittlung dieser auf dem Kenntnisstand von heute beruhen, werden diese auch noch mit dem gegenwärtigen Kenntnisstand bewertet. Dies verschleiert den Blick auf das eigentliche Bedrohungspotential sowohl in leistungsmäßiger als auch in kostenmäßiger Hinsicht, da die Entwicklungsdynamik in beiden Dimensionen konsequent unterschätzt wird. Somit muss in der Bewertung potentieller Innovationen eine Ausdehnung des zeitlichen und sachlichen Horizontes erfolgen als auch eine Dynamisierung durch zukunftsorientierte Referenzsysteme stattfinden (Pfeiffer *et al.* 1997, S. 58–59).

Bewertungsansätze von Geschäftsmodell-Optionen (kurz GM-Option) existieren bislang nur rudimentär, überwiegend generiert aus praktischen Erfahrungswerten. Wissenschaftlich liegen hierzu bislang kaum Ergebnisse vor, trotz des starken Interesses und zunehmenden Umfangs der Geschäftsmodell-Forschung (Schneider & Spieth 2013). Eine Analyse der wenigen existierenden Bewertungsansätze liefert einen ersten Überblick (Kayaoglu 2013). Diese macht aber gleichzeitig deutlich, dass es bei den Bewertungsansätzen an Dynamik und entsprechender Zukunftsorientierung mangelt (Kayaoglu 2013, S. 49). Die bestehenden Ideen-Management Ansätze scheinen sich nicht den aktuellen Anforderungen von Innovationen (in dem Fall Geschäftsmodellinnovationen) angepasst zu haben (Sandström & Björk 2010).

5.1 Inhalte und Vorgehen

Aus den sechs potentiellen Geschäftsmodell-Optionen (siehe Abbildung 7) wurde eine Option für die nachfolgende Bewertung ausgewählt.

Um eine realistische Bewertung der Geschäftsmodell-Option zu ermöglichen war eine Festlegung bzw. Operationalisierung von geeigneten Bewertungsmerkmalen notwendig. Ausgehend vom Portfolioansatz nach Pfeiffer (u.a. Pfeiffer & Dögl 1986), wurde als exogenes Bewertungsmerkmal die Attraktivität und als endogenes Bewertungsmerkmal die Ressourcenstärke ausgewählt.

Die Attraktivität beschreibt das Maß der wirtschaftlichen Eignung einer bestimmten Option zur Deckung des Bedarfes in einem bestimmten Funktionalmarkt. Es ist ein vom Bedarf abhängiges Bewertungsmerkmal, welches weitgehend unabhängig von Eigenschaften des zu bewertenden Unternehmens ist. Innerhalb des Bewertungsmerkmals Attraktivität wurden die folgenden drei Kriterien angelegt:

- Value Proposition (In welchem Umfang wird die Funktion und damit das zugrundeliegenden Problems erfüllt bzw. gelöst?)
- Integrationseignung (Wie sehr passt die Option in die vor- und nachgelagerten Um-Systeme bzw. existierenden Geschäftsmodelle?)
- Ökonomische Eignung (Welche Kosten der GM-Option sowie Kosten-Nutzenwirkung in den Ökosystemen entstehen und wie ist der Verlauf?)

Das endogene Bewertungsmerkmal beschreibt welche Ressourcenstärke das bewertende Unternehmen hinsichtlich der GM-Option relativ zur Konkurrenz besitzt. Es soll ermittelt werden, wie sehr das Unternehmen in der Lage ist, die GM-Option in dem betrachteten Markt zur Anwendung zu bringen. Hierbei spielen personelle und organisatorische Ressourcen, Know-how, finanzielle Mittel, Rechte und Patente sowie verfügbare Technologien eine tragende Rolle und müssen entsprechend betrachtet werden. Die Ressourcenstärke wurde im

Rahmen der vorliegenden Arbeit auf Grund von Zeitrestriktionen nur vereinfacht betrachtet und bewertet.

Nachdem die relevanten Bewertungsmerkmale festgelegt wurden, erfolgte die Bewertung sowohl aus aktueller Sicht (t_0) als auch aus zukünftiger Sicht (t_1) durch Einschätzung der Workshopteilnehmer. Im Normalfall können und sollten an dieser Stelle substanzielle verwertbare externe sowie interne Informationsquellen z.B. in Form von Experteninterviews, Studien oder Fachliteratur ergänzend hinzugezogen werden. Auf Grund des explorativen Forschungscharakters und der begrenzten Zeit wurde darauf weitestgehend verzichtet.

Die Bewertung der GM-Option erfolgte mit Hilfe von individuellen Einschätzungen (1 bis 10) für die jeweils drei Kriterien des exogenen Merkmals Attraktivität und anschließend für die Ressourcenstärke, ohne diese spezifischer zu unterteilen. Nach der Konsolidierung der abgegebenen Werte der Teilnehmer ergab sich aus der Attraktivität (Wert 5) und der Ressourcenstärke (Wert 3) folgendes Bild (Abbildung 8).

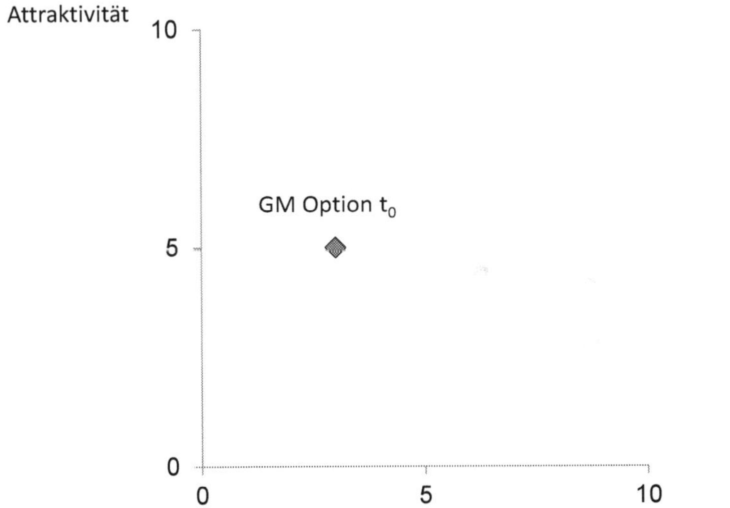

Abbildung 8 Ergebnis der Bewertung der GM-Option t_0 (eigene Darstellung)

Es wird deutlich, dass die GM-Option aus heutiger Sicht (t_0) eine halbwegs interessante Option darstellt, die aber aktuell mit den existierenden Ressourcen nur schlecht realisiert werden könnte.

Um eine wirklich tragfähige Entscheidung hinsichtlich der weiteren Betrachtung und Bearbeitung der GM-Option treffen zu können, besteht die Notwendigkeit der zukunftsorientierten Bewertung. Hierbei wurde sich, wie oben erwähnt, nur auf die Dynamisierung der Attraktivität und demnach auf zukünftige Entwicklung der Bedarfe und Ecosysteme konzentriert. Die Dynamisierung der Potentialseite bzw. Ressourcenstärke wurde andiskutiert und vereinfacht bewertet.

Die Dynamisierung der Bedarfe und Ecosysteme kann mit Hilfe von Szenarien erfolgen, da diese eine strukturierte Erfassung möglicher Verlaufsalternativen schaffen und somit eine zukunftsorientierte Bewertung ermöglichen (Pfeiffer *et al.* 1997, S. 128–129). Ein Szenario beschreibt eine komplexe Situation der Zukunft, deren Eintreten nicht vorhergesagt werden kann, jedoch plausibel erscheint. Bei Szenarien gilt es zu unterscheiden zwischen einem explorativen Szenario („Was wäre wenn?“) und einem antizipativen Szenario („Was muss geschehen dass?) (Gausemeier *et al.* 1995). Für die vorliegende Arbeit wurden erst verschiedene explorative Szenarien entwickelt. Ziel war es die zukünftigen Bedarfsanforderungen und Ausprägungsmöglichkeiten im Ecosystem mit Hilfe von Schlüsselfaktoren, deren Projektionen und einer Konsistenzanalyse zu gewinnen und systematisch in explorativen Szenarien darzustellen. Es ergab sich eine Vielzahl an möglichen Zukunftsbildern. Mit Hilfe einer Beschränkung der Anzahl dieser explorativer Szenarien, die dann als antizipative Szenarien der Bewertung zu Grunde gelegt wurden, konnte eine Reduktion der Bewertungskomplexität erreicht werden, ohne das Problem alternativer Zukunftszustände zu ignorieren.

Insgesamt wurden 32 Szenarien mit einem recht hohen Grad an Differenzierung rund um die Bedarfe und Ecosysteme des Pharmaunternehmens ermittelt. Aus diesem Szenarioraum wurde das Szenario mit dem größten Konsistenzwert, d.h. das Szenario mit der größten Widerspruchsfreiheit, ausgewählt. Wesentliche Projektionen des ausgewählten Szenearios waren (u.a. *Pay for Performance & Quality* sind führendes Model; Behandlungspfade in einem starken Umfang etabliert; PM hat sich überwiegend in Therapien etabliert; Telemedizin ist Standard). Anschließend wurde das Szenario durch Antizipation auf die Gegenwart übertragen und damit das Referenzsystem (t_1) geschaffen. Referenzsysteme sind somit antizipative Szenarien und stellen nicht allein eine Möglichkeit der Zukunft dar, sondern eher einen angepeilten Zustand in der Zukunft.

Somit ist die Möglichkeit geschaffen worden aus Sicht des Referenzsystems und entlang der bestehenden Bewertungsmerkmale die GM-Option (t_1) im gleichen Vorgehen wie GM-Option (t_0) zu bewerten und in die Matrix einzufügen (Abbildung 9)

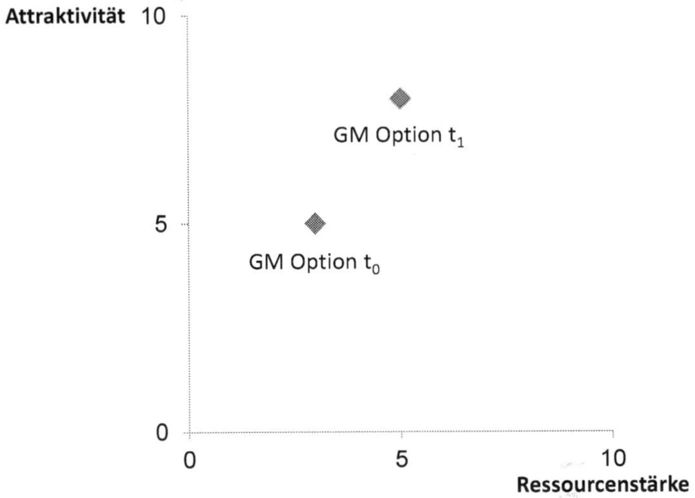

Abbildung 9 Ergebnis der Bewertung der GM-Option t_0 und t_1 (eigene Darstellung)

Obwohl es keine dedizierte Betrachtung einzelner Merkmale bei der Ressourcenstärke gab, war es für die Teilnehmer trotzdem möglich die Ressourcenstärke mit Blick auf das Referenzsystem durch Einschätzung und Diskussion zu bewerten. Die GM-Option (t_1) hat demnach die Werte 7 bei der Attraktivität und 5 bei der Ressourcenstärke. Es wird deutlich, dass die GM-Option auch hinsichtlich ihrer zukünftigen Bewertung interessant ist, sogar deutlich interessanter als aus heutiger Sicht. Der mögliche Zuwachs bei den Ressourcen in Kombination mit dem Attraktivitätsgewinn machte die GM-Option aus Sicht des Pharmaunternehmens zu einem Kandidaten für die weitere intensive Betrachtung und Analyse.

5.2 Erkenntnisse und Reflektion

Insgesamt konnten aus der Bewertungsphase mit dem Pharmaunternehmen zur ausgewählten GM-Option folgende Erkenntnisse sowohl bezogen auf das Konzept als auch auf die Inhalte gewonnen werden:

- Je detaillierter die GM-Option zu Beginn beschrieben wird und je besser das gemeinsame Verständnis ist, umso besser und auch einfacher ist die Bewertung

- Es sollte jedoch nicht zu viel Aufwand in die Beschreibung der GM-Optionen einfließen, sondern eine Prinzipienkonstruktion (Entwurf) genügt
- Jede GM-Option in t_0 hat schon einen gewissen Zukunftsbezug, da die GM-Option i.d.R. noch nicht existiert
- Eine Kombination in der Bewertung zwischen dem neuen potentiellen Geschäftsmodell (GM-Option) und dem bestehenden Geschäftsmodell erscheint zusätzlich sinnvoll (Kombination GM alt t_0 + GM alt t_1 + GM Option t_1)
- Der Zeithorizont zwischen heute und der Zukunft muss möglichst lang gewählt werden, da sonst die Gefahr besteht, dass der Unterschied zwischen t_0 und t_1 marginal wird
- Für die Bewertung mehrerer GM Optionen muss eine globale Sicht für die Szenarien eingenommen und ein konsistentes Zukunftsbild erzeugt werden aus welchem dann die Referenzsysteme abgeleitet werden
- Das relevante und ausgewählte Zukunftsszenario sollte möglichst in einer greifbaren Form dargestellt werden (z.B. in Form eines „Avatar“ – fiktiver Kunde der Zukunft) und mit Blick auf die Zielgruppe erfolgen
- Die Bewertung von Geschäftsmodellen kann nicht auf Workshopbasis geschehen, da inhaltlich zu oberflächlich und zeitlich zu knapp bemessen (der Workshop im Rahmen des Projektes diente lediglich der wissenschaftlichen Vorgehensweise)

6 Handlungsprogramm zu den Geschäftsmodell-Optionen

Neben der Bewertung von Geschäftsmodellen ist auch das existierende Wissen über die Transformation von einer Geschäftsmodell-Option (Idee/ Invention) zu einem neuen innovativen Geschäftsmodell sehr beschränkt (Reuver *et al.* 2013). Klar ist, dass neben der Exploration und Bewertung eine Umsetzungs-/Nutzungsphase notwendig ist, die letztendlich zu einem innovativen Geschäftsmodell führt (Schneider & Spieth 2013). Es wird in dem Zusammenhang auch von *„Opportunity Exploitation“* gesprochen (Amit & Zott 2001, S. 511). Im Rahmen der Umsetzungsphase soll ein Handlungsprogramms den Transfer vom Konzept in die Realität, in Kombination mit einer adäquaten Strategieformulierung, sicherstellen (Halecker & Hölzle 2014). Dazu ist eine sachliche sowie zeitlich gestaffelte Zielsetzung und Ressourcensteuerung notwendig (Pfeiffer *et al.* 1997, S. 154). Von sachlicher Seite müssen die Fragen beantwortet werden: Soll in die GM-Option investiert werden? Welches Know-how und welche Ressourcen werden benötigt bzw. müssen aufgebaut werden? Aus zeitlicher Sicht müssen folgenden Fragen beantwortet werden: Wann müssen welche Potentiale (Know-how, Ressourcen etc.) zur Verfügung stehen, um die GM-Option auf dem Zielmarkt zu erschließen? Wann muss mit notwendigen (Entwicklungs-) Aktivitäten begonnen werden? (ähnlich auch Reuver *et al.* 2013).

Da es im Rahmen der vorliegenden Arbeit nur zur exemplarischen Erarbeitung einer GM-Option kam, ist das Handlungsprogramm nicht bis in die Umsetzung begleitet worden. Nichtdestotrotz wurden die oben genannten Teilfragen besprochen und erste Ergebnisse dazu erarbeitet.

6.1 Inhalte und Vorgehen

Aus den in der Bewertungsphase ermittelten Werten für die Attraktivität der GM-Option wurden mit Blick auf die Ressourcensteuerung zwei mögliche Konsequenzen betrachtet:

- Gezielte Förderung und Ausbau der GM-Option mit entsprechenden Investitionsaktivitäten bei einer zukünftiger Attraktivität
- Vermeidung weiterer Aktivitäten und Fokussierung sowie entsprechende De-investition bei einer zukünftig unattraktiven GM-Option

Grundlage für solche Entscheidung war die Zusammenführung der Ergebnisse der Bewertung (GM-Option t_0 und GM-Option t_1) in einem Geschäftsmodell-Entscheidungsportfolio (Siehe Abbildung 10).

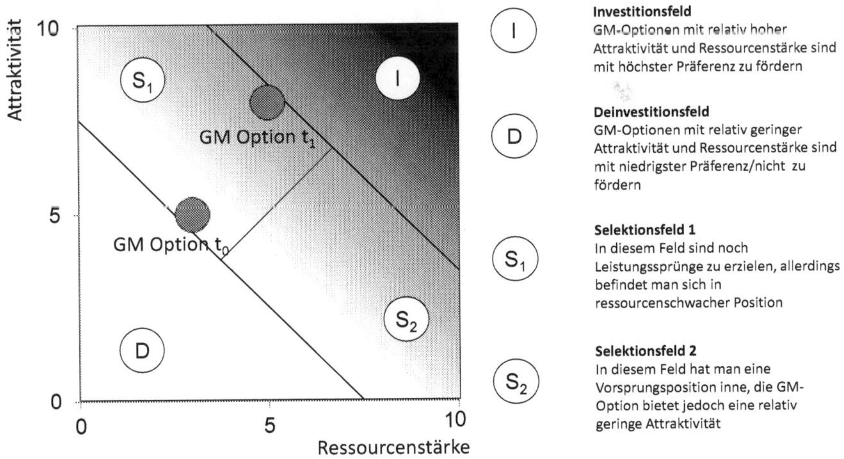

Abbildung 10 Geschäftsmodell-Entscheidungsportfolio (angelehnt an Pfeiffer et al. 1997, S. 138)

Mit Blick auf das Portfolio ist sowohl die GM-Option t_0 im Selektionsfeld 1 als auch die GM-Option t_1. Dass die GM-Option t_0 knapp am De-investitionsfeld liegt, wurde von den Teilnehmern intensiv diskutiert, gerade hinsichtlich der eingeschätzten Ressourcenstärke. Hier wurde deutlich, dass ohne eine entsprechende Zukunftsbewertung die GM-Option in Summe eventuell verworfen worden wäre. Die GM-Option aus Zukunftssicht (t_1) erschien den Teilnehmern dann eine überaus attraktive als auch machbare Option zu sein, welche das bestehende Geschäftsmodell strategisch sinnvoll ergänzen würde.

Zur Festlegung eines strategischen Handlungsprogramms fehlte nach den sachlichen Inhalten die zeitliche Perspektive. Vor allem die Frage nach dem Zeitpunkt und Umfang der Ressourcen für die GM-Option hatte eine besondere Bedeutung. Es wurde recht schnell deutlich, dass die Differenz zwischen dem bestehenden Potential und dem notwendigen Potential als überschaubar aber anspruchsvoll eingeschätzt wurde. Vor allem war für das Pharmaunternehmen klar, dass das bestehende Know-how der Mitarbeiter für das neue Geschäftsmodell signifikant geändert werden müsste. Auf dieser Erkenntnis wurde im Rahmen des Handlungsprogramms bzw. für das weitere Vorgehen zur Ausarbeitung der GM-Option (siehe Abbildung 11) eine quantitative Bewertung auf Basis von Business Case Rechnungen und einer entsprechenden Potentialanpassung (u.a. Schulung der Mitarbeiter) ergänzt.

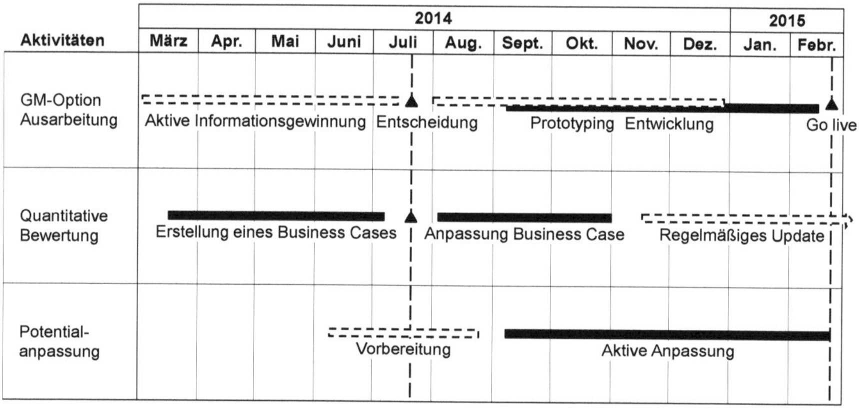

Abbildung 11 Handlungsprogramm zur GM-Option (eigene Darstellung)

Es wurde deutlich, dass gerade für strategisch wichtige Entscheidungen, wie der Einführung eines neuen innovativen Geschäftsmodells, eine quantitative Bewertung auf Basis von Business Case Berechnungen eine entscheidende Rolle im

Unternehmen spielt. Hierfür wurde eine knappe Zeitlinie festgelegt, um möglichst früh zu erkennen, ob „sich das Ganze rechnet" und es möglich ist mit der Idee beim Entscheidungskreis (*Board*) ein entsprechendes „Go" zur Umsetzung zu bekommen. Eine nicht zu unterschätzende Rolle wurde auch dem *Prototyping* zu geordnet. In einem solchen Kurzprojekt sollte das Vorhaben in einem abgegrenzten Teilbereich als eine Art Experiment aufgesetzt, getestet und angepasst bzw. weiterentwickelt werden (ähnlich auch McGrath 2010).

6.2 Erkenntnisse und Reflektion

Aus der Erarbeitung des Handlungsprogramms für die eine ausgewählte GM-Option konnten folgende Erkenntnisse gewonnen werden:

- Mit Hilfe der sachlichen und zeitlichen Überlegung im Rahmen des Handlungsprogramms wurde deutlich, warum die Arbeit mit Szenarien bzw. die Zukunftsorientierung so wertvoll ist,
- Die Arbeit mit dem Handlungsprogramm war für das Unternehmen deutlich leichter als die Bewertungsphase, da dies im täglichen Projektgeschäft vorherrscht,
- Das Portfolio gewinnt deutlich an Aussagekraft, wenn es mehrere GM-Optionen beinhaltet und somit Abwägungen zwischen den GM-Optionen getroffen werden können
- Das Thema Zeitrestriktion für neue innovative Aktivitäten wurde beim Handlungsprogramm sehr deutlich, da sich die Verantwortlichen tendenziell schwerer damit tun neben dem Tagesgeschäft innovative Zukunftsthemen zu betreuen
- Welche Organisationsform für die Umsetzung einer GM-Option gewählt wird, stellt einen entscheidenden Meilenstein dar, da es hier eine Vielzahl an Möglichkeiten gibt (z.B. Ausgründung, Stab-Stellen Aufgabe, Projekt/Programm, Zurückführung in die Linie, „Corporate *Venturing*")

7 Fazit und Ausblick

Der vorliegende Beitrag hatte zum Ziel ein bestehendes theoretisches Konzept (Funktional-Markt-Konzept) zu nutzen und im Rahmen einer Aktionsfallstudie in die Praxis zu übertragen, um sowohl der Praxis bei der Neuausrichtung von Geschäftsmodellen zu helfen, als auch der Wissenschaft neue Impulse und Erkenntnisse zu liefern. Es ging dabei mehr um die Methode als um die Inhalte, da diese ohnehin der Vertraulichkeit unterliegen.

Folgende Erkenntnisse bzw. Implikationen lassen sich für die Praxis aus der Anwendung des Konzeptes zusammenfassen:

- Das Lösen von einer phänomenologischen Sichtweise stellt einen großen Hebel für das Entdecken neue Bedarfe (Märkte) und Potentiale dar und kann vielfältig eingesetzt werden
- Das aus dem Funktional-Markt-Konzept abgeleitete Konzept zur Neuausrichtung von Geschäftsmodellen konnte durch die Anwendung in der Praxis als eine echte Hilfestellung zur Lösung eines Managementproblems präsentiert werden
- Mit Hilfe des Neuausrichtung-Konzeptes konnte eine transparente Grundlage für tiefgreifende Entscheidungen u.a. hinsichtlich Investitionen und strategischer Ausrichtung geschaffen werden
- Eine gesamte tiefgreifende Anwendung und Durchführung des Konzeptes würde, abhängig von den verfügbaren Ressourcen und gesetzten Zielen, mehrere Monate intensiver Arbeit in Anspruch nehmen
- Unternehmen müssen verstehen, dass nur die Anwendung einzelner Methoden, ohne konzeptionellen Rahmen wenig Aussicht auf Erfolg hat

Folgende Erkenntnisse bzw. Implikationen lassen sich für die Wissenschaft aus der Anwendung des Konzeptes zusammenfassen:

- Der Ausgangspunkt bzw. die Konzentration für die Neuausrichtung von Geschäftsmodellen sollte immer auf die Funktion (Unternehmenszweck) bzw. Value Proposition liegen (siehe auch Enkel & Mezger 2013)
- Das Funktional-Markt-Konzept lässt sich mit seinem ursprünglichen Technologiefokus auch auf das Thema Geschäftsmodellinnovation übertragen
- Die Bewertung von Geschäftsmodellideen bzw. GM-Optionen stellt einen signifikanten Baustein beim Management von innovativen Geschäftsmodellen dar und muss sowohl qualitativ als auch quantitativ mit einer ausreichenden Zukunftsorientierung erfolgen
- Die Frage nach der organisatorischen Aufstellung bzw. Ausrichtung des neuen Geschäftsmodells ist in der Wissenschaft bislang wenig betrachtet worden, obwohl es seitens der Praxis einen großen Bedarf nach Lösungen hierzu gibt
- Aus methodischer Sicht ist die aktive Teilnahme der Forschung bei der Entwicklung und Bearbeitung von Ideen (in dem vorliegenden Fall durch die Aktionsfallstudie) in Unternehmen notwendig, da die Wissenschaft

sonst zu wenig Einblicke in die Realität bekommt (dazu auch Brunswicker & Hutschek 2010)

Übergreifend ist klar geworden, dass die Arbeit von der ersten Idee für ein neues Geschäftsmodell bis zur Umsetzung sehr intensiv und langwierig sein kann. Die vorliegende Aktionsfallstudie, die Grundlage des Beitrags war, ist natürlich nicht ohne weiteres generalisierbar. Sie lässt aber vermuten, auch mit Hinblick auf die anderen beiden Unternehmensfallstudien (Infrastruktur und Rüstung), dass dieser Weg der Neuausrichtung für viele Unternehmen unumgänglich ist. Ein konzeptioneller Vorschlag wie Unternehmen die Identifizierung, Bewertung und Umsetzung von Geschäftsmodellinnovationchancen methodisch richtig gestalten sollen, liegt damit vor. Zudem kann damit eine Art Vorsteuerung der Innovationsaktivitäten im Sinne einer „First-Mover" Philosophie durch das Hineindenken in die Zukunft erreicht werden.

Ausblickend kann prognostiziert werden, dass es, wenn Unternehmen ein gewisses *„Pain level"* erreicht haben, automatisch zu einer Auseinandersetzung mit den Fragen rund um das Geschäftsmodell kommt. Es wird zudem für die Unternehmen immer schwieriger werden, eine vollständige und eindeutige Erfassung der realen Welt vorzunehmen. Zukünftige Situationen sind, gerade wegen ihres zeitlichen Abstandes, für eine direkte Überprüfung nicht zugänglich. Für beide Fälle wird der Geschäftsmodell-Ansatz in Kombination mit *Foresight*-Methoden zukünftig eine entscheidende Rolle in Unternehmen spielen.

Ein weiterer zukünftiger Trend, der sowohl in Wissenschaft als auch Praxis noch weitgehend neu oder teilweise unbekannt ist, ist das *Corporate Venturing* zur Innovation von Geschäftsmodellen. Hier kommt die Frage auf, ob es für Unternehmen sinnhaft ist, intern Zeit und Ressourcen für die Anwendung z.B. eines Neuausrichtungskonzeptes aufzubringen, wenn auf der anderen Seite neue Geschäftsmodelle intern oder extern akquiriert werden können. Im Zuge der *Venturing* oder M&A Aktivitäten in großen Unternehmen dürfte das Wissen zum Teil vorhanden sein, jedoch sind diese *Corporate Entrepreneurship* Überlegungen und Ansätze mit Blick auf die Innovation von Geschäftsmodellen noch wenig vorhanden. Im Zuge eines neuartigen *Corporate Venturing* im Zusammenspiel mit Geschäftsmodellinnovationen kann auch die Frage nach der Organisation von eben diesen neuen innovativen Geschäftsmodellen besser beantwortet werden.

8 Literaturverzeichnis

Amit, R. und C. Zott (2001): Value creation in E-business, Strategic Management Journal, 22, S. 493–520.

Braa, K. und R. Vidgen (1995): Action Case: Exploring the Middle Kingdom in Information System Research Methods. To be published in Proceedings of the 3rd Decennial Conference Computer in Context: Joining Forces in Design. Aarhus, Denmark.

Braa, K. und R. Vidgen (1999): Interpretation, intervention, and reduction in the organizational laboratory: a framework for in-context information system research, Accounting, Management and Information Technologies, 9, S. 25–47.

Brunswicker, S. und U. Hutschek (2010): Crossing horizons: leveraging cross-industry innovation search in the front-end of the innovation process, International Journal of Innovation Management, 14, S. 683–702.

Bucherer, E. (2010): Business model innovation: Guidelines for a structured approach, Vol. 3813. Aachen: Shaker Verlag.

Checkland, P. (1981): Systems thinking, systems practice. Chichester [Sussex], New York: J. Wiley.

Dubois, A. und L.-E. Gadde (2002): Systematic combining: an abductive approach to case research, Journal of Business Research, 55, S. 553–560.

Eisenhardt, K. M. (1989): Building Theories from Case Study Research, Academy of Management Review, 14, S. 532–550.

Enkel, E. und F. Mezger (2013): Imitation process and their application for business model innovation: An explorative Study, International Journal of Innovation Management, 17, S. 1340005.

Gassmann, O. und M. Zeschky (2008): Opening up the Solution Space: The Role of Analogical Thinking for Breakthrough Product Innovation, Creativity and Innovation Management, 17, S. 97–106.

Gausemeier, J., A. Fink und O. Schlake (1995): Szenario-Management: Planen und Führen mit Szenarien. München, Wien: Hanser.

Halecker, B., R. Bickmann und K. Hölzle (2014): Failed Business Model Innovation – a theoretical and practical Illumination on a feared phenomenon. R&D Management Conference, 3.-6. Juni, Stuttgart.

Halecker, B. und M. Hartmann (2013): Contribution of systems thinking to business model research and business model innovation, International Journal of Technology Intelligence and Planning, Vol. 9, 4, S. 251-270.

Halecker, B. und M. Hartmann (2014): Das Geschäftsmodell als "Strategic Deployment" im strategischen Denken'. In Kompendium Geschäftsmodell-Innovation Grundlagen, aktuelle Ansätze und Fallbeispiele zur erfolgreichen Geschäftsmodell-Innovation, S. 209–232. Wiesbaden: Springer Gabler.

Halecker, B. und K. Hölzle (2014): Klassifikation von Methoden zur Geschäftsmodellinnovation entlang eines system-orientierten Konzeptes, Zeitschrift für KMU und Entrepreneurship (ZfKE), 62, S. 183–190.

Howard, M., R. Vidgen und P. Powell (2004): Exploring industry dynamics in e-procurement: sense making by collaborative investigation. In proceedings of the 13th European Conference on Information Systems. Turku, Finland.

IBM (2010): The world's 4 trillion dollar challenge: Using a system-of-systems approach to build a smarter planet. Executive Report.

Johansson, L.-O., B. Cronquist und H. Kjellin (2007): Knowledge and Communicative aspects of visualization in action case research. Proceedings of intelligent and agents 2007: Interfaces and human computer interacion 2007: Computer graphics and visualization 2007. Lisbon, Portugal: Halmstad University, School of Information Science, Computer and Electrical Engineering (IDE); Högskolan Kristianstad; International Association for Development of the Information Society.

Kayaoglu, N. (2013): A Generic Approach for Dynamic Business Model Evaluation. Dissertation. Berlin.

Kovács, G. und K. M. Spens (2005): Abductive reasoning in logistics research, International Journal of Physical Distribution & Logistics Management, 35, S. 132–144.

Lender, F. (1998): Das Funktionalmarktkonzept zur Bestimmung des Marktpotentials neuer Technologien: Operationalisierung am Beispiel der Chipkarte'. In E. Weiss and W. Pfeiffer (eds), Innovative Unternehmensführung: Festgabe zum 65. Geburtstag von Professor Dr. Werner Pfeiffer, S. 119–136. Nürnberg: Forschungs- und Beratungsgruppe für Innovative Unternehmensführung.

Magretta, J. (2002): Why business models matter, Harvard business review, 80, S. 86-92, 133.

Markides, C. (2006): Disruptive Innovation: In Need of Better Theory, Journal of Product Innovation Management, 23, S. 19–23.

McGrath, R. G. (2010): Business Models: A Discovery Driven Approach, Long Range Planning, 43, S. 247–261.

Pettigrew, A. M. (1990): Longitudinal Field Research on Change: Theory and Practice, Organization Science, 1, S. 267–292.

Pfeiffer, W. (1971): Allgemeine Theorie der technischen Entwicklung als Grundlage einer Planung und Prognose des technischen Fortschritts. Göttingen: Vandenhoeck & Ruprecht.

Pfeiffer, W. (1980): Innovationsmanagement als Know-How-Management, Führungsprobleme industrieller Unternehmungen Festschrift für Friedrich Thomée zum 60. Geburtstag, S. 421–452.

Pfeiffer, W. und R. Dögl (1986): Das Technologie-Portfolio-Konzept zur Beherrschung der Schnittstelle Technik und Unternehmensstrategie'. In D. Hahn and B. Taylor (eds), Strategische Unternehmungsplanung: Stand und Entwicklungstendenzen. 4., veränderte u. erw. Aufl, S. 149–177. Heidelberg [u.a.]: Physica-Verl.

Pfeiffer, W., E. Weiß, T. Volz und St. Wettengl (1997): Funktionalmarkt-Konzept zum strategischen Management prinzipieller technologischer Innovationen, Vol. 28. Göttingen: Vandenhoeck & Ruprecht.

Reuver, M. de, H. Bouwman und T. Haaker (2013): Business model roadmapping: A practical approach to come from an existing to a desired business model, International Journal of Innovation Management, 17, S. 1340006.

Sandström, C. und J. Björk (2010): Idea management systems for a changing innovation landscape, International journal of product development IJPD, 11, S. 310–324.

Schneider, S. und P. Spieth (2013): Business Model Innovation: Towards an integrated Future Research Agenda', International Journal of Innovation Management, 17,.

Susman, G. I. und R. D. Evered (1978): An assessment of the scientific merits of action research', Administrative science quarterly ASQ ; dedicated to advancing the understanding of administration through empirical investigation and theoretical analysis, 23, S. 582–603.

Syring, A. (1993): Management innovativer Informationssysteme: Portfolio-Methodik zur Bewältigung der Komplexität des Übergangs, Bd. 21. Göttingen: Vandenhoeck & Ruprecht.

Teece, D. J. (2010): Business models, business strategy and innovation', Long range planning LRP ; international journal of strategic management, 43, S. 172–194.

Volz, T. (1997): Management ergänzender Dienstleistungen für Sachgüter: Der schwierige Weg vom Sachgut-Hersteller zum Problemlöser, Bd. 27. Göttingen: Vandenhoeck & Ruprecht.

Wirtz, B. W. (2013): Business Model Management: Design – Instrumente Erfolgsfaktoren von Geschäftsmodellen. [S.l.]: Gabler.

Yin, R. K. (1984): Case study research: Design and methods, Vol. 5. Beverly Hills, Calif: Sage Publications.

Yin, R. K. (2009): Case study research: Design and methods. 4th edn., Vol. 5. Los Angeles, Calif: Sage Publications.

Zott, C., R. Amit und L. Massa (2011): The business model: Recent developments and future research', Journal of management JOM, 37, S. 1019–1042.

Der Business Model Developer – Entwicklung eines Tools zur Erstellung und Analyse von Geschäftsmodellen

Tiziana Margaria-Steffen, Steve Boßelmann und Alexander Wickert

Inhaltsverzeichnis

1 Motivation – Software zur Geschäftsmodellierung

In den jüngsten Jahren wurde der Betrachtung von Geschäftsmodellen von Unternehmen und Organisationen zunehmendes Interesse zuteil. Vor allem deren Diskussion auf Grundlage grafischer Repräsentationen, die essentielle Geschäftsfaktoren darstellen, wurde vermehrt Aufmerksamkeit geschenkt. Zu diesem Zweck wurden spezifische Werkzeuge, sogenannte *Tools* entwickelt. Der Begriff ist jedoch mehrdeutig. Während Tools aus Sicht der Informatik eine Bezeichnung für Softwareanwendungen ist, wird er in der Wirtschaftslehre eher als Begriff für die zielorientierte Anwendung spezifischer Konzepte oder Instrumente gebraucht. Prominente Vertreter von Tools in diesem wirtschaftsspezifischen Sinne sind etwa die *Balanced Scorecards* (Kaplan und Norton 1992), oder *SWOT* Analysen (Dealtry 1992). Tools zur Geschäftsmodellierung vereinen in ähnlicher Weise bewährte Praktiken um die wichtigsten Einflussfaktoren einer Unternehmung zu identifizieren und in Form eines Modells festzuhalten. Das heute wohl bekannteste Modell in diesem Kontext ist die *Business Model Canvas* (BMC) (Osterwalder und Pigneur 2010), die auf Osterwalders Forschung zur *Business Model Ontology* (BMO) (Osterwalder 2004) beruht. Sie definiert eine Arbeitsfläche (die *Canvas*), die in neun fest definierte Kategorien unterteilt ist. Diese Kategorien bilden demnach eine Partition, d. h. eine Zerlegung der Arbeitsfläche in *klassifizierte Bereiche*. Jede Kategorie beinhaltet ausschließlich Elemente eines spezifischen Typs. Die Business Model Canvas repräsentiert also eine konzeptionelle Vorlage, die mit den eigentlichen Modellierungselementen gefüllt wird, so dass letztlich eine abstrakte Beschreibung der Struktur und der Kernvorgänge eines Unternehmens entsteht.

Dem entgegen zeigen unsere eigenen Recherchen, dass aus Sicht der Informatik offenbar keine ausgereiften Tools (hier: Softwareanwendungen) zur Geschäftsmodellierung existieren, die auf fundierten formalen Methoden oder Erkenntnissen der Modelltheorie aufbauen. Mit dem *e3value Editor* (Gordijn und Akkermans 2001) oder den Modellen des *i* Framework* (Yu 1999) konnten wir zwar Ansätze mit zugehöriger dedizierter Modellierungssoftware identifizieren, deren hohe Modellkomplexität bzw. eingeschränkter Anwendungsbereich jedoch den Anforderungen eines allgemein zugänglichen Tools nicht gerecht wird. Zur Business Model Canvas existieren zwar erste kommerzielle Anwendungen[1], bezüglich der strukturellen Grundlagen des zu erstellenden Modells reichen sie jedoch nicht über die Funktionalität eines generischen Zeichenprogramms hinaus. Die einzelnen Modellelemente sind im Wesentlichen grafische Objekte. Sie lassen insbesondere die bereits angesprochene Typisie-

[1] Die Business Model Foundry GmbH vertreibt einerseits die *Business Model Toolbox* als App für das iPad (http://businessmodelgeneration.com/toolbox/bmtbox), sowie die Webapplikation *Strategyzer* unter einem Jahresabonnement (http://strategyzer.com).

rung missen, die sich aus der Definition der BMC Kategorien ergeben. Daraus resultiert, dass die Klassifizierung der Kategorien lediglich deskriptiv ist und vom Nutzer selbst umgesetzt werden muss. Dieser Umstand stellt eine bekannte Fehlerquelle bei der Erstellung semantisch korrekter Modelle dar, deren Vermeidung eigentlich Aufgabe entsprechender Modellierungssoftware ist. Oder kurz: es ist dem Nutzer selbst überlassen, ob er ein korrektes Modell erstellt, oder nicht. Dieser Zustand ist vergleichbar mit einem Grafikwerkzeug, das die Funktionalität zum Zeichnen von Ellipsen missen lässt und stattdessen ein Freihandwerkzeug nebst ausführlicher Anleitung bietet, die beschreibt, wie damit Ellipsen zu zeichnen sind. Oder kurz: die Korrektheit der Ausführung und die Überprüfung des Endprodukts sind dem Nutzer überlassen: das Tool übernimmt keinerlei Aussage, ob eine korrekte Ellipse erstellt wurde, oder nicht.

Wo liegen die Gründe dafür, dass es trotz umfassender Anwendungs-möglichkeiten in diesem Bereich an Softwareanwendungen mangelt? Wir sehen einen zentralen Faktor, der eine Erklärung liefern könnte: eine durchdachte und wertvolle Softwarelösung wäre domänenspezifisch und gleichzeitig zugeschnitten auf die Bedürfnisse heterogener Interessensgruppen. Ein Modell soll schließlich als abstrakte Grundlage für Diskussionspartner mit oft grundverschiedenen disziplinären Hintergründen dienen. Es repräsentiert eine gemeinsame Sprache, die das Fundament für aussagekräftige Schlussfolgerungen bildet (Kühne 2006). Gleichzeitig existiert keine allgemein gültige Definition einer geeigneten Ontologie, die Geschäftsmodelle bzw. deren Komponenten zusammenfasst. Auch der Ansatz der Business Model Canvas wird kritisiert, ebenso wie das Fehlen einer theoretischen Grundlage für Geschäftsmodelle an sich (Teece 2010). Zusammenfassend ist festzuhalten, dass der beschriebenen Anforderungskombination eine one-size-fits-all Lösung nur schwerlich gerecht werden kann. Tools mit erkennbarem Mehrwert für die Anwender sind eher spezifische Lösungen für einen definierten Anwendungsbereich mit zugehöriger Domänenbeschreibung. Das macht ihre Entwicklung entsprechend aufwändig und teuer. Der Entwicklungsprozess erfordert interdisziplinäre Kollaboration und Kommunikation. Idealerweise werden alle beteiligten Akteure mit eingebunden. Das stellt auch Anforderungen an den Entwicklungsprozess selbst, der entsprechend transparent, agil und zugänglich für alle Beteiligten sein sollte. Ein gewisses Maß an Einfachheit über den gesamten Entwicklungsprozess hinweg ist Voraussetzung. Jedoch ist das Paradigma der Einfachheit erst jüngst explizit als treibender Faktor in IT-bezogener Entwicklung herausgestellt und Forschungsbedarf dahingehend identifiziert worden (Floyd und Boßelmann 2013). Auch die Erfinder der Business Model Canvas selbst haben die Notwendigkeit und das Potential von Forschung im Bereich Informationssysteme formuliert, die einen essentiellen Beitrag zur Verbesserung der strategischen Planung von Unternehmen liefern kann (Osterwalder und Pigneur 2013).

Glücklicherweise war eine Vielzahl der Forderungen für die Entwicklung eines erfolgreichen Tools im Rahmen des Projekts *Dienstleistungspotentiale in der Personalisierten Medizin (DPM)* gegeben. Das Verbundprojekt definierte eine klare Anwendungsdomäne, brachte Akteure verschiedener Disziplinen zusammen und ermöglichte kontinuierliche Validierung und Evaluation durch Industriepartner, deren Ergebnisse unmittelbar in die Weiterentwicklung einflossen. Im Folgenden wird das im Rahmen des Projekts entwickelte Tool, der Business Model Developer (BMD), im Detail beschrieben und sowohl die zugrunde liegende Struktur als auch der Funktionsumfang beleuchtet.

2 Domänenspezifische Modelle

Die Basis für die mit dem Business Model Developer zu entwickelnden Geschäftsmodelle bildet die Business Model Canvas. Das heißt, die zu füllende Arbeitsfläche ist in die von der BMC bekannten Kategorien unterteilt. Die BMC selbst ist lizenziert unter einer Creative Commons Lizenz[2], die eine beliebige Verwendung ermöglicht. Nach umfassender Recherche bezüglich Tools zur Erstellung von Geschäftsmodellen wurde diese Designentscheidung vom Projektteam getroffen, da eben diese neun Kategorien als geeignet für die zu modellierenden Kernaspekte untersuchter Unternehmen befunden wurden. Darüber hinaus war aufgrund des hohen Bekanntheitsgrades der BMC mit dem positiven Effekt zu rechnen, dass der ein oder andere Interviewpartner bereits mit ihren Konzepten vertraut sein würde. Die Vermutung sollte sich im Laufe des Projekts bestätigen. Der Einstieg in die Modellierung konnte so oft vereinfacht werden. In Bezug auf die Komponenten, mit denen der Modellierer die Geschäftsmodelle erstellt, haben wir jedoch einen innovativen Weg eingeschlagen, der umfangreiche Möglichkeiten zur Modellanalyse eröffnet. Er wird in den folgenden Abschnitten dargelegt.

2.1 Komponentenbibliothek

Ein initialer Schritt zu Beginn der Tool-Entwicklung war die Spezifikation der Elemente zum Ausfüllen der Arbeitsfläche, die im Folgenden auch als Modellkomponenten bezeichnet werden. Innerhalb der jeweiligen Kategorien sollten nicht nur generische Textfelder angelegt werden können. Stattdessen wurde zugunsten einer vordefinierten Bibliothek von Bausteinen entschieden. Das bietet wesentliche Vorteile:

[2] http://creativecommons.org/licenses/by-sa/3.0/

- Eine Auflistung möglicher Modellkomponenten bietet einen Anreiz für den Modellierer, ungeahnte Potentiale zu entdecken. Sie repräsentieren Möglichkeiten, die zuvor eventuell noch nicht berücksichtigt wurden.
- Durch eine Bausteinbibliothek beginnt die Modellierung für den Nutzer nicht ausschließlich mit einer leeren Arbeitsfläche. Gerade Neueinsteigern, etwa Gründern von Start-Ups, bietet sie eine wertvolle Hilfestellung bei der Erstellung erster Modelle.

Die technische Realisierung des Business Model Developers ermöglicht eine beliebige Austauschbarkeit der Bausteinbibliothek. Die für die Modellierung verfügbaren Modellkomponenten können so speziell für die aktuell betrachtete Domäne festgelegt werden. Im Rahmen des DPM Projekts wurde der Fokus auf Diagnostikunternehmen gelegt. Die Modellkomponenten umfassen daher Bausteine, die für ein Geschäftsmodell eines Diagnostikunternehmens zu erwarten sind. Sie wurden im Rahmen des DPM Projekts mit Hilfe von Experteninterviews und Umfragen identifiziert (Kamprath und Halecker 2012), in denen Diagnostikunternehmen gezielt nach spezifischen Ausprägungen bestimmter Bereiche ihres Geschäftsmodells gefragt wurden. Die Ergebnisse wurden ausgewertet, in eine Taxonomie überführt und schließlich in die Bausteinbibliothek des Business Model Developers übernommen. Dabei wurden sehr spezifische Angaben mit ähnlichem Charakter unter einem abstrakten Oberbegriff zusammengefasst, der eine Klasse von Modellkomponenten repräsentiert. Auf diesen Aspekt wird noch detailliert eingegangen.

Die Bausteinbibliothek ist zudem nach Kategorien sortiert. Beim Ausfüllen der Arbeitsfläche ermöglicht dies eine vorab Eingrenzung auf genau die Elemente, die für eine bestimmte Kategorie vorgesehen sind. Der Vorteil ist offensichtlich, denn es fördert die Korrektheit des Modells. Während zum Beispiel eine Forschungseinrichtung Teil des Partnernetzwerks sein kann, ist dessen Nennung als Schlüsselaktivität wenig sinnvoll, da sie als Institution keine Aktivität darstellt. Die Komponentenbibliothek besitzt also eine separate Liste von Bausteinen für jede Kategorie der Arbeitsfläche. So wird der Modellierer softwareseitig bei der Erstellung eines syntaktisch korrekten Geschäftsmodells unterstützt, indem eine unsachgemäße Platzierung der jeweiligen Komponente schon bei der Modellierung ausgeschlossen wird.

Das beschriebene Vorgehen zur Eingrenzung kategorienspezifischer Modellkomponenten entspricht dem Konzept der Kategorien, wie es bereits durch die Definition der Business Model Canvas festgelegt ist. Jedoch bildet erst eine darüber hinaus angewandte Klassifizierung der Komponenten eine hinreichende Basis für die Prüfung auf regelkonforme Modelle sowie für die Modellanalyse.

2.2 *Typen von Modellkomponenten*

Eine genauere Betrachtung der Bausteinbibliothek zeigt, dass die einzelnen Bausteine nicht etwa Individuen in der Realität entsprechen, sondern Klassen von Individuen repräsentieren. So findet sich zum Beispiel in der Bibliothek zur Kategorie *Partnernetzwerk* kein Baustein *Universität Potsdam*, ebenso wenig wie Bausteine jeder anderen Universität. Stattdessen listet sie einen Baustein *Forschungseinrichtung*, der eine Klasse repräsentiert, die alle forschenden Einrichtungen unter sich vereint. Um also auszudrücken, dass die Universität Potsdam Teil des Partnernetzwerks ist, wählt der Nutzer aus der Bausteinbibliothek zur Kategorie Partnernetzwerk den Baustein *Forschungseinrichtung* und spezifiziert als Namen für die zu erstellende Instanz dieses Bausteins „Universität Potsdam". Erst während der Verwendung dieser Modellkomponente innerhalb des Geschäftsmodells wird durch Vergabe des Namens der jeweiligen Einrichtung eine Instanz der Klasse erstellt. Auf technischer Ebene spricht man von Instanziierung eines Objekts mit definiertem Typ; in unserem Beispiel demnach vom Objekt *Universität Potsdam* des Typs *Forschungseinrichtung.*

Jeder Baustein innerhalb der Komponentenbibliothek repräsentiert also einen spezifischen Typ und zur Erstellung eines Geschäftsmodells werden individuelle Objekte eines bestimmten Typs erzeugt. Dabei ist es möglich, innerhalb eines Modells mehrere Elemente desselben Typs zu erstellen. Das Partnernetzwerk kann zum Beispiel mehrere Forschungseinrichtungen umfassen. Der Typ einer Bausteininstanz bleibt über die gesamte Lebensdauer des Modells hinweg nachvollziehbar und softwareseitig können basierend auf Typinformationen Schlussfolgerungen hergeleitet werden. Die Klassifizierung von Modell-komponenten ist insbesondere ein essentieller Aspekt für die weitere Entwicklung des Business Model Developer, denn Typen bilden die Grundlage für

- die Definition von Regeln, die während der Erstellung von Modellen (semi-)automatisch verifiziert werden sollen und
- die Anwendung von Methoden zur Modellanalyse.

Die Typen der Modellkomponenten wurden während der Tool-Entwicklung entsprechend der anzuwendenden Regeln bzw. Analysen gewählt. Dieser Zusammenhang lässt sich leicht verdeutlichen. Angenommen, es soll eine bestimmte Regel greifen, falls eine Forschungseinrichtung Teil des Partnernetzwerks ist. Ohne Bausteine von entsprechendem Typ kann die Software nicht auf dessen Vorhandensein schließen. Entsprechendes gilt für Analyseverfahren. Im Umkehrschluss bedeutet dies, dass Tools, die zur Modellierung lediglich generische Elemente wie Textfelder ohne spezifische Typinformationen bereitstellen, entsprechende Prüfung auf Regelkonformität und Modellanalysen nicht leisten können.

Um dem Modellierer dennoch die nötige Freiheit einzuräumen, Modellelemente zu erstellen, die durch die Typvorgaben in der Komponentenbibliothek nicht abgedeckt sind, bietet der Business Model Developer die Möglichkeit, ad hoc die Bibliothek durch nutzerspezifische Typen zu erweitern. Instanzen dieses Typs können ebenso mit einem Namen versehen werden und sind für die Modellierung – abgesehen von der begründeten Nichtberücksichtigung bei der Modellanalyse – auf gleiche Weise zu gebrauchen, wie Elemente vordefinierter Typen.

3 Variable Modellausprägungen

Die bisher beschriebene Funktionalität des Business Model Developers ermöglicht es, die Kategorien der Arbeitsfläche mit kategoriespezifischen Modellkomponenten zu füllen. Das so entstehende Geschäftsmodell soll jedoch weiter verfeinert werden können, um möglichst detaillierte Ausprägungen zu spezifizieren. Zu diesem Zweck wurden die Modellkomponenten um diverse Parameter erweitert.

3.1 Spezifische Parameter

Parameter sind teils generisch, also bei allen Modellkomponenten unabhängig von Kategorie und Typ vorhanden, und teils spezifisch für eine begrenzte Untermenge. Insbesondere die Menge der Bausteine innerhalb einer bestimmten Kategorie ist besonders interessant. Im Business Model Developer sind beide Ansätze integriert. Sowohl für die Klassen der Bausteinbibliothek, als auch für die Kategorien der Arbeitsfläche, nach denen die Bausteine sortiert sind, können Parametervorlagen definiert werden. Auf technischer Seite werden zum Erstellungszeitpunkt einer konkreten Modellkomponente eines bestimmten Typs sowohl die klassenspezifischen als auch die kategoriespezifischen Parameter mit dem neu erstellten Element verknüpft. Dieses Vorgehen ermöglicht es unabhängig von der Liste der kategoriespezifischen Modellkomponenten Parameter für diese festzulegen. Das ist jedoch nicht Aufgabe des Modellierers sondern erfolgt bereits vorab während der Anpassung des Tools auf die jeweilige Anwendungsdomäne separat für jede Kategorie der Arbeitsfläche. Für den Nutzer des Business Model Developer ist nicht erkennbar, um welche Art von Parameter es sich handelt, da der Gebrauch unabhängig davon ist.

3.1.1 Parameterstruktur

Die Struktur der typischen kategorienspezifischen Parameter entwickelte sich dynamisch im Zuge der Tool-Entwicklung und wurde iterativ auf die sich aus dem DPM Projekt ergebenden Anforderungen angepasst. Letztendlich besitzen diese Parameter eine Liste von möglichen Parameterwerten, aus denen der Modellierer einen oder mehrere auswählen kann. Sollten die vorgegebenen Werte nicht ausreichen, können weitere nutzerdefinierte Werte erstellt und ausgewählt werden. Diese Struktur entspricht der eines Multiple-Choice-Fragebogens, in dem zu jeder Frage ein oder mehrere vorgegebene Antwortmöglichkeiten gegeben sind, zuzüglich eines Freitextfeldes für eigene Angaben. Es hat sich gezeigt, dass die Informationen die zu den gewählten Modellkomponenten seitens des Modellierers angegeben werden sollen, optimal auf diese Struktur abgebildet werden können.

Im Rahmen des DPM Projekts wurden in der frühen Phase der Tool-Entwicklung einhergehend mit der Komponentenbibliothek auch geeignete Parameter identifiziert und in das Tool integriert. Für die Kategorie *Partnernetzwerk* wurde zum Beispiel ein Parameter *Interaktionszeitpunkt* definiert. Damit kann der Modellierer spezifizieren, zu welchem Zeitpunkt (Entwicklung, Vermarktung, etc.) die Interaktion mit dem jeweiligen Partner stattfindet. Wird also analog zum obigen Beispiel eine Komponente des Typs *Forschungseinrichtung* innerhalb des Partnernetzwerks erstellt, kann der Modellierer neben der Bestimmung ihres Namens auch geeignete Parameterwerte zum Interaktionszeitpunkt auswählen. Ein Beispiel für klassenspezifische Parameter wäre etwa ein Parameter *Fachbereiche* für Bausteine des Typs *Forschungseinrichtung*, über den die genaue Angabe der Untereinheiten spezifiziert werden kann, mit denen interagiert wird. Offensichtlich wäre dieser Parameter wenig sinnvoll für andere Bausteine der Kategorie Partnernetzwerk, die keine Fachbereiche besitzen, und demnach ungeeignet als kategoriespezifischer Parameter.

3.1.2 Kostenfaktoren und Erlösströme

Für die Bausteine der meisten Kategorien ist es im Business Model Developer möglich, Kostenfaktoren in Form von Zahlenwerten anzugeben. Es sind Parameter sowohl für jährliche Kosten als auch für Fixkosten vorgesehen. Ihre Bedeutung bezieht sich immer auf die Rolle eines Bausteins innerhalb einer Kategorie, nicht auf einzelne Bausteine selbst. Sie sind daher ein weiteres Beispiel für kategoriespezifische Parameter. So können etwa die Kosten angegeben werden, die durch die Interaktion mit einem Partner im Partnernetzwerk entstehen, unabhängig vom konkreten Typ des jeweiligen Partners. Unabhängig von den Kosten, die in Form von Parameterwerten direkt mit den einzelnen Modellkomponenten verknüpft sind, können innerhalb der Kategorie *Kostenstruktur* weitere allgemeine Kostenfaktoren erstellt werden. Hier werden sie allerdings durch Bausteine der Kategorie repräsentiert, die kategoriespezifische Parameter für Fixkosten und jährliche Kosten besitzen.

Dem Modellierer stellen sich kostenbezogene Parameter als einfache Eingabefelder dar, in die entsprechende Zahlenwerte eingegeben werden können. Ihre

Struktur folgt daher nicht der oben beschriebenen mit vorgegebener Werteliste. Sie ließen sich jedoch leicht in einen strukturierten Parameter überführen, zum Beispiel falls mehr Wert auf die Größenordnung statt auf den konkreten Betrag gelegt wird. Hier wären etwa Parameterwerte *größer als* bzw. *kleiner als* ein bestimmter Betrag denkbar. Die Parameter dienen derzeit vor allem der Dokumentation und Darstellung für den Modellierer. Dahingehend besitzen Kostenfaktoren im Business Model Developer eine Sonderstellung. Neben den jeweiligen Kosten pro Baustein wird zudem die Gesamtheit der Kostenfaktoren (inklusive der Komponenten innerhalb der Kategorie *Kostenstruktur*) summiert dargestellt. Die grafische Arbeitsfläche bietet eine übersichtliche Liste aller Kostenfaktoren. Darauf wird im Rahmen der Beschreibung der Nutzerschnittstelle detailliert eingegangen. Über die Angabe und Summierung von Kostenfaktoren hinaus bietet der Business Model Developer selbst jedoch keine weiteren Berechnungsmöglichkeiten, da der Fokus innerhalb des DPM Projekts weder auf Kostenrechnung noch auf Kostenanalyse lag.

Im Gegensatz zu Kostenfaktoren werden Erlöse lediglich innerhalb der zugehörigen Kategorie *Erlösströme* erstellt und nicht in Form von Parameterwerten direkt mit Modellkomponenten verknüpft.

3.1.3 Relevanz für Modellanalysen

Die spezifische Struktur der Parameter mit vorgegebener Werteliste, aus der ein Modellierer wählen kann, ermöglicht deren Berücksichtigung bei der Anwendung von Modellanalysen. Analog zu der bereits beschriebenen Einbeziehung der Komponententypen ist bei den strukturierten Parametern Nachvollziehbarkeit über die gesamte Modelllebenszeit gewährleistet und im Gegensatz zur Verwendung von reinen Textfeldern ist eine Entscheidungsmöglichkeit gegeben. Die Auswertung der Parameterwerte entspricht dabei dem Vorgehen, das auch der Auswertung eines Multiple-Choice-Fragebogens zugrunde liegt. Je nach Wahl und Kombination der Parameterwerte können spezifische Ausprägungen identifiziert werden. Und je nach Ausprägung können softwareseitig zugehörige Regeln greifen oder Schlussfolgerungen generiert werden. In Kombination mit den jeweiligen Typen der zugehörigen Modellkomponenten ergeben sich umfassende Analysemöglichkeiten, die insbesondere in rein grafischen Tools in automatisierter Form keinesfalls möglich sind.

3.2 Generische Parameter

Ein Vertreter der generischen Parameter, also solche Parameter, die für alle Modellkomponenten unabhängig von Typ und Kategorie existieren, wurde in den vorangegangenen Abschnitten bereits verwendet, ohne ihn explizit als solchen zu benennen: der nutzerspezifizierbare Name einer Bausteininstanz. Damit kann jede auf der Arbeitsfläche verwendete Modellkomponente mit einem Namen versehen werden, der die konkrete Instanz eines Bausteins betitelt. Auch dieser Parameter stellt sich für den Modellierer als einfaches Eingabefeld dar.

Neben dem Namensparameter existiert derzeit im Business Model Developer mit einem Notizfeld lediglich ein weiterer generischer Parameter. Hier kommt ein Freitextfeld zum Einsatz, das mit beliebigen Zusatzinformationen seitens des Modellierers gefüllt werden kann.

4 Nutzerschnittstelle und Darstellung der Arbeitsfläche

In diesem Kapitel wird die Nutzerschnittstelle des Business Model Developer beschrieben. Die grundsätzliche Darstellung der Arbeitsfläche stützt sich auf das Design der Business Model Canvas und übernimmt die Anordnung der neun zugehörigen Modellkategorien. Diese werden vom Modellierer iterativ mit Modellkomponenten bestückt und über die Eingabe von Parameterwerten ausgeprägt. Im Folgenden werden daher neben der Darstellung der eigentlichen Modellkomponenten auch die Interaktionsmöglichkeiten mit diesen beschrieben. Weiter wird die generelle Handhabung von Parametern beleuchtet und mit dem *Wizard* als alternative Modellsicht die nutzergeführte Erstellung der Arbeitsfläche erläutert.

4.1 Modellkomponenten

Jede Kategorie der Arbeitsfläche kann mit Komponenten aus der zugehörigen Bausteinbibliothek gefüllt werden. Dazu öffnet der Modellierer durch Berührung einer der Kategorien das zugehörige Kontextmenü und wählt die Erstellung einer neuen Komponente. Die daraufhin generierte Liste von Bausteinen ist vorsortiert und zeigt lediglich zur Kategorie gehörige Bausteine. Durch Wahl einer dieser Bausteine legt der Modellierer den Typ der zu erstellenden Modellkomponente fest. Name und weitere Parameterwerte können im zugehörigen Dialog spezifiziert werden, der entsprechend der generischen und spezifischen Parameter des Bausteins generiert wird. Nach Abschluss der Eingabe wird die neue Komponente der gewählten Kategorie hinzugefügt und fortan angezeigt.

Die grafische Darstellung einer Modellkomponente besteht aus einem Rechteck mit innen liegender Beschriftung. Größe und Position des Rechtecks passen sich auf die Art der zugehörigen Kategorie an, dass mehrere Komponenten innerhalb derselben Kategorie untereinander als Liste angeordnet werden. Zur Verdeutlichung zeigt Abbildung 1 den Screenshot eines Beispielmodells. Die Reihenfolge der Komponenten ist dabei vom Modellierer veränderbar, da die Position der zugehörigen Rechtecke (innerhalb der einfassenden Kategorie) frei wählbar ist. Ein Verschieben in eine andere Kategorie soll nicht möglich sein und wird softwareseitig ausgeschlossen.

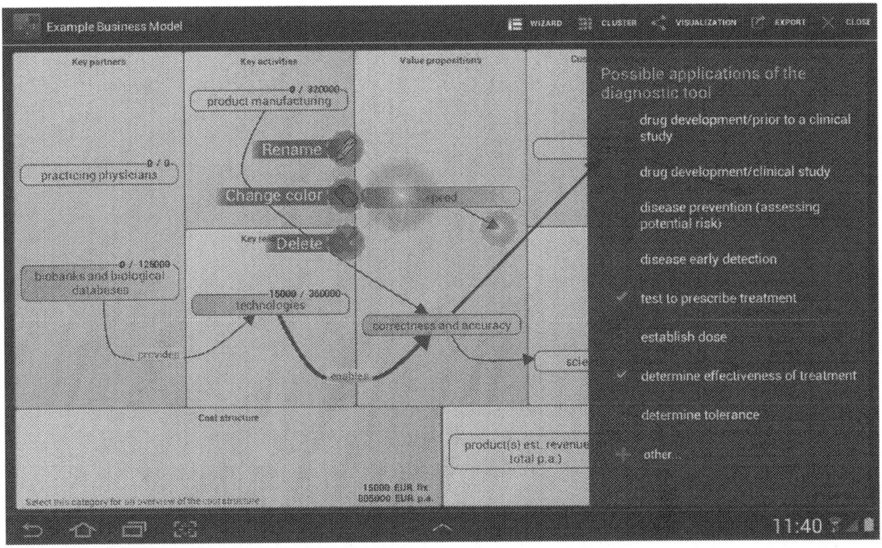

Abbildung 1 Darstellung der Arbeitsfläche mit Modellkomponenten und beschrifteten Relationen. Mittig: Kontextmenü zur Modellkomponente „speed". Rechts: Überlagernder Inspektor zur Ansicht und Änderung von Parameterwerten.

Die Beschriftung der Komponentenrechtecke entspricht dem zugehörigen Namen, der durch den Modellierer vergeben wurde. Lange Namen werden umgebrochen und mehrzeilig dargestellt. Sollte kein expliziter Name vergeben worden sein, entspricht die Beschriftung dem Typ der Modellkomponente, also dem Namen des Bausteins, der ihr zugrunde liegt. Der Name kann – wie alle anderen Parameterwerte – beliebig und zu jeder Zeit während der Modellierung geändert werden.

Die Komponentenrechtecke können mit nutzerspezifischen Farben hinterlegt werden. Das ermöglicht es zum Beispiel, bestimmte Gruppierungen von Modell-komponenten zu kennzeichnen oder kategorienübergreifende Zusammenhänge kenntlich zu machen.

4.2 Parameter und Parameterwerte

Die Parameter der einzelnen Komponenten werden nicht direkt auf der Arbeitsfläche dargestellt. Stattdessen wird bei Auswahl einer Komponente ein Dialog eingeblendet, der einen Teil der Arbeitsfläche überlagert, aber den Bereich, in dem sich die Komponente befindet, sichtbar lässt. Auf diese Weise sind Detailinformationen zeitgleich mit der inspizierten Komponente sichtbar. Dieser überlagernde Dialog wird daher im Folgenden *Inspektor* genannt. Er listet alle

Parameter sowie die zugehörigen Parameterwerte. Letztere sind direkt im Inspektor änderbar, sowohl einfache Schlüssel-Werte-Paare wie etwa Name und Kostenfaktoren, als auch die der strukturierten Parameter mit vorgegebenen Wertelisten. Nach Abwahl der zugehörigen Komponente werden getätigte Änderungen übernommen und der Inspektor ausgeblendet.

Kostenfaktoren nehmen auch bei der Darstellung der Arbeitsfläche eine Sonderstellung ein. Die zugehörigen Zahlenwerte für Fixkosten und jährliche Kosten werden direkt am oberen Rand der Komponentenrechtecke eingeblendet. Sie sind so schneller einzusehen. Das gleiche Vorgehen findet bei der Darstellung der Zahlenwerte von Erlösen Anwendung, die ebenfalls an den Rechtecken der Komponenten innerhalb der Kategorie *Erlösströme* eingeblendet werden. Darüber hinaus wird innerhalb der Kategorien *Kostenstruktur* und *Erlösströme* selbst die Summe über alle Fixkosten und jährliche Kosten bzw. Erlöse angezeigt. Diese Zahl reagiert auf Änderungen einzelner Faktoren und wird dynamisch aktualisiert, so dass jederzeit die aktuell gültige Gesamtsumme sichtbar ist. Diese überlagernde Darstellung einerseits der Kostenfaktoren und Erlöse für jede Modellkomponente als auch der Gesamtsummen kann je nach Präferenz des Modellierers wahlweise ein- und ausgeblendet werden.

Für Kostenfaktoren existiert zudem eine Übersicht, die innerhalb des Inspektors für die Kategorie *Kostenstruktur* eingeblendet wird. Sie listet alle Kostenfaktoren, die in die Berechnung der Gesamtsumme einbezogen werden. Dabei werden sowohl Komponenten innerhalb der Kategorie *Kostenstruktur* als auch Kostenparameter der Komponenten anderer Kategorien berücksichtigt. Die Kostenwerte können direkt über den Inspektor verändert werden. Alle Änderungen werden auf die Parameterwerte der zugehörigen Komponenten übertragen und die errechneten Gesamtsummen werden aktualisiert.

4.3 Kanten zur Darstellung von Relationen

Der Business Model Developer bietet zur Erstellung von Geschäftsmodellen eine Funktionalität, die über die Darstellung der Modellkomponenten hinausgeht. Er ermöglicht deren Verknüpfung untereinander durch die Modellierung von Relationen. Mit Relationen können ein- oder wechselseitige Beziehungen zwischen je zwei Komponenten ausgedrückt und dargestellt werden, wann immer Komponenten in einem Verhältnis zueinander stehen. Die grafische Darstellung erfolgt durch gerichtete Kanten, also Verbindungslinien zwischen Komponenten, deren Richtungen mittels Pfeil markiert sind. Diese Ausrichtung ist nötig, um die zwischen den Komponenten vorherrschende Beziehung zu interpretieren. Die Benennung der jeweiligen Beziehung erfolgt über eine Beschriftung der zugehörigen Kante, die durch den Modellierer vorgenommen werden kann. Soll zum Beispiel eine Abhängigkeit zwischen einer Komponente *A* und einer Komponente *B* visualisiert werden, kann eine Kante von *A* zu *B* gezeichnet und mit „ist abhängig von" beschriftet werden. Die Lesart bestimmt die Ausrichtung der Kante. Zeigt etwa der Pfeil auf *B* ist die Relation als „*A* ist abhängig von *B*" zu interpretieren.

Das Zeichnen der Kanten erfolgt unter Ausnutzung der Multi-Touch Funktionalität aktueller mobiler Geräte. Der Modellierer erstellt eine Kante, indem er zunächst eine Komponente berührt und ohne den Finger abzusetzen mit einem zweiten Finger eine weitere Komponente auswählt. Die Darstellung der Kanten ist dabei in folgenden Punkten veränderbar:

- Der geradlinige Verlauf einer Kante kann mittels zusätzlicher Umlenkpunkte entlang der Verbindungslinie in einen kurvigen Verlauf überführt werden. Der Modellierer kann diese Umlenkpunkte über das zur Kante gehörige Kontextmenü beliebig erstellen, verschieben und wieder entfernen. So können zum Beispiel Überlappungen und Kreuzungspunkte vermieden werden.
- Die Linienstärke einer Kante ist variabel. Mit entsprechend dünn oder dick gezeichneten Kanten kann die Gewichtung der repräsentierten Relation dargestellt werden. Ein hohes Gewicht tritt so schon rein optisch stärker hervor.
- Der Business Model Developer besitzt zwei grundlegende Modi zur Darstellung von Kanten. Entweder werden alle Kanten des Modells angezeigt oder aber nur Kanten für diejenigen Modellkomponenten, die gegenwärtig ausgewählt sind. Letzteres ermöglicht einerseits eine bessere Lesbarkeit von Modellen mit sehr vielen Kanten oder andererseits eine gezielte Darstellung der Relationen für eine durch den Nutzer eingegrenzte Untermenge der Modellkomponenten.

Die Beschriftung einer Kante erfolgt in einem zweiten Schritt nach ihrer Erstellung über das zugehörige Kontextmenü. Sie kann über die gesamte Modelllebenszeit jederzeit geändert werden. Obwohl eine Überprüfung der Beschriftungen entlang vorgegebener Kriterien machbar und für manche Anwendungsdomäne sinnvoll wäre, ist die Beschriftung im Business Model Developer nicht eingeschränkt. Es obliegt dem Modellierer, je nach Geschäftsmodell und persönlicher Präferenz geeignete Relationen zu identifizieren und darzustellen.

4.4 Geführte Modellierung mittels „Wizard"

Die bisher beschriebenen Konzepte zur Modellierung und Darstellung des Geschäftsmodells beruhten auf direkter Interaktion des Modellierers mit der Arbeitsfläche. Der Business Model Developer bietet darüber hinaus mit dem sogenannten *Wizard* eine alternative Vorgehensweise zur Erstellung und Bearbeitung von Geschäftsmodellen. Der Wizard ist dialogbasiert, das heißt der Modellierer bearbeitet keine Zeichenfläche sondern folgt einer Art strukturierten Anleitung ähnlich eines Fragebogens. Das eigentliche Geschäftsmodell entsteht sukzessiv im Hintergrund, basierend auf den Informationen, die der Modellierer während der Interaktion mit dem Wizard hinterlegt.

Der Wizard listet die neun Kategorien der Business Model Canvas und führt den Nutzer sukzessiv in sinnvoller Reihenfolge durch die nötigen Aktionen zu deren Anreicherung mit Komponenten. Denn auch hier wird pro Kategorie eine Liste von Komponenten erstellt und verwaltet. Dabei wird der Nutzer jedoch stets mit Anleitungstexten und Hinweisen versorgt, die wichtige Aspekte erläutern. So werden sowohl Verwendungszweck und Ausfülllogik jeder einzelnen Kategorie, sowie die Bedeutung der Komponenten als auch die Verwendung von Parametern der einzelnen Komponenten erklärt. Abbildung 2 zeigt beispielhaft einen Ausschnitt des Wizards, anhand dessen die meisten genannten Aspekte nachvollziehbar sind.

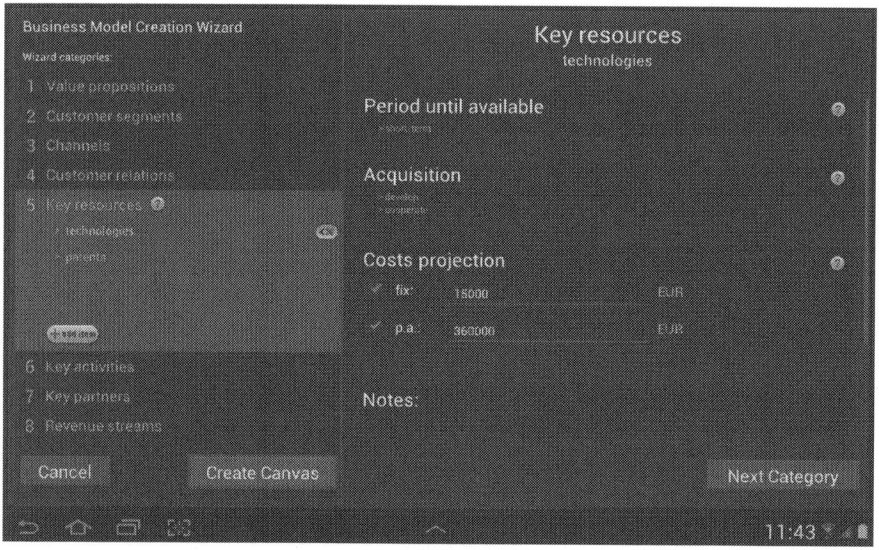

Abbildung 2 „Wizard“ zur geführten Erstellung von Geschäftsmodellen. Links: Kategorienabfolge mit Liste der Modellkomponenten pro Kategorie. Rechts: Ansicht der Parameter für die ausgewählte Modellkomponente „technologies“.

Nach Hinterlegung aller Komponenten einer bestimmten Kategorie erfolgt der Sprung zur nächsten, solange bis alle Kategorien abgearbeitet sind. Durch die umfassenden Hilfestellungen unterstützt der Wizard vor allem Neueinsteiger bei der Erstellung erster Geschäftsmodelle, bietet mit seiner vordefinierten Ausfülllogik aber auch Hilfe bei der Überführung der Gedanken des erfahrenen Modellierers in geordnete Strukturen.

Nach erfolgreichem Durchlaufen des Wizards können die erstellten Modellkomponenten in die bekannte Darstellung der Arbeitsfläche überführt und visualisiert werden. Hier ist es dem Modellierer überlassen, das Modell weiter auszuprägen oder Änderungen vorzunehmen. Vor allem die Erstellung und Beschriftung von Kanten zur Darstellung von Relationen zwischen Modellkomponenten ist ausschließlich durch direkte Interaktion mit der Arbeitsfläche möglich. Deren Erstellung direkt im Wizard würde die Bearbeitung komplexer und unübersichtlicher Tabellen erfordern, die den von Einfachheit geprägten Charakter des Wizards zunichte machen. Mit Ausnahme der Relationen ist jedoch jeder Aspekt des Geschäftsmodells sowohl auf der Arbeitsfläche, als auch im Wizard einsehbar und veränderbar. Sie bieten so gesehen verschiedene Sichten auf das Geschäftsmodell. Aus diesem Grund kommt der Wizard nicht nur zur initialen Modellerstellung zum Einsatz. Stattdessen ermöglicht der Business Model Developer jederzeit den Wechsel zwischen beiden Sichten. Er vereint dadurch die geführte Erstellung des Geschäftsmodells mit einer übersichtlichen Darstellung auf der Arbeitsfläche. Modelländerungen haben unmittelbar Auswirkungen auf beide Sichten, unabhängig davon, ob sie im Wizard oder auf der Arbeitsfläche erfolgen.

5 Modellanalyse: Clusterverfahren

Mit den wohldefinierten Typen von Modellkomponenten und Wertebereichen für Parameter wurde in den vorangehenden Abschnitten bereits auf die strukturellen Grundlagen der Modellanalyse eingegangen. Im Folgenden wird eine konkrete Anwendung beschrieben. Im Rahmen des DPM Projekts wurde ein systematisches Analyseverfahren erarbeitet, das einen Vergleich von Geschäftsmodellen ermöglicht (Kamprath und Halecker 2012). Es stützt sich auf die im DPM Projekt gesammelten Daten zu Geschäftsmodellen von Diagnostikunternehmen, die auch zur Erstellung der Komponentenbibliotheken des Business Model Developers herangezogen wurden. Basierend auf deren Auswertung konnten Cluster identifiziert werden, die eine geeignete Unterteilung in Typen von Geschäftsmodellen repräsentieren. Integriert in den Business Model Developer ermöglicht dieses Analyseverfahren die automatisierte Berechnung der Clusterzugehörigkeit eines Geschäftsmodells und ermöglicht es so dem Modellierer sein eigens erstelltes Modell gegen marktübliche Geschäftsmodelle im Bereich Personalisierte Medizin abzugleichen.

Basis für die Analyse innerhalb des Business Model Developers sind die verwendeten Komponenten in den einzelnen Kategorien der Arbeitsfläche sowie gewählte Werte für Komponentenparameter. Dabei werden jedoch nicht Komponenten aller Kategorien berücksichtigt, sondern lediglich diejenigen, die für die Bestimmung der Clusterzugehörigkeit relevant sind. Gleiches gilt für Parameter. Sollte die Clusteranalyse seitens des Nutzers für Modelle gestartet werden, in denen wichtige Komponenten bzw. Parameterwerte fehlen, wird ihm über entsprechende Dialoge mitgeteilt, welche Teile des Geschäftsmodells einer Anpassung bedürfen. Ebenso kann es vorkommen, dass Angaben widersprüchlich oder mehrdeutig sind. Auch in diesem Fall wird der Modellierer seitens des Business Model Developers angehalten, entsprechende Änderungen vorzunehmen.

Sofern die Struktur des Geschäftsmodells den Anforderungen für die Analyse entspricht, wird die Clusterzugehörigkeit ermittelt, indem zunächst mittels geeigneter Abstandsfunktion die Nähe zu allen möglichen Clusterzentren errechnet wird. Das untersuchte Geschäftsmodell wird dem Cluster mit geringstem Abstand zugeordnet. Dem Nutzer wird das Analyseergebnis grafisch in Form einer Matrix angezeigt. Diese zeigt alle möglichen Cluster sowie ein Ranking, das den errechneten Abstandswerten entspricht. Neben dem Cluster, dem das untersuchte Geschäftsmodell zugehört, kann der Modellierer so Rückschlüsse darauf ziehen, wie das Verhältnis zu anderen Clustern einzuschätzen ist. Abbildung 3 zeigt die Matrix mit Beispielranking.

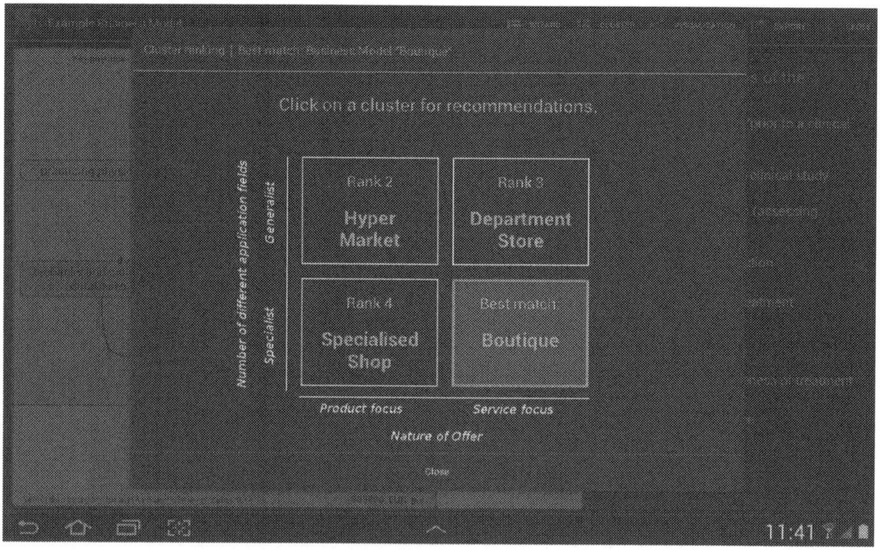

Abbildung 3 Matrixdarstellung als Analyseergebnis mit Ranking der Cluster

Das hervorgehobene Cluster repräsentiert dasjenige, zu dem das aktuell untersuchte Geschäftsmodell den kleinsten Abstand aufweist.

Zu den einzelnen Clustern ist neben Erklärungstext auch eine grafische Diagrammdarstellung der typischen Kundensegmente des Clusters hinterlegt. Darüber hinaus wird eine Liste von Handlungsempfehlungen eingeblendet, die dem Modellierer Hinweise auf mögliche ungenutzte Potentiale sowie Möglichkeiten zur Erweiterung oder Umgestaltung des Geschäftsmodells aufzeigen. Diese Informationen und Empfehlungen können vom Nutzer durch Auswahl eines Clusters innerhalb der Matrixgrafik abgerufen werden, und zwar für alle angezeigten Cluster. Es steht dem Modellierer selbstverständlich frei, verschiedene Varianten eines Geschäftsmodells zu erstellen, um mittels Analyse Erkenntnisse über die Auswirkungen von Änderungen bezüglich der Clusterzuordnung zu erhalten. Dieses Vorgehen kann somit auch als eine Art Simulation angesehen werden, die Auswirkungen von Änderungen im Modell aufzeigt. Die Herausstellung der Unterschiede im Modell in Verbindung mit einer anderen Clusterzuordnung liefert Anhaltspunkte für die nötigen Änderungsprozesse, die ein Modell für eine entsprechende Neuausrichtung durchlaufen muss.

6 Modellverwaltung und Export

Alle erstellten Modelle werden innerhalb des Business Model Developers in einer Modellbibliothek vorgehalten. Sie wird als geordnete Liste innerhalb eines entsprechenden Dialogs der Nutzerschnittstelle dargestellt, die einen schnellen Überblick über Modellnamen und den Zeitpunkt der letzten Bearbeitung ermöglicht. Über ein entsprechendes Kontextmenü zu jedem Eintrag können folgende grundlegende Aktionen für ein Modell aufgerufen werden:

- Öffnen. Ein existierendes Modell wird geladen und die zugehörige Arbeitsfläche angezeigt. Der Modellierer kann alle Modellkomponenten sowie Parameterwerte und andere hinterlegte Informationen einsehen sowie über Interaktion mit der Arbeitsfläche oder mittels Wizard beliebig Änderungen vornehmen.
- Umbenennen. Der Name eines Modells kann durch den Nutzer beliebig geändert werden.
- Duplizieren. Die Erstellung einer identischen Kopie eines Modells ermöglicht es, dessen aktuellen Zustand einzufrieren und eventuelle Änderungen auf dem Duplikat durchzuführen. So kann der Nutzer jederzeit zur ursprünglichen Version zurück springen.
- Löschen. Modelle können selbstverständlich auch endgültig aus der Modellbibliothek entfernt werden.

Neben den beschriebenen Basisaktionen bietet der Business Model Developer eine Exportfunktionalität für Modelle. Der Export kann in zwei unterschiedlichen Formaten erfolgen. Die lesbare Variante ist ein Dokument im PDF Format. Es enthält einen Screenshot der Arbeitsfläche inklusive Modellkomponenten und Kanten. Weiter werden die Modellkomponenten pro Kategorie aufgelistet, inklusive der zugehörigen Parameter und festgelegten Parameterwerte. Darüber hinaus werden Kostenstruktur und Erlösströme separat gelistet und summiert dargestellt. Abschließend folgt das Analyseergebnis, also die Clustergrafik mit Ranking und zugehörigen Handlungsempfehlungen. Das auf diese Weise exportierte Dokument kann für Dokumentations- und Präsentationszwecke außerhalb des Business Model Developers genutzt werden. Der Export der Struktur eines Modells erfolgt durch Generierung eines XML-basierten Dokuments. Es listet alle Modellkomponenten pro Kategorie und die zugehörigen Parameter und Parameterwerte sowie existierende Kanten des Modells. Auch alle nötigen Informationen zur Rekonstruktion der grafischen Darstellung werden exportiert. Diese Exportfunktionalität ermöglicht die Archivierung des Modells sowie dessen Weiterverarbeitung zum Beispiel in anderen Tools.

7 Entwicklung und Evaluation

Der Business Model Developer ist in einem iterativen Entwicklungsprozess entstanden, der – ausgehend von einem frühen lauffähigen Prototypen – kontinuierliche Erweiterung und Verbesserung der Toolfunktionalität anstrebte. Dabei wurde stets auf regelmäßige Rückmeldung seitens der Projektpartner sowie Industrievertreter gesetzt, um möglichst schnell Änderungswünsche umsetzen und Fehlentwicklungen abfangen zu können. Dieses Vorgehen wird im Allgemeinen als *agile Softwareentwicklung* bezeichnet. Im Speziellen beruht unser Ansatz auf den Erfahrungen, die wir in vorangehenden Softwareentwicklungsprojekten auf Basis des *Extreme Model-Driven Development* (XMDD) (Margaria und Steffen 2012) gesammelt haben, das als Weiterentwicklung des *Continuous Model-Driven Engineering* (Margaria und Steffen 2009) konsequent modellgetriebene Softwareentwicklung mit unmittelbarer und kontinuierlicher Einbeziehung des Anwendungsexperten verknüpft. Je einfacher und nachvollziehbar dieser Prozess insbesondere für den nicht technisch versierten Anwender gestaltet ist, desto erfolgreicher kann er Einfluss nehmen. Hier besteht zunehmend Forschungsbedarf, um das Paradigma der Einfachheit als treibende Kraft in informationstechnischer Entwicklung zu untersuchen (Floyd und Boßelmann 2013).

Das im Laufe des DPM Projekts eingeholte Feedback seitens der Anwendungsexperten stützt sich auf drei Säulen:

- Lenkungsausschuss. In Sitzungen des Lenkungsausschuss zum DPM Projekt wurde es Projektpartnern sowie Teilnehmern aus Industrie und Interessensverbänden schon in einer frühen Entwicklungsphase ermöglicht, einen Prototyp des Tools zu testen und Kritik zu üben.
- Experteninterviews. Während der laufenden Toolentwicklung wurde Feedback in Einzelgesprächen mit Industrievertretern gesammelt. Auch hier konnte der Prototyp im jeweils aktuellen Stand getestet und evaluiert werden.
- Ausstellungsstand. Die Präsentation des Tools als Aussteller bei Veranstaltungen im Bereich Gesundheitswesen3 lieferte wertvolle Rückmeldungen, vor allem über den intuitiven Einstieg in die Modellierung von interessierten Nutzern ohne umfangreiche Vorkenntnis, die unseren Ausstellungsstand besuchten.

Grundsätzlich konnte ein großes Interesse am Business Model Developer als Tool zur Erstellung von Geschäftsmodellen beobachtet werden. Die Einstiegshürde kann durchweg als niedrig bezeichnet werden, denn alle Nutzer konnten erste Schritte der Modellierung auch ohne ausführliche Anleitung durchführen. Das kann einerseits auf vorab gesammelte Erfahrungen einiger Teilnehmer mit der Business Model Canvas zurückgeführt werden. Unerfahrenen Nutzern kam aber vor allem die intuitiv gestaltete Nutzer-oberfläche samt geführter Modellierung mittels Wizard entgegen. Zusammenfassend ermöglicht es die klar ausgerichtete Struktur des Tools, schnell und intuitiv erste Modelle zu erstellen, die dann Grundlage für die Entdeckung und Untersuchung fortgeschrittener Funktionen darstellen. Schwierigkeiten in der Interaktion zeigten sich hingegen lediglich bei Nutzern, denen der Umgang mit Tablets im Allgemeinen beziehungsweise die Eigenheiten des eingesetzten Gerätes im Speziellen nicht geläufig waren. In diesen Fällen konnte daher kein direkter Bezug zum Tool selbst identifiziert werden, so dass kein Handlungsbedarf hinsichtlich der Entwicklung daraus resultierte.

Wiederholtes Diskussionspotential und damit besonderes Augenmerk im Zuge der Entwicklung lieferte der Wunsch nach einem ausgewogenen Verhältnis zwischen Unterstützung unerfahrener Nutzer und Freiheiten für erfahrene Modellierer. Grundsätzlich sollten auch komplexe Sachverhalte einfach erschließbar dargestellt werden. Das Tool sollte dabei hinreichend Führung, etwa durch Erklärungen und Hinweise bei der Erstellung erster Modelle bieten, die

---

[3] Teilnahme an der
– *Landeskonferenz Telematik* in Potsdam, 26. Februar 2014
– Messe *conhIT* in Berlin, 14.–16. April 2014

jedoch dem erfahrenen Nutzer nicht in störender Weise aufgezwungen werden durften. Durch die Analyse der Rückmeldungen dazu konnten schnell Verbesserungen konzeptualisiert, integriert und in folgenden Erprobungen validiert werden. So wurden zum Beispiel Hinweistexte an entscheidenden Stellen in den Wizard integriert, die jedoch nicht kontinuierlich sichtbar sind, sondern erst bei Bedarf eingeblendet werden. Während der in dieser Weise vorangetriebenen iterativen Weiterentwicklung des Prototyps konnten durch nutzerseitige Evaluation Anpassungen im Tool schnell evaluiert und der jeweils angestrebte Effekt verifiziert werden.

Über Änderungsvorschläge hinaus konnten im Rahmen der Evaluationsrunden auch interessante Ideen und Vorschläge für Erweiterungen der Funktionalität des Business Model Developers identifiziert werden, die im zu erwarteten Umfang einer Realisierung leider Laufzeit und Fokus des DPM Projekts gesprengt hätten und demnach nicht berücksichtigt werden konnten. Diese betrafen insbesondere die Verknüpfung mit anlehnenden Konzepten und Methoden, sowohl auf Ebene strategischer Planung, als auch in der Operationalisierung von Geschäftsmodellen. Jedenfalls zeigt es einerseits das große Interesse der Gesprächspartner am Tool und andererseits das enorme Potential einer domänenspezifischen Modellierungs- und Analysesoftware für Geschäftsmodelle. Aus diesem Grund wird der Business Model Developer schon jetzt auch in der Lehre der Universität Potsdam zur Geschäftsmodellierung in Veranstaltungen im Bereich Gesundheitswesen eingesetzt und findet auch hier Anklang.

8 Literaturverzeichnis

Dealtry, T. R. (1992): Dynamic SWOT Analysis: Developer's Guide. Intellectual Partnerships.

Floyd, B. D. und Boßelmann, S. (2013): ITSy – Simplicity Research in Information and Communication Technology. IEEE Computer, Vol. 46 (11), S. 26–32.

Gordijn, J. und Akkermans, H. (2001): Designing and evaluating e-Business Models. IEEE Intelligent Systems, Vol. 16 (4), S. 11–17.

Kamprath, M. und Halecker, B. (2012): A Systematic Approach for Business Model Taxonomy - How to Operationalize and Compare large Quantities of Business Models? 5th ISPIM Innovation Symposium, 09.–12. December 2012. Seoul, Korea.

Kaplan, R. und Norton, D. (1992): The Balanced Scorecard - Measures that drive Performance. Harvard Business Review, Vol. 70 (1), S. 71–79.

Kühne, T. (2006): Matters of (Meta-) Modelling. Software and Systems Modeling, Vol. 5, S. 369–385.

Margaria, T. und Steffen, B. (2009): Continuous Model-Driven Engineering. Computer, Vol. 42, S. 106–109.

Margaria, T. und Steffen, B. (2012): Servie-Orientation: Conquering Complexity with XMDD. Conquering Complexity, Hinchey, Mike; Coyle, Lorcan (Hrsg.), Springer-Verlag.

Osterwalder, A. (2004): The Business Model Ontology – A Proposition in a Design Science Approach. PhD Thesis, Universite de Lausanne.

Osterwalder, A. und Pigneur, Y. (2010): Business Model Generation. John Wiley & Sons, Inc.

Osterwalder, A. und Pigneur, Y. (2013): Designing Business Models and similar Strategic Objects: The Contribution of IS. Journal of AIS,'Vol. 14 (5), S. 237–244.

Teece, D. J. (2010): Business Models, Business Strategy and Innovation, Long Range Planing, Vol. 43, S. 172–194.

Yu, E. S. (2009): Social Modeling and i*. In Conceptual Modeling: Foundations and Applications, Springer-Verlag, Alexander, T. Borgida, Vinay K. Chaudhri, Paolo Giorgini, und Eric S. Yu (Hrsg.). Lecture Notes In Computer Science, Vol. 5600, S. 99–121.

Wissenschaft, Politik und Gesellschaft: Treiber, Barrieren und Handlungsempfehlungen zur Umsetzung der Personalisierten Medizin

Elisabeth Eppinger, Katja Wieck, Tamara Almeyda und Sylvia Schmid

Inhaltsverzeichnis

1 Einleitung

Die Personalisierte Medizin hat das Potenzial, die Gesundheitsversorgung durch Therapien, die genauer auf die Anforderungen der Patienten zugeschnitten sind, maßgeblich zu verbessern. Doch sie führt auch zu Veränderungen in der Diagnose- und Therapiepraxis. Neue Herausforderungen an die Zulassungsbehörden und das Kostenerstattungssystem sind nur zwei der Aspekte, die bei einer flächendeckenden Einführung der Produkte und Dienstleistungen aus dem Bereich der Personalisierten Medizin zu berücksichtigen sind. Hieran knüpft die vorliegende Untersuchung an. In diesem Kapitel werden auf Basis von Marktstudien, Experteninterviews und -workshops die Akteure aus den Bereichen Wissenschaft, Politik und regulatorische Rahmenbedingungen, sowie Gesellschaft mit ihren jeweiligen Einflussfaktoren vorgestellt. Ausgehend von deren Chancen und Treibern sowie den Risiken und Barrieren werden Handlungsempfehlungen abgeleitet, um die Einführung von Produkten und Dienstleistungen der Personalisierten Medizin zu fördern. Die Akteure der Wirtschaft, insbesondere den Diagnostik- und Pharmaunternehmen, sowie des Markts werden im darauf folgenden Kapitel behandelt.

2 Methodisches Vorgehen

Die vorliegende Untersuchung erfolgt durch Experteninterviews und Workshops mit unterschiedlichen Akteuren des Wertschöpfungssystems und einer Analyse von Studien. Auf Basis dieser Daten wurde eine Einflussfaktorenanalyse durchgeführt, um die Treiber und Barrieren für die einzelnen Akteure im Wertschöpfungssystem zu erfassen.

Die Studien sind Marktanalysen und Berichte von Regierungsorganisationen und öffentlichen Institutionen, die an Unternehmen und Wissenschaft sowie an die Gesellschaft gerichtet sind, um den aktuellen Forschungsbedarf zu kommunizieren. Im Anhang I ist die Tabelle mit dem Überblick über die wichtigsten Studien, die sich in den letzten Jahren mit der Entwicklung der Personalisierten Medizin befassen und für die Auswertung herangezogen wurden. Um die verschiedenen Parameter aus Einzelstudien und unterschiedlichen Berichten zusammen zu führen, wird auf das Verfahren der Kontingenzanalyse zurück gegriffen (Mayring 2008, S. 15). Die Marktstudien dienen somit dazu, Einflussfaktoren herauszuarbeiten und als Grundlage für die Interviews, um die Fragen zu fokussieren.

Für diese Studie wurden leitfadengestützte Interviews mit Experten durchgeführt (Crabtree und Miller 1999, S. 71 ff.; Schnell et al. 2008, S. 355). So können relevante Themenbereiche im Interview strukturiert aufgegriffen und eine Vergleichbarkeit geschaffen werden (Gläser und Laudel 2009, S. 115; Mayer 2008,

S. 19). Insgesamt wurden 31 Interviews mit Vertretern aus forschenden Pharmaunternehmen, Diagnostikunternehmen, Unternehmensverbänden und Unternehmensnetzwerken, Universitäten und Forschungsinstituten, sowie Marktforschungsinstituten und Unternehmensberatungen aus Deutschland und den USA geführt (siehe Übersicht im Anhang II). Alle der Befragten sind im Bereich der Personalisierten Medizin aktiv und im höheren Management tätig. Die Quellenverweise zu den einzelnen Interviews erfolgt in Form von Abkürzungen (z. B. D1), um einen möglichst hohen Grad der Anonymisierung der Interviewpartner zu gewährleisten. Ebenso wurden Technologien, Produkte und Namen mit X ersetzt, um Rückschlüsse auszuschließen. Der Großteil der Interviews wurde in Deutschland im zweiten und dritten Quartal 2011 geführt, die restlichen in den USA im vierten Quartal 2011. Die Auswertung der Interviews erfolgt durch eine qualitative Inhaltsanalyse (Mayring 2008, S. 116).

Die anschließende Einflussfaktorenanalyse wurde in einem dreistufigen Verfahren durchgeführt. Im ersten Schritt wurden auf Basis der Studien, Experteninterviews und Workshops bestimmte Einflussfaktoren für jede Akteursgruppe erfasst. Im zweiten Schritt wurden diese jeweils mit einem Team aus fünf weiteren Mitarbeitern aus der Wissenschaft diskutiert und überarbeitet, um im dritten Schritt gemeinsam die wichtigsten Einflussfaktoren, die auch andere Akteure betreffen, zu identifizieren. Von den Chancen und Treibern sowie den Barrieren und Risiken wurden Handlungsempfehlungen abgeleitet.

Workshops haben die Funktion, aus verschiedenen Perspektiven eine Thematik zu beleuchten und in der Diskussion Meinungen zu reflektieren bzw. herauszuarbeiten (Middel et al. 2006, S. 82 ff.; Susman und Evered 1978, S. 587). Im Rahmen dieser Studie wurde ein Workshop im Mai 2011 mit zehn Teilnehmern aus der Wissenschaft und acht Teilnehmern der Wirtschaft veranstaltet, um kritische Einflussfaktoren aus den Bereichen regulatorische Rahmenbedingungen und Gesellschaft zu identifizieren. Dazu wurden durch eine Metaanalyse verschiedene Bereiche identifiziert und auf einem Plakat aufgelistet. Im zweiten Schritt wurden die Teilnehmer in zwei Gruppen geteilt. Diese bearbeiteten jeweils ein Themenfeld – regulatorische Rahmenbedingungen oder Gesellschaft. Zuerst wurde geprüft, ob alle Aspekte mit aufgenommen wurden oder noch weitere hinzugefügt werden sollten. Dann wurden die jeweils kritischen und unkritischen Bereiche markiert. Im folgenden Arbeitsschritt wurden Erklärungen zu den Bereichen hinzugefügt und die Auswahl untereinander diskutiert. Anschließend wechselten die Gruppen und, konfrontiert mit der Auswahl der vorherigen Gruppe, konnten sie durch Abfolge derselben Schritte bestimmte Bereiche wieder stärker hervorheben oder revidieren.

3 Schlüsselakteure – Treiber und Barrieren

Ausgehend von dem Analyseansatz des Innovationssystems werden für die Personalisierten Medizin die wirtschaftlichen, politischen und sozio-kulturellen Bedingungen anhand der Akteure des Wertschöpfungssystems betrachtet. Dieses bietet bei Veränderungen im System den Vorteil gegenüber der Betrachtung von Wertschöpfungsketten, dass auch die peripheren Akteure in die Betrachtung mit einbezogen werden. Als Innovationssystem wird das Zusammenwirken von und die Beziehungen zwischen Akteuren und Institutionen bezeichnet, durch deren Interaktion neues und anwendbares Wissen erzeugt und verbreitet wird (Lundvall 1992, S. 12; Nelson 1993, S. 4 f.). Auch die Innovationsfähigkeit von Unternehmen wird durch das Innovationssystem und nicht nur durch seine Eigenschaften und Ressourcen beeinflusst (Porter 1990, S. 73).

Akteure in Wertschöpfungssystemen lassen sich den Teilbereichen Wissenschaft, Wirtschaft, Markt, Politik und regulatorische Institutionen, sowie Gesellschaft zuordnen (siehe Abbildung 1). Da der Fokus der vorliegenden Untersuchung auf den Unternehmen liegt, stehen sie im Zentrum, mit der Wissenschaft als wichtiger Quelle neuen Wissens und dem Markt als Abnehmer, eingebettet in die Gesellschaft und deren Akzeptanz und Erwartungen sowie der Politik und regulatorischen Rahmenbedingungen, die steuernd auf die Unternehmen einwirken.

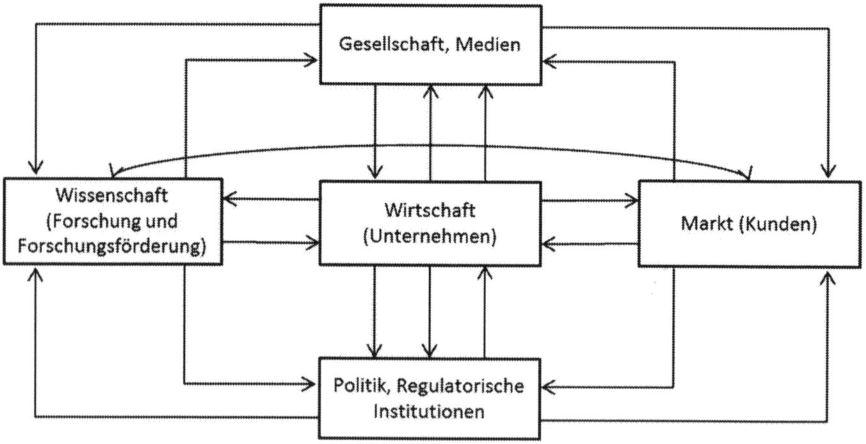

Abbildung 1 Akteursgruppen im Innovationssystem

In den folgenden Abschnitten werden die Akteure Wissenschaft, Politik und Gesellschaft im Wertschöpfungssystem der Personalisierten Medizin mit ihren

Einflussfaktoren, mit den spezifischen Chancen und Treibern sowie den Risiken und Barrieren in Bezug auf die Umsetzung der Personalisierten Medizin herausgearbeitet.

3.1 *Wissenschaft*

Die Wissenschaft stellt eine wichtige Grundlage für die Entwicklung der Personalisierten Medizin dar. Auf der Basis ihrer Forschungsergebnisse und neuer Technologien können Unternehmen konkrete Innovationen entwickeln. Gleichzeitig wird ein Bedarf an neuen Produkten und Dienstleistungen seitens der Gesellschaft und des Markts durch neue Erkenntnisse bezüglich Krankheitsverläufen und Gesundheit erzeugt, welche die Wirksamkeit gängiger Therapien in Frage stellen. Die wichtigsten Akteure der Wissenschaft lassen sich grob in Organisationen der Forschungsförderung und Forschungsinstitute unterteilen. Zu letzteren zählen sowohl die universitären und außeruniversitären Forschungsinstitute (im Folgenden als Forschungsinstitute zusammengefasst), als auch Universitätskliniken, die in Deutschland für die Gesundheitsforschung gleichermaßen von Bedeutung sind. Ein wichtiger Bestandteil der Forschung ist die Infrastruktur zum Wissensaustausch. Dazu zählen u. a. Datenbanken, Fachzeitschriften, Kongresse und gemeinsame Forschungsprojekte.

Tabelle 1 Einflussfaktoren Wissenschaft

Einflussfaktor	Chancen/Treiber	Risiken/Barrieren
Forschungsinstitute		
1. Wissenschaftlicher Fortschritt	Neue Erkenntnisse Besseres Verständnis von Ursache-Wirkung Sehr gute Datenlage auf bestimmten Gebieten	Entwickler, Anwender und Zulassung können nicht Schritt halten Validität der Ergebnisse Fehlender Anreiz Hypothesen zu belegen
2. Neuartigkeit des Forschungsfelds	Reputation Akquise von Forschungsförderung	Fehlende einheitliche Sprache und Forschungsstandards
3. Technologischer Fortschritt a) DNA Sequenzierung b) Informatik	a) Günstigere, exaktere Methoden und besser ausgestattete Labors b) Datenaustausch, Speicherkapazität, Datenaufbereitungs- und Suchsysteme	a) Fehlerrate, fehlende Vergleichbarkeit Hohe Analysekosten b) Informationsverarbeitungskapazität, Datenkomprimierung und -übertragung

Einflussfaktor	Chancen/Treiber	Risiken/Barrieren
4. Wissenschafts-standort	Hohes Bildungsniveau Ausstattung Forschungsprojekte	Beschäftigungsverhältnis Bedarf an interdisziplinärem Wissen
5. Wissenstransfer a) Publikationen b) Netzwerke c) Biobanken	a) Onlinezugang b) Wissens- und Forschungsnetzwerke, Infrastruktur, interdisziplinäre Teams c) Sonderprogramme	a) Fehlende Standards, Zugang zu Ergebnissen b) Kurzfristige Förderung c) Integrierung der Insellösungen
6. Technologie-transfer	Anstieg der Kooperationen, Patente und Transferaktivitäten	Fehlende Verwertbarkeit Unterschiedliche Wissenskulturen
Forschungsförderung		
7. Förderschwerpunkte und Fördersysteme	Gesundheit als Schwerpunktthema Finanzierung und Ausschreibungen	Abhängigkeit Einsparungen Kaum Vernetzung über EU hinaus

1. Wissenschaftlicher Fortschritt (Forschungsinstitute)

Der wissenschaftliche Fortschritt ist einer der größten Treiber der Personalisierten Medizin. Die wissenschaftlichen Publikationen in diesem Forschungsfeld sind in den letzten zehn Jahren deutlich angestiegen (MU1). Besondere Fortschritte konnten auf dem Gebiet der Onkologie erzielt werden (A3). Als wichtige Chancen gelten das differenziertere Verständnis von Krankheitsursachen und Krankheitsverläufen, welches durch neue Erkenntnisse hervorgebracht wird (MU1). Die einfachen Kausalbeziehungen von Ursache und Wirkung werden von komplexen, dynamischen Wirksystemen abgelöst (UF1). Beispielsweise sind von der früher einheitlich bezeichneten Krankheit Leukämie heute 38 unterschiedliche Typen bekannt. Für Ärzte bedeutet diese Entwicklung, dass nicht mehr eine einzelne Ursache bzw. ein Symptom bekämpft wird, sondern ein ganzes Wirksystem behandelt wird. Die Erkenntnis, dass gezieltere Behandlungen möglich sind, schafft die Dringlichkeit auch zügig entsprechende Therapien zu entwickeln und einzusetzen (A8). Als Chance, die Komplexität zu meistern, wurden Netzkarten genannt, um die Wirkungssysteme zu analysieren (UF2).

Zu den Risiken und Barrieren des wissenschaftlichen Fortschritts gehört vor allem, dass regulatorische Behörden, Entwickler und Anwender von entsprechenden Therapien bei der Implementierung nicht Schritt halten können. Zudem besteht oft Unsicherheit bezüglich der Validität der Forschungsergebnisse aufgrund kleiner Studien. Das Wissenschaftssystem würdigt besonders neue Hypothesen, während die Durchführung größerer Studien zur Validierung oder Prüfung von Ergebnissen vorangegangener Studien, in der wissenschaftlichen Gemeinschaft wenig Beachtung findet (UF2). Darüber hinaus sind Validierungsstudien kostenintensiv und langwierig. Somit sind Anreize gesetzt, Erkenntnisse nur soweit zu belegen, dass sie publikationsfähig sind und nicht soweit, dass sie direkt von Unternehmen aufgegriffen werden können (UF2).

2. Neuartigkeit des Forschungsfelds (Forschungsinstitute)

Der hohe Grad der Neuartigkeit der Forschungsfelder, die im Bereich der Personalisierten Medizin bearbeitet werden, sowie die Neuheit des Begriffes sind in erster Linie ein Treiber, um die Forschung und damit auch die Entwicklung neuer Produkte zu beschleunigen. Da sich Forscher eher auf neue Themen konzentrieren und gleichzeitig die gesellschaftliche und wirtschaftliche Relevanz des Themas hoch eingestuft wird, ist die Personalisierte Medizin ein interessantes Forschungsfeld. Sie zieht auch Fördergelder an, da ihr ein hohes Potenzial zugesprochen wird, Therapien zu verbessern, sowie Fehltherapien zu vermeiden und damit Patienten, Ärzte und Krankenkassen zu entlasten.

Ein Hindernis, welches die Neuartigkeit des Forschungsfelds in sich birgt, sind fehlende einheitliche Sprache und Standards. Bezeichnungen können bei neuen Technologien variieren. Auf die fehlenden Standards, Versuche durchzuführen, Beweise anzuführen und Ergebnisse darzustellen wird unter dem Einflussfaktor 5, Wissenstransfer, ausführlicher eingegangen. Diese Phänomene sind in neuen Forschungsgebieten üblich, jedoch nur temporär (Teece 1986, S. 287).

3. Technologischer Fortschritt (Forschungsinstitute)

Der technologische Fortschritt spielt vor allem in zwei Feldern eine große Rolle, die für die Umsetzung der Personalisierten Medizin relevant sind: DNA-Sequenzierung und Informatik. Als große Chance wird bewertet, dass die Methoden der DNA-Sequenzierung in den letzten Jahren wesentlich genauer und günstiger geworden sind: „*Die Kosten der Sequenzierung fallen schneller als die Kosten der Rechnerleistung, und die Zahl der Labors, die DNA-Sequenzierung serienmäßig durchführen können, ist immens gestiegen*“ (MU1). Als Risiko dieser Entwicklung gilt noch immer die Fehlerrate der verschiedenen Sequenzierungstechnologien. Daten der ersten und zweiten Generation können nur bedingt verglichen werden, da sie unterschiedliche Fehlerarten aufweisen (D12). Dafür gibt es deutliche Fortschritte im Bereich der Interpretation von DNA. Immer mehr Sequenzen lassen sich inzwischen als wichtige Gene mit bestimmten Funktionen identifizieren. Dennoch wurde angeführt, dass trotz der Kostensenkung der Sequenzierung keine bedeutenden Einsparungen zu erwarten sind: „*Günstigere Sequenzierungsmethoden bedeuten nicht, dass die Sequenzierung insgesamt günstiger wird. Vor allem nicht, wenn es in Tests umgesetzt wird, werden die Gesamtkosten für Tests dadurch nicht weniger, da die Kosten für die Analyse sehr hoch sind. Die Daten müssen schließlich ausgewertet und interpretiert werden*" (D13).

Im Bereich der Informatik sind besonders die Fortschritte bei Speicherkapazitäten und Geschwindigkeiten des Datenaustauschs von Vorteil. Auch Weiterentwicklungen der Datenaufbereitungs- und Suchsysteme, um mit komplexeren Datensätzen zu arbeiten, sind ein wichtiger Treiber für die Personalisierte Medizin. Trotzdem wird als Hindernis angeführt, dass besonders die Informationsverarbeitungskapazitäten noch zu begrenzt sind: „*Besonders Datenkomprimierung und Datenübertragung sind ein Problem. Je nachdem was mit den Daten geschehen soll, sind unterschiedliche Komprimierungstechniken sinnvoll. So kommt es jedoch zu unterschiedlichen Datensätzen, die wieder nicht vergleichbar sind. Welche die besten Komprimierungsmethoden für große biologische Datensätze sind, gilt es noch herauszufinden*" (UF2).

4. Wissenschaftsstandort (Forschungsinstitute)

Ein Vorteil des Wissenschaftsstandorts Deutschland ist das hohe Bildungsniveau und die gute Ausstattung bezüglich personeller und finanzieller Ressourcen. Im Bereich der Personalisierten Medizin gelten die USA als wichtigster Standort (D2; Jain 2011a, S. 377). Deutschland steht jedoch direkt hinter den USA und UK als wichtige Quelle neuer Erkenntnisse. Auch wenn, wie einer der Befragten erklärte, das meiste Wissen aus den USA stammt (D2). Dennoch haben in Deutschland viele Unternehmen ein hohes Interesse an der Thematik, was dazu führt, dass die Forschungsfelder der Personalisierten Medizin im Verhältnis zu anderen sehr fortgeschritten sind (Jain 2011a, S. 377). Viele Forschungsprojekte werden von den verschiedenen Institutionen finanziert, da Gesundheitswissenschaften ein zentrales Förderfeld der deutschen Forschungspolitik darstellen (BMBF 2007).

Als problematisch wird in Deutschland das Beschäftigungsverhältnis im akademischen Mittelbau gesehen: 75% der Stellen sind befristet und mit geringer Planbarkeit. Unter der Professur bestehen kaum noch unbefristete Stellen im akademischen Oberbau wie sie in anderen Ländern in Form von Assistenzprofessuren, Forschern und Lehrenden vorhanden sind. Demzufolge wandern ausgezeichnete Forscher ins Ausland oder in die Industrie ab. Weiterhin stellt der Bedarf an einer neuen Form von interdisziplinären Wissen eine Herausforderung dar (Jain 2011a, S. 367). Besonders Informatiker und Biotechnologen mit humanmedizinischen Kenntnissen sind hier hervorzuheben.

5. Wissenstransfer (Forschungsinstitute)

Als Chancen im Bereich Publikationen sind vor allem Onlinepublikationen und die umfassenden Literaturdatenbanken zu nennen. Zudem gibt es Datenbanken, in denen Studienergebnisse medizinischer Forschung zur Verfügung gestellt werden. Besonders in den USA wurde von den Befragten im Bereich Pharmakogenetik die öffentlich getragene Infrastruktur gelobt, die Informationen zu bestimmten Wirksubstanzen und biologischen Mechanismen bereit stellt (D2). Als Risiko wurden auch hier die fehlenden Standards, uneinheitliche Bezeichnungen und fehlende einheitliche Form der Ergebnispräsentation genannt (MU1, D12). Außerdem seien nicht alle bereit, ihre Daten mit anderen zu teilen, obwohl viele Fachzeitschriften verlangen, dieses auf Anfrage zu tun (UF2).

Als Treiber der Personalisierten Medizin gilt weiterhin, dass Forschungsförderer Wissens-, Forschungs- und Innovationsnetzwerke, die auch international und fachübergreifend aufgebaut werden, unterstützen. Beispiele sind das Nationale Genomforschungsnetzwerk, das Exzellenzcluster Entzündungsforschung oder das Forschungscluster GANI_MED. Auch europaweit werden größere Netzwerke gefördert wie die Innovative Medicine Initiative. Als schwierig wird das Phänomen eingestuft, dass Schnittstellen und Netzwerke oft ungenutzt bleiben, wenn die Finanzierung der Projekte ausläuft. Da ein hoher Fokus auf kurzfristiger Projektarbeit liegt, gibt es große Hürden für langfristige Kooperationen.

Biobanken sind in erster Linie Dienstleister für Wissenschaftler und Kliniken, die auf den effektiven Nutzen von Biomaterialproben abzielen. Als Chance für die Personalisierten Medizin wird die Förderung des Aufbaus von großen, integrierten Biobanken gesehen, wie z. B. in Deutschland, Kanada und England (Jain 2011a, S. 368 f.). In Deutschland werden in der Nationalen Biobanken Initiative die bestehenden Biomaterialbanken zu fünf zentralen Banken gebündelt. Im Zuge dessen wird auch begonnen, die fehlenden Standards und damit die Probleme der Integrier- und Vergleichbarkeit auszuräumen.

6. Technologietransfer (Forschungsinstitute)

Neben dem Wissenstransfer gilt der Technologietransfer als bedeutende Maßnahme, um Ergebnisse Anwendern in der Praxis verfügbar zu machen. Besonders Public-Private-Partnerships gelten als effektiver Weg, da ein direktes Interesse an Zusammenarbeit mit Forschungsinstituten bei den privaten Unternehmen besteht, wenn sie die Themen und Prozesse aktiv mitgestalten können.

Als Treiber wird vor allem der Anstieg der Zusammenarbeit zwischen Wissenschaft und Wirtschaft gesehen: „*Besonders im vorwettbewerblichen Bereich, in der explorativen Forschung sind die Kooperationen von Unternehmen und Universitäten enorm gestiegen*“ (D5). Auch der Anstieg der Patente von Forschungsinstituten sowie die vermehrten Transferaktivitäten sind positiv zu bewerten. Als schwierig ist auch hier die oft fehlende direkte Verwertbarkeit der Ergebnisse zu nennen (siehe Einflussfaktor 1). Ebenso können die unterschiedlichen Wissenskulturen von Forschungsinstituten und Unternehmen eine Barriere darstellen, die jedoch als überwindbar gilt.

7. Förderschwerpunkte und Fördersysteme (Forschungsförderung)

Das Thema Gesundheit ist aufgrund des demographischen Wandels und der steigenden Ausgaben im Gesundheitssektor ein wichtiges Zukunftsfeld, welches durch viele Forschungsprogramme und interdisziplinäre Projekte gestützt wird, die eine breite Einführung der Personalisierten Medizin begünstigen können. Als Chance für die Personalisierte Medizin gilt die Kombination aus grundstämmiger Finanzierung und Ausschreibungen. Dadurch wird die Infrastruktur gestärkt und gleichzeitig ein Wettbewerb zwischen Forscherteams erzeugt. Zudem könnte die öffentlich finanzierte Forschung und Public-Private-Partnerships z. B. bei vernachlässigten Krankheiten ansetzen, wo Unternehmen kein FuE betreiben, da es für sie ökonomisch nicht sinnvoll ist (V6). Als mögliches Risiko ist lediglich die Abhängigkeit von der politischen Agenda zu nennen, die Budgetkürzungen bei Forschungsgeldern und dem Ausbau der wissenschaftlichen Infrastruktur zur Folge haben könnte. Zudem fördern nur wenige Programme gezielt eine Vernetzung mit Instituten über Europa hinaus.

3.2 Politik und regulatorische Rahmenbedingungen

Auch der Bereich der Politik bildet einen der entscheidenden Bereiche für die Gesamtentwicklung der Personalisierten Medizin. Hier werden durch die Gesetzgebung Rahmenbedingungen rund um die Einführung und Durchführung von personalisierten Leistungen für alle beteiligten Akteure festgelegt. Die nationalen wie europäischen Akteure auf diesem Gebiet legen damit den Grund-stein für alle im Zusammenhang mit der Personalisierten Medizin relevanten Rechtsbereiche, die von der Zulassung über die Erstattung im Gesundheitssystem bis zu Einzelfragen des Rechtes der Ärzteschaft und des Datenschutzes bzw. Selbstbestimmungsrechts der Patienten reichen. Vollzogen und überwacht werden diese Rahmenbedingungen von einer Vielzahl anderer Akteure. Die aus Sicht der Personalisierten Medizin wichtigsten Akteure der rechtlichen und regulatorischen Bedingungen lassen sich grob in vier Hauptgruppen, je nach Tätigkeitsfeld in Gesetzgebung, Zulassung von Arzneimitteln, Bewertung von Medizinprodukten und Erstattung von Leistungen unterteilen.

Grundlagen für alle regulatorischen Rahmenbedingungen legen insbesondere die an der Gesetzgebung beteiligten Akteure. Auf der für das Gesundheitssystem vorwiegend relevanten Bundesebene zählen zu den gesetzgebenden Akteuren Bundestag und Bundesrat, die Bundesregierung und der Bundespräsident (Bundesministerium für Gesundheit 2011a). Wichtige, das Gesundheitssystem und speziell die Personalisierten Medizin betreffende Gesetze sind beispielsweise das Arzneimittel-, das Medizinprodukte- und das Gendiagnostikgesetz. Entwürfe dieser das Gesundheitssystem betreffenden Gesetze werden durch das Bundesministerium für Gesundheit (BMG) erarbeitet und initiiert. Außerdem erstellt das BMG Rechtsverordnungen und Verwaltungsvorschriften und beaufsichtigt andere Institutionen des Gesundheitssystems (u. a. BfArM, GBA, GKV-Spitzenverband, KBV) (BMG 2011b). Auf europäischer Ebene werden Verordnungen und Richtlinien grundsätzlich auf Vorschlag der Europäischen Kommission durch das europäische Parlament oder den Rat der Europäischen Union erlassen.[1] Für Arzneimittel und Diagnostika sind beispielsweise die VO (EG) Nr. 726/2004 zur Festlegung eines Gemeinschaftsverfahrens für die Genehmigung und Überwachung von Arzneimitteln und die im Medizinproduktegesetz umgesetzte IvD-Richtlinie 98/79/EG relevant.

Ein weiterer Tätigkeitsbereich in der Personalisierten Medizin ist die Zulassung von Arzneimitteln und parallel dazu die Konformitätsbewertung und teilweise auch Validierung von Biomarkern. Für die Zulassung von Arzneimittel und die Prüfung der Diagnostika als Medizinprodukte auf nationaler Ebene ist das Bundesinstitut für Arzneimittel und Medizinprodukte (BfArM) zuständig. Es nimmt Meldungen über Vorkommnisse bei der Anwendung der Produkte entgegen, bewertet das Risiko und überprüft die von den Herstellern eingeleiteten Maßnahmen zur Risikominimierung auf Angemessenheit (BfArM 2011). Auf europäischer Ebene erteilt die Europäische Kommission die zentrale Zulassung nach Beurteilung und Empfehlung durch die Europäische Arzneimittelagentur (EMA). Die Konformitätsbewertung der in der Personalisierten Medizin oftmals verwendeten IvD auf Übereinstimmung mit Anforderungen von EU-Richtlinien und konkretisierenden Normen erfolgt durch den Hersteller selbst in Zusammenarbeit mit einer sogenannten Benannten Stelle (ZLG 2013). Die Anzeige des erstmaligen Inverkehrbringens (§ 25 MPG) hat bei der zuständigen Landesbehörde zu erfolgen. Dies geschieht per Datenübertragung an das Deutsche Institut für Medizinische Dokumentation und Information (DIMDI). Neben der Bewertung der Konformität der Diagnostika besteht die Möglichkeit der freiwilligen Qualifizierung bzw. Validierung des bestimmten Gebrauchs eines Biomarkers durch die EMA, um dessen Akzeptanz zu fördern. Dies ist auch in einem Gemeinschaftsverfahren mit der US-amerikanischen ‚Food and Drug Administration (FDA) möglich (EMA 2011a).

Was die Erstattung der Leistungen der Personalisierten Medizin betrifft, wird zwischen der Erstattung durch die gesetzlichen Krankenkassen (GKV) und durch die privaten Krankenkassen (PKV) unterschieden. Im Gegensatz zur

---

1 Art. 14 Abs. 1, 16 Abs. 1, 17 Abs. 2 Vertrag über die Europäische Union.

Erstattung durch die privaten Krankenkassen ist für die GKV eine Vielzahl an Akteuren beteiligt. Einer der zentralen Akteure ist der Gemeinsame Bundesausschuss (GBA). Er ist für den Beschluss von Richtlinien über die Erstattungsfähigkeit der ärztlichen Behandlung, der Krankenhausbehandlung und der verschiedenen Arzneimittel durch die GKV (§§31 Abs. 1 S. 1–3, 34, 92 Abs. 1, S. 2 Nr. 1, 6 SGB V) sowie die Festsetzung von Festbeträgen für Arzneimittel und die Nutzenbewertung der neuen Arzneimittel (§35a SGB V) zuständig. Beraten und unterstützt wird der GBA bei vielen Entscheidungen durch das Institut für Qualität und Wirtschaftlichkeit im Gesundheitswesen (IQWIG). Zu den Aufgaben (§ 139 Abs. 3 SGB V; IQWIG 2011) dieses unabhängigen Institutes gehören u. a. die Bewertung von Kosten und Nutzen von Arzneimitteln, Darstellung und Bewertung des aktuellen Wissensstandes zu diagnostischen und therapeutischen Verfahren bei Krankheiten sowie das Erstellen von Gutachten und Stellungnahmen zu Fragen der Qualität und Wirtschaftlichkeit der Leistungen der GKV. Beauftragt wird das IQWIG hierzu überwiegend durch den Gemeinsamen Bundesausschuss, § 139b Abs. 1 S. 1 SGB V. Es kann aber auch durch das BMG beauftragt werden oder selbständig tätig werden. Die Vergütung von Vertragsärzten wird in Richtlinien des GBA und Verträgen (Bundesmantelverträge, Gesamtverträge) zwischen der Kassenärztlichen Bundesvereinigung (KBV) und dem GKV-Spitzenverband bzw. zwischen den Kassenärztlichen Vereinigungen (KVen) und den Landesverbänden der Krankenkassen festgelegt (BMG 2011b).

Tabelle 2 Einflussfaktoren Politik und regulatorische Rahmenbedingungen

Einflussfaktor	Chancen/Treiber	Risiken/Barrieren
Gesetzgebung (Bundestag/-rat/-ministerium der Gesundheit, EU)		
1. Schutz der Verbraucher und Patienten	Gesetzliche Vorgaben Vertrauenssichernde Maßnahmen Patientenrechte	In Praxis zu schwer umsetzbare Richtlinien/Gesetze
2. Sicherung und Entlastung des Gesundheitssystems	Einsparmöglichkeiten durch Verbesserung der Kosten-Nutzen-Relation	Kein Amortisieren von FuE-Kosten Planungsunsicherheit

Einflussfaktor	Chancen/Treiber	Risiken/Barrieren
Zulassung von Arzneimitteln (BfArM, EMA)		
3. Sicherheit, Wirksamkeit und Qualität von Arzneimitteln	Genauerer Nachweis der Sicherheit, Wirksamkeit und Verträglichkeit, schnellere Zulassungsverfahren Erhöhung der Akzeptanz	Strenge und nur mit hohem Zeit- und Kostenaufwand zu erfüllende Anforderungen
4. Versorgung der Patienten mit neuen Arzneimitteln	Austausch und Verbreitung von Fachwissen Zusammenarbeit EMA und FDA: Erleichterung der Verwendung von Grundsätzen und Leistungen	Zur Zeit noch fehlende praktische Planung und Umsetzung
5. Nachweis von Sicherheit, Wirksamkeit und Verträglichkeit in klinischen Studien	Ermöglichung zielgerichteter Studien mit kleineren Probandenkollegs Kosteneinsparungen und Zeitverkürzungen bei klinischen Studien	Gewinnung von genug Probanden Unsicherheiten über Zulassungsanforderungen Nichtabstimmung Zulassungs- und Validierungsverfahren
Bewertung von Medizinprodukten		
6. Konformitätsbewertungsverfahren bei In-vitro-Diagnostik	Überprüfung der Konformität alleine durch den Hersteller u. U. erleichtertes Inverkehrbringen	Risiko unzureichender Prüfung von Sicherheit, Zuverlässigkeit und Qualität der Tests
7. Änderungspläne der In-vitro-Diagnostik-Richtlinie	Änderung der Produktklassen Qualitätssicherung Regulierung prädiktiver Tests Klin. Evidenz/Validität	Erhöhte Anforderungen, Kosten und Arbeitsaufwand für die Unternehmen durch starke Regulierung
8. Einführung eines gesonderten Validierungsverfahrens	Erhöhung von Zuverlässigkeit und Validität von Testverfahren	Validierungsverfahren Kosten- und Zeitaufwand

Einflussfaktor	Chancen/Treiber	Risiken/Barrieren
Erstattung		
9. Entlastung des Gesundheitssystems	Allgemeiner Leistungskatalog Entscheidungen zur Preisfestsetzung	Prüfverfahren zur Aufnahme in den Leistungskatalog
10. Neue Nutzenbewertung durch den GBA	Höherer Nutzen von Arzneimitteln verbesserte Nachweisbarkeit	Unklarheiten über Verfahrensablauf Langfristigen Studien
11. Erstattungsmöglichkeit von diagnostischen Tests	Einführung eines beschleunigten Aufnahmeverfahrens	Bei Nichtaufnahme keine Abrechenbarkeit
12. Einführung einer Erprobung von Untersuchungs- und Behandlungsmethoden	Frühe Erstattung der diagnostischen Testleistung bei gleichzeitiger Erprobung des Nutzens der Methode	Unsicherheiten und Mehraufwand Unterschiedliche nationale Erstattungssysteme in der EU

1. Schutz der Verbraucher und Patienten (Gesetzgebung)

Vorwiegendes Interesse und damit einer der grundlegenden Einflussfaktoren bei der Gesetzgebung ist das Interesse des Schutzes der Bevölkerung, etwa vor gefährlichen und unwirksamen Arzneimitteln sowie vor Grundrechtsverletzungen, beispielsweise in Bezug auf Selbstbestimmungs- und Datenschutzrechte der Patienten. Dies könnte in allen Bereichen, die im Zusammenhang mit dem Angebot von Leistungen der Personalisierten Medizin stehen (wie u. a. Zulassung und Überwachung von Testverfahren und Arzneimitteln, Haftung und Datenschutzes) zu einer strengeren gesetzlichen Regulierung führen.

Diese Regulierung kann dabei unterschiedliche Wirkungen im Hinblick auf die Personalisierte Medizin haben. So können gesetzlich festgelegte Voraussetzungen das Gesamtbild der Personalisierten Medizin und das Vertrauen in ihre Leistungen bei allen beteiligten Akteuren stärken, Ängste vor etwaigen Risiken nehmen und sich damit fördernd auf ihre Entwicklung auswirken. Sie könnten aber ebenso zu schwer zu erfüllenden Voraussetzungen beim Inverkehrbringen von Produkten und bei der Anwendung führen und die Kosten der Entwicklung erhöhen, was die Einführung behindern und verlangsamen kann.

Die Möglichkeit einer Einflussnahme hat außerdem der Patientenbeauftragte der Bundesregierung gemeinsam mit den Patientenverbänden, die sich für Patientenrechte in der Öffentlichkeit und gegenüber der Politik einsetzen. Dies könnte die Chance bieten, auch einen etwaigen Nutzen der Personalisierten Medizin für einzelne Patientengruppen in den Fokus zu bringen und gezielten Einfluss auf den Gesetzgebungsprozess zu nehmen.

2. Sicherung des Versorgungssystems und Entlastung des Gesundheitssystems (Gesetzgebung)

Für die Gesetzgebung besteht das Interesse an der Sicherung der Versorgung der Bevölkerung mit medizinischen Leistungen ohne das Gesundheitssystems stärker finanziell zu belasten. Veranschaulicht werden kann dies im Bereich der Gesetzlichen Krankenversicherung durch eine Vielzahl unterschiedlicher Gesetzesinitiativen und Gesundheitsreformen zur Kostensenkung. Dieses ist insofern eine Chance für die Personalisierte Medizin, als dass sie zu Einsparungsmöglichkeiten führen können, beispielsweise durch die Vermeidung von Fehltherapien und Nebenwirkungen. Die mit dem Wunsch nach Kostensenkung verbundenen Reformen stellen für die produzierenden Unternehmen jedoch stets das Risiko dar, durch eine Verminderung der Erstattung eine Amortisation von Forschungs- und Entwicklungskosten zu verhindern.

3. Sicherstellung von Sicherheit, Wirksamkeit und Qualität von Arzneimitteln (Zulassung von Arzneimitteln)

Die gesetzlich in § 1 AMG verankerte Sicherstellung von Sicherheit, Wirksamkeit und Qualität von Arzneimitteln ist von den Akteuren rund um die Zulassung von Arzneimitteln bei allen Zulassungsentscheidungen vorrangig zu beachten. Dies soll genaue und ausführliche Prüfungen der Arzneimittel im Zulassungsverfahren selbst und stetige Beobachtungen der Einhaltung nach Entscheidung gewährleisten. Auf die Personalisierte Medizin kann sich dieser Faktor im Hinblick auf Chancen und Risiken ganz unterschiedlich auswirken. So kann durch den Einsatz von Biomarkern eine erhöhte Sicherheit und Wirksamkeit in einer bestimmten Patientengruppe erzielt und so zur Verwirklichung der Grundsätze beigetragen werden. Dies könnte zu einer Erleichterung und dadurch zu Vorteilen im Zulassungsprozess wie zu einer Verkürzung desselben führen. Ebenso wird durch ein genaues Zulassungsverfahren das Vertrauen der Verbraucher, Patienten und Anwender in die Arzneimittel gestärkt, was der Entwicklung der Personalisierten Medizin in allen Bereichen zugutekommen kann.

Gleichzeitig bergen Zulassungsverfahren mit strengen Voraussetzungen stets das Risiko, dass diese nur mit sehr hohem Zeit- und Kostenaufwand zu erfüllen sind. Dies kann den Entwicklungsprozess von Arzneimitteln behindern und Unternehmen von vornherein von der Entwicklung neuer Arzneimittel abhalten.

4. Interesse an der Versorgung der Patienten mit innovativen Arzneimitteln (Zulassung von Arzneimitteln)

Neben dem Schutzinteresse steht das Interesse der EMA und des BfArM an der Versorgung der Patienten mit innovativen Arzneimitteln. Für die Personalisierte Medizin wurde beispielsweise die Arbeitsgruppe Pharmakogenomik bei der EMA eingerichtet und es findet ein regelmäßiger Austausch mit der FDA statt.

So hat die Arbeitsgruppe Pharmakogenomik bereits eine Reihe von Diskussionspapieren und Entwürfen veröffentlicht, die Erfahrungen bei der Anwendung der Pharmakogenomik in der Onkologie (EMA 2010) beschreiben oder Empfehlungen in Bezug auf eine Co-Entwicklung von Biomarkern und Arzneimitteln (EMA 2011c) geben. Außerdem wurde in Zusammenarbeit mit der FDA ein ICH-Dokument zur Festlegung von einheitlichen Begrifflichkeiten im Bereich der Personalisierten Medizin und der Pharmakogenomik erarbeitet (ICH 2008). Diese Initiativen dienen dem Austausch und der Verbreitung von Informationen über die Personalisierte Medizin und können gezielt zur Aufdeckung und Lösung von Problemstellungen in Bezug auf die Zulassung beitragen. Die Zusammenarbeit mit der FDA kann dabei das gemeinsame Inverkehrbringen in beiden Rechtsgebieten erleichtern und die Verwendung von Grundsätzen und Leistungen der Personalisierten Medizin fördern (Razvi und Hurley 2010, S. 90).

Derzeit befinden sich sowohl die Zusammenarbeit wie auch die Erarbeitung von Diskussionspapieren im Anfangsstadium und die Papiere liegen bisher meist in Form von nicht bestätigten Entwürfen vor. Ergebnisse der Bemühungen und weitere Umsetzungen sind also weiterhin zu verfolgen.

5. Nachweis von Sicherheit, Wirksamkeit und Verträglichkeit in klinischen Studien (Zulassung von Arzneimitteln)

Eine ambivalente Stellung im Hinblick auf Chancen und Risiken der Personalisierten Medizin nimmt der Einflussfaktor des erforderlichen Nachweises von Sicherheit, Wirksamkeit und Verträglichkeit von klinischen Studien ein. Auf der einen Seite kann die Unterteilung einer Patientengruppe, wie sie durch die Personalisierte Medizin ermöglicht wird, dazu führen, dass die Nachweise zielgerichteter, also angepasst an eine kleinere Anzahl an Patienten, erfolgen können. Dies kann einen Beitrag zu Kosteneinsparungen und Zeitverkürzungen bei klinischen Studien leisten (V1). Auf der anderen Seite bedingt die Stratifizierung der Patientengruppen jedoch auch eine Verringerung des für klinische Studien in Frage kommenden Personenkreises. Schwierigkeiten bei der Gewinnung von Probanden und bei der Erbringung der erforderlichen Wirksamkeits- und Verträglichkeitsnachweise können die Folge sein (O'Donnell 2011, S. 2; V1).

Ein Hindernis könnte sich bei der Einführung von Leistungen der Personalisierten Medizin durch Unsicherheiten der Unternehmen über die genauen

Voraussetzungen im Zulassungsverfahren ergeben. Der neuartige Einsatz von Biomarkern kann Auswirkungen auf den Sicherheits- und Wirksamkeitsnachweis haben. Diese Besonderheiten sind durch die bisherigen gesetzlichen Regelungen und durch die Prüfungspraxis der Behörden noch nicht abschließend geklärt und ausreichend beachtet. So ist beispielsweise unsicher, welche Anforderungen an das Design von klinischen Studien bei Einbeziehung von Biomarkern und Tests zur Identifizierung von Biomarkern zu stellen sind, um dem erforderlichen Wirksamkeits- und Sicherheitsnachweis zu genügen. Unklarheiten bleiben bisher in Bezug auf das Labeling der Arzneimittel und Produktinformationen. Hier gibt es keine Vorgaben, wie ein Verweis auf die Erforderlichkeit der Durchführung von diagnostischen Tests erfolgen soll (Abadie 2011, S. 17 ff.). Konsequenz ist eine Verlangsamung des Forschungs- und Zulassungsprozesses und so eben auch der Einführung von Leistungen der Personalisierten Medizin.

Ein weiteres Hindernis könnte die Nichtabstimmung der Voraussetzungen und der Dauer der zum Inverkehrbringen erforderlichen Zulassungsverfahren von Arzneimitteln und der für Medizinprodukte erforderlichen Konformitätsbewertung sein (Sleigh und Barton 2011, S. 33). Der Nachweis von Sicherheit und Qualität erfolgt in den Verfahren für Arzneimittel und Medizinprodukte bisher durch unterschiedliche Stellen und inhaltlich unabhängig voneinander. Das aufwendigere Verfahren für Arzneimittel dauert häufig länger, sodass diagnostische Tests teilweise schon vor den Arzneimitteln kommerzialisiert werden und nicht gemeinsam angeboten werden können. In diesem Fall entstehen den Diagnostikunternehmen Wartezeiten, Planungsunsicherheiten und Einnahmelücken, die eine Finanzierung der Forschungstätigkeit erschweren kann.

6. Konformitätsbewertungsverfahren bei In-vitro-Diagnostik (Bewertung von Medizinprodukten)

Vor Inverkehrbringen von Medizinprodukten sind die Sicherstellung von Sicherheit und Zuverlässigkeit und die Übereinstimmung der Produkte mit einschlägigen EU-Richtlinien in Form eines so genannten Konformitätsbewertungsverfahrens erforderlich. Art und Ablauf der Verfahren sind für die in der Personalisierten Medizin verwendeten In-vitro-Diagnostika (IvD) in der IvD-Richtlinie,[2] umgesetzt durch das Medizinproduktgesetz, beschrieben. Nach diesen Vorgaben unterliegen die Produkte unterschiedlichen Verfahren, die eine Konformitätsbewertung durch den Hersteller selbst oder die Prüfung durch eine so genannte Benannte Stelle und die Einhaltung zusätzlicher Qualitätsanforderungen vorsieht (Art. 9 i. V. m. dem Anhang II RL98/87/EG der IvD-Richtlinie). Mangels Einteilung der derzeit verwendeten Diagnostika in eine der Risikoklassen von An-

---

2 RL98/78/EG vom 27. Oktober 1998 über In-vitro-Diagnostika, ABl. L. 331 vom 07.12.1998, S. 1.

hang II der Richtlinie unterliegt die Überprüfung der Konformität dem Hersteller (§§ 6, 7 MPG i. V. m. Art. 9, Anhang II, III RL98/87/EG). Unterlagen werden einer Benannten Stelle lediglich zur Verfügung gestellt, das Inverkehrbringen der zuständigen Behörde angezeigt und von ihr überwacht. Das aktuelle Verfahren kann für die Unternehmen als Chance zum vereinfachten Inverkehrbringen ihrer Diagnostika betrachtet werden. Eine unabhängige Prüfung, wie sie in anderen Ländern, z. B. in den USA und Australien gegeben (Hogarth und Melzer 2007, S. 10) und mit Änderung der IvD-Richtlinie geplant ist (Stynen 2011), könnte mit strengeren Prüfungen und erhöhtem Arbeits- und Kostenaufwand verbunden sein.

Andererseits könnte diese Regelung ein Risiko aufgrund der Befürchtung von unzureichender Sicherheit, Qualität und Zuverlässigkeit der Produkte (Hogarth und Melzer 2007, S. 10; O'Donnell 2011, S. 3) und einer damit bedingten Zurückhaltung bei der Anwendung mit sich bringen. Ohne unabhängige Bewertung könnte das Vertrauen in die Diagnostik-Produkte fehlen und eine Anwendung vermieden oder nicht anerkannt werden. Die IvD-Richtlinie enthält in der aktuellen Form außerdem unklare Bestimmungen, die zu Unsicherheiten über ihre Anwendung und damit auch über das durchzuführende Konformitätsbewertungsverfahren führen können. Dies kann wiederum eine fehlerhafte Durchführung des Verfahrens und die Verzögerung des Inverkehrbringens zur Folge haben. Als Beispiel für entsprechende Unklarheiten gilt die Regelung der In-House-Tests, die einen Ausschluss der Anwendung der Richtlinie für Diagnostikprodukte, die in Gesundheitseinrichtungen hergestellt und verwendet werden, vorsieht (Art. 1 Abs. 5 IvD-Richtlinie) (Hogarth und Melzer 2007, S. 14; Stynen 2011). Dabei ist beispielsweise nicht geklärt, welche Institutionen unter den Bereich der Gesundheitseinrichtungen oder welche Handlungen unter den Begriff der Herstellung fallen (Hogarth und Melzer 2007, S. 15 f.). Diese Unklarheit erfordert entweder eine Aufklärung durch die Behörden oder einer gesetzlichen Klarstellung. Letztere könnte mit der geplanten Überarbeitung der IvD-Richtlinie erfolgen (Europäische Kommission 2011).

7. Änderungspläne der In-vitro-Diagnostik-Richtlinie (Bewertung von Medizinprodukten)

Neben den beiden zuvor beschriebenen Faktoren könnte die geplante Änderung der IvD-Richtlinie noch in anderer Hinsicht Einfluss auf die Entwicklung der Personalisierten Medizin haben. Ziel der von der Europäischen Kommission geplanten Änderung ist die Anpassung an neue technologische Entwicklungen und der Klärung von Begrifflichkeiten (Europäische Kommission 2011b). Eine öffentliche Beratung zu möglichen Änderungen wurde bereits im Juni 2010 initiiert, Ergebnisse der Beratung im Februar 2011 publiziert (Europäische Kommission 2011a). Die Veröffentlichung einer veränderten Richtlinie ist für das 2. Quartal des Jahres 2012 geplant. Mögliche Änderungen könnten folgende Punkte beinhalten: die Änderung der Einteilung der Klassifizierungsgruppen des Annexes II, der über die Art des Konformitätsbewertungsverfahrens entscheidet; diese neue Einteilung würde nach Vorbild des durch die Global Harmonization Task Force (GHTF) gebildeten Modells eine risikobasierte Einteilung umfassen, die Klärung der Begrifflichkeiten des In-House-Testing, die Regulierung der direct-to-consumer Gentests, sowie die Stärkung der Voraussetzung der klinischen Evidenz und der klinischen Validität durch die Vorgabe der Erbringung strengerer Nachweise (Stynen 2011).

Die Änderung der Produktgruppen in eine risiko- und nicht mehr produktbezogene Einteilung nach dem Modell der GHTF würde wahrscheinlich zu einer Einteilung der Companion Diagnostics in Risikogruppe C führen (Stynen 2011). Dies hätte die Prüfung der Konformität durch eine Benannte Stelle zur Folge. Dieses kann als Vertrauenssicherung in Sicherheit und Wirksamkeit von Tests dienen. Gleichzeitig könnte eine Anpassung an Systeme anderer Länder erfolgen, die die Einteilung der GHTF schon verwenden und so Unternehmen erleichtern, ihre Produkte in unterschiedlichen Ländern herzustellen und einzuführen. Andererseits ist die neue Einteilung eventuell mit strengeren Prüfungen und einem erhöhten Verwaltungs- und Arbeitsaufwand verbunden.

Derzeit umfasst der Anwendungsbereich der IvD-Richtlinie lediglich Gentests, die aufgrund eines speziellen medizinischen Zwecks erfolgen. Somit sind prädiktive Tests, die das Risiko für die Entwicklung von Krankheiten erfassen, bisher nicht der Richtlinie unterworfen. Die Einbeziehung dieser Tests ist jedoch geplant (Hogarth und Melzer 2007, S. 19). Eine Neuregelung hat das Potenzial, Sicherheit und Wirksamkeit von prädiktiven Tests sicherzustellen und so Vertrauen in diese aufzubauen. Jedoch wäre auch diese Regulierung mit erhöhten Anforderungen an die Tests und damit mit erhöhtem Zeit- und Kostenaufwand für die Hersteller verbunden.

Die Kommentare zur möglichen Änderung der IvD-Richtlinie haben zudem den Wunsch der Unternehmen nach einer Stärkung der Voraussetzung der klinischen Evidenz und der klinischen Validität gezeigt. Diese Änderung würde die Zuverlässigkeit der Ergebnisse verbessern. So könnte wie zuvor beschrieben das Vertrauen in die Diagnostikleistungen der Personalisierten Medizin gestärkt werden. Der Nebeneffekt wäre unter Umständen ein erhöhter Verwaltungs- und Kostenaufwand für die Unternehmen.

8. Einführung eines gesonderten Validierungsverfahrens (Bewertung von Medizinprodukten)

Großen Einfluss auf die Entwicklung von diagnostischen Testverfahren kann die EMA durch ihr spezielles Verfahren zur Qualifikation von neuartigen Methoden bei der Arzneimittelentwicklung erreichen (EMA/CHMP 2009). In diesem freiwillig durchführbaren Verfahren kann beispielsweise die Feststellung der Validität eines Biomarkers im Hinblick auf einen bestimmten Gebrauch in Forschung und Entwicklung von Arzneimitteln erfolgen (EMA 2011b). Hierzu prüft das CHMP die Unterlagen des Antragstellers und veröffentlicht dann eine Entscheidung, die der öffentlichen Konsultation unterliegt. Das Verfahren und die hierauf abzielende Qualifikation der Validität von Biomarkern und Testverfahren kann somit zur Erhöhung und Sicherstellung der Qualität dieser beitragen. Diagnostikunternehmen könnten so eine gesteigerte Akzeptanz ihrer Ergebnisse und Produkte erreichen (Sleigh und Barton 2011, S. 52). Eine Stärkung des Gesamtbildes der Personalisierten Medizin könnte die Folge sein. Derzeit herrschen aufgrund der Neuheit des Verfahrens jedoch noch Unsicherheiten über die genauen Voraussetzungen (EMA 2009; Europäische Kommission 2010). Ebenso könnten zu hohe Anforderungen und die lange Verfahrensdauer Unternehmen von der Durchführung abhalten. Als ein Hindernis hierbei werden die anfallenden Kosten von 75.500 € eingestuft, die für kleinere und mittelständische Unternehmen um 90 Prozent reduziert werden können (EMA/CHMP 2009, S. 3).

9. Entlastung des Gesundheitssystems (Erstattung)

Gemeinsames Interesse der an der Erstattung von Gesundheitsleistungen durch die Gesetzliche Krankenversicherung beteiligten Akteure ist eine Sicherstellung der medizinischen Versorgung, bei der gleichzeitig das Gesundheitssystem durch Kostensenkungen entlastet und eine gute und angemessene Versorgung der Versicherten gewährleistet wird. Beides wird durch die ausschließliche Aufnahme von wirtschaftlichen, zweckmäßigen und notwendigen Leistungen in den Leistungskatalog angestrebt. Außerdem gibt es eine Vielzahl an unterschiedlichen Maßnahmen zur Preisregulierung wie Festpreise oder Rabatte. Dadurch, dass die Personalisierte Medizin unter Umständen schnellere Genesungszeiten, die Verringerung von Nebenwirkungen, höhere Überlebensraten, eine verkürzte Therapiedauer und den Ausschluss von Fehltherapien erreichen kann, könnte sie durch höhere Wirtschaftlichkeit und Zweckmäßigkeit zu Kosteneinsparungen beitragen (D5, D6, V2). Unter diesem Aspekt kann die Personalisierung in der Arzneimitteltherapie auch die Chance auf Erstattung der Leistungen erhöhen.

Dem entgegen steht, dass die Bemühungen der Kostenreduzierungen bisher zu einer zögerlichen Erstattungspraxis sowie langwierigen Verfahren zur Aufnahme in den Leistungskatalog bzw. zur fehlenden Aufnahme von Diagnostika führten (von Holleben 2011, S. 44). Die zur Erstattung zu erfüllenden Anforderungen werden von den Unternehmen in zunehmendem Maß als Hürden wahrgenommen (D3). Somit besteht das Risiko, dass die Möglichkeit einer Amortisation von Forschungskosten verhindert wird, was die Erforschung und Entwicklung von Leistungen der Personalisierten Medizin erschweren kann.

10. Frühe Nutzenbewertung durch den GBA (Erstattung)

Konkreten Einfluss auf die Personalisierte Medizin könnte im Hinblick auf den Bereich der Erstattung die Einführung einer frühen Nutzenbewertung durch das Arzneimittelmarktneuordnungsgesetz (AMNOG 2010) haben. Bei dieser Bewertung werden neu zugelassene Arzneimittel mit neuen Wirkstoffen durch den Gemeinsamen Bundesausschuss oder das Institut für Qualität und Wirtschaftlichkeit im Gesundheitswesen auf ihren therapeutischen Nutzen hin untersucht. Dabei wird der Zusatznutzen gegenüber Vergleichstherapien und das Ausmaß des Zusatznutzens bestimmt (§ 35a Abs. 1 SGB V). Wird kein Zusatznutzen festgestellt erfolgt die Einordnung in eine Festbetragsgruppe. Kann ein Zusatznutzen festgestellt werden, wird der Erstattungspreis zwischen dem Hersteller und dem GKV-Spitzenverband eventuell unter Beteiligung einer Schiedsstelle vereinbart. Dieses Verfahren kann sowohl Chancen als auch Risiken für die Personalisierte Medizin mit sich bringen und wurde von den Experten kontrovers beurteilt. Die Personalisierung kann den Nutzen eines Arzneimittels für bestimmte Patientengruppen erhöhen und die Diagnostik die Nachweisbarkeit des Nutzens verbessern. Entsprechend kann der erforderliche Zusatznutzen einfacher erreicht und ein besserer Preis in den Verhandlungen erzielt werden (A5, A6).

Für die Gesamtentwicklung der Personalisierten Medizin bedeutet dies wiederum, dass sich die Hersteller neuer Wirkstoffe künftig stärker an einer Patientenstratifizierung orientieren und die Personalisierte Medizin dadurch vermehrt Anwendung finden könnte. Mit Einführung des Verfahrens sind jedoch auch Risiken für die Personalisierte Medizin verbunden, welche derzeit auf die Neuheit des Verfahrens zurückzuführen sind. So bestehen Unklarheiten in Bezug auf die Voraussetzungen und auf den Verfahrensablauf, wie etwa über den Begriff und die Festlegung des zutreffenden Komparators, sowie über die Anforderungen an den Nachweis des Zusatznutzens. Fehlende Kalkulierbarkeit des späteren Erstattungspreises und Planungsunsicherheiten könnten die Folgen sein. Außerdem könnten sich Probleme beim Nachweis des Zusatznutzens durch klinische Studien stellen, da eine Stratifizierung stets auch eine Verkleinerung des Patienten- und Probandenkollegs bedingt ist. Es könnte fraglich sein, ob die Studien mit einer kleineren Probandenanzahl im Rahmen der frühen Nutzenbewertung ausreichend sind (D3).

Eine Chance zur Umgehung dieser Probleme bietet die Regelung, dass Orphan Drugs, Arzneimittel für seltene Erkrankungen, von der Erbringung des strengen Nachweises des Zusatznutzens befreit sind. Diese Einstufung kommt aufgrund der Stratifizierung für eine Vielzahl von Arzneimittel der Personalisierten Medizin in Betracht. Beispiele für bereits zugelassene Wirkstoffe, die der Personalisierten Medizin zugeordnet werden und als Arzneimittel für seltene Leiden eingestuft wurden sind Imatinib und Nilotinib.

11. Erstattungsfähigkeit von diagnostischen Tests (Erstattung)

Für die Personalisierte Medizin ist die Erstattung von diagnostischen Leistungen ein wichtiger Einflussfaktor. Im ambulanten vertragsärztlichen Bereich erfolgt diese nur nach Empfehlung durch den GBA und nach Aufnahme in den EBM (Einheitlicher Bewertungsmaßstab) (§ 135 SGB V). Bei Nichtaufnahme würde eine Anwendung nur bei selbstzahlenden Patienten oder bei Companion Diagnostics durch den Arzneimittelhersteller möglich sein. In der Praxis hat sich nach Aussage der Befragten bereits mehrfach das Problem gezeigt, dass die diagnostischen Leistungen nicht aufgenommen und daher nicht erstattet werden.

Ein weiteres Problem besteht darin, dass es keine Fristen zur Aufnahme gibt und die Diagnostikunternehmen somit lange Wartezeiten und Planungsunsicherheiten hinnehmen müssen (V1). Problematisch ist zudem die ungeklärte Abrechenbarkeit von Testleistungen, die im Krankenhaus ohne stationäre Aufnahme durchgeführt werden, was die Durchführung der Tests dort verhindern kann.

12. Einführung einer Erprobung von Untersuchungs- und Behandlungsmethoden (Erstattung)

In Bezug auf Diagnostikleistungen könnte die Einführung einer Erprobung von Untersuchungs- und Behandlungsmethoden (§ 137 n. F. SGB V) durch das Versorgungsstrukturgesetz[3] Einfluss auf die Personalisierten Medizin haben. Dieses sieht für Untersuchungsmethoden, deren Nutzen noch nicht hinreichend belegt sind, eine Erprobungszeit zur Gewinnung notweniger Erkenntnisse für die Bewertung des Nutzens vor (Abs. 1 n. F.). Die Leistungen werden während der Erprobungszeit von den Krankenkassen vergütet (Abs. 3). Des Weiteren wird dem GBA die Pflicht zur Entscheidung über eine Aufnahme in den EBM nach der Erprobungszeit auferlegt (Abs. 7). Diese neue Regelung bietet die Möglichkeit auf frühzeitige Erstattung und gleichzeitige Erprobung des Nutzens der diagnostischen Methode. Hierdurch werden Innovationen auch im Hinblick auf die Personalisierte Medizin gefördert. Außerdem wird damit die Planungssicherheit für die Unternehmen erhöht.

Die Regelung ist jedoch mit zusätzlichen Verfahren verbunden, die aufgrund der Neuheit der Regelung zu Unsicherheiten und zusätzlichem Aufwand führen können. Neben den Hürden, die sich allein aus dem nationalen Erstattungssystem ergeben können, stellt auch die Unterschiedlichkeit der Erstattungssysteme der einzelnen Länder in der EU und darüber hinaus ein Hindernis für Unterneh-

---

3 Entwurf des Gesetzes zur Verbesserung der Versorgungsstrukturen in der gesetzlichen Krankenversicherung: http://www.bmg.bund.de/fileadmin/dateien/Downloads/V/Versorgungsstrukturgesetz/GK V_VStG_110803.pdf.

men dar (Miller et al. 2011, S. 138 f.). Die Einarbeitung und Anpassung an alle verschiedenen komplexen Systeme erfordert einen hohen Verwaltungs- und Kostenaufwand und kann so die Forschung und Entwicklung von Arzneimitteln und die Leistungen der Personalisierten Medizin verlangsamen.

3.3 Gesellschaft

Das Gesundheitswesen und dessen Entwicklungen stehen stark im Blickpunkt der Öffentlichkeit, der Bürger mit ihren Interessen als Beitragszahler im Gesundheitssystem und als Patienten, zivilgesellschaftlicher Gruppen wie Patientenvereinigungen und Sozialverbände sowie des Deutschen Ethikrates. Zudem haben die Medien einen starken Einfluss auf die Meinungsbildung und fungieren gleichzeitig als Spiegel von Meinungen und Interessen der Gesellschaft.

In diesem Bereich zeigen sich eine Vielzahl von Interessen und Einflüssen, die von Bedeutung sind, um die Personalisierten Medizin erfolgreich in die Anwendung zu überführen. Viele der Faktoren unterliegen einem ständigen Wandel, was die Einschätzung zukünftiger Entwicklungen schwierig macht. Hier besteht eine große Herausforderung, aber auch eine große Chance bei der Kommunikation der Unternehmen mit der Öffentlichkeit. Der Nuffield Council unterscheidet zwischen grundsätzlichen ethischen Problemen und solchen, die durch Interventionen der Regierung oder Dritter aktiv beeinflusst werden können (Nuffield Council on Bioethics 2010, S. 26). Beispielsweise die Gesundheitskompetenz der Bürger oder Probleme beim Datenschutz können durch aktive Informationspolitik und Interventionen der Regierung verändert werden. Der Fokus der folgenden Einflussfaktoren liegt auf denen der Gesellschaft. Eine Analyse der Medien und wie diese Produkte und Dienstleistungen der Personalisierten Medizin voran bringen können, wird im Rahmen dieser Untersuchung nicht vertieft, sondern als ein Einflussfaktor der Gesellschaft diskutiert.

Tabelle 3 Einflussfaktoren Gesellschaft

Einflussfaktor	Chancen/Treiber	Risiken/Barrieren
1. Erwartungen an das Gesundheitssystem und medizinischer Bedarf	Hohes Interesse an Medizin (Prävention, Lebenszeit, Lebensqualität, Heilung)	Kostenanstieg des Gesundheitssystems

Einflussfaktor	Chancen/Treiber	Risiken/Barrieren
2. Öffentliche Berichterstattung	Information der Öffentlichkeit, Kommunikation zwischen Akteuren und Meinungsbildung, Einforderung der Einführung und Erstattung von Therapien	Einseitige Berichterstattung, kritische öffentliche Debatten
3. Auswertung und Schutz von Daten	Auswertung von Gesundheitsdaten kann Forschung voranbringen, Verbesserung der Gesundheitsversorgung	Mangelnder Datenschutz kann das Vertrauen in die Personalisierte Medizin erschüttern
4. Sozialsystem und Solidargemeinschaft im Gesundheitswesen	Breite Nutzung der Personalisierten Medizin unabhängig von sozioökonomischem Status, Unterstützung der Personalisierten Medizin ungeachtet ihrer Kosten	Erhöhung von Beiträgen für Krankenkassen Keine Kostenübernahme teurer Leistungen Ablehnung der Personalisierten Medizin wegen zu hoher Kosten
5. Bereitschaft zur privaten Kostenübernahme von Gesundheitsleistungen	Verkauf diagnostischer Tests ohne Aufnahme in den Leistungskatalog, Schnellere Verbreitung neuer diagnostischer Tests durch direkten Vertrieb an die Patienten	Geringe Bereitschaft zu Eigenleistungen im gesetzlichen Krankenversicherungssystem Ablehnung einer Zwei-Klassen-Medizin durch die Öffentlichkeit und Sozialverbände
6. Gesundheitskompetenz	Hoher Bildungsstand kann Nachfrage erhöhen Breite Informationsmöglichkeiten durch digitale Medien	Mangel an hochwertigen, systematisch aufbereiteten Informationen Informationsüberfluss im Internet ohne Qualitätskontrolle Mangelndes Verständnis neuer Leistungen und Testergebnisse

Einflussfaktor	Chancen/Treiber	Risiken/Barrieren
7. Patienten-autonomie	Mehr Eigenverantwortung der Patienten Möglichkeit des gemeinsamen Entscheidungsprozesses	Mögliche Ablehnung von mehr Eigenverantwortung, Mangelnde Gesundheitskompetenz erschwert eine Mitsprache des Patienten
8. Einstellung zu medizinischer Forschung	Akzeptanz durch Hoffnung auf medizinischen Fortschritt	Ablehnung z. B. genetischer Forschung oder neuer Technologien
9. Psychische Belastung durch Testergebnisse	Erhöhte Nachfrage nach Tests durch wachsendes Sicherheitsstreben	Belastung durch Testergebnisse Mögliche Stigmatisierung oder genetische Diskriminierung durch Arbeitgeber oder Versicherungen

1. Erwartungen an das Gesundheitssystem und medizinischer Bedarf

In der Gesellschaft besteht ein starkes Interesse am medizinischen Fortschritt denn für eine Reihe von Krankheiten fehlen wirksame oder nebenwirkungsarme Medikamente. Dieses kann die Akzeptanz neuer Leistungen der Personalisierten Medizin fördern. Andererseits besteht erhöhter Kostendruck auf Gesundheitsdienstleister und Krankenkassen. Während für den Bürger als Patienten in erster Linie die bestmögliche Behandlung im Mittelpunkt steht, ist der Bürger als Beitragszahler eher kritisch gegenüber Erhöhungen der Versicherungsbeiträge oder Zuzahlungen für Arzneimittel und anderen medizinischen Leistungen. Dies liegt auch daran, dass es im deutschen System der gesetzlichen Krankenversicherung für die Versicherten kaum Einblick in die Kostenstruktur oder die Erstattungspraxis gibt. So ist sich die Mehrheit der gesetzlich Versicherten nicht über die tatsächlichen Kosten von medizinischen Leistungen im Klaren. Es besteht geradezu ein öffentlicher Konsens darüber, dass die Gesundheitsversorgung zu teuer und die Beiträge für die Krankenversicherungen zu hoch seien. Die Erwartung an das Gesundheitssystem ist zudem die, dass wie bisher die Kosten für Diagnostik und Therapie zum überwiegenden Teil von den Krankenkassen übernommen werden. Für die Zukunft der Personalisierten Medizin könnte sich diese Haltung als problematisch erweisen, sollten bestimmte Leistungen nicht mehr von den Krankenkassen übernommen werden.

2. Öffentliche Berichterstattung

Als Informationsvermittler können die Medien Mitteilungen über die Möglichkeiten von Medizin und Diagnostik sowie über Krankheiten und deren Behandlung geben. Die zunehmende Nutzung des Internets für die Informationsbeschaffung zu Gesundheitsthemen hat das Potenzial, die Beziehungen zwischen dem Patienten und dem Anbieter von Gesundheitsleistungen zu verändern. Durch die breiten Informationsmöglichkeiten der digitalen Medien besteht für den informierten Patienten die Möglichkeit, an der Entscheidungsfindung für die passendste Behandlung teilzuhaben. Zudem kann über eine starke öffentliche Debatte die Einführung einer Behandlung und deren Erstattung eingefordert werden. Gleichzeitig besteht aber auch die Gefahr, dass eine einseitige, risikoorientierte Berichterstattung zu einer ablehnenden Haltung der Bevölkerung gegenüber der Personalisierten Medizin führt.

3. Auswertung und Schutz von Daten

Die Wissenschaft steht nach wie vor erst am Beginn der Forschung zum Verständnis der Funktionsweise genetischer Informationen. Künftige Auswertungsmöglichkeiten bieten ein großes Potenzial für neue Anwendungen in der Personalisierten Medizin. Andererseits stellen digitalen Medien, die sehr stark für die Beschaffung von Gesundheitsinformationen genutzt werden, eine Herausforderung für den Datenschutz dar. Gerade in Deutschland ist der Schutz persönlicher Daten ein sehr sensibles Thema, das in der Öffentlichkeit eine große Aufmerksamkeit erfährt. Ein mangelnder Datenschutz kann das Vertrauen der Öffentlichkeit in die Personalisierte Medizin stark erschüttern.

4. Sozialsystem und Solidargemeinschaft im Gesundheitswesen

Die Art des Sozialsystems und seiner Grundprinzipien spielen ebenfalls eine wichtige Rolle für die Einführung und Akzeptanz der Personalisierten Medizin. Sowohl die Öffentlichkeit als auch die Unternehmen sollten sich daher darauf einstellen, dass sich im Kontext der allgemeinen Diskussion um die Kostensteigerungen im Gesundheitswesen auch die Frage stellen wird, ob und in welchem Umfang Tests und Therapien der Personalisierten Medizin finanziert werden können. Sollten sie teuer werden, könnte sich die Frage stellen, ob die Kosten weiterhin solidarisch finanziert werden oder ob bestimmte Einschränkungen durchgesetzt werden. Was die Beitragszahler angeht, existieren entgegengesetzte Interessen: Einerseits der beitragszahlende Bürger, der an möglichst geringen Ausgaben und Beiträgen für das Gesundheitssystem interessiert ist, andererseits der Bürger als Patient, der eine optimale Gesundheitsversorgung mit möglichst vollständiger Kostenübernahme durch die Krankenversicherungen erwartet. Wenn man berücksichtigt, dass die Versicherten im System der gesetzlichen Krankenversicherungen nur selten Einblick in die Kosten von Tests und Therapien haben, so ist zu befürchten, dass Kostensteigerungen bei den Beiträgen auf genauso starke Widerstände stoßen können wie die Kürzung von Leistungen.

Allerdings spielen nicht nur Kostenüberlegungen eine Rolle, sondern auch andere gesellschaftliche Werte, die die Themen wie die Solidargemeinschaft und die Ausprägung des Sozialsystems betreffen. So werden sich stärker Fragen stellen wie die nach dem Wert eines Lebens und dem Grad der Solidarität des Gesellschaftssystems. Ein Wandel der gesellschaftlichen Werte kann sich auch auf die Personalisierte Medizin auswirken. Wird das Solidarsystem weiterhin gestärkt, besteht die Chance, dass Behandlungsmöglichkeiten der Personalisierten Medizin breit und unabhängig vom sozioökonomischen Status der Patienten genutzt werden. In diesem Fall könnte sie breite Unterstützung in der Bevölkerung erfahren. Allerdings besteht das Risiko, dass neue Therapien mit höheren Beiträgen einhergehen oder bestimmte Leistungen von den Krankenkassen nicht mehr übernommen werden, was zu einer ablehnenden Haltung führen kann.

5. Bereitschaft zur privaten Kostenübernahme von Gesundheitsleistungen

Eng verbunden mit der Frage nach der Solidargemeinschaft im Gesundheitssystem ist die Frage, inwieweit die Bevölkerung bereit ist, die Kosten bestimmter Leistungen selbst zu übernehmen. Gerade in Deutschland müssen Unternehmen diesen Punkt bedenken, da die Out-of-Pocket-Ausgaben im Vergleich zu Großbritannien und den USA eher gering sind, obwohl auch hier eine steigende Zahl als sogenannte Individuelle Gesundheitsleistungen (IGeL) privat gezahlt werden müssen. Sollten Leistungen, die der Personalisierten Medizin zuzurechnen sind, vollständig privat gezahlt werden müssen, so kann die mangelnde Bereitschaft zur privaten Kostenübernahme als Barriere wirken, wenn dies in der Öffentlichkeit, durch Sozialverbände oder von Patientenverbänden als Schritt zu einer Zwei-Klassen-Medizin verstanden wird. Andererseits bietet der mögliche Wandel zu einer erhöhten Bereitschaft der privaten Kostenübernahme die Chance eines direkten Vertriebs an die Patienten.

6. Gesundheitskompetenz

In Bezug auf die Nachfrage nach spezifischen Leistungen beim Arzt oder die richtige Interpretation von Testergebnissen spielt die Gesundheitskompetenz der Bevölkerung eine wichtige Rolle. Der Bildungsstand hat einen direkten Einfluss auf die Gesundheitskompetenz. Ohne Kenntnisse in Gesundheitsfragen sowohl allgemein als auch spezifisch zu den Möglichkeiten der modernen Medizin, kann der Patient die Tests der Personalisierten Medizin nicht nachfragen. Gleichzeitig wird es schwierig, die Testergebnisse und daraus folgende Konsequenzen zu verstehen. Der Mangel an systematischer Vermittlung von Gesundheitskenntnissen wird daher als Barriere bezeichnet, die besonders bei bildungs- und einkommensschwachen Bevölkerungsschichten einen negativen Einfluss auf die Nachfrage und Nutzung von Gesundheitsdienstleistungen und letztlich auch auf die Gesundheit hat (Deutscher Bundestag 2009, S. 126). Dabei kann eine Schulung von Ärzten im Umgang mit bildungsschwachen Patienten hilfreich sein; um diese Barriere zu überbrücken.

Das Internet steht nach den Ärzten inzwischen an zweiter Stelle bei der Suche nach Informationen über Gesundheitsprobleme. Ein größeres Wissen der Bürger zu Gesundheitsthemen birgt die Chance, dass mehr Mitbestimmung und Verantwortung des Patienten bei der Behandlung möglich wird. Gleichzeitig gehört neben die Fähigkeit Informationen zu suchen, zu finden und in der Qualität einordnen zu können, auch die Fähigkeit komplexe Inhalte medizinischer Informationen zu verstehen (Neuhauser und Kreps 2003). Die Berichte des TAB und des Nuffield Council stimmen darin überein, dass Gesundheitsinformationen im Internet zwar in großer Menge verfügbar sind, sie aber für den Laien in ihrer Qualität nur schwer zu beurteilen und zudem oft nur unzureichend aufbereitet sind. So besteht zwar ein großes Interesse an Gesundheitsinformationen, doch können sie nur eingeschränkt interpretiert werden.

Auf dem Gebiet der vom Patienten generierten Inhalte besteht noch viel ungenutztes Potenzial, um durch Vernetzung von Patientenblogs und Fachinformationen aus den Unternehmen eine breitere Öffentlichkeit zu erreichen (MSLGroup Germany GmbH 2011, S. 4 ff.). Gerade bei der Vernetzung mit Inhalten auf Unternehmenswebseiten ist allerdings zu beachten, dass kommerziellen Inhalten weniger vertraut wird als namhaften Institutionen und Behörden.

7. Patientenautonomie

Durch die vielfältigen Informationsmöglichkeiten digitaler Medien wird das Verhältnis zwischen Arzt und Patient verändert. Der informierte Patient kann mehr Verantwortung für seine Gesundheit übernehmen und über die eigene Behandlung mitbestimmen. Der Bericht des Nuffield Council beschreibt den Trend zu mehr Eigenverantwortung und mögliche Konsequenzen: Im Sinne einer geteilten Entscheidungsfindung, kann der Patient mehr Freiheit bekommen, über die eigene Behandlung mitzubestimmen. Gleichzeitig verlangt ihm diese Freiheit mehr Verantwortung für die Behandlung und ihre Ergebnisse ab. Aus dieser Befähigung der Patienten ergeben sich eine Reihe weiterer Fragen. So will nicht jeder tatsächlich diese Verantwortung übernehmen und nicht jeder kann die verschiedenen Optionen im Hinblick auf mögliche Kosten und möglichen Nutzen bewerten.

8. Einstellung zu medizinischer Forschung

Personalisierte Medizin ist in der öffentlichen Wahrnehmung nach wie vor eher mit medizinischer Forschung als mit konkreter Anwendung verbunden. Auch wenn in den Medien in den letzten Jahren verstärkt über neue Behandlungsmethoden berichtet wurde, bleibt Personalisierte Medizin ein Thema, über das vorwiegend im wissenschaftlichen Kontext berichtet wird (Almeyda und Andersson 2011). Als Treiber für die Personalisierte Medizin wirkt die Hoffnung auf medizinischen Fortschritt, was die Akzeptanz neuer Behandlungsmethoden steigern kann. So wurde bei der Analyse der Medienberichterstattung festgestellt, dass die Bewertung der Personalisierten Medizin immer dann positiv ist, wenn neue Behandlungsmethoden, Medikamente oder allgemein der medizinische Fortschritt im Vordergrund stehen. Hingegen war die Berichterstattung gerade in Bezug auf die Gentechnik und deren gesellschaftliche Konsequenzen eher kritisch. Die Ablehnung der Gentechnik oder anderer neuer Technologien kann sich als Barriere für die Personalisierte Medizin auswirken.

9. Psychische Belastung durch Testergebnisse

Der Umgang mit den Ergebnissen genetischer Tests und der Nachfrage nach derartigen Tests ist aufgrund des bisher geringen Angebots und der Kosten nur schwer zu beurteilen. Als Treiber kann hier ein höheres Sicherheitsstreben bzw. die Risikoaversion gesehen werden, die zu stärkerer Nachfrage führen können. Als Barriere gilt hier die mögliche Belastung durch die Kenntnis der Ergebnisse, die in der Regel als Wahrscheinlichkeiten vorliegen. Hinzu kommt das Risiko einer möglichen Stigmatisierung und Diskriminierung durch Arbeitgeber oder Versicherungen.

4 Handlungsempfehlungen

Ausgehend von den im vorherigen Abschnitt diskutierten Einflussfaktoren werden Handlungsempfehlungen abgeleitet, um die Chancen und Treiber einer Umsetzung der Personalisierten Medizin zu nutzen sowie den Risiken und Barrieren entgegen zu wirken.

4.1 Wissenschaft

Insgesamt ist die Wissenschaft in Deutschland für die Personalisierte Medizin gut aufgestellt und unterstützt den Fortschritt der Personalisierten Medizin maßgeblich. Wenn die im Folgenden aufgeführten Handlungsempfehlungen von Wissenschaft und Politik umgesetzt werden, könnte die Implementierung neuer Produkte und Dienstleistungen weiter beschleunigt werden. Auch Unternehmen können hier eine aktivere Rolle einnehmen, indem sie sich stärker in Verbundforschungsprojekten, Public-Private-Partnerships und im Wissenstransfer engagieren.

Zur Förderung des Wissenschaftsstandorts Deutschlands und um weitere Fortschritte im Forschungsfeld der Personalisierten Medizin voran zu bringen, sollten Brücken zwischen den einzelnen Fachdisziplinen hergestellt werden. Dies kann durch interdisziplinäre Ausbildungsprogramme geschehen, wie durch spezielle Studiengänge (z. B. Bioinformatik), Programme für Zusatzqualifikationen und Fortbildungen sowie interdisziplinäre Graduiertenkollegs. Des Weiteren können mit Ausschreibungen interdisziplinäre Forschungsprojekte gefördert werden. Ein weiterer Punkt ist die aktive Förderung interdisziplinärer Netzwerke, beispielsweise über Konferenzreihen und Austauschprogramme. Der Austausch zwischen Disziplinen sollte möglichst überregional gestaltet sein. Gleichzeitig sollten auch Anwender wie Ärzte und Unternehmen in die Netzwerke und Ausbildungsprogramme mit einbezogen werden. Dieses gilt besonders für Projekte, die die Validität und Anwendbarkeit von Forschungsergebnissen untersuchen. So kann wissenschaftlicher Fortschritt im Bereich der Personalisierten Medizin genutzt und gleichzeitig dem Problem, dass Ergebnissen oft der Praxisbezug fehlt, entgegen gewirkt werden.

Für konkrete Forschungsprogramme und -projekte sind besonders Möglichkeiten zur Integration großer, unterschiedlicher Datensätze und Interpretationswerkzeuge, die auch mit multiplen Daten umgehen können, wichtige Aspekte, um die Personalisierten Medizin voran zu bringen. Auch hier empfiehlt es sich, dass künftige Nutzer frühzeitig integriert werden, um die Anforderungen zu klären, damit die Methoden auch anwendbar gestaltet werden.

Zuletzt gilt es noch die Probleme, die jungen Forschungsfeldern und der Wissenschaft im Allgemeinen inhärent sind, zu überwinden. Dazu sollten einheitliche Terminologien und Standards entwickelt und eine offene Kultur zum Datenaustausch gefördert werden. Beispielsweise könnten Forschungsförderer und Herausgeber von Fachzeitschriften unterstützen, dass die Daten von Ergebnissen anderen auf Anfrage zur Verfügung gestellt werden.

Tabelle 4 Handlungsempfehlungen für die Wissenschaft

Handlungsempfehlungen für die Wissenschaft
– Interdisziplinäre Ausbildungsprogramme und Forschungsprojekte
– Aktive Förderung überregionaler Forschungsnetzwerke
– Anwendungsexploration möglichst in PPP fördern
– Entwicklung von Möglichkeiten zur Integration unterschiedl. Datensätze
– Erforschung und Entwicklung von Interpretationswerkzeugen
– Offene Kultur fördern und Zugang zu Daten gewähren
– Standards für Daten und Ergebnispräsentation

4.2 Politik und regulatorische Rahmenbedingungen

Zum Beitrag eines Gelingens der Personalisierten Medizin ist von Seiten der Gesetzgeber die Schaffung klarer gesetzlicher Vorgaben in allen betroffenen Bereichen erforderlich, um Planungsunsicherheiten der Unternehmen und Verzögerungen bei Entwicklung und Inverkehrbringen der Leistungen zu verhindern. Erforderlich ist außerdem in einigen Bereichen die Anpassung der Gesetzesvorgaben an den technischen und wissenschaftlichen Fortschritt und der Besonderheiten der Personalisierten Medizin. So ergibt sich beispielsweise aufgrund von neuen Produktarten das Erfordernis der risikoabhängigen Anpassung der Produktklassen der IvD-Richtlinie oder eine gesetzliche Anpassung an die zu erbringenden Nachweise in Zulassungsverfahren. Ebenso müssen angemessene Vorgaben geschaffen werden, die alle berührten Interessen berücksichtigen. Hierzu gehören die Schutzinteressen der Bevölkerung und der Patienten im Hinblick auf den Datenschutz und die körperliche Integrität wie auch ihr Interesse an einer guten und fortschrittlichen Versorgung. Zudem sind die Interessen der Wirtschaft und der Anwender, beispielsweise an einer angemessenen Vergütung, zu berücksichtigen und Überregulierungen zu vermeiden, die eine Entwicklung der Personalisierten Medizin unnötig behindern würden. Trotz des Erfordernisses von Kosteneinsparungen im Gesundheitswesen ist es zum Gelingen einer Einführung der Personalisierten Medizin erforderlich, Kosten der Arzneimittel- und der Diagnostikunternehmen zu berücksichtigen.

Von Seiten der Behörden der Zulassung und Erstattung zur Förderung von Leistungen der Personalisierten Medizin können behördlichen Informationen oder Verfahrensordnungen und -richtlinien erlasen werden, wie die Konkretisierung von Zulassungserfordernissen oder Anforderungen im Erstattungsverfahren. Dabei hat sich im Hinblick auf die neu eingeführte frühe Nutzenbewertung durch den GBA das Bedürfnis einer Klarstellung einiger noch offener Fragen zu Verfahrensablauf und Voraussetzungen ergeben. Zudem würde eine Auskunft von Seiten der Behörden oder auch der Gesetzgebungsorgane zu Inhalt und Datum des Inkrafttretens neuer gesetzlicher Regelungen wie beispielsweise der IvD-Richtlinie Planungssicherheit für Unternehmen schaffen. Um Zulassungs- und Erstattungsentscheidungen zu beschleunigen und für beide Seiten zu vereinfachen, ist eine frühzeitige und ausführliche Beratung der Unternehmen durch die Behörden sinnvoll. Diese Empfehlung bezieht sich insbesondere auf die Beratung der Unternehmen im Qualifizierungsverfahren von Biomarkern durch die EMA. Dadurch könnten Hersteller von Diagnostika sich frühzeitig auf die besonderen Nachweise und Erfordernisse einstellen und sich hierauf ausrichten.

Nach Herausarbeiten der Risiken für die Unternehmen im Zulassungs- und Konformitätsbewertungsverfahren im Bereich der Personalisierten Medizin gerade in Bezug auf die gemeinsame Entwicklung von Arzneimitteln und Companion

Diagnostics ist eine Abstimmung der Verfahren der Zulassung von Arzneimitteln und der Konformitätsbewertung von Medizinprodukten oder zumindest eine Kooperation der jeweils beteiligten Behörden hilfreich. So könnten die Entscheidungen speziell in Bezug auf eine bestimmte Arzneimitteltherapie koordiniert und die unterschiedliche Verfahrensdauer zur gemeinsamen Vermarktung von Diagnostik und Arzneimittel angepasst werden. In diesem Zusammenhang ist auch über eine Zusammenlegung der Entscheidung in einer zentral verantwortlichen Behörde nachzudenken.

Ebenso würde sich eine noch tiefer gehende Abstimmung und Kooperation der Zulassungsbehörden in den USA und in Europa förderlich auf die Entwicklung der Personalisierten Medizin auswirken. So können Verfahrensgänge und -voraussetzungen vereinheitlicht werden. Unternehmen könnten dadurch beispielsweise die gleichen Unterlagen in beiden Behörden einreichen und so Kosten und Arbeitsaufwand einsparen. Außerdem wäre eine einheitliche Einführung der Arzneimittel in beiden Rechtskreisen möglich.

Tabelle 5 Handlungsempfehlungen für die Politik und regulatorische Rahmenbedingungen

Handlungsempfehlungen für die Politik
Für die Gesetzgeber: – Schaffung klarer gesetzlicher Vorgaben – Anpassung der Vorschriften an den Stand von Wissenschaft und Technik unter Berücksichtigung der Besonderheiten der Personalisierten Medizin – Schaffung angemessener gesetzlicher Vorgabe mit Berücksichtigung der Interessen aller Beteiligten wie die von Patienten, Anwendern und Herstellern – Berücksichtigung von Forschungs- und Entwicklungskosten der Unternehmen in Anbetracht von Einsparungsmöglichkeiten

Handlungsempfehlungen für die Politik
Für die Behörden der Zulassung und Erstattung: – Schaffung klarer Vorgaben und Bereitstellung von Informationen in Richtlinien über spezielle Zulassungserfordernisse oder Anforderungen im Erstattungsverfahren – Zusätzliche Informationen zur neu eingeführten frühen Nutzenbewertung – Beratung der Unternehmen vor und im Zulassungs- und Erstattungsverfahren – Berücksichtigung der Besonderheiten der Personalisierten Medizin und Anpassung der Anforderungen und Verfahrensabläufe – Abstimmung der Verfahren der Zulassung von Arzneimitteln und Konformitätsbewertung von Medizinprodukten – Abstimmung und Kooperation der Zulassungsbehörden in den USA und in Europa

4.3 Gesellschaft

Der Handlungsbedarf zielt in erster Linie auf die Information der Öffentlichkeit ab. Um die Skepsis der Bevölkerung gegenüber neuen Technologien und Anwendungen zu senken, ist eine aktive Informationspolitik der beteiligten Akteure nötig. Dies gilt auch und besonders bei kritischer Berichterstattung. Zur frühen Erkennung von Trends und Entwicklungen in der öffentlichen Meinung sollten Umfragen, Medienberichterstattung sowie gesellschaftliche Debatten zu technologischen und medizinischen Themen beobachtet werden.

In Bezug auf genetische Daten müssen klare Richtlinien für den Datenschutz geschaffen und kommuniziert werden. Mit der Einführung und breiteren Anwendung von Gentests sollten auch klare Richtlinien über vorgeschriebene oder empfohlene Tests sowie die daraus abgeleitete Kostenübernahme geschaffen werden. In Bezug auf die Gesundheitskompetenz der Bevölkerung wird Handlungsbedarf auf verschiedenen Ebenen gesehen. Gesundheitliche Bildung sollte zunächst auf allen Ebenen des Bildungssystems gefördert werden. Informationsangebote von Unternehmen oder von öffentlichen Stellen sollten auf die Bedürfnisse und den Bildungsstand der Bürger angepasst werden. Klare Qualitätsrichtlinien oder eine Zertifizierung durch öffentliche Stellen könnten dabei die Qualität sichern und für die Bevölkerung sichtbar machen sowie das Vertrauen in Gesundheitsinformationen im Internet fördern.

Zuletzt sollten auch die Ärzte im Umgang mit den Patienten geschult werden. Dies gilt zum einen im Umgang mit Patienten, die bereits über ausführliche Informationen aus den Medien verfügen, als auch im Umgang mit Patienten, deren Wissen zu diagnostischen Tests und deren Implikationen bisher unzureichend ist. Die Umsetzung dieser Handlungsempfehlungen birgt die Chance, dass die Akzeptanz der Personalisierten Medizin in der Bevölkerung gefördert wird.

Tabelle 6 Handlungsempfehlungen für die Gesellschaft

Handlungsempfehlungen für die Gesellschaft
– Aktive Informationspolitik von Forschungseinrichtungen, Politik und Unternehmen über mögliche Chancen und Risiken der Personalisierten Medizin – Aktiver Umgang mit kritischer Berichterstattung – Beobachtung von Umfragen, Berichterstattung und Debatten zur Akzeptanz technologischer Themen – Klare Datenschutzrichtlinien für den Umgang mit Gesundheitsdaten – Richtlinien über vorgeschriebene und freiwillige Tests bzw. über Tests die von den Krankenkassen übernommen oder selbst gezahlt werden – Förderung der Gesundheitskompetenz auf allen Ebenen des Bildungssystems und der Gesellschaft – Informationsangebote, bereitgestellt von einer offiziellen Behörde oder zertifiziert, um die Qualität der Informationen sichtbar zu machen – Schulung von Ärzten im Umgang mit Patienten

5 Fazit und Ausblick

Um die Chancen der Personalisierten Medizin im Sinne von gezielteren, wirksameren Therapien zu realisieren, wurden für die Akteure der Wissenschaft (Forschungsinstitute und Forschungsförderer), der Politik und regulatorischen Rahmenbedingungen (Gesetzgebung, Zulassung von Arzneimitteln, Bewertung von Medizinprodukten, Erstattung) sowie der Gesellschaft wichtige Einflussfaktoren identifiziert. Zudem wurden Handlungsempfehlungen abgeleitet, wie die Risiken reduziert und die Chancen einer Umsetzung erhöht werden könnten.

Der Bereich Wissenschaft ist durch den positiven Trend steigender Vernetzung und vielfältige Forschungsprogramme in den Gesundheitswissenschaften gekennzeichnet. Hier gilt insbesondere die Erforschung von Analysewerkzeugen zur Interpretation großer und diverser Datenmengen als wertvolle Chance. Der teilweise beanstandeten mangelnden Verwertbarkeit der Ergebnisse und der mangelnden Anreize in der Wissenschaft, Hypothesen mit breiten und lang angelegten Studien zu belegen, steht die Bedeutung des Themas Gesundheit gegenüber. Der Bedarf, tiefere Erkenntnisse in der Therapie bei bisher schweren und unheilbaren Krankheiten zu generieren, wird auch in Zukunft Wissenschaftler und Forschungsförderer mobilisieren.

Im Bereich Politik und regulatorische Rahmenbedingungen geht es vor allem um die Balance zwischen Interessen der Bevölkerung und der Praktikabilität von Zulassungsverfahren. Zum einen sollen Rechte für Patienten gestärkt und ihnen Zugang zu effektiven Therapien ermöglicht werden. Zum anderen führen neue Zulassungsverfahren sowie Behandlungs- und Untersuchungsmethoden zu Unsicherheiten, bürokratischem Mehraufwand und Unklarheiten über die genauen Verfahrensabläufe. Besonders neues Wissen zu Validierungsverfahren, Angemessenheit der Patientenversorgung und gleichzeitig ein tragbares Gesundheitssystem zu stützen, ist hier gefordert.

Der Einfluss der Gesellschaft schlägt sich im Spannungsfeld zwischen ihrer Erwartung an das Gesundheitssystem, Bereitschaft zur Kostenübernahme, Datenschutzforderungen und Autonomie nieder. Werden auf der einen Seite bessere Therapien verlangt, ist die Bereitschaft zur privaten Kostenübernahme oder Erhöhung der Krankenversicherungsbeiträge eher gering. Wenn die Datenschutzbedenken aus dem Weg geräumt werden können, wird Personalisierte Medizin besonders durch steigende Patientenautonomie begünstigt.

Die unterschiedlichen Einflussfaktoren der Akteure zeigen, dass in allen Bereichen Chancen und Treiber bestehen und einer Umsetzung der Personalisierten Medizin grundsätzlich keine unüberwindbaren Barrieren im Weg stehen. Auch wenn einzelne Aspekte Schwierigkeiten beinhalten, so scheint sich ein allgemeiner Trend hin zu genaueren Diagnosen und spezifischeren Therapien durchzusetzen.

6 Literaturverzeichnis

Abadie, E. (2011): Personalised medicine and use of biomarkers in drug development – An EU regulatory perspective. Vortrag Lille Januar 2011, http://www.eurasante.com/fileadmin/web/agenda/EU_regulatory_personalized_medicine_EMA.pdf, (Zugriff am 18.11.2011).

Almeyda, T. und Andersson, L. (2011): Nutzen und Risiken der Personalisierten Medizin aus gesellschaftlicher Perspektive. Analyse der Berichterstattung in den deutschen, britischen und US-amerikanischen Medien. IME Working Paper 2011-1.

AMNOG (2010): Gesetz zur Neuordnung des Arzneimittelmarktes vom 22.01.2010, Bundesgesetzblatt, Jahrgang 2010 Teil 1 Nummer 67, S. 2262.

Bundesinstitut für Arzneimittel und Medizinprodukte (2011): Aufgaben und Ziele, http://www.bfarm.de/DE/BfArM/Aufgaben-und-Ziele/facts-node.html, (Zugriff am 18.11.2011).

BMBF (2007): Roadmap für das Gesundheitsforschungsprogramm der Bundesregierung. Bonn/Berlin: BMBF,http://www.bmbf.de/pubRD/Roadmap_Kurzfassung.pdf, (Zugriff am 18.11.2011).

Bundesministerium für Gesundheit (2011a): Das Ministerium in der Gesetzgebung, http://www.bmg.bund.de/ministerium/aufgaben-und-organisation/das-ministerium-in-der-gesetzgebung.html, (Zugriff am 18.11.2011).

Bundesministerium für Gesundheit (2011b): Schaubild des BMG „Das Gesundheitssystem", http://www.bmg.bund.de/fileadmin/dateien/Publikationen/Ministerium/Plakat/101123_RZ_bmg_systemspiel_a2_vorderseite.pdf, (Zugriff am 18.11.2011).

Crabtree, B.F. und W. L. Miller (1999): Doing qualitative research. 2. Aufl. Thousand Oaks London Neu Delhi: SAGE Publications Inc.

Deloitte Center for Health Solutions (2009): The ROI for targeted therapies: A strategic perspective. Deloitte Center for Health Solutions. http://medicalcenter.osu.edu/pdfs/cphc/Deloitte_White_Paper_ROI_PHC.pdf (Zugriff am 18.11.2011).

Deutscher Bundestag (2009): Individualisierte Medizin und Gesundheitssystem. Bericht des Ausschusses für Bildung, Forschung und Technikfolgenabschätzung (18. Ausschuss) gemäß § 56a der Geschäftsordnung. Technikfolgenabschätzung. Zukunftsreport, 17.02.2009 Drucksache 16/12000.

EMA (2009): Overview of comments received on draft guidance document on qualification of biomarkers, 22.01.2009, EMEA/380215/2008, http://www.ema.europa.eu/docs/en_GB/document_library/Regulatory_and_procedural_guideline/2009/10/WC500004202.pdf, (Zugriff am 18.11.2011).

EMA (2010): Reflection paper on pharmacogenomics in oncology, April 2010, http://www.ema.europa.eu/docs/en_GB/document_library/Scientific_guideline/2009/09/WC500003866.pdf, (Zugriff am 18.11.2011).

EMA (2011a): Biomarkers, http://www.ema.europa.eu/ema/index.jsp?curl=pages/special_topics/general/general_content_000349.jsp&murl=menus/special_topics/special_topics.jsp&mid=WC0b01ac05800baedb&jsenabled=true, (Zugriff am 18.11.2011).

EMA (2011b): Qualification of novel methodologies and biomarkers, http://www.ema.europa.eu/ema/index.jsp?curl=pages/regulation/document_listing/dodocume_listing_000319.jsp&murl=menus/regulations/regulations.jsp&mid=WC0b01ac0580022bb0, (Zugriff am 18.11.2011).

EMA (2011c): Reflection paper on methodological issues associated with pharmacogenomic biomarkers in relation to clinical development and patient selection, Draft, 9 June 2011, http://www.ema.europa.eu/docs/en_GB/document_library/Scientific_guideline/2011/07/WC500108672.pdf, (Zugriff am 18.11.2011).

Europäische Kommission (2010): Summary report, stratification biomarkers in personalised medicine – Workshop to clarify the scope for stratification biomarkers and to identify bottlenecks in the discovery and the use of such biomarkers, DG Research, 10.–11. June 2010, http://ec.europa.eu/research/health/pdf/biomarkers-for-patient-stratification_en.pdf, (Zugriff am 18.11.2011).

Europäische Kommission (2011a): Auswertung und Zusammenfassung der Ergebnisse der Beratungen: Europäische Kommission, Revision of Directive 98/79/EC of the European Parliament and of the Council of 27th October 1998 on In Vitro Diagnostic medical devices – Summary of responses to the public consultation, 23.07.2011, http://ec.europa.eu/health/medical-devices/files/recast_docs_2008/ivd_pc_outcome_en.pdf, (Zugriff am 30.11.2011).

Europäische Kommission (2011b): Information der Homepage zur Überarbeitung der Medizinprodukte-Richtlinien,http://ec.europa.eu/health/medical-devices/documents/revision/index_en.htm, (Zugriff am 30.11.2011).

Falkingbridge, S. (2009): Expanding applications of personalized medicine: Use of biomarkers in prognostic, predictive and pharmacogenetic tests in a targeted approach. Business Insights.

F. A. Z.-Institut (2009): Personalised Healthcare. F. A. Z.-Institut.

Frost & Sullivan (2010): Advances in personalized medicine. Texas, USA, Frost & Sullivan.

GBI Research (2010): Personalized medicine market – Advances in human genomics and proteomics to challenge traditional therapeutics. GBI Research, http://marketreports.com/Sample/Global_Data/GBIHC044MR_sample.pdf, (Zugriff am 18.11.2011).

Germany Trade & Invest (2010): The medical biotechnology industry in Germany 2010-2011. Berlin: Germany Trade & Invest, http://www.gtai.com/fileadmin/user_upload/Downloads/Industries/Biotechnology/1_Englisch/IndustryOverview_MedicalBiotechnology_March2010_GTAI.pdf, (Zugriff am 18.11.2011).

Glaeske, G. (2011): Patientenorientierung in der medizinischen Versorgung: Vorschläge zur notwendigen Weiterentwicklung und Umgestaltung unseres Gesundheitswesens. Expertise im Auftrag der Abteilung Wirtschafts- und Sozialpolitik der Friedrich-Ebert-Stiftung. Bonn: Friedrich-Ebert-Stiftung, http://library.fes.de/cgi-bin/populo/digbib.pl?t_dirlink=x&modus=&f_IDR=I+07806, (Zugriff am 18.11.2011).

Gläser, J. und Laudel, G. (2009): Experteninterviews und qualitative Inhaltsanalyse: Als Instrumente rekonstruierender Untersuchungen. Wiesbaden: VS Verlag.

Healthleaders Media Breakthroughs (2010): The impact of personalized medicine today, http://www.prweb.com/releases/healthleadersmedia/breakthroughs/prweb3944754.htm, (Zugriff am 18.11.2011).

IQWIG (2011): Gesichertes Wissen, bessere Versorgung – Institut für Qualität und Wirtschaftlichkeit im Gesundheitswesen – Aufgaben, Arbeitsweise und Ziele, https://www.iqwig.de/download/IQWiG_Informationsflyer.pdf, (Zugriff am 18.11.2011).

Jain, K. K. (2011a): Personalized Medicine: Part I: Scientific & Commercial Aspects. Jain PharmaBiotech Publications. Basel.

Jain, K. K. (2011b): Personalized Medicine: Part II: Companies. Jain PharmaBiotech Publications. Basel.

Lundvall, B.-A. (1992): National systems of innovation: Towards a theory of innovation and interactive learning. London: Pinter.

Mayring, P. (2008): Qualitative Inhaltsanalyse: Grundlagen und Techniken. Weinheim: Beltz.

McDougall, G. (2010): Competing in an Era of Personalised Medicine (54–56). drug discovery, delivery & therapeutics, http://www.samedanltd.com/magazine/11/issue/139/article/2751?wt.ac=healthindustries_twitter, (Zugriff am 18.11.2011).

Middel, R., Coghlan, D., Coughlan, P., Brennan, L. und McNichols, T. (2006): Action research in collaborative improvement 33(1), S.67–91.

Miller, I., Ashton-Chess, J., Spolders, H., Fert, V., Ferrara, J., Kroll, W., Askaa, J., Larcier, P., Terry, P.F., Bruinvels, A. und Huriez, A. (2011): Market access challenges in the EU for high medical value diagnostic tests, White Paper Personalized Medicine 2011, 8(2), Future Science Group, S.137–148, http://www.medical-prognosis.com/pme11E2.pdf, (Zugriff am 18.11.2011).

MSLGroup Germany GmbH (Hrsg.) (2011): Neues aus dem virtuellen Wartezimmer. MSL-Gesundheitsstudie 2011.

Nelson, R.R. und Rosenberg, N. (1993): Technical innovation and national systems. In: Nelson, R. R. (Hrsg.) National innovation systems: A comparative analysis. New York: Oxford University Press, S.3–21.

Neuhauser, L. und Kreps, G.L. (2003): Rethinking communication in the e-health era. In: Journal of Health Psychology, Vol.8(1), S.7–23.

Nuffield Council on Bioethics (2010): Medical profiling and online medicine: The ethics of „personalised healthcare“ in a consumer age. London: Nuffield Council on Bioethics, http://www.worldcat.org /oclc/671488605, (Zugriff am 18.11.2011).

Porter, M.E. (1990): The competitive advantage of nations. London: Macmillan.

President's Council of Advisors on Science and Technology (2008): Priorities for personalized medicine. President's Council of Advisors on Science and Technology, http://www.whitehouse.gov/files/documents/ostp/PCAST/pcast_report_v2.pdf, (Zugriff am 18.11.2011).

PWC (2009a): Diagnostics 2009: Moving towards personalised medicine. PricewaterhouseCoopers, http://www.pwc.de/de/gesundheitswesen-und-pharma/diagnostics-2009-moving-towards-personaliced-medicine.jhtml, (Zugriff am 18.11.2011).

PWC (2009b): The new science of personalized medicine: Translating the promise into practice. PricewaterhouseCooper's Health Research Institute, http://www.pwc.com/us/en/healthcare/publications/personalized-medicine.jhtml, (Zugriff am 18.11.2011).

PWC (2010a): Healthcare Unwired: New business models delivering care anywhere. Delaware: PricewaterhouseCoopers' Health Research Institute, http://www.pwc.com/us/en/health-industries/publications/healthcare-unwired.jhtml, (Zugriff am 18.11.2011).

PWC (2010b): HealthCast: The customization of diagnosis, care and cure. PricewaterhouseCooper's Health Research Institute, http://www.pwc.com/us/en/healthcast, (Zugriff am 18.11.2011).

Razvi, E. und Hurley, P. (2010): Personalized medicine market and regulatory landscape, Drug Discovery World, Summer 2010, S. 85 f., http://www.ddw-online.com/s/personalised-medicine/p145612/ personalised-medicine-market-and-regulatory-landscape-summer-10.html, (Zugriff am 18.11.2011).

Schnell, R., Hill, P. B. und Esser, E. (2008): Methoden der empirischen Sozialforschung. München: Oldenbourg Wissenschaftsverlag.

Sleigh, S. und Barton, C. L. (2011): Advances in drug-diagnostic co-development. Business Insights.

Stynen, D. (2011): Revision of Europe's IVD Directive 98/79/EC, IVD Technology, 17 (4), http://www.ivdtechnology.com/article/revision-europe%E2%80%99s-ivd-directive-9879ec, (Zugriff am 18.11.2011).

Susman, G. I. und Evered, R. D. (1978): An assessment of the scientific merits of action research. Administrative Science Quarterly 23 (4), S. 582–603.

Taylor, P. (2010): Drug discovery collaborations between academia and pharmaceutical industry: Cultural factors, intellectual property considerations, case studies, and future trends. Business Insights.

Teece, D. J. (1986): Profiting from technological innovation: implications for integration, collaboration, licensing and public policy. Research Policy, 15, S. 285–305.

The Personalized Medicine Coalition (Personalisierte MedizinC) (2009): The case for personalized medicine. NY, USA: The Personalized Medicine Coalition (Personalisierte MedizinC), http://www.personalizedmedicinecoalition.org/about/about-personalized medicine/ the-case-for-personalized-medicine, (Zugriff am 18.11.2011).

von Holleben, M., Pani, M., Heinemann, A. (2011): Medizinische Biotechnologie in Deutschland 2011: Biopharmazeutika: Wirtschaftsdaten und Nutzen der Personalisierten Medizin. Boston Consulting Group, http://www.vfa-bio.de/vb-de/aktuelle-themen/branche/wirtschaftsdaten-und-nutzen-der-personalisierten-medizin.html, (Zugriff am 30.11.2011).

ZLG (2013): Eine Übersicht über nationale und europäische Stellen finden sich auf der Homepage der Zentralstelle der Länder für Gesundheitsschutz bei Arzneimitteln und Medizinprodukten (ZLG), https://www.zlg.de/medizinprodukte/dokumente/stellen laboratorien/benannte-stellen.html, (Zugriff am 30.11.2013).

7 Anhang

Anhang I

Tabelle 7 Übersicht der Studien zur Personalisierten Medizin

Verfasser (Organisation)	Titel	Jahr
BMBF	Roadmap für das Gesundheitsforschungsprogramm der Bundesregierung.	2007
President's Council of Advisors on Science and Technology	Priorities for Personalized Medicine. President's Council of Advisors on Science and Technology.	2008
Biophoenix	The convergence of biomarkers and diagnostics – therapy area analyses, key products and future trends.	2008
Deloitte (Center for Health Solutions)	The ROI for targeted therapies: A strategic perspective.	2009
Falkingbridge, S. (Business Insights)	Expanding applications of Personalized Medicine: Use of biomarkers in prognostic, predictive and pharmacogenetic tests in a targeted approach.	2009
F. A. Z.-Institut	Personalised Healthcare	2009
Marchant, J. (Business Insights)	Key trends in drug-diagnostic co-development: identifying collaborative opportunities and navigating regulatory challenges.	2009
PricewaterhouseCoopers	Diagnostics 2009: Moving towards personalised medicine.	2009a
PricewaterhouseCoopers (Health Research Institute)	The new science of personalized medicine: Translating the promise into practice.	2009b
Personalisierte Medizin Coalition	The case for personalized medicine.	2009
Frost & Sullivan	Advances in Personalized Medicine.	2010
GBI Research	Personalized Medicine market – Advances in human genomics and proteomics to challenge traditional therapeutics.	2010
Germany Trade & Invest	The medical biotechnology industry in Germany 2010-2011.	2010

Verfasser (Organisation)	Titel	Jahr
Healthleaders Media Breakthroughs	The Impact of Personalized Medicine Today.	2010
McDougall, G. (Drug Discovery, Delivery & Therapeutics)	Competing in an Era of Personalised Medicine	2010
PricewaterhouseCoopers (Health Research Institute)	Healthcare unwired: New business models delivering care anywhere.	2010a
PricewaterhouseCoopers	HealthCast: The customization of diagnosis, care and cure.	2010b
Taylor, P.	Drug discovery collaborations between academia and pharmaceutical industry: Cultural factors, intellectual property considerations, case studies, and future trends.	2010
Glaeske, G. (Friedrich-Ebert-Stiftung)	Patientenorientierung in der medizinischen Versorgung: Vorschläge zur notwendigen Weiterentwicklung und Umgestaltung unseres Gesundheitswesens	2011
Jain, K. K.	Personalized Medicine: Part I: Scientific & commercial aspects	2011a
Jain, K. K. (Jain PharmaBiotech Publications)	Personalized Medicine: Part II: Companies	2011b
Sleigh, S., Barton, C. L. (Business Insights)	Advances in drug-diagnostic co-development	2011
von Holleben, M., Pani, M., & Heinemann, A. (Boston Consulting Group)	Medizinische Biotechnologie in Deutschland 2011: Biopharmazeutika: Wirtschaftsdaten und Nutzen der Personalisierten Medizin.	2011

Anhang II

Tabelle 8 Übersicht Interviews

Nr.	Organisation	Funktion
V1	Unternehmensverband/ -netzwerk	ReferentIn
V2	Unternehmensverband/ -netzwerk	ReferentIn
V3	Unternehmensverband/ -netzwerk	DirektorIn u GeschäftsführerIn
V4	Unternehmensverband/ -netzwerk	ProjektmanagerIn
V5	Unternehmensverband/ -netzwerk	ReferentIn
V6	Unternehmensverband/ -netzwerk	ReferentIn
UF1	Universität / Forschungsinstitut	ProfessorIn u Institutsleitung
UF2	Universität / Forschungsinstitut	ProfessorIn u Institutsleitung
MU1	Marktforschung/ Unternehmens-beratung	DirektorIn u GeschäftsführerIn
A1	Forschendes Pharmaunternehmen	LeiterIn für Geschäftseinheit
A2	Forschendes Pharmaunternehmen	Marketing/Business Development
A3	Forschendes Pharmaunternehmen	Marketing/Business Development
A4	Forschendes Pharmaunternehmen	LeiterIn FuE
A5	Forschendes Pharmaunternehmen	DirektorIn u GeschäftsführerIn
A6	Forschendes Pharmaunternehmen	Marketing/Business Development
A7	Forschendes Pharmaunternehmen	Marketing/Business Development
A8	Forschendes Pharmaunternehmen	LeiterIn für Geschäftseinheit
A9	Forschendes Pharmaunternehmen	DirektorIn u GeschäftsführerIn
D1	Diagnostikunternehmen	DirektorIn u GeschäftsführerIn
D2	Diagnostikunternehmen	DirektorIn u GeschäftsführerIn
D3	Diagnostikunternehmen	LeiterIn FuE
D4	Diagnostikunternehmen	Marketing/Business Development
D5	Diagnostikunternehmen	DirektorIn u GeschäftsführerIn
D6	Diagnostikunternehmen	DirektorIn u GeschäftsführerIn
D7	Diagnostikunternehmen	ProduktmanagerIn
D8	Diagnostikunternehmen	Marketing/Business Development
D9	Diagnostikunternehmen	DirektorIn u GeschäftsführerIn
D12	Diagnostikunternehmen	LeiterIn für Geschäftseinheit
D13	Diagnostikunternehmen	DirektorIn u GeschäftsführerIn

Wirtschaft und Markt: Treiber, Barrieren und Handlungsempfehlungen zur Umsetzung der Personalisierten Medizin

Elisabeth Eppinger, Martin Kamprath, Andreas Braun und Sylvia Schmid

Inhaltsverzeichnis

1 Einleitung

Die Personalisierte Medizin bietet Unternehmen das Potenzial, ihre Geschäftsaktivitäten nachhaltig auszurichten indem sie Gesundheitsleistungen anbieten, die genauer auf die Anforderungen der Patienten zugeschnitten sind. In diesem Kapitel liegt der Schwerpunkt auf den Akteuren der Wirtschaft, insbesondere den Diagnostik- und Pharmaunternehmen und des Markts, die im Zentrum des Innovationssystems Personalisierte Medizin stehen. Auf Basis von Markstudien und Experteninterviews werden die jeweiligen Einflussfaktoren sowie die dazugehörigen Chancen und Treiber bzw. Risiken und Barrieren der Akteure vorgestellt, die sich auf eine Umsetzung der Personalisierten Medizin positiv oder negativ auswirken könnten. Davon ausgehend werden Handlungsempfehlungen formuliert, die für die Einführung von Produkten und Dienstleistungen der Personalisierten Medizin förderlich sind.

2 Methodisches Vorgehen

Das methodische Vorgehen und die Datenbasis entsprechen denen der Untersuchung im vorangegangenen Kapitel, Wissenschaft, Politik und Gesellschaft: Treiber, Barrieren und Handlungsempfehlungen zur Umsetzung der Personalisierten Medizin, d. h. die Analyse von Studien zur Personalisierten Medizin, leitfadengestützte Experteninterviews und die Einflussfaktorenanalyse. Experten-Workshops wurden nicht durchgeführt. Die Studien und die Übersicht der Interviews sind im Anhang aufgeführt. Weitere Einzelheiten können dem vorhergehenden Kapitel entnommen werden.

3 Schlüsselakteure – Treiber und Barrieren

Die Akteure der Wirtschaft, allen voran die Pharma- und Diagnostikunternehmen, spielen die Schlüsselrolle in der Umsetzung der Personalisierten Medizin (im Sinne von Arzneimitteln mit Companion Diagnostics) und stehen deshalb im Zentrum des Innovationssystems der Personalisierten Medizin. Aufgrund ihrer exponierten Position bestehen vielfältige Anknüpfungspunkte zu den anderen Akteuren. Die horizontale Verknüpfung Wissenschaft – Wirtschaft – Markt entspricht dabei einem Innovationsprozess: Die Sphäre der Wissenschaft liefert, oftmals in enger Zusammenarbeit und durch finanzielle Unterstützung von Unternehmen, die wissenschaftlichen und technologischen Erkenntnisse für die Entwicklung neuer Therapiemodelle, die im Bereich Markt, aufgrund des notwendigen medizinischen Bedarfs als Produkt- und Produkt-Service-System-Innovationen angeboten werden. Eine Rahmen setzende Funktion übernehmen die Gesellschaft, indem sie die Unternehmen in ein Werte- und Normensystem einbettet, sowie Politik und Regulierungsbehörden durch gesetzliche und regulatorische Vorgaben. Dieser Abschnitt befasst sich mit den Einflussfaktoren sowie deren Chancen und Risiken zur Verbreitung der Personalisierten Medizin aus Sicht der Pharma- und Diagnostikunternehmen und der Marktakteure in Deutschland.

3.1 Wirtschaft

Die Entwicklung und Vermarktung von Arzneimitteln, die der Personalisierten Medizin zugerechnet werden, erfordern eine stärker verzahnte Zusammenarbeit verschiedener Akteure. Die in der Personalisierten Medizin forschenden Unternehmen werden von anderen mit technischem Equipment und dafür notwendigem Know-how ausgestattet. Eine weitere Rolle spielen Unternehmensverbände, die als Sprechorgan gebündelter Interessen der Unternehmen fungieren. Im Folgenden wird vor allem auf die forschenden Unternehmen eingegangen, die sich aus Pharma- und Diagnostikunternehmen zusammensetzen:

- Pharmaunternehmen erforschen, entwickeln, produzieren und verkaufen biotechnologische oder pharmazeutische Arzneimittel, um Krankheiten und Krankheitssymptome vorzubeugen und zu behandeln.

- Diagnostikunternehmen entwickeln, produzieren, distribuieren und verkaufen Diagnostiktests. Diese Tests werden beispielsweise genutzt, um frühzeitig Krankheitserscheinungen, Diagnosen, geeignete Dosierung von Arzneimitteln und das Ansprechen auf Behandlungen zu erkennen.

Einigkeit herrscht sowohl bei den Interviewpartnern als auch in den bisherigen Marktanalysen, dass die Personalisierte Medizin an Bedeutung gewinnen wird. Sie wird dabei nicht alternativ, sondern komplementär zu den Blockbuster-Modellen gesehen. Wie tiefgreifend Personalisierte Medizin in den Pharmaunternehmen verankert ist, kann anhand ihrer Einordung als prozessualer bzw. strategischer Erfolgsfaktor erklärt werden. In der überwiegenden prozessualen Sichtweise wird Personalisierte Medizin als Teilprozess der Produktentwicklung aufgefasst: *„In jedem Projekt, was wir heute in der Entwicklung haben, wird ein pharmakogenetischer Ansatz verfolgt. Wir prüfen, sind die Patienten, die wir in klinischen Studien untersuchen wollen, geeignet für die Medikation. Das heißt, letztendlich ist das, was wir unter Personalisierter Medizin verstehen, ein Mittel zum Zweck. Nämlich diese Studien effizienter durchzuführen und auch Zulassung und Kostenerstattung für die Medikamente wahrscheinlicher werden zu lassen."* (A8).

In der strategischen Sichtweise wird sie als generelle Ausrichtung des Unternehmens und seiner Organisation verstanden: *„Die Personalisierte Medizin ist die*

Zukunft der zukünftigen Pharmaproduktentwicklung. (...) Es wird keinen Weg drum herum geben. (...) In der Produktentwicklung spielt Personalisierte Medizin bei 100 Prozent unserer Projekte eine Rolle. (...) Das ist der Grund, warum wir letztendlich noch aus zwei Divisionen bestehen, aus Diagnostik und aus Pharma." (A3).

Für Diagnostikunternehmen stellen Companion Diagnostics ein Anwendungsfeld mit großem Wachstumspotenzial dar. Die bisher verfügbaren Medikamente der Personalisierten Medizin werden mit 36 Wirkstoffen aufgeführt, von denen 28 einen Vortest erfordern (VFA 2014). Steigt jedoch der Anteil an Personalisierter Medizin im Gesundheitssystem, wird auch der Bedarf nach Dienstleistungen und Produkten der Diagnostikunternehmen steigen.

Die Möglichkeiten einer Stratifizierung verschiedener Patientengruppen werden durch verschärfte Zulassungsregeln vor allem bei neuen Medikamentenzulassungen dazu führen, dass die Wirksamkeit für einzelne Gruppen nachgewiesen werden kann. Damit hätten auch Medikamente eine Möglichkeit in den Markt eingeführt zu werden, die bisher in klinischen Studien nicht bei einer ausreichenden Patientenanzahl wirken. Das Blockbuster-Modell wird daher für neue Medikamente unwahrscheinlicher werden, da Medikamente generell differenzierter eingesetzt werden können (D3). Das führt zu einer Zersplitterung vormals homogener Märkte, was bezüglich der Versorgung für die bedienenden Unternehmen in der Folge einen Komplexitätsanstieg bedeutet. Dadurch wird eine zunehmende Dynamisierung des Marktes für und durch die Personalisierte Medizin und eine Steigerung der Nachfrage nach entsprechenden Diagnostiktests erwartet (PWC 2009a, S. 10).

Im Folgenden werden die externen und internen Einflussfaktoren aus Sicht der Pharma- und Diagnostikunternehmen vorgestellt.

Tabelle 1 Einflussfaktoren Wirtschaft – Pharma- und Diagnostikunternehmen

Einflussfaktor	Chancen/Treiber	Risiken/Barrieren
Externe Einflussfaktoren		
1. Wissenschaftlicher/technologischer Fortschritt	Ausbau und Anwendung bisheriger Erkenntnisse Integration neuer Methoden in klinische Forschung und Entwicklung Wissensvorsprünge realisieren	Antizipation wissenschaftlicher/technologischer Entwicklung Zu lange Entwicklungszeiten Fehlende Anwendung

Einflussfaktor	Chancen/Treiber	Risiken/Barrieren
2. Entwicklung des Gesundheitssystems	Deckung des medizinischen Bedarfs Gezieltere, passgenauere Therapien werden möglich Möglichkeiten der Kostenoptimierung im Gesundheitssystem Bessere Patientenversorgung Nutzen- und Wirkungsnachweis neuer Medikamente	Fehlende Nachweise, ob Kosteneinsparungen tatsächlich stattfinden können Fehlender Wille, die Personalisierte Medizin für bessere Krankenversorgung und mögliche Kostenreduktion einzusetzen/zu prüfen Kosten-Nutzen-Diskussion Kein Interesse, dass günstige Medikamente personalisiert werden, wenn der Preis des Diagnostikums hoch ist
3. Wissens- und Technologietransfer	Zusammenarbeit mit Forschungseinrichtungen und Universitäten Verbreitung des Wissens und der Praktiken bei Ärzten und Krankenkassen durch Nachweise der Wirksamkeit Kommunikation mit den Patienten	Unterschiedliche Anreize bei Wissenschaft und Wirtschaft Nutzung von Daten und Ausbau IKT Fehlendes Wissen bei Ärzten durch Komplexität und fehlende Anreize Fehlender Wissensaustausch zwischen Unternehmen und Krankenkassen
4. Kostenerstattung	Höherer Nutzen rechtfertigt höheren Preis Angemessene Vergütung Direkter Verkauf an die Patienten Wettbewerb zwischen den Krankenkassen	Ungeklärte Kostenerstattung als Innovationshemmnis Passivität der Kostenerstatter

Einflussfaktor	Chancen/Treiber	Risiken/Barrieren
5. Regulatorische Rahmen-bedingungen	Signalwirkung von Zulassungen im Ausland Beschleunigte Zulassungsverfahren	Uneinheitlichkeit der Zulassungsverfahren Fehlender Einfluss auf Krankenkassen bzgl. Vergütung
6. Gesellschaftliche Akzeptanz	Personalisierten Medizin als Hype-Thema Neue Informationswege Nachfragedruck wird erzeugt	Vorurteile durch Komplexität des Themas Negative Berichterstattung Fehlendes Engagement der Pharmaindustrie
Interne Einflussfaktoren		
7. Festlegung auf Personalisierte Medizin	Generierung eines patentrechtlich schützenswerten Nutzens Diagnostikunternehmen haben früh das Potenzial erkannt	Fehlen einer geeigneten Versorgungsinfrastruktur Zwiespältiges Verhältnis zur Personalisierten Medizin aus Sicht der Pharmaunternehmen Zurückhaltung auf Seiten der Diagnostikunternehmen
8. Grenzen der Stratifizierung	Fokussierung auf eine Nische Gezieltere, passgenauere Therapien werden möglich Personalisierte Medizin als ein weiteres Geschäftsfeld (Ergänzung zum Blockbuster-Modell)	Fehlende Mengeneffekte Probleme, eine ausreichend große Patientenstudie durchzuführen Entwicklungs-/Produktionskosten Fragmentierung der Produktpalette

Einflussfaktor	Chancen/Treiber	Risiken/Barrieren
9. Inter-organisationale Zusammenarbeit	Kooperation bei der synchronen Entwicklung von Arzneimitteln und Diagnostika (frühzeitige Integration) Kooperation mit Wettbewerbern und Forschungseinrichtungen Kooperation mit Ärzten und Krankenhäusern zur Diffusion neuer Verfahren Identifizierung von möglichen Akquisitionsunternehmen	Ungewissheit über Lebensdauer eines Diagnostikunternehmens Entstehung von Abhängigkeiten Ungewollter Wissensabfluss Zögern bei Kooperationsanbahnung Stratifizierung von bereits zugelassenen Wirkstoffen ist aus ökonomischen Gründen nicht immer gewollt Geringe Wertschätzung der Partner in „Zweckehen"
10. Produkt- und Marktstrategie (aus Sicht der Diagnostikunternehmen)	a) Kombinierter Vertrieb: Enge Anbindung an große Pharmakooperationspartner b) Multitest-Strategie: Aufsetzen auf vorhandene Infrastruktur; Mögliche Skalierbarkeit c) Lizenzierung: Konzentration auf ein Spezialgebiet	a) Eingeschränktes Marktfeld bei Fokussierung auf ein Medikament b) Fehlende Durchsetzungskraft ohne Pharmaunternehmen; Lock-In Effekte schrecken Partner ab c) Schwierigkeiten bei der Abrechnung

1. Wissenschaftlicher/technologischer Fortschritt

Einer der wichtigsten Einflussfaktoren für die Umsetzung der Personalisierten Medizin ist der durch Universitäten und Forschungseinrichtungen vorangetriebene wissenschaftliche und technologische Fortschritt. Dieser ermöglicht neue Verfahren zur Erkennung und Therapie unterschiedlicher Krankheiten (D6). Hierzu zählen die Entschlüsselung des Genoms ebenso wie neue Technologien zur Informationsverarbeitung und -auswertung (Ernst & Young 2008, S. 5; GBI Research 2010, S. 10). Die Interviewpartner bewerten es als Aufgabe der Pharmaunternehmen, neue Methoden und Verfahren in der klinischen Forschung in den internen Innovationsprozess zu integrieren (A5). Für Diagnostikunternehmen ist es ein wesentlicher Treiber, dieses Wissen schnellstmöglich in schutzfähige Methoden umzusetzen oder zu lizenzieren und weiter zu entwickeln (D2; D5).

Eine Schwierigkeit im Zusammenhang mit dem technologischen und wissenschaftlichen Fortschritt stellt dessen frühzeitige Antizipation dar: *„Man braucht so etwas Ähnliches wie Trendscouting. Wir müssen wissen, was zum Beispiel an Biomarkern und an biologischer Forschung zu dieser Erkrankung draußen unterwegs ist. (...) Das sind diese Untersuchungen, die zum Teil bei kleinen Biotech-Unternehmen, zum Teil in der akademischen Forschung laufen, die auch publiziert werden. Da muss man sehr früh dabei sein und den richtigen Trend letztendlich riechen."* (A4).

Darüber hinaus wird bemängelt, dass die Entwicklungszeiten sehr lang sind und einzelne Technologien oder Verfahren keine Anwendung und Kommerzialisierung finden, weil eher auf Vorhandenes und Bekanntes gesetzt wird: *„Wir erleben es selber, dass auch Ärzte, die an den Publikationen bei uns beteiligt sind, hinterher bei ihren Patienten genau dieses Wissen aus den neuen Publikationen gar nicht anwenden."* (D9).

2. Entwicklung des Gesundheitssystems

Ein weiterer Einflussfaktor ist die zukünftige Entwicklung des Gesundheitssystems durch eine sich demographisch verändernde Gesellschaft und die damit verbundenen Kosten. Als Treiber werden der medizinische Bedarf und die Notwendigkeit einer Senkung der Kosten im Gesundheitswesen einerseits und die Möglichkeit einer besseren Patientenversorgung andererseits gesehen (D4). Der Anspruch der Unternehmen ist, immer bessere Produkte mit höherer Wirkung und geringeren Nebenwirkungen zu entwickeln, auch wenn das eine Verkleinerung der Patientenpopulation bedeutet. Personalisierte Medizin ermöglicht dabei die Entwicklung speziell gezielter und passgenauer Therapien (A9). Diese potenziellen Einspareffekte werden zugleich als Wettbewerbsvorteil für Krankenkassen interpretiert, sich durch die Kostenübernahme dieser Tests von Konkurrenten abzugrenzen (D6). Private Krankenkassen haben in diesem Zusammenhang größere Freiheiten bestimmte Tests zu erstatten.

Für Diagnostikvertreter stellt der Nachweis des Zusatznutzens neuer Arzneimittel einen Treiber dar. Wirkstoffen, die in großen Studien nicht über alle Patientengruppen hinweg einen Nutzen aufweisen können, wird durch eine Stratifizierung die Möglichkeit gegeben, bei einzelnen Patientengruppen eine Wirkung nachzuweisen. Auf diese Weise kann der Einsatz unwirksamer Arzneimittel verringert und die Kosten für den unnötigen Medikamenteneinsatz bzw. die Kosten für Folgebehandlungen aufgrund von Nebenwirkungen reduziert werden (D6).

In Bezug auf das Gesundheitssystem stellt sich die Frage, ob Personalisierte Medizin tatsächlich Einsparpotenziale mit sich bringt (Deloitte Center for Health

Solutions 2009, S. 18). Die meisten Interviewten bejahen dies, jedoch bedarf es weiterer Forschung und Pilotprojekte. Hier wird ein direkter Einfluss der Politik auf die Akteure im Gesundheitswesen durch das Setzen der richtigen Rahmenbedingungen und der direkten Unterstützung von Forschung als dringend erforderlich gesehen: *„Und es ist ganz klar, dass auch die politische Entwicklung mehr in die Richtung Prävention und frühzeitige Diagnose und Therapie abzielen muss, um dann entsprechend Kosten einzusparen."* (D4).

Als eine Barriere wird die Kosten-Nutzen-Relation der Personalisierten Medizin angeführt, z.B. für den Fall, dass die geplante Therapie keine heilende, sondern allenfalls eine lebensverlängernde Wirkung hat: *„Das ist dann auch (...) eine ethische Diskussion. Also wenn Sie sagen, dass ein Patient mit der personalisierten Therapie drei, sechs oder zwölf Monate länger lebt, stellt sich natürlich die Frage, was bedeutet das. Für den Patienten ist es von hoher Bedeutung, aber wird das von der Gesellschaft akzeptiert?"* (A5).

Die Interviewpartner weisen zudem auf das Hindernis der Kosten-Nutzen-Relation von Medikamenten der Personalisierten Medizin aus Sicht der Pharmaunternehmen und der Krankenkassen hin. Demnach lohnt sich ein vorhergehender Test nicht, wenn dieser teurer ist als das zu verabreichende Medikament, auch wenn dies für den Patienten gesundheitliche Vorteile hätte. Diagnostikunternehmen hätten durchaus ein wirtschaftliches Interesse an dem Verkauf der dafür notwendigen Diagnostiktests, müssten dafür jedoch eigene Patientenstudien durchführen, die von kleinen und mittleren Unternehmen nicht allein getragen werden können (D3, D9).

3. Wissens- und Technologietransfer

Der Wissens- und Technologietransfer wird ebenfalls als zentraler Einflussfaktor bewertet. Die Zusammenarbeit mit Forschungseinrichtungen und Universitäten gilt als Treiber des wissenschaftlichen Fortschritts. Dennoch werden Kooperationen mit Forschungseinrichtungen für Pharmaunternehmen nicht uneingeschränkt als Vorteil betrachtet, da die Anreize wissenschaftlicher und wirtschaftlicher Akteure sehr unterschiedlich sein können: *„Wir sind leider keine akademische Forschung. Wir machen zwar Forschung, um dem Patienten einen Nutzen zu bringen, aber wir sind am Schluss des Tages auch börsennotierte Unternehmen. Unsere Besitzer, sprich die Aktionäre, erwarten von uns auch eine profitable Operation."* (A9). Darüber hinaus wird der Wissenszugang und die -verteilung der Forschungsergebnisse seitens der Wissenschaft hin zu den Unternehmen thematisiert. Als kritisch wird hier die einfache Verfügbarkeit relevanter Daten und der Ausbau von IKT-Strukturen gesehen.

Für die Vertreter der Diagnostikunternehmen ist der wohl wichtigste Treiber die Verbreitung und die Anwendung neuer Forschungsergebnisse bei Ärzten und

Krankenkassen. Da diese Akteursgruppe als extrem erfolgskritisch angesehen wird, gibt es diverse Überlegungen, wie diese stärker in die Wissensverbreitung über die Mechanismen, Verfahren und deren Wirkungsweisen eingebunden werden können. Hervorgehoben wurde die Rolle belegbarer Studien, die den Erfolg neuer Arzneimittel belegen. Klinische Studien der Pharmaunternehmen müssen Meinungsbildner überzeugen, die dann das Wissen in die jeweiligen Fachgesellschaften hineinbringen (D4). Ärzteschaften und Krankenkassen werden dabei als getrennte aber stark voneinander abhängige Akteure gesehen. Aus den Interviews wird deutlich, dass es sich um ein „Henne-Ei-Problem" handelt, wenn es darum geht, welcher der beiden Akteure primär überzeugt werden muss. Oftmals wird die Hypothese aufgestellt, dass wenn Ärzte den Einsatz dieser Diagnostiktests bei den Krankenkassen abrechnen können, die Ärzte dann den notwendigen Anreiz haben, sich stärker mit den neuen Erkenntnissen auseinander zu setzen. Umgekehrt kann eine Einführung bei Ärzten die Krankenkassen dazu bewegen, den Test in den Erstattungskatalog aufzunehmen (D9).

Auffällig ist, dass vor allem kleinere Diagnostikunternehmen vorrangig die Pharmabranche in der Pflicht sehen, dieses Wissen an die Ärzte oder an die Krankenkassen zu vermitteln. Der eigene Einfluss wird oftmals als zu begrenzt empfunden. Größere Diagnostikunternehmen gehen gezielter Kooperationen mit Ärzten ein um deren Wissen zu nutzen, aber hauptsächlich um diese über die neuen Verfahren und Testergebnisse zu informieren. Als Herausforderung wird dabei die zielgruppenspezifische Information von Pathologen und behandelnden Ärzten empfunden. Aber auch die direkte Kommunikation mit den Patienten wird angesprochen, denn diese müssen die nötigen Informationen finden und vor allem verstehen, um sich bei den Ärzten direkt informieren zu können. *„Das heißt, dass wir die Wissensinhalte allen Menschen einigermaßen verständlich liefern können. Da lernen wir täglich dazu, auch wie man das grafisch tun kann. Also Wissensvermittlung über alle möglichen medialen Inhalte."* (D2).

Zudem wird der Wissensaustausch zwischen den Unternehmen und den Krankenkassen als kritisch angesehen, weil Diagnostiktests teurer sind als beispielsweise bisherige Bluttests, da sie komplizierter und weniger standardisierbar sind. *„Das ist vielleicht auch ein Erkenntnisprozess seitens der Kassen, dass eben unter Umständen eine personalisierte Diagnostik anfangs teurer erscheint, aber im Nachhinein eine individualisierte Therapie deutlich Kosten erspart. (...) Denn wenn die Krankenkassen das bezahlen, werden die Ärzte vielleicht auch mehr sich aktuellen Fragestellungen zuwenden können, wenn sie denn auch wissen, sie bekommen das bezahlt."* (D9).

4. Kostenerstattung

Schon heute sind die Therapiekosten in manchen Indikationsgebieten, wie z. B. der Onkologie, sehr hoch. Mit der Personalisierten Medizin können Pharmaunternehmen eine Art Wirksamkeitsgarantie geben. Die Sichtweise der Interviewpartner kann dabei auf die Formel gebracht werden: Höherer Nutzen rechtfertigt höhere Preise: *„Woran bemisst sich der Preis eines Arzneimittels? Er bemisst sich nicht danach, was er in der Herstellung kostet. Er bemisst sich auch nicht danach, was er in der Entwicklung gekostet hat. Er wird letztendlich daran bemessen, was er für einen Benefit für den Patienten bringt. Und wenn ich es direkt zuschneiden kann, personalisieren kann, die Behandlung, dann ist der Nutzen für den einzelnen Patienten ein höherer und nicht das Risiko, das er irgendeine Nebenwirkung hat. (...) und würde dann auch einen höheren Preis rechtfertigen."* (A8).

Ein weiterer Treiber ist eine angemessene Vergütung für die Tests. Potenzial sehen die Diagnostikunternehmen neben der Vergütung öffentlicher Krankenkassen bei bereits zugelassenen Arzneimitteln vor allem bei der Erstattung durch private Krankenkassen und beim direkten Verkauf der Tests an den Patienten, was voraussetzt, dass dieser über die Existenz und die Möglichkeiten des Tests informiert wird.

Die Kostenträger werden von den Pharmaunternehmen vorwiegend als Barriere gesehen, da sie, ähnlich wie die regulatorischen Instanzen, zu zögerlich auf neue Entwicklungen reagieren. Beklagt wird, dass das langfristige Einsparungspotenzial durch gezielte Therapien nicht erkannt wird (A6). Als eine weitere Herausforderung wird die nicht einheitliche Kostenerstattungspraxis für Diagnostiktests in Verbindung mit einem Medikament gesehen (PWC 2009a, S. 10; Marchant 2009, S. 10 ff.; Sleigh und Barton 2011, S. 12 ff). Die Unklarheiten, wer letztlich die Kosten für bestimmte Tests trägt, führen zu Planungsschwierigkeiten bei der Entwicklung und Zulassung auf Seiten der Unternehmen (D7). Sie werden wiederholt in den Interviews thematisiert und stellen ein Innovationshemmnis dar. Die Diagnostikunternehmen fordern, dass die Politik stärkeren Einfluss auf die Krankenkassen ausüben soll, um das Thema Diagnostiktests und deren Vergütung stärker in den Mittelpunkt zu rücken und somit die Krankenkassen unter Zugzwang in der Anerkennung von Kostenerstattungen zu setzen (D9).

5. Regulatorische Rahmenbedingungen

Klare, regulatorische Rahmenbedingungen werden als Treiber wahrgenommen. Die Interviewten nehmen die Zulassungen von Medikamenten in anderen Ländern als Signalwirkung für eigene Märkte wahr und sehen darin einen positiven Einflussfaktor für den eigenen Wirtschaftsstandort. Die Möglichkeiten eines beschleunigten Zulassungsverfahrens werden ebenfalls als Treiber gesehen. Dies ist zum Teil bei Orphan Drugs der Fall, die für seltene Krankheiten entwickelt werden. Chancen werden gesehen, wenn die Dauer der Zulassung und Aufnahme eines Arzneimittels und eines Tests in die Kostenerstattungskataloge der kassenärztlichen Bundesvereinigung reduziert werden kann. Dies wird eng mit dem Treiber der Kostenerstattung in Verbindung gebracht.

Als Hindernis werden die regulatorischen Rahmenbedingungen wahrgenommen, wenn diese keine Anreize schaffen, den wissenschaftlichen/technologischen Fortschritt oder die eigenen strategischen Ziele zu unterstützen. Aus Pharma-Sicht besteht bei den regulatorischen Rahmenbedingungen noch Klärungsbedarf: *„Hemmnisse sind regulatorisch. Man wird neue Methoden (...) mit den Zulassungsbehörden diskutieren müssen.“* (A9). Hinzu kommt, dass sich die Zulassungsrichtlinien in der Europäischen Union und den USA unterscheiden (GBI Research 2010, S. 89; PWC 2009b, S. 10). Als Hindernis wird auch der Gemeinsame Bundesausschuss (GBA) gewertet, der die Leistungen der medizinischen Versorgung in der gesetzlichen Krankenversicherung festlegt (A3).

6. Gesellschaftliche Akzeptanz

Einen wesentlichen Anteil am zukünftigen Erfolg der Personalisierten Medizin sehen die Unternehmen in der gesellschaftlichen Akzeptanz. Obwohl der Ansatz der Personalisierten Medizin nicht als neuartig aufgefasst wird, sehen einige der Befragten die Diskussion um diesen Begriff als Instrument, um Aufmerksamkeit für neuartige Medikamente oder neue Möglichkeiten durch den Einsatz von Diagnostiktests zu generieren (D4).

Allgemein wird konstatiert, dass die Verbreitung der Erkenntnisse und Möglichkeiten der Personalisierten Medizin in der Bevölkerung eine entscheidende Rolle spielt, weil jene die Ärzte, Politik und Krankenkassen unter Handlungsdruck setzen kann. Relativ oft wird aus Sicht der Diagnostikunternehmen die Rolle informierter Patienten angesprochen, die durch die Internetnutzung und den darüber möglichen Patientenaustausch immer besser informiert sind, wenn es um neue Behandlungsmöglichkeiten geht (D5, D6).

Als Hindernis wird vor allem die indirekte Informationsvermittlung über die Ärzte und Krankenkassen zum Patienten und Endverbraucher gesehen. Die Fülle an verschiedenen Stakeholdern mit unterschiedlichen Interessen erschwert die Kommunikation und die Diffusion des Themas (D6). Ein Interviewpartner bemängelt die fehlende objektive Diskussion, da die Informationen, die an die Öffentlichkeit herausgegeben werden, negativ konnotiert sind, was wiederum zu einem Fortschrittspessimismus und damit einhergehender negativer medialer Berichterstattung führen kann (D2). Ein Diagnostikvertreter bemängelte vor allem die fehlende breite Öffentlichkeitsarbeit der Pharmaunternehmen, die genügend Ressourcen und eigentlich das Interesse daran haben müssten, dass sich die gesellschaftliche Akzeptanz durch Aufklärung vergrößert.

7. Festlegung auf Personalisierte Medizin

Auch wenn die Personalisierte Medizin kein Substitut zu herkömmlichen Geschäftsmodellen darstellt, wird sie zumindest als Ergänzung verstanden (PWC 2010, S. 5; GBI Research 2010, S. 89; Jain 2011a, S. 417). Eine vollständige, strategische Festlegung auf Personalisierte Medizin wird dabei aus Pharma-Sicht als Risiko betrachtet: *„Es gibt kein Unternehmen, was nur personalisierte Therapie macht. Da ist ein hohes Risiko drin; sie sind nicht diversifiziert und wenn das schief geht, sind sie weg.“* (A5).

Aus Sicht der Pharmaunternehmen wird es vor dem Hintergrund weiterer Patentausläufe von Blockbuster-Produkten in den kommenden Jahren wichtiger, einen patentrechtlich schützenswerten Nutzen bei der Zulassung neuer Medikamente zu generieren (A9). Bei den Diagnostikunternehmen hingegen, die tendenziell eher eine kleine bis mittlere Unternehmensgröße aufweisen, erfolgt häufig eine strategische Festlegung auf den Bereich der Personalisierten Medizin, was mit den sich bietenden Chancen des Marktes begründet wird. Ein Teil der Unternehmen bot ursprünglich Diagnostiktests und -mittel für andere Bereiche an. Die molekulare Diagnostik ist für sie der nächste strategische Schritt, um in dem noch relativ kleinen Markt am Wachstum teilhaben zu können (D7). Andere Unternehmen sind direkt in das Feld der molekularen Diagnostik eingetreten und haben sie als Existenzgrundlage gewählt (D5).

Als Schwierigkeit wird der Aufbau einer geeigneten therapeutischen Infrastruktur genannt. Für Tandems aus Arzneimitteln und Companion Diagnostics bedeutet dies zum einen die Verfügbarkeit von Arzneimittel und Diagnostikum, zum anderen, dass Patienten und Ärzte darüber informiert sind und Ärzte ihre Diagnoseprozesse umstellen (A5). *„Ein Dermatologe hat bisher nicht vorher sein Labor gefragt, wie das Profil dieses Patienten aussieht. Es muss eine ganz andere Form von Interaktion stattfinden.“* (A3).

Ein weiteres Hindernis, das zugleich Treiber sein kann, ist die Absicht, weiterhin Blockbuster-Arzneimittel zu finden. Hier zeigt sich, dass das Verhältnis zur Personalisierten Medizin seitens der Pharmaunternehmen als zwiespältig betitelt werden kann. Eher indirekt wird von den Interviewten zu bedenken gegeben, dass eine Personalisierung zwar die Chancen erhöht, einen Wirkstoff marktfähig zu machen, der vorher möglicherweise nicht zugelassen worden wäre, zugleich aber dennoch das vorrangige Interesse besteht, Wirkstoffe zu entwickeln, die eine möglichst breite Patientengruppe adressieren, zumal der Aufwand für klinische Studien und die Forschungs- und Entwicklungskosten nahezu identisch oder sogar umfangreicher sind.

Ein weiteres Hindernis stellt die vorsichtige Haltung der Diagnostikunternehmen dar. Die meisten Unternehmen haben mit einer schnelleren Akzeptanz der Personalisierten Medizin gerechnet. Viele Diagnostikunternehmen sehen, dass erst

Bewegung in die Entwicklung kommt, wenn die Pharmaindustrie dieses Thema aufgreift (D6).

8. Grenzen der Stratifizierung

Als weiterer Einflussfaktor wird die Frage nach den Grenzen der Stratifizierung gesehen. Dabei geht es weniger darum, was wissenschaftlich und technologisch möglich, als vielmehr, was ökonomisch sinnvoll ist. Stratifizierung wird von den Interviewpartnern entweder als Synonym für Personalisierung (A3, A4, A5) oder als Verfahren in der Personalisierten Medizin zur Identifikation der Patientengruppen aufgefasst (A6, A7).

Pharmaunternehmen wird unterstellt, dass sie sich mit dem Verständniswechsel vom Blockbuster-Modell hin zu einem individualisierten Ansatz schwer tun und vorsichtiger abwägen, ob sich das Arrangement in kleinen Märkten lohnt. Es besteht die Befürchtung, dass Mengeneffekte nicht erzielt werden können oder dass es abschreckt, eine ausreichend große Testgruppe an Patienten zu finden.

Die zunehmende Stratifizierung führt für die Unternehmen zu einem komplexeren Entwicklungsprozess. Durch die stärkere Ausdifferenzierung der Patientenpopulation steigt die Zahl der Medikamente im Portfolio der Unternehmen. Dies wirft logistische Probleme und Fragen der Rentabilität auf (A1, A9). Fraglich bleibt auch, bis zu welchem Grad eine Stratifizierung sinnvoll ist. Heutige Ansätze der Personalisierung werden dabei als *„sehr grobes Raster"* (A9) beschrieben: *„Sie haben bei einer Erkrankung 50 Prozent [mit einem bestimmten] (...) Gen. Das ist Personalisierung mit Faktor 2. Was ist, wenn sie sagen, nur einer von 100 hat das Gen?"* (A9).

Zwar erscheint ein kleiner Markt für ein Medikament bzw. einen dafür notwendigen Test als nicht sehr attraktiv, jedoch besteht für die Diagnostikunternehmen die Möglichkeit, einzelne Nischen zu besetzen und Marktführer zu werden, was wiederum Strahlungskraft für Partner anderer Bereiche haben kann (D2, D3).

9. Inter-organisationale Zusammenarbeit

Die Diagnostikunternehmen stimmen hier mit den Aussagen existierender Studien überein, dass eine frühere Partnerschaft in der Zusammenarbeit erstrebenswert wäre, diese aber zugleich höhere finanzielle Risiken für die Diagnostikunternehmen aufgrund möglicher Fehlschläge birgt (D9; Marchant 2009, S. 12). Gleichzeitig bieten Kooperationen mit großen Pharmaunternehmen höhere finanzielle Sicherheit und höhere Chancen auf Marktdurchsetzung.

Bei den Pharmaunternehmen herrschte in der Vergangenheit überwiegend die Praxis, dass Kooperationen, exklusive Lizenzierungen oder Zukäufe von kleinen Unternehmen getätigt wurden, wenn fertige Produkte bereits vorhanden waren. Oftmals gibt es strategische Überlegungen seitens der Pharmaunternehmen, sich nicht vorzeitig auf Partner festzulegen, da am Anfang einer fünf- bis zehnjährigen Entwicklungsdauer der Erfolg unkalkulierbar ist und Fehlschläge in Kauf genommen werden müssen. Die synchrone Entwicklung eines Arzneimittels und eines Companion Diagnostics bietet aber Vorteile und kann die Markteinführung verkürzen, wenn Pharmapräparat und Diagnostikum zeitgleich auf den Markt kommen (D5).

Bei Kooperationen mit kleineren Diagnostikunternehmen besteht jedoch die Gefahr, dass diese den Entwicklungs- und Zulassungszeitraum des Arzneimittels nicht überleben. Da sie überwiegend eine kleine bis mittlere Unternehmensgröße aufweisen, ist ihre Kapitalausstattung recht begrenzt. Bei manchen ist es nicht gesichert, ob sie zur Einführung des Arzneimittels die entsprechenden Tests liefern können. Es entstehen ungewollte Abhängigkeiten zu kleinen Firmen, was dadurch abgefedert werden kann, dass sie finanziell unterstützt oder aufgekauft werden.

Auch die Zusammenarbeit mit Wettbewerbern im Sinne eines Open Innovation-Ansatzes wird an Bedeutung gewinnen, wobei der unkontrollierte Wissensabfluss als Risiko betrachtet wird: *„Es gibt ein bisschen die Tendenz zusammen zu gehen, weil einfach die Entwicklungskosten enorm steigen und man mehr teilt, um etwas zu entwickeln, und die Bücher sozusagen öffnet. (...) Da ist aber immer noch eine gewisse Zurückhaltung, denn gerade, wenn sie eine interessante Innovation in dem Bereich personalisierte Therapie haben und sie geben das Intellectual Property raus, wer wird das einfach so machen? (...) Perspektivisch denke ich, wird es eine Entwicklung geben, wo mehr ausgetauscht wird. Der Treiber ist die Effizienznotwendigkeit in der Forschung.“* (A5).

Auch Kooperationen zwischen Diagnostikunternehmen und akademischen Forschungseinrichtungen nehmen zu. *„Ich denke, wie im Bereich Pharma, wo zunehmend auch akademische Kollaborationen an Stellenwert gewinnen, weil man eben einfach sieht, dass man alleine innerhalb einer Firma die Dinge eben nur zum Teil vorantreiben kann und wirkliche Innovationen dort häufig gar nicht entstehen. (...) Ich denke, das wird deutlich zunehmen. Aber im Bereich Discovery, in der frühen Forschung, weniger in der späten Entwicklung.“* (D5).

Die Zusammenarbeit mit Ärzten und Krankenhäusern wird unterschiedlich effektiv angegangen, um auf neue Entwicklungen hinzuweisen. Hier geht es vor allem darum, Glaubwürdigkeit und Aufmerksamkeit bei den Behandelnden zu schaffen. Umgekehrt wird der Austausch mit Medizinernetzwerken auch dazu genutzt, um im Hinblick auf neue, von medizinischer Seite geäußerte Fragestellungen geeignete Tests zu entwickeln. Insgesamt hat der persönliche Kontakt zu verschiedenen Netzwerken für die Unternehmen eine herausragende Bedeutung (D3, D4, D7).

Auf der anderen Seite wird auch der Unterschied angesprochen, ob ein Test die Wirksamkeit eines bereits zugelassenen Medikaments überprüfen soll oder ob es um ein neues Medikament geht, das von vornherein bessere Zulassungschancen hat, wenn es einzelne Patientengruppen gezielt anspricht. Im ersten Fall existieren auch Kooperationen, die nicht öffentlich gemacht werden, denn wenn eine teilweise Unwirksamkeit eines Medikaments bei einer Population nachgewiesen wird, bedeutet dies auch eine Umsatzeinbußen für den Anbieter dieses Arzneimittels (D4). Die oft betonte Abhängigkeit seitens der Diagnostikunternehmen zur Pharmaindustrie zeigt sich auch darin, dass mögliche Kooperationen als „Zweckehen“ gesehen werden. Man ist aufeinander angewiesen, aber damit ist keiner wirklich zufrieden.

10. Produkt- und Marktstrategie (für Diagnostikunternehmen)

Ein weiterer Einflussfaktor ist die gewählte Produkt- und Marktstrategie, deren Vorgehensweise nach Meinung der Experten in drei verschiedene Ansätze kategorisiert werden kann.

Die erste Option sieht die Bündelung des Diagnostikums an ein Arzneimittel vor. Als Chance wird die enge Anbindung an große Pharmaunternehmen gesehen, die gewährleistet, dass mit Zulassung des Arzneimittels automatisch die Vergütung des Diagnostiktests gesichert ist (D4). Das Hindernis dieser Option ist der eingeschränkte Handlungsspielraum und eine fehlende mögliche Skalierung für den Einsatz in andere Gebiete.

Die zweite Option wird in einer Multitest-Strategie gesehen, bei der ein Diagnostiktest auf verschiedene Medikamente anwendbar ist. Eine exklusive Anbindung an ein Pharmaunternehmen entfällt. Die Chance ist hier, dass auf eine vorhandene Infrastruktur aufgesetzt werden kann und somit eine Skalierbarkeit möglich ist (z.B. bei technischen Diagnostikgeräten). Diese Strategie wird jedoch als risikoreich eingeschätzt, da das Durchsetzen einer Plattform bzw. eines Multitests mehr Ressourcen in Anspruch nimmt und zu Lock-In-Effekten sowohl für Hersteller als auch Anbieter führt.

Als dritte Option wird die Lizenzierung gesehen. Diagnostikunternehmen konzentrieren sich dabei auf die Forschung und Entwicklung von Testverfahren und den Ausbau einer Kernkompetenz. Der Vertrieb wird dann über einen Lizenznehmer organisiert. Das Risiko besteht hier jedoch in einer mangelnden Kontrolle, beispielsweise bei der Überprüfung und sachgemäßen Abrechnung von Verbrauchsmaterialien.

3.2 Markt

Der Markt für Personalisierte Medizin ist durch eine komplexe Kundenstruktur gekennzeichnet, da die Kaufentscheidung, Anwendung und Kostenerstattung in der Regel durch verschiedene Akteure erfolgt (Mueller und Kamprath 2011, S. 7). Zudem sind die Kunden für Arzneimittel nur zum Teil identisch mit denen für Diagnostika. Die wichtigsten Akteure im Markt der Personalisierten Medizin sind die Anbieter der Gesundheitsdienstleistungen wie Ärzte, Kliniken, Labore, die Patienten selbst und die Krankenkassen als Kostenerstatter. Die Kaufentscheidung treffen zumeist Ärzte, Kliniken und Pathologiezentren. Die Anwendung findet am Patienten durch den Arzt statt, in Kliniken teilweise durch andere Ärzte als diejenigen, die die Kaufentscheidung treffen. Der Test wird vom behandelnden Arzt in Auftrag gegeben und in Laboren, in der Pathologie oder bei niedergelassenen Pathologen durchgeführt. Dort wird auch häufig die Entscheidung getroffen, ob in Apparaturen und Mittel zur Durchführung bestimmter Tests investiert werden sollte. So werden die Tandems aus Arzneimitteln und Diagnostikum zwar letztendlich für Patienten entwickelt, allerdings sind die direkten Kunden der Arzneimittel die behandelnden Ärzte und die der Diagnostika häufig die Pathologen, die wiederum kaum mit den Patienten im direkten Kontakt stehen. Besonders Unikliniken mit einer hohen Affinität zu Forschung sowie Privatkliniken mit einer wettbewerbsbedingen Notwendigkeit zur Verbesserung ihrer Therapien und Arbeitsprozesse sind diejenigen unter den Kaufentscheidern, die am ehesten neue Testverfahren etablieren (D6). Wobei der behandelnde Arzt oder zumindest der Patient über die Möglichkeit der Diagnostika informiert sein muss, um den Test überhaupt anzufragen. Gleichzeitig beraten Ärzte Patienten über Therapieverfahren und Arzneimittel. In Fachgesellschaften organisiert, treffen Ärzte auch Entscheidungen bezüglich der Erneuerung von Therapierichtlinien, Best-Practice Ansätzen und stellen Krankenkassen Informationen zur Verfügung. Somit fungieren die Ärzte nicht nur als Übermittler von Informationen für Patienten, sondern auch für Krankenkassen und Gesetzgeber.

Die Rolle des Patienten, für den die Leistung erbracht wird, ist nicht passiv, obwohl ihr nur wenig Mitspracherecht bei der Kaufentscheidung und Kostenerstattung zukommt. Patienten können sich informieren, sich mit anderen Patienten über Netzwerke, Verbände und andere Plattformen austauschen, Ärzte gezielt um bestimmte Therapien bitten und bei ihren Krankenkassen nachfragen, ob die Kosten für diese übernommen werden. Durch die Wahlfreiheit bei der Krankenversicherung können sie diese zusätzlich unter Druck setzen.

Die Vergütungsmöglichkeiten wiederum werden vom GBA und den gesetzlichen und privaten Krankenkassen geregelt. Die Kostenerstattung dieser Leistungserbringung erfolgt ebenso durch die Krankenkassen. Die privaten Krankenkassen haben einen größeren Handlungsspielraum und erstatten z. T. mehr Diagnostiktests als die gesetzlichen. Nur in Einzelfällen decken Patienten in Deutschland durch private Ausgaben die Kosten für Arzneimittel und Diagnostika, wenn diese noch nicht im Katalog ihrer Krankenkassen aufgenommen sind. Die Krankenkassen informieren ihre Versicherten auch aktiv über Zusatz-leistungen, die sie abrechnen, um die Kundenbindung zu erhöhen. Gleichzeitig üben sie Einfluss auf den GBA und die Politik aus, wenn es um die Erstattungssätze und Erstattungsmöglichkeiten neuer Therapien geht.

Die Nachfrage wird von verschiedenen Akteuren gesteuert und Unternehmen müssen an unterschiedliche Kundengruppen heran treten. Dieses erfordert für jede Gruppe, ob Arzt, Patient oder Krankenkasse, unterschiedliche Strategien und Kanäle, um über ihre Innovationen aufzuklären. Ebenso muss der Nutzen der Innovationen einer Vielzahl an Kundengruppen mit sehr unterschiedlichen Bedürfnissen und Interessen gerecht werden.

Tabelle 2 Einflussfaktoren Markt – Kunden

Einflussfaktor	Chancen/Treiber	Risiken/Barrieren
Leistungserbringer		
1. Ausbildung	Hohe Ärztedichte Hoher Ausbildungsstandard Aktualisierung von Curricula	Fehlende Expertise Keine Weiterbildung im Bereich der Personalisierten Medizin
2. Wissenschaftlicher Fortschritt	Bedarf an genaueren Diagnosen und abgestimmten Therapien Interesse an besseren Heilverfahren	Fehlende Standards und Richtlinien Zu hohe Erwartungen Angst vor Fehlentscheidungen
3. Therapiepraxis a) Steigende Komplexität b) Steigende Informationsmenge	a) Ständige Verbesserung der Therapierichtlinien Veränderter Status der Pathologen b) Neue Informationsverarbeitungssysteme Elektronische Gesundheitskarte	a) Standardisierte Praktiken als Eintrittsbarriere Neue Form der Diagnoseerstellung b) Interoperabilität der Gesundheitsinformationssysteme Datenschutzbedenken

Einflussfaktor	Chancen/Treiber	Risiken/Barrieren
4. Kostendruck	Einsparpotenzial durch gezieltere und frühzeitige Therapien Notwendigkeit, Patienten möglichst effizient zu behandeln	Fokus auf Einsparung anstatt übergreifendes Kostenmanagement Anreiz zu „kreativem“ Kostenmanagement
5. Organisation in Fachgesellschaften	Zentrale Ansprechpartner zur Vermittlung neuer Therapiekonzepte	Mögliche Barriere aufgrund gewachsener Struktur
Patienten		
6. Wissens- und Bildungsstand	Aktivere Rolle bei Gesundheitsplanung aufgrund besserer Informationen Direkte Nachfrage bei Ärzten und Krankenkassen Soziale Netzwerke Patientenverbände	Überforderung Überhöhte Erwartungen durch Fehlinformationen Non-Compliance Unabhängigkeit und Qualität der Informationskanäle oft undeutlich
7. Erwartungen an das Gesundheitssystem	Verlangen nach besseren Therapien Erhöhte Lebensqualität durch Selbstmanagement Steigende Investitionen in Präventivmaßnahmen	Angst vor Kostenanstieg des Gesundheitssystems In Deutschland wenig Investitionen in gesundheitserhaltende Maßnahmen
8. Patienten-Compliance	Genauere Diagnosen und damit erhöhte Wahrscheinlichkeit der Compliance	Kein Interesse an Therapie, wenn Symptome sich noch nicht zeigen

Einflussfaktor	Chancen/Treiber	Risiken/Barrieren
Kostenerstattung (Krankenkassen)		
9. Kostendruck	Einsparpotenziale durch Verhinderung chronischer Krankheiten und erhöhte Patienten-Compliance Geringe Wirkungsrate von Arzneimitteln	Keine Kostensenkung aufgrund hoher FuE-Kosten und kleinerer Stratifizierung Unklar, was die Gesellschaft bereit ist über den Solidarvertrag an Kosten zu übernehmen
10. Vergütungsmodelle	Hohes Interesse geeignete Vergütungsmodelle von Diagnostika zu entwickeln Unterstützung der Einführung von neuen Produkten durch Klarheit bei Vergütung	Fehlende Vorteile von Diagnostika mit Fehlerrate Fehlende Richtlinien und Konzepte, um Kosten trotz steigender Diagnostikaufwendungen gering zu halten Fokus auf kurzfristiger Kostenplanung
11. Wettbewerbsvorteil	Kundengewinnung und -bindung durch Anbieten der Erstattung neuer Therapien	Zögerung, bevor Diagnosen bewährt sind, diese zusätzlich zu erstatten

1. Ausbildung (Leistungserbringer)

Auch wenn immer wieder auf Ärztemangel in bestimmten Fachgebieten und Regionen hingewiesen wird, so ist die Ärztedichte pro Kopf und die Zahl der Fachärzte in Deutschland im internationalen Vergleich hoch. Des Weiteren wirken sich sowohl hohe Ausbildungsstandards als auch die Anpassung von Curricula, die durch Themen wie Pharmakogenetik und –genomik sowie andere molekularbiologische Felder bezogen auf Krankheitszusammenhänge ergänzt werden, positiv auf die Einführung der Personalisierten Medizin aus.

Zu den Barrieren zählt dennoch das fehlende Spezialwissen der Ärzte. Besonders älteren Ärzten fehlen häufig die Kenntnisse (V6), was dazu führen kann, dass Patienten bestimmte Therapien vorenthalten werden (MU1). Es wird beanstandet, dass während der Ausbildung von Medizinern keine Thematisierung stattfindet, was Krankheit eigentlich ist und wie krank werden verhindert werden kann (UF1). So sind Früherkennung und präventive Maßnahmen noch immer nicht fester Bestandteil der Lehrpläne.

2. Wissenschaftlicher Fortschritt (Leistungserbringer)

Als große Chance, die Einführung der Personalisierten Medizin bei den Anwendern im Markt voran zu bringen, werden die neuen Erkenntnisse aus der Wissenschaft gesehen. Innerhalb der Medizin entwickelt sich immer weiter ein Verständnis, dass bei einer Krankheit nicht nur eine Ursache bekämpft werden sollte, sondern möglichst ein Wirkungsnetzwerk durchbrochen werden muss. Je weiter fortgeschritten der Verlauf der Krankheit ist, umso komplexer sind die molekularen Wirkzusammenhänge und umso schwieriger wird es, dieses Netzwerk der Wirkmechanismen zu durchbrechen (UF2). Daher ist es notwendig, dass Diagnostika möglichst frühe Krankheitsstadien identifizieren und mehrere Faktoren gleichzeitig erfassen können. Bei Arzneimitteln sind Kombinationen erforderlich, die ein Netzwerk von Ursachen und nicht eine einzelne Ursache bekämpfen. Entsprechend fordern Ärzte von der Industrie neue Lösungsansätze.

Die Personalisierte Medizin hat das Potenzial, durch bessere Therapien befriedigendere Ergebnisse für Ärzte zu erbringen (Jain 2011a, S. 379). Ärzte haben ein generelles Interesse an der Steigerung der Lebensqualität, Erhöhung der Lebenserwartung und kontinuierlichen Verbesserung der Therapien für Patienten. Sie wollen keine Trial-and-Error-Prozesse und One-Size-Fits-All Präparate mehr, sondern klarere Diagnosen und spezifische Therapeutika (MU1). Für die Umsetzung der Personalisierten Medizin bedeutet das, dass zum einen Ärzte ihren Ruf erhalten wollen und daher auch gewillt sind, neue Therapiezusammenhänge zu lernen und neue Produkte anzuwenden und zum anderen ein Bedarf an kurzen, effektiven Therapien besteht, was als Argument für die Verwendung bestimmter Tandems und reiner Diagnostika spricht. Als Folge der neuen Erkenntnisse und Möglichkeiten werden Therapierichtlinien ständig aktualisiert und verbessert (Jain 2011a, S. 379).

Zu den Chancen zählt außerdem, dass Krankheiten, die bisher nicht behandelbar sind, heilbar oder zumindest besser therapierbar werden (A7). Zudem kann ein besseres Monitoring des Therapieverlaufs mit Personalisierter Medizin ermöglicht werden. Zu den Hindernissen und Barrieren des wissenschaftlichen Fortschritts zählen vor allem fehlende Standards und Richtlinien, zum Beispiel ab wann. Effekte von spezifischen Diagnostika bei kleinen Patientenkohorten als bewiesen gelten. Zudem können zu hohe Erwartungen problematisch werden. Nach der ersten Euphorie in den Bereichen der DNA-Sequenzierung und der Biotechnologie wich diese einer Welle der Enttäuschungen. Dadurch wird es nicht nur schwieriger für Unternehmen, Investoren zu finden, sondern auch für Ärzte, sich für neue Therapien zu begeistern (MU1).

Die Angst vor Reputationsverlust kann bei der Adaption neuer Therapien ebenso als Eintrittsbarriere wirken. Ärzte wenden eher Altbekanntes an, bevor das Neue in der Praxis nicht eindeutig bewiesen ist. So sind auch Rule-Out-Tests nicht populär, da ein Restrisiko falscher Ergebnisse bleibt und als Vorsichtmaßnahme weiterhin allen Patienten das Arzneimittel verschrieben wird (D10). Diese Barriere wird auch unter dem folgenden Einflussfaktor 3, Therapiepraxis, weiter ausgeführt. Das Fazit eines Befragten war, dass es ganz auf den Arzt ankomme, ob er als Treiber oder Barriere wirkt (V4).

3. Therapiepraxis (Leistungserbringer)

Die Therapiepraxis ist im Zusammenhang mit der Personalisierten Medizin durch steigende Komplexität, Veränderung und einem stetigen Anstieg der Informationsmenge gekennzeichnet. Neue Arzneimittel und Diagnostika finden relativ schnelle Verbreitung, wenn sie in die Therapieleitlinien aufgenommen werden. Der Nutzen muss eindeutig nachgewiesen sein und möglichst durch Publikationen in einschlägigen Fachzeitschriften verbreitet werden. Allerdings bestehen noch keine allgemeingültigen Standards, wie die Wirksamkeit und Effizienz von Diagnostika nachgewiesen werden kann, besonders wenn es sich um kleinere Patientenkohorten handelt. Dadurch wird den Unternehmen zwar die Freiheit gegeben, individuell je nach Produkt Nachweismodelle zu entwickeln, jedoch fehlen den Experten für Therapieleitlinien klare Richtlinien, ab wann ein Effekt wirklich als erwiesen gilt und aufgenommen werden sollte. Von Vorteil erweist sich daher die Studienkonzeption und -durchführung im Dialog oder in enger Zusammenarbeit mit Ärzten. Beispielsweise werden Pathologen über die Deutsche Gesellschaft für Pathologie in Ringversuchen eingebunden (A2). Zudem sind die Richtlinien von Land zu Land unterschiedlich und in vielen Ländern spielen bei der Diskussion, ob neue Verfahren aufgenommen werden, auch die Therapiekosten eine Rolle. Durch die unterschiedlichen Therapierichtlinien in einzelnen Ländern kann es im günstigen Fall zu Spill-Over Effekten kommen.

Standardisierte Praktiken könnten jedoch auch eine Eintrittsbarriere darstellen, um in die Therapieleitlinien aufgenommen zu werden, da Unternehmen ihre Arzneimittel und Diagnostika in den Fachkreisen bekannt machen müssen (UF2). Zudem werden die Therapieentscheidung und die Beobachtung des Therapieverlaufs durch Diagnostika im Prozess und in den Befugnissen verändert. Die Personalisierte Medizin erfordert eine engere Zusammenarbeit mit Pathologen und klinischen Laboren. Da der Pathologe keinen direkten Kontakt zum Patienten hat und der behandelnde Arzt weiterhin die entscheidende Kontaktperson zum Patienten ist, erfordert es einen erhöhten Vertrauensvorschuss von dessen Seite, um einen Teil der Diagnose an den Pathologen abzugeben. Dieser Umstellungsprozess kann andauern und sich hinderlich auswirken.

Gleichzeitig stellen die steigenden Informationsmengen aufgrund der eingeschränkten Informationsverarbeitungskapazität ein Problem dar, das durch die Einbeziehung und Verwendung neuer Informationsverarbeitungssysteme für Therapieentscheidungen gemeistert werden soll (UF2). Mit der Einführung der elektronischen Gesundheitskarte in Deutschland wird zudem eine Infrastruktur geschaffen, die auch als Chance für den Austausch von Profilen genutzt werden könnte. Diese Infrastrukturen könnten dazu beitragen, dass Daten aus unterschiedlichsten Quellen zusammengeführt werden können, deren Interoperabilität bisher noch nicht gegeben ist.

4. Kostendruck (Leistungserbringer)

Der Kostendruck des Gesundheitssystems wird auch auf die Ärzte umgelegt, was eine Chance und gleichzeitig eine Barriere für die Personalisierte Medizin darstellt. Insgesamt ist durch den demographischen Wandel nicht mit einer Verringerung der Kosten zu rechnen. Aktuelle Reformen von Gesundheitssystemen gehen in der Regel nicht mit Kostensenkungen, sondern mit weiterem Anstieg der Gesamtausgaben einher, wie beispielsweise die in den USA im Jahr 2011 initiierte Reform (MU1). Nur wenige Länder wie beispielsweise England führen bisher eine klare Kostendebatte, um festzulegen wie teuer ein paar zusätzliche Wochen und Monate an lebenserhaltenden Therapien sein dürfen (MU1).

Zu den Chancen des Kostendrucks zählt der erhöhte Bedarf an schnellen und effektiven Behandlungen: *„Man muss nicht lange nachdenken, es reicht eine Übersicht und man sieht, wohin das ganze Geld geht. Es sind knapp 170 Milliarden Euro aus dem GKV-Topf, die im Moment jedes Jahr ausgegeben werden und es wird noch sehr viel mehr Geld benötigen, um in Zukunft die alternde Gesellschaft dann entsprechend zu behandeln. Und es ist ganz klar, dass auch die politische Entwicklung mehr in die Richtung Prävention und frühzeitige Diagnose und Therapie abzielen muss, um dann entsprechend Kosten einzusparen.“* (D4).

Gleichzeitig kann der Einsparungsdruck dazu führen, dass Ärzte „kreativer“ bei der Abrechnung ihrer Tätigkeiten werden und Diagnostikunternehmen unter Umständen nicht vergütet werden, vor allem wenn die Leistungsvergütung für Diagnostika unklar ist (UF2). Der Fokus auf Einsparungen kann einer übergreifenden Kostenverbesserung im Weg stehen. Es wird nur auf kurzfristige Einsparpotenziale geschaut, anstatt auf langfristige Maßnahmen wie beispielsweise die Einführung bestimmter Diagnostika, welche mit Investitionen verbunden sind, um kostenintensive Therapien nur noch bei Patienten durchzuführen, bei denen sie auch wirken.

Die Sorgfaltspflicht bei gleichzeitigem Einsparungs- und Zeitdruck kann dazu führen, dass Ärzte, um sich abzusichern, eher auf Altbekanntes zurückgreifen. Die Zeit für Weiterbildungen und zusätzliche Informationsaufnahme ist stark begrenzt. Erhöhte Kosten kommen auch durch Investitionen in Interpretationstools zustande (D10). In diesem Zusammenhang werden von einem der Befragten Qualitätsprobleme bei der Komprimierung und Übertragung von Daten, Datenschutzaspekte sowie das Problem, das gängige Server nicht für die Übertragung großer Datenmengen ausgelegt seien, angesprochen (UF2). All dieses kann den Einsatz neuer Arzneimittel-Diagnostika Kombinationen verzögern, auch wenn diese nachweislich bessere Wirkung zeigen als bestehende Lösungen.

5. Organisation in Fachgesellschaften (Leistungserbringer)

Die Organisation von Ärzten in Fachgesellschaften dient u. a. dem wissenschaftlichen Austausch über neue Therapiemöglichkeiten und hat den Vorteil, dass sie als zentrale Ansprechpartner dienen, um neue Therapiekonzepte zu erklären und bekannt zu machen (D4).

Als Hindernis werden die gewachsenen Strukturen der Fachgesellschaften gesehen. In vielen sind bestimmte Personen tonangebend für neue Themen und für jüngere Kollegen ist so die Möglichkeit erschwert, ihr möglicherweise aktuelleres Wissen einzubringen.

6. Wissens- und Bildungsstand (Patienten)

Der Einflussfaktor Wissens- und Bildungsstand von Patienten ist eine eindeutige Chance für die Umsetzung von Personalisierter Medizin Früher nahmen sie eine eher passive Rolle bei der Behandlung von Krankheiten ein, heute sind sie aktive Beteiligte am Erhalt ihrer Gesundheit (MU1). Sie sind besser als früher über Diagnose- und Therapiemöglichkeiten informiert, können entsprechend ihre Symptome genauer erklären und fragen ihre Ärzte nach bestimmten Therapien. Laut einem Befragten wird die Nachfrage nach innovativen Produkten zum Selbstläufer, wenn die Wirkung überzeugend ist und dadurch in der Presse und im Internet über das entsprechende Produkt berichtet wird (A3).Durch den Austausch mit anderen Patienten über Therapieformen und Krankheitsverläufe in sozialen Netzwerken und Plattformen (MU1) und Informationen über organisierte Patientenverbände können sie zu einer Informationsquelle für Ärzte werden (D5).

Patienten werden aktiver, wenn es um ihre Krankheiten und Therapiemöglichkeiten geht. Sie fragen auch direkt bei Krankenkassen nach, um bestimmte Diagnostika bezahlt zu bekommen (D2). Entsprechend werden Tandems und Diagnostika, die das Potenzial einer präziseren Diagnose und gezielteren Therapie beinhalten, eher nachgefragt und zum Einsatz kommen.

Zu den möglichen Barrieren zählt die Überforderung mit Informationen, insbesondere wenn es um die Interpretation von Risikowahrscheinlichkeiten und der Wahrscheinlichkeit von falsch-positiven Testergebnissen geht. Auch eine überzogene Erwartungshaltung kann zu Enttäuschung und Abwehrhaltung führen. Durch Fehlinformationen kann Non-Compliance befördert werden. Die genannten Barrieren basieren auf mangelndem Wissensstand der Patienten und oft fehlender Unabhängigkeit aber auch unbestimmter Qualität der Informationsmaterialien und -plattformen.

7. Erwartungen an das Gesundheitssystem (Patienten)

Der höhere Wissens- und Bildungsstand sowie die aktivere Rolle der Patieten und ihre Eigenverantwortung im individuellen Gesundheitsverhalten führen auch zu höheren Erwartungen an das Gesundheitssystem. Der Personalisierten Medizin wird das Potenzial zugesprochen, durch bessere und gezieltere Therapien zu höheren Lebenserwartungen und Einsparungspotenzialen zu führen. Patienten fordern bessere Therapien mit weniger Nebenwirkungen, besonders bei schweren Krankheiten (V5). Zudem können neue Diagnostika auch bei chronischen Krankheiten Therapien ermöglichen, bei denen Patienten sich nicht ständig in Kliniken und in Arztpraxen untersuchen lassen müssen.

Als mögliche Barriere ist die Angst der Patienten vor einem Kostenanstieg im Gesundheitssystem zu nennen. Viele sind nicht bereit, für sich selbst oder andere hohe Kosten zu tragen (V4). In Deutschland sind Investitionen in gesundheitserhaltende Maßnahmen noch wenig verbreitet (D2). Selbst wenn bestimmte Krankheiten schon vor dem Auftreten von Symptomen festgestellt werden können, ist es schwierig die Diagnoseuntersuchungen durchzuführen, da Patienten in der Regel erst zum Arzt gehen, wenn sie Beeinträchtigungen spüren.

8. Patienten-Compliance (Patienten)

Bessere Therapien werden häufig in Zusammenhang mit erhöhter Patienten-Compliance gebracht. Wenn Krankheiten und Therapiemöglichkeiten konkreter bestimmt werden können, halten sich Patienten auch eher an die vorgeschriebenen Maßnahmen wie Medikamenteneinnahme, Gewichtsreduktion, Ernährungsumstellung etc.

Auf der anderen Seite gestaltet sich, wie im Einflussfaktor 7, Erwartungen an das Gesundheitssystem, aufgeführt, bei fehlenden Symptomen auch die Compliance als schwierig (D14).

9. Kostendruck (Kostenerstattung)

Der steigende Kostendruck durch den demographischen Wandel sowie der Zunahme von chronischen Krankheiten stellt einen wesentlichen Einflussfaktor für die Krankenkassen dar. Besonders die geringe Wirkungsrate von vielen Arzneimitteln, die trotzdem verschrieben werden, ist ein hoher Kostenfaktor, der eingespart werden könnte (D5). Entsprechend werden Kostenträger die Kosten für Patienten nicht mehr übernehmen, wenn diese durch den Einsatz von Diagnostika von der Patientengruppe, die von einem spezifischen Arzneimittel profitiert, ausgeschlossen werden können. Daher wird der Personalisierten Medizin ein hohes Einsparungspotenzial durch die Verhinderung chronischer Krankheiten durch frühere Diagnosen und Behandlungen nachgesagt (UF1; Jain 2011a, S. 379). Gleichzeitig ergeben sich Einsparungsmöglichkeiten durch erhöhte Patienten-Compliance aufgrund von besseren Therapien (Jain 2011a, S. 379).

Demgegenüber führen andere Befragte an, dass die Personalisierte Medizin zwar das Potenzial hat, die Gesundheitsversorgung zu verbessern, nicht aber gleichzeitig die Kosten zu senken, denn die FuE-Kosten für Arzneimittel und Diagnostika müssen auf irgendeine Weise getragen werden. Diese Kosten werden nicht geringer, wenn gleichzeitig Diagnostika entwickelt werden.

Die Krankenkassen stehen unter dem Druck von Seiten der Politik und der Gesellschaft, die Gesamtausgaben möglichst gering zu halten: *„Die Krankenkassen tendieren dazu, möglichst billig, möglichst für alle. Wobei sie natürlich nach Gesetz verpflichtet sind, den Kassenpatienten die adäquate Therapie zukommen zu lassen. (...) Natürlich sollen die Leistungen weiterhin finanzierbar sein, aber die Patienten wollen natürlich auch das Beste bekommen."* (V3).

Zudem wird zwar eine Kosten-Nutzen Bewertung bei Neuzulassungen durchgeführt und Arzneimittel müssen gegenüber bestehenden Präparaten einen Mehrwert mitbringen, doch eine Debatte, wie viel lebensverlängernde Maßnahmen für Menschen kosten dürfen, wird in Deutschland nicht geführt. Auch wird die gesamte Kostenbetrachtung noch nicht in ihrer gesamten Komplexität durchdacht: *„Da haben wir noch nicht wirklich einen konkreten Weg gefunden, diese Folgekosten, die dann auch sektorenübergreifend sein können, also Krankenhauskosten, Krankheitstage von Arbeitnehmern in Deutschland, wenn man diese Einsparungen noch mit reinnehmen könnte in die Betrachtung, dann wäre es tatsächlich eine echte Kosten-Nutzen-Bewertung. In die Richtung kommt man, aber die wird eben nicht ganz gegangen."* (V5).

10. Vergütungsmodelle (Kostenerstattung)

Der Kostendruck ist eng mit dem Einflussfaktor Vergütungsmodelle verknüpft. Es müssen passende Modelle entwickelt werden, die zu den Therapiepraktiken der Ärzte und Pathologen, aber auch zu den Diagnostikunternehmen und Pharmaunternehmen passen. Besonders bei der Vielzahl der Diagnostika stellt dieses eine große Herausforderung dar.

Als Chance zur Lösung betonte einer der Befragten, dass Krankenkassen ein hohes Interesse daran hätten, herauszufinden wie Diagnostika im Gegensatz zu Arzneimitteln und anderen Therapieprozessen reguliert und vergütet werden können (D11). Gleichzeitig wird den Krankenkassen eine Mittlerfunktion zur Implementierung von neuen Therapierichtlinien zugesprochen: Krankenkassen können als aktiver Treiber wirken, indem sie mit Vergütungsmodellen die Einführung von nachweisbar effizienteren Therapien unterstützen (UF3).

Demgegenüber steht als Barriere, dass Krankenkassen oft das Fehlen von eindeutigen Vorteilen von Diagnostika beklagen, besonders wenn die Fehlerwahrscheinlichkeiten der Tests hoch sind (UF3). Zudem wurden laut einem Befragten Krankenkassen von der Ärzteschaft in der Vergangenheit massiv angegangen, als sie versuchten, Einflussnahme bezüglich der Therapien auszuüben (UF1). Wie auch schon bei den Ärzten sind die Nachweise und fehlenden Standards, ab wann ein Effekt deutlich genug bewiesen ist, ein Problem. Solange die Vergütung jedoch nicht geregelt ist, werden Ärzte die Produkte kaum anwenden.

Auch fehlen Ideen, um Kosten trotz steigender Diagnostikaufwendungen gering zu halten. Dazu kommt, dass Krankenkassen eher kurzfristig und ausgabenorientiert sind. Ihnen fehlen langfristige Planungen und sektorübergreifende Analysen, um Einsparungspotenziale über längere Zeiträume zu ermitteln (V2, V5).

11. Wettbewerbsvorteile (Kostenerstattung)

Krankenkassen stehen in Deutschland unter Wettbewerbsdruck, da ihnen durch höhere Mitgliederzahlen entsprechend mehr Mittel zum Wirtschaften zur Verfügung stehen. Neue Anwendungen und Diagnosen in den Leistungskatalog mit aufzunehmen, kann so zu einem Wettbewerbsvorteil werden, um Kunden zu gewinnen und zu binden (D2).

Demgegenüber zögern Krankenkassen, neue Diagnostika zu erstatten. Bevor Diagnosen nicht wirklich bewährt sind, werden sie nicht aufgenommen. Besonders wenn Tests nur empfohlen und nicht verpflichtend sind, suchen Krankenkassen eine Balance, ab wann sie die zusätzlichen Kosten tragen müssen.

4 Handlungsempfehlungen

Ausgehend von den im vorherigen Kapitel diskutierten Einflussfaktoren werden in diesem Kapitel für die Akteure Handlungsempfehlungen abgeleitet, um die Chancen und Treiber bei der Umsetzung der Personalisierten Medizin zu nutzen sowie den Risiken und Barrieren entgegen zu wirken.

4.1 Wirtschaft

Für Pharma- und Diagnostikunternehmen lassen sich folgende Handlungsempfehlungen ableiten, wobei die der Diagnostikunternehmen aufgrund der unterschiedlichen Unternehmensgröße und der damit verbundenen unterschiedlichen Ressourcenausstattung variieren. Zentraler Treiber der Personalisierten Medizin ist der wissenschaftliche und technologische Fortschritt. Deshalb ist es für die Unternehmen unerlässlich, die relevanten Entwicklungen aus Universitäten und Forschungseinrichtungen, beispielsweise mit Trendscouts und Technology Foresight, frühzeitig zu antizipieren. In diesem Zusammenhang ist es notwendig, neue Methoden und Verfahren frühzeitig in die klinische Entwicklung einzubinden, um so Wissen und Erfahrung aufbauen zu können sowie weitere wissenschaftliche und technologische Entwicklungen besser einschätzen zu können. Darüber hinaus gilt es, den Wegfall staatlicher Fördergelder durch die Ko-Finanzierung von Universitäten und Forschungseinrichtungen im Bereich der Personalisierten Medizin zumindest teilweise aufzufangen. Damit kann auch direkter Einfluss auf die Forschungsthemen genommen werden. In der Zusammenarbeit mit Diagnostikunternehmen sollten die Entwicklungsaktivitäten besser koordiniert und synchronisiert werden. Zielsetzung sollte die möglichst frühe Integration der Diagnostikunternehmen sein.

Diagnostikunternehmen sind weniger sichtbar als Pharmaunternehmen und müssen daher verstärkt in der Aussendung von Signalen aktiv sein, um erfolgreich an Netzwerken partizipieren zu können. Eine Professionalisierung des Beziehungsmanagements kann hier von großem Vorteil sein, die zu Verfügung stehenden Ressourcen für Kooperationen optimal zu nutzen. Im Fokus des Beziehungsmanagements sollten die frühzeitige Synchronisierung der Entwicklungsaktivitäten mit Pharmaunternehmen stehen sowie der Aufbau von intensiven Kontakten mit Hochschul- und Forschungseinrichtungen und Ärzten. Die eigenen Mitarbeiter, die sich in den Interviews als wertvollste Ressource herausstellten, sollten dazu motiviert werden und die nötige Zusage erhalten, sich aktiv in den Netzwerkaufbau und -ausbau einzubringen. Gut vernetzte und ausgebildete Mitarbeiter helfen dabei, agile Kernkompetenzen für das Unternehmen auszubilden.

Ein weiterer Maßnahmenverbund betrifft die Fokussierung und Verbesserung der Kommunikation bezüglich des Themas Personalisierte Medizin. Ziel sollte sein, die relevanten Meinungsbildner und Interessensverbände mit relevanten Informationen zu versorgen. Die Unternehmen sollten sich aktiv an der Debatte über die Chancen und Grenzen des Gesundheitssystems beteiligen. In diesem Zusammenhang sollten die Vorteile der Personalisierten Medizin in Bezug auf gezielte und passgenaue Therapien dargestellt werden, um den Mehrwert deutlich zu machen. Dazu gehört auch eine aktive Auseinandersetzung mit negativer Berichterstattung. Um Vorbehalte abzubauen, sollten Informationen für Patienten aber auch für die Öffentlichkeit im Allgemeinen verständlich aufbereitet werden. Im Sinne einer zielgruppenspezifischen Informationspolitik sollten insbesondere Pathologen geschult und weitergebildet werden. Eine Möglichkeit dafür ist die frühzeitige Einbindung in Ringversuche. Ebenso muss den Kostenträgern der ökonomische Mehrwert, etwa in Form von Beispielsberechnungen, veranschaulicht werden. Des Weiteren ist eine kontinuierliche Diskussion mit den nationalen und internationalen Regulierungsbehörden unter der Mitwirkung von Interessenverbänden vorteilhaft, um auf eine Standardisierung und Vereinheitlichung der regulatorischen Anforderungen für die Personalisierte Medizin hinzuwirken.

Der Aufbau und die Pflege einer sichtbaren Unternehmensmarke dient für Diagnostikunternehmen sowohl der Sichtbarkeit gegenüber Pharmaunternehmen als auch Ärzten sowie dem Aufbau von Marktbarrieren gegenüber potentiellen Wettbewerbern. Zur koordinierten Kommunikation und Steuerung ist es empfehlenswert, eine Nationale Plattform der Personalisierten Medizin einzurichten, in der alle Akteure in einem direkten Dialog stehen. Darüber hinaus wird als ganzheitlicher Ansatz, Personalisierte Medizin voranzutreiben und weiter zu entwickeln, der Aufbau eines Schwerpunktzentrums vorgeschlagen unter Beteiligung wissenschaftlicher, wirtschaftlicher und gesellschaftlicher Akteure aus dem Markt.

Weitere Handlungsempfehlungen für Diagnostikunternehmen umfassen die Gestaltung des Vertriebs und Möglichkeiten der Finanzierung. Aufgrund verschiedener Vor- und Nachteile der unterschiedlichen Vertriebsoptionen sollte auf einseitige Strukturen verzichtet werden, solange der Markt noch nicht entwickelt ist. Vertriebskooperationen sollten mit eigenen Vertriebskanälen kombiniert werden. Weiterhin könnte nach zusätzlichen Anwendungsbereichen für Diagnostiktests in Bereichen gesucht werden, in denen eine Kostenübernahme durch Endanwender bereits gegeben ist, beispielsweise in der Lebensmittelindustrie. Mit einer Plattformstrategie, die auch in der Fahrzeugindustrie angewendet wird, könnten Tests mehrfach verwendet werden. Für kostspielige Testentwicklungen bereits bestehender Wirkstoffe wären neue Finanzierungskonzepte nötig. Dies könnte die Einrichtung von öffentlichen Fonds oder das Crowdsourcing beispielsweise durch verschiedene Patientenverbände, Stiftungen oder Krankenkassen sein, wenn Indizien für einen Einsparungseffekt durch die Diagnostika gegeben sind. Des Weiteren sollte neben der Entwicklung neuer Tests vor allem die Erhöhung der Zuverlässigkeit der Testergebnisse mit bedacht werden.

Tabelle 3 Handlungsempfehlungen für die Wirtschaft – Pharma- und Diagnostikunternehmen

Handlungsempfehlungen für die Wirtschaft – Pharma- und Diagnostikunternehmen
Netzwerke – Pharma- und Diagnostikunternehmen:
▪ Frühzeitige Antizipation relevanter wissenschaftlicher/ technologischer Fortschritte ▪ Mechanismen zum Senden und Empfangen von Marktsignalen/Trends implementieren ▪ Aufbau von Wissen und Erfahrung im Umgang mit neuen Methoden in die klinische Entwicklung ▪ Kooperationen mit Forschungs- und Hochschuleinrichtungen und Ärzten, sowie Ko-Finanzierung der Forschung von Universitäten und Forschungseinrichtungen ▪ Synchronisierung der Entwicklungsaktivitäten von Pharma- und Diagnostikunternehmen ▪ Mitarbeiter als Netzwerker motivieren und in die Netzwerkkompetenz investieren ▪ Bildung von agilen Kernkompetenzen durch Wissensvorsprung
Kommunikation – Pharma- und Diagnostikunternehmen:
▪ Zielgruppenspezifischer Informationsfluss ▪ Aktive Beteiligung an Debatte über Chancen und Grenzen des Gesundheitssystems ▪ Aktive Auseinandersetzung mit negativer Berichterstattung zur Personalisierten Medizin ▪ Ökonomischen Mehrwert der Personalisierten Medizin für Kostenträger transparent machen ▪ Kontinuierliche Diskussion mit Regulierungsbehörden zu Standardisierung und Vereinheitlichung ▪ Aufbau von Unternehmensmarken (für Diagnostikunternehmen) ▪ Aufbau von Schwerpunktzentren zur Personalisierten Medizin, beispielsweise eine nationale Plattform Personalisierten Medizin (ähnlich wie Nationale Plattform Elektromobilität)

Vertrieb, Finanzierung und Entwicklung – Diagnostikunternehmen:
▪ Balance zwischen unabhängigen Vertriebswegen und Vertriebskooperationen ▪ „Mehrfachverwertung“ von Tests und neue Anwendungsbereiche außerhalb des Medizinbereichs ▪ Engagement für alternative Finanzierungsmodelle bezüglich klinischer Studien und Testentwicklung (Einrichtung von öffentlichen Fonds oder Crowdsourcing) ▪ Zuverlässigkeit der Tests erhöhen

4.2 Markt

Für die Akteure am Markt lassen sich folgende Handlungsempfehlungen ableiten, die nicht nur von den Marktakteuren selbst, sondern auch von der Politik als steuernde Instanz aufgegriffen werden sollten. Um den Bildungsstand der Erbringer von Gesundheitsleistungen zu erhöhen, sollten neue wissenschaftliche Erkenntnisse direkt in die Ausbildungspläne integriert werden. Auch entsprechende Weiterbildungsprogramme sollten aufgebaut werden, um die neuen Erkenntnisse in Bezug auf Krankheitsursachen, Wissen bezüglich der Interpretation und Überbringung von Diagnosen mit Risiken, Wahrscheinlichkeitswerten und falsch positiven Ergebnissen zu vermitteln. Gleichzeitig könnten Qualitätskontrollen eingeführt werden, um nach der Teilnahme den Erkenntnisgewinn zu überprüfen.

Klare Richtlinien, ab wann Wirksamkeit und Effizienz von Diagnostika nachgewiesen sind, würden helfen, Klarheit zu schaffen, ab wann diese in Therapieleitlinien integriert werden sollen. Ebenso bieten diese für Krankenkassen deutlichere Anhaltspunkte, ab wann ein Diagnostikum in den Leistungskatalog aufgenommen werden sollte. Zur Datenauswertung und Interpretation werden neue Informationsverarbeitungssysteme benötigt, um die Diagnoseerstellung zu unterstützen. Ebenso werden zur Integration von großen Datenmengen neue Systeme benötigt, die nicht nur innerhalb einer Praxis oder Klinik, sondern auch zum Austausch zwischen unterschiedlichen Ärzten geeignet sind. Standards für Datengenerierung, -aufbereitung und -übertragung sollten schon in der Wissenschaft gesetzt werden, um die Interoperabilität der Systeme zu verbessern. Nur so kann die Chance genutzt werden, eine gesamte Krankheitshistorie zu speichern und für einen späteren Zeitpunkt zur Verfügung zu stellen, bzw. sich mit anderen Ärzten über Patienten auszutauschen und Erkenntnisse auch zur Behandlung anderer Patienten systematisch anzuwenden.

Mit klaren Richtlinien für Leistungsvergütung kann die Patt-Situation gelöst werden, dass Diagnostika nur zur Standardpraxis werden, wenn sie abgerechnet werden können, jedoch erst vergütet werden, wenn sie in der Praxis auch angewendet werden. Vergütungsmodelle, auch für Diagnostika, sollten möglichst als Anreiz gestaltet sein, die beste Therapie auszuwählen.

Zur Aufklärung der Patienten müssen qualitativ hochwertige Informationssysteme und Plattformen eingerichtet werden, bei denen sich Patienten, Ärzte und Krankenkassen vor allem informieren können. Vertrauen in solche Plattform kann am ehesten erzeugt werden, wenn diese nicht von der Wirtschaft gefördert werden. Zudem würden Plattformen für den Austausch untereinander, nicht nur zwischen Patienten, sondern auch mit Ärzten und Wissenschaftlern, in Bezug auf spezielle Krankheiten hilfreich sein, um Erfahrungswerte mit bestimmten Therapien aufzubauen. So können gleichzeitig Erwartungen an neue Therapien angepasst werden und Compliance sowie gesundheitserhaltendes Verhalten gefördert werden. Ein offener Dialog darüber, was die Gesellschaft bereit ist, an Kosten zu tragen, könnte mehr Konsens bei der Politik, den Krankenkassen und Unternehmen sowie breitere Akzeptanz der steigenden Kosten auf Seiten der Gesellschaft bewirken. Der Dialog würde auch helfen, neue Therapien unter Einbezug gesundheitsökonomischer Aspekte einzustufen und zu bewerten.

Tabelle 4 Handlungsempfehlungen für den Markt

Handlungsempfehlungen für den Markt
▪ Neue Erkenntnisse direkt in Ausbildungspläne integrieren ▪ Weiterbildungsprogramme, Konferenzen und Internetkurse zur Weiterbildung mit Qualitätskontrollen ▪ Klare Richtlinien entwickeln, ab wann Wirksamkeit und Effizienz nachgewiesen ist ▪ Informationsverarbeitungssysteme (Interoperabilität, Datenmengen) ▪ Klare Richtlinien für Leistungsvergütung und Vergütungsmodelle ▪ Qualitativ hochwertige Informationssysteme und -plattformen ▪ Offener Dialog über die Bereitschaft der Gesellschaft, Kosten zu tragen ▪ Einstufung und Bewertung neuer Therapiemittel unter Einbezug gesundheitsökonomischer Aspekte

5 Fazit

Ziel der Untersuchung war das Aufzeigen von Wirtschaft und Markt im Wertschöpfungssystem der Personalisierten Medizin mit den jeweiligen Einflussfaktoren, Chancen und Treibern sowie Risiken und Barrieren für eine Entwicklung und Einführung von Produkten und Dienstleistungen der Personalisierten Medizin, um Handlungsempfehlungen für diese Akteure in Deutschland abzuleiten. Die verschiedenen Einflussfaktoren verdeutlichen die Chancen und Treiber der Umsetzung der Personalisierten Medizin und zeigen zudem, dass es grundsätzlich keine unüberwindbaren Barrieren gibt.

Die Herausforderungen für Unternehmen werden besonders in der unklaren Kostenerstattung für Diagnostika und dem Bedarf an neuem Wissen und Kooperationen gesehen. Hilfreich sind vor allem der hohe Bedarf an wirksameren Medikamenten, der von Seiten der Ärzte und Patienten sowie des gesamten Gesundheitssystems gefordert wird, sowie neue wissenschaftliche Erkenntnisse und der allgemeine Innovationsbedarf der Pharma- und Diagnostikunternehmen. Besonders Kooperationen zwischen unterschiedlichen Wissensträgern aus Arzneimittel- und Diagnostikforschung sowie der Anwendungspraxis der Ärzte bieten Möglichkeiten, Produkte und Dienstleistungen der Personalisierten Medizin erfolgreich zu entwickeln und zu kommerzialisieren.

Die Marktakteure Ärzte, Patienten und Krankenkassen fordern effizientere Therapien und sind durch neue Informationssysteme zunehmend besser über neue Arzneimittel und Diagnostika informiert. Die Angst vor einem Kostenanstieg des Gesundheitssystems ist in Bezug auf die Personalisierte Medizin Treiber und Barriere zugleich. Gezieltere und frühzeitigere Diagnosen und Behandlungen können enorme Kosten einsparen. Gleichzeitig werden durch den demographischen Wandel und neue Therapieansätze und Möglichkeiten mehr Kosten entstehen. Insgesamt sind alle Akteure im Markt in Deutschland an neuen Therapiekonzepten aus dem Bereich der Personalisierten Medizin interessiert und gewillt, die Verbreitung zu unterstützen. Trotzdem bestehen, wie im Einzelnen in diesem Unterkapitel aufgeführt, einige Barrieren, denen durch die Umsetzung der Handlungsempfehlungen entgegen gewirkt werden kann. Nicht nur die Politik, sondern auch Unternehmen können hier eine aktivere Rolle einnehmen, indem sie offen mit Ärzten und Krankenkassen zusammenarbeiten, Informationen zur Verfügung stellen, den Aufbau von Austauschplattformen und das Setzen von Standards unterstützen sowie auf Therapiekonzepte mit deutlichen Wirkungen setzen.

Die Mehrheit aller Befragten sieht in der Personalisierten Medizin einen Wachstumsmarkt in der Entstehung, da der Wunsch nach genaueren Diagnosen und gezielteren Therapien mit zunehmenden Informationen beim Patienten steigt. Allerdings ist die Trägheit des Systems mit aufwendigem Ressourcenverbrauch bei gleichzeitiger Unsicherheit verbunden, dessen Veränderung für ein einzelnes Unternehmen nicht realisierbar ist. Hier sind ganzheitliche Lösungen und ein koordiniertes Vorgehen von allen Beteiligten des Innovationssystems Personalisierte Medizin notwendig, um die beschriebenen Chancen der Einflussfaktoren zu ergreifen.

6 Literaturverzeichnis

Deloitte Center for Health Solutions (2009): The ROI for targeted therapies: A strategic perspective. Deloitte Center for Health Solutions, http://medicalcenter.osu.edu/pdfs/cphc/Deloitte_White_Paper_ROI_PHC.pdf(Zugriff am 18.11.2011).

Ernst & Young (2008): Global Introduction: Reinnovation and Reinvention. In: Beyond Borders, Global Biotechnology Report, S. 1–13.

GBI Research (2010): Personalized Medicine market – Advances in human genomics and proteomics to challenge traditional therapeutics. GBI Research, http://marketreports.com/Sample/Global_Data/GBIHC044MR_sample.pdf, (Zugriff am 18.11.2011).

Jain, K. K. (2011a): Personalized Medicine: Part I: Scientific & commercial aspects. Jain PharmaBiotech Publications. Basel.

Jain, K. K. (2011b): Personalized Medicine: Part II: Companies. Jain PharmaBiotech Publications. Basel.

Marchant, J. (2009): Key trends in drug-diagnostic co-development: identifying collaborative opportunities and navigating regulatory challenges. Business Insights.

Mueller, E. und Kamprath, M. (2011): Sustainable Business Model Innovation in Personalized Medicine. Conference Paper at the RND Management 2011, In: Norrköping.

PWC (2009a): Diagnostics 2009: Moving towards personalised medicine. PricewaterhouseCoopers, http://www.pwc.de/de/gesundheitswesen-und-pharma/diagnostics-2009-moving-towards-personalized-medicine.jhtml, (Zugriff am 18.11.2011).

PWC (2009b): The new science of personalized medicine: Translating the promise into practice. PricewaterhouseCooper's Health Research Institute, http://www.pwc.com/us/en/healthcare/publications/personalized-medicine.jhtml, (Zugriff am 18.11.2011).

PWC (2010): HealthCast: The customization of diagnosis, care and cure. PricewaterhouseCooper's Health Research Institute, http://www.pwc.com/us/en/healthcast, (Zugriff am 18.11.2011).

Sleigh, S. und Barton, C. L. (2011): Advances in drug-diagnostic co-development. Business Insights.

VFA (2014): In Deutschland zugelassene Arzneimittel für die personalisierte Medizin. Pressemitteilung vom 3. Januar 2014, http://www.vfa.de/de/arzneimittel-forschung/datenbanken-zu-arzneimitteln/individualisierte-medizin, (Zugriff am 21.02.2014).

7 Anhang

Anhang I

Tabelle 1 Übersicht der Studien zur Personalisierten Medizin

Verfasser (Organisation)	Titel	Jahr
BMBF	Roadmap für das Gesundheitsforschungsprogramm der Bundesregierung.	2007
President's Council of Advisors on Science and Technology	Priorities for Personalized Medicine. President's Council of Advisors on Science and Technology.	2008
Biophoenix	The convergence of biomarkers and diagnostics – therapy area analyses, key products and future trends.	2008
Deloitte (Center for Health Solutions)	The ROI for targeted therapies: A strategic perspective.	2009
Falkingbridge, S. (Business Insights)	Expanding applications of Personalized Medicine: Use of biomarkers in prognostic, predictive and pharmacogenetic tests in a targeted approach.	2009
F. A. Z.-Institut	Personalised Healthcare	2009
Marchant, J. (Business Insights)	Key trends in drug-diagnostic co-development: identifying collaborative opportunities and navigating regulatory challenges.	2009
PricewaterhouseCoopers	Diagnostics 2009: Moving towards personalised medicine.	2009a
PricewaterhouseCoopers (Health Research Institute)	The new science of personalized medicine: Translating the promise into practice.	2009b
Personalisierten Medizin Coalition	The case for personalized medicine.	2009
Frost und Sullivan	Advances in personalized medicine.	2010
GBI Research	Personalized Medicine market – Advances in human genomics and proteomics to challenge traditional therapeutics.	2010
Germany Trade & Invest	The medical biotechnology industry in Germany 2010–2011.	2010

Verfasser (Organisation)	Titel	Jahr
Healthleaders Media Breakthroughs	The Impact of Personalized Medicine Today.	2010
McDougall, G. (Drug Discovery, Delivery & Therapeutics)	Competing in an Era of Personalised Medicine.	2010
PricewaterhouseCoopers (Health Research Institute)	Healthcare unwired: New business models delivering care anywhere.	2010a
PricewaterhouseCoopers	HealthCast: The customization of diagnosis, care and cure.	2010b
Taylor, P.	Drug discovery collaborations between academia and pharmaceutical industry: Cultural factors, intellectual property considerations, case studies, and future trends.	2010
Glaeske, G. (Friedrich-Ebert-Stiftung)	Patientenorientierung in der medizinischen Versorgung: Vorschläge zur notwendigen Weiterentwicklung und Umgestaltung unseres Gesundheitswesens.	2011
Jain, K. K.	Personalized Medicine: Part I: Scientific & commercial aspects.	2011a
Jain, K. K. (Jain PharmaBiotech Publications)	Personalized Medicine: Part II: Companies.	2011b
Sleigh, S. und Barton, C. L. (Business Insights)	Advances in drug-diagnostic co-development.	2011
von Holleben, M., Pani, M. und Heinemann, A. (Boston Consulting Group)	Medizinische Biotechnologie in Deutschland 2011: Biopharmazeutika: Wirtschaftsdaten und Nutzen der Personalisierten Medizin.	2011

Anhang II

Tabelle 2 Übersicht Interviews

Nr.	Organisation	Funktion
V1	Unternehmensverband/-netzwerk	ReferentIn
V2	Unternehmensverband/-netzwerk	ReferentIn
V3	Unternehmensverband/-netzwerk	DirektorIn und GeschäftsführerIn
V4	Unternehmensverband/-netzwerk	ProjektmanagerIn
V5	Unternehmensverband/-netzwerk	ReferentIn
V6	Unternehmensverband/-netzwerk	ReferentIn
UF1	Universität/Forschungsinstitut	ProfessorIn und Institutsleitung
UF2	Universität/Forschungsinstitut	ProfessorIn und Institutsleitung
MU1	Marktforschung/Unternehmens-beratung	DirektorIn und GeschäftsführerIn
A1	Forschendes Pharmaunternehmen	LeiterIn für Geschäftseinheit
A2	Forschendes Pharmaunternehmen	Marketing/Business Development
A3	Forschendes Pharmaunternehmen	Marketing/Business Development
A4	Forschendes Pharmaunternehmen	LeiterIn FuE
A5	Forschendes Pharmaunternehmen	DirektorIn und GeschäftsführerIn
A6	Forschendes Pharmaunternehmen	Marketing/Business Development
A7	Forschendes Pharmaunternehmen	Marketing/Business Development
A8	Forschendes Pharmaunternehmen	LeiterIn für Geschäftseinheit
A9	Forschendes Pharmaunternehmen	DirektorIn und GeschäftsführerIn
D1	Diagnostikunternehmen	DirektorIn und GeschäftsführerIn
D2	Diagnostikunternehmen	DirektorIn und GeschäftsführerIn
D3	Diagnostikunternehmen	LeiterIn FuE
D4	Diagnostikunternehmen	Marketing/Business Development
D5	Diagnostikunternehmen	DirektorIn und GeschäftsführerIn
D6	Diagnostikunternehmen	DirektorIn und GeschäftsführerIn
D7	Diagnostikunternehmen	ProduktmanagerIn
D8	Diagnostikunternehmen	Marketing/Business Development
D9	Diagnostikunternehmen	DirektorIn und GeschäftsführerIn
D12	Diagnostikunternehmen	LeiterIn für Geschäftseinheit
D13	Diagnostikunternehmen	DirektorIn und GeschäftsführerIn

Nutzen und Risiken der Personalisierten Medizin – Analyse der Berichterstattung in den deutschen, britischen und US-amerikanischen Medien

Tamara Almeyda, Linnea Andersson und Elisabeth Eppinger

Inhaltsverzeichnis

1 Einleitung

Personalisierte Medizin zielt darauf ab, Patienten mit auf sie abgestimmten Medikamenten mit verbesserter Wirksamkeit und weniger Nebenwirkungen zu versorgen. Aus medizinischer Sicht besteht die Hoffnung, dass damit die Gesundheitsversorgung optimiert werden kann. Zunächst ist Personalisierte Medizin daher eine Entwicklung, welche primär die medizinische Forschung, Arzneimittelentwicklung und die Anwendung in der medizinischen Praxis sowie die Auswirkungen auf das Gesundheitssystem betrifft. Dabei ist das Gesundheitswesen von größtem Interesse für die Gesellschaft und den einzelnen Bürger, Veränderungen werden dementsprechend in der Öffentlichkeit und den Medien besonders aufmerksam verfolgt. Dabei steht einerseits die medizinische Anwendung im Blickpunkt, gleichzeitig hat der Wandel des Gesundheitssystems aber auch Auswirkungen auf Bereiche, die über die medizinische Anwendung hinausgehen. Fragen nach dem Schutz genetischer Daten sind dafür nur ein Beispiel. Darüber hinaus werden einige der in der Personalisierten Medizin verwendeten Technologien, hier ist besonders die Gentechnik zu nennen, durchaus kritisch betrachtet. Die Frage nach den gesellschaftlichen Konsequenzen der Personalisierten Medizin muss solche Bereiche einbeziehen, da sie das Potenzial bergen, ihre Akzeptanz zu hindern.

Die vorliegende Medienanalyse setzt bei der Frage an, wie die Personalisierte Medizin in den Medien dargestellt wird. Ziel ist die Identifikation von Debatten und möglichen Problemfeldern. Die Medien sind dabei sowohl als Spiegel der öffentlichen Meinung von Bedeutung, als auch in ihrer Funktion als Informationsquelle der Bevölkerung zu Entwicklungen in Wissenschaft und Gesellschaft (Luhmann 2009, S.9). Darüber hinaus dient der Wissenschaftsjournalismus auch der Einordnung und Bewertung der Konsequenzen wissenschaftlicher Forschung für das gesellschaftliche Umfeld (Görke et al. 2000; Kohring 2005; Marcinkowski et al. 2008). Dabei spielen nicht nur konkrete technologische Risiken eine Rolle, sondern auch potentielle oder zukünftige gesellschaftliche Gefahren (Pidgeon und Rogers-Hayden 2007). Eine Analyse der Medienberichterstattung zu wissenschaftlichen Themen kann somit einen Einblick in das öffentliche Verständnis und möglicher Barrieren für die Akzeptanz der Personalisierten Medizin gewähren.

Die Personalisierte Medizin steht für mehr als den Einzug neuer Methoden in die Medizin. Sie steht für einen Wandel des Gesundheitswesens, der dem Einfluss von Faktoren wie dem demographischen Wandel und dem zunehmenden Wunsch nach einem Mitspracherecht der Patienten unterliegt. Er wird von einem enormen Kostendruck beeinflusst, sowohl auf Unternehmensseite, als auch auf Seiten der Krankenkassen und Versicherten. Unter diesen Voraussetzungen erhalten die gesellschaftlichen Rahmenbedingungen und Akzeptanz eine besondere

Bedeutung für den Erfolg der Personalisierten Medizin. Dies gilt nicht nur für Deutschland, sondern auch für Großbritannien und die USA. Im Ländervergleich sind jedoch Unterschiede der Gesundheitssysteme zu beachten, die auch die Nutzung von Versicherungsleistungen oder die Einstellung zur privaten Kostenübernahme von Gesundheitsleistungen betreffen.

Diese Medienanalyse untersucht die Berichterstattung zur Personalisierten Medizin in Tages- und Wochenzeitungen aus Deutschland, Großbritannien und den USA von Januar 1999 bis März 2011. Der Vergleich verschiedener Länder kann auch dazu dienen, die Konsequenzen möglicher Veränderungen im Gesundheitssystem oder der öffentlichen Meinung zu erkennen und auf zukünftige Entwicklungen in anderen Staaten zu übertragen. Die Forschungsfrage dieser Untersuchung lautet:

Wie wird die Personalisierte Medizin in den Massenmedien als wissenschaftliches und gesellschaftliches Phänomen beschrieben?

Diese Frage umfasst folgende Teilfragen:

- Mit welchen thematischen und inhaltlichen Schwerpunkten wird über die Personalisierte Medizin berichtet?
- In welchem Kontext wird die Personalisierte Medizin dargestellt?
- Welche Veränderungen in der Berichterstattung sind im Beobachtungszeitraum zu erkennen?
- Welche Nutzen und Risiken werden berichtet und welchen Einfluss hat das auf die Beurteilung der Personalisierten Medizin in den Medien? Wird eher nutzenorientiert oder eher risikoorientiert berichtet?

Eine Analyse der Medienberichterstattung kann helfen, Treiber und Barrieren der Personalisierten Medizin zu identifizieren. Zum anderen ermöglicht sie einen Einblick in Debatten im Zusammenhang mit der Anwendung neuer Technologien. Unternehmen müssen diese Einflüsse ebenso bedenken wie ökonomische Faktoren, Entwicklungen in der biomedizinischen Forschung und regulatorische Vorgaben von Gesetzgebern und Behörden. Die Schwierigkeit besteht darin, die gesellschaftlichen Faktoren zu identifizieren und sie hinsichtlich ihrer Bedeutung oder künftigen Entwicklung einzuschätzen.

2 Methodisches Vorgehen

Es wurde eine Längsschnittstudie aller Artikel durchgeführt, die zwischen dem 1. Januar 1999 und dem 31. März 2011 in den Online-Archiven der fünf deutschen Qualitätsmedien Der Spiegel, Die Welt, Die Zeit, Frankfurter Allgemeine Zeitung (FAZ) und Süddeutsche Zeitung erschienen sind und die Begriffe „Personalisierte Medizin“ oder „Individualisierte Medizin“ enthielten. Für Großbritannien wurden die Tageszeitungen The Times of London, The Independent, The Guardian sowie die Wochenzeitung The Observer analysiert. In den USA beschränkt sich die Analyse auf zwei Zeitungen aus unterschiedlichen Meinungsspektren: USA Today und die New York Times. Beide Zeitungen zusammen publizierten im Untersuchungszeitraum ähnlich viele Artikel wie die vier untersuchten Printmedien in Großbritannien und die fünf in Deutschland. In den englischsprachigen Medien wurde nach „personalised medicine“ und „personalized medicine“ gesucht. Da der Begriff „individualised/individualized medicine“ nicht gebräuchlich ist, wurde er nicht in die Suche einbezogen. Insgesamt wurden in Deutschland 106 Artikel, in Großbritannien 122 Artikel und in den USA 108 Artikel identifiziert.

Zuerst wurde ein quantitativer Überblick über die Anzahl der veröffentlichten Artikel im Beobachtungszeitraum erstellt, um die Aufmerksamkeit für das Thema in den Medien zu bestimmen. Die Artikel wurden nach formalen Merkmalen (Titel, Datum, Medium, Ressort, Wortanzahl, Autor u. a.) sortiert. Anschließend wurden das Thema des jeweiligen Artikels sowie der Stellenwert der Personalisierten Medizin im Artikel (lediglich erwähnt, geringe Bedeutung, Schwerpunkt oder Kernthema) bestimmt. Um die Analyse zu vereinfachen, wurde die Berichterstattung der einzelnen Länder in jeweils zwei Phasen unterteilt, die sich sowohl in der Menge der Artikel, als auch inhaltlich unterscheiden. Die einzelnen Phasen sind in den einzelnen Ländern unterschiedlich. Phase I mit geringer Berichterstattung bezieht sich in Deutschland auf die Jahre 1999–2008, in Großbritannien auf die Jahre 1999–2007 und in den USA auf die Jahre 1999–2006. Phase II wurde dementsprechend in Deutschland 2009–2011, in Großbritannien 2008–2011 und in den USA 2007–2011 identifiziert. Darauf aufbauend wurde ein deskriptiver inhaltlicher Überblick der Artikel angefertigt, um ein Gesamtbild der Berichterstattung zu erstellen. Dabei wurde das Kernthema und die allgemeinen Zusammenhänge beschrieben, innerhalb derer die Personalisierte Medizin erwähnt wird.

Im nächsten Schritt wurden die Artikel nach thematischen Schwerpunkten kodiert. Dabei kamen zwei Kodierer zum Einsatz. Der Schwerpunkt dieses Analyseschrittes, bei dem es konkret um die Darstellung der Personalisierten Medizin ging, lag auf der Bestimmung einzelner spezifischer Themenfelder (u. a. Forschung, medizinische Anwendung, Gesellschaft, Wirtschaft) und der Kodierung von Nutzen-Risikodimensionen der Berichterstattung. Auf der Basis dieser Untersuchungen wurde im Anschluss ein induktives, themenspezifisches Framing durchgeführt. Besonderes Augenmerk lag dabei wiederum auf der Darstellung von Nutzen und Risiken der Personalisierten Medizin. Einzelne Schwerpunkte der Nutzen- und Risikokommunikation wurden anschließend im Rahmen einer qualitativen Inhaltsanalyse separat betrachtet.

2.1 *Auswahl und Übersicht der analysierten Medien*

Als Quellen wurden die Online-Archive der Zeitungen verwendet, da der Zugriff auf Medieninformationen im Internet immer stärkere Verbreitung findet und die Aufrufe der Online-Angebote der traditionellen Medien die Zahl verkauften Print-Exemplare bei weitem übersteigen. Zudem sind Online-Artikel auch dann noch leicht zugänglich, wenn die Printausgaben der Zeitungen nur noch in speziellen Archiven und mit hohem Aufwand eingesehen werden können. Print- und Onlineausgaben der Medien unterscheiden sich, weil nicht alle Printartikel online publiziert werden und bei einigen Medien eigene Online-Redaktionen für die Artikel im Internet verantwortlich sind.

Die Auswahl der Medien beschränkt sich auf überregionale Qualitätszeitungen mit möglichst breiter Berichterstattung, die Themen wie Nachrichten, Politik, Wirtschaft, Wissenschaft, Gesundheit und Kultur beinhalten. Wichtig ist eine starke Wissenschaftsberichterstattung, da in diesem Bereich die meisten Artikel zum Thema erwartet wurden – eine Annahme, die sich im Verlauf der Analyse bestätigte. Bei der Auswahl der Medien wurde neben dem Bekanntheitsgrad, der Auflagenstärke und der Anzahl der Online-Zugriffe auch darauf Wert gelegt, verschiedene Verlage einzubeziehen. Angegeben sind in der folgenden Tabelle 1 die Visits und PageImpressions (PIs). Mit Visits sind die „Besuche“, das heißt einzelne, zusammenhängende Nutzungsvorgänge“ (IVW 2011) gemeint, PageImpressions beziehen sich auf die einzelnen Seitenaufrufe.

Tabelle 1 Auswahl der Zeitungen

Zeitung (Verlag)	Visits gesamt	PIs gesamt	Druckauflage
Deutschland			
Spiegel Online (Spiegel-Verlag Rudolf Augstein GmbH & Co. KG)	189.822.460	1.135.330.656	1.201.127 (Der Spiegel)
Welt Online (Axel Springer AG)	45.729.146	262.481.668	862.493 Die Welt (inkl. Welt am Sonntag)
Zeit Online (Zeitverlag G. Bucerius GmbH & Co. Holtzbrinck Gruppe)	26.743.348	108.469.219	652.400 (Die Zeit)

Zeitung (Verlag)	Visits gesamt	PIs gesamt	Druckauflage
FAZ.net (Verlag Frankfurter Allgemeine Zeitung GmbH)	31.831.400	159.627.115	936.209 (FAZ/FAS)
sueddeutsche.de (Süddeutsche Zeitung GmbH)	43.603.030	238.562.781	544.173 (Süddeutsche Zeitung)
UK			
The Times (News Corporation von Rupert Murdoch)			441.205
Sunday Times (News Corporation von Rupert Murdoch)			993.768
The Observer (Sonntagszeitung) (Guardian News & Media Ltd.)			288.842
The Guardian (Guardian News & Media Ltd.)			248.775
The Independent und The Independent on Sunday (Independent Print Ltd.)			182.881 167.247
USA			
USA Today (Gannet Company)			1.829.099
New York Times (The New York Times Company)			916.911 1.339.462 (plus Sonntagsausgaben)

Quelle: Audit Bureau of Circulations 2011; Guardian 2011a, 2011b; IVW 2011.

Beim Vergleich der Berichterstattung in den einzelnen Ländern ist zu beachten, dass unterschiedliche Arten und eine unterschiedliche Anzahl von Medien in die Analyse einbezogen wurden. So veröffentlichen Zeitschriften wie Der Spiegel oder die Wochenzeitung Die Zeit tendenziell eher längere und umfassendere

Berichte und Reportagen, während in Tageszeitungen Nachrichten und kürzere Analysen mit tagesaktuellem Bezug publiziert werden.

2.2 *Erhebung des Analysematerials*

Für die Analyse wurden Artikel der oben genannten Zeitungen ausgewählt, die innerhalb des Beobachtungszeitraumes von Januar 1999 bis März 2011 die „Personalisierte Medizin" oder „individualisierte Medizin" enthielten. Das Jahr 1999 wurde als Ausgangspunkt der Analyse ausgewählt, da im April dieses Jahres in einem Artikel des Wall Street Journal zum ersten Mal der Begriff „personalized medicine" mit seiner heutigen Bedeutung beschrieben wurde. Das Ende des Beobachtungszeitraumes wurde mit dem ersten Quartal 2011 als Beginn der Untersuchung festgelegt. Die Analyse umfasst damit die erste Dekade der Personalisierten Medizin in den deutschen, britischen und US-amerikanischen Medien.

Eine Stichprobenanalyse ergab, dass sich eine Vielzahl von Artikeln mit den Themen der modernen Medizin, Gentechnik und Biotechnologie beschäftigt und dabei implizit oder explizit auf die Personalisierte Medizin Bezug nimmt. Medikamente wie Herceptin, Erbitux oder Fachbegriffe wie Pharmakogenetik und monoklonale Antikörper finden sich häufig in den Medien. In Deutschland werden gerade bei der Berichterstattung zu neuen Behandlungsmethoden bei Krebs häufig Methoden der Personalisierten Medizin dargestellt. So wird auf Gentests zur Feststellung der Wirksamkeit eines Medikaments verwiesen oder auf „maßgeschneiderte Therapien", ohne dass dabei die Schlagworte „Personalisierte Medizin" bzw. „individualisierte Medizin" fallen (vgl. u. a. Jens 2010). Die Analyse wurde jedoch bewusst auf Artikel beschränkt, die„Personalisierte Medizin" oder „Individualisierte Medizin" verwenden, um ein Bild von der Präsenz dieser Begriffe und deren Interpretation und Konnotation in den Medien zu erhalten.

Tabelle 2 Anzahl der Artikel im Untersuchungszeitraum in Deutschland, UK und USA

	Deutschland					UK				USA	
	Spiegel	Welt	Zeit	FAZ	Süddeutsche	Observer	Independent	Guardian	Times of London	US Today	NYT
Anzahl	9	36	15	40	6	6	30	26	60	37	71
%	8,5	34	14,2	37,6	5,7	4,9	24,6	21,3	49,2	34,2	65,8

Im Beobachtungszeitraum erschienen in Deutschland insgesamt 106 Artikel. In den ersten zehn Jahren, von 1999–2008 erschienen insgesamt nur 37 Artikel, also 3,7 Artikel pro Jahr, während in den darauffolgenden zwei Jahren und drei Monaten 69 Artikel erschienen, also 30,6 Artikel im Jahr. Da sich die Zeit von 1999 bis 2008 auch inhaltlich von der Phase ab 2009 unterscheidet, werden beide Phasen im Folgenden voneinander getrennt dargestellt.

Der Schwerpunkt der Berichterstattung liegt, wie Tabelle 2 zu entnehmen ist, in der Welt und der FAZ mit zusammen 71,7 % der Artikel. Das geringste Interesse am Thema „Personalisierte Medizin" hat die Süddeutsche Zeitung, mit insgesamt nur sechs Artikeln. Im Spiegel und der Zeit waren nur geringfügig mehr Artikel zu finden, dabei handelt es sich jedoch um Wochenzeitungen. Herauszuheben ist die Zeit, in der bereits 1999 ein erster, sehr ausführlicher Artikel über die Personalisierte Medizin erschien (o. A. 1999). Andere Medien griffen den Begriff erst 2001 auf, die Süddeutsche Zeitung erst 2006, der Spiegel erst im Jahr 2008.

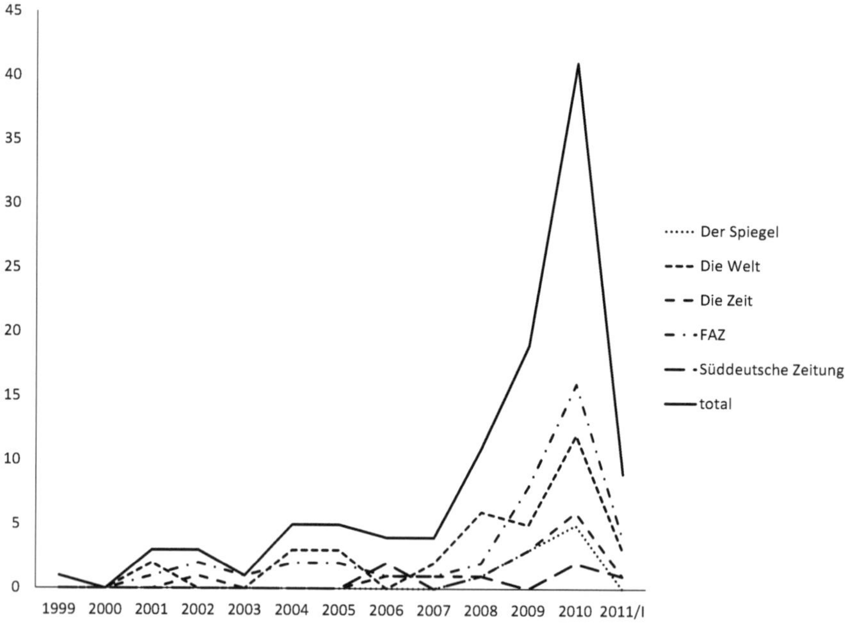

Abbildung 1 Zeitliche Verteilung der Berichterstattung in Deutschland

Mit der Ausnahme des Artikels in der Zeit von 1999 beginnt die Berichterstattung zur Personalisierten Medizin in Deutschland erst 2001/2002 mit einzelnen

Artikeln in der Welt, der FAZ und der Zeit. Erst ab 2008 und 2009 steigt die Zahl der Artikel deutlich an.

In Großbritannien ist die Berichterstattung in den einzelnen Medien ebenfalls sehr unterschiedlich. Im Observer erscheinen zwar 1999 bereits drei Artikel zur Personalisierten Medizin, im gesamten Zeitraum danach nur noch drei weitere. Im Gegensatz dazu sind in der Times erst ab 2003 erste Artikel publiziert, dafür insgesamt 60, also fast die Hälfte der Artikel in Großbritannien (vgl. Tabelle 2).

Im Gegensatz zur deutschen Berichterstattung ist in Großbritannien der Anstieg der Artikelzahl nicht so eindeutig. Im Guardian ist der Schwerpunkt der Berichterstattung zwischen 2004 und 2005 erreicht, im Observer nimmt die Zahl der Artikel nach 1999 sogar ab. Nur in der Times und dem Independent steigt die Berichterstattung in den Jahren 2008 bzw. 2009 stark an (vgl. Abbildung 2).

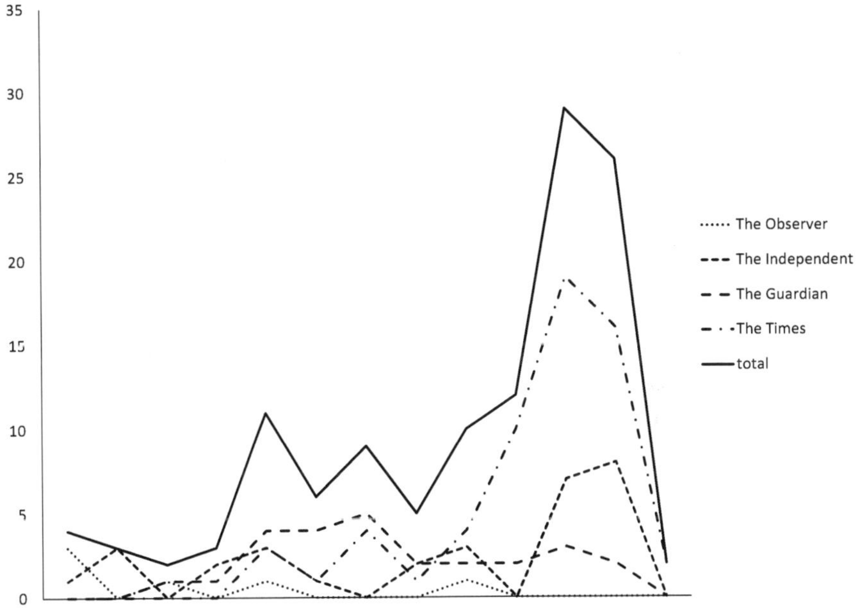

Abbildung 2 Zeitliche Verteilung der Berichterstattung in Großbritannien

Betrachtet man die Berichterstattung insgesamt, so ist festzuhalten, dass mehrere Artikel zur Personalisierten Medizin bereits im Jahr 1999 erscheinen. Kleinere erste Peaks der Berichterstattung finden sich in den Jahren 2003 und 2005, mit einem Schwerpunkt im Guardian und der Times. Ab 2007 steigt die Berichterstattung stark an, mit dem Höhepunkt in den Jahren 2009 und etwas geringer in 2010. Damit ist der vorläufige Höhepunkt bereits ein Jahr früher erreicht, als in Deutschland. Daher wurde die erste Phase der Berichterstattung in Großbritannien von 1999–2007 beschrieben. Die zweite Phase beginnt damit in Großbritannien im Jahr 2008, also ein Jahr früher als in Deutschland.

Für die USA wurden die Zeitungen USA Today und New York Times analysiert (vgl. Tabelle 2). In den USA hat die Berichterstattung, wenn man sie im Zeitverlauf betrachtet, einen anderen Charakter als in Deutschland und Großbritannien. Ab 2007 nimmt die Zahl der Artikel stark zu, mit Höhepunkten in den Jahren 2008 und 2010. Das Jahr 2007 wurde daher als Beginn der zweiten Phase der Berichterstattung identifiziert. Sie beginnt damit ein Jahr früher als in Großbritannien und zwei Jahre früher als in Deutschland. Fast 70 % der Artikel in der New York Times und der USA Today sind in Phase II publiziert (vgl. Abbildung 3).

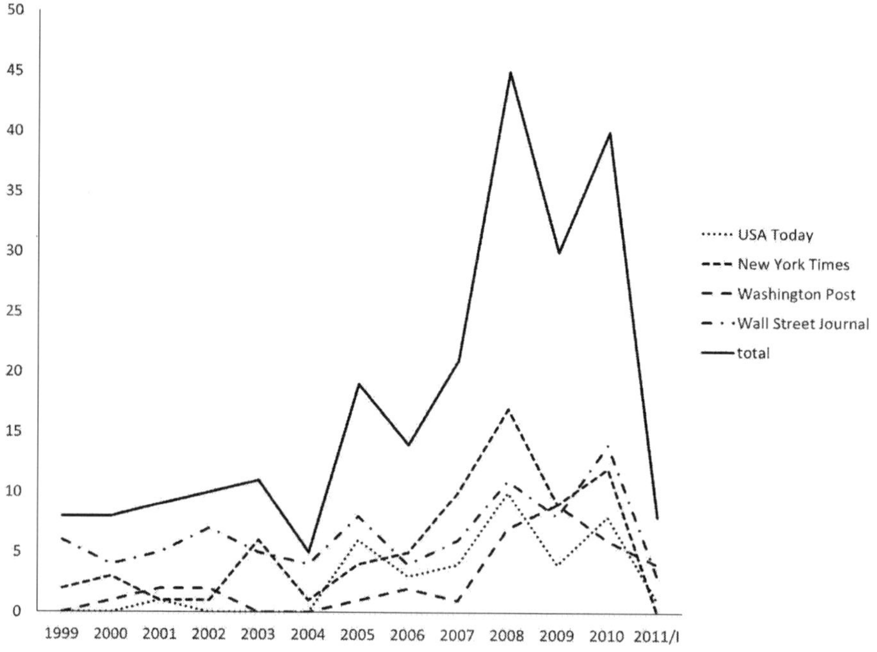

Abbildung 3 Zeitliche Verteilung der Berichterstattung in den USA

2.3 Methodik des Framings

Eine Analyse der Medienframes ermöglicht eine genauere Betrachtung von Themen und Charakteristika der Berichterstattung. Ein Frame ist ein Rahmen, der ausgewählte Züge der Berichterstattung beschreibt, andere hingegen ausschließt. Dadurch entstehen Interpretationsmuster, die einen geschärften Blick auf die Darstellung komplexer Themen ermöglichen.

In dieser Studie liegt der Fokus auf der Identifikation der Medienframes, die über die journalistische Darstellung einzelner Themenbereiche und Debatten definiert werden. Dabei wird die Definition von Durant et al. zur Grundlage genommen:

„A frame is a structure that 1 organises central ideas on an issue, 2 deploys particular symbolic devices and metaphors, and 3 defines a particular controversy within the frame (i.e. an agreement about how to disagree). A frame's function is to construct meaning, incorporating new events into its interpretative envelope." (Durant et al. 1998, S. 288).

Für eine detaillierte Analyse von Themenschwerpunkten, sowie Nutzen und Risiken der Personalisierten Medizin wird ein themenspezifisches und induktives Framing gewählt (Matthes und Kohring 2004, S. 60). Auch wenn dadurch die Objektivität und Reliabilität der Identifizierung von Frames schwerer zu beurteilen ist (vgl. Matthes und Kohring 2004), erscheint dieses Vorgehen aus forschungsökonomischer Sicht und aufgrund der Forschungsfragen angebracht.

Obwohl die hier verwendeten Frames themengeleitet sind, sind Thema und Frame nicht gleichzusetzen. So stellen Durant et al. fest, dass ein Thema durchaus in verschiedenen Frames gefunden werden kann:

„We suggest distinguishing ‚theme' and ‚frame' as figure-ground ambiguity: the frame is ground, the theme is figure. The same theme, e.g. genetic testing, could be presented in different frames, and the same frame can accommodate different themes. There may be however statistical associations between themes and frames." (Durant et al. 1998, S. 288; vgl. auch Zillich 2011; Scheufele 2004*).*

Grundlegend für die Einordnung in den jeweiligen Frame ist entsprechend nicht nur das Thema, sondern auch der Deutungsrahmen und die Betrachtungsweise der Argumentation.

Die Identifizierung der Medienframes wurde themenspezifisch geleitet von der Forschungsfrage nach den Kontexten der Berichterstattung sowie der Frage nach den Nutzen und Risiken, die mit der Personalisierten Medizin verbunden werden. In Anlehnung an Entmans Definition, in der ein Frame aus Problemdefinition, kausaler Interpretation, moralischer Evaluation und/oder Handlungsempfehlung (Entman 1993, 52) zusammengesetzt ist, wurden die Frames auch hier bestimmt und analysiert. Die Problemstellung wurde über die grundlegenden Themen definiert und unterschieden nach Wissenschaft und (Grundlagen-) Forschung, Medizin, Krankheiten, Gesundheitssystem, Gesellschaft, Beruf, Wirtschaft und breite Darstellung der Facetten der Personalisierten Medizin. Die kausale Interpretation beinhaltet die Nutzen-Risiko-Analyse innerhalb des Artikels und die moralische Evaluation der Beurteilung der Personalisierten Medizin.

Zur Erfassung der Medienframes wurde ein quantitativ-interpretatives Verfahren gewählt (Matthes und Kohring 2004, S. 57 f.). Die Frames wurden induktiv auf Basis der deskriptiven Inhaltsanalyse und einer Auswahl von Artikeln interpretativ abgeleitet und anschließend auf das gesamte Untersuchungsmaterial quantifiziert. Es wurden sieben Haupt-Frames und vier kleinere Frames identifiziert. Zudem wurde eine Reihe von Artikeln gefunden, die mehreren Frames hätten zugeordnet werden können, da sie eine Vielzahl von Themen und breite Analysen mit umfassender Nutzen-Risiko-Abwägung beschreiben. Diese wurden als ausführliches Portrait der Personalisierten Medizin kodiert.

Übersicht der Medienframes

Hauptframes:

- Fortschritt in Wissenschaft und Forschung: Grundlagenforschung, medizinische Forschungsberichte, Genforschung und Biotechnologie
- Medizinische Anwendung: Berichte über neue Arzneimittel und Behandlungsmethoden
- Krankheit im Fokus: Berichte über spezifische Krankheiten, Berichte aus Patientensicht
- Kosten im Gesundheitssystem: Kosten neuer Therapien für das Gesundheitssystem
- Gesundheitspolitik: Politische Entscheidungen zum Gesundheitswesen, Gesetzesinitiativen, Datenschutz
- Ökonomische Perspektiven: Unternehmens- und Branchenberichte
- Ausführliches Portrait der Personalisierten Medizin: Beschreibung verschiedener Facetten der Personalisierten Medizin, umfassende Nutzen-Risiko-Abwägungen

Nebenframes:

- Berufsbilder: Persönliche Portraits; Beschreibung von Berufen mit Anbindung an die Personalisierte Medizin
- Zukunftsvisionen: Visionen für zukünftige Entwicklungen der Gesellschaft
- Nutrigenomics: Auf das Erbgut abgestimmte Ernährung, „personalisierte" Ernährung

- IT und Digitale Welt: Verarbeitung, Speicherung und Zugang zu digitalen medizinischen Daten, medizinische Angebote im Internet
- Ohne Frame: Routineberichterstattung, nicht zuzuordnen

In der vorliegenden Studie ist nur ein sehr geringer Teil der Artikel der Routineberichterstattung zuzuordnen. Personalisierte Medizin wird in sehr spezifischen Kontexten, meist in der Wissenschafts- und Medizinberichterstattung und ausführlicheren Analysen erwähnt. Für die vorliegende Analyse wurden außerdem Artikel in die Frameanalyse einbezogen, die Personalisierte Medizin nur als Schlagwort erwähnen, ohne dass sie zum vorrangigen Thema wird, um auch die dort dargestellten Kontexte in die Analyse einfließen zu lassen. Dadurch und auf Grund der Wahl themenspezifischer Frames blieb die Zahl der Artikel die keinem Frame zugeordnet werden konnten, mit vier Artikeln in Deutschland, zwei Artikeln in Großbritannien und sieben Artikeln in den USA sehr gering. Es sind fast ausschließlich Artikel, die thematisch ohne Bezug zur Personalisierten Medizin stehen, wie Veranstaltungsankündigungen, Buchbesprechungen oder Bekanntmachung einer neuen Internetseite.

2.4 Methodik der Darstellung der Nutzen und Risiken

Um mögliche Konfliktfelder und mit ihnen verbundene Nutzen- und Risikodimensionen besser beschreiben zu können, wird im Folgenden auf das Konzept des „social embedding" von Mediendiskursen Bezug genommen, wie es Weingart et al. für die Debatte zur biomedizinischen Forschung beschrieben (Weingart et al. 2008). Das Ergebnis ihrer Analyse zeigt, dass die Darstellung biomedizinischer Forschung in den Medien durch die Intensität der zumeist ethischen Diskurse zu Technologien wie dem Klonen, der Stammzellforschung und der Sequenzierung des menschlichen Erbgutes gekennzeichnet ist. Darüber hinaus stellen sie fest, dass die Diskurse zu einzelnen Technologien mit unterschiedlichen gesellschaftlichen Kontexten verbunden sind und entsprechend verschieden bewertet werden. So werden die Anwendung neuer Technologien und deren mögliche Auswirkungen auf die Gesellschaft wesentlich kontroverser dargestellt, als die Ergebnisse wissenschaftlicher Forschung. Konflikte entstehen im Aufeinandertreffen der Anwendung neuen Wissens und ethischer Werte.

Zur Kommunikation von Risiken in den Medien und deren Wahrnehmung in der Öffentlichkeit hat Wilkinson (1999) beschrieben, dass die Berichterstattung auch zu potenziell gefährlichen Technologien dann eher „anti-sensationalistisch" und „pro-Technologie" ist, wenn es um Fortschritte der Wissenschaft und Forschung geht. Dies mag an der Wissenschaftsberichterstattung liegen, die eher auf den Nachrichtenwert der Forschungsergebnisse abzielt und weniger mögliche Kontroversen potenzieller Anwendungen im Blick hat. Im Gegensatz dazu wurde bei der Analyse der Medienframes festgestellt, dass gerade im Frame *Fortschritt in*

Wissenschaft und Forschung häufiger Risiken kommuniziert werden als in anderen Frames. Weiterhin ist zu beachten, dass es sich bei der Personalisierten Medizin nicht um eine neue Technologie, sondern um die Anwendung neuer Technologien handelt. Die Darstellung von Risiken kann aufgrund dessen nach anderen Mustern erfolgen, als von Weingart und Wilkinson beschrieben.

Cacciatore et al. (2011) haben für den Fall der Nanotechnologie beschrieben, dass die Wahrnehmung neuer Technologien nicht unspezifisch auf eine Technologie bezogen werden kann. Vielmehr wird die Risikowahrnehmung fallspezifisch durch den Kontext bestimmt, in den die entsprechende Technologie eingeordnet wird. So wird das Feld der medizinischen Anwendungen im Gegensatz zum Umweltkontext im Allgemeinen eher positiv gesehen aufgrund der persönlichen Betroffenheit der Menschen (Cacciatore et al. 2011, S. 400).

In dieser Analyse wird aufgezeigt, welche Bedeutung die Darstellung von Risiken im Zusammenhang mit der Personalisierten Medizin hat. Zudem wird beschrieben, welche konkreten Risiken diskutiert werden und auf welche Bereiche der Personalisierten Medizin sie sich beziehen. Dafür wurden die Nutzen- und Risikoerwähnungen für die analysierten Länder tabellarisch aufgeschlüsselt. Die Wertung wurde für jeden Artikel von zwei Kodierern separat evaluiert. Im Falle von Abweichungen wurde ein Konsens gefunden. Bei der Evaluation spielte nicht allein die Erwähnung von Nutzen und Risiken eine Rolle, sondern auch die Beurteilung der Personalisierten Medizin durch den Autor des Artikels. So kann die Wertung eines Artikels trotz der Erwähnung von Risiken positiv sein. Artikel ohne Wertung oder ohne Erwähnung von Nutzung und Risiken sind vorwiegend solche, in denen die Personalisierte Medizin nur am Rand erwähnt wurde, etwa als Zukunftsperspektive oder Unternehmensstrategie.

3 Ergebnisse

3.1 Inhalte und Grundzüge der Berichterstattung

Während in Deutschland 39 der analysierten Artikel die Personalisierte Medizin als Kernthema oder als primären Themenschwerpunkt behandeln, sind es in England mit 17 Artikeln nur 14 % und in den USA mit 14 nur 12 % der Artikel. Häufiger wird Personalisierte Medizin als Schlagwort ohne weitere Erklärung verwendet, um beispielsweise eine Zukunftsperspektive des gegenwärtigen technologischen und wissenschaftlichen Standes zu beschreiben. Facetten werden dann unter den Themenschwerpunkten Biotechnologie, Gentechnik oder Krebsforschung/-medizin dargestellt und kommentiert. Die folgende deskriptive Analyse der Inhalte im Zeitverlauf gewährt einen ersten wichtigen Überblick über die Berichterstattung in den drei genannten Ländern.

In Deutschland handelt es sich in beiden Phasen der Berichterstattung vorwiegend um Forschungsberichte aus der Genforschung und der Erforschung neuer Medikamente und Therapien, sowie der Diagnostik. Schwerpunkte sind neue Arzneimittel, Wirksamkeit, Dosierung, Nebenwirkungen, genetische Prädispositionen für Krankheiten und Effektivität von Wirkstoffen. Ein weiterer Fokus liegt auf wirtschaftlichen Faktoren: die Entwicklung der Pharmaindustrie sowie die mit der Personalisierten Medizin verbundenen Kosten für das Gesundheitssystem.

Im Hinblick auf spezifische Inhalte bestehen klare Unterschiede zwischen Phase I und II der Berichterstattung. In Phase I (1999–2008) stehen die Entschlüsselung des menschlichen Erbgutes im Rahmen des Human Genome Project und Grundlagenforschung im Bereich der Gentechnik, insbesondere in Bezug auf genetische Krankheitsursachen und genaue Diagnosestellung im Zentrum. Perspektivisch werden auch Hoffnungen auf die Heilung von Krebs erwähnt. Der Schwerpunkt Wissenschaftsberichterstattung und Genforschung spiegelt sich darin wider, dass der überwiegende Teil der Berichterstattung in den Ressorts Wissenschaft und Gesundheit erscheint.

In Phase II (ab 2008) wird die Berichterstattung differenzierter. Neben dem Schwerpunkt der medizinischen Forschung und ersten konkreten Anwendungen neuer Technologien in der Krebstherapie spielen auch kritische Aspekte wie die Kosten der neuen Behandlungsmethoden, Datenschutz, starke Nebenwirkungen oder eine fehlende Wirksamkeit der Arzneimittel eine Rolle. Das Konzept der Personalisierten Medizin wird dort aus gesundheitspolitischer, finanzieller und ethischer Sicht in Frage gestellt. Den Wandel von Wissenschaft und Forschung hin zu Anwendungen in der medizinischen Praxis sieht man auch in der Veränderung der Platzierung der Zeitungsartikel. Während sie zu Beginn eher in den Ressorts Wissen und Wissenschaft angesiedelt sind, wird gegen Ende des Beobachtungszeitraumes häufiger in den Ressorts Gesundheit, Medizin und Leben berichtet. Zudem wird ab 2009 in Feuilleton/Kultur, Beruf, Digital, Meinung und Buch über Personalisierte Medizin berichtet. Auch wenn der Schwerpunkt weiterhin im Bereich der Wissenschafts- und Medizinberichte liegt, deutet dies auf eine zunehmende Diversifizierung hin.

Insgesamt zeichnet sich die Berichterstattung durch eine starke Heterogenität in Bezug auf die untersuchten Themen und Positionen aus. Weder findet sich eine eindeutige Tendenz in Richtung einer positiven Berichterstattung, noch wird Personalisierte Medizin mehrheitlich kritisch dargestellt. Das Bild der Personalisierten Medizin in den deutschen Medien ist demnach als heterogen zu beschreiben.

Die Wirtschaftsberichterstattung geht zum überwiegenden Teil mit 20 von 22 Artikeln auf die FAZ/FAS zurück. Auch hier ist ein Wandel zu beobachten. In

Phase I erscheinen Wirtschaftsnachrichten ausschließlich im Ressort Finanzen und Investor unter dem Gesichtspunkt des Investments. In Phase II finden sich diese auch im Ressort Wirtschaft – oft als Unternehmensberichte beispielsweise zum Biotechnologieunternehmen Qiagen und in allgemeinen Branchennachrichten. Eine Ausnahme stellt ein Artikel aus der FAZ von 2001 dar (Garbe 2001). Unter dem Gesichtspunkt der Entscheidungen für oder gegen ein Investment werden die möglichen Anwendungen der Genforschung in den Bereichen Therapie und Diagnostik, Pränataldiagnostik, Pharmakogenetik und Krankheitsprävention dargestellt, sowie ethische und gesellschaftliche Debatten als wichtige Einflussfaktoren für Investmententscheidungen in die Analyse eingebracht. Personalisierte Medizin wird in diesem Artikel jedoch nur am Rande und als Resultat der biotechnologischen Forschung sowie als Zukunftsvision für Personalisierte Diagnose und Therapie erwähnt.

Charakterisiert wird die Berichterstattung in Großbritannien von der Darstellung der Personalisierten Medizin als Zukunftspotenzial. Der Satz „new era of personalised medicine“ wird in Großbritannien in insgesamt 18 Artikeln genannt (in den USA wird er ebenfalls zehn Mal erwähnt). Dabei überwiegt, mit Ausnahme des Kostenfaktors, die positive Darstellung. Ähnlich wie in Deutschland finden sich zwei Phasen mit unterschiedlich gearteter Berichterstattung.

In Phase I von 1999 bis 2006 findet eine geringere, aber beständige Berichterstattung statt. Bis 2001 geht es vor allem um die Sequenzierung des Erbgutes, sowie um Genforschung. Nach 2001 werden Anwendungen wie Klonen und Over-The-Counter Gentests besprochen. Der Bereich der Pharmakogenetik, d.h. die Möglichkeit die Arzneimittelwirkung und -nebenwirkung genauer zu bestimmen, wird in der frühen ersten Phase der Berichterstattung häufig beschrieben. Personalisierte Medizin wird in diesem Zeitraum fast ausschließlich mit Pharmakogenetik gleichgesetzt. Erst danach wird auf andere Bereiche näher eingegangen. Die medizinische Anwendung wird in Phase I sehr allgemein, als Zukunftsvision oder als Schlagwort ohne nähere Erläuterung beschrieben. Jedoch gibt es in Großbritannien einen klaren Anwendungsbezug: Die Hoffnung auf die Heilung von Mukoviszidose (cystic fibrosis) wird als ein Ziel der Personalisierten Medizin genannt. Diese bisher unheilbare Krankheit ist in Großbritannien stärker verbreitet als beispielsweise in Deutschland.

Ein weiterer Schwerpunkt ist die Übernahme von Amersham durch General Electric in den Jahren 2003 und 2004. Die Hälfte der Artikel des Jahres 2003 bezieht sich auf diese Übernahme und das Statement von Amershams CEO, dass Personalisierte Medizin die Zukunft des Unternehmens sein wird. Ein zweiter Anstieg der Berichterstattung in den Jahren 2004 und 2005 befasst sich hauptsächlich mit der Ankündigung des Berichts der Royal Society zur Personalisierten Medizin (The Royal Society 2005), sowie mit den Ergebnissen der koreanischen Stammzellforschung. Die Artikel erschienen in Phase I in den Ressorts Science und Health, mit der Ausnahme der Wirtschaftsberichterstattung zur Amersham-Übernahme.

In Phase II ab 2007 wandelt sich die Berichterstattung der Personalisierten Medizin hin zu einer Beschreibung ihrer medizinischen Anwendung wie z.B. bei der Diagnose von Krebs, aber auch über Firmen, die direct-to-consumer Gentests über ihre Internetseiten anbieten, wird berichtet. Die Zahl der Artikel nimmt in dieser Phase stark zu, insbesondere durch die Berichterstattung der Times, die ab 2007 regelmäßig und in großer Zahl Artikel mit dem Begriff „Personalisierte Medizin" veröffentlicht. Der Schwerpunkt der Berichterstattung findet sich auch in Phase II in den Ressorts Science und Health, allerdings werden Artikel in den Rubriken Business und Opinion häufiger.

Das Thema der Kosten im Gesundheitswesen spielt in Großbritannien eine ebenso große Rolle, wie in Deutschland. Allerdings werden im Gegensatz zu Deutschland der Kostenträger, das staatliche Gesundheitswesen NHS, und damit die möglichen finanziellen Konsequenzen für die Gesundheitsversorgung genau benannt. In den Jahren 2009 und 2010 wird die Ausbildung von Ärzten im Bereich der Personalisierten Medizin thematisiert, was in Deutschland nicht erwähnt wurde.

Eine inhaltliche Analyse der Zeitungen der USA ergab keine größeren Unterschiede zwischen Phase I und II. Weder waren die Höhepunkte der Berichterstattung von 2003 und 2008 einem oder mehreren Themen zuzuordnen, noch finden sich Schwerpunkte bei der Zuordnung zu einzelnen Ressorts. Ebenso wie in Deutschland und Großbritannien liegen die allgemeinen Schwerpunkte der Berichterstattung in den Bereichen Genforschung, medizinischer Fortschritt und Wirtschaft. In den USA wird zudem die Frage nach der Patentierbarkeit von Genen immer wieder thematisiert. Wie in Großbritannien werden zudem potenzielle Kosten der Personalisierten Medizin wesentlich konkreter beschrieben, als in Deutschland. Ein besonderer Schwerpunkt liegt in der Darstellung möglicher Konsequenzen von Genanalysen wie z.B. Diskriminierung durch Arbeitgeber oder Krankenversicherungen bei Menschen mit hohen genetischen Risiken für bestimmte Krankheiten. Die Folgen, insbesondere in Bezug auf die Krankenversicherung des Einzelnen, werden in den USA wesentlich stärker thematisiert, als in Deutschland und Großbritannien.

Charakteristisch für die Artikel in den USA ist eine enge Verbindung von wissenschaftlichen und ökonomischen Themen. In Artikeln zu Forschungsthemen werden häufig die wirtschaftliche Perspektive und Auswirkungen auf involvierte Unternehmen erwähnt. Ebenso wird in Artikeln über die Pharma- und Biotechnologiebranche, bzw. einzelne Unternehmen auch der Forschungskontext beschrieben. Ein Grund dafür ist, dass medizinische Forschung in den USA häufiger Unternehmen zugeordnet wird, als dies in den europäischen Ländern der Fall ist. Daten zur Forschung und deren möglicher Umsetzung in Arzneimittel wird daher den Unternehmensdaten und Wirtschaftsnachrichten zugeordnet. Zudem wurden in den USA Kommentare und Meinungen zu Chancen und Risiken der Personalisierten Medizin für die Gesellschaft deutlicher von der Wissenschafts- und Wirtschaftsberichterstattung getrennt, als in Deutschland.

Vergleich und Zusammenfassung

Vergleichend ist festzuhalten, dass sich die Berichterstattung in Phase I in allen drei Staaten ähnelt. Der inhaltliche Fokus liegt im Bereich von Wissenschaftsberichterstattung zur Genforschung, insbesondere zum Human Genome Project. In Phase II der Berichterstattung findet in Deutschland und Großbritannien eine inhaltliche Differenzierung statt, während in den USA lediglich die Zahl der veröffentlichten Artikel steigt. In dem Maße, in dem über Anwendungen der Personalisierten Medizin berichtet wird, werden länderspezifische Konsequenzen für die gesellschaftliche Sphäre dargestellt. Dies gilt insbesondere für die Kosten der Personalisierten Medizin für die Gesundheitssysteme. In der Wahrnehmung technologischer und gesellschaftlicher Risiken existieren Unterschiede zwischen den einzelnen Ländern. In Großbritannien und den USA wird die Personalisierte Medizin als Weiterentwicklung der Medizin beschrieben und nicht als Alternative oder parallele Entwicklung zur herkömmlichen Schulmedizin, wie dies in Deutschland der Fall ist.

3.2 Analyse der Medienframes

Ausgehend von der Fragestellung werden im folgenden Abschnitt die Muster der Berichterstattung untersucht. Dabei werden nicht konkrete Inhalte, sondern die Grundmuster der Darstellung bestimmter Themen in Form von Frames analysiert und vertiefend im Hinblick auf die Darstellung von Nutzen und Risiken untersucht.

Deutschland

In der deutschen Berichterstattung ist der Frame *Fortschritt in Wissenschaft und Forschung* (31) am stärksten vertreten, gefolgt vom Frame *ökonomische Perspektiven* (25) und den Frames *Krankheit im Fokus*, *Ausführliches Portrait der Personalisierten Medizin* (jeweils 12) und *medizinische Anwendung* (9). Damit bestätigt sich der Eindruck der deskriptiven Inhaltsanalyse, dass Personalisierte Medizin vorwiegend als Forschungsthema dargestellt wird. In der Phase II der Berichterstattung nimmt die Anzahl der Beiträge im Frame *Fortschritt in Wissenschaft und Forschung* noch leicht zu, der Anteil an der Gesamtberichterstattung nimmt hingegen ab.

Eine genauere Betrachtung der Inhalte im Frame *Fortschritt in Wissenschaft und Forschung* ergab, dass es sich vorwiegend um Berichte zur Gentechnik und Genforschung handelt. So ist auch zu erklären, dass drei der vier Artikel mit klar negativer Beurteilung der Personalisierten Medizin in diesem Frame zu finden sind. Kritik bezieht sich in erster Linie auf die Genforschung sowie auf eine mangelnde Orientierung der medizinischen Forschung hinsichtlich der allgemeinen Gesundheitsversorgung oder weit verbreiteter Krankheiten im Kontrast zu den hohen Ausgaben für Forschung und Therapien im Bereich der Personalisierten Medizin. Die sechs Artikel des Frames, die ethische Fragen ansprachen, orientierten sich auf mit der Gentechnik verbundene Themen wie Stammzellforschung, Genmanipulation und genetischen Datenschutz.

Die Mehrheit der Artikel (14) sind allein nutzenorientiert, zwölf berichten sowohl über Nutzen, als auch über Risiken, vier Artikel zu Forschungsprojekten oder Ankündigungen zu Studien erwähnen weder Nutzen noch Risiken. Ein Artikel erwähnt hingegen nur Risiken. Dieser Frame ist dadurch gekennzeichnet, dass keine eindeutige Zuordnung in Bezug auf Nutzen- oder Risikoorientierung festzustellen ist. Forschungsthemen werden also sehr unterschiedlich bewertet.

Tabelle 3 Medienframes nach Nutzen und Risiken in der deutschen Medienberichterstattung

Name des Frames	Nutzen	Nutzen und Risiken	Risiken	weder Nutzen noch Risiken	Gesamt (%)
Fortschritt in Wissenschaft und Forschung	14	12	1	4	31 (29,2)
Medizinische Anwendung	9				9 (8,5)
Krankheit im Fokus	9	3			12 (11,3)
Kosten im Gesundheitssystem		1			1 (0,9)
Gesundheitspolitik		2	1		3 (2,8)
Ökonomische Perspektiven	9	6		10	25 (23,6)
Ausführliches Portrait	2	8	2		12 (11,3)
Berufsbilder	2				2 (1,9)

Name des Frames	Nutzen	Nutzen und Risiken	Risiken	weder Nutzen noch Risiken	Gesamt (%)
Zukunftsvisionen	2				2 (1,9)
Nutrigenomics	1	1			2 (1,9)
IT und Digitale Welt	1	1		1	3 (2,8)
Ohne Frame				4	4 (3,8)
Gesamt (%)	49 (46,2)	34 (32,1)	4 (3,8)	19 (17,9)	106 (100)

Acht der neun Artikel im Frame *medizinische Anwendung* sind in Phase II der Berichterstattung erschienen – ausschließlich nutzenorientiert und positiv in der Bewertung. Die Personalisierte Medizin ist in sechs Artikeln der Phase II Kernthema der Berichterstattung. Im Frame *Krankheit im Fokus* geht es um Krebserkrankungen, genetische Krankheitsursachen und seltene Krankheiten. In diesem Frame ist die Mehrheit der Artikel, zehn von zwölf, ebenfalls in Phase II erschienen. In diesem Frame werden verstärkt Risiken und ethische Überlegungen angesprochen, beispielsweise Kosten-Nutzen-Abwägungen für teure Krebstherapien. Bei dieser Frage, was Arzneimittel bei möglicherweise geringem Nutzen oder hohen Nebenwirkungen kosten dürfen, setzt die Kritik an der Personalisierten Medizin an.

Wenig überraschend ist bei beiden Frames, dass die Mehrheit der Berichterstattung in Phase II zu finden ist, da in diesem Zeitraum mehrere Medikamente der Personalisierten Medizin, hauptsächlich für die Krebstherapie, zugelassen wurden. Wie auch im Frame *Forschung* ist die Mehrheit der Artikel positiv. Überraschend ist allerdings, dass der Frame *medizinische Anwendung* ausschließlich nutzenorientiert und positiv berichtet, während im patientenorientierten Frame *Krankheit im Fokus* Kritik an teuren Behandlungen, nicht erwiesenem Nutzen und Kosten der Behandlung geübt wird.

Der Frame *Kosten im Gesundheitssystem* wurde aus der Inhaltsanalyse abgeleitet, wo das Thema in einer großen Zahl von Artikeln Erwähnung fand. So wird in insgesamt 23 Artikeln der Faktor Kosten genannt, in zwölf Artikeln wird er negativ mit Kostensteigerungen verbunden, in elf wird das Thema mit möglichen Kostensenkungen oder Effizienzsteigerungen in Verbindung gebracht oder sehr allgemein erwähnt. Allerdings wurde in der Analyse festgestellt, dass nur ein Artikel die Kosten zum Hauptthema macht (Picker et al. 2011). Entgegen vorherigen Erwartungen ist daher nur ein Artikel in diesem Frame identifiziert worden.

Der Frame *Gesundheitspolitik* ist der einzige, in dem keine ausschließlich nutzenorientierten Artikel vorhanden sind, sondern entweder Nutzen und Risiken oder nur Risiken beschrieben werden. Kernthema ist dabei nicht die Personalisierte Medizin selbst, sondern andere Debatten wie das Gendiagnostikgesetz, die Präimplantationsdiagnostik, Gendatenbanken und der *Personalized Medicine Act* in den USA. Alle Artikel in diesem Bereich sind in der FAZ in Phase II der Berichterstattung erschienen.

Der zweitgrößte Frame ist *ökonomische Perspektive*, der 25 Artikel umfasst. Wie bereits erwähnt ist dieser Frame mit 18 Artikeln stark von der Berichterstattung der FAZ geprägt. Insgesamt spielt die Personalisierte Medizin allerdings in 17 Artikeln nur eine untergeordnete Rolle und es werden auch keine Nutzen oder Risiken erwähnt. Neben Berichten zu Konferenzen oder Studien im Frame *Fortschritt in Wissenschaft und Forschung* ist dies der einzige Frame, in dem eine größere Anzahl von Artikeln (10) weder Nutzen noch Risiken der Personalisierten Medizin beschreibt. Im Mittelpunkt stehen hier Unternehmens- und Branchennachrichten. In zwei Artikeln werden ethische Fragen gestellt, u. a. wie viel Gesundheitsvorsorge sich das Gesundheitssystem leisten soll sowie Fragen bezüglich der Gentechnik.

Im Frame *Ausführliches Portrait der Personalisierten Medizin* diskutieren acht der insgesamt zwölf Artikel sowohl den Nutzen als auch die Risiken der Personalisierten Medizin. Dies betrifft insbesondere den gesellschaftlichen Bereich wie etwa Fragen zum Datenschutz, zu den Kosten für das Gesundheitssystem, zur Gefahr der Zwei-Klassen-Medizin und der möglichen Vernachlässigung kleiner Patientengruppen. Drei Artikel in diesem Frame sind eher negativ gegenüber der Personalisierten Medizin, ein weiterer ist deutlich negativ. Bemerkenswerterweise ist der erste Artikel des Beobachtungszeitraums zur Personalisierten Medizin in Die Zeit von 1999 auch in diesem Frame zu finden. Insgesamt liegt der Schwerpunkt der Artikel in diesem Frame bei den Blättern Die Zeit (5) und Süddeutsche Zeitung (2). In den weiteren Nebenframes wird die Personalisierte Medizin in anderen Zusammenhängen erwähnt, zum Beispiel als Vergleich zu genetisch abgestimmter Ernährung im Frame *Nutrigenomics*, als Teil von Zukunftsvisionen oder als Berufsbilder in den ebenso benannten Frames sowie im Zusammenhang mit Entwicklungen im IT-Bereich im Frame *IT und Digitale Welt*.

Wie in Tabelle 3 zu sehen, ist fast die Hälfte der analysierten Artikel rein nutzenorientiert. Immerhin fast ein Drittel der Artikel erwähnt zumindest sowohl Nutzen als auch Risiken. Nur ein geringer Teil (3,8 %) stellt allein die Risiken dar. Risiken werden in erster Linie in den Frames *Fortschritt in Wissenschaft und Forschung* und *Ausführliches Portrait der Personalisierten Medizin* beschrieben. Während die Erwähnung von Risiken in sehr ausführlichen Artikeln nicht verwundert, so ist doch bemerkenswert, dass Risiken gerade in Bezug auf die Forschung erwähnt werden, während sie in Bezug auf medizinische Anwendung und Krankheiten kaum oder gar nicht zur Sprache kommen. Der Frame *ökonomische Perspektiven* ist als zweitgrößter Frame zwar ebenfalls überwiegend nutzenorientiert, hat jedoch einen großen Anteil an Artikeln, die entweder sowohl Nutzen als auch Risiken erwähnen oder weder Nutzen noch Risiken erwähnen, was bei Branchen- und Unternehmensnachrichten allerdings zu erwarten war.

Zusammenfassend kann man sagen, dass Personalisierte Medizin vorwiegend als Gegenstand in Forschung und Wirtschaft dargestellt wird. Aber auch in anderen Frames findet sich eine große Zahl von Artikeln. Während im Forschungsframe die Berichterstattung von rein nutzenorientierten Artikel und solchen, die auch mögliche Risiken erwähnen, fast ausgeglichen ist, wird insbesondere in Frames zur medizinischen Anwendung und zu Krankheiten eine nutzenorientierte Berichterstattung festgestellt. Gerade im Bereich der Anwendung überwiegt in den Medien die rein nutzenorientierte Darstellung.

Großbritannien

In England unterscheidet sich die Gewichtung der Medienframes von der deutschen Berichterstattung. Die Hauptframes unterscheiden sich hauptsächlich durch eine wesentlich höhere Gewichtung des Frames *Fortschritt in Wissenschaft und Forschung*. Die Artikel sind in Großbritannien zudem mehr auf neue Forschungsergebnisse mit möglichen Anwendungen ausgerichtet. In Deutschland stehen häufiger die Krankheit und deren Beschreibung im Mittelpunkt. Wie in Tabelle 4 dargestellt, ist die Hälfte der Artikel im Frame *Fortschritt in Wissenschaft und Forschung* verortet. Der Frame *medizinische Anwendung* ist ähnlich wie in Deutschland eher gering. Einen Unterschied gibt es in *Krankheit im Fokus*, der in Deutschland 11,3 % der Berichterstattung ausmacht, in England jedoch mit nur einem Artikel hingegen kaum ins Gewicht fällt. Der Frame *Kosten im Gesundheitssystem* ist, wie auch in Deutschland, nur mit einem Artikel belegt. *Gesundheitspolitik* nimmt einen etwas größeren Stellenwert in der Berichterstattung ein. *Ökonomische Perspektive* und *Ausführliches Portrait der Personalisierten Medizin* sind in Großbritannien nur leicht schwächer gewichtet. Die Nebenframes *Berufsbilder*, *Nutrigenomics, Zukunftsvisionen* und *IT und Digitale Welt* sind der Berichterstattung in Deutschland sehr ähnlich.

Alle Artikel sind stärker nutzenorientiert als die der deutschen Berichterstattung. Dies gilt insbesondere für *Fortschritt in Wissenschaft und Forschung*, wo nur 15 von 63 Artikeln sowohl Nutzen als auch mögliche Risiken der Personalisierten

Medizin benennen. Bei 39 Artikeln in diesem Frame wird nur auf den möglichen Nutzen verwiesen. Trotz dieser starken Nutzenorientierung werden ethische Fragen der Personalisierten Medizin vorwiegend in diesem Frame behandelt. Von den 22 Artikeln, in denen ethische Aspekte angesprochen werden, sind 16 Beiträge hier zu finden.

Tabelle 4 Medienframes nach Nutzen und Risiken in der britischen Medienberichterstattung

Name des Frames	Nutzen	Nutzen und Risiken	Risiken	weder Nutzen noch Risiken	Gesamt (%)
Fortschritt in Wissenschaft und Forschung	39	15		9	63 (51,6)
Medizinische Anwendung	7	2			9 (7,4)
Krankheit im Fokus	1				1 (0,8)
Kosten im Gesundheitssystem		1			1 (0,8)
Gesundheitspolitik	2	3		1	6 (4,9)
Ökonomische Perspektiven	7	2		12	21 (17,2)
Ausführliches Portrait	3	5			8 (6,6)
Berufsbilder				1	1 (0,8)
Zukunftsvisionen	6				6 (4,9)
Nutrigenomics				1	1 (0,8)
IT und Digitale Welt	2			1	3 (1,6)
ohne Frame		1		1	2 (2,5)
Gesamt (%)	67 (54,1)	29 23,8)	0 (0)	26 (22,1)	122 100)

Im Gegensatz zu Deutschland, wo sich der starke Forschungsschwerpunkt zugunsten einer breiter gefächerten Berichterstattung in Phase II verringert, nimmt er in Großbritannien weiter zu. Von den in Phase I der Berichterstattung erschienenen Beiträgen sind 19 der 43 Artikel in *Fortschritt in Wissenschaft und Forschung*, in Phase II sind es hingegen 45 von 79. Dies ist besonders auf den starken Forschungsschwerpunkt in der Times zurückzuführen, in der 26 der 63 Artikel in diesem Frame erschienen. Bis auf eine Ausnahme wurden davon alle nach 2006 publiziert. Der inhaltliche Schwerpunkt dieses Frames liegt auf der Genforschung und zwar sowohl im Bereich der Arzneimittelwirkung (Pharmakogenetik, 15 Artikel), als auch im Bereich der Erforschung genetischer Krankheitsursachen (12 Artikel). Die Krebsforschung spielt ebenfalls eine Rolle, ist aber weniger dominant als in Deutschland. Thematisch nehmen Artikel zur Genforschung, zum Human Genome Project und dem 1000 Genome Project den größten Teil der Berichte ein. In drei Artikeln wird die Stammzellforschung erwähnt. Zehn der Artikel behandeln weitere Themen, wie die Studien der *Royal Society* und später des *Nuffield Council*.

Im Mittelpunkt des Frames *medizinische Anwendung* stehen neue Krebstherapien und in geringerem Maße Asthmamedikamente. Insgesamt ist dieser Frame weniger stark besetzt als in Deutschland. Sieben von neun Artikeln berichten nur über den Nutzen der Personalisierten Medizin, zwei sowohl über den Nutzen als auch die Risiken, wobei beide zu Beginn der Berichterstattung erschienen sind.

Die Frames *Krankheit im Fokus* und *Kosten im Gesundheitssystem* sind jeweils mit nur einem Artikel vertreten. Ersterer mit einem Artikel zu Diagnose und Therapie von Diabetes, letzterer mit einem Artikel über die Auswirkungen des medizinischen Fortschrittes auf das National Health System (NHS). Dieser Artikel aus dem Ressort Opinion beschreibt die Möglichkeiten der modernen Medizin und ihre potenzielle Entwicklung. Er beschreibt aber auch, dass das britische Gesundheitssystem dadurch an die Grenzen dessen geraten wird, was bezahlbar ist und fordert eine Auseinandersetzung mit den Konsequenzen (Sikora 2008).

Der Frame *Gesundheitspolitik* weicht inhaltlich in Großbritannien etwas ab von Deutschland. Während in den deutschen Medien das Gesundheitssystem als solches nie in Frage gestellt wird, wird in Großbritannien auch eine mögliche Neuorganisation des NHS oder sogar dessen Ende thematisiert. Die Hälfte der sechs Artikel in diesem Frame thematisiert Risiken; nur in einem 2003 in der Times erschienenen Artikel werden ethische Fragen der genetischen Diskriminierung und des Datenschutzes ausführlicher besprochen.

In den 21 Artikeln im Frame *ökonomische Perspektive* wird die Personalisierte Medizin lediglich erwähnt. Es geht in erster Linie um die Übernahme von Amersham durch GE, die Gründung von ViiV als Joint Venture durch Pfizer und Glaxo Smith Kline, die Unternehmen 23andMe und DeCode Genetics, sowie das Pharmaunternehmen Astra Zeneca.

Der Frame *Ausführliches Portrait der Personalisierten Medizin* nimmt mit acht Artikeln einen geringeren Teil der Berichterstattung ein als in Deutschland. Ein Grund dafür kann die Medienauswahl sein. In fünf der acht Artikel werden sowohl Nutzen als auch Risiken erwähnt. Es ist neben dem Frame Gesundheitspolitik somit der Einzige, in dem nicht die rein nutzenorientierte Berichterstattung überwiegt. Fünf der Artikel in diesem Frame sind in der Times erschienen, zwei im Guardian und einer im Observer. Interessant ist auch, dass sechs der acht Artikel bereits in Phase I veröffentlicht wurden. Auch in diesem Frame stehen Gentests zur Voraussage von Krankheitswahrscheinlichkeiten sowie der Bereich der Pharmakogenetik im Vordergrund, ohne aber dabei einen so starken Fokus auf den Bereich der Krebsmedizin zu setzen wie in Deutschland. Krebs wird vielmehr als eines von mehreren Anwendungsgebieten benannt. Bei den Risiken werden die möglichen psychischen Belastungen durch Gentests genannt, sowie die noch unklare Aussagefähigkeit der Tests. Des Weiteren werden die Kosten für das NHS thematisiert, sowie die Gefahr der Diskriminierung und der möglicherweise beschränkten Zugangsmöglichkeiten für Teile der Gesellschaft.

Ähnlich wie die Wirtschaftsberichte erwähnen auch die Artikel in *Berufsbilder, IT und Digitale Welt* und *Nutrigenomics* die Personalisierte Medizin nur am Rande und ohne mögliche Risiken. Die Artikel im Frame *Zukunftsvisionen* sind ausschließlich nutzenorientiert und erwähnen nicht die Kosten, die sonst in Großbritannien eine wichtige Rolle spielen.

Zusammenfassend kann festgestellt werden, dass die Berichterstattung in Großbritannien stark forschungs- und nutzenorientiert ist. Über 50 Prozent der Artikel wurden dem Frame *Fortschritt in Wissenschaft und Forschung* zugeordnet. Die Erwähnung von Risiken findet sich vorwiegend in *Fortschritt in Wissenschaft und Forschung*, auch wenn sie nur einen geringeren Anteil der Artikel in diesem Frame ausmachen, sowie in den Frames *Gesundheitspolitik* und *Ausführliches Portrait der Personalisierten Medizin.*

USA

In den USA ist *Fortschritt in Wissenschaft und Forschung* der anteilsmäßig größte Frame, ähnlich wie in Deutschland und Großbritannien. Mit 25,9 % der Artikel ist er etwas kleiner als in Deutschland mit 29,2 % oder in England, wo mit 61,5 % über die Hälfte der Artikel in diesem Frame erschienen ist. Dafür ist in den USA der zweitgrößte Frame *Medizinische Anwendung* mit 19 Artikeln doppelt so groß wie in Deutschland oder England. Dieser Frame ist in den USA der zweitgrößte. An dritter Stelle folgt *Gesundheitspolitik* mit 18 Artikeln (16,7 %), der in Deutschland mit 2,8 % in Deutschland und in England mit 4,9 %, vertreten ist. Erst danach folgen die Frames *ökonomische Perspektiven* mit zwölf

Artikeln und *Ausführliches Portrait der Personalisierten Medizin* mit sechs Artikeln. Von den Hauptframes ist der in Deutschland sehr starke Frame *Krankheit im Fokus* in den USA gar nicht und *Kosten im Gesundheitssystem* mit nur einem Artikel, wie in Deutschland und Großbritannien, kaum vertreten. Unter den Nebenframes sind in den USA *Berufsbilder* und *Nutrigenomics* mit jeweils sechs Artikeln stärker vertreten. *IT und Digitale Welt* beinhaltet vier Artikel und *Zukunftsvisionen* nur einen. Sieben Artikel sind in den USA keinem Frame zuzuordnen.

Ein genauerer Blick auf die Frames in Tabelle 5 zeigt weitere Unterschiede zwischen den USA, England und Deutschland. Im Frame *Fortschritt in Wissenschaft und Forschung* gibt es einen größeren Anteil von Artikeln, die sowohl Nutzen als auch Risiken der Personalisierten Medizin thematisieren. Lässt man die Artikel, die weder Nutzen noch Risiken erwähnen außer Acht, so berichten sogar zwei Drittel der Artikel auch oder ausschließlich über mögliche Risiken. Lediglich sechs Artikel thematisieren nur den Nutzen der Personalisierten Medizin. Die Risiken beziehen sich in erster Linie auf die Gefahren der Genforschung und der Verwendung von Gentests: Die Gefahr der Diskriminierung durch Versicherungen oder Arbeitgeber, Datenschutz, Ungewissheiten bei der Beurteilung der Ergebnisse von Gentests sowie die psychische Belastung durch die Tests für den Einzelnen.

Tabelle 5 Medienframes nach Nutzen und Risiken in der amerikanischen Medienberichterstattung

Name des Frames	Nutzen	Nutzen und Risiken	Risiken	weder Nutzen noch Risiken	Gesamt (%)
Fortschritt in Wissenschaft und Forschung	6	7	2	13	28 (25,9)
Medizinische Anwendung	9	1	1	8	19 (17,6)
Krankheit im Fokus					
Kosten im Gesundheitssystem			1		1 (0,9)
Gesundheitspolitik	4	6	4	4	18 (16,7)
ökonomische Perspektiven	1	1	1	9	12 (11,1)
Ausführliches Portrait	1	5			6 (5,6)

Name des Frames	Nutzen	Nutzen und Risiken	Risiken	weder Nutzen noch Risiken	Gesamt (%)
Berufsbilder	2		1	3	6 (5,6)
Zukunftsvisionen				1	1 (0,9)
Nutrigenomics	2	2	1	1	6 (5,6)
IT und Digitale Welt	2			2	4 (3,7)
ohne Frame		1	1	5	7 (6,5)
Gesamt (%)	27 (25,0)	24 (22,2)	11 (10,2)	46 (42,6)	108 (100)

Inhaltlich wird im Frame *Fortschritt in Wissenschaft und Forschung* überwiegend über Ergebnisse der Genforschung berichtet. Dabei kommen genetische Krankheitsursachen, Pharmakogenetik, die allgemeine Genforschung, sowie wirtschaftliche Faktoren, wie der Preis der Genomsequenzierung zur Sprache. In drei Artikeln in diesem Frame werden wirtschaftliche Perspektiven wie Unternehmens- und Gewinnentwicklung mit in die Analyse einbezogen. Zudem wird der Forschung in den Unternehmen mehr Platz eingeräumt, als dies in Deutschland und Großbritannien der Fall ist.

Der Frame *medizinische Anwendung* ist im Gegensatz zu Deutschland und Großbritannien weniger stark nutzenorientiert. Während in Deutschland ausschließlich und in England fast ausschließlich über den Nutzen der Personalisierten Medizin berichtet wird, ist in den USA fast die Hälfte der Artikel ohne Erwähnung von Nutzen oder Risiken. Neben der Behandlung von Krebs werden eine Reihe weiterer Krankheiten benannt, u. a. Hepatitis, AIDS und ADS. Risiken beziehen sich überwiegend auf die Nebenwirkungen der Medikamente in der Personalisierten Medizin und auf die mögliche Unzuverlässigkeit von Gentests. Die New York Times berichtet bereits im Jahr 2005 über die möglichen negativen Konsequenzen, ethnische Kategorien in biologische zu übertragen (Saul 2005). In verschiedenen Artikeln wird in diesem Frame der Ansatz der individualisierten Medikamentierung in Frage gestellt.

Im Frame *Kosten im Gesundheitssystem* ist nur ein Artikel verortet. Hier geht es um die Kosten von Medikamenten für seltene Krankheiten und Krebs. Konkret werden dabei Probleme mit den Versicherungen genannt, welche Behandlungen aufgrund zu hoher Kosten ablehnen könnten.

Der Frame *Gesundheitspolitik*, der in Deutschland und Großbritannien nur einen geringen Anteil an der Berichterstattung hat, nimmt in den USA mit 16,7% einen wesentlich größeren Stellenwert ein. Von den Hauptframes ist es der am stärksten heterogene, in dem die Berichterstattung von rein nutzenorientierten, über die bloße Erwähnung von Nutzen und Risiken hin zu rein risikoorientierten Artikeln verläuft. Hier finden sich Artikel über die Zulassung von Arzneimitteln und Veröffentlichungen von Richtlinien durch die FDA, Gerichtsurteile zur Patentierung von Genen und Gentests, die Förderung von Forschungseinrichtungen und die Verabschiedung des Genetic Information Nondiscrimination Acts von 2008. Die Artikel in diesem Frame sind in den Ressorts Science, Health, Opinion und Business erschienen. Ebenso vielfältig sind die berichteten Risiken: Sie umfassen die Gefahr genetischer Diskriminierung und ungenauer Aussagekraft von Gentests, mögliche Rationierung von medizinischen Dienstleistungen sowie auf die Industrie bezogene Risiken wie die Einschränkung von Forschung und Einbußen der Unternehmen durch neue Regelungen für die Patentierung von Gentests.

Während die Artikel in *ökonomische Perspektive* in Deutschland und Großbritannien überwiegend nutzenorientiert sind, sind in den USA neun der zwölf ohne Wertung. Risiken beziehen sich in diesem Frame schwerpunktmäßig darauf, dass die Entwicklung von neuen Arzneimitteln zunehmend komplizierter wird, die neue Technik teuer und ihr Nutzen nicht evaluiert ist.

Im Frame *Ausführliches Portrait der Personalisierten Medizin* finden sich in den USA nur sechs Beiträge. Drei der Artikel sind in dem Ressort Health erschienen, die anderen in den Ressorts Business und Technology. Risiken, die in diesem Frame kommuniziert werden, spiegeln ein breites Spektrum wider: Genannt werden erneut Diskriminierung durch Versicherer und Arbeitgeber, steigende Preise für Medikamente und mögliche Weigerungen der Versicherungen, für die hohen Kosten aufzukommen, Ärzte, die Gentests nicht kennen oder nicht durchführen wollen, Gentests, die nicht aussagekräftig oder ungenau sind, sowie ethische Bedenken gegenüber Klonen und Stammzellforschung.

Die Nebenframes nehmen in den USA mit insgesamt 17 Artikeln 15,7% der Berichterstattung ein. Besonders häufig sind *Berufsbilder* und *Nutrigenomics* (jeweils 6 Artikel) vertreten. *Berufsbilder* wird durch Artikel über Francis Collins bestimmt, zunächst sein Rücktritt als Direktor des National Center for Human Genome Research im Jahr 2008 und im folgenden Jahr seine Berufung zum Direktor der National Institutes of Health. Die Personalisierte Medizin wird in diesen Artikeln nur am Rande erwähnt. In *Nutrigenomics* werden Gentests und die damit verbundenen Risiken wie die psychologische Bedeutung von Gentests, Datenschutz, die Eigenverantwortung für die Gesundheit, genetische Diskriminierung sowie ethnische Zuschreibungen thematisiert. Kleiner als die beiden anderen ist der Frame *IT und Digitale Welt*. Die Artikel sind ausschließlich in den Ressorts Business und Technology publiziert und drehen sich vorwiegend um die Entwicklung von Health Information Technology und um digitale Krankenakten, wobei Risiken z. B. in Bezug auf Datenschutz nicht betrachtet werden. Für *Zukunftsvisionen* wurde nur ein Artikel identifiziert, in dem die Personalisierte Medizin lediglich kurz genannt wird.

Auffallend in der US-amerikanischen Berichterstattung ist, dass eine große Anzahl von Artikeln verschiedene Perspektiven aus Forschung, Wirtschaft und medizinischer Anwendung beinhaltet. Dabei wurden neben ausführlichen Berichten über neue Forschungsergebnisse auch Informationen zur Entwicklung von Unternehmen gegeben. Einige Artikel im Ressort Business waren eher Berichte zu Forschungsergebnissen und medizinischer Anwendung, in denen die Auswirkungen auf die Industrie beschrieben wurden. In anderen Artikeln der Ressorts Science und Health wird die Rolle von Unternehmen im Bereich Forschung und Entwicklung neuer Medikamente thematisiert. So ist die Hälfte der Artikel im Frame *ökonomische Perspektive* in diesen Ressorts erschienen. Artikel aus dem Ressort Business wurden wiederum den Frames *Fortschritt in Wissenschaft und Forschung* oder *medizinische Anwendung* zugeordnet. Dies gilt insbesondere für *medizinische Anwendung*, wo acht von 19 Artikeln neben dem medizinischen auch einen klaren wirtschaftlichen Schwerpunkt haben. Auch in *Fortschritt in Wissenschaft und Forschung* und *Ausführliches Portrait der Personalisierten Medizin* waren vier von 28 bzw., drei von sechs Artikeln mit wirtschaftlichem Schwerpunkt zu finden. Gerade in Phase I war diese Art der Berichterstattung besonders stark. Ein Großteil geht auf Nachrichten über Markteinführungen oder Neuentwicklungen in der Wirtschaft zurück. Im Vergleich zur deutschen Berichterstattung gehen die amerikanischen Medien wesentlich genauer auf die medizinischen Grundlagen, die Wirkungsweise von Arzneimitteln, die Funktionsweise von Gentests sowie deren Grenzen ein. Diese werden oft mit Analysen der wirtschaftlichen Entwicklung der Unternehmen verbunden.

Zusammengefasst zeichnet sich die amerikanische Berichterstattung dadurch aus, dass kein klarer Schwerpunkt auf einen Frame auszumachen ist. Zwar ist auch in den USA *Fortschritt in Wissenschaft und Forschung* am stärksten vertreten, er macht jedoch nur ein Viertel der Berichterstattung aus. Weitere Schwerpunkte sind die Frames *medizinische Anwendung*, *Gesundheitspolitik* und *ökonomische Perspektiven*. Charakteristisch für die Berichterstattung in den USA ist, dass Artikel aus dem Ressort Business oft dem Frame *Fortschritt in Wissenschaft und Forschung* und umgekehrt Artikel aus dem Ressort Science dem Frame *ökonomische Perspektive* zugerechnet werden. Zudem existieren zwischen den einzelnen Frames kaum Unterschiede in Bezug auf ihre Nutzen- und

Risikoorientierung. Hinzu kommt, dass in allen Frames der Anteil von Artikeln, die weder Chancen noch Risiken erwähnen, sehr hoch ist.

Vergleich und Zusammenfassung

Der Vergleich der Medienframes in Deutschland, Großbritannien und den USA zeigt, dass die Personalisierte Medizin jeweils unterschiedlich dargestellt wird. So ist zwar der Frame *Fortschritt in Wissenschaft und Forschung* in allen Ländern der größte, doch während er in England die Hälfte der Berichterstattung ausmacht, ist es in den USA nur ein Viertel. In den USA hingegen machen *Medizinische Anwendung* und *Gesundheitspolitik* mit 17,6% bzw. 16,7% einen verhältnismäßig großen Teil aus, während sie in den europäischen Staaten kaum vertreten sind. Personalisierte Medizin ist also in Europa wesentlich stärker als Forschungsgegenstand dargestellt, während in den USA bedeutend stärker die konkrete Anwendung bzw. mögliche zukünftige Anwendungen thematisiert werden. Zudem werden die Bereiche von Forschung und Medizin in den USA stärker mit unternehmerischen und politischen Rahmenbedingungen sowie Konsequenzen in Verbindung gebracht.

Tabelle 6 Übersicht: Verteilung der Medienframes in Deutschland, Großbritannien und den USA

Frames	Deutschland		UK		USA	
	gesamt	%	gesamt	%	gesamt	%
Fortschritt in Wissenschaft und Forschung	31	29,2	63	51,6	28	25,9
Medizinische Anwendung	9	8,5	9	7,4	19	17,6
Krankheit im Fokus	12	11,3	1	0,8	0	0
Kosten im Gesundheitssystem	1	0,9	1	0,8	1	0,9
Gesundheitspolitik	3	2,8	6	4,9	18	16,7
Ökonomische Perspektiven	25	23,6	21	17,2	12	11,1
Ausführliches Portrait	12	11,3	8	6,6	6	5,6

Frames	Deutschland		UK		USA	
	gesamt	%	gesamt	%	gesamt	%
Berufsbilder	2	1,9	1	0,8	6	5,6
Zukunftsvisionen	2	1,9	6	4,9	1	0,9
Nutrigenomics	2	1,9	1	0,8	6	5,6
IT und Digitale Welt	3	2,8	3	1,6	4	3,7
Ohne Frame	4	3,8	2	2,5	7	6,5
Gesamt	106	100	122	100	108	100

Die deutschen und britischen Artikel im Frame *Ausführliches Portrait der Personalisierten Medizin* haben überwiegend eine medizinische Ausrichtung und setzen diese in Bezug zu gesellschaftlichen Auswirkungen. Auch die Artikel, welche die Kosten für das Gesundheitssystem thematisieren, tun dies in Bezug auf die gesellschaftlichen Konsequenzen. In den USA spielt die Betrachtung ökonomischer Gesichtspunkte des medizinischen Fortschrittes eine wesentlich größere Rolle. Dabei wird der direkte Einfluss auf die Unternehmen, ihre Geschäftsstrategie und wirtschaftliche Entwicklung besonders oft diskutiert. Wie schon zuvor festgestellt, gilt dies sowohl für Artikel der Wirtschaftsberichterstattung, als auch für Artikel im Bereich der Wissenschaft und Medizin. Trotzdem nimmt der Frame *ökonomische Perspektiven* in den USA einen weitaus geringeren Stellenwert ein, als in Deutschland und Großbritannien.

Zudem unterscheiden sich die Frames in den USA, anders als in Deutschland und England, weniger klar nach ihrer Nutzen- und Risikoorientierung. Während in Deutschland und Großbritannien insbesondere in den Frames zu medizinischer Anwendung die nutzenorientierte Berichterstattung überwiegt, werden in den USA oft weder Nutzen noch Risiken genannt. Während also in den europäischen Staaten die Darstellung nutzenorientierter Forschung im Vordergrund steht, findet sich in den USA eine breitere Darstellung, die neben der Forschung besonders die medizinische Anwendung und die Gesundheitspolitik umfasst.

3.3 Darstellung von Nutzen und Risiken

In der Analyse der Medienframes ist deutlich geworden, dass sich die Darstellung der Personalisierten Medizin vorwiegend auf die Berichterstattung zu Forschungsthemen, medizinischer Anwendung, spezifischen Krankheiten und Wirtschaftsnachrichten bezieht. Risiken werden überwiegend in *Fortschritt in Wissenschaft und Forschung* und *Ausführliches Portrait der Personalisierten Medizin* kommuniziert. Dabei beziehen sie ein breites Spektrum an Themen ein. Ausgehend von dieser Erkenntnis wird im Folgenden gezeigt, in wie weit sich die Darstellung von Nutzen und Risiken in Bezug auf ihren Forschungs- und

Anwendungsbezug unterscheidet, ob sie sich im Zeitverlauf verändert und welchen Bezug sie zu Technologien und der Gesellschaft aufweist. Die Nutzen und Risiken werden zunächst quantitativ dargestellt. Neben einem inhaltlichen Überblick über die kommunizierten Nutzen und Risiken werden im Anschluss einzelne Themenfelder eingehender betrachtet.

Tabelle 7 Beurteilung und Nutzen-Risiko-Abwägung

	Deutschland		Großbritannien		USA	
Evaluation Risiken/Nutzen	Phase I (%)	Phase II (%)	Phase I (%)	Phase II (%)	Phase I (%)	Phase II (%)
Positiv	59	57	37	44	33	31
Neutral	19	6	19	24	9	4
Negativ	3	14	14	1	3	1
Ohne Wertung	19	23	30	31	55	64
Nur Risiken	–	4	–	–	9	13
Nur Nutzen	51	44	42	62	24	23
Risiken und Nutzen	27	33	37	16	30	21
Weder Risiken noch Nutzen	22	18	21	22	36	43

Deutschland

Die Darstellung von Nutzen und Risiken in Deutschland zeigt, dass die Berichterstattung überwiegend positiv und nutzenorientiert ist. Die Mehrheit der Artikel beschreibt den Nutzen der neuen Entwicklungen und beurteilt die Personalisierte Medizin positiv. Werden Nutzen und Risiken erwähnt, fällt die Beurteilung immer noch positiv aus. Selbst bei kritischer und negativer Bewertung wird fast immer auch der Nutzen der Personalisierten Medizin beschrieben. Insgesamt werden nur in vier Artikeln allein die Risiken ohne möglichen Nutzen erwähnt, ohne dabei eindeutig negative Wertungen zu formulieren. Trotz der Verwendung durchaus kontrovers diskutierter Technologien wie der Gentechnik, werden die medizinische Forschung und ihre Anwendung also nicht grundsätzlich in Frage gestellt. Hinzu kommt, dass 34 von 106 Beiträgen in ihrer Bewertung entweder neutral (11 Artikel) oder ohne Wertung (23) gegenüber der Personalisierten Medizin sind. Dazu gehören insbesondere die Artikel im Bereich der Wirtschaft und die Mehrzahl der Kurzberichte zu neuen Forschungsergebnissen.

Schaut man sich die Berichterstattung getrennt nach den beiden Phasen an, so ist festzuhalten, dass in Deutschland die positive Beurteilung der Personalisierten

Medizin in beiden Phasen überwiegt (Tabelle 3). Gleichzeitig nimmt in der zweiten Phase die negative Berichterstattung zu und steigt von einem auf zehn Artikel an. 38 Artikel benennen Risiken (34 Nutzen/Risiken, 4 nur Risiken), wobei die Erwähnung von Risiken nicht notwendigerweise mit einer negativen Bewertung einhergeht. Insgesamt ist die Berichterstattung in beiden Phasen überwiegend positiv, allerdings mit einem Fokus auf der Darstellung von Nutzen-Risiko-Abwägungen.

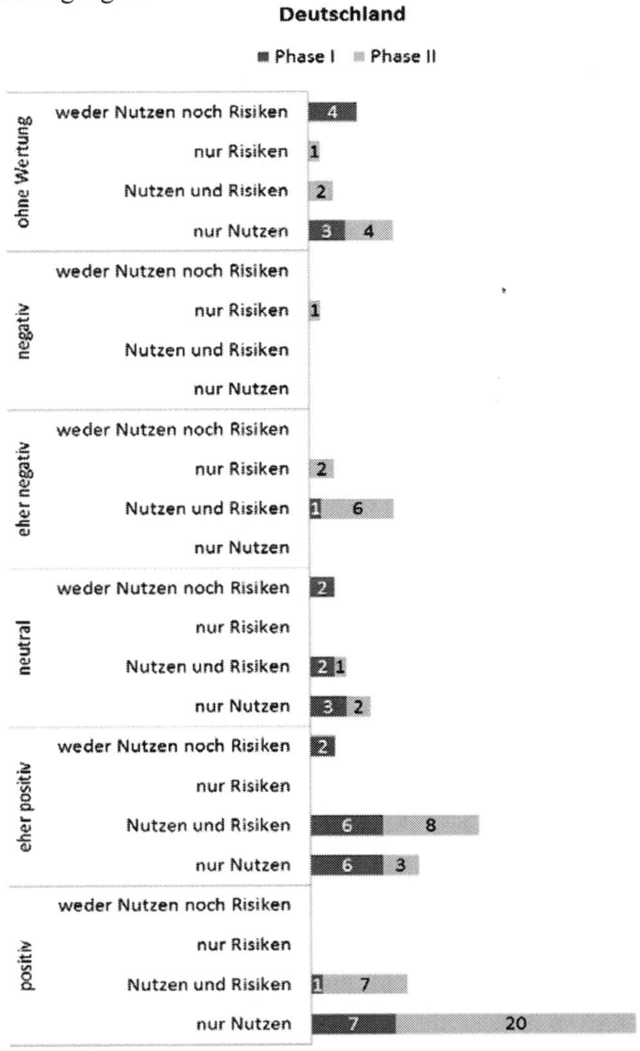

Abbildung 4 Nutzen und Risiken deutschen Berichterstattung in Phase I und II

Die Verteilung der Artikel in beiden Phasen unterscheidet sich weder in der Evaluation noch in Bezug auf die Darstellung von Nutzen und Risiken. Ausnahmen gibt es nur in einer Abnahme neutraler Artikel und einem leichten Anstieg negativer Artikel in Phase II, sowie in Bezug auf Nutzen und Risiken in einer Abnahme rein nutzenorientierter Artikel und einer Zunahme der Berichterstattung über Risiken.

Die Nutzen und Risiken der Personalisierten Medizin sind in Tabelle 8 dargestellt. Es zeigt sich, dass die Nutzendarstellung auf den medizinischen Bereich fokussiert ist, die Risiken aber auf die Bereiche Gesellschaft, Wirtschaft und Individuum diskutiert werden.

Tabelle 8 Nutzen und Risiken der Personalisierten Medizin in den deutschen Medien

Nutzen	Risiken
Effektivere Diagnose und Behandlung Genauere Dosierung von Arzneimitteln Weniger Nebenwirkungen Maßgeschneiderte Medizin Früherkennung und Prävention Voraussage genetischer Prädispositionen für bestimmte Krankheiten Kostenreduktion für das Gesundheitssystem durch gezieltere Therapien Effizientere Entwicklung und Zulassung von Arzneimitteln	Gefahr, Krankheitsursachen auf genetische Ursachen zu reduzieren Teure Behandlungen mit geringem Nutzen Zunehmende Kosten für das Gesundheitssystem durch teurere Behandlungen Gefahr zunehmender sozialer Ungleichheiten im Gesundheitssystem Unzureichender Datenschutz Diskriminierung aufgrund von genetischen Dispositionen Psychische Belastung durch die Resultate von Gentests Kostenanstieg für die Pharmaindustrie durch Marktsegmentierung und höhere Entwicklungskosten

Es sind nicht die ethischen Bedenken und Debatten über neue Technologien, die Weingart et al. (2008) noch für die frühe Berichterstattung zu Biomedizin Anfang der 2000er Jahre als problematisch identifizierten. Zwar ist die Personalisierte Medizin schon zu Beginn ihrer Darstellung in den Medien in eine Phase konkreter Vorbehalte eingetreten, grundsätzliche ethische Bedenken spielen aber nur eine geringe Rolle. Obwohl die Risiken häufig im Forschungskontext erwähnt werden, beziehen sie sich kaum auf die wissenschaftlichen Erkenntnisse. Vielmehr werden Risiken und negative Darstellungen der Personalisierten Medizin im Bereich der Kosten (30 Artikel), im Datenschutz (18 Artikel) und in geringerer Zahl bei weiteren gesellschaftlichen, ethischen und sozialen Fragen gesehen. Nicht die medizinische Forschung und Anwendung wird in Frage gestellt, sondern die externen Risiken. Diese werden aus anderen Debatten importiert, bzw. ist die Personalisierte Medizin eingebettet in diese Diskurse.

Großbritannien

Auch in den britischen Medien ist die Berichterstattung überwiegend positiv und nutzenorientiert. Auf Risiken der Personalisierten Medizin und Probleme ihrer Anwendung wird kaum Bezug genommen. Wie in Abbildung 5 dargestellt ist, berichtet der größte Teil der Artikel nur den Nutzen. Es konnte kein Beitrag identifiziert werden, der ausschließlich über die möglichen Risiken berichtete. Entsprechend ist auch der Großteil der Artikel eher positiv gewichtet. Im Vergleich zu Deutschland finden sich mehr Artikel, die keine Wertung beinhalten und weder Nutzen noch Risiken thematisieren. Hier spiegelt sich die große Anzahl der Berichte wider, die den Begriff Personalisierte Medizin nur am Rande oder als Schlagwort nennen.

In Phase I nennen 18 Artikel nur mögliche Nutzen der Personalisierten Medizin, in Phase II stieg ihre Zahl auf 49 und damit auf 62 % der Berichterstattung in dieser Phase an. Parallel dazu sank der Anteil der Beiträge, die sowohl Nutzen als auch Risiken erwähnten leicht von 16 Artikeln in Phase I auf 13 Artikel in Phase II. Dabei wurde kein Beitrag identifiziert, der nur Risiken benannte. Während von den Artikeln in der ersten Phase bis 2006 noch sechs Artikel als negativ und eher negativ eingestuft wurden, war es in Phase II nur noch ein Artikel. Die Zahl der positiven Artikel steigt währenddessen von 16 auf 35.

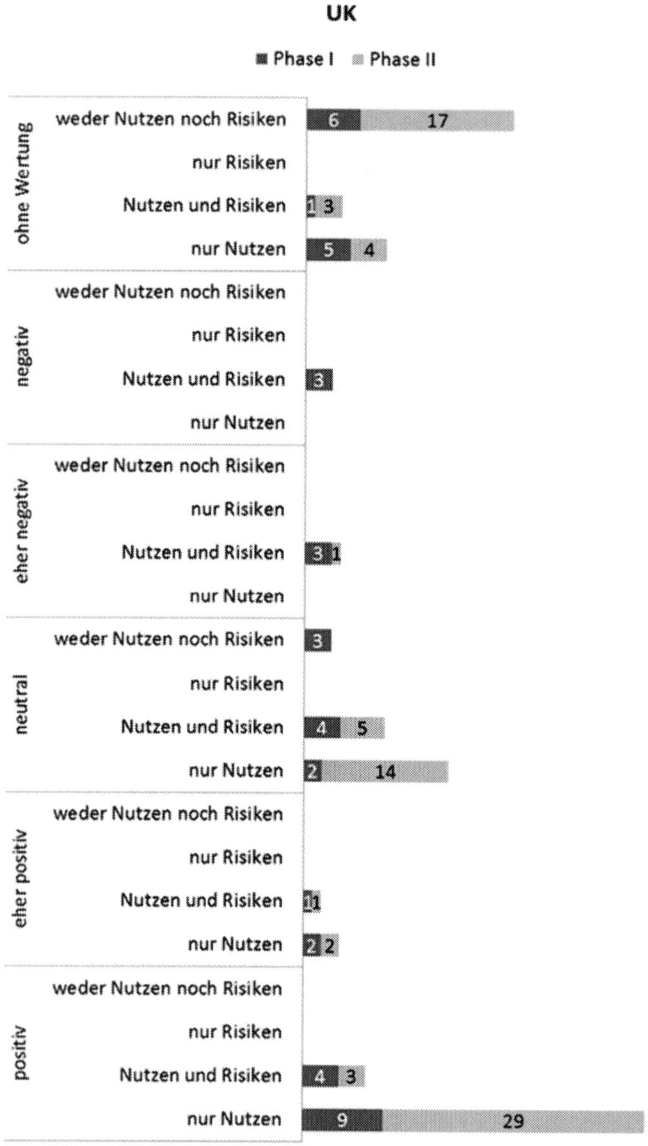

Abbildung 5 Nutzen und Risiken in der britischen Berichterstattung in Phase I und II

Die britischen Medien berichten im Zeitverlauf zunehmend nutzenorientiert und positiv. Auch Artikel die neutral ausgerichtet sind nehmen zu. Es wurde kein Beitrag identifiziert, der ausschließlich über mögliche Risiken berichtet. Hier ist eine andere Entwicklung zu beobachten als in Deutschland, wo zunehmend häufiger mögliche Risiken thematisiert werden. Die hohe Anzahl der Artikel ohne Wertung wird der Tatsache zugeschrieben, dass Personalisierte Medizin als Schlagwort in Beiträgen zur Entwicklung im Gesundheitswesen ohne weitere Erläuterungen verwendet wird. Der Begriff scheint hier also geläufiger zu sein als in Deutschland, wo er zum überwiegenden Teil noch erklärt wird.

Ein genauerer Blick auf die in den Artikeln erwähnten Nutzen und Risiken zeigt, dass der Nutzen der Personalisierten Medizin ähnlich wie in Deutschland beschrieben wird. Der Schwerpunkt liegt beim medizinischen Nutzen, d.h. früherer und genauerer Diagnosen und besserer Therapien. Allerdings wird die Personalisierte Medizin in Großbritannien vermehrt im Zusammenhang mit Erbkrankheiten und deren Behandlung genannt. Auch die Möglichkeit, dass die Patienten mehr Einfluss auf ihre Behandlung haben könnten, wird stärker beschrieben. Hinzu kommt der mögliche Nutzen für das Gesundheitssystem im Sinne von mehr Kosteneffizienz und verbesserter Methoden bei der Entwicklung neuer Arzneimittel.

Tabelle 9 Nutzen und Risiken in Großbritannien

Nutzen	Risiken
Effektivere Diagnose und Behandlung	Zunehmende Kosten für das Gesundheitssystem durch teurere Behandlungen
Weniger Nebenwirkungen	Unzureichender Datenschutz
Heilung genetisch bedingter Erbkrankheiten	Diskriminierung aufgrund genetischer Dispositionen bei Arbeitgebern und Versicherungen
Früherkennung und Prävention lebensbedrohlicher Krankheiten	Entwicklungskosten
Kostenreduktion für das Gesundheitssystem durch gezieltere Therapien	Schwierigkeiten bei der Interpretation von genetischen Daten für Ärzte und Patienten (fehlende Ausbildung und Bildung)
Effizientere Entwicklung und Zulassung von Arzneimitteln	Psychische Belastung der Patienten
Befähigung der Patienten durch Informationen	Überschreitung ethischer Grenzen durch genetische Modifizierung und Designerbabys
	Kostenanstieg für die Pharmaindustrie durch Marktsegmentierung und höhere Entwicklungskosten

Die Risiken werden, wie in Deutschland, auch in Großbritannien weniger im medizinischen sondern vielmehr im gesellschaftlichen und ökonomischen Bereich verortet. Allerdings werden sie konkreter beschrieben, wie beispielsweise mögliche Diskriminierungen und mangelnder Datenschutz. Darüber hinaus werden Risiken auch im Hinblick auf potenzielle Probleme mit Arbeitgebern und Versicherungen verortet.

USA

Ein etwas anderes Bild zeigt sich in den USA. Hier ist die Berichterstattung überwiegend ohne Wertung. Zudem nennt der Großteil der Artikel weder Nutzen noch Risiken der Personalisierten Medizin. Die hohe Zahl dieser Artikel deutet darauf hin, dass der Begriff bereits so geläufig ist, dass er keiner größeren Erklärung oder Einordnung in Zusammenhänge bedarf und als allgemeiner Verweis verwendet werden kann. Auffällig ist weiterhin, dass eine Reihe von Beiträgen eine klar risikoorientierte Betrachtungsweise bietet, diese Artikel aber durchweg ohne explizit negative Bewertung der Personalisierten Medizin sind (vgl. Abbildung 6). Weder inhaltlich noch bei den kommunizierten Risiken sind Überschneidungen oder vergleichbare Muster erkennbar, so dass man davon ausgehen kann, dass es sich eher um Charakteristika der US-amerikanischen Medien handelt, als um spezifische Besonderheiten der Berichterstattung zur Personalisierten Medizin. Während die nutzenorientierte Berichterstattung in den USA mit einer positiven Bewertung einhergeht, ist die risikoorientierte oft ohne Bewertung.

Ähnlich wie in der Auswertung der thematischen Schwerpunkte, konnten in der Bewertung der Personalisierten Medizin sowie bei der Beschreibung von Nutzen und Risiken nur geringe Unterschiede im Zeitverlauf festgestellt werden. Lediglich die Zahl der Artikel ohne Wertung, sowie der ohne Erwähnung von Nutzen und Risiken nehmen im Zeitverlauf zu. So steigt die Zahl der Beiträge ohne Wertung von 18 in Phase I auf 48 Beiträge in Phase II. Auch Beiträge, die weder Nutzen noch Risiken benennen, erhöhen sich von zwölf auf 34, während die Artikel, welche sowohl Nutzen als auch Risiken erwähnen, gleichzeitig nur geringfügig von zehn auf 15 steigen. Negative oder eher negative Artikel sind in beiden Phasen jeweils nur einmal publiziert.

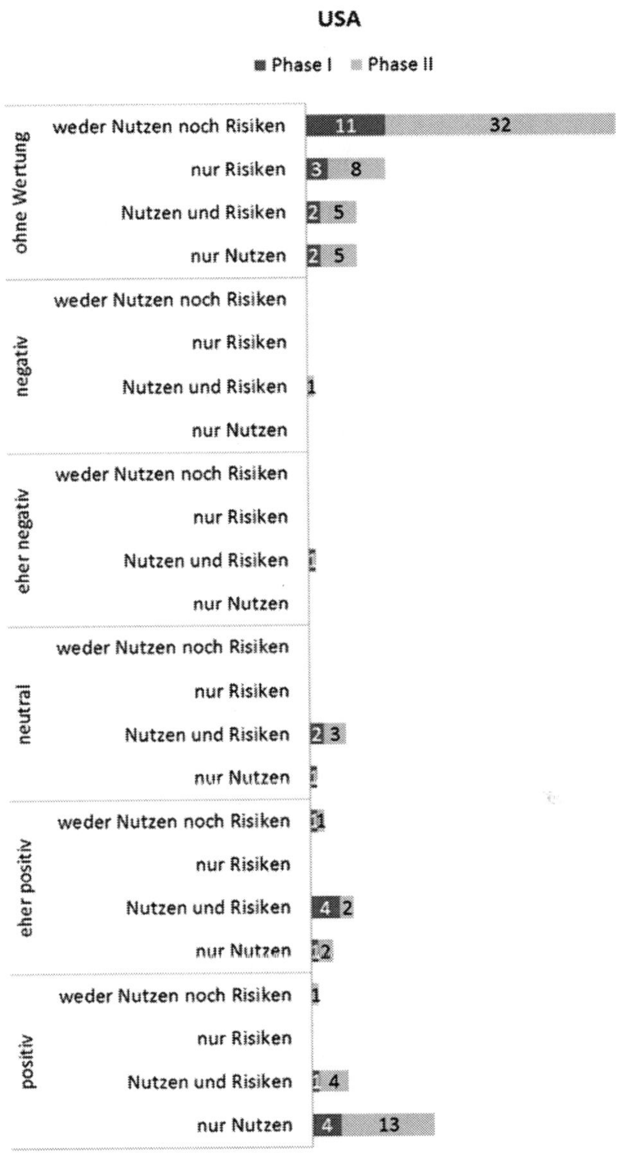

Abbildung 6 Nutzen und Risiken in der amerikanischen Berichterstattung in Phase I und II

Wie in der deutschen und britischen Berichterstattung zielt der Nutzen der Personalisierten Medizin in den USA auf medizinische Vorteile und die Möglichkeit von Einsparungen. Ähnlich wie in Großbritannien werden genetische Veranlagungen für bestimmte Krankheiten und die Möglichkeit frühzeitiger Prävention betont. Die Risiken beziehen sich sehr stark auf das Gesundheitssystem und Diskriminierung durch Krankenversicherer und Arbeitgeber. Dies steht im Zusammenhang mit der Organisation des Gesundheitswesens, in dem Krankenversicherungen oft durch den Arbeitgeber geregelt sind oder über private Versicherung abgeschlossen werden, wobei bestehende Krankheiten und Risikofaktoren die Kosten stark erhöhen können. Gentests, die ein gesteigertes Risiko für eine bestimmte Krankheit zeigen, könnten dazu führen, dass Krankenversicherungen bei Kenntnis der Testergebnisse Neuversicherungen nur zu hohen Beiträgen oder gar nicht abschließen und möglicherweise bestimmte Tests vor Abschluss einer Versicherung verlangt werden. Diese Gefahr ist in den USA greifbarer als in Deutschland oder Großbritannien. Entsprechend wird dieses Risiko in den Medien konkreter geschildert.

Tabelle 10 Nutzen und Risiken in den USA

Nutzen	Risiken
Effektivere Diagnose und Behandlung	Unzureichender Datenschutz
Genauere Dosierung von Arzneimitteln	Diskriminierung bei Arbeitgebern und Versicherungen bis zur Verweigerung von Krankenversicherungen
Weniger Nebenwirkungen	Schwierigkeiten bei der Interpretation von genetischen Daten für Ärzte und Patienten (fehlende Ausbildung und Bildung)
Prävention durch Kenntnisse genetischer Veranlagungen	Psychische Belastung der Patienten
Erhöhung der Lebenserwartung und der allgemeinen Gesundheit	Stammzellforschung kann ethische Grundsätze verletzen
Potenziell geringere Kosten für das Kostenreduktion für das Gesundheitssystem durch gezieltere Therapien und Vermeidung von Krankenhausaufenthalten	Patente auf Gene könnten den Zugang zur Personalisierten Medizin einschränken
	Kostenanstieg für die Pharmaindustrie durch höhere Entwicklungskosten

Im Gegensatz zu Deutschland und Großbritannien wird in den USA wesentlich stärker herausgestellt, dass Personalisierte Medizin nicht allein von Gentests selbst abhängt, sondern auch von der richtigen Interpretation der Tests. Dabei werden sowohl die fehlenden Informationen zur Auswertung wissenschaftlicher Daten erwähnt als auch die Tatsache, dass nicht allein die genetische Veranlagung über Gesundheit oder Krankheit entscheidet. In den USA werden deutliche Risiken genannt, wie etwa die fehlende Ausbildung von Ärzten im Umgang mit genetischen Daten und Tests sowie die Auswirkungen der Patentierung von Genen auf Anwendung und den Zugang zur Personalisierten Medizin.

Vergleich und Zusammenfassung

Während in Deutschland die Abwägung von Nutzen und Risiken im Mittelpunkt steht, ist in Großbritannien die nutzenorientierte Berichterstattung wesentlich mehr ausgeprägt. In den USA erwähnen die Hälfte der Artikel weder Nutzen noch Risiken. Ethische Fragen sind fast ausschließlich in den Artikeln, die einen klaren Forschungsbezug zu Technologien wie Gentechnik, Stammzellforschung oder Klonen haben. Im Hinblick auf die medizinische Anwendung betreffen die in den Medien beschriebenen Risiken selten die Personalisierte Medizin selbst, sondern die möglichen gesellschaftlichen Konsequenzen ihrer Anwendung. Zwar spielen dabei auch ethische Bedenken eine Rolle, sie sind jedoch auf konkrete Gefahren wie die einer Zwei-Klassen-Medizin oder genetischer Diskriminierung bezogen und nicht auf allgemein wertebezogene Risiken wie sie z. B. für die Stammzellforschung geäußert werden. Die Risiken stehen vorwiegend in Verbindung zu den sozialen Diskursen in der Medizin und Gesundheitsversorgung. So wurde festgestellt, dass selbst Zeitungsartikel, die ausschließlich über mögliche Risiken berichten, die Personalisierte Medizin und ihre medizinische Anwendung nicht negativ bewerten. Die Risiken beziehen sich in diesen Fällen nicht auf den Bereich der Medizin wie beispielsweise starke Nebenwirkungen neuer Medikamente, sondern auf die gesellschaftliche oder ökonomische Sphäre. Die technologischen und medizinischen Aspekte wurden nutzenorientiert und positiv dargestellt.

Zusammenfassend kann festgehalten werden, dass der Nutzen der Personalisierten Medizin in allen drei Ländern im Bereich des medizinischen Fortschrittes zu finden ist, in geringerem Maße auch in einer möglichen Kostenreduktion für das Gesundheitssystem Die Risiken sind im Bereich der Gesellschaft verortet. Unterschiede im Gesundheitssystem und länderspezifische gesellschaftliche Diskurse, wie z. B. zur Präimplantationsdiagnostik in Deutschland oder zur möglichen Diskriminierung durch Krankenversicherer in den USA, finden sich im Bereich der Risiken. Derzeit resultiert die Darstellung dieser Risiken nicht in einer negativen Wertung der Personalisierten Medizin. Die Überlagerung gesellschaftlicher Risiken durch den medizinischen Nutzen kann sich jedoch wandeln. Dies gilt insbesondere für den Bereich der Kosten der Gesundheitsversorgung, für den bereits in den letzten Jahren ein zunehmendes und sehr konkretes Problembewusstsein in der Öffentlichkeit zu beobachten ist. Personalisierte Medizin und die damit verbundenen Risiken, so die Schlussfolgerung, können daher nicht allein als technologiebasierter Diskurs analysiert werden, sondern müssen innerhalb gesellschaftspolitisch verankerter Debatten verstanden werden.

4 Schlussfolgerungen und Ausblick

Zusammenfassend ist festzuhalten, dass die Personalisierte Medizin in Deutschland, Großbritannien und den USA vorwiegend als wissenschaftlicher und medizinischer Fortschritt vorgestellt wird, wobei die Darstellung hauptsächlich nutzenorientiert ist. Risikodiskurse sind im Wesentlichen in andere soziale Diskurse eingebettet. Entsprechend wurden Unterschiede in der Darstellung zwischen den einzelnen Ländern festgestellt. So wird z. B. in allen drei Ländern vor dem Hintergrund steigender Gesundheitsausgaben der Kostenfaktor als entscheidendes Kriterium genannt, jedoch auf unterschiedliche Weise in Abhängigkeit zu den jeweiligen Gesundheitssystemen. Zudem gibt es in jedem Land andere Schwerpunkte der Berichterstattung. In Deutschland liegt der Fokus auf neuen Behandlungsmethoden der Krebsforschung. In Großbritannien wird wesentlich stärker auf Volkskrankheiten wie Diabetes und die Kosten für das NHS eingegangen. In den USA wiederum stehen neben wirtschaftlichen Daten von Unternehmen die möglichen Konsequenzen für den Einzelnen in Bezug auf eine Diskriminierung durch Arbeitgeber und Krankenversicherer im Mittelpunkt. Übereinstimmungen in der Berichterstattung gibt es insofern, als in allen drei Ländern die Personalisierte Medizin überwiegend mit Gentests und Erkenntnissen der Genforschung in Verbindung gebracht wird, wenngleich die Anwendungen ein breiteres Spektrum umfassen.

Obwohl die Berichterstattung zur Personalisierten Medizin durch Forschungs- und Medizinthemen wie Genforschung, die Entwicklung neuer Arzneimittel oder Behandlungsmethoden geprägt ist, wird eine Vielzahl von Rahmenbedingungen und anderen Faktoren einbezogen. Dazu gehören der Kostendruck im Gesundheitssystem, Datenschutzbestimmungen, die Ausbildung der Ärzte und die Mitbestimmung der Patienten bei der Behandlung. Im Gegensatz zu Debatten wie der Gentechnologie, bei der vor der Technologie selbst gewarnt wurde, bezieht sich die Kritik nur in wenigen Ausnahmefällen, z. B. in Bezug auf starke Nebenwirkungen der mit entsprechenden Therapien verbundenen Medikamente, auf die Personalisierte Medizin selbst. Nicht die Personalisierte Medizin an sich wird als problematisch angesehen, sondern die gesellschaftlichen Konsequenzen ihrer Anwendung. Kritik und Risiken werden dabei in Zusammenhang mit anderen Faktoren gesetzt, wie beispielsweise die mangelnde Wirksamkeit im Verhältnis zu den Kosten. Gerade ökonomische Überlegungen zur drohenden Rationalisierung von Gesundheitsleistungen werden in Relation zu den ethischen Konsequenzen gesetzt. Trotzdem wird derzeit überwiegend positiv und nutzenorientiert über die Personalisierte Medizin berichtet.

In allen drei Ländern nimmt die Berichterstattung im Zeitverlauf stark zu. Allerdings konnte weder auf der Ebene der einzelnen Länder noch länderübergreifend eine Debatte um die Personalisierte Medizin identifiziert werden. Vielmehr wird sie in sehr verschiedenen Zusammenhängen und unter verschiedenen thematischen Gesichtspunkten beschrieben und bewertet. Die Personalisierte Medizin selbst ist ein sich in Bewegung befindliches Forschungsfeld der Medizin, das zudem von vielen externen Faktoren beeinflusst wird. So wird sie oft nur am Rande oder als Teil anderer Themen und Debatten genannt. Somit muss die Berichterstattung zur Personalisierten Medizin im Zusammenhang mit anderen Themen aus Forschung, Politik und Gesellschaft verstanden und interpretiert werden. Ein Wandel dieser Themen und gesellschaftlichen Debatten könnte auch einen Wandel der Wahrnehmung der Personalisierten Medizin zur Folge haben. Möglich ist einerseits, dass der Begriff Personalisierte Medizin positiv wie negativ stärker in den Blickpunkt der Öffentlichkeit gerät. Andererseits könnte die Berichterstattung abnehmen und als logische Weiterentwicklung medizinischer Forschung betrachtet werden, die keinen gesonderten Begriff benötigt.

5 Literaturverzeichnis

Audit Bureau of Circulations (2011): ACCESS ABC: eCirc for US Newspapers. Circulation averages for the six months ended: 3.31.2011, http://abcas3.accessabc.com/ecirc/newstitlesearchus.asp (Zugriff am 15.08.2011).

Cacciatore, M.A.; Scheufele, D.A. und Corley, E.A. (2011): From enabling technology to applications: The evolution of risk perceptions about nanotechnology. In: Public Understanding of Science 20 (3), S. 385–404.

Durant, J.; Bauer, M.W und Gaskell, G. (Hrsg.) (1998): Biotechnology in the public sphere. A European sourcebook. London: Science Museum.

Entman, R.M. (1993): Framing: Toward clarification of a fractured paradigm. In: Journal of Communication 43 (4), S. 51–58.

Garbe, C. (2001): Kontroversen der Biotechnologie beim Investment bedenken. In: FAZ, 10.06.2001.

Görke, A.; Kohring, M. und Ruhrmann, G. (2000): Gentechnologie in der Presse. Eine internationale Langzeitanalyse von 1973 bis 1996. In: Publizitik 45 (1), S. 20–37.

Guardian (2011a): ABCs: National daily newspaper circulation July 2011, http://www.guardian.co.uk/media/table/2011/aug/12/abcs-national-newspapers

Guardian (2011b): ABCs: National Sunday newspaper circulation July 2011, http://www.guardian.co.uk/media/table/2011/aug/12/abcs-national-newspapers1

IVW (2011): IVW – Informationsgemeinschaft zur Feststellung der Verbreitung von Werbeträgern e. V., http://www.ivw.de/ (Zugriff am 27.06.2011).

Jens, K. (2010): Weltweit größter Angriff gegen den Krebs beginnt. In: Die Welt, 26.02.2010.

Kohring, M. (2005): Wissenschaftsjournalismus. Forschungsüberblick und Theorieentwurf. Konstanz: UVK Verlag.

Luhmann, N. (2009): Die Realität der Massenmedien. 4. Aufl. Wiesbaden: VS Verlag für Sozialwissenschaften. (Neue Bibliothek der Sozialwissenschaften).

Marcinkowski, F.; Kohring, M.; Friedemann, A. und Donk, A. (2008): Risikowahrnehmung beim Thema Nanotechnologie. Analyse der Medienberichterstattung. In: Zimmer, R.;Hertel R. und Böl, G.-F. (Hrsg.), Berlin: BfR, Pressestelle.

Matthes, J. und Kohring, M. (2004): Die empirische Erfassung von Medien-Frames. In: Medien- und Kommunikationswissenschaft 52 (1), S. 56–75.

o. A. (1999): Die ganz private Pille. In: Die Zeit, 04.06.1999.

Picker, A.; Jackson, D. und Brock, S. (2011): Der Preis des Lebens. In: Die Zeit, 18.02.2011.

Pidgeon, N. und Rogers-Hayden, T. (2007): Opening up nanotechnology dialogue with the publics: Risk communication or 'upstream engagement'? In: Health, Risk & Society 9 (2), S. 191–210.

Saul, S. (2005): F.D.A. Approves a Heart Drug for African-Americans. In: New York Times, 24.06.2005.

Scheufele, Bertram (2004): Framing Effekte auf dem Prüfstand. Eine theoretische, methodisch und empirische Auseinandersetzung mit der Wirkungsperspektive des Framing Ansatzes. In: Medien und Kommunikationswissenschaft 52 (1), S. 30–55.

Sikora, K. (2008): Swallow this and you'll get a better NHS. In: The Times, 31.08.2008.

The Royal Society (2005): Personalised medicines: hopes and realities. London.

Weingart, P.; Salzmann, C. und Wörmann, S. (2008): The social embedding of biomedicine: An analysis of German media debates 1995–2004. In: Public Understanding of Science 17 (3), S. 381–396.

Wilkinson, L. (1999): News media discourse and the state of public opinion on risk. In: Risk Management 1 (4), S. 21–31.

Zillich, A. F. (2011): Frames in der Berichterstattung über Molekulare Medizin. Eine Inhaltsanalyse von Wissenschaftsmagazinen im Fernsehen. In: Ruhrmann G.; Milde J. und Zillich A. J. (Hrsg.): Molekulare Medizin und Medien. Zur Darstellung und Wirkung eines kontroversen Wissenschaftsthemas. 1. Aufl. Wiesbaden: VS Verlag für Sozialwissenschaften, S. 143–170.

Die Konstruktion von Geschäftsmodelltypologien – Das Beispiel der Diagnostik-Industrie

Martin Kamprath

Inhaltsverzeichnis

1 Einleitung

Neben unterschiedlichen Sichtweisen, was genau der Geschäftsmodellansatz erklärt und wie man ihn dementsprechend nutzen kann, ist eine weit verbreitete Nutzung die Analyse von der Geschäftstätigkeit eines Unternehmens. Die in Kapitel 1 vorgestellten Geschäftsmodell-Frameworks bieten einen Rahmen, mit dem nicht nur die Aktivitäten eines Unternehmens analysiert werden können, sondern auch um mehrere Geschäftsmodelle anschließend zu vergleichen. Bei einer ausreichend großen Menge an analysierten Geschäftsmodellen lassen sich so auch Typen identifizieren, die die besonderen Merkmale von Geschäftsmodellen hervorheben und gruppieren.

Diese Bildung von Typen wird als Typologie bezeichnet und ist eine Form der Kategorisierung. Das Ziel einer Kategorisierung ist die Herstellung von Ordnung, indem komplexe Phänomen für didaktische, organisatorische oder kommunikative Zwecke simplifiziert werden.

Die Kategorisierung von komplexen und abstrakten Konstrukten wie dem des Geschäftsmodells ist daher besonders interessant in Branchen, die großen Veränderungen unterworfen sind. Es ist somit möglich, einen *Status Quo* der Geschäftsmodelle in einer Industrie darzustellen, um einen Eindruck zu bekommen, welche Vielfalt der unterschiedlichen Geschäftsmodelle existiert und wie sich die Mengenverteilung abbilden lässt.

Eine Typologisierung kann damit die Grundlage strategischer Entscheidungen sein, indem Aussagen über den derzeitigen Zustand und die dominanten Geschäftsmodell-Formen getroffen werden können.

Im Rahmen des Projekts „Dienstleistungspotentiale in der Personalisierten Medizin“ wurde eine solche Geschäftsmodelltypologie für den Bereich der Diagnostikindustrie entworfen. Die Diagnostikindustrie wird als ein Schlüsselbereich der Personalisierten Medizin angesehen, da die notwendigen Diagnostiktests für stratifizierte Medikamente von den eher kleinen und mittleren Diagnostikunternehmen entwickelt und vertrieben werden (45,3 % kleine Unternehmen, 47,4 % mittelgroße Unternehmen und 7,3 % Großunternehmen) (VDGH 2013). Da der Bereich als sehr heterogen angesehen wird, was die Tätigkeiten, die verwendeten Technologien und die verschiedenen Einsatzbereiche der entwickelten Tests angeht, wurde dieser Bereich hinsichtlich der Geschäftsmodelle unseres Wissens nach noch nicht untersucht. Während die Geschäftsmodelle von Pharmaunternehmen oftmals Gegenstand von Studien und wissenschaftlichen Publikationen sind, ist die Analyse von Geschäftsmodellen von Diagnostikunternehmen bisher kaum beachtet worden. Dies kann sicherlich darauf zurückgeführt werden, dass die Rolle der Pharmaunternehmen im Gesundheitsbereich dominierend denden Rolle von Diagnostikprodukten und -services könnte sich das nun aber ändern.

Neben diesem methodischen Ansatz, trägt dieses Kapitel auf theoretischer Ebene zum Verständnis der kognitiven Bedeutung des Geschäftsmodells bei und zeigt wie Geschäftsmodelle mental „konstruiert" werden. Dieser recht junge Zweig der Geschäftsmodellliteratur (Baden-Fuller und Mangematin 2013; Baden-Fuller und Morgan 2010) setzt sich damit auseinander, wie Manager oder Individuen Geschäftsmodelle sehen, verstehen und darüber kommunizieren (Doganova und Eyquem-Renault 2009; Malmström etal. 2014; Tikkanen etal. 2005).

Im ersten Teil des Kapitels wird grundlegend auf die Methode der Klassifizierung und die Unterschiede zwischen einer Typologie und einer Taxonomie eingegangen. Im Abschnitt über die bisherige Verbreitung und Anwendung von Kategorisierungen in der Geschäftsmodellliteratur wird beschrieben, anhand welcher Merkmale Autoren Geschäftsmodelle kategorisieren. Der empirische Teil der Arbeit berichtet dann von den konzeptionellen Überlegungen und vom methodischen Ablauf einer Geschäftsmodellanalyse in der Diagnostikbranche. Es wird detailliert auf die Identifikation wesentlicher Geschäftsmodellmerkmale und die Ergebnisse einer Umfrage unter 74 Diagnostikunternehmen in Deutschland zum Geschäftsmodell ihres umsatzstärksten Produkts/Services eingegangen. Final werden vier Geschäftsmodelltypen identifiziert: Das *Korridor-*, das *Trichter-*, das *Sprinkler-* und das *Breitband-Geschäftsmodell.* Diese Typen werden genutzt, um die mengenmäßige Verteilung der verschiedenen Typen in einer Geschäftsmodelllandkarte der deutschen Diagnostikindustrie darzustellen. Das Kapitel endet mit einer Diskussion der Ergebnisse und Implikationen.

2 Typologie und Taxonomie von Geschäftsmodellen

Seit der Diskussion über den Ansatz, die Definition und die Natur von Geschäftsmodellen in der wissenschaftlichen Auseinandersetzung ist die Kategorisierung mithilfe von Geschäftsmodelltypen immer wieder Hilfsmittel und Gegenstand der Forschung. Die Typologien einerseits und die Taxonomie andererseits als Unterformen der Kategorisierung, können als hilfreiche Instrumente genutzt werden, um Geschäftsmodelle zu analysieren oder um diese weiter zu entwickeln.

Das Ziel einer Kategorisierung ist die Herstellung von Ordnung, indem komplexe Phänomen für didaktische, organisatorische oder kommunikative Zwecke simplifiziert werden (Guest 2013). Kategorisierungen helfen Differenzierungen innerhalb einer Masse vorzunehmen, indem heterogene Einzelfälle in Unterkategorien zusammengefasst und damit auch wiederum verallgemeinert werden.

Kategorien basieren auf einer Auswahl von Variablen (oder Indikatoren), welche wiederum diese Kategorien spezifizieren. Diese Variablen zeichnen sich durch mindestens zwei verschiedene Zustände aus, die es ermöglichen, die Kategorien zu unterscheiden (Kromrey 2002). Eine Kategorie wird anhand verschiedener Fälle gebildet, die einen gemeinsamen Zustand oder eine gemeinsame Charakteristik aufweisen. Diese Zustände oder Charakteristiken können dabei entweder direkt beobachtbar sein oder werden anhand von Konzeptionen einem Fall zugewiesen. Dabei sollen die Kategorien möglichst breit angelegt sein, um das Phänomen ausreichend simplifizieren zu können. Jedoch dürfen die darin enthaltenden Informationen nicht zu breit und damit zu vage und uninformativ sein (Guest 2013). Somit gibt es eine stetige Abwägung zwischen Allgemeingültigkeiten und Spezifitäten.

Bei der Häufung ähnlicher Ausprägungen kann man auf punktuelle Gemeinsamkeiten schließen, die eine Kategoriebildung ermöglichen. Diese Aggregation ermöglicht nicht nur, Struktur oder Verhalten von einzelnen Kategorien zu definieren, sondern vor allem Charakteristiken durch Gemeinsamkeiten und Unterschiede zwischen den Kategorien zu entdecken, die vorher nicht oder kaum augenscheinlich waren (Baden-Fuller und Morgan 2010).

In ihrem definitorischen Grundlagenartikel gehen Baden-Fuller und Morgan (2010) explizit auf die Rolle von Geschäftsmodellen und deren Kategorisierungsfunktion ein. Demnach ist einer der Grundpfeiler der Organisationsforschung (darunter fassen die Autoren auch die Geschäftsmodellforschung zusammen), dass Organisationen oder deren Verhalten zusammengefasst und mittels bestimmter Kategorien unterteilt werden können. Dieser kognitive Prozess, der Objekte miteinander vergleichbar oder unterscheidbar macht, wird auch in der Geschäftsmodelliteratur thematisiert. Hierbei handelt es sich um die kognitive Ebene des Geschäftsmodellansatzes, einem recht jungen Verständnis in der Geschäftsmodellliteratur (Baden-Fuller und Mangematin 2013; Baden-Fuller und Morgan 2010). Hierbei steht im Fokus, wie Manager oder Individuen Geschäftsmodelle sehen, verstehen und sich damit auseinandersetzen (Malmström et al. 2014). Vertreter dieses Geschäftsmodellverständnisses argumentieren, dass Geschäftsmodelle per se Kategorisierungswerkzeuge sind. Sie sind damit Modelle im philosophischen Sinn, die zwischen Theorie und Evidenz moderieren (Morgan 2012) und damit eine Denk-, Lern- und Kommunikationsfunktion besitzen (Doganova und Eyquem-Renault 2009). So können (Geschäfts-)Modelle beispielsweise als kognitive Mittel genutzt werden, um Geschäftsmodelle von einer Industrie auf eine andere zu übertragen (Baden-Fuller und Morgan 2010; Enkel und Mezger 2013). Bevor jedoch dieser recht junge Strang des Geschäftsmodellverständnisses von Baden-Fuller und Kollegen (Baden-Fuller und Mangematin 2013; Baden-Fuller und Morgan 2010) theoretisch diskutiert wurde, gab es bereits eine Vielzahl von Autoren, die Geschäftsmodelle miteinander großzahlig verglichen und kategorisierten.

Kategorisierung als Überbegriff lässt sich in *Taxonomien* und *Typologien* unterteilen, die in der Geschäftsmodell-Literatur aber oft synonym verwendet werden (Lambert 2006). Baden-Fuller und Morgan (2010) verbinden die Unterscheidung von Taxonomie und Typologie mit der Unterscheidung zwischen Arten und Typen. Taxonomien separiert in Klassen, die real beobachtet werden können, während Typologien als Hervorhebung von einzelnen Dingen oder Events für eine Gruppe stehen, die ein Forscher top-down theoretisch oder konzeptionell entwickelt hat (siehe Tabelle 1). Beide Konzepte sind nicht überschneidungsfrei. Forscher können auch aus einer kleinen real beobachteten Menge konzeptionelle Ableitungen treffen.

Tabelle 1 Unterschiede zwischen *Typologie* und *Taxonomie* nach Lambert (2006)

Typologies	Taxonomies
Specific/arbitrary/artificial classification	General/natural classification
Categories (types) are conceptually derived	Categories (taxa) are empirically derived
Reasoning by deduction	Reasoning by inference
Few characteristics considered	Many characteristics considered
Mostly qualitative classifications	Quantitative classifications
Provides a basis for only limited generalisations	Provides a basis for generalisation

Ziel dieses Kapitels ist es, eine Typologie von Geschäftsmodellen der Diagnostik-Industrie zu entwickeln und zu beschreiben. Dazu soll später am Beispiel der Geschäftsmodelle der Diagnostik-Industrie eine Typologie entwickelt werden. Mittels dieser Typologie kann ein Status Quo der Mengenverteilung unterschiedlicher Geschäftsmodelltypen der Industrie abgebildet werden, was wiederum hilft, diese Geschäftsmodelltypen detaillierter zu untersuchen.

Dazu wird im nächsten Kapitel eine Literaturanalyse durchgeführt, welche die existierenden Veröffentlichungen, die Typologien und Taxonomien entweder nutzen oder zum Ergebnis haben, vorstellt und vergleicht.

3 Kategorien von Geschäftsmodellen in der Literatur

Der Begriff und die Konzepte des Geschäftsmodellansatzes wurden in Kapitel 1 ausführlich beschrieben. Daher soll an dieser Stelle der Fokus auf einen Teilbereich der Geschäftsmodellliteratur gelenkt werden, der sich mit dem Vergleich und der Kategorisierung von Geschäftsmodellen befasst.

Konzeptionell und explizit setzten sich vor allem Baden-Fuller und Morgan (2010) sowie Lambert (2006) mit der Methodologie der Geschäftsmodellkategorisierung auseinander. Der Großteil der Arbeiten, die eine Kategorisierung von Geschäftsmodellen nutzen, geht kaum auf die Konstruktion der Kategorien ein. Die Kategorisierung vor allem in Form der Typologie ist hier Mittel zum Zweck. Der Literaturüberblick von Lambert (2006) zeigt viele Studien auf, die eine Kategorisierung von Geschäftsmodellen im E-Business- oder Web-Bereich, aus dem das Geschäftsmodell-Konzept ursprünglich stammt, betrachten. Einige Kategorisierungen beruhen aber nur auf Beobachtungen ohne Zuhilfenahme klarer Unterteilungskriterien. Andere wiederum gehen systematischer vor und verwenden eines oder mehrere Unterteilungskriterien. Lambert stellt aber fest, dass keine der von ihr untersuchten Studien eine Taxonomie ist, obwohl viele Autoren diesen Begriff verwenden.

Im Folgenden soll nun der Literaturüberblick über verschiedene Kategorisierungen von Lambert aktualisiert und erweitert werden, um eine Übersicht über Inhalt und Methode der Kategorisierung von Geschäftsmodellen zu erhalten. Dies dient als Grundlage dafür, Anforderungen und *best practises* zur Erstellung von Geschäftsmodell-Typologien zu identifizieren, d. h. wie überhaupt systematisch Geschäftsmodellkategorien gebildet werden und welche Variablen oder Indikatoren als Unterscheidungskriterium genutzt werden.

Aufgrund der angesprochenen synonymen Verwendung in Teilen der Literatur werden im folgenden Literaturüberblick erst einmal beide Kategorisierungsansätze, *Typologien* und *Taxonomien*, berücksichtigt.

Die hier vorgestellten Veröffentlichungen wurden ausgewählt, da sie in ihrer Zusammenstellung ein möglichst breites Spektrum unterschiedlicher Ansätze zur Kategorienbildung darstellen. Dies schließt ein, dass diese Auswahl nicht erschöpfend sein kann, da gerade Typologien zum Standardmittel der Komplexitätsreduzierung in wissenschaftlichen Arbeiten gehören. Mit anderen Worten sind Typologien eher Werkzeuge als finale Ergebnisse, so dass der methodologische Aspekt der Typenbildung vernachlässigt wird. Daher wurde die existierende Geschäftsmodellliteratur nach den Suchwörtern „Typology", „Taxonomy" „Types" oder „Category" durchsucht und auch nach möglichst unterschiedlichen Ansätzen gesucht. In einem „grounded theory"-ähnlichem Vorgehen wurden zusätzlich aber weitere Quellen hinzugefügt, wenn diese Kategorien anboten, dies aber nicht mit Suchwörtern versahen. Dabei wurde bewusst in Kauf genommen, dass die Kategorien nicht die gleiche Analyseebene adressierten (Ziel und Zweck der Kategorieverwendung). Denn bei der Auswahl standen weniger die Kategorien selbst im Fokus, sondern vielmehr die dahinterstehende Logik der Kategoriekonstruktion und die Auswahl der Unterscheidungskriterien[1].

3.1 Allgemeingültige Geschäftsmodellkategorien

Die allgemeingültigen Geschäftsmodellkategorien beinhalten die Veröffentlichungen, die industrieübergreifend verschiedene Geschäftsmodelle kategorisieren.

Betz (2002) unternimmt eine generische Unterscheidung von Geschäftsmodellen anhand der vier Dimensionen Ressourcen, Umsätze, Gewinne und Kapital, denen er je eine Rolle als Input- und Output-Faktor zukommen lässt. Anhand der (nicht vollständigen) Variation dieser Ausprägungen in den Dimensionen entwickelt Betz sechs Geschäftsmodelltypen.

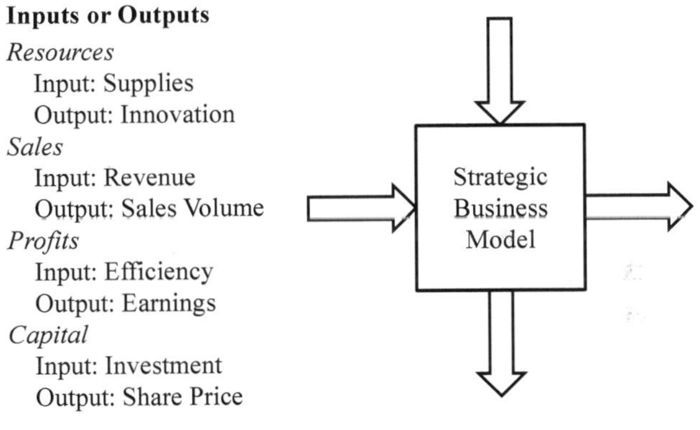

Abbildung 1 Geschäftsmodelltaxonomie nach Betz (2002), S. 22

Weill et al. (2005) klassifizieren 1000 Geschäftsmodelle großer amerikanischer Unternehmen anhand von zwei grundsätzlichen Dimensionen. Die erste Dimension umfasst, welche Arten von Rechten (engl. *rights*) gehandelt werden. Die *MIT Business Model Archetypes* sind in vier grundsätzliche Geschäftsmodell-

[1] Eine tabellarische Übersicht analysierter Geschäftsmodellkategorisierungen findet sich unter: www.varietyofinnovation.org/wp-content/uploads/2014/02/Table-1-Overview-and-characteristics-of-typologies-and-taxonomies-in-the-business-model-literature.pdf (03.08.2014)

Prototypen unterteilt: *Creator, Distributor, Landlord* und *Broker*. Die zweite Dimension umfasst die verschiedenen Arten, welche Aktiva oder Anlagen (engl. *assets*) eingesetzt werden (*physical, financial, intangible* und *human*). Daraus ergeben sich 16 Subkategorien verschiedener Geschäftsmodelle, von denen aber nur sieben unter den großen Unternehmen verbreitet sind (siehe Tabelle 2).

Tabelle 2 Geschäftsmodelltaxonomie nach Weill et al. (2005), S. 33

Basic Business Model Archetype		What type of asset is involved?				Total by Asset Right
		Financial	*Physical*	*Intangible*	*Human*	
What rights are being sold?	***Creator*** (ownership of asset with significant transformation)	Entrepreneur (0%; 0)	Manufacturer (46%; 565)	Inventor (0%; 0)	Human Creator (0%; 0)	(46%; 565)
What rights are being sold?	***Distributor*** (ownership of asset with limited transformation)	Financial Trader (~0%; 34)	Wholesaler/ Retailer (18%; 258)	IP Trader (~0%; 2)	Human Distributor (0%; 0)	(18%; 288)
What rights are being sold?	***Landlord*** (use of asset)	Financial Landlord (10%; 187)	Physical Landlord (6%; 132)	Intellectual Landlord (5%; 85)	Contractor (13%; 308)	(34%; 516)
What rights are being sold?	***Broker*** (matching of buyer and seller)	Financial Broker (2%; 55)	Physical Broker (~0%; 15)	IP Broker (~0%; 1)	HR Broker (~0%; 5)	(2%; 75)
What rights are being sold?	Total by Asset type	(12%; 205)	(71%; 774)	(5%; 86)	(13%; 308)	100%; NA

Chesbrough (2006, S. 109) unterscheidet bei der Thematik offener Geschäftsmodelle nach sechs verschiedenen Geschäftsmodelltypen, die sich anhand von zwei Dimensionen unterscheiden: 1. Danach, wie stark das Konzept des Geschäftsmodells im Unternehmen als Ressource oder Planungsinstrument wahrgenommen wird und 2. die Offenheit des Geschäftsmodells.

Giesen et al. (2007) kategorisierten nicht direkt Geschäftsmodelle, sondern Typen von Geschäftsmodell-Innovationen. Die Ausgangsdatenbasis, bestehend aus

35 „*Best Practice*"-Fällen, wurde mit Hilfe eines nicht näher spezifizierten Geschäftsmodell-Systems analysiert. Diese drei Typen beschreiben nicht den aktuellen Zustand eines Geschäftsmodells, sondern drei Ausprägungen eines Prozesses als Unterscheidungskriterium, welches zu einem neuen Geschäftsmodell geführt hat.

Eine Taxonomie sektorenübergreifender Geschäftsmodelle wurde von Camison und Villar López (2010) für die spanische Industrie vorgenommen. Anhand einer Literatursichtung entwickelten sie eine Evaluation der Geschäftsmodelle entlang der drei Dimensionen *organizational structure, degree of diversification* und *management of the value chain activities* (siehe Tabelle 3). Vier Fragebogen-Items bezogen sich auf die erste Dimension, je ein Item bezog sich auf die zwei übrigen. Ein Fragebogen wurde an die Unternehmen gesendet und danach eine Clusteranalyse durchgeführt. Die Autoren benennen vier ihrer Ansicht nach markante Cluster, die unterschiedliche Ausprägungen haben. Weitere Analysen zeigen, dass die unterschiedlichen Geschäftsmodelltypen keine signifikanten Unterschiede bezüglich verschiedener finanzieller Kennzahlen aufweisen.

Tabelle 3 Geschäftsmodellcluster nach Camison und Villar López (2010), S. 309

	Cluster 1: Multi-divisional model	Cluster 2: Integrated model	Cluster 3: Hybrid model	Cluster 4: Network-based model
Hierarchical structure	Multi-divisional	Machine bureaucracy	Professional bureaucracy	Adhocratic
Formalization	Low	High	Intermediate	Very low
Centralization	Intermediate	High	Low	High
Coordination mechanism	Process normalization	Direct supervision	Normalization of processes and results	Normalization of results
Degree of diversification	Intermediate	Intermediate	Intermediate	High
Degree of vertical integration	Intermediate	Very high	Very high	Very low

3.2 Geschäftsmodellkategorien in abgegrenzten Bereichen

Die Geschäftsmodellkategorien in abgegrenzten Bereichen bezeichnen Typologien oder Taxonomien, die von Autoren in bestimmten Industrien (Life-Science) oder anhand neuer (technologischer) Trends innerhalb (Open Source in der IT-Branche) oder industrieübergreifend (E-Commerce oder Web in verschiedenen Branchen) ergeben.

3.2.1 E-Commerce oder Web

Bienstock, Gillenson und Sanders (2002) betrachten Geschäftsmodelle im Web (siehe Annildung 2).

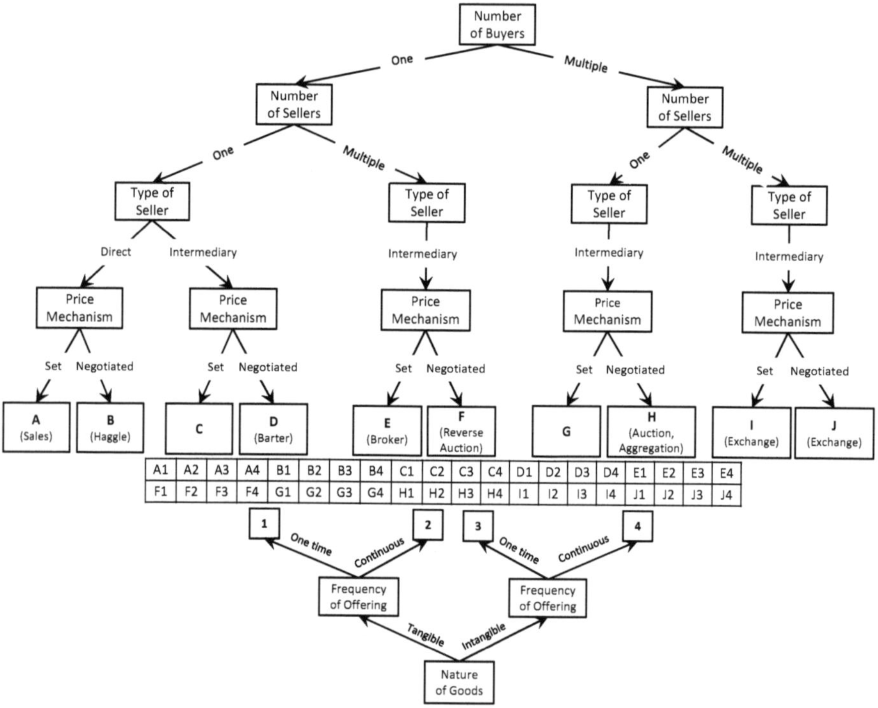

Abbildung 2 Geschäftsmodelltaxonomie nach Bienstock et al. (2002), S. 177

Bienstock, Gillenson und Sanders (2002) benutzen, im Gegensatz zu den anderen Autoren, eine mehrdimensionale (>2) Kategorisierung. Sie kategorisieren und strukturieren die Geschäftsmodelle nach einem divisionalem Ansatz ähnlich eines Wasserfalls und unterscheiden die Typen nach sechs Dimensionen.

Vier dieser sechs Dimensionen separieren sich jeweils in zwei Subkategorien. Vier der Kategorien lassen sich den Beschreibungen der Markt- und Unternehmensseite zuordnen. Zwei weitere Dimensionen beschreiben die Charakteristiken der Güter. Durch die Kombinationsmöglichkeiten entstehen für die Autoren am Ende 40 Geschäftsmodellprototypen.

Bambury (1998) kategorisiert ebenfalls „*E-Commerce*"-Geschäftsmodelle allerdings ohne erkennbare Kriterien in zwei Hauptkategorien und insgesamt 15 Subkategorien.

Amit und Zott (2001; Brettel et al. 2008) unterscheiden „*E-Commerce*"-Geschäftsmodelle basierend auf dem Transaktionskostenansatz. Sie kategorisieren vier Quellen woraus in Geschäftsmodellen Wertschöpfung entsteht: durch Neuheit (neue Strukturen, neue Teilnehmer), Lock-In-Effekte (Etablierung von Wechselkosten und positiven Netzeffekten), Komplementäre (Verbindungen zwischen Produkten und Services oder aufeinander aufbauenden Technologien) sowie Effizienz (niedrige Suchkosten, Schelligkeit).

Timmers (1998) klassifiziert qualitativ verschiedene E-Commerce- Geschäftsmodelle anhand der zwei Dimensionen *functional integration* und *degree of innovation* (siehe Abbildung 3). Erste beschreibt in wieweit die Internetfunktionen eine wirkliche Neuerung gegenüber traditionellen Vertriebswegen oder Firmenaktivitäten darstellt. Die zweite beschreibt das Ausmaß der Verknüpfung und Implementierung neuer Geschäftsmodell-Funktionen. Insgesamt entstehen für Timmers elf Geschäftsmodell-Kategorien.

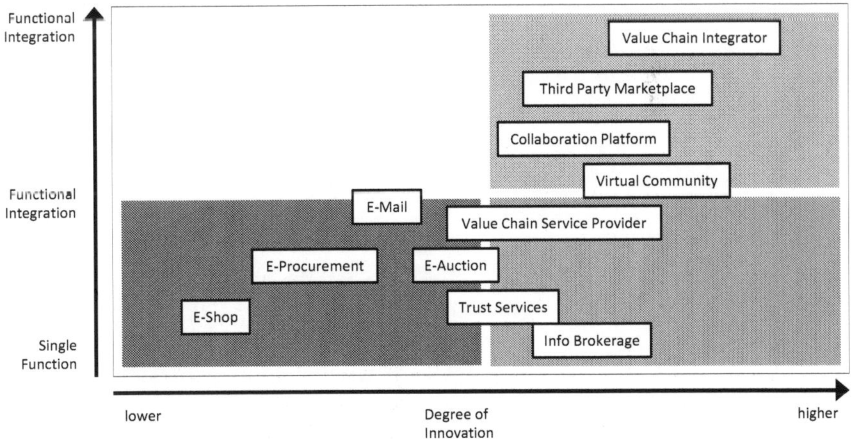

Abbildung 3 Geschäftsmodelltypologie nach Timmers (1998), S. 8

Kamoun (2008) greift die Kategorisierung von Timmers für den Bereich Radio Frequency Identification (RFID) auf und erkennt zwölf Kategorien für mögliche Geschäftsmodelle in diesem Bereich.

Linder und Cantrell (2000) beziehen sich, wie Timmers, auf den Bereich E-Commerce oder E-Business. Sie differenzieren nach Kernaktivität, wie ein Unternehmen Geld verdient und nach dem Preis-/Leistungsverhältnis des Angebots. Daraus entwickeln sie acht Überkategorien unter welche 34 Unterkategorien fallen.

Eine Typologie für Geschäftsmodelle im Internet- und Medienbereich, die auf Werbung aufbaut, wird durch Variation der Einkommensströme von Casadesus-Masanell und Zhu (2010) differenziert. Die Autoren beschreiben vier Geschäftsmodelle, bei denen die Ausprägungen, welche Stärke die Werbeeinnahmen am Erlösstrom ausmachen, als Hauptkriterium dienen (*subscription-based model, ad-sponsored model, mixed model, dual model*).

Wirtz, Schilke und Ullrich (2010) entwickelten ebenfalls eine Typologie für Geschäftsmodelle im Internetbereich. Die Autoren differenzierten zwischen vier Typen von Geschäftsmodellen nach jeweils vier unterschiedlichen Ausprägungen der Dimensionen Nutzerversprechen und Erlöse. Danach beschrieben sie die unterschiedliche Relevanz von vier identifizierten „Web 2.0“-Faktoren für jeden dieser Typen. Die Autoren weisen darauf hin, dass Unternehmen mehrere dieser Geschäftsmodelltypen gleichzeitig betreiben können.

3.2.2 Open Source und Software

Bonaccorsi et al. (2006) untersuchten das Verhalten von Software-Unternehmen im Open Source (OS) Bereich. Sie nutzen zur Beschreibung der verschiedenen Unternehmen eine generische Unterteilung. Sie erweitern dazu die OS-Taxonomie von Wichmann, welcher zwischen Produkt und Service und zwischen den Positionen innerhalb der Wertschöpfungskette unterscheidet. Bonaccorsi et al. kritisieren, dass die Unternehmen nicht nur einer Aktivität in der Wertschöpfungskette nachgehen sondern mehreren. Außerdem spielt eine Rolle, ob sie ausschließlich auf OS festgelegt sind, oder ob sie auch Standbeine in der kommerziellen Verwertung haben. Die Autoren schließen daraus, dass das volle Produktangebot bei OS eine Rolle spielen muss, sowie der relative Anteil von OS in Verhältnis zu proprietärer Software. Eine Clusteranalyse eines ausgebenden Fragebogens, der an Unternehmen des Sektors (n = 146) gesendet wurde, clustert die Unternehmen anhand der Faktoren Umsatzanteil von OS, Anteil der OS Produkte und Art der Unternehmensaktivität. Sie mündet in einer Zweiteilung (More Open Source Oriented (MOSS) and Less Open Source Oriented (LOSS) Firms).

Eine ähnliche Unterteilung nehmen Casadesus-Masanell und Llanes (2011) vor, die ebenfalls für IT-Unternehmen im Open-Source-Bereich nach dem unterschiedlichen Offenheitsgrad des Geschäftsmodells differenzieren (siehe Tabelle 4). Dabei unterscheiden sie in zwei Dimensionen nach Offen- oder Geschlossenheit: Zum einen die Basissoftware und zum anderen die Erweiterungen dieser Basissoftware. Daraus ergeben sich vier Geschäftsmodelle, wobei die zwei Varianten, bei denen jeweils eine der Komponenten offen und eine geschlossen ist, als ein Geschäftsmodell mit zwei Varianten begreifen.

Tabelle 4 Geschäftsmodelltypologie nach Casadesus-Masanell und Llanes (2011), S. 1213

	Extensions	
Base	Open	Closed
Open	Open source - MySQL - OpenSolaris - Red Hat Linux - Eclipse	Open core - SugarCRM - JasperSoft - Zimbra - Mac OS X
Closed	Open edge - MSFT .Net - Mathematica - Stata - Faccbook	Proprietary - MS Windows - MS Office - Oracle Ilg - SAP

Ebenfalls eine Typologie im Open Source Bereich wurde von Chesbrough und Appleyard (2007) genutzt. Hier werden Geschäftsmodelle als Rollenmodelle gesehen (siehe Tabelle 5). Zu jedem Typ gibt es Unternehmen, das einer Blaupause für einen Typus entspricht. Die Autoren gehen bei der Typologiebildung induktiv vor, allerdings wird das methodische Vorgehen nicht näher beschrieben. Besonders ist, dass die Autoren einen höheren Differenzierungsgrad durch Unterkategorien erreichen. So unterteilen die Autoren erst in Kategorien und listen darunter verschiedene Geschäftsmodelle auf. Die Kategorie beschreibt die Art oder die Natur des Produkts/Services und wie die Aktivitäten dazu aussehen, die das Unternehmen vollzieht.

Tabelle 5 Geschäftsmodelltypologie nach Chesbrough und Appleyard (2007), S. 66

Category	Model	Description	Example
Deployment	Support	Revenue derived from sale of customer support contracts.	Boss
	Subscription	Revenue derived from annual service agreements bundling open source software, customer support, and certified software updates delivered via Internet.	Red Hat Enterprise Linux
	Professional Services/ Consulting	Revenue derived from professional services, training, consulting, or customization of open source software.	IBM
Hybridization	Proprietary Extensions	Firms broadly proliferate open source application and monetize through sale of proprietary versions of product line extensions. Variants include mixed open source/proprietary technologies or services with free trial or "community" versions.	SugarCRM
	Dual License	Vendor licenses software under different licenses (free "Public" or "Community" license vs. paid "Commercial" license) based on customer intent to redistritribute.	MySQL
Complements	Device	Vendor sells and supports hardware device or appliance incorporating open source software.	Mazu Networks
Self-Service	Community Source	Consortia of end user organizations or institutions jointly develops application to be used by all.	The Sakai project

Anhand von fünf Fallbeispielen von Geschäftsmodellen in der Softwarebranche schlagen Rajala et al. (2003) vier Geschäftsmodelldimensionen vor *(Product Strategy, Revenue logic, Distribution model, Service and Implementation model)*, welche sie jeweils anhand ihrer Fallbeispiele anhand von fünf Zuständen unterteilen (siehe Abbildung 4).

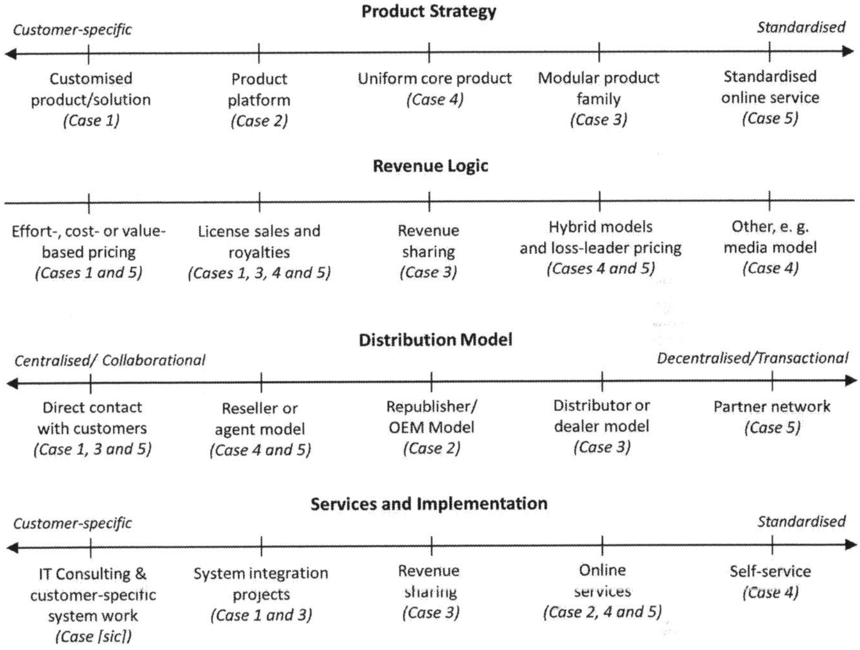

Abbildung 4 Kontinuum der Geschäftsmodelldimensionen (Rajala et al. 2003), S. 7–10

3.2.3 Life-Science

Bigliardi et al. (2005) und Nosella et al. (2005) analysierten die Geschäftsmodelle von Biotechnologieunternehmen in Italien und bildeten verschiedene Geschäftsmodelltypen auf Basis quantitativer Daten. Beide Arbeiten stammen aus dem gleichen Datensatz, zeigen aber unterschiedliche Auswertungen. Während Nosella et al. eine Typologisierung anhand deskriptiver Charakteristiken und deren Verteilung darstellen (Type of companies, Location, Size, Age, Type of biotechnology, Industry) wird bei Bigliardi et al. eine Clusterung durchgeführt. Dort entstehen die Geschäftsmodell-Typen *Service companies, Small research companies (NBFs), Traditional integrated firms* und *Industrialized Integrated firms.*

Willemstein et al. (2007) untersuchten niederländische Biotechnologieunternehmen und nahmen eine Clusterung auf Basis von Service, Produkt und Plattform vor (siehe Abbildung 5). Hybride stellen eine Mischung aus diesen drei Typen dar. Die Autoren sehen dabei nicht nur einen Zeitpunkt der Geschäftsmodellbetrachtung, sondern folgen einem dynamischen Ansatz, dem zugrunde liegt, dass sich die Biotechnologieunternehmen vom Service- oder Plattformbetreiber über den Hybriden zum Anbieter von Produkten entwickeln.

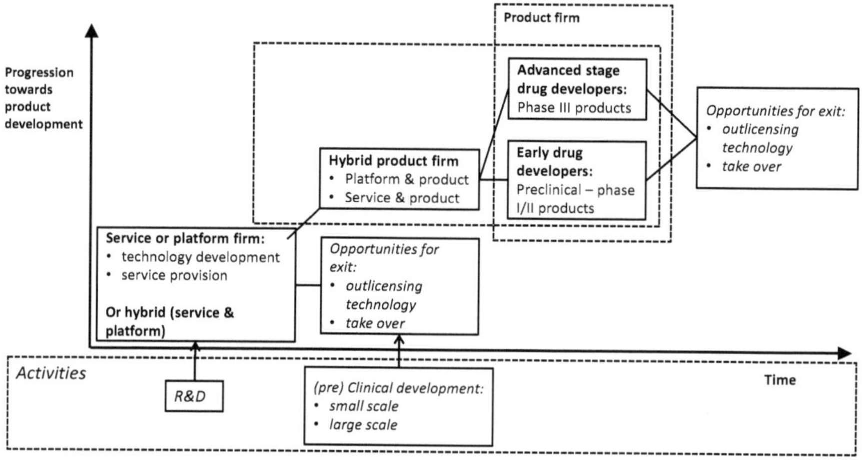

Abbildung 5 Geschäftsmodelltypologie nach Willemstein et al. (2007), S. 223

Patzelt et al. (2008) berufen sich bei ihrer Untersuchung auf die Arbeit von Casper (2000), der Biotech Geschäftsmodelle in Therapie-/Medikamentenentwickler (*therapeutics firms*) und Plattformanbieter (*platform firms*) unterschieden hat, um den Einfluss von Top Management Teams auf den jeweiligen Geschäftsmodelltypen zu untersuchen.

Eine ähnliche Untersuchung nahmen Konde (2008) und Heitmann et al. (2011) vor. Hier werden die Geschäftsmodelle von Biotech-Unternehmen in vier verschiedene Typen klassifiziert: *Fully Integrated Pharmaceutical Company* (FIPCO) (oder auch vertikale Modelle genannt), Produktentwickler, Plattformtechnologie-Anbieter und Hybride. Die Einteilung erfolgt hier nach der Position oder Aktivität in der Wertschöpfungskette.

3.3 Ergebnisse der Literaturanalyse

Die Analyse der vorgestellten Typologien und Taxonomien von Geschäftsmodellen zeigt verschiedene Erkenntnisse auf.

Erstens, das Vorgehen zur Bildung von einzelnen Typen erfolgt wenig systematisch und oftmals generisch. Zum überwiegenden Teil erfolgt die Einteilung Top-Down getrieben, d. h. es wird erst eine Charakteristik festgelegt, anhand derer die vorhandene Population abgetragen wird. Daher kommt es oft vor, dass die Kategorisierungen innerhalb einer Branche wenig branchenspezifisch sind.

Zweitens, innerhalb der eher branchenspezifischen Geschäftsmodell-Typologien werden vor allem Geschäftsmodelle aus dem E-Commerce und Internetbereich kategorisiert. Die Begründung dafür liegt zum einen sicherlich in der Herkunft des Geschäftsmodell-Konzeptes, welches seinen Ursprung im Internetbereich hat. Der ist Bereich durch technologischen und inhaltlichen Innovationen geprägt und einer Vielfalt Geld zu verdienen. Weiterhin sind die Bereiche Biotechnologie, Gesundheit und Open Source als Teil der IT-Branche häufig typologisiert. Ein eher geringer Teil versucht branchenübergreifende Typologien aufzubauen.

Die dritte Erkenntnis ist, dass die Typologien mit einem Branchenfokus trotz ihres Fokus wenig Platz für branchenspezifische Charakteristiken lassen. Bedenkt man die oft hervorgehobene Einbettung des Geschäftsmodells in die Unternehmensumwelt und dass das Geschäftsmodell dann effektiv ist, wenn es optimal auf die Umwelteinflüsse reagieren kann (Chesbrough und Rosenbloom 2002; Demil und Lecocq 2010; McGrath 2010), so sind diese besonderen Umwelteinflüsse kaum in den Typologien mit Branchenfokus zu finden.

Weiterhin kann über alle Typologien hinweg festgestellt werden, dass diese in der Mehrheit an einer oder zwei Unterscheidungsdimensionen abgetragen werden.

Zum Schluss ist mittlerweile festzustellen, dass größere quantitative Kategorisierungen, die als Taxonomie gelten könnten, nur vereinzelt zu finden sind (z. B. Weill et al. 2005; Camison und Villar-López 2010; Bigliardi et al. 2005). Dies mag daran liegen, dass Geschäftsmodelle als komplexe Systeme angesehen werden, deren einzelne Komponenten stark miteinander verbunden sind. Somit müsste eigentlich eine Vielzahl an Unterscheidungsdimensionen erhoben werden – oder die Zahl der relevanten Geschäftsmodellkomponenten muss reduziert oder stark abstrahiert werden.

4 Methodisches Vorgehen und Daten

Eine Typologisierung von Geschäftsmodellen setzt eine detaillierte Kenntnis der relevanten Funktionsweisen und Ausgestaltungen voraus. Daher ging der quantitativen Datenerhebung für die Typologie eine Reihe von Interviews mit Vertretern der Diagnostik- und Pharmaindustrie voraus. Ziel war es, mittels der

Vorstudie die Charakteristiken der Geschäftsmodelle in der Diagnostikindustrie in ihrer Gänze abzubilden. Das gesamte Vorgehen wird in Abbildung 6 dargestellt.

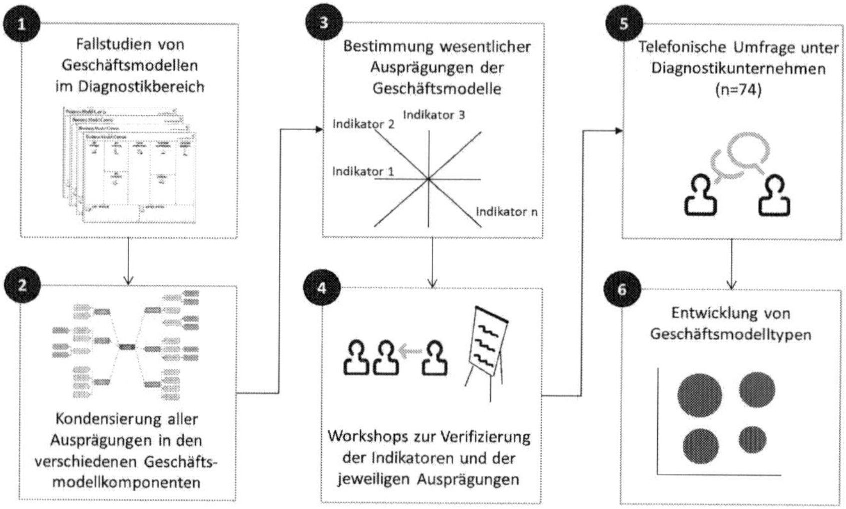

Abbildung 6 Methodischer Ablauf zur Typologieentwicklung von Geschäftsmodellen

Da bisherige Untersuchungen der Personalisierten Medizin eher eine makroökonomische Perspektive einnehmen und die wenigen Studien, die die Unternehmen in dem Feld auf mikroökonomischer Ebene untersuchen, das Geschäftsmodell weitgehend ausblenden oder nur vereinzelte Aspekte herausgreifen, wurde in einem ersten Arbeitsschritt Daten durch ein explorativer Ansatz mittels Desk research, Fallstudien und Experteninterviews genutzt, um Geschäftsmodelle mittels des *Business Model Canvas* (Osterwalder und Pigneur 2009) zu erfassen. Beim Vorgehen orientierten wir uns an Rajala und Westerlund (2007) und Rajala et al. (2003), die bei der Typologisierung von Geschäftsmodellen in der Softwareindustrie verschiedene Ausprägungen an einzelnen Merkmalen systematisch erfassen.

Im Rahmen der hier vorgestellten Studie wurden neun Fallstudien von Diagnostikunternehmen angefertigt und mit dem *Business Model Canvas* illustriert, die auf Interviews mit Geschäftsführern oder leitenden Managern beruhen und mittels Sekundärliteratur und weiteren Unternehmensinformationen von Webseiten ergänzt wurden. Zusätzliche Interviews mit Experten von Pharmaunternehmen und Verbänden wurden zur Triangulation der Daten genutzt.

Das Zusammentragen der einzelnen Ausprägungen zu einem Mindmap ergab eine Art morphologischen Kasten für die Geschäftsmodell-Komponenten des *Business Model Canvas*. Dieser Schritt ermöglichte die Identifizierung der für die Diagnostikindustrie spezifischen Komponenten und deren Ausprägungen (siehe z.B. Sinfield et al. 2012; Chesbrough 2010; IBM 2005).

Insgesamt ergaben sich über 100 Ausprägungen, verteilt auf 27 konkrete Indikatoren, die die Geschäftsmodellkomponenten des Business Model Canvas industriespezifisch charakterisieren.

Um eine Typologie von Geschäftsmodellen der Diagnostikindustrien zu entwickeln, mussten in einem Folgeschritt aus den 27 Indikatoren diejenigen identifiziert werden, die a) großen Einfluss auf die restlichen Komponenten des Geschäftsmodells haben und b) eine Vielfalt in den markanten Ausprägungen aufzeigen. Mithilfe einer Einflussmatrix und einer anschließenden Einflussanalyse (Cole et al. 2007; Vester 1988; Cole 2006) wurde eine Vorselektion von den zehn wichtigsten Indikatoren getroffen. In einem Expertenworkshop mit Vertretern eines Diagnostikbranchenverbands auf Landesebene wurden die Indikatoren diskutiert. Final wurden drei Indikatoren, die als Kernmerkmale von Geschäftsmodellen im Diagnostikbereich gelten, bestimmt: *Anwendungsfelder des Diagnostikums, Forschungsaktivitäten* und *Kundensegmente* (diese werden im nächsten Kapitel näher beschrieben).

Danach erfolgte die quantitative Umfrage für die Geschäftsmodelltypologie. Die Datenbasis dafür beruht auf einer Umfrage unter 74 Diagnostikunternehmen mit Sitz in Deutschland. Die Diagnostikunternehmen wurden über die Mitgliedsliste des *Verband der Diagnostica-Industrie* (VDGH) identifiziert. Die Umfrage wurde telefonisch unter den Mitgliedern in der Zeit von Februar bis März 2013 durchgeführt. Zum Zeitpunkt der Studien waren 95 Diagnostikunternehmen Mitglied im Verband, die nach Angaben des Verbands 90 Prozent des inländischen Umsatzes mit Diagnostikprodukten repräsentieren. Somit wurde eine Rücklaufquote von ca. 79 Prozent erreicht.

Die telefonische Umfrage wurde mittels eines vollstrukturierten Fragebogens durchgeführt, welcher auf den identifizierten Kernmerkmalen der diagnostischen Geschäftsmodelle basierte. Zu Beginn des Telefonats wurde gebeten, sich mit Personen aus dem Unternehmen verbinden zu lassen, die einen allgemeinen Überblick über die Produkte und das Geschäftsmodell des Unternehmens haben. Dies waren in der Regel Führungskräfte aus der Geschäftsführung, dem Marketing oder Vertrieb. Weiterhin wurde darauf hingewiesen, dass die Interviewten vom umsatzstärksten Produkt ausgehen sollen, wenn das Unternehmen mehrere Diagnostikprodukte anbieten sollte.

Entsprechend der konzeptionellen Überlegungen wurden die Unternehmen nach den Anwendungsfeldern des Diagnostikums gefragt sowie nach Gruppen, die über die Beschaffung/über den Kauf und des Diagnostikums entscheiden. Die Auswahlmöglichkeiten wurden jeweils vorgegeben. Mehrfachantworten waren möglich.

5 Geschäftsmodelle der Diagnostik-Industrie

5.1 Merkmale von Geschäftsmodellen der Diagnostikindustrie

Geschäftsmodelle werden als Systeme bezeichnet, die modellhaft beschreiben, wie ein vom Unternehmen vorgeschlagener (Mehr)Wert (Value Proposition) in diesem Unternehmen und in seinem Wertschöpfungsnetzwerk geschaffen wird (Value Creation) um somit kommerzialisiert zu werden (Value Capturing) (Casadesus-Masanell und Ricart 2010; Teece 2010). Diese drei Elemente, so zeigte sich in der Literaturrecherche, werden unterschiedlich in den existierenden Typologien und Taxonomien berücksichtigt und operationalisiert.

Daher wird für diese Studie jeweils ein Geschäftsmodellelement als vergleichendes Merkmal der Population hinzugezogen, um alle Geschäftsmodelldimensionen zu einem Grad abdecken zu können.

Als *Value Proposition* definieren wir in Bezug auf die Diagnostikindustrie das Merkmal *Anwendungsfelder des Diagnostikums*. Das Anwendungsfeld, als ein Teilaspekt der Value Proposition von Diagnostika, beschreibt die Einsatzmöglichkeiten des Diagnostikums. Genauer gesagt beschreibt dieses Merkmal, wo das Diagnostikum im Entwicklungs-, Zulassungs- und Anwendungsprozess eines Medikaments oder einer Therapie Anwendung findet und dort seinen diagnostischen Nutzen für den Patienten oder Arzt entfaltet. Auf Basis qualitativer Interviews wurden hier acht Anwendungsfelder entlang des Therapie (entwicklungs)prozess identifiziert, die übergreifend über alle Krankheitsgebiete auftreten:

- Arzneimittelentwicklung
- Krankheitsprävention
- Früherkennung
- Krankheitsbestimmung
- Test zur Dosierung
- Wirksamkeitstest
- Verträglichkeitstest

- Anderes

Für die *Value Creation*-Funktion eines Geschäftsmodells ziehen wir die *Forschungsaktivitäten* eines Diagnostikunternehmens hinzu, die aussagt, inwiefern diagnostische Produkte oder Services eigen- oder fremdverantwortlich entwickelt werden. Diese Dimension umfasst sowohl die intraorganisationale Ressourcen- und Prozesssicht, sowie den Einfluss von Wertschöpfungspartnern (interorganisationale Perspektive). Vier verschiedene Rollen von Geschäftsgrundlagen zur Wertschöpfung von diagnostischen Tests wurden erkennbar:

- Händler
- Auftragsforschung
- Unabhängig
- Unabhängig und Auftragsforschung

Die letzte Dimension beschreibt die unterschiedlichen *Kundensegmente* von Diagnostikunternehmen als Merkmal des *Value Capturing*. Aufgrund der Mehrseitigkeit des Marktes (damit ist gemeint, dass die Rolle des Nutzers, der Entscheiders und des Zahlers in der Gesundheitsindustrie auseinanderfallen) definieren wir die Rolle des Entscheiders als maßgebliches Unterscheidungsmerkmal. Entscheider sind die Akteure, die dafür sorgen, dass die Erlöse für die Anwendung der Diagnostikprodukte oder –services freigegeben werden.

Folgende Segmente werden von den Diagnostikunternehmen adressiert:

- Patienten
- Laborärzte
- andere Ärzte
- Krankenhäuser
- Pharmaunternehmen
- Diagnostikunternehmen
- andere Forschungsinstitute
- Unternehmen außerhalb der Branche
- Nicht-medizinische Endkonsumenten

Mittels dieser Konkretisierung der wichtigsten Geschäftsmodellmerkmale, die unsere Unterscheidungskriterien der Typologien darstellen, konnten die 74 Diagnostikunternehmen einheitlich befragt werden.

5.2 Ergebnisse

5.2.1 Anwendungsfelder der Diagnostikprodukte

Die befragten 74 Diagnostikunternehmen gaben an, dass von ihren umsatzstärksten Diagnostikprodukten und -services ein Großteil (47 Prozent) bei der Krankheitsbestimmung angewendet wird. Weiterhin wird fast ein Viertel der Diagnostika bei der Früherkennung eingesetzt. Relativ wenig werden Diagnostiktests bei der Wirksamkeitsprüfung (2 Prozent), bei der Arzneimittelentwicklung (3 Prozent), sowie bei der Krankheitsprävention und bei der Verträglichkeit (je 4 Prozent) genutzt (siehe Abbildung 7).

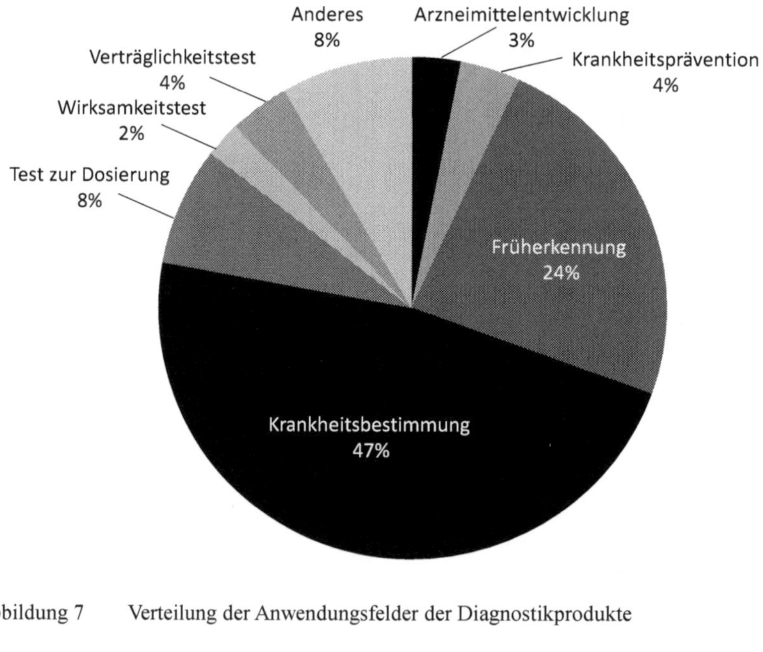

Abbildung 7 Verteilung der Anwendungsfelder der Diagnostikprodukte

Durch die Möglichkeit Mehrfachantworten geben zu können, ist ebenfalls interessant, dass die umsatzstärksten Diagnostika überwiegend ein oder zwei Anwendungsfelder haben (siehe Abbildung 8). Lediglich neun Unternehmen gaben an, dass deren Diagnostikprodukte drei oder mehr Anwendungsfelder besitzen.

Die restlichen befragten Unternehmen gaben an, dass ihre Produkte entweder ein Anwendungsfeld (34) oder zwei Anwendungsfelder (31) haben.

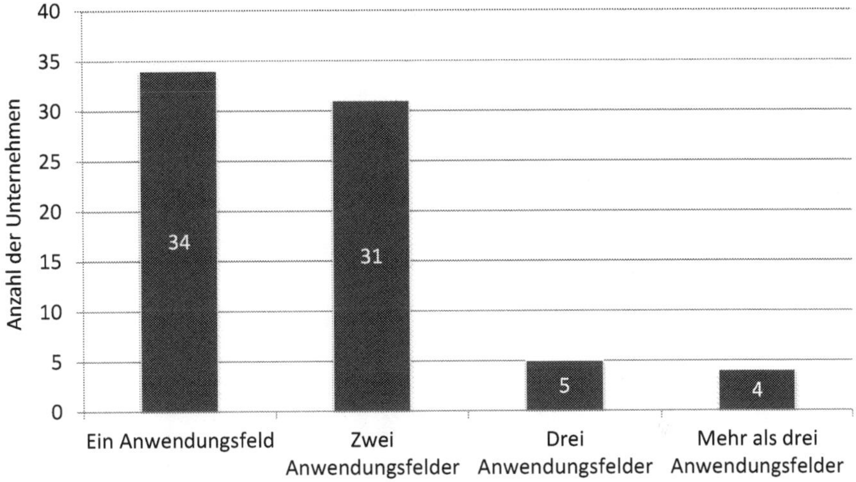

Abbildung 8 Anzahl der Anwendungsfelder der Diagnostikprodukte

5.2.2 Forschungsaktivitäten der Diagnostikunternehmen

80 Prozent der befragten Diagnostikunternehmen gaben an, dass sie ihr umsatzstärkstes Produkt durch eigene Forschung entwickelt haben (siehe Abbildung 9). Damit wird deutlich, dass die Diagnostik eine sehr forschungsintensive Branche ist, die wenig im Auftrag anderer, wie z. B. durch große Pharmaunternehmen, beauftragt werden, neue Tests zu entwickeln. Lediglich vier Prozent gaben an, die Tests durch konkrete Aufträge entwickelt zu haben. Neun Prozent gaben an, gar keine eigene Forschung durchzuführen, sondern sich auf den Handel mit Diagnostikprodukten zu konzentrieren. Ein geringer Prozentsatz gab an, sowohl unabhängig als auch im Auftrag anderer Diagnostiktests entwickelt zu haben. Die kann durch eine zeitliche Änderung der Abhängigkeit erklärt werden: So wurden Teile der Forschung eigenständig durchgeführt, welche nach vielversprechenden Zwischenergebnissen von externen Auftraggebern weiterfinanziert wurden.

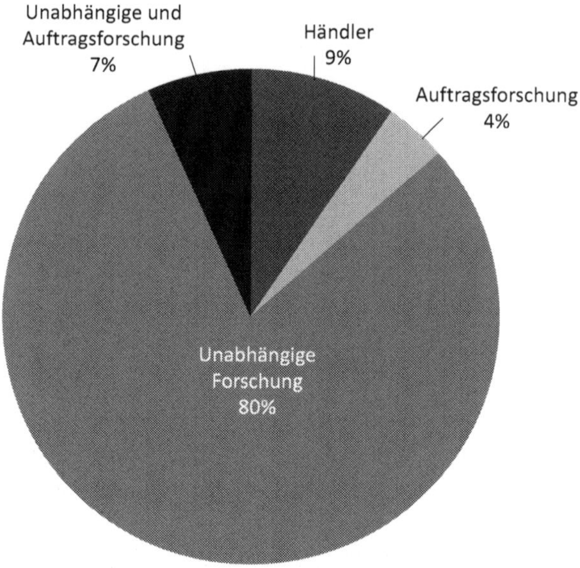

Abbildung 9 Verteilung der Forschungsaktivitäten für die Diagnostikprodukte

5.2.3 Kundensegmente der Diagnostikunternehmen

Die unterschiedlichen Kundensegmente, die die befragten Diagnostikunternehmen als Ansprechpartner und Entscheider für ihre Produkte und Services sehen, gaben ein ähnlich heterogeneres Bild ab, wie die verschiedenen Anwendungsfelder. Laborärzte (39 Prozent), Krankenhäuser (29 Prozent) und andere Ärzte (12 Prozent) sind die Hauptempfänger der Diagnostikprodukte und -dienstleistungen (siehe Abbildung 10). Sehr wenig sind Produkte verbreitet, die sich direkt an Patienten oder Kunden aus dem nicht-medizinischen Bereich richten. Die vorherrschende Logik, möglichst einen erstattungsfähigen Diagnostiktest anzubieten, der vom ärztlichen Personal angeordnet werden kann und abgerechnet wird, spiegelt sich in der Angabe dieser Daten wider.

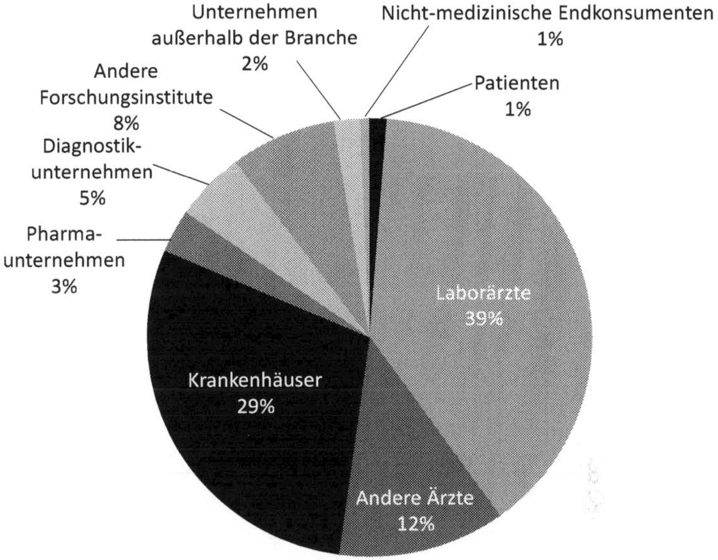

Abbildung 10 Verteilung der in erster Linie adressierten Kundensegmente

Ähnlich wie bei den dargestellten Anwendungsfeldern ist durch die Vielzahl an Merkmalsausprägungen auch die Analyse der Mehrfachangaben interessant. Durch die Angabe wurde ersichtlich, wieviele verschiedene Kundensegmente mit dem selben Diagnostiktest adressiert werden. Dies kann einerseits mit den unterschiedlichen Anwendungsfeldern in Zusammenhang stehen, so dass unterschiedliche Anwendungsfelder unterschiedliche Kundensegemente bedingen. Es kann aber auch interpretiert werden, dass parallel unterschiedliche Kundensegmente mit dem selben Produkt angesprochen werden.

Die Aufsummierung der Unternehmensangaben zeigt, dass über die Hälfte der Befragten zwei unterschiedliche Kundensegemente versorgen (siehe Abbildung 11). Fast ein Viertel der Unternehmen nennt sogar drei und mehr Kundensegmente, die sie ansprechen um Erlöse zu generieren.

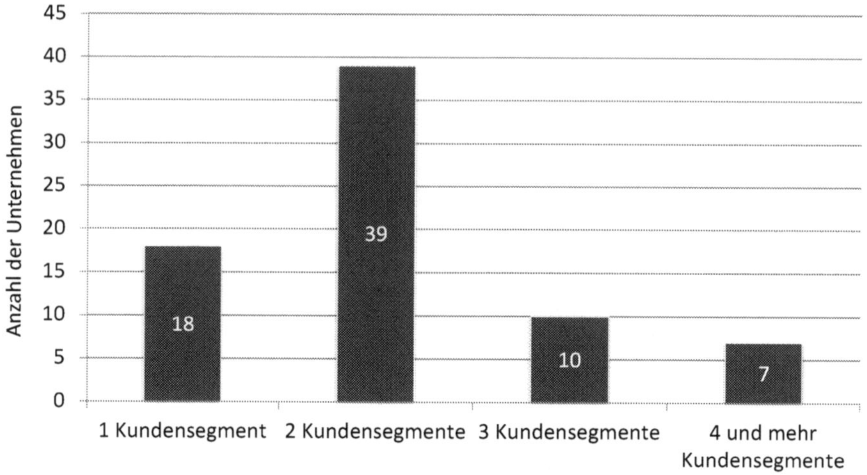

Abbildung 11 Anzahl der parallel adressierten Kundensegmente der Diagnostikprodukte

6 Eine Geschäftsmodelltypologie der diagnostischen Industrie

Wie eingangs erläutert, zeichnen sich Typologien eher durch eine konzeptionelle, denn empirische Kategorisierung mit einem eher deduktiv gekennzeichneten Vorgehen aus. Auch wenn wir auf empirische Ergebnisse aus dem Umfrage zugreifen, war die Bestimmung der Indikatoren eher deduktiv und konzeptionell, da sich ein Geschäftsmodell in seiner ganzen Vielfältigkeit (siehe z. B. Osterwalder und Pigneur 2009) eher konzeptionell mit den von uns vorgegebenen Merkmalen beschreiben lässt. Daher sprechen wir eher von einer Typologie- als einer Taxonomie-Entwicklung, obwohl einige Charakteristika zu einer Taxonomie tendieren könnten.

Gute Typologien reduzieren eine natürliche Komplexität und heben wesentliche Merkmale hervor, die zu wahrnehmbaren Unterschieden zwischen einer Population führen. Der Anspruch dieser Typenbildung ist daher, die sehr heterogene Industrielandschaft der Diagnostikunternehmen zu überwinden, die sich größtenteils über Krankheitsgebiete (wie Neurologie, Onkologie, Immunologie oder Kardiologie) oder über verwendete Technologien differenziert. Um die Komplexität von Geschäftsmodellen vergleichbar zu machen, ist eine Typologie erforderlich, die stärker die Geschäftsmodelldimension in den Mittelpunkt stellt. So kann eine Vergleichbarkeit der Geschäftsmodelle von Unternehmen hergestellt werden, die zuvor unter diesen Aspekten nicht verglichen wurden. Ausgehend von dieser geschäftsmodellgeprägten Betrachtung, kann es so möglich sein, neue Potenziale zu erkennen.

6.1 Geschäftsmodelltypen

Im Zuge der Datenanalyse der existierenden Geschäftsmodelle waren die quantitativen Aspekte der Anwendungsfelder sowie der Kundensegmente von großem Interesse. Auch hinsichtlich der qualitativen Dimension wiesen beide Merkmalsdimensionen eine große Vielfalt an Möglichkeiten auf, die von den Unternehmen sehr unterschiedlich genutzt werden. Basierend auf der Anzahl adressierter Kundensegmente und der Möglichkeit, das jeweilige Produkt/ Service für verschiedene Zwecke einzusetzen, lag es nahe, eine Typenbildung Geschäftsmodelltypen aus diesen Dimensionen abzuleiten.

Die qualitative Dimension der Anwendungsfelder wird weniger berücksichtigt, um der Bildung von Sub-Märkten vorzubeugen. Die Anzahl der Anwendungsfelder gibt viel eher ein objektiveres Bild über die Gestaltung des Geschäftsmodells. Geschäftsmodelle, deren Produkte/Services ein enges Anwendungsfeld haben, müssen in ihrer Struktur anders gestaltet sein (hinsichtlich der Vermarktung) als Geschäftsmodelle, die eine Value Proposition für verschiedene Anwendungsfelder und damit ein breites Anwendungsspektrum bieten.

Dieselben Überlegungen treffen auf die unterschiedlichen Kundensegmente zu. Die Aussage, welche Kundensegmente exakt adressiert werden, kann wieder zu einer Bildung von Sub-Märkten führen, was zur Folge hat, dass Diagnostikunternehmen mit unterschiedlichen Kundensegmenten als ungleich angesehen werden. Hingegen bietet die Analyse der Anzahl der Kundensegmente, die mit demselben diagnostischen Produkt/Service adressiert werden, einen interessanten Aspekt bezüglich der übertragbaren Gestaltung von Geschäftsmodellen.

Außen vorgelassen wird das Merkmal der Forschungsabhängigkeit. Die Verteilung erwies sich als recht einseitig und weniger als Differenzierungsmerkmal (80 Prozent betreiben unabhängige Forschung).

Aus den zwei Dimensionen *Anzahl der Anwendungsfelder (A)* und *Anzahl der Kundensegmente (KS)* lassen sich grundlegend vier Geschäftsmodelltypen diskutieren (siehe Abbildung 12).

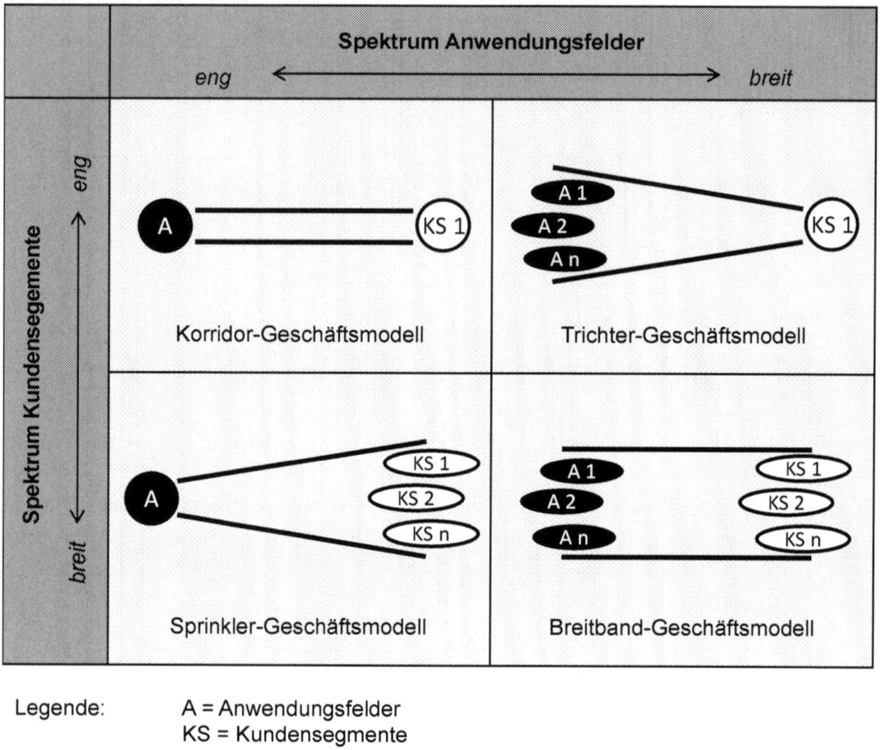

Abbildung 12 Geschäftsmodelltypologie (am Beispiel der Diagnostikindustrie)

Das *Korridor-Geschäftsmodell* charakterisiert Geschäftsmodelle, die darauf ausgelegt sind, Nischen zu identifizieren und konkrete Anwendungsfelder mit einem bestimmten Anwender zu kombinieren. Die Geschäftsmodelle dieser maßgeschneiderten Produkte/Services sind hocheffizient, zugleich aber auch risikoreich.

Das *Trichter-Geschäftsmodell* bedient ein eng gesetztes Kundensegment mit einer größeren Vielfalt an Anwendungsmöglichkeiten. Die Produkte/Services sind breitflächig einsetzbar, d. h. das Geschäftsmodell berücksichtigt verschiedene Bedürfnisse seiner sehr speziellen Nachfrager. Die Geschäftsmodelle sind besonders effizient, wenn es um die Nutzung bereits existierender Beziehungen zu den Kunden geht, und sind sehr vielschichtig bei der Findung von Anwendungsmöglichkeiten bei der Entwicklung von Produkten/Services.

Das *Sprinkler-Geschäftsmodell* wird als „der Spezialist“ von der recht heterogenen Kundschaft angesehen. Die Produkte/Services adressieren sehr wenige Anwendungsfelder im Therapie(entwicklungs)prozess, dafür sind diese aber auf verschiedenen Ebenen wirksam bzw. benötigen Interaktion mit verschiedenen Anwendern. In diesem Geschäftsmodell stellt die Kommunikation mit den unterschiedlichen Akteursgruppen die eigentliche Herausforderung dar.

Das *Breitband-Geschäftsmodell* kombiniert vielfältige Anwendungsfelder mit vielen unterschiedlichen Kundensegmenten. Das Geschäftsmodell ist auf Produkte/Services mit wenigen Spezifitäten ausgerichtet. Berücksichtig man die Größe der Unternehmen, die ein solchen Geschäftsmodell verfolgen, kann eher von mittleren bis großen Unternehmen ausgegangen werden, die die dazu notwendigen Ressourcen besitzen, in der Entwicklung und im Vertrieb von diagnostischen Produkten/Services in die Breite gehen zu können.

6.2 Die Geschäftsmodelllandkarte der Diagnostikindustrie

Zieht man nun die erhobenen Daten aus der Umfrage hinzu, ergibt sich eine interessante Mengenverteilung bezüglich der vier Geschäftsmodelltypen der Diagnostikindustrie (siehe Abbildung 13). Die einzelnen Merkmale der zwei Geschäftsmodelleigenschaften *Anwendungsfeld* und *Kundensegment* wurden mit der Anzahl bestimmt. Im Rahmen der Auswertung wurde absehbar, dass die überwiegende Mehrzahl jeweils ein oder zwei Kundensegmente bzw. Anwendungsfelder adressiert. Vereinzelt werden auch drei oder mehr angesprochen. Die Daten sind somit in einer 3x3-Felder-Matrix am aussagekräftigsten, die mit den vier Geschäftsmodelltypen kombiniert werden können.

Die Auswertung der Daten zeigt, dass der Wert zwei sowohl bei Kundensegmenten und Anwendungsfeldern eine große Bedeutung hat. Weiterhin lässt sich annehmen, dass die vier Geschäftsmodelltypen nicht allein in Reinform existieren, sondern eher als ein Kontinuum zu verstehen sind, da „eng“ und „breit“ Ausdruck einer Relation sind. Demnach sind stufenweise Übergänge zwischen den idealisierten Geschäftsmodelltypen möglich.

Abbildung 13 zeigt daher die mengenmäßige Verteilung der unterschiedlichen Geschäftsmodelltypen unter Annahme einer Gewichtung in den Zwischenbereichen hinsichtlich der Anzahl der Unternehmen in den Extrempunkten.

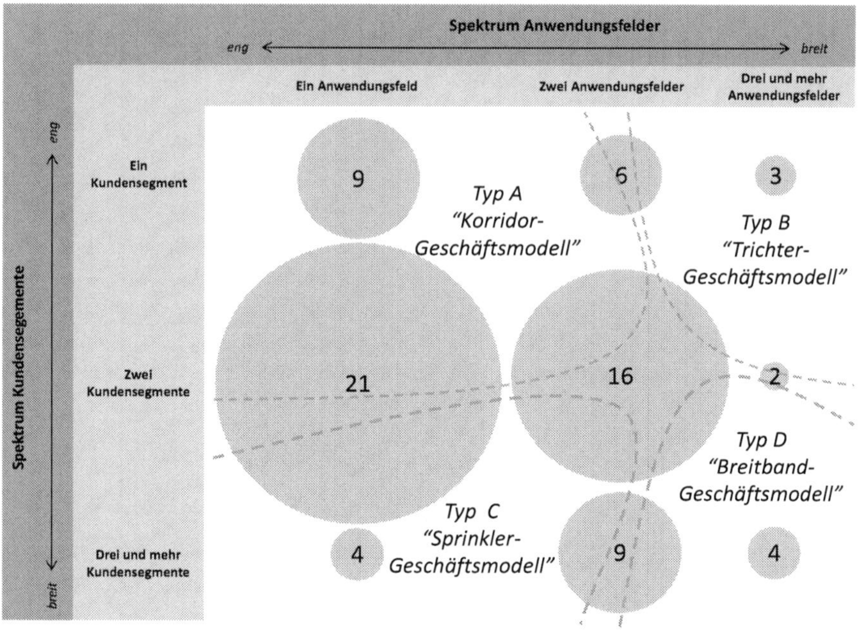

Abbildung 13 Die Geschäftsmodell-Landkarte in der deutschen Diagnostikindustrie

Es wird deutlich, dass vor allem die Geschäftsmodelltypen *Korridor* und *Sprinkler* mengenmäßig am stärksten vertreten sind. Der Großteil der Unternehmen nutzt Geschäftsmodelle für die jeweiligen Produkte/Services, die sich auf wenige Anwendungsfelder beschränken. Den kleinsten Anteil hat das *Trichter*-Geschäftsmodell, welches wenige Kundensegmente bedient, aber ein breites Spektrum an Anwendungsfeldern anbietet.

Die hier analysierten Daten zeigen, dass die Geschäftsmodelle für die erfolgreichsten diagnostischen Produkte und Dienstleistungen in der Regel Nischen mit konkreten und wenigen, direkten Kundensegmenten adressieren.

Die Ursache kann zweiseitiger Herkunft sein. Zum einen würde dies durch die Produkteigenschaften an sich erklärt werden können. Es gibt schlichtweg für einen diagnostischen Test keine weitere Anwendung und dementsprechend keine mehrfachen Kundengruppen. In diesem Fall ist die Wahlmöglichkeit der hier vorgestellten Geschäftsmodelltypen beschränkt und ergibt sich eher aus der naturwissenschaftlich-technischen Limitation. Eine andere Ursachenklärung ergibt sich, wenn man die Charakteristik der Landschaft der Diagnostikunternehmen berücksichtigt, die überwiegend von kleinen und mittleren Unternehmen gekennzeichnet ist: Einerseits könnte die Produktweiterentwicklung eines weiteren vielversprechenden Einsatzes eines Diagnostikums dadurch gehemmt werden, dass keine Ressourcen für die Weiterentwicklung zur Verfügung stehen. Andererseits würde eine Weiterentwicklung des Produktes auf weitere Anwendungsfelder oder für neue Kundengruppen den weiteren Bedarf an Ressourcen, nicht nur für die Entwicklung, sondern auch für die Vermarktung, erhöhen. Anhand der Verteilung der Kundensegmente und der Anwendungsfelder scheint es hier aber den Unternehmen eher leichter zu fallen, Ressourcen für die Kommerzialisierung zu mobilisieren, als für weitere Anwendungsfelder.

7 Fazit und Implikationen

Die Diagnostikindustrie wird als eine Schlüsselindustrie einer mehr individualisierten medizinischen Versorgung angesehen. Sie steht bisher aber noch im Schatten milliardenschwerer Pharmaunternehmen. Zugleich zeigt die Forschung, dass Innovationen auf Geschäftsmodellebene mittlerweile dieselbe Wichtigkeit zukommt, wie der Entwicklung von Produkten oder Services. Somit kann eine Geschäftsmodellperspektive für den Diagnostiksektor versteckte Potenziale aufzeigen und damit zu einer Weiterentwicklung beitragen.

Ziel dieses Kapitels war es daher, eine Geschäftsmodelllandkarte für Diagnostikunternehmen zu entwickeln. Dazu wurde in einem ersten Schritt anhand existierender Studien aufgezeigt, welche Rolle die Bildung von Typologien und Taxonomien für den Bereich der Geschäftsmodelle spielt. Eine breit angelegte Literaturübersicht ergab ein Überblick, wie bisherige Geschäftsmodelltypologien branchenspezifisch oder -übergreifend abgeleitet und konstruiert wurden. Es zeigt sich, dass Autoren dabei recht unterschiedlich vorgehen, je nachdem ob die Typologie Werkzeug oder Ergebnis einer Untersuchung ist.

Um relevante Geschäftsmodelle der Diagnostikindustrie identifizieren zu können, wurden die Geschäftsmodellkomponenten *Anwendungsfelder des Diagnostikums* (Anwendung der Value Proposition), *Forschungsaktivitäten* (Ausgangspunkt der „Value Creation"-Aktivitäten) und *Kundensegmente* (Ausgangspunkt der „Value Capturing"-Aktivitäten) als wichtige Unterscheidungskriterien hinzugezogen. Eine Umfrage unter 74 Diagnostikunternehmen mit Sitz in Deutschland ermöglichte eine differenzierte Auswertung der drei Geschäftsmodellkomponenten und eine Quantifizierung der identifizierten Geschäftsmodelldimensionen.

Es zeigte sich, dass die Anwendungsfelder Krankheitsbestimmung, Früherkennung und Dosierung am meisten von Diagnostikunternehmen adressiert werden. Die Forschungsaktivitäten erfolgen fast ausschließlich in Unabhängigkeit und nur zu geringem Maße in Auftrag. Laborärzte und Krankenhäuser sind die Hauptkundensegmente der Diagnostikgeschäftsmodelle.

Anhand der *Anwendungsfelder* und *Kundensegmente* wurden anschließend vier Geschäftsmodelltypen für Diagnostikunternehmen vorgestellt: Das Korridor-, das Trichter-, das Sprinkler- und das Breitband-Geschäftsmodell.

Daraus konnte eine Geschäftsmodelllandkarte der Diagnostikindustrie abgeleitet werden, die aufzeigt, dass es neben den vier Reinformen von Geschäftsmodellen auch Mischformen gibt, da die zwei Dimensionen *Anwendungsfelder* und *Kundensegmente* als Spektrum oder Kontinuum zu verstehen sind. Von der reinen Anzahl her, sind das Korridor- und das Sprinkler-Geschäftsmodell bei den erfolgreichen Diagnostikangeboten am häufigsten vertreten.

7.1 Praktische Implikationen

Die daraus ableitbaren praktischen Implikationen für Diagnostikunternehmen sind in Kombination der Geschäftsmodelltypen und der Beschreibung der konkreten Ausprägungen *Anwendungsfelder des Diagnostikums*, *Forschungsaktivitäten* und *Kundensegmente* zu sehen. Dabei soll nochmal in Erinnerung gerufen werden, dass die Unternehmen nach den Geschäftsmodellen ihres erfolgreichsten Produkts/Services gefragt wurden. Das impliziert, dass bei den vier vorgestellten Typen nicht darauf geschlossen werden kann, dass das eine oder das andere Geschäftsmodell automatisch besser ist. Daher ist eine Limitation das fehlende Wissen über die tatsächliche Performance der Geschäftsmodelle. Die folgenden Handlungsempfehlungen, die sich aus den Ergebnissen ableiten lassen, müssen daher unter dieser Einschränkung betrachtet werden:

- Diagnostikunternehmen könnten prüfen, ob eine Erweiterung der Anwendungsfelder mit einer geringen Modifikation der existierenden Produkte/ Services möglich ist. Wie erkennbar wurde, zielt der Großteil der Produkte/Services auf Früherkennung und Krankheitsbestimmung ab. Die anderen Anwendungsfelder bieten daher ein mögliches Expansions-potenzial.
- Eine andere Herangehensweise könnte der Weg der Adressierung neuer Kundensegmente mit dem vorhandenen Anwendungsfeld sein. Wie sich zeigte, werden Patienten, Nicht-medizinische Endkunden, Unternehmen anderer Branchen und Pharmaunternehmen selten als Kundensegment genannt. Möglicherweise sind andere Kundensegmente ebenfalls profitabel. Diagnostikunternehmen sollten stetig diese neuen Optionen überprüfen.
- Sind beide Möglichkeiten ausgereizt, sollten strategische Überlegungen gemacht werden, ob das kombinierte Vorgehen Vorteile bringen könnte. Dies wäre der Fall, wenn neue Anwendungsmöglichkeiten des bisherigen Produkts zugleich das Potenzial hätten, neue Kundensegmente zu mobilisieren.

- Auch eine Verschlankung der Aktivitäten wäre eine Option bei Unternehmen, die mehrere Kundensegmente und Anwendungsfelder adressieren. Möglicherweise ist eine Reduktion sinnvoller oder die Aufsplittung eines bestehenden Geschäftsmodels in zwei parallele. Unter gewissen Umständen kann eine Ausgliederung von Unternehmensteilen sinnvoll sein, die ohnehin ein eigenes Geschäftsmodell haben, das kaum mit dem Rest des Unternehmens verbunden ist. Das könnte zum Beispiel die Ausgliederung von Service-Einheiten sein, die Querschnitts-Services zu unterschiedlichen Produkten anbieten.

- Zudem wäre zu überlegen, wie die erforderlichen Stoßrichtungen der Geschäftsmodelländerungen mit anderen Formen der Forschungsaktivitäten unterstützt werden könnten. Kooperationen mit anderen Diagnostikunternehmen, Pharmaunternehmen oder sogar Partnern aus anderen Industrien (Sport oder Lebensmittelbranche) könnten neue Impulse für Auftrags- oder kooperative Forschung bieten.

7.2 Theoretische Implikationen

Die Literaturübersicht zeigt, dass das Verständnis von Geschäftsmodellen sehr vielfältig ist. Was der eine Autor als ein Geschäftsmodelltyp diskutiert, ist für den anderen ein Teil eines Geschäftsmodells. Was in der Literaturübersicht deutlich wurde, war die fehlende Systematik, mit der die jeweiligen Klassifikationskriterien abgeleitet und bestimmt wurden. Dies hat massive Implikationen darauf, wie Manager Geschäftsmodelle überhaupt wahrnehmen.

Gerade in jüngster Zeit mit der zunehmenden Theoretisierung des Geschäftsmodellansatzes wird die kognitive Bedeutung des Geschäftsmodells hervorgehoben (Malmström et al. 2014), so dass diese mittlerweile als ein eigener Forschungszweig in der Literatur diskutiert wird (Baden-Fuller und Mangematin 2013; Baden-Fuller und Morgan 2010). Betrachtet man Geschäftsmodelle als mentale und manipulierbare Modelle dafür, wie ein Manager *denkt*, dass ein Unternehmen funktioniert, dann kann der hier vorgestellt Ansatz einen methodischen Beitrag bieten.

Das hier vorgestellte Vorgehen macht Reduktionsmechanismen deutlich, wie die extrem vielfältige Beschreibung von Geschäftsmodellen innerhalb einer Branche von einer reinen subjektivistischen Sicht eines Managers aggregiert und strukturiert wird, und dann mittels Komplexitätsreduktionsmechanismen einem vereinheitlichtem Vergleich unterzogen wird. Dieses Vorgehen kann als ein Beispiel gesehen werden, wie Mechanismen zur Kategorienbildung und damit zur Sinnstiftung beitragen. Damit wird deutlich, dass Geschäftsmodelle in erster Linie Beschreibungen sind, die subjektiv konstruiert werden. Damit war es möglich, den sehr heterogenen Sektor der medizinischen Diagnostik, in dem unterschiedlichste Technologien, Dienstleistungen und Produkte, sowie Akteure agierend, die sich teilweise verschiedenen Industrien zugehörig fühlen, auf einer neuen ökonomischer Ebene zu kategorisieren und damit vergleichbar zu machen.

Damit betrachtet diese Forschung die Lücke zwischen dem geteilten Verständnis, was Geschäftsmodelle sind bzw. wie sie beschrieben werden können (siehe z. B.. die Geschäftsmodell-Ontologieliteratur wie Osterwalder und Pigneur 2009; Shafer et al. 2005) und wie Rollenfunktionen von Geschäftsmodellen miteinander verglichen werden. Wir glauben, dass die hier vorgestellte Methode transparenter als andere Studien darstellt, wie Geschäftsmodelltypen und dementsprechend die Realität *konstruiert* werden können, um die Komplexität für Manager handhabbar zu machen.

Weiterhin lässt sich die Typologisierung auch auf andere Branchen übertragen. Der Mix aus den Geschäftsmodellmerkmalen *Anwendungsfelder* (dort, wo in einem Anwendungsprozess die Value Proposition wirkt), *Forschungsaktivitäten* (mit denen die „Value Creation"-Aktivitäten in forschungsintensiven Industrieebenen beginnen) und *Kundensegmente* (als Adressat der Produkte und Dienstleistungen) sind auch in anderen technologieorientierte Branchen so zu finden. Zwar wird sich die konkrete Ausprägung der Merkmale unterscheiden, aber generell ist davon auszugehen, dass diese Merkmale der Geschäftsmodelle auch über Industriegrenzen hinweg behilflich sein können, um Geschäftsmodelle zu klassifizieren.

Zukünftige Forschung sollte sich verstärkt mit der Multidimensionalität von mehreren Klassifikationskriterien parallel beschäftigen. Ab dem dritten Klassifikationskriterium wird eine Typologie unübersichtlich und verliert ihre komplexitätsreduzierende Funktion. Hier würden statistische Clusterverfahren nützlich sein. Die methodische Konzeption zur Erstellen von Geschäftsmodell-Clustern ist jedoch bis auf Bigliardi et al. (2005) kaum durchgeführt worden.

Hier wäre noch weiterer Forschungsbedarf, wie Clustermethoden für Geschäftsmodelle gestaltet werden können und ob es bestimmte allumschreibene Geschäftsmodellmerkmale gibt, anhand derer Cluster bestimmt werden. So könnten Rückschlüsse auf die Ontologie-Literatur gezogen werden, ob bestimmte Frameworks besser die wesentlichen Punkte eines Geschäftsmodells beschreiben als andere. So könnte es zum Beispiel sein, dass sich einige Geschäftsmodell-Frameworks besser zum Designen von Geschäftsmodellen eigenen, während andere besser zum Vergleich von Geschäftsmodellen geeignet sind.

Danksagung:

Großer Dank gilt vor allem Michel Sittner und Betty Zepernick (alph.), sowie René Bickmann und Leslie Boadum (alph.) für ihre Unterstützung.

8 Literaturverzeichnis

Amit, R. und Zott, C. (2001): Value creation in E-business. Strategic Management Journal, 22 (6-7), S. 493–520.

Baden-Fuller, C. und Mangematin, V. (2013): Business models: A challenging agenda. Strategic Organization, 11 (4), S. 418–427.

Baden-Fuller, C. und Morgan, M. S. (2010): Business models as models. Long Range Planning, 43 (2/3), S. 156–171.

Bambury, P. (1998): A Taxonomy of Internet Commerce. First Monday, 3 (10). http://firstmonday.org/htbin/cgiwrap/bin/ojs/index.php/fm/article/viewArticle/1585/1500 (Zugriff am 23.01.2012).

Betz, F. (2002): Strategic business models. Engineering Management Journal, 14 (1), pp.21–27.

Bienstock, C. C., Gillenson, M. L. und Sanders, T. C. (2002): The complete taxonomy of web business models. Quarterly Journal of Electronic Commerce, 3 (2), S. 173.

Bigliardi, B., Nosella, A. und Verbano, C. (2005): Business models in Italian biotechnology industry: a quantitative analysis. Technovation, 25 (11), S. 1299–1306.

Bonaccorsi, A., Giannangeli, S. und Rossi, C. (2006): Entry strategies under competing standards: Hybrid business models in the open source software industry. Management Science, 52 (7), S. 1085–1098.

Brettel, M., Bornemann, M. und Engelen, A. (2008): Performance implications of the business model and the moderating effects of the environment: An empirical study on entrepreneurial ventures. Academy of Management Processing.

Camison, C. und Villar-López, A. (2010): Business Models in Spanish Industry: a Taxonomy-based Efficacy Analysis. M@n@gement, 4 (13), S. 298–317.

Casadesus-Masanell, R. und Llanes, G. (2011): Mixed Source. Management Science, 57 (7), S. 1212–1230.

Casadesus-Masanell, R. und Ricart, J. E. (2010): From strategy to business models and onto tactics. Long Range Planning, 43 (2-3), S. 195–215.

Casadesus-Masanell, R. und Zhu, F. (2010): Strategies to fight ad-sponsored Rivals. Management Science, 56 (9), S. 1484–1499.

Chesbrough, H. W. (2010): Business model innovation: opportunities and barriers. Long Range Planning, 43 (2), S. 354–363.

Chesbrough, H. W. (2006): Open business models: how to thrive in the new innovation landscape. Boston, Mass., Harvard Business School.

Chesbrough, H. W. und Appleyard, M. M. (2007): Open innovation and strategy. California management review, 50 (1), S. 57.

Chesbrough, H. W. und Rosenbloom, R. S. (2002): The role of the business model in capturing value from innovation: evidence from Xerox Corporation's technology spin-off companies. Industrial and Coporate Change, 11 (3), S. 529–555.

Cole, A. (2006): The Influence Matrix Methodology: a technical report. http://icm.landcareresearch.co.nz/knowledgebase/publications/public/iMatrix_Tech_Report.pdf (Zugriff am 16.10.2012).

Cole, A., Allen, W., Kilvington, M., Fenemor, A. und Breck Bowden (2007): Participatory modelling with an influence matrix and the calculation of whole-of-system sustainability values. International Journal of Sustainable Development, 10 (4), S. 382–401.

Demil, B. und Lecocq, X. (2010): Business model evolution: In search of dynamic consistency. Long Range Planning, 43 (2), S. 227–246.

Doganova, L. und Eyquem-Renault, M. (2009): What do business models do? – Innovation devices in technology entrepreneurship. Research Policy, 38 (10), S. 1559–1570.

Enkel, E. und Mezger, F. (2013): Imitation processes and their application for business model innovation: An explorative study. International Journal of Innovation Management, 17 (01). http://www.worldscientific.com/doi/abs/ 10.1142/S1363919613400057 (Zugriff am 3.08.2014).

Giesen, E., Berman, S. J., Bell, R. und Blitz, A. (2007): Paths to success – Three ways to innovate your business model. IBM Institute for Business Value.

Guest, G. (2013): Describing mixed methods research An alternative to typologies. Journal of Mixed Methods Research, 7 (2), S. 141–151.

Heitmann, M., Knyphausen-Aufseß, D. zu, Mansel, R. und Zaby, A. (2011): Auf der Suche nach Einflussfaktoren auf die Wahl des Geschäftsmodells – Das Beispiel der Biotech-Industrie. In: T. Bieger, D. zu Knyphausen-Aufseß, und C. Krys (Hrsg.): Innovative Geschäftsmodelle. Berlin, Heidelberg: Springer, S. 229–248.

IBM (2005): Component Business Models. IBM Institute for Business Value. http://www-935.ibm.com/services/us/gbs/bus/pdf/g510-6163-cbm-making-special-real.pdf (Zugriff am 29.08.2012).

Kamoun, F. (2008): Rethinking the Business Model with RFID. Communications of AIS, 2008 (22), S. 635–658.

Konde, V. (2008): Biotechnology business models: An Indian perspective. Journal of Commercial Biotechnology, 15 (3), S. 215–226.

Kromrey, H. (2002): Empirische Sozialforschung: Modelle und Methoden der standardisierten Datenerhebung und Datenauswertung. Opladen, Leske + Budrich.

Lambert, S. (2006): Do we need a 'real' taxonomy of e-business models? School of commerce research paper series. http://citeseerx.ist.psu.edu/viewdoc/download?doi=10.1.1.94.7222&rep=rep1&type=pdf (Zugriff am 13.11.2012):

Linder, J. C. und Cantrell, S. (2000): Changing Business Models: Surveying the Landscape: Accenture Institute for Strategic Change. Accenture Institute for Strategic Change. http://www.scribd.com/doc/34836516/Changing-Business-Models-Surveying-the-Landscape (Zugriff am 21.11.2011).

Malmström, M., Johansson, J. und Wincent, J. (2014): Cognitive constructions of low-profit and high-profit business models: A repertory grid study of serial entrepreneurs. Entrepreneurship Theory and Practice, p.n/a–n/a.

McGrath, R. G. (2010): Business models : A discovery driven approach. Long Range Planning, 43 (2), S. 247–261.

Morgan, M. S. (2012): The World in the Model: How Economists Work and Think. Cambridge: University Press.

Nosella, A., Petroni, G. und Verbano, C. (2005): Characteristics of the Italian biotechnology industry and new business models: the initial results of an empirical study. Technovation, 25 (8), S. 841–855.

Osterwalder, A. und Pigneur, Y. (2009): Business model generation: a handbook for visionaries, game changers, and challengers. Amsterdam: Modderman Druckwerk.

Patzelt, H., Zu Knyphausen-Aufseß, D. und Nikol, P. (2008): Top management teams, business models, and performance of biotechnology ventures: An upper echelon perspective*. British Journal of Management, 19 (3), S. 205–221.

Rajala, R., Rossi, M. und Tuunainen, V. K. (2003): A framework for analyzing software business models. In: Proceedings of 11th European Conference on Information Systems, New Paradigms in Organisations, Markets and Society. http://sdaw.info/asp/aspecis/20030126.pdf (Zugriff am 05.09.2012).

Rajala, R. und Westerlund, M. (2007): Business models a new perspective on firms' assets and capabilities: observations from the Finnish software industry. The International Journal of Entrepreneurship and Innovation, 8 (2), S. 115–126.

Shafer, S., Smith, H. J. und Linder, J. C.(2005): The power of business models. Business Horizons, 48 (3), S. 199–207.

Sinfield, J. V., Calder, E., McConnell, B und Colson, S. (2012): How to identify new business models. MIT Sloan Management Review, 53 (2), S. 85.

Teece, D. J. (2010): Business models, business strategy and innovation. Long Range Planning, 43 (2/3), S. 172–194.

Tikkanen, H., Lamberg, J. A., Parvinen, P. und Kallunki, J. P. (2005): Managerial cognition, action and the business model of the firm. Management Decision, 43 (6), S. 789–809.

Timmers, P. (1998): Business models for electronic markets. Electronic Markets, 8 (2), S. 3–8.

VDGH (2013) Fact-Sheet (Leporello) – Diagnostika-Industrie auf einen Blick. Berlin, VDGH. http://www.vdgh.de/marktdaten/deutschland2/diagnostica-industrie-heute-leporello (Zugriff am 06.08.2014).

Vester, F. (1988): The biocybernetic approach as a basis for planning our environment. Systemic Practice and Action Research, 1 (4), S. 399–413.

Weill, P., Malone, T. W., D'Urso,V. T., Herman, G. und Woerner, S. (2005): Do some business models perform better than others? A study of the 1000 largest US firms. MIT Center for Coordination Science Working Paper, S. 1–39.

Willemstein, L., Vandervalk, T. und Meeus, M. (2007): Dynamics in business models: An empirical analysis of medical biotechnology firms in the Netherlands. Technovation, 27 (4), S. 221–232.

Wirtz, B., Schilke, O. und Ullrich, S. (2010): Strategic development of business models: Implications of the web 2.0 for creating value on the internet. Long Range Planning, 43, S. 272–290.

Die Zulassung von Arzneimitteln der Personalisierten Medizin

Katja Wieck

Inhaltsverzeichnis

1 Einleitung

Ziel der Personalisierten Medizin ist es, die Wirksamkeit und Verträglichkeit einzelner Arzneimittel oder Therapieformen anhand von speziellen molekularen, genetischen oder zellulären Eigenschaften der Patienten zu erkennen und Behandlungen stärker als zuvor an diese Merkmale der Patienten oder der spezifischen Krankheit anzupassen.[1] So werden vor der Entscheidung über die Gabe eines Arzneimittels bestimmte Biomarker wie Gene, Proteine oder Hormone mittels spezieller diagnostischer Testverfahren, also beispielsweise durch in-vitro-diagnostische Untersuchungen von Blut, Urin, Gewebe, etc. ermittelt. Das Vorliegen eines Biomarkers bzw. eines bestimmten diagnostischen Wertes soll sodann Aussagen über die Wirksamkeit bzw. Verträglichkeit, also etwaige Nebenwirkungen des Arzneimittels in einer bestimmten Patientengruppe, geben. Je nach Ausgang des diagnostischen Tests kann der behandelnde Arzt nunmehr entscheiden, welches Arzneimittel das für den Patienten bei der speziellen Art der Erkrankung beste und mit den wenigsten Nebenwirkungen behaftete ist.

Paradebeispiel für eine entsprechende Kombination aus Diagnostikum und Arzneimittel ist ein Test zur Bestimmung des so genannten HER2-Wertes, der in Verbindung mit dem Medikament Herceptin durchgeführt wird. Herceptin ist ein Arzneimittel, das überwiegend bei Brustkrebs angewandt wird, aber nur bei rund einem Viertel der Patientinnen Wirksamkeit entfaltet. Die Wirkung beruht auf einer Bindung des Wirkstoffes an den sogenannten Wachstumsfaktor-Rezeptor HER2. Voraussetzung hierfür ist, dass bei der Krebsart überhaupt eine HER2-Überexpression vorliegt, was mithilfe der vorhergehenden labortechnischen Untersuchung des Krebsgewebes überprüft werden kann.

Im Vergleich zu herkömmlichen Behandlungsformen, die diese Diagnostik unbeachtet lassen oder bei denen eine Anpassung noch nicht möglich bzw. sinnvoll ist, schafft die Personalisierte Medizin ein paar Besonderheiten.

Zum einen erfordert sie die Einbindung diagnostischer Verfahren und damit zusätzlicher Produkte wie In-vitro-Diagnostika, labordiagnostischer Verfahren und die Zusammenarbeit mit anderen Akteuren, die diese Diagnostika herstellen und auswerten. Dies weckt zwar die Hoffnung Therapien zu verbessern, schafft gleichzeitig aber zusätzliche Unsicherheiten. So muss sichergestellt sein, dass

---

[1] Siehe grundlegend zu Begriff und Inhalt der personalisierten Medizin neben vielen anderen: Amir-Aslani und Mangematin, The future of drug discovery and development: Shifting emphasis towards personalized medicine, Technological Forecasting and Social Change, Volume 77, Issue 2, February 2010, S. 203–217; Ginsburg und Willard, Genomic and personalized medicine: foundations and applications, Translational Research, Volume 154, Issue 6, December 2009, S. 277–287; Hüsing et al., Individualisierte Medizin und Gesundheitssystem. Zukunftsreport, Büro für Technikfolgenabschätzung beim Deutschen Bundestag (TAB), Arbeitsbericht Nr. 126, 2008.

diagnostische Verfahren ausreichend sicher sind und zuverlässige Ergebnisse liefern. Hierbei ist unerlässlich, dass unterschiedliche Akteure im Bereich der Diagnostika auf der einen und der Arzneimittel auf der anderen Seite zusammenarbeiten, um eine sichere und zuverlässige Kombination der beiden zu ermöglichen.

Des Weiteren kommen diese Arzneimittel aufgrund der Stratifizierung bei einem sehr viel kleineren Patientenkolleg zum Einsatz. Dies führt nicht nur dazu, dass mit geringeren Verkaufsmargen zu rechnen ist, sondern auch dazu, dass bereits eine Stufe zuvor die Wirksamkeit, Sicherheit und Unbedenklichkeit der Arzneimittel nur an kleineren Patientengruppen bewiesen werden kann.

Auswirkungen hat dies insbesondere auf die Zulassung der Arzneimittel, die gewährleistet, dass nur sichere Arzneimittel in den Verkehr gebracht werden. Diese Auswirkungen sollen nun erstmalig zusammenfassend dargestellt werden.

Dabei ergeben sich jedoch nicht nur für Testverfahren, sondern auch für die hierauf abgestimmten Arzneimittel eine Reihe von Besonderheiten, speziell, was ihr Inverkehrbringen, also die Zulassung betrifft.

Insofern stellt sich die Frage, wie gewährleistet werden kann, dass die Arzneimittel der Personalisierten Medizin trotz der beschriebenen Eigenheiten ausreichend sicher und zuverlässig sind und so Anwendung in der Praxis finden können. Geprüft wird dies bei Arzneimitteln allgemein in einem Zulassungsverfahren, das darüber entscheidet, ob ein Arzneimittel in den Verkehr gebracht werden darf oder nicht.

Gegenstand dieser Arbeit soll aus diesem Grund eine Auseinandersetzung mit diesem Verfahren und den Auswirkungen der Besonderheiten der Personalisierten Medizin bei der Durchführung des Verfahrens zur Gewährleistung der Sicherheit, Wirksamkeit und Verträglichkeit dieser Art der Arzneimittel sein.

Dazu sollen in einem ersten Schritt allgemeine Voraussetzungen und Abläufe des Zulassungsverfahrens vorgestellt werden. In einem zweiten Schritt werden dann Eigenheiten der Personalisierten Medizin wie die Verringerung der Patientengruppen und der Einsatz von Biomarkern und In-vitro-Diagnostika sowie ihre Auswirkungen auf das Zulassungsverfahren dargestellt. Abschließend ist aufzuzeigen, welche Bestrebungen die Europäische Arzneimittelagentur (EMA) aktuell im Hinblick auf die Regulierung der Arzneimittel der Personalisierten Medizin verfolgt.

2 Die Arzneimittelzulassung im Allgemeinen

Um Arzneimittel in den Verkehr bringen zu dürfen, bedarf es einer sogenannten Zulassung/Genehmigung (vgl. § 21 Arzneimittelgesetz (AMG)), die je nach

Verfahren durch die zuständige Bundesoberbehörde, die Europäische Kommission oder dem Rat der Europäischen Union erteilt werden kann. Erforderlich hierfür ist, die Qualität, Sicherheit und Wirksamkeit des Arzneimittels anhand unterschiedlicher Dokumente u.a. über Wirkungen, Nebenwirkungen, pharmakologische und toxikologische Versuche sowie durch Nachweise aus klinischen Studien belegen zu können.

2.1 Verfahrensarten

Zulassungen können dabei national nach den Vorschriften der §§21 ff. AMG durch das Bundesinstitut für Arzneimittel und Medizinprodukte (BfArM) oder auch mit europaweiter Geltung für alle Mitgliedstaaten durch die Europäische Arzneimittelagentur (EMA) erteilt werden.

Darüber hinaus ist es möglich, Zulassungen über teilnationale Verfahren in mehreren einzeln ausgewählten Mitgliedstaaten zu erhalten. Hierbei kann zum einen eine bereits bestehende nationale Zulassung in anderen Mitgliedstaaten anerkannt werden (Verfahren zur gegenseitigen Anerkennung) oder das Arzneimittel in einem Referenzmitgliedstaat zugelassen und der Bericht des Referenzmitgliedstaates den anderen gewünschten Mitgliedstaaten zur Entscheidungsfindung vorgelegt werden (dezentrales Verfahren).

2.2 Das zentralisierte Zulassungsverfahren für Arzneimittel der Personalisierten Medizin

Für die überwiegende Anzahl der Arzneimittel der Personalisierten Medizin kommt jedoch das sogenannte zentralisierte Zulassungsverfahren in Betracht, das in allen europäischen Mitgliedstaaten Geltung besitzt und in der Verordnung EG Nr. 726/2004 über ein Gemeinschaftsverfahren für die Genehmigung und Überwachung von Humanarzneimitteln geregelt ist.

Die besondere Bedeutung dieser Form des Verfahrens ergibt sich in diesem Zusammenhang daraus, dass es für Arzneimittel gegen Krankheiten vorgeschrieben ist, die derzeit im Fokus der Personalisierten Arzneimitteltherapie und -forschung stehen.

Vorgeschrieben ist das Verfahren beispielsweise bei Humanarzneimitteln, die einen neuen Wirkstoff enthalten, der bei Krebs, Autoimmun- und Viruserkrankungen sowie Diabetes indiziert ist.[2] Ein Blick auf die im Oktober 2013 in Deutschland zugelassenen Arzneimittel zeigt, dass diejenigen, die sich aufgrund des bei ihnen vorgeschriebenen oder empfohlenen diagnostischen Tests der

2 S. Art. 3 Absatz 1 VO (EG) Nr. 726/2004 in Verbindung mit Nummer 2 des Anhangs der Verordnung.

Personalisierten Medizin zuordnen lassen[3], überwiegend in den genannten Krankheitsgebieten Anwendung finden. So handelt es sich bei 27 von 34 der in Deutschland zugelassenen Arzneimitteln der Personalisierten Medizin um solche zur Behandlung einer Krebserkrankung. Zwei weitere beziehen sich auf die Viruserkrankung HIV, eines auf die Behandlung der Autoimmunerkrankung Multiple Sklerose.

Außerdem ist das Verfahren zwingend vorgeschrieben für Arzneimittel, die als sogenannte Arzneimittel für seltene Krankheiten (drugs for orphan diseases) eingestuft werden.[4] Auch dies ist vermehrt in der Gruppe von Arzneimitteln mit Personalisiertem Medizinansatz der Fall, wird der Indikationsbereich hier doch aufgrund der Stratifizierung der Patientengruppe so eng eingegrenzt, dass sie nur noch für sehr wenig Patienten in Betracht kommen und somit in vielen Fällen als Arzneimittel für seltene Leiden eingestuft werden können.

Fällt das Arzneimittel nicht in den beschriebenen Anwendungsbereich, kann das Verfahren freiwillig von den Unternehmen gewählt werden, wenn es um die Zulassung von Arzneimitteln geht, die einen neuen Wirkstoff enthalten oder bei denen der Antragsteller nachweisen kann, dass das Arzneimittel eine bedeutende Innovation in therapeutischer, wissenschaftlicher oder technischer Hinsicht darstellt und die Genehmigung im zentralisierten Verfahren im Interesse der Patienten ist.[5]

Auch die Voraussetzung, dass es sich um einen neuen Wirkstoff handeln muss, ist für die meisten Arzneimittel dieser Art erfüllt. Ausnahme hierzu sind die so genannten „retrofits", also Arzneimittel bei denen erst nach der Zulassung festgestellt wird, dass sie in einer biomarkerstratifizierten Gruppe oder Krankheit eine besondere Wirkung/Nebenwirkung entfalten. Hier müsste in den meisten Fällen, in denen sich aufgrund der Stratifizierung die Indikation des Arzneimittels verändert, die bereits bestehende Zulassung auf Antrag geändert werden.[6] Eine neue Zulassung ist bei Änderung der Indikation nur in eng eingegrenzten Fällen erforderlich, beispielsweise bei dem Ersetzen von Wirkstoffen oder Änderungen der Stärke, der Darreichungsform und der Art der Anwendung.[7] Der Antrieb für Unternehmen, ihre bereits zugelassenen Arzneimittel nachträglich

---

3 Eine Liste dieser Arzneimittel findet sich auf der Homepage des Verbandes der forschenden Arzneimittelunternehmen „In Deutschland zugelassene Arzneimittel für die personalisierte Medizin", www.vfa.de/personalisiert.

4 S. Art. 3 Absatz 1 VO (EG) Nr. 726/2004 in Verbindung mit Nummer 4 des Anhangs der Verordnung.

5 Art. 3 Absatz 2 der VO (EG) Nr. 726/2004.

6 Genaueres zur Änderung einer europaweiten Zulassung s. VO (EG) Nr. 1234/2009 vom 24. November 2008 ("Variation Regulation").

7 S. Auflistung im Anhang I der VO (EG) Nr. 1234/2009 vom 24. November 2008 ("Variation Regulation").

untersuchen und prüfen zu lassen, dürfte jedoch vermutlich eher gering sein. Der Beleg für die teilweise Unwirksamkeit würde zu einer Indikationseinschränkung und Verkleinerung des Patientenkollegs führen, die gleichzeitig eine unerwünschte Verringerung des Absatzmarktes mit sich bringen würde.[8]

2.3 Verfahrensablauf

Ablauf und Voraussetzungen des überwiegend in Betracht kommenden zentralisierten Verfahrens sind in der VO (EG) Nr. 726/2004 geregelt.

Initiiert wird das Verfahren durch einen Antrag des pharmazeutischen Unternehmers bei der EMA[9], der an den Ausschuss für Humanarzneimittel (CHMP, Committee for Medicinal Products for Human Use) weitergeleitet wird. Der Ausschuss, der sich aus Vertretern der Arzneimittelbehörden zusammensetzt, erstellt ein Gutachten über die Einhaltung der nach der VO (EG) Nr. 726/2004 erforderlichen Voraussetzungen für die zentralisierte Zulassung.[10] Beraten wird der Ausschuss bei Arzneimitteln der Personalisierten Medizin, die an genetische Eigenschaften angepasst sind, von der Arbeitsgruppe Pharmakogenomik (Pharmacogenomics Working Party, PgWP)[11] der EMA.

Eine Entscheidung über die Zulassung erfolgt aufgrund des Gutachtens des Ausschusses durch die Europäische Kommission.[12]

Bei positiver Entscheidung darf das Arzneimittel fünf Jahre in Verkehr gebracht werden; eine anknüpfende Zulassung kann nach Neubeurteilung anhand konsolidierter Unterlagen erfolgen, Art. 14 VO (EG) Nr. 726/2004.

Versagt wird die Zulassung, wenn eine Prüfung der eingereichten Unterlagen ergibt, dass Qualität, Wirksamkeit und Unbedenklichkeit des Arzneimittels nicht angemessen sind oder zumindest nicht ausreichend nachgewiesen werden können.[13]

---

8 Eppinger et al., Marktanalyse der Personalisierten Medizin, IME Working Paper 2012-1, S. 64.

9 Art. 4 Abs. 1 VO (EG) Nr. 726/2004.

10 Art. 5 Abs. 2 VO (EG) Nr. 726/2004.

11 Nähere Informationen zu dieser Arbeitsgruppe finden sich in Abschnitt 4 der Ausführungen und auf den Internetseiten der EMA: http://www.ema.europa.eu/ema/index.jsp?curl=pages/contacts/CHMP/people_listing_000018.jsp&mid=WC0b01ac0580028d91.

12 Art. 10 Abs. 2 VO (EG) Nr. 726/2004.

13 Art. 12 Abs. 1 VO (EG) Nr. 726/2004.

3 Besonderheiten im Zulassungsverfahren von Arzneimitteln der Personalisierten Medizin

Im Vergleich zur herkömmlichen Arzneimitteltherapie hängt die Therapieentscheidung in der Personalisierten Medizin von einer zusätzlichen Komponente und zwar von einer vorangestellten Diagnostik ab. Dies kann Vorteile für die Wirksamkeit und Verträglichkeit des Arzneimittels mit sich bringen, gleichzeitig jedoch auch zu Besonderheiten im vorgestellten europäischen zentralen Zulassungsverfahren führen.

3.1 Der Nachweis von Qualität, Wirksamkeit und Unbedenklichkeit bzw. eines positiven Nutzen-Risiko-Verhältnisses

Grund dafür ist die angestrebte Anpassung der Arzneimitteltherapie an bestimmte Biomarker von Patienten oder Krankheiten. Ist ein Arzneimittel nur bei bestimmten Patienten (biomarkerpositiv oder -negativ) wirksam oder verträglich, kann sich die Anwendungsrate im Vergleich zu einer Arzneimitteltherapie ohne vorhergehende Stratifizierung merklich verringern. Wie im angeführten Beispiel des Brustkrebsmedikaments Herceptin beschränkt sich die Wirksamkeit des Arzneimittels beispielsweise auf ein Viertel der Brustkrebspatientinnen; bei anderen Arzneimitteln kann der Behandlungskreis sogar wesentlich kleiner sein. Dies bedingt, dass auch das für klinische Studien in Frage kommende Patientenkolleg deutlich kleiner sein kann, was den für die Zulassung des Arzneimittels erforderlichen Nachweis der Qualität, Wirksamkeit und Unbedenklichkeit sowie eine Abwägung von Risiko und Nutzen anhand klinischer Prüfungen erschwert.

Abhilfe können hier zum einen die Vorgaben einer Richtlinie des Ausschusses für Arzneimittel zu klinischen Studien bei kleinen Populationen[14] schaffen. Diese Richtlinie stellt unterschiedliche Strategien und Maßnahmen für den Fall vor, dass die geringe Anzahl an Patienten und Probanden die Durchführung, Analyse und Interpretation von Studien erschwert beziehungsweise unmöglich macht. Zu beachten ist jedoch, dass die Vorgaben der Richtlinie zwar Ratschläge für das Studiendesign und erforderliche Belege geben können. Rechtlich aber treffen sie keinerlei verbindliche Aussage, auf die sich die Unternehmen bei der Wahl eines Verfahrens oder einer Methode stützen können. Somit ist sie vielmehr als eine Art Hilfestellung mit einzelnen Hinweisen anzusehen. Ob diese dann ausreichend sind, obliegt einer Einzelfallentscheidung durch die EMA und der Europäischen Kommission.

---

14 Committee for Medical Products for Human Use (CHMP), Guideline on Clinical Trials in Small Populations, CHMP/EWP/83561/2005, 27. Juli 2006.

Eine weitere Möglichkeit Schwierigkeiten bei der Erbringung der geforderten Nachweise zu überwinden, ist – neben der Anpassung von Studiendesigns – die Inanspruchnahme besonderer Zulassungsverfahren.

3.1.1 Besondere Formen der Zulassung

3.1.1.1 Die bedingte Zulassung (Conditional Market Authorization)

So ist es beispielsweise trotz zunächst fehlender Daten aus klinischen Studien für bestimmte Arzneimittel möglich, eine sogenannte bedingte Zulassung nach Art. 14 Abs. 7 VO (EG) Nr. 726/2004 i. V. m. VO (EG) Nr. 507/2006[15] zu erhalten.

Voraussetzung ist, dass die Arzneimittel u. a. der Behandlung einer lebensbedrohlichen oder zu schwerer Invalidität führenden Krankheit dienen oder dass es sich um ein sogenanntes Arzneimittel für seltene Leiden[16] handelt, Art. 2 VO (EG) Nr. 507/2006. Außerdem muss ein positives Nutzen-Risiko-Verhältnis für die Arzneimittel bestehen. Dabei muss der Nutzen für die öffentliche Gesundheit die Gefahr, die mit Fehlen zusätzlicher Unterlagen einhergeht, überwiegen sowie eine Versorgungslücke geschlossen werden, Art. 4 VO (EG) Nr. 507/2006.

Weiterhin muss der Antragsteller aller Voraussicht nach dazu in der Lage sein, die noch fehlenden Unterlagen über klinische Prüfungen nachzureichen. Auflage ist also der Abschluss laufender Studien oder die Einleitung neuer Studien, die das vermutet positive Nutzen-Risiko-Verhältnis bestätigen (Art. 5 Abs. 1 VO (EG) Nr. 507/2006). Bis dieser Nachweis erbracht wird, ist die Zulassung ein Jahr gültig. Gelingt daraufhin der Beleg des positiven Nutzen-Risiko-Verhältnisses, wird die Bedingung aufgehoben und das Arzneimittel regulär zugelassen.[17]

Im Hinblick auf die Personalisierte Medizin kommt diesem Verfahren vor allem dann Bedeutung zu, wenn retrospektiv Daten über Markereigenschaften im Zusammenhang mit einem Arzneimittel gewonnen wurden, die einer Bestätigung durch weitere noch auszuführende klinische Studien bedürfen.

Beispiele für Arzneimittel der Personalisierten Medizin, die derzeit einer bedingten Zulassung unterliegen, sind Vectibix (Wirkstoff Panitumab)[18], Tyverb (Wirk-

---

[15] VO (EG) Nr. 507/2006 über die bedingte Zulassung von Humanarzneimitteln vom 29.03.2006, ABl. EU L92/6.

[16] Näheres zu dieser Art der Arzneimittel siehe Abschnitt 3.1.2.

[17] VO (EG) Nr. 507/2006 vom 29. 03. 2006, (Fn. 15), Erwägungsgrund 6.

[18] S. Informationen zur Zulassung von Vectibix auf der Homepage der EMA: http://www.ema.europa.eu/ema/index.jsp?curl=pages/medicines/human/medicines/000741/human_med_001128.jsp&murl=menus/medicines/medicines.jsp&mid=WC0b01ac058001d124.

stoff Lapatinib)[19] und Xalkori (Wirkstoff Crizotinib)[20]. Die Hersteller der Wirkstoffe sind allesamt dazu verpflichtet, weitere Informationen über den Nutzen und die Wirkung der Arzneimittel zu sammeln und der EMA zur Verfügung zu stellen.

Eine entsprechende Auflage besteht beispielsweise bei dem Arzneimittel Vectibix, das gegen Darmkrebs mit nicht-mutiertem (Wildtyp-)KRAS-Gen eingesetzt werden soll. Hier sollen zusätzliche Studien zur Sicherheit und Wirksamkeit bei der Anwendung gegen Darmkrebs, insbesondere im Fall der nicht-mutierten KRAS-Gene, durchgeführt und Informationen darüber erbracht werden, ob die vorangegangen Biomarkertests adäquat abgelaufen sind.

Eine jährliche Begutachtung der Informationen soll sodann klären, ob die bedingte Zulassung bestehen bleibt, ob sie in eine reguläre Zulassung umgewandelt werden kann oder ob die Zulassung ganz zurückgenommen werden muss.

3.1.1.2 Die Zulassung in Ausnahmefällen (Market Authorization under Exceptional Circumstances)

Neben der bedingten Zulassung gibt es für pharmazeutische Unternehmer eine weitere Möglichkeit, die Zulassung trotz (noch) fehlender Daten aus klinischen Studien zu erreichen – die Zulassung in Ausnahmefällen.

Dieses in Art. 14 Abs. 8 VO Nr. 726/2004 (und weiterführend in einem Leitfaden des CHMP[21]) geregelte Verfahren kommt regelmäßig immer dann in Betracht, wenn von einem Antragsteller vernünftigerweise nicht erwartet werden kann, dass er umfassende Daten über Wirksamkeit und Sicherheit des Arzneimittels zur Verfügung stellen kann.

Gründe hierfür können nach Anhang I Teil 2 Nr. 6 RL 2001/83 beispielsweise die Seltenheit einer Erkrankung, ein in diesem Bereich unzureichender Wissensstand oder die Nichtvertretbarkeit der Erhebung von Informationen aufgrund ethischer Belange sein.

---

19 S. Informationen zur Zulassung von Tyverb auf der Homepage der EMA: http://www.ema.europa.eu/ema/index.jsp?curl=pages/medicines/human/medicines/000795/human_med_001120.jsp&mid=WC0b01ac058001d124.

20 S. Informationen zur Zulassung von Xalkori auf der Homepage der EMA: http://www.ema.europa.eu/ema/index.jsp?curl=pages/medicines/human/medicines/002489/human_med_001592.jsp&mid=WC0b01ac058001d124.

21 Committee for Medical Products for Human Use (CHMP), Guideline on Procedures for the Granting of a Marketing Authorization under Exceptional Circumstances, pursuant to Article 14(8) of Regulation (EC) Nr. 726/2004 vom 15. Dezember 2005, EMEA/357981/2005, http://www.ema.europa.eu/docs/en_GB/document_library/Regulatory_and_procedural_guideline/2009/10/WC500004883.pdf.

Für die Arzneimittel der Personalisierten Medizin kommt aufgrund der schon angesprochenen Eingrenzung der Patientengruppe vor allem die Begründung der Seltenheit der Erkrankung in Betracht.

Hierfür müssen jedoch epidemiologische Belege vorgebracht und die Anzahl der Erkrankten und in Betracht kommenden Studienteilnehmer beziffert werden. Auch muss die Möglichkeit anderer Studiendesigns geprüft und diskutiert werden. Die bloße Berufung auf die Einstufung als Arzneimittel für seltene Erkrankungen (orphan drug) ist nicht ausreichend.

Des Weiteren kommt als Begründung für eine fehlende Vorlage der Daten in der Personalisierten Medizin der unzureichende Stand der Wissenschaft in Betracht. Darauf kann sich ein Hersteller unter anderem berufen, wenn bisher noch keine ausreichend validen Verfahren zur Identifizierung eines Biomarkers bestehen.

Gelingt die Begründung, hat die EMA die Möglichkeit, das Arzneimittel unter der Anordnung unterschiedlicher Maßnahmen zuzulassen.[22] Zu diesen gehören unter anderem Aktivitäten im Bereich der Arzneimittelbeobachtung nach dem Inverkehrbringen (Pharmakovigilanz), die Durchführung vorgegebener Studienprogramme zur Einschätzung von Nutzen und Risiko sowie Verschreibungsverpflichtungen und Kennzeichnungsvorgaben für die Arzneimittel.[23]

Die Zulassung gilt jeweils für ein Jahr und unterliegt sodann einer Neubewertung.

Exemplarisch für ein in Ausnahmefällen zugelassenes Arzneimittel der Personalisierten Medizin ist Glivec (Wirkstoff Imatinib), ein Krebsmedikament, das u. a. gegen chronische myeloische Leukämie oder gastrointestinale Stromatumoren eingesetzt wird. Bei diesem wurde die Zulassung nach Art. 14 Abs. 8 lit. f) VO Nr. 726/2004 als Ausnahme gewährt[24], weil die zu behandelnden Krankheiten sehr selten und die Informationen zum Zeitpunkt der Zulassung sehr gering waren. Mittlerweile wurden die erforderlichen Informationen jedoch nachgereicht und die „außergewöhnlichen Umstände" aufgehoben.[25]

---

22 Committee for Medical Products for Human Use (CHMP), Guideline on Procedures for the Granting of a Marketing Authorization under Exceptional Circumstances, (Fn. 21), S. 2.

23 Siehe Angaben über Verpflichtungen im Anhang I, Teil 2, Nr. 6 der Richtlinie 2001/83/EG.

24 Committee for Orphan Medicinal Products and the European Medicines Agency Scientific Secretariat, European regulation on orphan medicinal products: 10 years of experience and future perspectives, Nature Reviews Drug Discovery 10. Mai 2011, S. 341–349, Tabelle 2, http://www.nature.com/nrd/journal/v10/n5/fig_tab/nrd3445_T2.html.

25 European Medicine Agency (EMA), Europäischer Beurteilungsbericht (EPAR) zu Glivec, EMEA/H/C/406, abrufbar unter: http://www.ema.europa.eu/docs/en_GB/document_library/EPAR_-_Summary_for_the_public/human/000406/WC500022201.pdf.

3.1.1.3 Die Einstufung als Arzneimittel für seltene Erkrankungen

Neben der Inanspruchnahme besonderer Zulassungsverfahren könnte für Arzneimittel der Personalisierten Medizin die Einstufung als sogenanntes orphan drug, also als Arzneimittel für seltene Erkrankungen in Erwägung zu ziehen sein.

Für diese Art der Arzneimittel wurden mit der VO (EG) Nr. 141/2000[26] Sonderregelungen eingeführt, die beispielsweise den Erlass oder die Verringerung von Zulassungskosten sowie die Zusicherung einer gewissen Marktexklusivität vorsehen. Ziel ist es, die Erforschung, Entwicklung und Vermarktung dieser Arzneimittel zu verbessern. Zugelassen werden die Arzneimittel im Rahmen des bereits beschriebenen zentralisierten Verfahrens nach der Verordnung (EG) Nr. 726/2004. Hier besteht wie beschrieben die Möglichkeit einer bedingten Zulassung.[27]

Die Einstufung eines Arzneimittels als orphan drug ist unter anderem immer dann möglich, wenn die Behandlung einer Krankheit dient, von der nicht mehr als 5 von 10000 Menschen in der EU betroffen sind und es sich um ein Arzneimittel zur Behandlung einer besonders schweren oder lebensbedrohlich verlaufenden Krankheit handelt, für die ein Inverkehrbringen ohne die entsprechenden Anreize keinen Gewinn bringen würde.[28]

Außerdem darf keine andere zugelassene und zufriedenstellende Methode zur Behandlung der Krankheit existieren; falls dies doch der Fall ist, muss das vorliegende Arzneimittel dieser Methode gegenüber erheblichen Mehrnutzen besitzen.[29]

Zur Ausweisung des Arzneimittels als orphan drug ist ein Antrag des Investors[30] bei der EMA erforderlich. Diese erstellt gemeinsam mit dem Ausschuss für Arzneimittel für seltene Krankheiten Gutachten, die dem Investor übermittelt werden.[31]

Vorteile bringt die Einstufung vor allem aufgrund der in Art. 8 der VO (EG) Nr. 726/2004 geregelten Marktexklusivität und dem hiermit einhergehenden alleinigen Vertriebsrecht von zehn Jahren für eine bestimmte Indikation.

---

26 Verordnung (EG) Nr. 141/2000 des Europäischen Parlamentes und des Rates vom 16. Dezember 1999 über Arzneimittel für seltene Leiden, ABl. L 18 vom 22.01.2000.

27 S. Abschnitt 3.1.1.1.

28 Art. 3, Abs. 1 lit. a) VO (EG) Nr. 141/2000.

29 Art. 3, Abs. 1 lit. b) VO (EG) Nr. 141/2000.

30 Der Investor ist eine in der Gemeinschaft niedergelassene juristische oder natürliche Person, die beantragt, dass ein Arzneimittel als Arzneimittel für seltene Leiden ausgewiesen wird, oder diese Ausweisung bereits erhalten hat, Art. 2 lit. c) VO (EG) Nr. 141/2000.

31 Art. 5 VO (EG) Nr. 141/2000.

Eine Verkürzung des Zeitraumes der Marktexklusivität auf sechs Jahre ist jedoch möglich, wenn die Voraussetzungen zur Einstufung als orphan drug am Ende des fünften Jahres nicht mehr vorliegen oder zu diesem Zeitpunkt die Rentabilität des Arzneimittels eine Exklusivität nicht mehr zu rechtfertigen vermag und beispielsweise ein wirksameres Arzneimittel entwickelt wurde.

Zudem fallen geringere Gebühren im Zulassungsverfahren an. Nach Art. 7 Abs. 2 der VO (EG) Nr. 726/2004 ist eine gesamte oder teilweise Freistellung von der Zahlung der Zulassungsgebühren durch die EMA möglich.

Ein Beispiel für ein bereits zugelassenes Arzneimittel der Personalisierten Medizin, das der besonderen Einstufung als orphan drug unterlag, ist das oben beschriebene Krebsmedikament Glivec (Wirkstoff Imatinib Mesilat), das mittlerweile den Status auf freiwilligen Antrag verloren hat.[32]

3.1.2 Vernetzung von Forschungsmaterial oder von Ergebnissen klinischer Studien

Dem Problem der geringen Probandenzahl und der damit einhergehenden Schwierigkeiten beim Nachweis von Wirksamkeit und Sicherheit der Arzneimittel kann außerdem auf praktischem Weg begegnet werden.

Hilfreich bei der Generierung von Daten und Proben könnten nämlich beispielsweise eine bessere Vernetzung des Forschungsmaterials in Biomaterialbanken[33] oder ein verbesserter Austausch von bereits bestehendem Datenmaterial aus früheren klinischen Studien sein. So könnte das erforderliche Probenmaterial etwa zu einer ganz bestimmten und seltenen Art der Erkrankung aus unterschiedlichen Quellen zusammengefasst und so quantitativ erhöht werden. Ebenso könnten Forschungsanstrengungen von unterschiedlichen Initiatoren gebündelt und unter Umständen zusammengelegt werden. Dadurch stünde das zum Nachweis erforderliche Proben- und Datenmaterial in ausreichendem Maß zur Verfügung.

Auf nationaler Ebene wird eine Vernetzung bestehender Biobanken beispielsweise bereits durch das Deutsche Biobankenregister[34] gefördert, das Informationen über deutsche Biobanken für das In- und Ausland zur Verfügung stellt und Arbeitsweisen derselben transparent macht. So wird der Zugang zu relevantem Probenmaterial verbessert.

---

32 European Medicine Agency (EMA), Information auf der Homepage der EMA zum Arzneimit-
tel Glivec: http://www.ema.europa.eu/ema/index.jsp?curl=pages/medicines/human/medicines/000406/human_med_000808.jsp&mid=WC0b01ac058001d124.

33 Kneifel, Personalisierte Medizin, Pädiatrix 2/2011, S. 15 (18).

34 Ausführliche Informationen s. Homepage des Deutschen Biobankenregisters: http://www.biobanken.de/.

Eine europaweite Initiative mit ähnlicher Zweckrichtung ist das von der Europäischen Kommission 2008 ins Leben gerufene Projekt BBMRI (Biobanking and Biomolecular Resources Research Infrastructure), das sich eine Vernetzung von Biobanken zur Aufgabe gemacht hat. Mittlerweile hat sich dieses zu einer Forschungseinrichtung und zu einem Netzwerk bestehender europäischer Biobanken entwickelt.[35]

Für diese teilweise schon in Gang getretene Vernetzung ist jedoch die Klärung einer Vielzahl an rechtlichen Rahmenbedingungen, wie insbesondere dem Schutz der Daten sowie die Setzung einheitlicher Standards bei der Gewinnung, Aufbewahrung und Auswertung von Probematerial von wesentlicher Bedeutung.[36]

Außerdem stellt sich die Frage der Verwertbarkeit der hier prospektiv gewonnenen Ergebnisse.

Schlussendlich befinden sich die vorgeschlagenen Initiativen auch noch in der Erprobungsphase. Es bleibt abzuwarten, inwiefern sie ihren Nutzen erfüllen und von interessierten Kreisen tatsächlich als Informations-, Daten- und unter Umständen Probenquelle in Anspruch genommen werden.

Eine vollständige (eventuell globale) Vernetzung der vorhandenen Biobanken ist bisher außerdem noch nicht absehbar.

3.1.3 Die vereinfachte Durchführung multinationaler klinischer Studien

Vorteile könnten darüber hinaus die beabsichtigten Änderungen der Richtlinie 2001/20/EG zu klinischen Prüfungen mit Humanarzneimitteln mit sich bringen. Geplant ist der Erlass einer diese Richtlinie abändernden Verordnung, die unmittelbare Geltung in allen Mitgliedstaaten entfalten soll. Ziel der Verordnung soll es sein, bisherige nationale Genehmigungsverfahren für die Durchführung von klinischen Prüfungen in einem Mitgliedsstaat zu vereinheitlichen. Bisher wurden die Vorgaben hierzu durch die Richtlinie 2001/20/EG in den Mitgliedsstaaten unterschiedlich umgesetzt. Dies führte zu verschiedenen Voraussetzungen für den Ablauf der Verfahren. Waren klinische Prüfungen in verschiedenen Mitgliedsstaaten geplant, konnten unterschiedliche Vorgaben und Verfahren zu Hemmnissen bei der Durchführung dieser multinationalen Studien führen.[37] Auch sonst ist durch die Einführung eines einheitlichen Antragsdossiers und eines gemeinsamen Bewertungsverfahrens ein erheblicher Bürokratieabbau

---

35 S. Angaben auf der Homepage des BBMRI: http://bbmri.eu/index.php/about-bbmri/the-mission.

36 Kneifel, (Fn. 31), S. 15 (18).

37 Vgl. Spielberg, EU-Verordnung klinische Studien: Mehr Kontrolle, weniger Bürokratie, Deutsches Ärzteblatt 2012; 109(35–36): A-1752/B-1416/C-1396, S. 24, http://www.aerzteblatt.de/archiv/128795?src=toc.

für Industrie und Wissenschaft im Hinblick auf multi-national geführte klinische Studien in Aussicht gestellt. Diese Verfahrensvereinfachung ist für die Personalisierte Medizin vorteilhaft, da größer angelegte Studien in unterschiedlichen Ländern zu einer Zunahme der für eine Studie in Frage kommenden Patientenpopulation und damit zu verbesserten Nachweisen und Studienergebnissen führen.

Nach vielfacher Kritik des Vorschlages aus den einzelnen Mitgliedstaaten[38] und vom Europäischen Parlament[39] wird derzeit im Europäischen Parlament und Rat noch über den Entwurf beraten. Ein Inkrafttreten ist erst für das Jahr 2016 geplant.

3.2 Der Einsatz von Biomarkern

Neben dem erschwerten Nachweis eines positiven Nutzen-Risiko-Verhältnisses bringt die Personalisierte Medizin eine weitere Besonderheit mit sich, die durch die vermehrte Berücksichtigung von Biomarkern bzw. die Verwendung von Biomarkertests bedingt ist.

3.2.1 Die Vorteile beim Einsatz von Biomarkern

Dabei ist zunächst einmal festzustellen, dass der Einsatz von Biomarkern auch die Einhaltung der regulatorischen Rahmenbedingungen wie beispielsweise das Erfordernis des Nachweises eines positiven Nutzen-Risiko-Verhältnisses optimieren kann.[40] So sind beispielsweise der frühzeitige Ausschluss von Patientengruppen mit etwaigen Nebenwirkungen oder das Herausfiltern und die anschließende Fokussierung auf Patientengruppen mit besonders großem Nutzen

---

38 S. Übersicht über die Antworten einzelner Organisationen und Unternehmen zur öffentlichen Konsultation, „Responses to the Public consultation on the template for the qualified person's declaration concerning GMP compliance of investigational medicinal products manufactured in non-EU countries" auf der Homepage der Europäischen Kommission, Clinical trials – Ma-
jor developments, http://ec.europa.eu/health/human-use/clinical-trials/developments/index_en .htm; Pressemitteilung der Deutschen Bundesärztekammer vom 20.02.2013, „Klinische Prüfungen – Peter Liese und Frank Ulrich Montgomery: Patientenschutz statt Ethik-Shopping", http://www.bundesaerztekammer.de/page.asp?his=3.71.11025.11097.11129; Deutscher Bundestag, Antrag der Fraktionen CDU/CSU, SPD, FDP und BÜNDNIS 90/DIE GRÜNEN, EU-weite Regelungen zur Durchführung von klinischen Prüfungen mit Humanarzneimitteln – Schutz der Teilnehmerinnen und Teilnehmer sicherstellen, 29.01.2013, Drucksache 17/12183.

39 S. Willmott (britische Berichterstatterin des Umwelt- und Gesundheitsausschusses im Europäischen Parlament), Entwurf eines Berichtes über den Vorschlag für eine Verordnung des Europäischen Parlaments und des Rates über klinische Prüfungen mit Humanarzneimitteln und zur Aufhebung der Richtlinie 2001/20/EG, 31. Januar 2013.

40 Miller, Impact of Pharmacogenomics on Drug Development and Commercialization: An International Perspective, Miller Pharma Consulting.

der Bewertung zuträglich.[41] Die besondere Wirksamkeit oder Verträglichkeit bei einer Patientengruppe kann unter Umständen treffender und sicherer bestimmt werden.

Biomarker können hierbei als (schnellere) Surrogatendpunkte behilflich sein.[42]

Hieraus folgt außerdem die Möglichkeit der Verkürzung der Studiendauer wie auch die der späteren Bewertung der Behörde im Zulassungsverfahren. Dies kann – wie auch die Prüfung mit kleineren Patientenkollektiven – zu Kosteneinsparungen bei den Unternehmen führen. Damit kann das Erfordernis der Erfüllung dieser Voraussetzung als Treiber für den Einsatz von Biomarkern in klinischen Studien und damit auch für die Personalisierte Medizin im Ganzen gesehen werden.

3.2.2 Probleme beim Einsatz von Biomarkern

Um diese positiven Effekte sicherzustellen und Biomarker überhaupt zur Patientenselektion, Therapie- und (Neben)Wirkungsbestimmung einsetzen zu können, ist es jedoch von entscheidender Bedeutung, dass die Biomarker selbst genügend Aussagekraft besitzen. Die Biomarker und Tests müssen also ausreichend valide, sicher und zuverlässig sein.

Verlässliche Ergebnisse in klinischen Studien erfordern es dabei, die Besonderheiten ganz unterschiedlicher Arten von Biomarkern zu beachten. Aufmerksamkeit sollte hier also zum Beispiel der Frage gewidmet werden, ob der Biomarker rein prognostisch, also zur Feststellung des Zustandes einer Krankheit oder prädiktiv und damit gleich zur Feststellung der Eignung einer Therapie eingesetzt werden soll. In letztgenanntem Fall ist es dann auch entscheidend, ob der Marker alleinig zur Feststellung der Eignung eingesetzt wird oder ob hierfür mehrere Marker eingesetzt werden. Im Fall, dass multiple Marker zur Feststellung der Eignung eingesetzt werden, ist die Aussagekraft eines jeden genauso erheblich wie die Verbindung untereinander.

Außerdem kommt es darauf an, ob Daten verwendet werden, die Aussagekraft eines Biomarkers in prospektiven Studien bestätigt wurde oder ob sich diese erst bei nachträglicher (retrospektiver) Überprüfung von Studienergebnissen herausgestellt hat. Letzteres ist beispielsweise im Bereich der Personalisierten Medizin bei dem Wirkstoff Panitumumab (Arzneimittel Vectibix) der Fall gewesen. Hier wurde retrospektiv festgestellt, dass Patienten mit einer sogenannten KRAS-

---

41 Hüsing et al., Individualisierte Medizin und Gesundheitssystem, TAB-Arbeitsbericht Nr. 126, Juni 2008, S. 265.

42 European Commission, Commission Staff Working Document, Use of '-omics' technologies in the development of personalized medicine, 25.10.2013, SWD(2013) 436 final, S. 12.

Mutation nicht auf die Therapie mit Panitumumab ansprachen.[43] Die Zulassung erfolgte zunächst bedingt unter Auflagen.[44]

Hier fragt sich, ob zum Nachweis der Wirkung eines Arzneimittels in einer speziellen biomarkerstratifizierten Patientengruppe bereits vorhandene Daten aus abgeschlossenen Studien ausreichend oder ob neue Studien durchzuführen sind.

Anhaltspunkte für eine Beantwortung dieser Frage im Hinblick auf pharmakogenomische Biomarker gibt es derzeit von Seiten der Regulierungsbehörden lediglich in einem Entwurf eines Gedankenpapiers der EMA, das sich auch mit anderen Besonderheiten beim Einsatz von Biomarkern bei der Arzneimittelentwicklung oder Patientenselektion beschäftigt.[45] Nach diesem Entwurf wäre für die Zulässigkeit der Verwendung retrospektiv gewonnener Daten entscheidend, ob die Daten aus randomisierten und kontrollierten Studien (RCT) entnommen wurden und ob von der überwiegenden Zahl der Teilnehmer eine Aussage zum jeweiligen Markerstatus möglich ist. Zudem muss es neben einer vordefinierten Hypothese einen Analyseplan gegeben haben und eine Wiederholung/Replikation der Ergebnisse in einer oder mehreren unabhängigen Proben möglich sein.

Zu beachten ist jedoch, dass diese Vorschläge sich seit Juni 2011 in einem Entwurfsstadium befanden, welches bis Ende 2011 Kommentaren offen stand. Seitdem ist keine Information über den bisherigen Stand auf dem Weg zur Gültigkeit des Papieres vorhanden. Den Ausführungen kann also neben der ohnehin fehlenden Verbindlichkeit eines Gedankenpapieres schon allein aufgrund fehlender Gültigkeit allenfalls eine Indizwirkung im Hinblick auf die zum Zeitpunkt der Veröffentlichung aktuelle Sichtweise der Arzneimittelagentur zugebilligt werden.

Insofern ist der Einsatz von Biomarkern in klinischen Studien derzeit mit Unsicherheiten verbunden. Vorgaben für einen fehlerlosen, sicheren und zuverlässigen Einsatz würden zu mehr Sicherheit bei der Durchführung von klinischen Studien und der Erbringung der erforderlichen Nachweise bei der Zulassung von Personalisierten Arzneimitteln verhelfen.

---

43 Gensthaler/Siebenand, Nilotinib, Panitumumab und Stiripentol, Pharmazeutische Zeitung online, http://www.pharmazeutische-zeitung.de/index.php?id=5206; Schwabe/Paffrath (Hrsg.), Arzneiverordnungs-Report 2009, 2009, S. 85.

44 European Medicine Agency (EMA), Europäischer Beurteilungsbericht EPAR Vectibix, http://www.ema.europa.eu/ema/index.jsp?curl=pages/medicines/human/medicines/000741/human_med_001128.jsp&murl=menus/medicines/medicines.jsp&mid=WC0b01ac058001d124.

45 European Medicine Agency (EMA), Reflection paper on methodological issues with pharmacogenomic biomarkers in relation to clinical development and patient selection (Draft), 09.Juni 2011, EMA/CHMP/446337/2011, http://www.ema.europa.eu/ema/index.jsp?curl=pages/regulation/general/general_content_000411.jsp&mid=WC0b01ac058002958e.

3.2.3 Die Validierung von Biomarkertests

Hilfreich könnte hierbei eine unabhängige Validierung der Biomarker sein. Angeboten wird dies derzeit von dem Arzneimittelausschuss der Europäischen Arzneimittelagentur, der nach einem freiwillig initiierten Verfahren eine Meinung zur Eignung des Biomarkers für die Forschung und Entwicklung von Arzneimitteln abgibt.

Das in einem Leitfaden der EMA zur Qualifikation neuer Methodologien bei der Arzneimittelentwicklung[46] dargestellte Verfahren kann auf Ersuchen der Unternehmen bei der EMA eingeleitet werden. Anschließend führen unterschiedliche Beratungen zwischen der Arbeitsgruppe für wissenschaftliche Beratung (Scientific Advice Working Party), dem Ausschuss für Arzneimittel, dem Antragsteller sowie eine öffentliche Konsultation nach 190 Tagen das Gesamtverfahren zu einer Bewertung durch den Ausschuss in Form einer Meinungskundgebung, welche dann für die Nachweise in klinischen Studien im Rahmen des Arzneimittelzulassungsverfahrens verwendet werden kann. Ein ähnliches Verfahren kann gleichzeitig bei der Lebensmittelüberwachungs- und Arzneimittelzulassungsbehörde der Vereinigten Staaten (Food and Drug Administration, FDA) eingeleitet werden; ein Abkommen zwischen EMA und FDA sichert eine gegenseitige Kommunikation und Absprachen zwischen den Behörden bei der Bewertung.[47]

Problematisch bei diesem Verfahren ist jedoch, dass nicht klar ist, welche Verbindlichkeit eine Entscheidung des Arzneimittelausschusses hat und ob das Urteil über die Eignung tatsächlich bei der Prüfung im Rahmen der Arzneimittelzulassung zu berücksichtigen ist. Darüber hinaus können die Kosten in Höhe von derzeit knapp 75.000 Euro[48] für die Unternehmen eine schwierige Hürde darstellen.

3.2.4 Exkurs: Konformitätsbewertungsverfahren für Medizinprodukte und In-vitro-Diagnostika (IvD)

Nicht zu verwechseln ist dieses Eignungsverfahren mit dem für Medizinprodukte und In-vitro-Diagnostika aktuell im Medizinproduktegesetz vorgeschriebenen

---

46 European Medicine Agency (EMA), Qualification of novel methodologies for drug development: guidance to applicants, EMA/CHMP/SAWP/72894/2008 Rev. 11, 09. Januar 2012, http://www.ema.europa.eu/ema/index.jsp?curl=pages/regulation/document_listing/document_listing_000319.jsp&mid=WC0b01ac0580022bb0.

47 European Medicine Agency (EMA), Qualification of novel methodologies for drug development: guidance to applicants, EMA/CHMP/SAWP/72894/2008 Rev. 11, 9. Januar 2012, S. 4, http://www.ema.europa.eu/ema/index.jsp?curl=pages/regulation/document_listing/document_listing_000319.jsp&mid=WC0b01ac0580022bb0.

48 European Medicine Agency (EMA), (Fn. 45) S. 3.

Konformitätsbewertungsverfahren. Dieses Verfahren soll verhindern, dass gesundheits- oder sicherheitsgefährdende Medizinprodukte oder In-vitro-Diagnostika in den Verkehr gebracht werden. So müssen Biomarkertests, die überwiegend der Untersuchung von Proben aus dem menschlichen Körper dienen und damit als In-vitro-Diagnostikum einzustufen sind, darauf überprüft werden, ob sie bestimmten Anforderungen des Gesetzes und einer Richtlinie zur Regulierung von In-vitro-Diagnostika erfüllen.[49] Überprüft wird dies in unterschiedlichen Prüfverfahren entweder durch den Hersteller selbst oder durch eine unabhängige sogenannte benannte Stelle. Werden die Voraussetzungen erfüllt, erhält das Produkt das CE-Kennzeichen, das erforderlich ist, um die Produkte in den Mitgliedstaaten in den Verkehr bringen zu dürfen.[50] Des Weiteren wird in den genannten gesetzlichen Vorgaben geregelt, welche Anforderungen an eine Leistungsbewertungsprüfung dieser Diagnostika zu stellen sind.

Nicht unerwähnt bleiben sollte, dass diese Regulierung von Medizinprodukten und In-vitro-Diagnostika derzeit vor einem großen Umbruch[51] steht, der in besonderem Maße auch die Personalisierte Medizin betrifft. Geplant ist der Erlass von unmittelbar geltenden Verordnungen[52], die unter anderem strengere Prüfverfahren für eine Vielzahl von neuartigen Diagnostika vorsehen, die in der Personalisierten Medizin zur Stratifizierung zum Einsatz kommen. Es finden sich zudem nunmehr explizite Regelungen zu therapiebegleitenden Diagnostika, die in der Personalisierten Medizin gezielt dazu eingesetzt werden, die Eignung einer Therapie für einen bestimmten Patienten festzustellen.[53] Hierzu gehört eine Regelung, nach der die Konformitätsprüfung eines therapiebegleitenden Diagnostikums (companion diagnostic) in Zusammenarbeit mit der EMA, die das entsprechende Arzneimittel zulässt, zu erfolgen hat.

Diese Zusammenarbeit beschränkt sich jedoch lediglich auf eine unverbindliche Stellungnahme der EMA über die Eignung der Diagnostikum-Arzneimittelverbindung. Eine gemeinsame Zulassung von Arzneimittel und Diagnostikum durch eine Behörde wie sie vielmals gefordert und in den Vereinigten Staaten von Amerika durch die FDA vorgenommen wird, ist nicht vorgesehen.

---

49 § 6 Abs. 1 i. V. m. Abs. 2 MPG bzw. Art. 2, 3 RL98/79/EG.

50 § 6 Abs. 1 MPG bzw. Art. 4 Abs. 1 RL93/42/EG (Medizinprodukte-Richtlinie) bzw. Art. 4 Abs. 1 RL 98/79/EG (IvD-Richtlinie).

51 S. hierzu: Wieck, Die Regulierung von Produkten der In-vitro-Diagnostik im Wandel InTeR 2/2013, S. 92 ff.

52 European Medicine Agency (EMA), Vorschlag für eine Verordnung des Europäischen Parlaments und des Rates über Medizinprodukte und zur Änderung der Richtlinie 2001/83, der Verordnung (EG) Nr. 178/2002 und der Verordnung (EG) Nr. 1223/2009 vom 26.9.2012, COM (2012) 542 final und Vorschlag für eine Verordnung des Europäischen Parlaments und des Rates über In-vitro-Diagnostika vom 26.9.2012, COM(2012) 541 final.

53 Art. 40 Nr. 2 des Vorschlages für eine Verordnung des Europäischen Parlaments und des Rates über In-vitro-Diagnostika vom 26.9.2012, COM(2012) 541 final.

Insofern bleibt das Konformitätsbewertungsverfahren von In-vitro-Diagnostika bisher (unabhängig) und ohne Einfluss auf das Zulassungsverfahren für Arzneimittel.

4 Aktivitäten der EMA auf dem Gebiet der Personalisierten Medizin und der Pharmakogenomik

Wie schon an mehreren Stellen angeklungen, stellt die Europäische Arzneimittelagentur sich nach und nach auf die Besonderheiten der Personalisierten Medizin ein und versucht, sie in unterschiedlichen Maßnahmen zu berücksichtigen.

Neben dem beschriebenen Verfahren zur Qualifikation von Biomarkern wurde wie erwähnt eigens eine Arbeitsgruppe Pharmakogenomik[54] bei der EMA eingerichtet, die sich mit einem Teilbereich der Personalisierten Medizin, der sich auf die Wirkung von Arzneimitteln auf Erbanlagen (Genom) bezieht, befasst. Sie setzt sich zusammen aus 14 Experten der Mitgliedstaaten und berät den Ausschuss für Humanarzneimittel (CHMP) der EMA zu Spezialfragen der Pharmakogenomik oder formuliert wissenschaftliche Empfehlungen („scientific advices“) an die in einem Zulassungsverfahren von Arzneimitteln beteiligten Unternehmen.

Darüber hinaus organisiert die Arbeitsgruppe Meetings und Workshops für einen Informations- und Erfahrungsaustausch zum Thema Pharmakogenomik mit Unternehmen, Experten und unterschiedlichen Vertretern der EMA oder anderen Behörden, wie beispielsweise der Amerikanischen Lebens- und Arzneimittelbehörde (FDA).

Außerdem formuliert die Behörde Guidelines[55] und so genannte Gedankenpapiere („reflection paper“) zur Pharmakogenomik, die den Unternehmen Hilfestellung im Hinblick auf die Auslegung der Gemeinschaftsvorschriften leisten sollen. Hierzu gehören beispielsweise Gedankenpapiere zu methodischen Fragestellungen in Bezug auf pharmakogenomische Biomarker und Patientenselektion, zur Pharmakogenomik speziell in der Onkologie[56] oder zum Umgang mit

[54] Weitere Informationen zur EMA und der Arbeitsgruppe: http://www.ema.europa.eu/ema/index.jsp?curl=pages/special_topics/general/general_content_000347.jsp&mid=WC0b01ac05800baeda.

[55] Zum Beispiel die Guideline on Pharmcogenomics and Pharmacovigilance Guideline on Pharmacogenomics and Pharmacovigilance, angekündigt in einem Arbeitsplan der Pharmacogenomics Working Party der EMA, 13.12.2012, Work plan Pharmacogenomics, Working Party 2013, EMA/586399/2012.

[56] European Medicine Agency (EMA), Reflection paper on pharmacogenomics in oncology, 8.4.2008, CHMP/PGxWP/128435/06.

pharmakologischen Probematerialien und Daten.[57] Leider befindet sich der überwiegende Teil der Papiere und auch die Leitlinie noch im Entwurfsstadium ohne Hinweis darauf, ob und wann sie in endgültiger Fassung in Kraft treten. Hinzu kommt, dass Gedankenpapiere und Richtlinie selbst in endgültiger Fassung grundsätzlich keine rechtliche Verbindlichkeit entfalten.[58] Von daher haben sie allenfalls Indizwirkung, die lediglich eine Tendenz der Sichtweise der Europäischen Arzneimittelagentur widerspiegelt und weit entfernt von einer verlässlichen und verbindlichen Hilfestellung für die in der Personalisierten Medizin aktiven Akteure ist.

5 Fazit

Aus alldem kann geschlossen werden, dass sich die Zulassung von Arzneimitteln der Personalisierten Medizin in einigen Punkten von der herkömmlicher Arzneimittel unterscheidet und so ein paar Besonderheiten bereithält, die es zur Einhaltung der regulatorischen Anforderungen zu beachten gilt.

Dies betrifft zum einen den aufgrund geringerer Patienten- und Probandenzahlen teilweise erschwerten Nachweis eines positiven Nutzen-Risiko-Verhältnisses im Zulassungsverfahren; zum anderen die Verwendung von biomarkerbasierten Tests in klinischen Studien und bei der Behandlung von Patienten.

In Bezug auf Ersteres stellt sich heraus, dass mit unterschiedlichen Zulassungsarten wie der bedingten Zulassung oder der Zulassung in Ausnahmefällen bereits alternative Verfahren gegeben sind, die die Einhaltung regulativer Anforderungen erleichtern. Gleiches gilt für die verbesserte Möglichkeit, durch die Vernetzung von Biomaterialbanken oder die Erleichterung der Verwendung von Daten aus multinationalen Studien ausreichend Daten und Proben zu generieren. Eine weitergehende Förderung der Bestrebungen zur Vernetzung der Proben und Daten etwa auf internationaler Ebene sowie die Festlegung von Normen und Standards für diese wurde hierzu einen wichtigen Beitrag leisten.

Positiv zu bewerten sind in diesem Zusammenhang auch die vorgestellten Erleichterungen für Arzneimittel für seltene Erkrankungen, die mit den anderen Maßnahmen dazu beitragen, den Zugang zu innovativen Arzneimitteln der Personalisierten Medizin wesentlich zu beschleunigen.

---

[57] European Medicine Agency (EMA), Reflection paper on pharmacogenomic samples, testing and data handling, 15.11.07, EMEA/CHMP/PGxWP/201914/2006.

[58] European Medicine Agency (EMA), 11.09.2008, EMEA/42371/2008, Status of EMEA Scientific Guideline and European Pharmacopoeia Monographs and Chapters in the Regulatory Framework Applicable to Medicinal Products. Eine Verbindlichkeit könnte allenfalls über die Grundsätze der Selbstbindung, der Verwaltung und den Gleichheitsgrundsatz hergestellt werden.

Schwieriger gestaltet sich aus regulatorischer Sicht aktuell die rechtssichere Verwendung von Biomarkern in klinischen Studien und zur Behandlung der Patienten. So bestehen nach wie vor Unklarheiten über den Inhalt der Studiendesigns und über Erfordernisse zur Sicherung der Qualität von Biomarkern. Im Hinblick auf den Einsatz von Biomarkern in klinischen Studien können Gedankenpapiere der Europäischen Arzneimittelagentur, die sich bisher nur im Entwurfsstadium befinden, leider kaum Klarheit bringen. Wünschenswert wären hier verbindliche Hinweise der EMA und der Europäischen Kommission, die eine rechtssichere Verwendung von Biomarkern in klinischen Studien von Arzneimitteln ermöglichen.

Vorteile für eine in der Qualität abgesicherte Personalisierte Medizin und damit für die Verbreitung der Therapieform bringen hingegen angestrebte Änderungen durch die europäische Verordnung zur Regulierung von In-vitro-Diagnostika, die strengere Anforderungen an das Inverkehrbringen von therapiebegleitenden Diagnostika stellen.

Fraglich bleibt schlussendlich jedoch, ob bei der verbindlichen Kombination eines Arzneimittels mit einer vorhergehenden Diagnostik nicht eine engere Zusammenarbeit zwischen der Arzneimittelagentur und den die Diagnostika zulassenden benannten Stellen erforderlich wäre oder ob die Zulassung von Arzneimitteln nicht sogar wie in den Vereinigten Staaten von Amerika mit der von therapiebegleitenden Tests gemeinsam durch eine Behörde vorgenommen werden sollte.

Gesundheitsökonomische Bewertung der Personalisierten Medizin

Paul Marschall und Steffen Fleßa

Inhaltsverzeichnis

1 Einführung

Bereits seit mehreren Jahren werden *Personalisierte Medizin* (PM) oder bedeutungsgleiche bzw. sinnähnliche Konzepte wie z. B. *Individualisierte* (IM) oder *Stratifizierte Medizin* (SM) als neues Paradigma der Medizin eingestuft. Diese Konzepte suggerieren, dass durch eine maßgeschneiderte Behandlung bzw. Prävention von Krankheiten ein längeres Leben bei guter Gesundheit möglich sei. Auf den ersten Blick erscheint diese Vermutung intuitiv schlüssig. Mittlerweile ist jedoch eine Ernüchterung zu verzeichnen, eine Verunsicherung, die mit „hype or hope?“ (Salari et al. 2012) in Verbindung gebracht wird. Schnelle Erfolge, in Hinblick auf eine Translation von der Forschung über die klinische Routine bis hin zu umfassenden Auswirkungen auf der Ebene des Patienten, sind bislang ausgeblieben (Towse et al. 2013). Auch zehn Jahre nach Abschluss des Human Genome Projects war nur eine kleine Anzahl Biomarkerbasierter klinischer Therapien verfügbar (Marshall 2011; Buchanan et al. 2013). Weiterhin erschien unlängst ein umfassender Literaturüberblick, in dem der Frage nachgegangen wurde, ob Therapien, die als individualisierte Medizin verstanden werden, vorteilhafter gegenüber Standardtherapien sind. Dies wurde anhand ihrer Kostenwirksamkeit beurteilt. Sie besteht, wenn Therapien gleichzeitig effektiver sind und weniger kosten. Die empirische Evidenz ist ernüchternd: Ansätze, die zu PM bzw. IM gerechnet werden können, schneiden insgesamt nicht besser ab (Hatz et al. 2014).

Impliziert dies, dass das PM Konzept generell *nicht* für die Praxis geeignet ist? Sicherlich nicht. Vielmehr ist absehbar, dass PM die etablierte Medizin in den kommenden Jahren nicht in ihrer *Gesamtheit* ersetzen wird. Es sind eher umfassende Forschungsanstrengungen notwendig um zu eruieren, hinsichtlich welcher Anwendungen bzw. Konstellationen PM für die *absehbare* Translation geeignet ist. Dazu bedarf es zweier Schritte: Zunächst müssen durch die Naturwissenschaft bzw. Medizin konkrete PM-Ansätze, die in hinreichender Weise als effektiv eingestuft werden können, ermittelt werden. Es macht keinen Sinn, Interventionen, die dies nicht erfüllen, auf ihre ökonomische Vorteilhaftigkeit zu untersuchen. Im Hinblick auf zentrale gesundheitliche Problemfelder, wie etwa psychische und psychiatrische Krankheiten, besteht noch viel Forschungsbedarf. Liegen Informationen über die „aussichtsreichen Kandidaten“ vor, so bedarf es nachfolgend als zweiten Schritt dezidierter gesundheitsökonomischer Evaluationen, um diese Ansätze transparent zu bewerten. Aufgabe der Ökonomie ist es auch, mögliche Barrieren für eine erfolgreiche Adaption zu identifizieren. Weiterhin muss untersucht werden, was sich gegebenenfalls ändern muss, damit PM erfolgreich den „Praxistest“ besteht. Mit diesen zentralen Gedanken beschäftigt sich der vorliegende Beitrag.

Der nachfolgende Abschnitt 2 dient der Abgrenzung der Begrifflichkeit. Im Teil 3 werden am Beispiel des Forschungskonsortiums GANI_MED Aspekte der Bewertung exemplarisch erläutert. Im vierten Abschnitt erfolgt die Auswertung dieser Erfahrungen hinsichtlich einer Translation in den klinischen Alltag. Das Kapitel schließt im fünften Teil mit einem Fazit und Ausblick auf die Zukunft der personalisierten Medizin.

2 Begriffe und Konzepte

Notwendige Voraussetzung für eine Bewertung ist die exakte Definition des Untersuchungsgegenstandes. Dazu zählt einerseits der verwendete Terminus, andererseits der konkrete Begriffsinhalt. Die bestehende Literatur zeichnet sich durch eine Begriffsvielfalt aus. Die verwendeten Termini werden häufig synonym eingesetzt und meistens nur vage definiert. Oftmals unterscheiden sich die Begriffsinhalte nur um Nuancen. Während in der deutschsprachigen Diskussion vielfach der Begriff „Personalisierte Medizin“ verwendet wird, finden sich im englischsprachigen Raum Strömungen wie die Biomarker basierte „Individualisierte Medizin“, sowie neben „Personalized Medicine“ auch „Predictive“ oder „Stratified Medicine“ (Langanke et al. 2012), neuerdings auch der Ausdruck „Precision Medicine“.

Der Anspruch auf ein „Paradigma“ erweckt Assoziation auf etwas grundlegend Neues. Mediziner mit vorrangigem Betätigungsfeld in der klinischen Routine verstehen unter dem Terminus PM häufig die Hinwendung zur Person, zum Einzelnen. Demzufolge kann eine so verstandene Medizin „nur neuer Wein in alten Schläuchen“ (Schleidgen und Marckmann 2013) sein. Das Spektrum dessen, was derzeit im deutschen Sprachgebrauch mit PM assoziiert wird, reicht von einer Medizin, welche die Prädiktion von Krankheiten und Krankheitsverläufen mittels sogenannter Biomarker im Sinne der Pharmakogenomik verbessern möchte bis hin zum Einsatz therapeutischer Unikate, etwa im Zuge des Tissue Engineering oder der Zelltherapie (Hüsing et al. 2008).

Im Kontext der Diskussion um PM spielt das Wort Biomarker eine zentrale Rolle. Herkömmliche Risikofaktoren wie Übergewicht oder Rauchen liefern wichtige Hinweise für das Auftreten künftiger Erkrankungen. Biomarker gehen darüber hinaus indem sie zahlreiche, objektiv messbare Variablen integrieren. Daneben ist die evaluierte Indikatorfunktion von besonderer Relevanz. Biomarker fungieren als Diagnostikum für den Schweregrad oder für den konkreten Verlaufsstand einer Erkrankung. Das Verständnis, was als Biomarker im Sinne der PM verstanden wird, kann sich aber durchaus unterscheiden. Inhaltlich gesehen muss differenziert werden, ob dabei nur Mess- und Nachweismethoden der (Molekular-)Genetik gemeint sind oder auch Marker, die mit epigenetisch ansetzenden Omics-Methoden (Proteomics und Metabolomics) erfasst werden können. Die begriffliche Breite, was unter Biomarkern verstanden werden kann, erstreckt sich bis hin zu nicht-molekularen Verfahren wie Blutdruckmessung und Bildgebung (Langanke et al. 2012).

Ökonomische Bewertungen sind wichtig, zumal Ressourcen wie Personal, Zeit oder Geräte knapp sind. Da in Deutschland ein Großteil des Ressourceneinsatzes von der Solidargemeinschaft finanziert wird, muss darauf geachtet werden, dass dieser nicht verschwenderisch erfolgt. Dies ist deshalb problematisch, weil die Ressourcen in diesem Fall an anderer Stelle nicht mehr eingesetzt werden können. Bewertungen beziehen sich auf die Einsatzfaktoren, die so als Kosten dargestellt werden. Was im konkreten Fall darunter subsummiert wird, bedarf einer klaren Abgrenzung. Dazu gehört die Festlegung der Perspektive. Anbieter, wie Krankenhäuser, Patienten („Haushalte"), Krankenkassen aber auch die Gesellschaft per se sind mit unterschiedlichen Kosten(bestandteilen) konfrontiert. Zudem muss dezidiert analysiert werden, ob nur direkte (medizinische) Kosten einer Krankheit bzw. Therapie von Interesse sind oder ob zusätzlich indirekte Kosten, die den mit einer Erkrankung verbundenen Produktionsausfall berücksichtigen, sowie intangible Kosten, die nur schwer in Geldeinheiten bewertet werden können, wie Schmerz oder Trauer, erfasst werden. Es ist naheliegend, dass die Interpretation der entsprechenden Ergebnisse wesentlich davon abhängt, was mit welchem methodischen Instrument erhoben wurde und wie detailliert die zu Grunde liegende Datenbasis ist. Werden Datenlücken nicht erkannt oder falsch interpretiert, kann dies zu verzerrten Bewertungen und nachfolgend zu falschen Entscheidungen führen. Kostenanalysen sind das wichtigste Element ökonomischer Bewertungen (Drummond et al. 2005), deren Relevanz in der Praxis jedoch häufig unterschätzt wird. Sie liefern wichtige Hinweise auf die Entwicklung der Kosten und ihrer Struktur, wobei mit dem Faktor Unsicherheit adäquat umgegangen werden muss, z. B. im Rahmen von Sensitivitätsanalysen oder der Abbildung der Zukunft (z. B. Diskontierung). Dabei ist die geeignete Zuweisung von Gemeinkosten sowie eine Abbildung als fixe, sprungfixe oder variable Kosten zentral, da dies in Verbindung mit der Kostenentwicklung bei unterschiedlichen Fallzahlen steht.

Auf der Basis ihrer Kosten können Therapien miteinander verglichen werden. Ökonomisch vorteilhaft ist ceteris paribus eine Intervention, die mit den geringsten Kosten einhergeht. Kostenvergleichsanalysen, die als einfachste Form gesundheitsökonomischer Evaluationen verstanden werden, sind häufig jedoch nicht unproblematisch, da sie voraussetzen, dass zwei Therapien über identische Ergebnisse verfügen. Sind diese unterschiedlich (z. B. aufgrund von Nebenwirkungen), so muss deren Outcome explizit berücksichtigt werden, damit es zu keiner Verzerrung kommt. Bereits seit vielen Jahren werden vor allem im öffentlichen Bereich Kosten-Nutzen-Analysen eingesetzt, bei denen auch der Outcome in Geldeinheiten erfasst wird. Während diese anspruchsvollste Evaluationsform über den Vorteil verfügt, gesellschaftliche Vorteile und Nachteile einschließen zu können (Brent 2003), bestehen in ethischer Hinsicht Bedenken, da hier menschliches Leben monetär bewertet wird. Sehr häufig werden gesundheitsökonomische Evaluationen in Form einer Kosten-Wirksamkeits-Analyse (KWA) durchgeführt. Die erfassten Kosten beschränken sich hier auf den bewerteten Ressourceneinsatz der entsprechenden Intervention und die Wirksamkeit auf in natürlichen Einheiten messbare Indikatoren. Um den Unterschied einer neuen, innovativen Therapie gegenüber einer Standardtherapie zu erfassen, erfolgt der Vergleich häufig in inkrementeller Weise. Eine Therapie ist dominant, wenn sie im Vergleich zur Alternative sowohl wirksamer ist, als auch weniger kostet. Ist die wirksamere Therapie teurer, so muss der Fall weiter verfolgt werden. So ist es bei Arzneimitteln durchaus möglich, den Preis eines Medikaments durch Verhandlungen so zu reduzieren, dass auch hier ein entsprechender Vorteil gegenüber dem Standardpräparat realisiert werden kann. Die Kosten-Nutzwert-Analyse kann als Spezialfall der KWA interpretiert werden. Die Vorteilhaftigkeit wird durch einen Nutzwert abgebildet, bei dem es sich um einen Score handeln kann, der die Lebensqualität des Patienten abbildet. Der Einsatz von QALYs (quality adjusted life years) hat den Vorteil, dass neben einer qualitativen Verbesserung der Lebensqualität durch eine Therapie auch eine Verlängerung der Lebenserwartung mit erfasst werden kann.

In gesundheitsökonomischer Hinsicht bedeutet die Bewertung der PM, dass sie darauf geprüft wird, inwiefern sie (zumindest partiell) vorteilhaft gegenüber der bisherigen Lösung („Standardtherapie") ist und in der Lage ist, diese zu verdrängen (Fleßa und Marschall 2012).

3 Beispiele

3.1 Immunadsorption

Seit Oktober 2009 werden im Rahmen des Forschungskonsortiums GANI_MED vor allem Ansatzpunkte für eine IM im Kontext von Volkskrankheiten untersucht. Dazu zählt die Herzinsuffizienz, die aus dem medizinischen Blickwinkel als komplexes Syndrom verstanden wird und über zahlreiche Ursachen und Formen verfügt (Böcker et al. 2004). Als einer der zentralen Gründe für die Herausbildung einer Herzinsuffizienz gilt die dilatative Kardiomyopathie (DCM), eine Herzmuskelerkrankung, die sich durch eine Funktionseinschränkung bei gleichzeitiger Erweiterung der linken und rechten Herzkammer charakterisieren lässt. Die DCM verfügt auch deshalb über eine besondere Bedeutung, weil sie eine der wichtigsten Ursachen für die Durchführung einer Herztransplantation ist (Dörr 2002). Da vor allem ältere Menschen von der Herzinsuffizienz betroffen sind, wird erwartet, dass die ökonomische Belastung durch das Syndrom mit der demographischen Alterung der Bevölkerung weiter ansteigt (Kühn et al. 2013).

Seit einigen Jahren liegt Evidenz dafür vor, dass durch die Behandlung mit einer Immunadsorption mit nachfolgender Immunoglobulin-G-Substitution (IA/IgG) eine hämodynamische Verbesserung und eine verminderte myokardiale Inflammation bei DCM-Patienten möglich ist (Felix et al. 2008). Das Verfahren selbst wird bereits seit über 40 Jahren, vor allem bei anderen Krankheitsbildern, eingesetzt. Die IA/IgG zeichnet sich durch hohen technischen Aufwand aus. Das zentral-venös entnommene Blut des Patienten wird in einen externen Blutkreislauf geleitet. Das Blutplasma fließt über Adsorbersäulen, deren Funktion die Herausfilterung von Autoantikörpern, bzw. die Verminderung ihrer Konzentration ist (Dörr 2002). Im Rahmen von klinischen Studien wurde bereits vor einigen Jahren erkannt, dass nur 60–70 % der DCM-Patienten von der Behandlung profitieren (Staudt et al. 2010). Mittlerweile konnte im Rahmen einer Analyse bei 40 DCM-Patienten der Nachweis erbracht werden, dass sich Kranke, die auf eine IA/IgG ansprechen (Responder), mittels einer kombinierten Bewertung negativer inotroper kardialer Autoantikörper und ihrer Genexpressionsmuster bestimmen lassen (Ameling et al. 2012). Durch die Kombination von Diagnostik und Therapie liegt somit ein Tandem vor, das als PM verstanden werden kann.

Im Rahmen von zwei Zeitmessstudien (Fehrle et al. 2013) in der Klinik und Poliklinik für Innere Medizin B (April–Juni 2011) sowie im Interfakultären Institut für Genetik und Funktionelle Genomforschung (Mai–Juli 2012) der Universitätsmedizin Greifswald (UMG) wurden die tatsächlichen Kosten der Durchführung einer IA/IgG und der damit idealtypisch verbundenen Genexpressionsanalyse erfasst. Die Untersuchungen stützen sich im Fall der IA/IgG Therapie auf neun DCM-Patienten, im Hinblick auf die Genexpressionsanalysen auf zwölf Proben sowie auf die nachfolgende RNA-Isolierung von vier Proben. Zusätzlich dazu wurde die Analyse von 32 Gewebeproben an vier aufeinander folgenden Tagen aufgenommen. Im Rahmen von Vorstudien wurden die Tätigkeiten erfasst. Nachdem die Patienten der Hauptstudie bzw. ihre Angehörigen eingewilligt hatten, wurden die Zeiten der durchgeführten Tätigkeiten per Stoppuhr registriert und per Erfassungsbogen aufgenommen. Die gemessenen Zeiten wurden mit den relevanten Minutensätzen der Personalgruppen, die vom Controlling der UMG zur Verfügung gestellt wurden, multipliziert. Die erfassten Mengen der eingesetzten Materialien wurden mit Durchschnittspreisen bewertet, die von der Abteilung Beschaffung bzw. von der Krankenhausapotheke der UMG zur Verfügung gestellt wurden.

Die im Hinblick auf die IA/IgG Therapie bzw. der Diagnostik erfassten Kostenkomponenten erfolgten vor dem Hintergrund des in Deutschland bestehenden Systems der dualen Finanzierung, wonach grundsätzlich Investitionskosten vom Bundesland und Betriebskosten von Seiten der Krankenkassen über verrechnete Erlöse (DRGs) übernommen werden.

In Tabelle 1 sind zentrale Ergebnisse hinsichtlich der Kosten IA/IgG Therapie dargestellt, Tabelle 2 enthält zentrale Kostenangaben zur Genexpressionsanalyse.

Tabelle 1 Durchschnittskosten der IA/IgG Therapie nach Kostenarten in Euro

Kostenart	Tag 1	Tag 2	Tag 3	Tag 4	Tag 5	Gesamt
Personal						
Pflege	56,20	56,20	45,30	42,58	46,23	246,50
Ärzte	42,03	0,83	1,29	1,54	1,33	47,02
Visite	4,53	4,53	4,53	4,53	4,53	22,66
Materialien						
Allgemein	349,33	349,33	349,33	349,33	349,33	1.746,65
Filtersystem	11.378,78	0	0	0	0	11.377,78
IA-Kit	530,89	530,89	530,89	530,89	530,89	2.654,45
Labor	217,48	216,98	216,98	216,98	216,98	1.085,38
Arzneimittel	8,45	8,66	8,59	8,03	6,17	39,90
Immunglobuline	0	0	0	0	1.491,96	1,491.96
Gemeinkosten	127,66	127,66	127,66	127,66	127,66	635,31
						19.350,61

Quelle: Marschall et al. (2014)

Aus Tabelle 1 geht die Veränderung der Kosten pro Behandlungstag deutlich hervor. Auffallend ist auch, dass die Personalkosten insgesamt relativ unbedeutend sind (1,63 %). Von den Gesamtkosten entfallen 66,5 % auf das Filtersystem und Immunoglobuline.

Die Kosten der IA/IgG Therapie werden gegenwärtig von Seiten der Krankenkassen teilweise übernommen. Im Rahmen von Zusatzentgelten, die direkt zwischen den Krankenkassen und der Universitätsmedizin Greifswald ausgehandelt werden, erhielt die Universitätsmedizin Greifswald im Studienjahr 2011 13.000,00 Euro, was dem Volumen nach vergleichbar war mit den Erlösen anderer deutscher Kliniken, die diese Therapie ebenfalls durchführten. So erhielt das Klinikum Passau 12.872,20 Euro (Klinikum der Stadt Passau 2011) oder die

Universitätsmedizin Göttingen im selben Jahr pro Fall 13.500,00 Euro (Universitätsmedizin Göttingen 2011). Die IA/IgG als Zusatzentgelt berücksichtigt nur die eigentliche Therapieleistung, also den Prozessschritt „Blutwäsche" (Anschluss der Säule bis zur Beendigung der Blutwäsche) und den damit verbundenen Materialaufwand. Leistungen die darüber hinausgehen sollten durch die entsprechende DRG gedeckt sein. Das Zusatzentgelt für die IA/IgG Therapie beinhaltet keine Immunglobuline.

Tabelle 2 Durchschnittskosten der Genexpressionsanalyse nach Kostenarten und Probenanzahl in Euro

Kostenart	$n=18$	$n=50$	$n=100$	$n=250$
Verbrauchsmaterial	431,79	431,79	431,79	431,79
Gebrauchsmaterial	32,10	11,55	5,78	2,31
Geräte	3.304,81	1,189,73	596,38	237,95
Wartung	9,44	3,40	1,70	0,68
Gebäudeabschreibung	103,15	37,13	18,57	7,43
Reinigung	9,11	3,28	1,64	0,66
Betriebskosten (Fernwärme)	17,02	6,13	3,06	1,23
Entsorgung	0,20	0,20	0,20	0,20
Personal	154,81	154,81	154,81	154,81
Gesamtkosten (je Probe)	4.067,49	1.843,09	1.218,99	842,12

Quelle: Marschall et al. (2014)

Bei den dargestellten Ergebnissen zu den Durchschnittskosten der Genexpressionsanalyse (letzte Zeile) ist deutlich erkennbar, dass die Gesamtkosten je Probe mit Erhöhung der Probenanzahl stark sinken. Dies ist die Folge des besonders hohen Anteils von Fixkosten an den Kosten der Genanalyse. Im Unterschied zur IA/IgG Therapie erzielt die UMG für derartige Untersuchungen bisher keine Erlöse.

3.2 Arzneimittelnebenwirkungen

Arzneimittel wirken bei verschiedenen Individuen bzw. Personengruppen nicht immer gleich: Erstens können sich klinisch scheinbar identische Erkrankungen auf molekularer Ebene voneinander unterscheiden. Zweitens werden Arzneimittel von verschiedenen Individuen auf unterschiedliche Weise verstoffwechselt oder in den Geweben anders verteilt. Arzneimittel können nicht nur wirkungslos bleiben, sondern auch zu unerwünschten Nebenwirkungen (UAW) führen, die sogar tödlich sein können (Lee 2006). Die Schätzungen zur volkswirtschaftlichen Bedeutung von UAW schwanken beträchtlich, da die jeweilige Nebenwirkung häufig nicht erkannt bzw. gemeldet wird.

Das Vorhandensein von UAW und die Vermeidung der damit assoziierten Kosten war vor mehreren Jahren ein zentraler Ansatzpunkt für die Entwicklung des PM-Konzepts (Jain 2009). Dem Konzept nach sollte vor der Anwendung eines Präparats mit Hilfe eines Tests überprüft werden, ob ein Arzneimittel aller Voraussicht nach beim konkreten Patienten nicht in Verbindung mit unerwünschten Nebenwirkungen steht. In den vergangenen Jahren wurde international den UAW von Vitamin-K-Antagonisten wie Phenprocoumon und Warfarin starke Beachtung geschenkt, da bei ihrer Anwendung schwere Blutungen im Gastrointestinaltrakt und im Gehirn auftreten können (Lee et al. 2014). Unter- oder Überdosierung von Warfarin gilt dabei als weltweit wesentliche Ursache für eine stationäre Behandlung aufgrund einer UAW (Bates 2010).

Ziel einer Studie von Schwebe et al. (2012) auf der Basis von Daten von 80 Patienten der Inneren Medizin A und B der UMG der Jahre 2006–2009 war die vorläufige Analyse des Behandlungsregimes „Gabe von Phenprocoumon". Die korrespondierenden UAW-Informationen wurden vom Pharmakovigilanzzentrum der UMG gesammelt und ausgewertet. Bei den untersuchten stationären Fällen lagen Phenprocoumon induzierte gastrointestinale Blutungen vor. Auf Grundlage der UMG-Abrechnungsdaten wurden die korrespondierenden Behandlungskosten aus dem Blickwinkel der Krankenkasse berechnet. Den Berechnungen zufolge erhielt die UMG durchschnittlich preisbereinigt 2.821,27 € pro Patient. Die Erlöse streuten zwischen 350 € und 5.900 €.

Aus der Perspektive der Krankenkasse als Ausgabenträger stellt sich die Frage, wie dieser Betrag gesenkt werden kann. Personalisierte Medizin kann hier ein Ausweg sein. Es kann angenommen werden, dass aus Sicht der Krankenkasse ceteris paribus ein anderes Behandlungsregime vorteilhaft ist, das mit geringeren Kosten verbunden ist. Es liegt klinische Evidenz vor, dass Polymorphismen in CYP2C9- und VKORC1-Genen für schätzungsweise 35–50 % der Variabilität der Initial- bzw. Erhaltungsdosis verantwortlich sind (Bodin et al. 2005; Schalekamp et al. 2007; Wadelius et al. 2009). Deshalb könnte die Durchführung eines Gentests vor der Gabe von Phenprocoumon ökonomisch sinnvoll sein. Im Rahmen einer Zeitmessstudie wurden die Personal- Material-, Geräte- und Enegiekosten sämtlicher Teilprozesse der Genotypisierung erfasst. Sie belaufen sich insgesamt im Durchschnitt auf 57,05 €, wobei die PCR (Polymerase Chain Reaction) für ca. 60 % der Kosten verantwortlich ist. Im Fall eines positiven Testergebnisses könnte ein alternatives Arzneimittel eingesetzt werden. Seit 2008 ist das Antikoagulans Dabigatran in der Europäischen Union zugelassen, das über ein verringertes Risiko für Blutungsneigung verfügt. Vor dem Hintergrund der Arzneimittelpreise von 2009, definierter Tagesdosen (DDD), der Annahmen einer ganzjährigen Einnahme sowie eines fehlerfreien Tests ist die Entscheidungsanalyse in Abbildung 1 dargestellt. Falls Dabigatran ohne vorherigen Test eingenommen wird, resultieren Kosten in Höhe von 1.839,70€. Falls kein Test vorgenommen wird und auch keine Nebenwirkungen eintreten, betragen die Jahreskosten nur 76,65€. Das Vorschalten eines Tests entspricht dem PM-Szenario. Im ungünstigen Fall einer prognostizierten UAW liegen die entsprechenden Gesamtkosten jedoch deutlich unterhalb der Kosten bei eintretenden UAW.

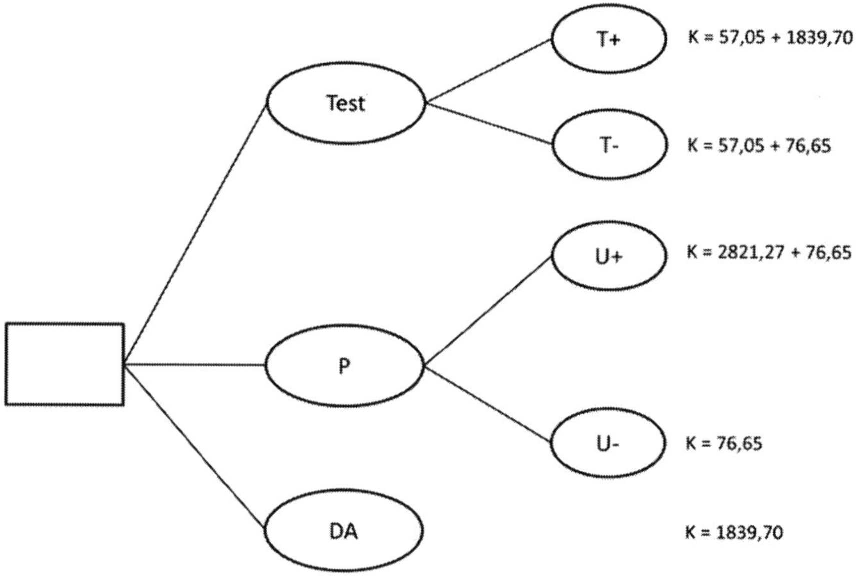

Abbildung 1 Entscheidungsanalyse (Test: Durchführung der Genotypisierung; P/W: Gabe von Phenprocoumon ohne Testung; DA: Gabe von Dabigatran; T+: positiver Test; T-: negativer Test; U+: schwere Arzneimittelnebenwirkung; U-: keine Arzneimittelnebenwirkung; K: Kosten in Euro; Quelle: Schwebe et al. (2012)

Bei der Überprüfung der Vorteilhaftigkeit einer Alternative muss das Blutungsrisiko des Patienten berücksichtigt werden. Im Rahmen einer Sensitivitätsanalyse lässt sich zeigen, dass für die dargestellte Konstellation die unreflektierte Gabe des teuren Präparats Dabigatran nie ökonomisch vorteilhaft ist. Dagegen ist der genetische Test ceteris paribus bei einer Blutungswahrscheinlichkeit von unter 1 % dominant (Schwebe et al. 2012).

4 Auswertung

Das Beispiel der Immunadsorption zeigt das gegenwärtige Problem der PM. Der erwähnten Begriffsdefinition nach kann die IA/IgG in Verbindung mit der Bewertung negativer inotroper kardialer Autoantikörper und der Bestimmung von Genexpressionsmustern als PM verstanden werden. Ihre Implementierung in der klinischen Praxis erfolgt bislang jedoch nur im Rahmen des Therapiearms.

Hinsichtlich der kompletten Tandemlösung fehlt bislang noch der umfassende Nachweis des Nutzens. Zwar wurde durch zahlreiche klinische Studien die Bestätigung erbracht, dass Patienten von der IA/IgG Therapie profitieren, doch beruhen die vorliegenden Ergebnisse der Genanalysen auf einer vergleichsweise geringen Probenanzahl. Deshalb kann die Analyse von Ameling et al. (2012) nur als „Pilotstudie“ interpretiert werden. Da im Rahmen der bisherigen Analysen im Interfakultären Institut für Genetik und Funktionelle Genomforschung nur Assoziationen zwischen bestimmten Genexpressionen bzw. Parameterausprägungen und dem Responderstatus untersucht wurden, kann auf dieser Basis auch nicht abgeschätzt werden, inwiefern diese Diagnostik falsche Ergebnisse liefert. So ist es einerseits ethisch bedenklich, dass Patienten, die nicht als Responder eingestuft werden, eine IA/IgG vorenthalten wird. Andererseits ist es möglich, dass voraussichtliche Responder faktisch nicht von der nachfolgenden Therapie profitieren.

Da die bisherigen Fallzahlen der durchgeführten Kostenstudien auf einer geringen Fallzahl beruhen, können die dargestellten Ergebnisse nicht unbedingt als robust angesehen werden. Zwar wurden in den letzten Jahren bereits zahlreiche Patienten mit einer IA/IgG behandelt, doch können die für diese Fälle vorliegenden klinischen Ergebnisparameter nicht uneingeschränkt als PM aufgefasst werden: Erstens liegt für zahlreiche Patienten hinsichtlich des erwarteten Responder-Status keine Kontrolle vor, da nur für wenige Patienten Genanalysen vorgenommen wurden. Zweitens ist bislang nicht vollkommen klar, welcher Ergebnisbeitrag den durchgeführten Therapieschritten zugeordnet werden kann, die bereits vor der IA/IgG vorgenommen wurden. Dadurch wird die Nutzenbewertung der Verbindung von Diagnostik und Behandlung erschwert, zumal an die Bewertung von Methoden der PM keine anderen Anforderungen gestellt werden dürfen wie an jede andere Intervention (Windeler und Lange 2013).

Basierend auf einer Studienpopulation von 253 DCM-Patienten der UMG wurden die Implikationen auf die krankheitsbezogene Lebensqualität untersucht.

Dabei zeigte sich im Rahmen von Regressionsanalysen, dass Patienten mit IA/IgG über eine im Vergleich zu Patienten ohne IA/IgG schlechtere Lebensqualität aufweisen. Dabei ist zu beachten, dass im Datensatz IA/IgG Patienten über einen höheren Schweregrad der Krankheit verfügen (Marschall et al. 2014). Es sind deshalb weitere klinische Ergebnisse und Kostenerfassungen erforderlich, um Aussagen zur Kosteneffektivität machen zu können. Ob Therapien aus ökonomischer Sicht sinnvoll sind, hängt darüber hinaus vom Zeithorizont der Betrachtung ab (Drummond et al. 2005). Aufgrund der erforderlichen Diskontierung gehen zukünftige Kosten und Effekte zwar mit einem geringen Beitrag in den Gegenwartswert ein. Ihr Ausschluss würde jedoch zu einer Verzerrung führen. Langfristige Studien sind auch für die Kostenträger sehr wichtig.

Die bisher durchgeführten Pilotstudien stellen Momentaufnahmen dar, die durchaus als Forschungskosten verstanden werden können. Die Forschungsanstrengungen im Rahmen des PM-Tandems sind noch nicht vollkommen abgeschlossen. Dies gilt etwa für die Schnittstelle zur herkömmlichen Basisdiagnostik der Herzinsuffizienz. Dem gegenwärtigen Forschungsstand nach kann auf eine Myokardbiospie zur Gewinnung des Materials für die Bewertung negativer inotroper kardialer Autoantikörper sowie die Bestimmung von Genexpressionsmuster nicht verzichtet werden. Neben den damit verbundenen Belastungen für den Patienten ist die Biopsie mit einem größeren Ressourceneinsatz verbunden. Gegenwärtig wird versucht, die Analyse auf Blutplasma umzustellen, was aus Sicht des Patienten und des Krankenhauses weit günstiger wäre. Kostenänderungen wiederum können Auswirkungen auf die Gesamtbewertung des Tandems haben.

Aufgrund bestehender Anreizprobleme und sonstiger Barrieren wurde das Tandem bislang nicht in die klinische Praxis umgesetzt. Als problematisch kann die Kosten-Erlössituation aufgefasst werden, die dazu führt, dass die Implementierung der „umfassenden Lösung“ aus Krankenhaussicht nicht attraktiv erscheint. Die durch die Zeitmessstudie ermittelten Ist-Kosten können noch als Untergrenze der gegenwärtigen Kosten aufgefasst werden, da nicht alle Kostenbestandteile auf der Grundlage einer hinreichend hohen Anzahl von Beobachtungen erfasst werden konnten, wie etwa im Fall der Myokardbiopsie. Die ermittelten Personalkosten beschränken sich auf den tatsächlichen Therapieeinsatz. Die zugeordnete Diagnostik wird bislang aus der Erstattung ausgeklammert und muss deshalb über die Forschung finanziert werden. Die Sensitivitätsanalyse mit verschiedenen Anzahlen der durchgeführten Genanalysen zeigt deutlich die Fixkostendegression. Das deutsche DRG-System beruht auf der Erstattung durchschnittlicher Behandlungskosten. Falls teure Geräte nicht über die Investitionskosten durch das Bundesland finanziert werden, haben die assoziierten Kosten eine hohe Relevanz für das Krankenhaus. Würde nur eine geringe Anzahl an Genanalysen durchgeführt, so bestünden nur geringe Anreize, die Diagnostik auch tatsächlich zu implementieren. Sie könnten überwunden werden, wenn ein Krankenhaus Diagnostikleistungen für zahlreiche andere Kliniken, in denen die Therapie durchgeführt wird, übernehmen würde. Ein Ausweg bestünde darin, die Krankenhausvergütung entsprechend anzupassen, etwa durch Einführung weiterer Zusatzentgelte. Zu Ende gedacht würde das für eine adäquate Implementierung der PM bedeuten, dass sich das deutsche DRG-System immer weiter dem Fall der Einzelleistungsvergütung annähern würde, wodurch dieses Vergütungssystem an seine Grenzen geraten könnte (Laslo et al. 2014; Fleßa und Marschall 2012).

Bessere Perspektiven bieten derzeit bestimmte Arzneimittelregimes, nicht zuletzt deshalb, da korrespondierende Tests vergleichsweise günstig sind. Auf der Grundlage eines einfachen Modells wurde die Vorteilhaftigkeit eines vorgeschalteten Tests und somit der PM-Lösung aufgezeigt. Sicherlich bedarf es weiterer Studien, um auf der Basis von Konfidenzintervallen Parameter zu ermitteln, die eine fundierte Entscheidung ermöglichen. In diesem Zusammenhang ist es notwendig, weitere wichtige Faktoren für die Entstehung von UAW mit zu berücksichtigen. Dazu zählen etwa Umwelt, Lebensstil oder physiologische und pathologische Faktoren (Davies et al. 2007).

Einsparpotenziale pro Patient durch vermiedene Nebenwirkungen oder teure Therapien sowie die Wahrscheinlichkeit, dass ein Test die richtige Intervention vorhersagt, beeinflussen die Bewertung der Kosten-Wirksamkeit aus Sicht der Krankenkassen. Dennoch bestehen auch in diesem Kontext Herausforderungen bezüglich des Erstattungsrahmens von Arzneimittel-Diagnostik-Kombinationen (Brüggenjürgen et al. 2012). In diesem Zusammenhang ist es wichtig, dass neu entwickelte Medikamente, durch welche das Gefährdungsrisiko von UAW wie z. B. Blutungen gesenkt wird, auch erstattet werden, um damit Anreize für ihren Einsatz zu schaffen. Unabhängig davon wird die Bewertung aus gesellschaftlicher Perspektive gegenüber der einzelwirtschaftlichen Sicht günstiger ausfallen, da hier explizit der Nutzen vermiedener indirekter Kosten, die sonst zu verminderter Produktivität geführt hätten, berücksichtigt wird.

PM ist für das Gesundheitswesen eine Option, die für bestimmte Therapien und Parameterkonstellationen ökonomisch vorteilhaft sein können. Bei der Strategiewahl im konkreten Fall müssen jedoch alle Alternativen berücksichtigt werden. Darüber hinaus ist im Fall der Vermeidung von Blutungskomplikationen auch das Patientenselbstmanagement zu rechnen, das durchaus vorteilhafter sein kann als konventionelle Verfahren (Pugh und Murphy 2013).

5 Fazit und Ausblick

Ökonomie ist eine Handlungswissenschaft, d.h. sie soll dabei helfen, konkrete Entscheidungen zu treffen. Im Bereich der Gesundheitsökonomie wurden in den letzten Jahrzehnten Methoden (weiter) entwickelt, die fundierte Aussagen über die Vorteilhaftigkeit von Therapien aus verschiedenen Perspektiven ermöglichen. Aufgrund nur unzureichend gesicherter empirischer Evidenz zur klinischen Wirksamkeit, der Komplexität von Behandlungsregimen per se und damit verbunden Datenproblemen bestehen gegenwärtig Schwierigkeiten, einzelne aussichtsreiche Ansätze der personalisierten Medizin umfassend zu bewerten. Dennoch ist es wichtig, dass begleitende ökonomische Studien bereits im gegenwärtigen Stadium der PM durchgeführt werden, sodass Barrieren, die der Adaption der PM entgegenstehen, frühzeitig erkannt werden. Von zentraler Bedeutung ist die Anreizstruktur, mit denen die relevanten Akteure konfrontiert sind. Am Beispiel der Immunadsorption zeigt sich, dass Grenzen der Erstattungsfähigkeit verhindern können, dass Erfolg versprechende Ansätze in der klinischen Routine implementiert werden. Zur Vermeidung von unerwünschten Arzneimittelnebenwirkungen kann PM einen wichtigen Beitrag leisten. Dennoch muss bei der konkreten Entscheidungsfindung die überlegene Lösung unter Beachtung aller Alternativen ermittelt werden.

Neben der adäquaten Berücksichtigung der Alternative PM bei gesundheitsökonomischen Entscheidungen wird zunehmend klar, dass dieser Ansatz mit weiteren Herausforderungen verbunden ist. Dies betrifft den methodischen Werkzeugkasten gesundheitsökonomischer Evaluationen, der per se neu zu überdenken ist (Sickinger etal. 2013). Wichtige Fragen, die es zu klären gilt, beziehen sich darüber hinaus auf die Festlegung der adäquaten Studienperspektive, den Zeithorizont und die Durchführung von Bewertungen bei limitierter Fallzahl. Nicht zuletzt muss auch geklärt werden, ob der Informationswert, der anhand von Biomarkern oder durch Genomanalysen gewonnen wird, nicht als Wert an sich im Rahmen gesundheitsökonomischer Evaluationen berücksichtigt werden sollte (Buchanan et al. 2013).

Danksagung

Diese Publikation ist im Rahmen des Forschungsverbundes Greifswald Approach to Individualized Medicine (GANI_MED) entstanden. Das GANI_MED-Konsortium wird finanziert von dem Bundesministerium für Bildung und Forschung und der Landesregierung von Mecklenburg-Vorpommern (03IS2061A).

6 Literatur

Ameling, S., Herda, L.R., Hammer, E., Steil, L., Teumer, A., Trimpert, C., Dorr, M., Kroemer, H.K., Klingel, K., Kandolf, R., Volker, U. und Felix, S.B. (2012): Myocardial gene expression profiles and cardiodepressant autoantibodies predict response of patients with dilated cardiomyopathy to immunoadsorption therapy. Eur Heart J 34 (9), S. 666–675. doi:10.1093/eurheartj/ehs330.

Bates, S. (2010): Progress towards personalized medicine. Drug discovery today 15 (3), S. 115–120.

Böcker, W., Denk, H. und Heitz, P., al. e (2004) Pathologie. 3 edn. München: Urban & Fischer .

Bodin, L., Verstuyft, C., Tregouet, D.-A., Robert, A., Dubert, L., Funck-Brentano, C., Jaillon, P., Beaune, P., Laurent-Puig, P., Becquemont, L. und Loriot, M.-A. (2005): Cytochrome P450 2C9 (CYP2C9) and vitamin K epoxide reductase (VKORC1) genotypes as determinants of acenocoumarol sensitivity. Blood 106 (1), S. 135–140. doi:10.1182/blood-2005-01-0341.

Brent, R.J. (2003): Cost-Benefit Analysis and Health Care Evaluations. Edward Elgar, Cheltenham, Northampton, MA.

Brüggenjürgen, B., Kornbluth, L., Ferrara, J. und Willich, S. (2012): Herausforderungen an die klinische Evaluation und Gesundheitsökonomie auf dem Weg zur personalisierten Medizin. Bundesgesundheitsblatt-Gesundheitsforschung-Gesundheitsschutz 55 (5), S. 710–714.

Buchanan, J., Wordsworth, S. und Schuh, A. (2013): Issues surrounding the health economic evaluation of genomic technologies. Pharmacogenomics 14 (15), S. 1833-1847. doi:10.2217/pgs.13.183.

Davies, E.C., Green, C.F., Mottram, D.R. und Pirmohamed, M. (2007): Adverse drug reactions in hospitals: a narrative review. Current drug safety 2 (1), S. 79–87.

Dörr, M. (2002): Hämodynamische Effekte einer Immunadsorption mit nachfolgender Immunglobulin-G-Substitution bei Patienten mit dilatativer Kardiomyopathie – Ergebnisse einer prospektiven und randomisierten Studie. Humboldt-Universität zu Berlin, Berlin.

Drummond, M.F., Sculpher, M.J., Roannance, G.W., O'Brien, B.J. und Stoddard, G.L. (2005): Methods for the Economic Evaluation of Health Care Programmes. 3rd edn. Oxford: Oxford University Press.

Fehrle, M., Michl, S., Alte, D., Götz, O. und Fleßa, S. (2013) Zeitmessstudien im Krankenhaus. Gesundheitsökonomie & Qualitätsmanagement 18 (01), S. 23–30.

Felix, S., Dörr, M., Herda, L., Beug, D. und Staudt, A. (2008): Immunadsorption als Therapieverfahren der dilatativen Kardiomyopathie. Der Internist 49 (1), S. 51–56.

Fleßa, S. und Marschall, P. (2012): Individualisierte Medizin. Vom Innovationskeimling zur Makroinnovation. Pharmacoeconomics German Research Articles 10 (2), S. 53–67. doi:10.1007/BF03320778.

Hatz, M. H.; Schremser, K. und Rogowski W. H. (2014): Is Individualized Medicine More Cost-Effective? A Systematic Review. Pharmacoeconomics, S. 1–13.

Hüsing, B.; Hartig, J.; Bührlen, B.; Reiß, T. und Gaisser, S. (2008): Individualisierte Medizin und Gesundheitssystem. Arbeitsbericht Nr. 126. Forschungszentrum Karlsruhe, Karlsruhe.

Jain, K. (2009): Textbook of Personalized Medicine. Dordrecht et al.

Klinikum der Stadt Passau (2011): DRG-Entgelttarif für das Klinikum Passau im Anwendungsbereich des KHEntgG und Unterrichtung des Patienten gemäß § 8 KHEntgG.

Kühn, K., Marschall, P., Dörr, M. und Fleßa, S. (2013): Ein Markov-Modell zur Kostenprognose der Herzinsuffizienz in Mecklenburg-Vorpommern. Gesundh ökon Qual manag in print. doi:10.1055/s-0033-1335909.

Langanke, M., Lieb, W., Erdmann, P., Dörr, M., Fischer, T., Kroemer, H., Fleßa, S. und Assel, H. (2012): Was ist Individualisierte Medizin? Zur terminologischen Justierung eines schillernden Begriffs. Zeitschrift für medizinische Ethik 58, S. 295–314.

Laslo, T., Marschall, P. und Fleßa, S. (2014): How individualized is medicine today? The case of heart failure in the G-DRG system. In: Fischer, T., Langanke, M., Marschall, P. und Michl, S. (eds): Individualized Medicine – ethical, economical and historical perspectives. Dordrecht, Heidelberg, New York, London: Springer, im Druck.

Lee, A. (2006): Adverse drug reactions. London, Grayslake: Pharmaceutical Press.

Lee, J., Aminkeng, F., Bhavsar, A., Shaw, K., Carleton, B., Hayden, M. und Ross, C. (2014): The Emerging Era of Pharmacogenomics: Current Successes, Future Potential, and Challenges. Clinical genetics.

Marschall, P., Laslo, T., Hoffmann, W., Weitmann, K. und Fleßa, S. (2014): Assessing Individualized Medicine – the Example of Immunoadsorption. In: Fischer, T., Langanke, M., Marschall, P. und Michl, S. (eds): Individualized Medicine – ethical, economical and historical perspectives. Dordrecht, Heidelberg, New York, London: Springer, im Druck.

Marshall, E. (2011): Waiting for the revolution. Science 331, S. 526–529.

Pugh, A. N. und Murphy, B. L. (2013): Self-Testing and Self-Management of Warfarin Anticoagulation Therapy in Geriatric Patients. The Consultant Pharmacist 28 (5), S. 319–321.

Salari, K., Watkins, H. und Ashley, E. A. (2012): Personalized medicine: hope or hype? European Heart Journal 33, S. 1564–1570.

Schalekamp, T., Brasse, B., Roijers, J., Van Meegen, E., Van der Meer, F., Van Wijk, E., Egberts, A. und De Boer, A. (2007): VKORC1 and CYP2C9 genotypes and phenprocoumon anticoagulation status: interaction between both genotypes affects dose requirement. Clinical Pharmacology & Therapeutics 81 (2), S. 185–193.

Schleidgen, S. und Marckmann, G. (2013): Alter Wein in neuen Schläuchen? Ethische Implikationen der Individualisierten Medizin. Ethik in der Medizin 25 (3), S. 223–231.

Schwebe, M., Marschall, P. und Fleßa, S. (2012): Schwerwiegende Arzneimittelnebenwirkungen von Phenprocoumon: Stationäre Kosten der gastrointestinalen Blutungen und Einsparpotentiale. PharmacoEconomics – German Research Articles 10, S. 17–28.

Sickinger, S., Payne, K. und Rogowski, W. (2013): Probleme und Methoden der Gesundheitsökonomie: Personalisierte Medizin als Sonderfall? Ethik in der Medizin 25 (3), S. 267–275.

Staudt, A., Herda, L., Trimpert, C., Lubenow, L., Landsberger, M., Dörr, M., Hummel, A., Eckerle, L., Beug, D. und Müller, C. (2010): Fcγ-receptor IIa polymorphism and the role of immunoadsorption in cardiac dysfunction in patients with dilated cardiomyopathy. Clinical Pharmacology & Therapeutics 87 (4), S. 452–458.

Towse, A., Ossa, D., Veenstra, D., Carlson, J. und Garrison, L (2013): Understanding the Economic Value of Molecular Diagnostic Tests: Case Studies and Lessons Learned. Journal of Personalized Medicine 3 (4), S. 288–305.

Universitätsmedizin Göttingen (2011) Krankenhausentgelttarif für stationäre und teilstationäre Behandlung in der Universitätsmedizin Göttingen.

Wadelius, M., Chen, L. Y., Lindh, J. D., Eriksson, N., Ghori, M. J. R., Bumpstead, S., Holm, L., McGinnis, R., Rane, A. und Deloukas, P. (2009): The largest prospective warfarin-treated cohort supports genetic forecasting. Blood 113 (4), S. 784–792. doi:10.1182/blood-2008-04-149070.

Windeler, J. und Lange, S. (2013): Nutzenbewertung personalisierter Interventionen: Methodische Herausforderungen und Lösungsansätze. Ethik in der Medizin 25 (3), S. 173–182.

Patentrechtlicher Schutz von Biomarkern

Jürgen Ensthaler

Inhaltsverzeichnis

1 Einleitung

Es gibt bislang noch keine einheitliche Definition für Biomarker. Zumeist wird aber die Formulierung der Biomarker Definitions Working Group vom nationalen Institute of Health (NIH) benutzt. Dort wird die folgende Definition verwendet:

„A biomarker is a characteristic that is objectively measured and evaluated as an indicator of normal biologic process, pathogenic process or pharmacologic responses to a therapeutic intervention."

Nach dieser Definition muss der Biomarker objektiv messbar sein und Rückschlüsse geben, entweder auf einen normalen oder einen pathogenen Vorgang, oder er muss Auskunft geben über die individuelle Wirksamkeit einer Therapie.

Unterschieden wird weiter danach, mit welchen Biomarkern eine Krankheit festgestellt oder zumindest prognostiziert werden kann; solche Biomarker werden als krankheitsbezogene Biomarker bezeichnet. Dann gibt es die sogenannten arzneimittelbezogenen Biomarker, anhand derer die Wirksamkeit einer Therapie bei bestimmten Patienten prognostiziert werden kann.

Biomarker sind nach dieser Definition also Enzyme, Hormone, Ionen, jegliche Metabolite, vor allem aber Gene und genetische Varianten (z. B. NNPs). Man kann auch noch Bakterien und Viren sowie Pilze zu den Biomarkern rechnen, da sie angeben, ob eine Erkrankung vorliegt. Weiterhin sind messbare Größen wie Temperatur und Blutdruck Biomarker, da sie Rückschlüsse auf Fieber und Gefäßschädigungen ermöglichen.

Für die gegenständliche Untersuchung ist die Unterteilung in krankheitsbezogene und arzneimittelbezogene Biomarker hilfreich. Krankheitsbezogene Biomarker sind geeignet, eine Krankheit festzustellen oder zu prognostizieren. Die arzneimittelbezogenen Biomarker können Auskunft über die individuellen Reaktionen eines Patienten auf eine medikamentöse Therapie geben.

2 Patentierbarkeit von Biomarkern

Einschlägig für die Frage nach der Patentierbarkeit von humanen Biomarkern (im weitesten Sinne) ist § 1a Patentgesetz (künftig PatG). § 1a PatG wurde in das deutsche Patentrecht auf der Grundlage der sog. Biopatentrichtlinie aufgenommen und gilt somit in allen Mitgliedstaaten der Europäischen Union. § 1a PatG ist im deutschen Patentgesetz überschrieben mit den Worten „Der menschliche Körper und seine Bestandteile". § 1a PatG stellt (auf der Grundlage der europäischen Richtlinie) zunächst klar, dass der menschliche Körper „in den einzelnen Phasen seiner Entstehung und Entwicklung einschließlich der

Keimzellen, sowie die bloße Entdeckung eines seiner Bestandteile, einschließlich der Sequenz oder Teilsequenz eines Gens“, patentrechtlich nicht schützbar ist.

§ 1a Abs. 2 PatG bestimmt dann aber, dass ein „isolierter Bestandteil des menschlichen Körpers einschließlich der Sequenz oder Teilsequenz eines Gens patentrechtlichen Schutz erhalten kann, soweit dieser isolierte Bestandteil aufgrund eines technischen Verfahrens isoliert wurde. Insofern scheiden schon einzelne Biomarker, wie sie zuvor aufgelistet wurden, aus dem patentrechtlichen Schutzbereich aus. So kann z. B. eine Blutentnahme, etwa zur Dialysebehandlung oder eine Urinentnahme zur Untersuchung von Diabetes keinen patentrechtlichen Schutz erhalten. Patentierbar können immer nur Bestandteile sein, die mit einem technischen Verfahren verbunden sind, durch das diese isoliert oder reproduziert werden (Fitzner in Fitzner/Lutz/Bodewig: Patentrechtskommentar, 4. Aufl. 2012, § 1a, Rn. 9; EuGH GRUR Int. 2001, S. 1043, S. 1047).

Dem Gesetz, wie auch der europäischen Richtlinie, ist nicht sicher zu entnehmen, ob nun dieses technische Verfahren, durch das der Bestandteil des menschlichen Körpers isoliert wird, patentrechtlichen Schutz erfahren kann, also als Verfahrenspatent schützbar ist oder aber, ob das technische Verfahren hier nur Voraussetzung dafür ist, für diesen isolierten Bestandteil auch ein Erzeugnispatent zu erhalten.

Den (amtlichen) Erwägungsgründen zur europäischen Richtlinie kann wohl entnommen werden, wie auch der Kommentarliteratur, dass zwar hier auch Verfahrenspatente für den Isolationsvorgang möglich sind, aber keinesfalls ist gemeint, dass § 1a PatG bzw. die Biotechnologierichtlinie die Erzeugnispatente ausschließen will. Beides ist möglich.

Das Erzeugnispatent ist dabei von größerem Interesse, weil dadurch der umfassendere Schutz gewährt wird. Das Verfahrenspatent schützt nur die Art und Weise der Herstellung bzw. hier der Isolierung, lässt aber andere Verfahrensarten zur Isolierung des gleichen Bestandteils zu. Das Erzeugnispatent verbietet hingegen jede Art der Nutzung des geschützten Erzeugnisses unabhängig davon, wie es isoliert wurde.

Ein Erzeugnisschutz birgt aber die Gefahr in sich, zu breite Patentansprüche, also zu umfangreiche Monopole zu gewähren. In der Literatur werden deshalb vielfach Bedenken dahin geäußert, ob sich ein absoluter Erzeugnis- bzw. Stoffschutz auf insbesondere DNA-Sequenzen oder Teilsequenzen rechtfertigen lässt. Ein Schutz, z. B. einer isolierten Gensequenz selbst würde bedeuten, dass alle nur denkbaren Funktionen, alle denkbaren Aufgaben, die im Zusammenhang mit der Sequenz erfüllt werden können, für Einzelne monopolisiert wären. Deshalb wird – wohl mit Recht – in einem (absoluten) Erzeugnisschutz eine zu weitreichende Belohnung des Anmelders gesehen, da der Schutz sich auf alle Funktionen erstreckt und insofern regelmäßig wohl kein Zusammenhang zur erfinderischen Leistung des Anmelders mehr erkennbar wäre (Götting: kritische Bemerkungen zum absoluten Stoffschutz, GRUR 2009, S. 258). Ein absoluter Schutz einer DNA-Sequenz würde wahrscheinlich mehr behindern, ein umfangreicheres Sperrpatent aufbauen, als dieser Schutz nützlich sein könnte.

3 Beispiele für den Schutz isolierter Bestandteile des menschlichen Körpers

1. US-Patent für Biomarker für Alzheimer's disease:

In dieser Erfindung werden eine Vielzahl von Biomarkern aufgelistet, die in verschiedenen Kombinationen zur Diagnose, zur Prognose und zur Statusabfrage von Morbus Alzheimer verwendet werden können.

Es handelt sich dabei hauptsächlich um Metaboliten. Dies sind Stoffwechselzwischenprodukte aus biochemischen Abbau- oder Aufbauvorgängen von oft geringem Molekulargewicht, z. B. Glucose, Pyrovat, Lactat.

Nachgewiesen wurde dabei die Eignung der Metaboliten als Biomarker zum Vergleich der Expression in gesunden und in alzheimererkrankten Patienten. Beim alzheimererkrankten Patienten ist die Expression im Gegensatz zum gesunden Zustand entweder erhöht oder erniedrigt.

Durch die Untersuchung können auch Prädispositionen ermittelt werden, auch kann die Entwicklung der Krankheit im Patienten verfolgt werden, indem die Metabolit-Expressionslevel zu verschiedenen Zeitpunkten verglichen werden. Es wurde insofern in den USA ein Patent erteilt – worauf hat sich das Patent erstreckt?

Das Patent erstreckt sich in diesem Fall nicht auf die Metaboliten selbst, sondern lediglich auf deren Anwendbarkeit in ganz bestimmten Kombinationen im Rahmen einer Expressionslevel-Analyse.

2. Ein weiteres US-Patent wurde für ein Biomarker-Kit zur Feststellung von Kopf- und Nackentumoren beim Menschen erteilt:

Kopf- und Nackentumore werden aktuell mittels CT-Biopsie oder Endoskopie diagnostiziert. Dies ist allerdings häufig schwierig, da gutartige von bösartigen Tumoren nur schwer zu unterscheiden sind. Biomarker haben den Vorteil, dass mit ihnen dieser Unterschied genau getroffen werden kann. Gegenstand der Erfindung war die Erkenntnis, dass Mikro-RNAs, welche nicht für ein Protein kodieren, sondern eine regulatorische Funktion haben, in der Lage sind, die Expression bestimmter Proteine auf Transkriptionsebene zu verhindern. In der zum Schutz angemeldeten Lehre ist beschrieben, wie die Expressionslevel von miRNAs in gesunden Zellen mit Tumorzellen verglichen und ein fertiges Kit zu entwickeln ist, welches zur Diagnose von Kopf- und Nackentumoren dienen kann.

Auch hier bezieht sich das Patent nicht direkt auf die mikro RNAs selbst, sondern auf das Anwendungsverfahren.

4 Schutzbereich der Patente von isolierten Bestandteilen des menschlichen Körpers in Deutschland und in den Mitgliedstaaten der Europäischen Union

Nach der oben bereits genannten Biotechnologierichtlinie, wie sie in Deutschland durch § 1a PatG in nationales Recht umgesetzt wurde, ist ein isolierter Bestandteil des menschlichen Körpers, insbesondere eine Sequenz oder Teilsequenz eines Gens grundsätzlich patentierbar. § 1a Abs. 3 des deutschen Patentgesetzes bestimmt dann aber, dass die gewerbliche Anwendbarkeit u. a. einer Sequenz oder Teilsequenz eines Gens in der Patentanmeldung konkret benannt werden muss, und zwar „unter Angabe der von der Sequenz oder Teilsequenz erfüllten Funktion". Eine Funktionsangabe ist also nach § 1a Abs. 3 PatG auch erforderlich, wenn eine Sequenz z. B. als Such- oder Testwerkzeug beansprucht wird (Krauß Mitt. 2001, S. 397 f.; Feuerlein, GRUR 2001, S. 563; Tillmann Mitt. 2002, S. 442).

Insbesondere nach der Änderung des Patentgesetzes durch § 1a PatG ist in Deutschland vielfach diskutiert worden, was nun genau unter dieser Funktion zu verstehen ist. Die Vertreter in der Literatur, die für einen breit angelegten Sequenzschutz eintreten, sind der Ansicht, die Funktion einer DNA-Sequenz kann auch in dem Protein gesehen werden, das bei Einbau der Sequenz in ein Expressionssystem synthetisiert wird (vgl. dazu Ensthaler/Zech, GRUR 2006, S. 529, S. 531). Ausgangslage für diese Ansicht ist, dass das Protein eine oder mehrere biochemische Funktionen besitzt, also biologische, chemische pharmazeutische oder sonstige naturwissenschaftliche Wirkungen hat. Diese Proteinfunktion kann zugleich auch als Funktion der zugrundeliegenden DNA-Sequenz gesehen werden. Durch die Angabe von DNA-Sequenz und Expressionssystemen wird dann zugleich auch die Funktion des synthetischen Proteins beschrieben. Funktionsbeschreibung in diesem Sinne würde bedeuten, dass DNA-Sequenzen bzw. Teilsequenzen einen umfangreichen, nahezu einen absoluten Erzeugnis- bzw. Stoffschutz genießen könnten, was wohl weder durch den europäischen noch durch den deutschen Gesetzgeber gewollt war.

Mit Funktion ist nach heute wohl herrschender Meinung in der Literatur etwas anderes gemeint (vgl. zur Übersicht Ensthaler/Zech GRUR 2006, S. 529, S. 531 ff.). Nicht die biologische Funktion ist gemeint, sondern die konkrete Aufgabe des isolierten und synthetisierten Proteins, in dem die Gensequenz bzw. die Teilsequenzen enthalten sind. Gemeint ist somit die Verwendung des isolierten und synthetisierten Proteins (Gensequenz/Teilsequenz) für bestimmte Anwendungen, z. B. Heilverfahren, Durchführung von Tests zum Nachweis von Krankheiten etc.

Diese Auffassung entspricht auch dem 24. Erwägungsgrund der Biotechnologierichtlinie.

Nach dem Erwägungsgrund 24 der Richtlinie setzt die gewerbliche Anwendbarkeit einer Gensequenz, die zur Herstellung eines Proteins verwendet wird, eine Angabe nicht nur darüber voraus, welches Protein hergestellt wird. Es muss auch angegeben werden, welche Funktion dieses Protein dann hat (dazu Krauß Mitt. 2001, S. 396). Bedeutsamer ist in diesem Zusammenhang aber der Erwägungsgrund 23 der Richtlinie. Danach liegt bei fehlender Funktionsangabe schon keine technische Lehre vor (siehe dazu auch EuGH GRUR Int. 2001, S. 1043). Mit dieser Aussage ist gemeint, dass erst die Funktionsangabe aus einer Entdeckung eine patentfähige Erfindung macht. Die Funktionsangabe muss also darauf zielen, mit dem isolierten Bestandteil des menschlichen Körpers etwas im Sinne einer technischen Lehre durchzuführen. Ohne diese, auf die gewerbliche Verwertbarkeit gerichtete Funktion, bleibt der isolierte Bestandteil, insbesondere die in Protein verwirklichte Gensequenz, Entdeckungstätigkeit, die nicht patentierbar ist bzw. eine Patentierung würde allenfalls als Verfahrenspatent in Betracht kommen, soweit die Art und Weise der Isolierung des Bestandteils neu und erfinderisch ist.

Insofern ist auch die zum Teil geäußerte Kritik an der Umsetzung der europäischen Richtlinie u. a. durch § 1a Abs. 3 PatG, die darauf gründet, dass Art. 5 Abs. 3 der europäischen Richtlinie von so einer Funktionsangabe nicht spricht, verfehlt. Die Funktionsangabe ist schon allgemeine Voraussetzung der Patentierbarkeit, wie sie auch in den Regelungen der europäischen Patentübereinkunft (EPÜ) ihren Niederschlag gefunden haben. Eine Patentierbarkeit setzt demnach zumindest für den europäischen Rechtsraum voraus, dass konkret angegeben wird, welche Aufgabe das Protein, in dem die Sequenz oder Teilsequenz enthalten ist, hat. Hierbei reichen dann, wie Fitzner es betont, „allgemeine Angaben zur gewerblichen Verwertbarkeit“ wie „für medizinische Zwecke“ nicht aus. Vielmehr ist eine konkrete Beschreibung der Funktion und der gewerblichen Anwendbarkeit des Gens erforderlich (Fitzner, in Fitzner/Lutz/Bodewig: Patentrechtskommentar 4. Aufl. 2012 § 1a Rn. 18; so auch Kraßer: Lehrbuch zum Patentrecht, § 14 III, S. 229).

Die Beschränkung der Patentierbarkeit auf die Funktion des aus Bestandteilen des menschlichen Körpers bestehenden Biomarkers, insbesondere auf Gensequenzen, ist im Grunde genommen für das Patentrecht keine Besonderheit. Dies zeigt schon ein Rückgriff auf § 1 Abs. 4 PatG, der auch so in der europäischen Patentübereinkunft enthalten ist. Dieser Absatz 4 enthält die sog. „als-solche-Formel". Damit ist geregelt, dass der Ausschluss von Entdeckungen, von wissenschaftlichen Theorien, von mathematischen Methoden usw. nur zum Ausschluss führt, soweit die Lehre etc. „als-solche" gegenständlich ist. Soweit eine (z. B.) mathematische Lehre im Zusammenhang mit einer neuen technischen Lehre beansprucht wird, kann sie auch insoweit, wie sie die technischen Elemente beinhaltet, geschützt sein. Ähnlich verhält es sich bei den isolierten Bestandteilen des menschlichen Körpers, wie insbesondere den in Proteinen verwirklichten Gen- bzw. Teilsequenzen. Soweit nicht für diese „als-solche" Schutz begehrt wird, sondern ein Schutz für die Verwendung dieser Gene bzw. anderer isolierter körperlicher Bestandteile im Zusammenhang mit (z. B.) bestimmten Heil- oder Testverfahren ist ein patentrechtlicher Schutz insoweit möglich.

Zur Entwicklung der Personalisierten Medizin – Eine semantische Analyse zur Bestimmung der Patentaktivitäten in den USA

Irene Janzen, Andreas Braun, Jürgen Ensthaler, Elisabeth Eppinger, Lothar Walter und Katja Wieck

Inhaltsverzeichnis

1 Einleitung

Personalisierte Medizin gilt seit einigen Jahren als größte Chance für das Gesundheitssystem (Eppinger et al. 2012). In einigen Therapiefeldern werden bereits Testverfahren eingesetzt, um die individuell optimale Medikamentenkombination für den Patienten zusammenzustellen. In der wissenschaftlichen Literatur werden die ersten Ergebnisse der PM als Indikator für eine anstehende tiefgreifende Veränderung in der Gesundheitsversorgung interpretiert. Die Entwicklung der notwendigen Wissens- und Technologiebasis befindet sich jedoch noch in einem frühen Stadium, so dass nur wenige Anwendungen, Produkte und Dienstleistungen kommerzialisiert sind (Abadie 2011). Zudem gibt es in der Literatur bislang kaum belastbare Daten, die den bisherigen Verlauf, aktuelle Forschungsschwerpunkte und zukünftige Entwicklungen aufzeigen. Hieran knüpft der vorliegende Beitrag an, indem er auf Basis einer semantischen Analyse der US-Patentaktivitäten mit dem am Institut für Projektmanagement und Innovation der Universität Bremen entwickelten Software PatVisor® vergangene und gegenwärtige Entwicklungen im Bereich der Personalisierten Medizin darstellt. Personalisierte Medizin ist in dieser Untersuchung auf Diagnostika zur Arzneimittelforschung und -entwicklung, sowie zur präziseren Diagnose für Therapieentscheidungen, Einstellung der Arzneimitteldosis und zur Begleitung der Therapie eingeschränkt.

Patente stellen für Unternehmen einen Erfolgsfaktor dar, mit denen die technologische Position gesichert werden kann (Ensthaler und Strübbe 2006). Dabei ist es entscheidend, nicht nur die eigenen Patente zu verwalten, sondern ebenfalls die Patente der Wettbewerber als Informationsquelle zu nutzen. Patente sind öffentlich über die Patentdatenbanken zugänglich und werden frühzeitig und häufig länderübergreifend angemeldet, wodurch sie sich besonders als Technologieinformationen eignen (Haupt 2004). In Patenten wird der Großteil des technischen Wissens veröffentlicht. Allerdings ist es heutzutage aufgrund der kontinuierlich steigenden Anzahl an Patentanmeldungen nicht mehr möglich, diese Informationen manuell zu analysieren, wodurch sich das Problem des „Information Overflow" verschärft (Bergmann et al. 2007). Allein beim US-amerikanischen Patent- und Markenamt, dem United States Patent and Trademark Office (USPTO), wurden in den Jahren 2010 und 2011 mehr als 400.000 Patente erteilt. Mithilfe von Data- und Text-Mining Werkzeugen wie der Software PatVisor® lassen sich jedoch Dokumente wie z. B. Patente analysieren und deren relevante Informationen extrahieren.

Der vorliegende Beitrag ist dabei wie folgt aufgebaut: Im nächsten Kapitel wird ein Einblick in den Patentschutz im Bereich der Personalisierte Medizin gegeben und somit eine konzeptionelle Verortung vorgenommen. Das methodologische Vorgehen bei der semantischen Patentanalyse wird in Kapitel 3 beschrieben. Hierfür wird u. a. die am Institut für Projektmanagement und

Innovation (IPMI) der Universität Bremen entwickelte Software PatVisor® vorgestellt. In Kapitel 4 werden die Ergebnisse der Untersuchung zu den Patentaktivitäten in den USA im Umfeld der Personalisierten Medizin gezeigt. Dazu werden Suchstrategie, Patentrecherche und ausgewählte Patentlandkarten dargestellt und interpretiert. Der Beitrag schließt mit einer Zusammenfassung in Kapitel 5.

2 Personalisierte Medizin und Patentschutz

Ziel der nachfolgenden Ausführungen ist es, einen Überblick über den Patentschutz in der Personalisierten Medizin zu geben. Damit wird in diesem Kapitel der konzeptionelle Bezugsrahmen für diesen Beitrag geschaffen.

2.1 Patente in der Personalisierten Medizin

Die in der Patentanalyse aufgefundenen und untersuchten Patente der Personalisierten Medizin lassen sich in einem ersten Schritt in zwei Hauptbereiche unterteilen. So bietet die Personalisierte Medizin neben der Möglichkeit des Stoffschutzes von Arzneimitteln auch Patentierungsmöglichkeiten im Bereich der Diagnostik, die für eine an Biomarker angepasste Arzneimitteltherapie erforderlich ist.

Die Patentierung von Stoffen und Arzneimitteln der Personalisierten Medizin unterscheidet sich dabei nicht wesentlich von der der herkömmlichen Medizin. Besonders ist einzig, dass durch die Stratifizierung eine Eingrenzung der Indikation auf eine bestimmte Personengruppe vorgenommen werden kann. Dies bietet dann eine zusätzliche Möglichkeit der Patentierung eines bereits geschützten Stoffes. Erfolgt in der Anspruchsformulierung nämlich eine Beschränkung der Verwendung einer Substanz auf eine anhand von Markern bestimmte Patientengruppe, ist ein Patentschutz im Rahmen einer so genannten *weiteren medizinischen Verwendung/Indikation* denkbar (Zwicker 2011).

Umfassenderen Klärungsbedarf bietet das Patentrecht im Bereich der Diagnostik. Hier können sowohl Tests, Testmethoden und Testkits wie auch Medizingeräte und Medizintechnik einem patentrechtlichen Schutz unterliegen. Besonders umstritten ist in diesem Zusammenhang die Frage, ob eine Patentierung von sogenannten Biomarkern und vor allem von isolierten, aufbereiteten und/oder modifizierten Genen und Gensequenzen möglich ist. Unsicherheiten bestehen hier zum einen im Hinblick auf die Auslegung der US-amerikanischen und europäischen Patentierungsvoraussetzungen und zum anderen bezüglich der ökonomischen und ethischen Abschätzung der Folgen einer Patentierung von DNA.

2.2 Patentierung von Gensequenzen im US-amerikanische Patentrecht

Das US-amerikanische Patentrecht kennt im Wesentlichen vier Patentierungsvoraussetzungen. So muss (i) ein patentierbarer Gegenstand vorliegen, der eine Erfindung und keine bloße Entdeckung ist, und der (ii) nützlich/zweckdienlich, (iii) neu und (iv) für den Fachmann nicht nahe liegend ist. Im Fokus steht bei der Patentierung von Gensequenzen meist die Beurteilung des patentierbaren Gegenstandes, des Nutzens und der Voraussetzung der nicht nahe liegenden Erfindung.

Das Vorliegen eines patentierbaren Gegenstandes:

Größtes Streitpotenzial bietet in Bezug auf die Patentierung von isolierten und aufbereiteten Genen im US-amerikanischen Recht derzeit die Frage, ob überhaupt ein *patentierbarer Gegenstand* („patentable subject matter") vorliegt. Hiervon ausgenommen sind Naturgesetze und bloße Entdeckungen. Bei Genen und Gensequenzen ist nunmehr fraglich, ob sie – auch außerhalb des Körpers in isolierter Form – reine Entdeckungen und Naturprodukte darstellen oder ob sie wesentlich andere Eigenschaften aufweisen als Funde in der Natur.

Dabei herrschte lange Zeit die Ansicht, dass isolierte Gene durchaus mehr als bloße Naturfunde sind (Schilling 2011). Dies begründete beispielsweise das USPTO in einer Stellungnahme im Jahre 2001 damit, dass isolierte Gene in dieser Form nicht in der Natur vorkämen und synthetische DNA-Proben sich durch Aufbereitung in ihrem Zustand von den natürlich vorkommenden Zusammensetzungen unterscheiden (USPTO 2001).

Dem trat im Jahre 2010 ein US-amerikanisches Bezirksgericht entgegen, das im Fall Myriad auf die Gleichartigkeit der Informationsinhalte von natürlicher und isolierter DNA hinwies und das Vorliegen eines patentierbaren Gegenstandes verneinte. DNA sei als Naturprodukt einzustufen; sie unterscheide sich in isolierter Form weder in der Qualität noch in ihrer Funktion der Informationskodierung von der, die natürlich im Körper vorliegt (S. D. N. Y. 2010).

Diese Entscheidung wurde jedoch gut ein Jahr später von dem ebenfalls mit diesem Fall befassten Berufungsgericht aufgehoben, das bei seiner Beurteilung des patentierbaren Gegenstandes ähnlich wie das USPTO wiederum auf chemische und strukturelle Unterschiede der isolierten Gene, die durch ein Abspalten der DNA aus ihrem chromosomalen Umfeld entstehen, hinwies (Federal Circuit 2011).

Eine endgültige Entscheidung ist in diesem Fall jedoch noch nicht getroffen, Revisionen sind an diesem Gericht wie auch am Supreme Court möglich. Die weitere Entwicklung des Falles und Auswirkungen auf den Meinungsstand in dieser Frage bleiben abzuwarten.

Es wird aber die Prognose gewagt, dass das isolierte Gen allein nicht für eine Patentierung reichen wird. Eine Monopolisierung von synthetisierten Genen bzw. Gensequenzen ist ebenso wenig allgemeinverträglich wie etwa der Schutz mathematischer Regeln. Eine mathematische Regel wird z. B. erst dann zu einem schutzfähigen Computerprogramm, wenn sie eine konkrete technische Aufgabe lösen kann. Auch beim Schutz der Gensequenzen wird ein Schutz überhaupt erst möglich sein, wenn der konkrete Einsatz, die bestimmte Funktion, der Sequenz benannt wird.

Der Nachweis eines Nutzens:

Eine Patentierung von Genen kann außerdem an der Voraussetzung des Nachweises eines Nutzens für die Öffentlichkeit („utility requirement") scheitern. Bei Annahme eines patentierbaren Gegenstandes müsste deshalb auch hierbei der Zusammenhang des Gens, bzw. der Gensequenz zu einer bekannten Funktion bestehen und nachgewiesen werden (Federal Circuit 2005).

Die nicht nahe liegende Erfindung:

Weitere Bedeutung für die Patentierung von DNA kann das Erfordernis haben, dass die vorliegende Erfindung für einen Durchschnittsfachmann nicht nahe liegend („non-obvious") ist. Gerade im Bereich der Verfahrenspatente zur Identifizierung von Genen kann diese Voraussetzung aufgrund des technischen Fortschrittes und der Vielzahl bereits etablierter Verfahren schwierig zu erfüllen sein (Matthijs und van Ommen 2009).

2.3 Das europäische Patentrecht

Durch die (europäische) Biotechnologierichtlinie (Richtlinie 98/44/EG) bzw. deren Umsetzung in jeweils nationale Rechte, wurde auch der patentrechtliche Schutz gentechnischer Erfindungen für die Mitgliedstaaten der europäischen Union geregelt.

Die wichtigste Fallgruppe gentechnischer Patente sind die sogenannten Sequenzpatente. Das sind Patente auf Erfindungen, die in der Bereitstellung einer DNA-Sequenz bestehen. Der durch die Biopatentrichtlinie[1] in das deutsche Recht eingeführte § 1a PatG ist hier von großer Bedeutung. Die Norm regelt drei

[1] Richtlinie 98/44/EG des Europäischen Parlaments und des Rates vom 6. Juli 1998 über den rechtlichen Schutz biotechnologischer Erfindungen, Abl. EGL 213 v. 30. 07. 1998, S. 13–21. Die Richtlinie regelt die Patentierung von biotechnologischen Erfindungen und bezweckt eine Anpassung der nationalen Gesetze an die Entwicklungen der Biotechnologie. Dabei stellt sie klar, dass biologisches Material oder Verfahren die dieses verwenden grundsätzlich schützbar sind, regelt den Umfang dieses Schutzes sowie Modalitäten im Umgang mit dem Material. Des Weiteren legt sie bestimmte Ausnahme von der Patentierbarkeit (etwa die Patentierung von Pflanzensorten und Hunderassen) fest.

Sachverhalte. Abs. 1 nimmt die menschlichen Gene und Keimzellen vom patentrechtlichen Schutz aus. Schutz kann aber für isolierte Bestandteile des menschlichen Körpers, einschließlich der Gensequenzen, gewährt werden. Voraussetzung der Schutzgewährung ist aber, dass die Funktion, die die Sequenz erfüllen soll, in der Anmeldung beschrieben wird (Abs. 3) und im Falle (isolierter) humaner Gensequenzen nicht nur zu beschreiben, sondern auch in den Anspruch aufzunehmen ist.

Bereits oben wurde die Ansicht vertreten, dass die Angabe einer bestimmten Funktion den Anspruch überhaupt erst ermöglicht. In der Natur vorhandene, isolierte und synthetisierte Gensequenzen beinhalten nichts Erfinderisches; erst die Art und Weise ihrer Verwendung kann zur neuen technischen Lehre, zur Erfindung führen. Die Vorstellung der Funktion dient dazu, dass aus einer Entdeckung eine Erfindung werden kann; gewerbliche Anwendungen werden in den Schutzbereich „hineingeholt" (Bundesgerichtshof 1987).

Die Angabe einer bestimmten Funktion ist zwar im Richtlinientext nicht verlangt, sie ergibt sich aber, wie oben ausgeführt, aus den allgemeinen Patenterteilungsvoraussetzungen und folgt auch aus dem Erwägungsgrund 23 der Richtlinie, nach dem bei fehlender Funktionsangabe keine technische Lehre vorliegt. Erst die Angabe einer konkreten Verwendungsmöglichkeit führt zur Erfindung.

Als Gegenargument wurde vorgetragen, dass die Funktion einer DNA-Sequenz bereits in dem Protein gesehen werden kann, das bei Verwendung der Sequenz in ein Expressionssystem synthetisiert wird (Krauss 2001). Die Verkörperung der DNA im Protein wäre dann die technische Lehre. Dies ist nicht haltbar, weil dieser Bereich ein natürlicher, allenfalls entdeckter, biologischer Vorgang ist.

Die wohl zutreffende Auslegung ist:

Das Protein besitzt eine oder mehrere biochemische Funktionen, also biologische, chemische, pharmazeutische oder sonstige naturwissenschaftliche Wirkungen (Krauss 2001), aus denen sich dann auch die gewerblichen Anwendungsmöglichkeiten ergeben (können). Das Auffinden dieser Anwendungsmöglichkeiten, ihr konkreter Nachweis, ist dann die neue technische Lehre.

Ebenso, um einen Vergleich zu wagen, wie ein in den Bereich der Booleschen Schaltalgebra gehörender Algorithmus erst dann als Computerprogramm schützbar wird, wenn er Teil einer ausführbaren technischen Lehre wird, selbst wenn er auch ohne diese Anforderung einen Rechner steuern kann, so wird auch die Gensequenz nicht schon deshalb geschützt, weil sie für ein Protein codiert, sondern erst dann, wenn dieses Protein für bestimmte, nachgewiesene Zwecke taugt.[2] Die Angabe des codierten Proteins bzw. des verwendeten Expressionssystems genügt dann, wenn die Sequenzen künstlich geschaffen wurden, um Proteine mit neuartigen Eigenschaften zu kreieren. In solchen Fällen ist die Bereitstellung der DNA bereits die neue technische Lehre und das erzeugte Protein ist dann „nur“ die Nutzungsmöglichkeit der neu geschaffenen DNA (Ensthaler und Zech 2006).

2.4 Die Folgen der Patentierung von Genen/Gensequenzen

Bei der Auslegung der beschriebenen Patentierungsvoraussetzungen sollten auch die ökonomischen und ethischen Folgen einer Patentierung von DNA beachtet werden, die bei Herstellern und Anwendern aus Forschung und Praxis wie auch zwischen Ärzten und Patientenverbänden für großes Konfliktpotential sorgen (Conley und Vorhaus 2011).

So können Patente in diesem Bereich insbesondere aus Sicht der forschenden und die Tests kommerzialisierenden Unternehmen erforderlich sein, um Anreize zu Innovationen zu schaffen und eine Entschädigung für mitunter lange Entwicklungs- und Produktionszeiten zu gewährleisten. Außerdem dienen Patente durch Veröffentlichung der Informationen zur Erfindung dem Wissenstransfer, von dem wiederum andere Unternehmen profitieren können (House of Parliament 2012). Aus diesem Grund wird oftmals vorgebracht, dass eine Identi-

2 Das Meinungsbild in der Literatur ist doch noch recht gestreut: Straus sieht bereits in der Zugänglichmachung des DNA-Fragments eine erfinderische Leistung, verlangt dann aber, wegen der Anforderungen der Biotechnologierichtlinie, quasi als legislativ abverlangte Besonderheit, eine konkrete Funktionsangabe, GRUR 2001, S. 1018; ähnlich Oser, GRUR Int. 1998, S. 651; Egerer verlangt für die patentrechtliche Schützbarkeit, dass die Nukleinsäuren nicht nur bereitgestellt werden, sondern über die bloße Bereitstellung von Informationen weitere Funktionen erfüllt sein müssen, FS Koenig, 2003, S. 120; Ahrens hält hier nur einen auf die Funktionsangaben begrenzten Schutz für möglich. Der Stoffschutz für biologisches Material sei nicht von einer Analogie zum absoluten Stoffschutz abhängig, GRUR 2003, S. 92; Goebel will auch im Hinblick auf Generfindungen zwischen Entdeckung und Erfindung unterscheiden: Auf der Grundlage der „Antanamid“-Entscheidung (BPatG GRUR 1978, S. 238) sieht er aber die erfinderische Tätigkeit in der Bereitstellung eines neuen Stoffes, soweit zumindest ein Anwendungsgebiet für diesen neuen Stoff benannt wird. Für diese Angabe soll schon ein Technikbereich genügen, eine konkrete Funktionsangabe sei nicht erforderlich, Mitt. 1995, S. 155; weitergehender noch Vossius und Grund: die Isolierung eines in der Natur vorkommenden Stoffes soll bereits eine Bereicherung der Technik sein, Mitt. 1995, S. 341; Feuerlein will die isolierten Gensequenzen einem absoluten Stoffschutz zugänglich machen. Auf allen Gebieten der Technik sei der Sachschutz nicht auf den Verwendungszweck der Sache begrenzt, GRUR 2001, S. 563; weitere Diskussion bei Ensthaler/Zech, GRUR 2006, S. 529; Sellnick, GRUR 2002, S. 121; Moufang, GRUR 2010, S. 89. Grundlegende Untersuchung bei Godt, Eigentum an Informationen, 2007. Zur Rechtsprechung siehe auch BGH GRUR 1972, S. 541 – „Imidazoline“ und „Relaxin“, Einspruchsabteilung des EPA, GRUR INT. 1995, S. 708; danach bestehe durchaus eine Möglichkeit zur Patentierung proteincodierender Sequenzen, wenn man nicht nur auf den Vorgang des Auffindens und Isolierens abstelle, sondern auf die Nutzungsmöglichkeiten; Ausführlich besprochen bei Uhrich, Stoffschutz, passim.

fizierung von Biomarkern, wie auch die Entwicklung eines Tests, ohne Patentschutz von vornherein nicht möglich gewesen wäre (House of Parliament 2012).

Auf der anderen Seite birgt jedoch gerade die Patentierung von Biomarkern die Gefahr einer temporären Monopolstellung, die die Entwicklung alternativer Testverfahren und ihre Anwendung in der Praxis verhindern bzw. erschweren kann und für eine Erhöhung der Preise sorgt. Ein anschauliches Beispiel hierfür ist der bereits erwähnte Fall Myriad, der in den letzten Jahren insbesondere US-amerikanische Gerichte beschäftigte. In diesem Fall geht es um die umfassende Patentierung der Gene BRCA1 und BRCA2 selbst sowie der Verfahren zur Identifizierung dieser Gene durch das US-amerikanische Biotech-Unternehmen Myriad Genetics. Die genannten Gene dienen der Bestimmung des Risikos zur Entwicklung von genetisch bedingtem Brust- oder Eierstockkrebs. Myriad war es zuvor gemeinsam mit unterschiedlichen Universitäten gelungen, die Gene samt Zusammenhang aufzufinden, Testverfahren zu entwickeln und Patentschutz für die Gensequenzen, Mutationen dieser und unterschiedliche diagnostische Verfahren zu erlangen. Eine Lizenzierung dieser Patente an andere Unternehmen oder an Laboratorien war von Myriad gar nicht oder nur zu stark erhöhten Preisen beabsichtigt. Dies führte vor allem in den USA zu der Situation, dass allein Myriad Testleistungen anbieten durfte und Ärzte die durch Myriad gewonnenen Ergebnisse nicht durch alternative Tests absichern konnten (Szentpetery 2012). Des Weiteren wurden andere Hersteller von der Entwicklung alternativer und unter Umständen verbesserter Tests abgehalten (Matthijs 2009). Dies stieß bei vielen Ärzten und Patientenorganisationen auf starken Protest, der sich in ausgiebigen Gerichtsverfahren niederschlug.

Zusammenfassend kann festgestellt werden, dass insbesondere die für den Bereich der Personalisierten Medizin relevante Patentierung von Gensequenzen sowohl im Hinblick auf die Erfüllung der Patentierungsvoraussetzungen wie auch auf die ökonomischen und ethischen Folgen Klärungsbedarf schafft und eine weitere Beobachtung der Entwicklungen erforderlich macht. Hierfür kann die Analyse von Patenterteilungen und -anmeldungen in diesem von steten Änderungen geprägten Bereich wichtige Hilfestellung leisten.

3 Methodisches Vorgehen bei der Semantischen Patentanalyse

Für eine gezielte Auswertung von Patentinformationen stehen unterschiedliche Methoden der Patentanalyse zur Verfügung. Ein Großteil dieser Methoden fokussiert sich dabei auf die Auswertung der bibliografischen Patentinformationen, also der strukturierten Patentdaten, wie Patentklassen und Namen des Patentanmelders. Ein wesentlicher Nachteil dieser auf dem DataMining basierenden Methoden ist aber, dass die technischen Inhalte der in den Patenten beschriebenen Erfindungen an sich nicht berücksichtigt werden. Diese technischen Informationen liegen in Form von Texten, als unstrukturierte Patentdaten, vor. Zur Erschließung dieser unstrukturierten Patentinformationen können heute computergestützte Methoden des Text-Minings eingesetzt werden (siehe hierzu und im Folgenden Heyer et al. 2006; Möhrle et al. 2010; Möhrle et al. 2012; Porter und Cunningham 2005 und Trippe 2003).

Im Rahmen der Untersuchung zu Patentaktivitäten in den USA im Umfeld der Personalisierten Medizin wird ein semantischer Ansatz zur Analyse herangezogen. Das methodische Vorgehen dieser semantischen Patentanalyse wird im Folgenden näher erläutert. Zunächst wird die Patentrecherche in der Datenbank des USPTO vorgestellt. Nach Vorliegen der zu analysierenden US-Patente können die semantischen Analysen mit der Software PatVisor® durchgeführt werden. Als Ergebnis entstehen Patentlandkarten, die einen raschen Überblick über die Patentsituation ermöglichen.

3.1 Patentrechte beim USPTO

Für eine erfolgreiche Patentrecherche sind die Auswahl der Patentdatenbank sowie die Auswahl der Recherchewerkzeuge von entscheidender Bedeutung. Da die Patentaktivitäten zur Personalisierten Medizin in den USA von Interesse sind, wird auf die kostenfreie Online-Datenbank des USPTO zurückgegriffen. Hier können alle US-Patente ab 1976 im Volltext recherchiert werden. Das USPTO nutzt zur Dokumentation der Patente das nationale Klassifikationssystem USPC (United States Patent Classification), welches in rund 450 Hauptklassen und 150.000 Unterklassen unterteilt ist (siehe Tabelle 1).

Die Recherche in der Datenbank kann auf drei unterschiedliche Weisen durchgeführt werden. Mit dem sogenannten *Quick Search* kann nach maximal zwei Suchbegriffen in unterschiedlichen Feldern eines Patentes gesucht werden.

Dabei können wiederrum höchstens zwei Felder ausgewählt werden, die mit einem logischen Operator verknüpft werden müssen. Bei der *Advanced Search* wird der Suchbefehl in das Freitextfeld *Query* eingegeben und ebenfalls durch logische Operatoren verknüpft. Beispielsweise werden mit der Abfrage: „personalize AND (medicine OR therapy)“ Patente recherchiert, die alle das Wort *personalize* enthalten und zusätzlich mindestens eines der beiden Wörter *medicine* oder *therapy*. Besteht ein Suchbegriff aus mehr als einem Wort, so muss dieser in Anführungszeichen gesetzt werden (z.B.: „personalize medicine“). Die dritte Suchmöglichkeit ist die *patent number search*, mit der Patente direkt nach US-Patentnummern recherchiert werden. Nach Auswahl der Patentdatenbank des USPTO, geht es im Weiteren um die Rechercheplanung. Sie gliedert sich grob in zwei Offline- und eine Online-Phase (Bendl und Weber 2002). In der ersten Offline-Phase werden das Ziel sowie die Strategie der Recherche festgelegt. Durch die Auswahl der Datenbank des USPTO ist festgelegt, mit welchen

Suchbefehlen (Suchstrings) nach den US-Patenten recherchiert wird. Daraufhin folgt eine Online-Phase, in der die Suchstrings ausgeführt und die entsprechenden Treffer an relevanten Patenten zur Personalisierten Medizin extrahiert werden. Als nächstes werden in der zweiten Offline-Phase die gefundenen Treffer ausgewertet, und stehen dann für die weitere inhaltliche Analyse zur Verfügung.

Tabelle 1 Übersicht über die zehn wichtigsten USPC in dieser Studie mit Bezeichnung

USPC	Bezeichnung
435	Chemistry: molecular biology and microbiology
424	Drug, bio-affecting and body treating compositions
702	Data processing: measuring, calibrating, or testing
514	Drug, bio-affecting and body treating compositions
600	Surgery
705	Data Processing: Financial, business practice, management, or cost/price/ determination
436	Chemistry: Analytical and immunological testing
210	Liquid purification of separation
530	Chemistry: natural resins or derivatives; peptides or proteins; lignins or reaction products thereof
536	Organic compounds

3.2 Semantische Patentanalyse mit PatVisor®

Die in der USPTO-Datenbank recherchierten Patente werden im Weiteren in eine eigene Datenbank übertragen und als Volltextdokument abgespeichert. Für eine inhaltliche Analyse der Patente stehen grundsätzlich verschiedene Methoden des Data- und Text-Mining zur Verfügung (siehe bspw. Heyer et al. 2006; Porter und Cunningham 2005; Zeller 2003). Ziel des Data-Mining ist es, relevante Informationen aus einer Datenbank zu identifizieren, indem die bereits vorhandenen Daten analysiert werden. Dadurch können die Daten aufbereitet und besser erklärt werden, wodurch wiederum neues Wissen generiert werden kann (Witten et al. 2011). Beim Data-Mining werden vor allem hoch strukturierte Daten, d. h. Daten, die in festen Datenfeldern gespeichert sind, wie beispielsweise bibliografische Informationen der Patente, analysiert. Unter

Text-Mining werden computerunterstützte Verfahren verstanden, mit deren Hilfe Texte semantisch analysiert werden können (Heyer et al. 2006). Im Gegensatz zum Data-Mining können beim Text-Mining unstrukturierte Dokumente, wie beispielsweise die Zusammenfassung des Patents, analysiert werden. Dies ist weit komplizierter, da hierfür das Text-Mining-Werkzeug semantische Strukturen innerhalb der Texte erkennen und diese mit den anderen vergleichen muss. Aufgrund dieser hohen Komplexität existieren Text-Mining-Werkzeuge bisher überwiegend für englischsprachige Texte, da diese im Vergleich zu anderen Sprachen eine relativ einfache grammatikalische Struktur aufweisen (Möhrle und Walter 2009).

Im Folgenden wird ein semantischer Ansatz zur Analyse herangezogen, der Methoden des Data- und Text-Mining geschickt verknüpft und einen Vergleich von N-Grammen aus Patenten ermöglicht. N-Gramme sind Teilfolgen einer geordneten Folge. Die Teilfolge besteht aus jeweils N Elementen. Sind die Elemente Buchstaben, dann entspricht ein N-Gramm einem Wort der Länge N, sind sie Wortformen, dann entspricht ein N-Gramm einem Satzteil der Länge N oder sind es Sätze, dann entspricht ein N-Gramm einem Text der Länge N. Dieses auf N-Gramme basierende semantische Analyseverfahren ist in der Software PatVisor® integriert und ermöglicht eine Ergebnisdarstellung der semantischen Vergleichsanalysen bspw. in Patentlandkarten (vgl. hierzu und im Folgenden Bergmann et al. 2008; Gerken et al. 2010; Möhrle et al. 2009; Radauer und Walter 2010).

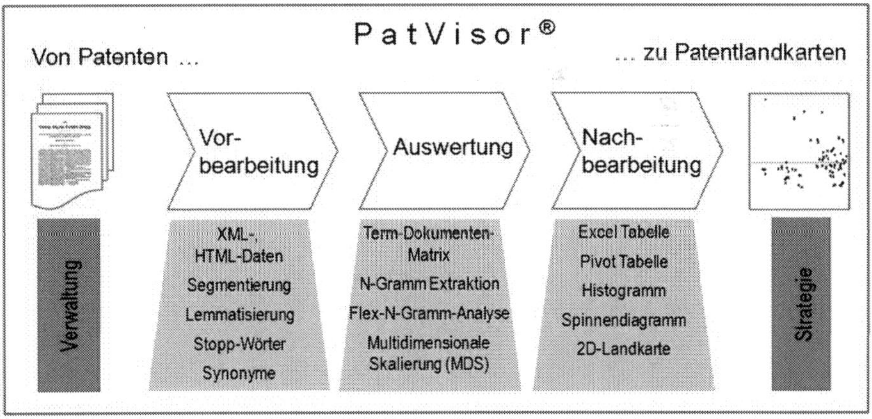

Abbildung 1 Drei Prozessschritte der semantischen Patentanalyse mit dem PatVisor®

Für die mit PatVisor® durchzuführenden Patentanalysen sind drei Prozessschritte abzuarbeiten (siehe Abbildung 1):

1. Vorbereitung: Die recherchierten US-Patentdokumente liegen als HTML-Format vor und werden zur weiteren Verarbeitung in ein XML-Format konvertiert. Es erfolgt sodann eine Segmentierung der Patenttexte nach Zusammenfassung („Abstract"), Beschreibung („Specification") oder nach Ansprüchen („Claims"). Dies ermöglicht eine gezielte Analyse und trägt zur Fokussierung der jeweiligen Fragestellung bei. Danach werden Stoppwortfilter eingesetzt und mittels Lemmatisierung oder Stemming erfolgt eine sprachliche Behandlung der Patenttexte. Auch eine ergänzende Synonymisierung erlaubt eine Verbesserung des Signal/Rausch-Verhältnisses der im nächsten Schritt durchzuführenden Vergleichsanalysen.
2. N-Gramm Analyse: Es wird festgelegt, mit welchen N-Grammen die semantischen Analysen durchgeführt werden. Im Folgenden wurden Unigramme (1-Gramme), Bigramme (2-Gramme) und Trigramme (3-Gramme) von Wortformen einzelner Patenttexte extrahiert und mit den Sprachfiltern bereinigt. Durch statistische Vergleiche zwischen diesen semantischen Strukturen der einzelnen Patente wird eine Matrix mit Ähnlichkeitskennziffern generiert (Möhrle 2010). Mit sich anschließenden multivariaten Verfahren wie bspw. der multidimensionalen Skalierung, können die Ähnlichkeitsbeziehungen analysiert und die Patente positioniert werden.
3. Nachbereitung: Alle extrahierten N-Gramme und Ähnlichkeitswerte können in Excel-Tabellen abgespeichert und dokumentiert werden. Diese können dann einer weiteren Nachbearbeitung unterzogen werden. So lassen sich daraus Patentlandkarten als visualisierte Ergebnisdarstellungen realisieren. Des Weiteren können die Ähnlichkeitswerte auch zu Histogrammen oder Spinnendiagrammen weiterverarbeitet werden.

3.3 Semantische Patentlandkarte

Die Grundlage für die semantische Patentlandkarte bildet der Vergleich von Ähnlichkeiten zwischen den durch die N-Gramme widergespiegelten Kernaussagen der einzelnen Patenttexte. Darauf aufbauend werden die Patente als Datenpunkte und ihre Ähnlichkeitsbeziehungen in Form von Distanzen in der semantischen Patentlandkarte dargestellt. Patente, die in der Patentlandkarte nah beieinander angeordnet sind, weisen somit eine hohe inhaltliche Ähnlichkeit auf, während Patente mit nicht übereinstimmender inhaltlicher Struktur in größerer Distanz liegen. Die semantische Patentlandkarte bietet die Möglichkeit, Patente mit einer hohen inhaltlichen Nähe zu Clustern zusammenzufassen (Möhrle und Walter 2009).

Grundsätzlich können semantische Patentlandkarten für unterschiedliche Fragestellungen angewendet werden wie beispielsweise die Ideenfindung, die Technologiebewertung sowie die Technologiefrüherkennung (Möhrle und Walter 2009). Die Patentlandkarten unterstützen somit das strategische (Patent-) Management und ermöglichen die Ableitung von Handlungsempfehlungen.

4 Analyse der US-Patentaktivitäten im Bereich der Personalisierten Medizin

In diesem Abschnitt werden die Suchstrategie und die Patentrecherche erklärt, sowie die Ergebnisse zu den Patentaktivitäten in den USA dargestellt. Als Ergebnis der N-Gramm-Extraktion werden anschließend ausgewählte Patentlandkarten interpretiert. Die Untersuchung ist dabei in drei Sets unterteilt: Zielsetzung von Set 1 ist es, einen Überblick über das Themenfeld Personalisierte Medizin, inklusive Patentklassen und -anmelder, zu geben. Set 2 und 3 stellen Anwendungsmethoden und Anwendungsgebiete im Bereich der Personalisierten Medizin dar. Jedem Set liegen unterschiedliche Suchbegriffe zugrunde, die Experten im Bereich Personalisierte Medizin zusammengestellt haben (siehe Anhang Tabelle 2, 3 und 4).

Eine vor der eigentlichen Patentrecherche durchgeführte Vorstudie zeigt, dass das Themengebiet Personalisierte Medizin bei den Patentaktivitäten in den USA an Bedeutung gewinnt. Die Untersuchung auf Basis des Schlüsselworts Personalisierte Medizin sowie der Synonyme Personalisierte Therapie, Individualisierte Medizin und Individualisierte Therapie (in englischer Sprache) ergibt insgesamt 289 erteilte US-Patente (siehe Abbildung 2). Die Suche bezieht sich auf Patente im Zeitraum von 1976 bis 2011, da in der Datenbank des USPTO Patente seit 1976 verfügbar sind.

Das erste Patent zum Thema Personalisierte Medizin wurde im Jahr 1976 in den USA angemeldet und das aktuellste im Jahr 2011. Im Zeitverlauf ist seit 2004 die Anzahl der erteilten US-Patente im Bereich der Personalisierten Medizin stetig gestiegen. 2011 wurde mit 63 erteilten US-Patenten der bisherige Höhepunkt erreicht. Die Anmelder mit den meisten US-Patenten sind die Unternehmen CuraGen (mit acht Patenten), gefolgt von Anthrogenesis und Medtronic (mit jeweils sieben).

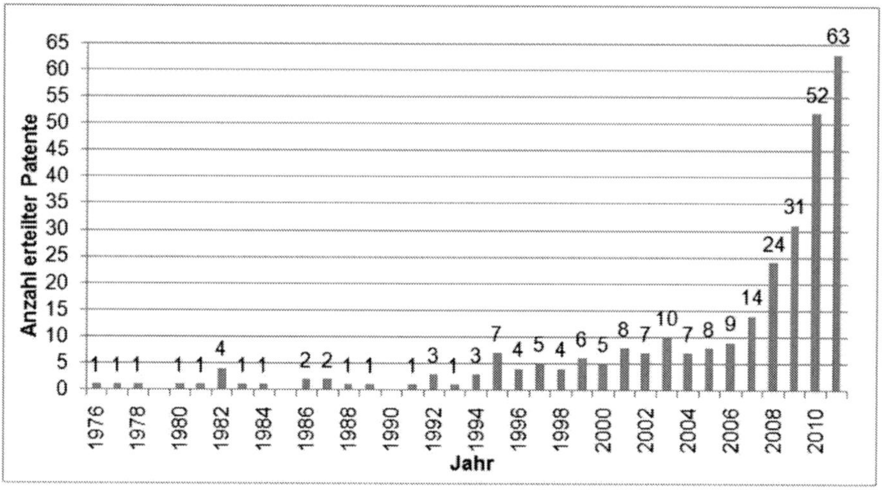

Abbildung 2 Zahl der erteilten US-Patente pro Jahr - Voranalyse PM

Auf Platz vier folgt das Pharmaunternehmen Novartis (siehe Abbildung 3).

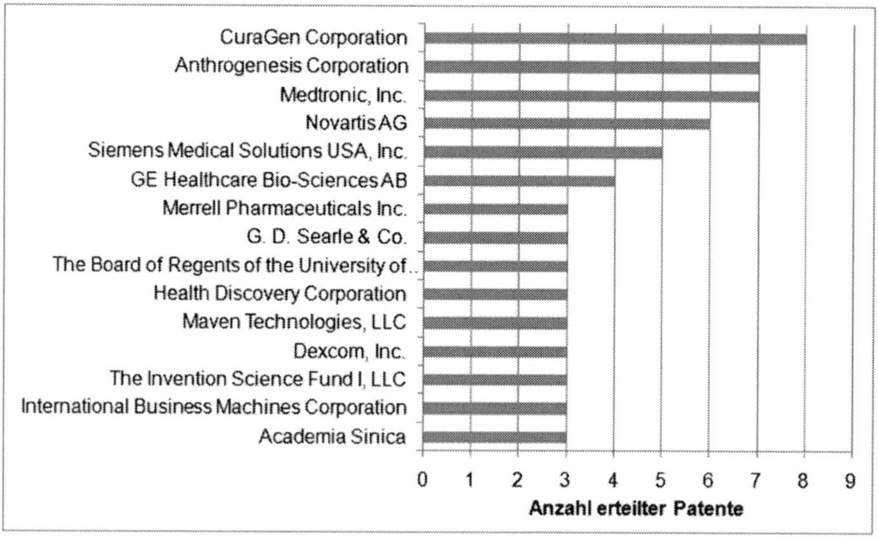

Abbildung 3 Anzahl der erteilten US-Patente nach Anmelder – Voranalyse PM

4.1 Ergebnisse der Suchstrategie und Patentrecherche

Als Basis für die Suchstrategie wurden für jedes der drei Sets Schlüsselwörter festgelegt. Die Schlagworte wurden von acht Experten aus Wissenschaft und Praxis zusammengestellt (siehe Schlagworte im Anhang). Die Recherche mit diesen Suchbegriffen ergab 895 US-Patente für Set 1, 12.955 US-Patente für Set 2 und 4.270 US-Patente für Set 3. Die identifizierten US-Patente werden im Folgenden für jedes Set deskriptiv ausgewertet.

Set 1 betrachtet sowohl Patenterteilungen als auch Patentanmeldungen (siehe Abbildung 4).

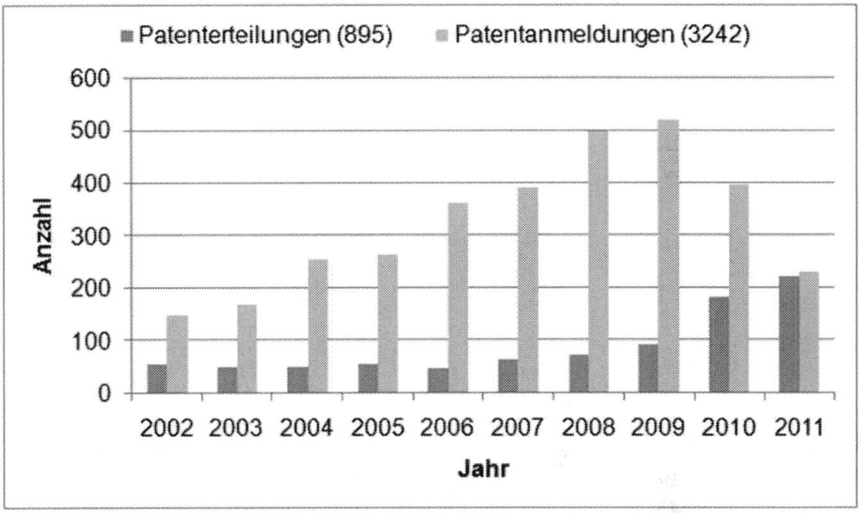

Abbildung 4 Erteilte und angemeldete US-Patente von 2002 bis 2011 für Set 1

Zwischen 2002 und 2011 war die Zahl der Patentanmeldungen fast vier Mal höher als die Zahl der Patenterteilungen. Zwischen 2002 und 2009 stiegen die Patentanmeldungen von 150 auf 521. Die Patenterteilungen hingegen stiegen erst ab 2007 und erreichten 2011 mit 222 US-Patenten ihren Höhepunkt. Während die Erteilungen besonders 2010 und 2011 zunahmen, sanken die Anmeldungen im gleichen Zeitraum um 46 Prozent.

Die 895 untersuchten Patente wurden vorrangig in medizinischen und chemischen USPC angemeldet. 28 Prozent der Patente konnten der USPC 435 Chemistry: Molecular Biology and Microbiology zugeordnet werden. Allerdings fanden sich auch 33 Patente in der USPC Data Processing (705), das unter anderem Geschäfts-, Finanz- und Management-Aspekte umfasst. Die restlichen Patente verteilen sich auf weitere 115 USPC (siehe Abbildung 5).

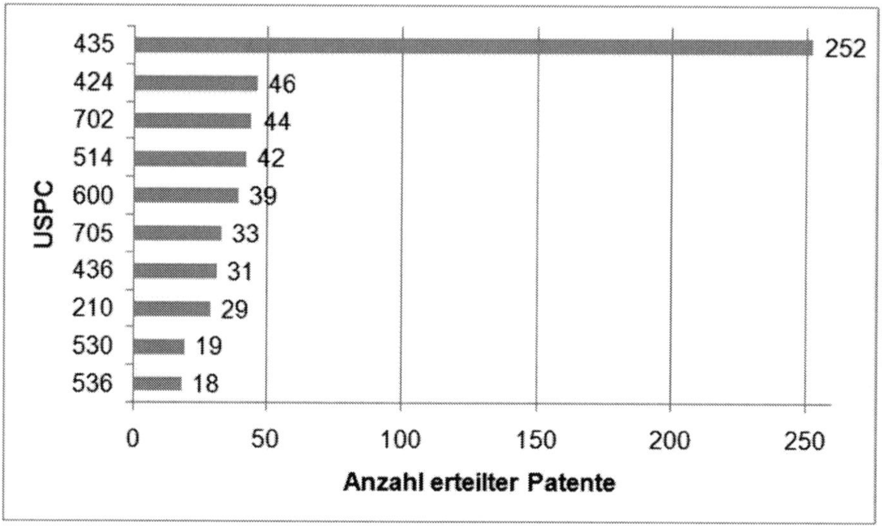

Abbildung 5 Übersicht über die zehn wichtigsten USPC für Set 1

Die 895 US-Patente des Set 1 wurden von 424 verschiedenen Anmeldern eingereicht. Die Auswertung zeigt, dass Patente zum einen häufig als Kooperationsvorhaben (Patente et al.) und zum anderen nicht nur von Pharma- oder Diagnostikunternehmen, sondern auch von Universitäten (z. B. Universitiy of California) und Technologieunternehmen (z. B. IBM und Siemens) angemeldet wurden. Das Unternehmen Bayer führt mit 15 alleinigen und einem Kooperationspatent die Liste der Anmelder an (siehe Abbildung 6).

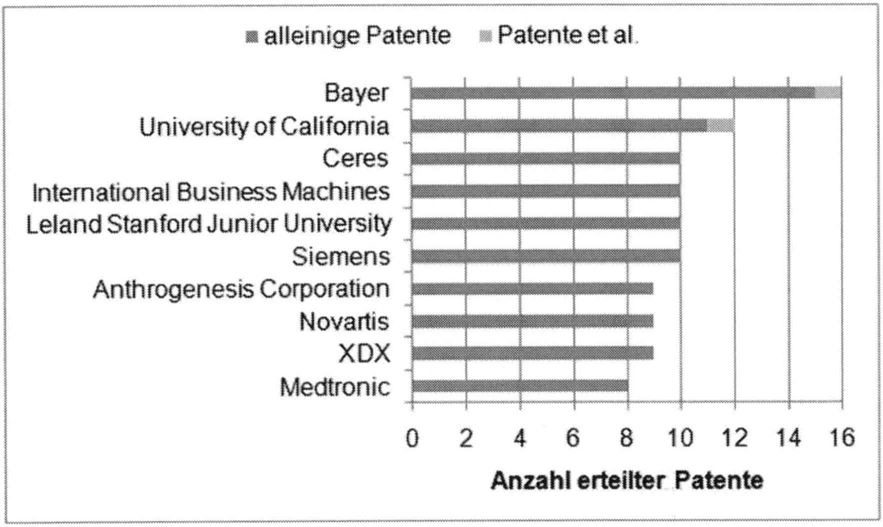

Abbildung 6 Übersicht über die zehn aktivsten Anmelder Set 1

Abbildung 7 zeigt zudem die Aktivitäten der sechs aktivsten Patentanmelder (d. h. mindestens zehn Patente) zwischen 2002 und 2011.

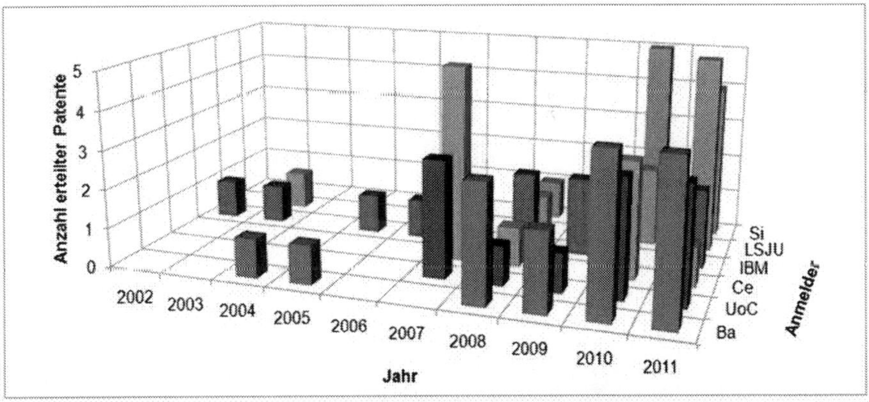

	2002	2003	2004	2005	2006	2007	2008	2009	2010	2011
Bayer (Ba)			1	1			3	2	4	4
University of California (UoC)						3	1	1	3	3
Ceres (Ce)						5	1		3	1
International Business Machines (IBM)	1	1		1	1		2	2		2
Leland Stanford Junior University (LSJU)		1					1	1	2	5
Siemens (Si)							1		5	4
Summe ∑	1	2	1	2	1	8	9	6	17	19

Abbildung 7 Zahl der erteilten Patente 2002 bis 2011 nach den sechs wichtigsten Anmeldern Set 1

Erst ab 2008 nahmen die Patentaktivitäten deutlich zu und erreichten 2011 mit 19 erteilten US-Patenten ihren Höhepunkt. Somit halten die sechs aktivsten Anmelder neun Prozent der 222 erteilten US-Patente im Jahr 2011 die mit dem Begriffen im Bereich der Personalisierten Medizin identifiziert wurden (siehe Abbildung 7).

Anders als in Set 1 schwankten die Patentanmeldungen in Set 2 zwischen 2002 und 2009 im Bereich zwischen 2500 und 3100. In den Jahren 2010 und 2011 waren sie – ebenso wie in Set 1 – rückläufig. 2010 war die Zahl der Anmeldungen und Erteilungen nahezu identisch (ca. 2000). Im Jahr 2011 gab es dagegen 44 Prozent weniger Patentanmeldungen als -erteilungen (siehe Abbildung 8).

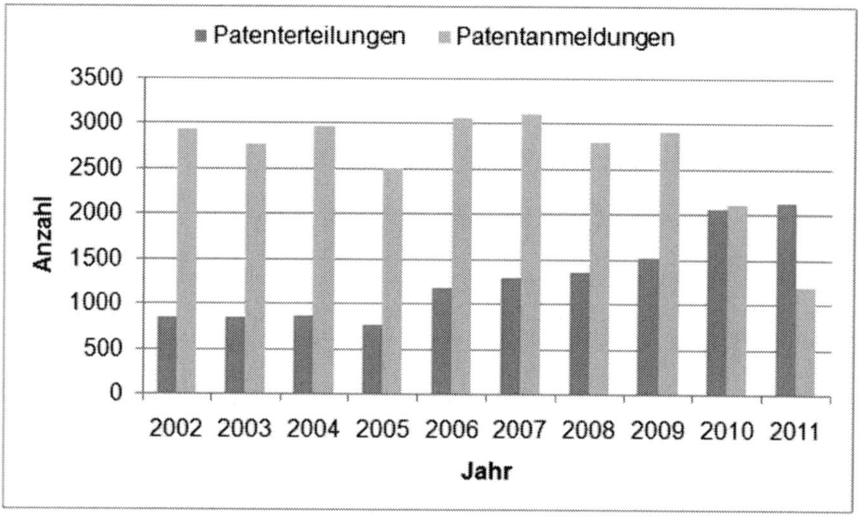

Abbildung 8 Erteilte und angemeldete US-Patente im Zeitraum von 2002 bis 2011 für das Set 2

Die Patente in Set 2 wurden in ähnlichen USPC erteilt wie die Patente in Set 1. Auch hier entfielen die meisten US-Patenterteilungen auf USPC 435 (siehe Abbildung 9). Der mit Abstand aktivste Anmelder war Genentech. Mit 657 alleinigen US-Patenten verfügte das Unternehmen über fast dreimal so viele Patente wie der zweitaktivste ZymoGenetics. Des Weiteren fällt auf, dass die in Set 2 identifizierten Anmelder wesentlich mehr Kooperationspatente (Patente et al.) einreichten als die in Set 1 (siehe Abbildung 9).

Die Analyse der fünf stärksten Anmelder zeigte, dass sie in den vergangenen Jahren vergleichsweise konstant in der Zahl der Patentanmeldungen waren, mit Ausnahme von Genentech, die 2007 und 2008 überdurchschnittlich hohe Patentaktivitäten aufwies.

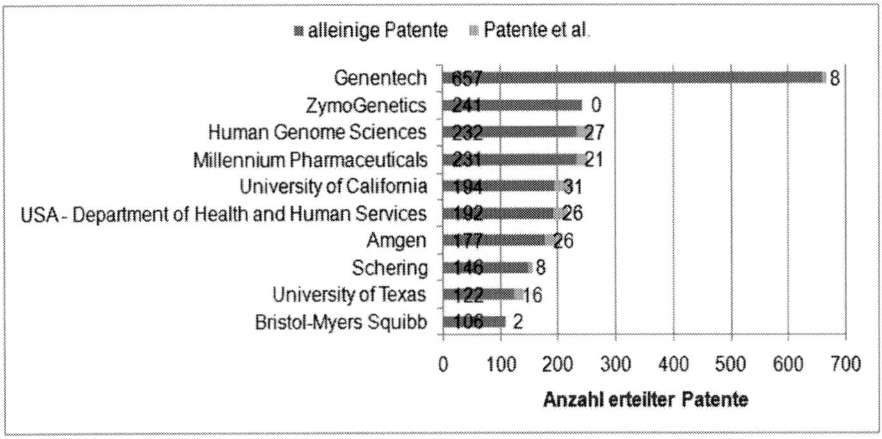

Abbildung 9 Übersicht über die zehn aktivsten Anmelder im Set 2

Set 3 zeigte im Zeitverlauf ein ähnliches Muster wie Set 1 bei US-Patenterteilungen und -anmeldungen. Die Anmeldungen stiegen bis 2009 kontinuierlich an und sanken bis Jahr 2011 stark, so dass in diesem Jahr 20 Prozent weniger Anmeldungen als Erteilungen zu verzeichnen waren. Die Erteilungen hingegen stiegen stetig an (siehe Abbildung 10).

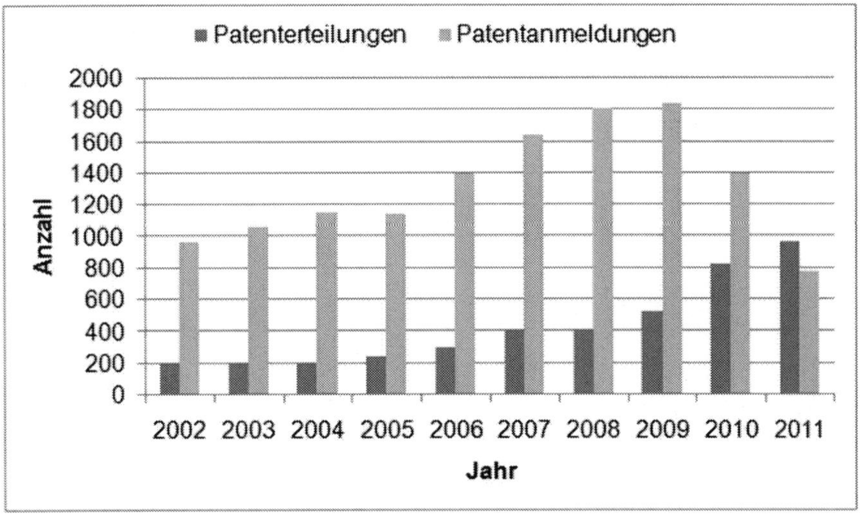

Abbildung 10 Erteilte und angemeldete US-Patente im Zeitraum von 2002 bis 2011 für das Set 3

Die 4270 US-Patente in Set 3 wurden in ähnlichen USPC erteilt wie bei den vorherigen Sets. Auf die USPC 435 entfielen 39 Prozent der erteilten Patente. Bei den aktivsten Anmeldern führte Genentech die Liste an. Zudem waren neben Genentech weitere, bereits in Set 2 identifizierte Unternehmen auch in Set 3 vertreten (siehe Abbildung 11).

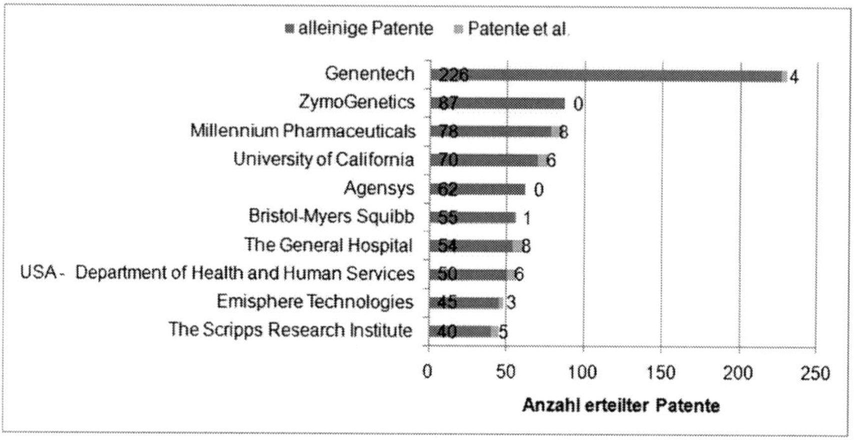

Abbildung 11 Übersicht über die zehn aktivsten Anmelder im Set 3

Bei der Betrachtung der Patentaktivitäten der fünf aktivsten Anmelder in den Jahren 2002 bis 2011 zeigte sich, dass seit 2006 alle durchgehend aktiv waren. Dabei war das Unternehmen Genentech besonders 2007 und 2008 tätig (siehe Abbildung 12).

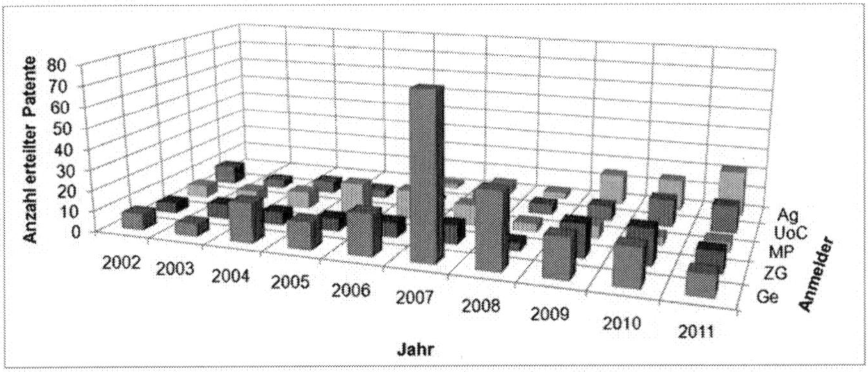

	2002	2003	2004	2005	2006	2007	2008	2009	2010	2011
Genentech (Ge)	8	6	19	13	20	77	36	19	18	10
ZymoGenetics (ZG)	5	7	6	6	7	9	4	16	17	10
Millennium Pharmaceuticals (MP)	6	6	8	15	14	10	4	6	4	5
University of California (UoC)	9	4	6	4	1	8	5	7	13	13
Agensys (Ag)					2	5	3	15	15	22
Summe ∑	28	23	39	38	44	109	52	63	67	60

Abbildung 12 Zahl der erteilten Patente 2002 bis 2011 nach den sechs wichtigsten Anmeldern in Set 3

4.2 Ergebnispräsentation in Patentlandkarten

Im Anschluss wurde auf Basis einer detaillierten N-Gramm-Extraktion mit der Analysesoftware PatVisor® Patentlandkarten für jedes der drei Sets gebildet. Der Patentlandkarte von Set 1 liegt das Unigramm Patient zugrunde. Drei Cluster lassen sich unterscheiden (siehe Abbildung 13).

Cluster C1 beschäftigt sich mit Verfahren und Zusammensetzungen von Transplantatabstößen sowie autoimmunen und chronischen Krankheiten, die durch Analyse der Ribonukleinsäure (RNA) entwickelt werden. Alle drei Patente aus dem USPC 435 stammen von den Erfindern Wohlgemuth et al. Cluster C2 umfasst Behandlungsmethoden mit unterschiedlichen Markern und deren Reaktion auf Patienten. Die Patente wurden in den Jahren 2003 und 2005 erteilt.

Cluster C3 befasst sich mit dem Thema der unerwünschten Nebenwirkungen bei Einnahme von Arzneimitteln. Alle Patente wurden von Chen et al. entwickelt, von der taiwanesischen Firma Academia Sinica angemeldet und im Jahr 2011 in der USPC 435 erteilt. Des Weiteren enthält die Landkarte jeweils zwei Patente, die sich zum einen mit der Überwachung und Behandlung von Herzerkrankungen (cardiac), zum anderen – angemeldet von der Firma Siemens Medical Solutions – mit der Diagnose von Depressionserkrankungen bzw. der Nervenkrankheit ALS (Amyotrophe Lateralsklerose) beschäftigen.

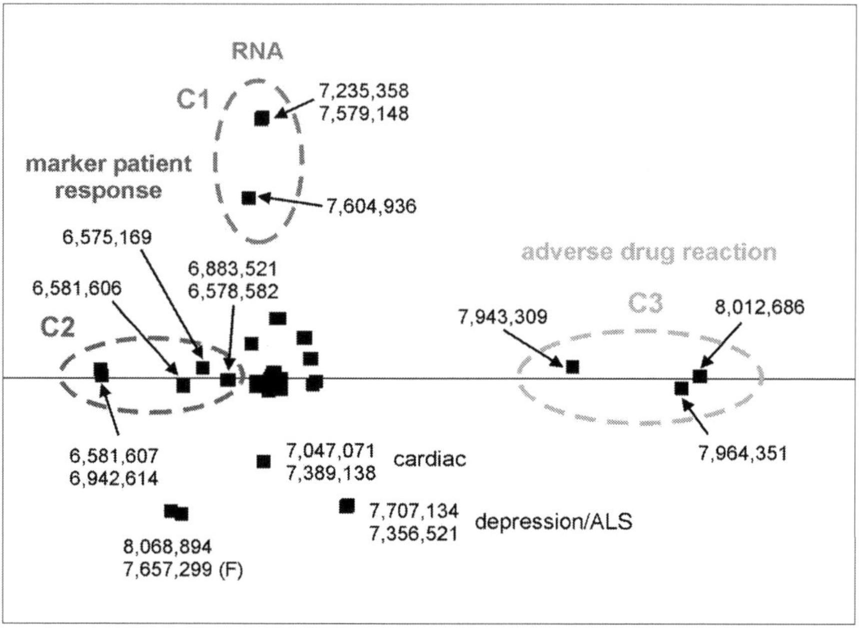

Abbildung 13 Patentlandkarte mit Cluster von Set 1 zum Unigramm Patient, N = 94

Die Patentlandkarte von Set 1 zeigt, dass die Zahl der Patente, die mit den Begriffen im Bereich der Personalisierten Medizin identifiziert werden können, wächst. Allerdings ist das Technologiefeld noch dabei sich zu entwickeln. Viele Patente treten geballt in einem Punkt auf. Es gibt nur wenige Ausreißer. Diese Ausreißer deuten unter Umständen an, welche Richtung die weitere Entwicklung nehmen kann.

In Set 2 wurden 95 US-Patente zum Unigramm Biomarker in der Patentlandkarte abgebildet (siehe Abbildung 14). Cluster C1 umfasst die Diagnose und Behandlung von Krebspatienten (Polypeptid IGF-1). Alle drei Patente gehören der Firma OSI Pharmaceuticals, die sich in erster Linie mit molekularen Therapien für die Bereiche Onkologie, Diabetes und Adipositas beschäftigt. Cluster C2 enthält Methoden, mit denen das Risiko eines Schlaganfalls oder der Transitorischen ischämischen Attacke (TIA, eine Durchblutungsstörung des Gehirns), identifiziert werden kann. Alle Patente sind von der Firma CSI Biotech, die sich mit zerebrovaskulären (Störungen der Blutzirkulation im Gehirn) und kardiovaskulären (Störungen des Herz-Kreislauf-Systems) Erkrankungen beschäftigt. Cluster C3 umfasst Methoden zur Behandlung und Vorhersage von Sepsis (Blutvergiftung) und des systemischen inflammatorischen

Response-Syndroms (SIRS). Die vier Patente besitzt die Firma Becton, Dickinson and Company, die medizinische Einmalartikel, Gerätesysteme und Reagenzien entwickelt, produziert und vertreibt. Des Weiteren werden Biomarker zur Erkennung von Gebärmutterhalskrebs sowie zur Diagnose und Behandlung von Brustkrebs eingesetzt. Biomarker werden somit in unterschiedlichen Bereichen eingesetzt. Sie bezeichnen wichtige Merkmale, um Krankheiten zu identifizieren und zu überprüfen, ob bzw. wie ein Medikament wirkt.

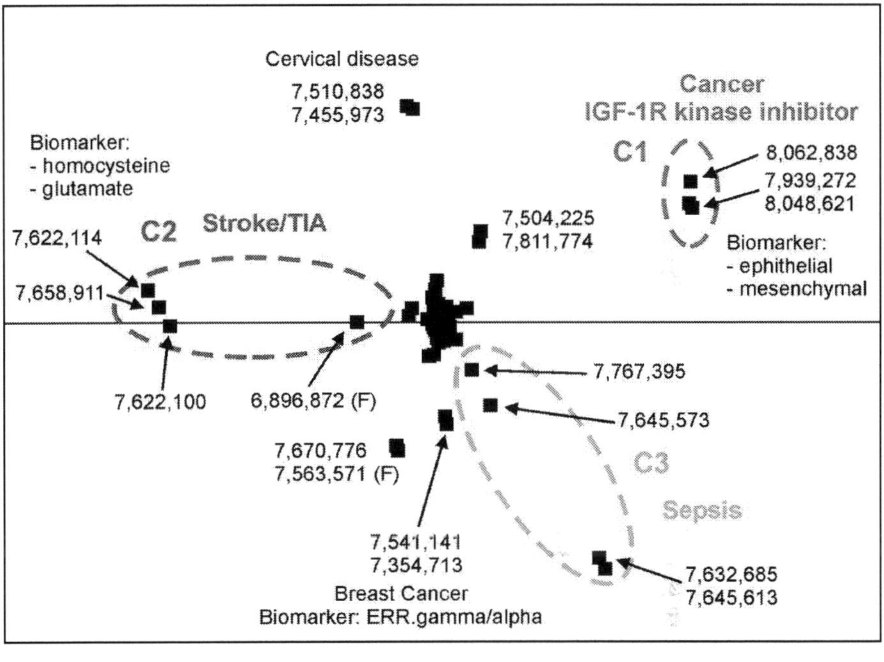

Abbildung 14 Patentlandkarte mit Cluster von Set 2 zum Unigramm Biomarker, N = 95

In Set 3 wurden Patentlandkarten zu den drei Krankheiten Krebs, HIV und Hepatitis erstellt. Die Landkarte zum Unigramm Cancer enthält 95 US-Patente, die viele, kleine Cluster mit jeweils nur zwei bis drei Patenten bilden (siehe Abbildung 15).

Cluster C1 zielt darauf ab, mit einer in-vitro diagnostischen Methode Krebszellen im Verdauungskanal zu identifizieren und zu zerstören. Dabei bezieht sich die Erfindung auf die Herstellung und Verwendung von Gentherapien, Antisense-RNA (einzelsträngige RNA) und Arzneimittelzusammensetzungen sowie prophylaktischen und therapeutischen Impfstoffen gegen Krebszellen des Verdauungskanals. Cluster C2 umfasst Patente um Apoptose (programmierter Zelltod) zu modellieren. Des Weiteren können Anti-Apo-2 Antikörper herstellt werden, mit denen Krebszellen behandelt bzw. zerstört werden.

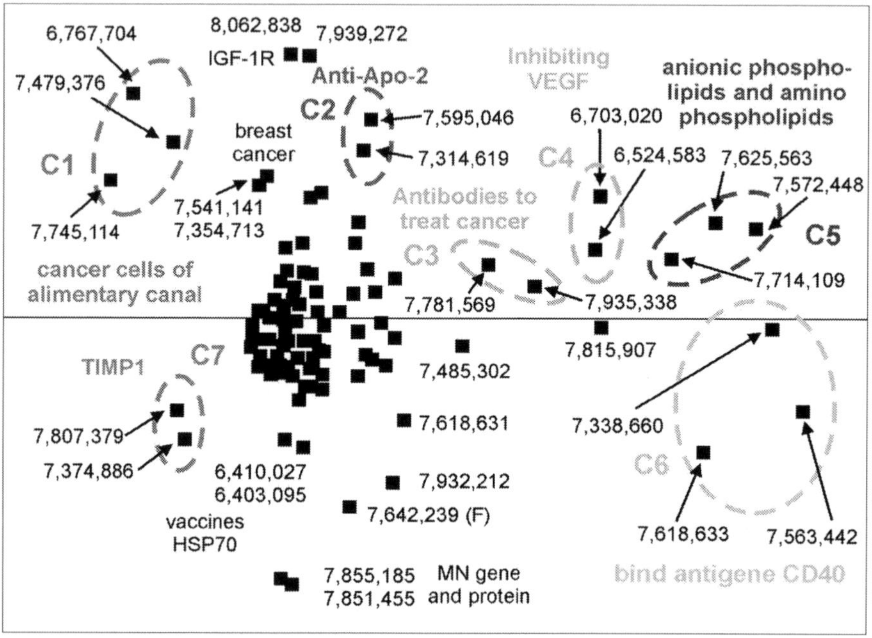

Abbildung 15 Patentlandkarte mit Cluster von Set 3 zum Unigramm Cancer, N = 95

Die Patente im Cluster C3 beschreiben neue Antikörper zur Behandlung von Krebs. Es wurde herausgefunden, dass z. B. monoklonale Antikörper auf der Oberfläche von Tumorzellen an Monosialo-GM2 (Ganglioside) binden und dadurch die Ausbreitung der Tumorzellen hemmen. Cluster C4 beinhaltet Patente mit dem Signalmolekül VEGF (Vascular Endothelial Growth Factor), das für die Angiogenese wichtig ist. In der Erfindung wird einer der beiden VEGF-Rezeptoren durch einen Anti-VEGF Antikörper gehemmt, wodurch die Angiogenese unterdrückt und eine Tumorrückbildung herbeigeführt werden kann.

In den Patenten von Cluster C5 stehen anionische Phospholipide und Aminophospholipide im Mittelpunkt. Durch neue Verfahren und Zusammensetzungen können Tumorgefäße identifiziert, das Eindringen von Viren gehemmt und virale Infektionen behandelt werden. Dabei kommen neue Antikörper und Immunkonjugate zum Einsatz, die die anionischen Phospholipide und die Aminophospholipide binden und dadurch die Behandlung von Krebszellen ermöglichen.

Das Cluster C6 enthält Patente, in denen Antikörper an das Antigen CD40 binden und dadurch Verfahren zur Behandlung von Krebs und zur Verbesserung der immunologischen Abwehrreaktion entwickelt werden können. Im Cluster C7 wird für die Krebsdiagnose die TIMP-1 (Tissue inhibitor of matrix metalloproteinases type-1) Konzentration von Patienten gemessen.

Zudem sind viele kleinere Cluster zu erkennen, in denen unterschiedliche Krebsarten behandelt werden. Dies ist darauf zurückzuführen, dass es sich bei dem Thema Krebs um ein sehr breites Feld, mit vielen verschiedenen Krebsarten handelt. Folglich wird auch in vielen unterschiedlichen Bereichen patentiert, so dass in der Patentlandkarte nur kleinere Cluster gefunden werden.

Als nächstes wurden 92 US-Patente von dem Unigramm HIV in einer Landkarte dargestellt, bei dem vier Cluster identifiziert werden können (siehe Abbildung 16). Cluster C1 enthält fünf Patente, die durch Verwendung eines anti-viralen Peptids verschmelzungsverbundene Membranereignisse, wie zum Beispiel HIV, hemmen. Die Patente wurden im Zeitraum von 2003 bis 2009 erteilt.

Cluster C2 umfasst anionische Phospholipide und Aminophospholipide, die nicht nur in der Onkologie sondern zunehmend bei Viruserkrankungen wie zum Beispiel HIV eingesetzt werden. Alle Patente dieses Clusters wurden von der University of Texas System angemeldet.

In den Patenten von Cluster C3 geht es um therapeutische und prophylaktische Methoden, die die Hitzeschockproteine (HSP) verwenden. Wie am Namen bereits zu erkennen ist, werden diese Proteine besonders in erhitzten Zellen gebildet und sorgen dadurch für eine Zellerhaltung. Diese werden bei der Behandlung von Infektionskrankheiten eingesetzt, indem die HSP an antigenetische Moleküle binden und dadurch eine immune Antwort gegen den ansteckenden Erreger herbeiführen. Die HSP werden ebenfalls zur Behandlung und Prävention von Krebs eingesetzt.

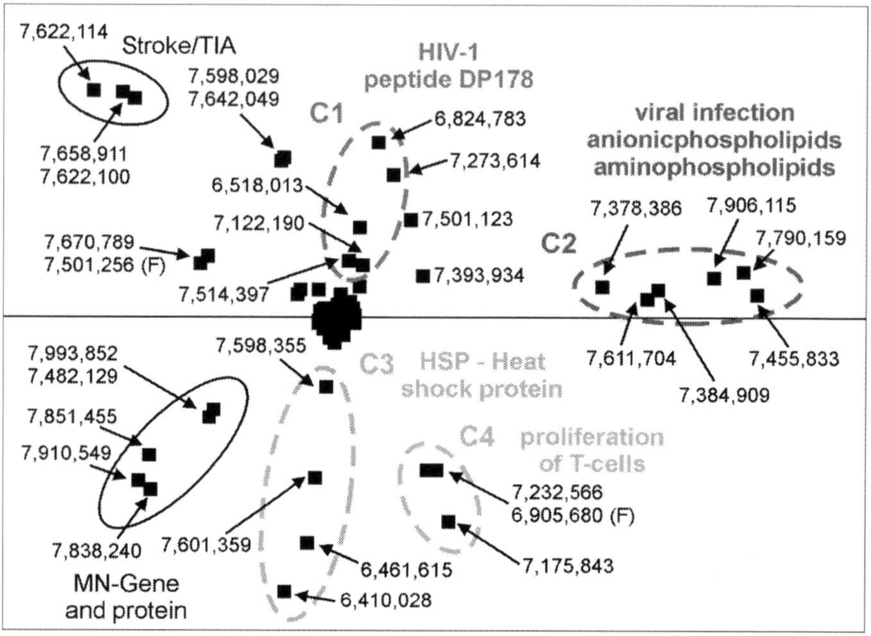

Abbildung 16 Patentlandkarte mit Cluster von Set 3 zum Unigramm HIV, N = 92

Das letzte Cluster C4 beschreibt Methoden zur Behandlung von HIV-infizierten Personen. Hierbei wird ein Molekül, wie zum Beispiel CD28, in den T-Zellen mit einem Ligand (Molekül mit koordinativer Bindung) stimuliert, wodurch sich die beiden Moleküle binden und eine Zellproliferation (schnellere Zellteilung/Zellwachstum) herbeigeführt wird. Dadurch kann bei infizierten Personen sichergestellt werden, dass weiterhin genug gesunde T-Zellen vorhanden sind. Außerdem kann die Zellproliferation bei genetisch transduzierten T-Zellen oder Molekülen eingesetzt werden, die die HIV-Infektion hemmen. Durch die erhöhte Zellteilung kann eine schnellere Wirkung erreicht werden. Alle Patente in diesem Cluster wurden von der Firma Genetics Institute in Kooperation mit anderen Unternehmen angemeldet.

Als Ausreißer ist das Cluster Stroke/TIA zu bewerten, da es keine Verbindung zum Thema HIV-Infektionen aufweist. Dieses Cluster wird in der Patentlandkarte abgebildet, da das Schlüsselwort „AIDS“ im Suchprozess zu „aid“ reduziert wird. Da die fünf Patente dieses Clusters das Wort „aid“ enthalten, werden sie für das Unigramm HIV gefunden.

In der Patentlandkarte zum Unigramm HIV ist zu erkennen, dass es bereits verschiedene Methoden gibt um HIV zu hemmen. Dabei kommt es zum Einsatz vom Peptid DP178, von anionischen Phospholipiden oder Aminophospholipiden, von Hitzeschockproteinen oder auch der Zellproliferation.

Die letzte Landkarte in Set 3 wurde zum Unigramm Hepatitis mit 59 US-Patenten gebildet (siehe Abbildung 17). In Cluster C1 kommen unterschiedliche Prodrugs zum Einsatz. Prodrugs sind pharmakologische Stoffe, die ihre Wirkung erst im Körper entfalten. Bei den US-Patenten 7,528,115, 7,709,448 und 7,560,544 können durch den Einsatz von Prodrugs Krankheiten mit anormalem Zellwachstum (z. B. Krebs) aber auch Viruserkrankungen (z. B. Hepatitis) behandelt werden. Bei den US-Patenten 7,858,637 und 8,034,802 kommen Prodrugs des Toll-ähnlichen Rezeptors (toll-like receptor, TLR) zur Vorbeugung und Therapie des Hepatitis C-Virus zum Einsatz. Alle Patente wurden von der Firma Anadys Pharmaceuticals angemeldet, die Hepatitis C Medikamente entwickelt und im Oktober 2011 von der Firma Roche übernommen wurde.

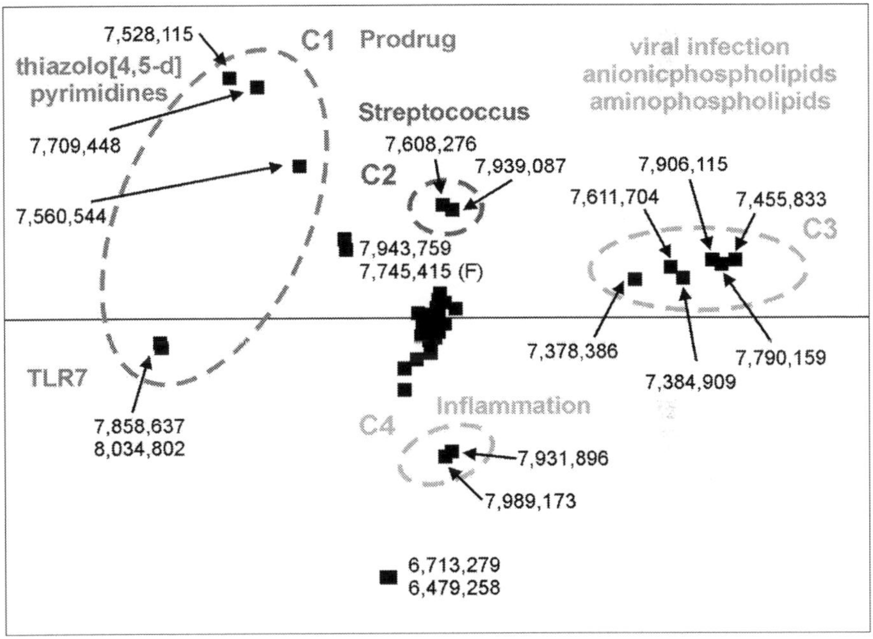

Abbildung 17 Patentlandkarte mit Cluster von Set 3 zum Unigramm Hepatitis, N = 59

Patente des Clusters C2 umfassen die Herstellung von Proteinen aus Staphylokokken für Impfstoffe, immunogene Zusammensetzungen, Diagnostik und Antibiotika. Die Proteine finden unter anderem Anwendung bei der Herstellung von Antigenen für Hepatitis A, B und C. Cluster C3 entspricht Cluster C2 in der

Patentlandkarte zu HIV. Da es sich bei Hepatitis ebenfalls um eine Viruserkrankung handelt, können anionische Phospholipide und Aminophospholipide auch für die Behandlung von Hepatitis eingesetzt werden. In Cluster C4 werden Verfahren zur Behandlung oder Prophylaxe von entzündlichen Erkrankungen und Autoimmunerkrankungen beschrieben. Diese beiden US-Patente wurden im Jahr 2011 für The Johns Hopkins University (JHU) erteilt.

Die Patentlandkarte zu Hepatitis zeigt, auf welchen unterschiedlichen Wegen versucht wird, die verschiedenen Hepatitisviren zu behandeln. Dabei werden Prodrugs, anionische Phospholipide und Aminophospholipide sowie antagonistische Stoffe eingesetzt. Ebenso wird versucht, den Hepatitisviren vorzubeugen, indem Impfstoffe aus Staphylokokken hergestellt werden.

5 Fazit

Ziel dieses Beitrags war es, mit Hilfe einer semantischen Analyse der Patentaktivitäten in den USA zum Themenbereich Personalisierte Medizin das Informationsdefizit hinsichtlich des bisherigen Verlaufs, der aktuellen Forschungsschwerpunkte und der zukünftig zu erwartenden Entwicklungen zu verkleinern. Mit Hilfe der Software PatVisor® wurden dazu die Patentanmeldungen und -erteilungen beim USPTO von 1976 bis 2011 ausgewertet. PatVisor® verknüpft die Methoden des Data- und Text-Mining und ermöglicht einen Vergleich von N-Grammen aus Patenten zur Informationserschließung aus Patenten. Die Ergebnisse wurden als semantische Vergleichsanalysen in Form von Patentlandkarten dargestellt, aus deren Interpretation Handlungsempfehlungen für das strategische (Patent-)Management abgeleitet werden können.

Die in diesem Beitrag gewonnenen deskriptiven Auswertungen lassen den Schluss zu, dass Personalisierte Medizin bezogen auf die Patentaktivitäten in den USA an Bedeutung gewonnen hat und weiter gewinnen wird. Die Analyse der Patentaktivitäten war dabei in drei Sets unterteilt: Zielsetzung von Set 1 war es, einen Überblick über das Themenfeld Personalisierte Medizin, inklusive Patentklassen und -anmelder, zu geben. Set 2 und 3 stellten einzelne Anwendungsmethoden und Anwendungsgebiete im Bereich der Personalisierten Medizin dar. Jedem Set lagen unterschiedliche Suchbegriffe zugrunde, die Experten im Bereich Personalisierte Medizin zusammengestellt haben.

Eine Auswertung insbesondere der in den Patentlandkarten abgebildeten Cluster zeigt nunmehr die Vielfältigkeit der Betätigungsfelder der Personalisierten Medizin auf der einen Seite und die Vielfältigkeit der Untersuchungsmethoden mittels Patentanalyse auf der anderen. So wurde beispielsweise anhand der drei untersuchten Sets gezeigt, dass unterschiedliche Herangehensweisen ganz unterschiedliche Fragestellungen klären können, je nach Ziel der angestrebten Analyse. So konnten zu Set 1 mit Fokussierung auf das Unigramm Patient Cluster gebildet werden, die auf Patente hinweisen, die sich mit der Feststellung von körperlichen Abläufen oder Wirkungen von Behandlungsmethoden oder von Arzneimitteln befassen. Set 2 hingegen weist aufgrund der Schwerpunktbildung auf den Begriff Biomarker auf Patente zu unterschiedlichen Identifizierungsmethoden der Marker mit Hinweis auf das Vorliegen einer gewissen Erkrankung hin. Die Cluster von Set 3 bilden überwiegend Behandlungsmöglichkeiten verschiedenartiger Krankheiten ab.

Neben der vielfältigen Abbildung der derzeitigen Hauptpatentierungsgebiete verweisen Patente in den Landkarten außerhalb der Cluster auf gewisse Potenziale für eine weitere Entwicklung der Patentlandschaft in der Personalisierten Medizin. Dies könnte Ausblicke auf zunehmend bedeutende Technologie- und Betätigungsfelder wie auch auf aktuelle Patentierungspraktiken im unklaren Rechtsbereich der Personalisierten Medizin zulassen und so beispielsweise die Ideenfindung oder die Technologiebewertung erleichtern.

Alles in allem haben die Analyseergebnisse gezeigt, dass immer mehr Patente mit den Stichworten Personalisierte Medizin angemeldet und erteilt werden. Damit ergeben sich für alle auf diesem Technologiegebiet tätigen Akteure zahlreiche Chancen aber auch einige Risiken. So zeigen beispielsweise die Lücken („white spots") in den Patentlandkarten Potenziale für noch nicht patentrechtlich geschützte Technologiebereiche in der Personalisierten Medizin auf. Eine gezielte Fokussierung der Forschung mit begleitenden Patentaktivitäten in diesen Bereichen bietet damit die Chance für eine frühzeitige Profilierung gegenüber Wettbewerbern. Ein Risiko ergibt sich daraus, das Unternehmen Patente mit Begriffen anmelden, so dass sie nicht direkt identifiziert werden können und vermeintliche Lücken eigentlich abgedeckt sind. Diese Gefahr kann minimiert werden, indem diese Bereiche mit entsprechenden Suchstrings analysiert werden, bevor Forschung und Entwicklung auf die Bereiche fokussiert werden. Außerdem können nicht erwartete Akteure identifiziert werden, wie beispielsweise das Unternehmen IBM. Dieses US-amerikanische IT- und Beratungsunternehmen ist sehr patentaktiv und hält zahlreiche Patente, die in der USPC 705, der Patentklasse für Geschäftsprozesse, zugeordnet sind. So sollten die in der Personalisierten Medizin mit einem biochemischen und medizinischen Hintergrund forschenden Akteure unbedingt auch auf die IT-gestützte Datenanalyse und -auswertung achten.

6 Literaturverzeichnis

Abadie, E. (2011): Personalised medicine and use of biomarkers in drug development – An EU regulatory perspective. Vortrag Lille Januar 2011, http://www.eurasante.com/fileadmin/web/agenda/EUregulatorypersonalizedmedicineEMA.pdf, (Zugriff am 21.03.2012).

Ahrens, C. (2003): Genpatente – Rechte am Leben? Dogmatische Aspekte der Patentierbarkeit von Erbgut. GRUR 2003, S. 89–97.

Bendl, E. und Weber, G. (2002): Patentrecherche und Internet. Köln: Carl Heymanns Verlag.

Bergmann, I.; Butzke, D.; Walter, L.; Fürste, J. P.; Möhrle, M. G. und Erdmann, V. A. (2008): Evaluating the risk of patent infringement by means of semantic patent analysis: The case of DNA-Chips. In: R&D management 38 (5), S. 550–562.

Bergmann, I., Möhrle, M.G., Walter, L., Butzke, D., Erdmann, V.A. und Fürste, J. P. (2007): The Use of Semantic Maps for Recognition of Patent Infringements. A Case Study in Biotechnology. In: Ernst, H. und Gemünden, H.G. (Hrsg.): Open Innovation Between and Within Organizations. Zeitschrift für Betriebswirtschaft – Special Issue 4/2007, S. 69–86.

Bundesgerichtshof (1972): Imidazoline. GRUR 1972, S. 541.

Bundesgerichtshof (1987): Antivirusmittel. GRUR 1987, S. 794.

Bundespatentgericht (1978): Antanamid. GRUR 1978, S. 238.

Conley, J. und Vorhaus, D. (2011): Pigs Return to Earth: Federal Circuit Reinstates Most – But Not All – of Myriad's Patents. Genomics Law Report, 31.07.2011, http://www.genomicslawreport.com/index.php/2011/07/31/pigs-return-to-earth-federal-circuit-reinstates-most-but-not-all-of-myriads-patents/ (Zugriff am 21.03.2012).

Egerer, P. (2003): Patentschutz für Erfindungen auf dem Gebiet der Biotechnologie – Stoffschutz für Gene? In: Ann, C., Anders, W., Dreiss, U., Jestaedt, B. und Stauder, D. (Hrsg.) (2003): Festschrift für Reimar König zum 70. Geburtstag. Köln, Berlin, Bonn, München: Wolters Kluwer.

Ensthaler, J. und Zech H. (2006): Stoffschutz bei gentechnischen Patenten – Rechtslage nach Erlass des Biopatentgesetzes und Auswirkung auf Chemiepatente – Stoffschutz bei gentechnischen Patenten, Rechtslage nach Erlass des Biopatentgesetzes und Auswirkung auf Chemiepatente. GRUR (2006), S. 529 ff.

Ensthaler, J. und Strübbe, Kai (2006): Patentbewertung. Ein Praxisleitfaden zum Patentmanagement. Springer: Berlin.

EPA (Europäisches Patentamt, Einspruchsabteilung) (1995): Relaxin. GRUR Int. 1995, S. 708.

Eppinger, E., Almeyda, T., Braun, A., Kamprath, M., Wieck, K. und Piatek, E. (2012): Market Analysis of Personalised Medicine: Overview of Key Players, Drivers, Potentials and Opportunities for Enterprises. Working Paper Serie der Universität Potsdam.

Federal Circuit (2005): In re Fisher. 421 F.3d 1365.

Federal Circuit (2011): Association for Molecular Pathology v. U.S. Patent & Trademark Office. 653 F.3d 1329, 1351.

Feuerlein, F. (2001): Patentrechtliche Probleme der Biotechnologie. GRUR 2001, S. 561–566.

Gerken, J.; Möhrle, M.G. und Walter, L. (2010): Semantische Patentlandkarten zur Analyse technologischen Wandels: Eine Längsschnittstudie aus der Allradtechnik. In: Gausemeier J (Hrsg.) Vorausschau und Technologieplanung. Paderborn: Heinz Nixdorf Institut, S. 325–349.

Godt, C. (2007): Eigentum an Information – Patentschutz und allgemeine Eigentumstheorie am Beispiel genetischer Information. Berlin: Mohr Siebeck.

Goebel, F. P. (1995): Ist der Mensch patentierbar? Zur Frage der Patentfähigkeit von Humangenen. Mitteilungen 1995, S. 153–159.

Haupt, R. (2004): Patentbezogene Messung der Technologiestärke von Unternehmen, in: Braßler, A.; Corsten, H. (Hrsg.): Entwicklungen im Produktmanagement. München: Vahlen, S. 423–441.

Heyer, G.; Quasthoff, U. und Wittig, T. (2006): Text Mining: Wissensrohstoff Text – Konzepte, Algorithmen, Ergebnisse. Herdecke, Bochum: W3L-Verlag.

House of Parliament (2012): The Parliamentary Office of Science and Technology (POST), Biomedical Patents. POSTNote, Nr. 401, 2012, S. 1–4.

Krauss, J. (2001): Die richtlinienkonforme Auslegung der Begriffe „Verwendung" und „Funktion" bei Sequenzpatenten und deren Effekte auf die Praxis. Mitteilungen 2001, S. 396–400.

Matthijs, G. und Van Ommen G.-J. B (2009): Gene Patents: From discovery to invention. A geneticist's view. In: Van Overwalle, G. (2009): Gene Patents and Collaborative Licensing Models. Cambridge: Cambridge University Press. S. 311–330.

Möhrle, M. G., Gerken, J. M. und Walter, L. (2012): Textbasierte Patentinformationen. WISU 41 (1), S. 91–96.

Möhrle, M. G. und Walter, L. (Hrsg.) (2009): Patentierung von Geschäftsprozessen. Monitoring – Strategien – Schutz. Berlin, Heidelberg: Springer.

Möhrle, M. G., Walter, L., Bergmann, I., Bobe, S. und Skrzipale, S. (2010): Patinformatics as a Business Process: A Guideline through Patent Research Tasks and Tools. World Patent Information 32, S. 291–299.

Moufang, R. (2010): Stoffschutz im Patentrecht. GRUR 2010, S. 89–94.

Oser, A. (1998): Patentierung von (Teil-)Gensequenzen unter besonderer Berücksichtigung der EST-Problematik. GRUR Int. 1998, S. 648–655.

Porter, A. L. und Cunningham, S. W. (2005): Tech Mining – Exploiting new technologies for competitive advantage. Hoboken, New Jersey: John Wiley & Sons.

Radauer, A. und Walter, L. (2010): Elements of Good Practice of Publicly Funded Patent Database and Information Services for SMEs – Selected Results of a Benchmarking Exercise. World Patent Information 32, S. 237–245.

S. D. N. Y. (2010): Southern District of New York, Association for Molecular Pathology v. U.S. Patent & Trademark Office, Myriad I. 702 F. Supp. 2d 181.

Sellnick, H.-J. (2002): Erfindung, Entdeckung und die Auseinandersetzung um die Umsetzung der Biopatentrichtlinie der EU. GRUR 2002, S. 121–126.

Straus, J. (2001): Produktpatente auf DNA-Sequenzen – Eine aktuelle Herausforderung des Patentrechts. GRUR 2001, S. 1016–1021.

Szentpetery, V. (2012): Wackelnde Schutzrechte. Technology Review, 20.03.2012, http://www.heise.de/tr/blog/artikel/Wackelnde-Schutzrechte-1475205.html, (Zugriff am 21.03.2012).

Trippe, A. J. (2003): Patinformatics – Tasks to Tools. World Patent Information 25, S. 211–221.

Uhrich, R. (2010): Stoffschutz. Berlin: Mohr-Siebeck.

USPTO (2001): U. S. Patent and Trademark Office, Utility Examination Guidelines. 66 Fed. Reg. 1092, 5. Februar 2001.

Vossius, V. und Grund, M. (1995): Patentierung von Teilen des Erbguts, Der Mensch als Sklave? Einspruchsverfahren gegen das Relaxin-Patent. Mitteilungen 1995, S. 339–345.

Witten, J. H., Frank, E. und Hall, M. A. (2011): Data mining – practical machine learning, tools and techniques. Amsterdam: Elsevier and Morgan Kaufmann.

Zeller, A. (2003): Technologiefrühaufklärung mit Data Mining – Informationsprozessorientierter Ansatz zur Identifikation schwacher Signale. Wiesbaden: Gabler.

Zwicker, J. (2011): Das Patentkliff umfahren – Patentschutz für die personalisierte Medizin. VentureCapital Magazin, Sonderbeilage Personalisierte Medizin, Juni 2011, S. 26–27.

7 Anhang

Tabelle 2 Übersicht über die Schlüsselwörter im Set 1

Set 1 – Deutsch	Set 1 – Englisch
Patientenstratifizierung	Patient stratification
Stratifizierung, Stratifizieren	Stratify
Companion-Diagnostik, Tandems	Companion diagnostics
Personalisierte Medizin	Personalized medicine (AE) Personalised medicine (BE)
Personalisierte Therapie	Personalized therapy (AE) Personalised therapy (BE)
Individuelle Medizin	Individual medicine
Individuelle Therapie	Individual therapy

Tabelle 3 Übersicht über die Schlüsselwörter im Set 2

Set 2a – Deutsch	Set 2a – Englisch
prädiktiv	Predictive
Prädiktion	Prediction
Patientenstratifizierung	Patient stratification
Stratifizierung, Stratifizieren	Stratify
Companion-Diagnostik, Tandems	Companion diagnostics
Personalisierte Medizin	Personalized medicine (AE) Personalised medicine (BE)
Personalisierte Therapie	Personalized therapy (AE) Personalised therapy (BE)
Individuelle Medizin	Individual medicine
Individuelle Therapie	Individual therapy
Responder	Responders
Non-Responder	Non-responders
Immunzellen	Immune cells
Leukozyten	Leukocytes (AE) Leucocytes (BE)
Lymphozyten	Lymphocytes
Regulatorische T-Zellen	Regulatory T-cells
T-Zellen	T cells, T-cells
Infiltrierende Leukozyten	Infiltrating leukocytes (AE) Infiltrating leucocytes (BE)
Infiltrierende T-Zellen	Infiltrating T-cells
Flow Zytometrie, Flow cytometry	Flow cytometry
FACS	FACS
Fluorescence assisted cell sorting	Fluorescence assisted cell sorting
IHC	IHC
Immunhistologie	Immunohistochemistry
Zellzahlen	Cell counts

Tabelle 4 Übersicht über die Schlüsselwörter im Set 3

Set 3 – Deutsch	Set 3 – Englisch
Immunoassay	Immunoassay
Molekularbiologischer Test	Molecularbiological test
Molekulare Diagnostik	Moleculare diagnostic
BRAF-Gen	BRAF gene
Melanozyt	Melanocyte
Molekulares Verfahren	Molecular method
Molekulargenetik	Molecular genetics
Pharmakogenetik	Pharmacogenomics
Pharmakogenetisch	Pharmacogenetically
Pharmakokinetik	Pharmacokinetic
Test-Kit	Test kit
Test	Test
Regulatorische T-Zellen	Regulatory t-cells
Copeptin	Copeptin
Calcitonin	Calcitonin
Companion-Diagnostik	Companion diagnostics
Hepatitis	Hepatitis
HIV	HIV
Krebs	Cancer
Krebsdiagnostik	Cancer diagnosis
Verträglichkeit	Tolerance
Nebenwirkungen	Adverse effects
Theranostik	Theranostic

Trends in der Personalisierten Medizin und deren Eintrittswahrscheinlichkeit

Dana Mietzner, Nicole Ambacher, Frank Hartmann und Sylvia Schmid

Inhaltsverzeichnis

1 Einleitung

Das Ziel der vorliegenden Delphi Analyse ist es, mit Hilfe von Experteneinschätzungen herauszuarbeiten, welche Faktoren die Entwicklung neuer Geschäftsmodelle in der Personalisierten Medizin beeinflussen.

2 Methodisches Vorgehen

Die Delphi Methode wird zur Befragung von Experten über mehrere Runden eingesetzt. Sie dient der Gruppenkommunikation sowie der Beurteilung inhaltlicher Fragestellungen durch Experten. Durch den Einsatz mehrerer Befragungsrunden kann das abgefragte Wissen der gesamten Gruppe dargestellt und die Validität der Ergebnisse erhöht werden. „Die Grundidee von Delphi besteht darin, in mehreren Wellen Expertenmeinungen zur Problemlösung zu nutzen und in diesen Prozess ein anonymes Feedback einzuschalten.“ (Häder und Häder 2000, S. 13) Dazu werden in Delphi Analysen die Teilnehmer mit den Antworten der anderen befragten Experten konfrontiert, ohne dass Rückschlüsse auf einzelne Personen und deren jeweilige Einschätzungen möglich sind. Damit soll eine gleichberechtigte Berücksichtigung aller Expertenmeinungen ermöglicht und negative Gruppeneffekte, wie z. B. das Vorherrschen der Meinung einzelner Teilnehmer oder Mitläufereffekte, reduziert werden (Rowe und Wright 2001, S. 126). Die Teilnehmer erhalten damit die Möglichkeit, ihre Meinungen unter Berücksichtigung der Aussagen der Gruppe zu überprüfen und gegebenenfalls anzupassen. „Es handelt sich um eine hochstrukturierte Gruppenkommunikation, deren Ziel es ist, aus Einzelbeiträgen der an der Kommunikation beteiligten Personen, Lösungen für komplexe Probleme zu erarbeiten.“ (Bortz und Döring 2002, S. 261).

Die Delphi Methode wird genutzt, um zukünftige Ereignisse abzuschätzen. Dies kann im Hinblick auf Quantitätsangaben erfolgen. In welchem Maße treten Ereignisse ein? In Delphi Analysen können auch Qualitätsangaben „Was ist möglich?“ oder Zeitangaben „Wann treten Ereignisse ein?“ sowie Wahrscheinlichkeitsangaben „Wie wahrscheinlich sind die Angaben zu Quantität, Qualität und Zeit?“ adressiert werden. Auch Bewertungen können Gegenstand der Delphi Analyse sein „Sind die Ereignisse wünschenswert?“. In der vorliegenden Delphi Analyse zum Thema Neue Geschäftsmodelle in der Personalisierten Medizin stehen insbesondere Zeitangaben im Vordergrund sowie Qualitätsangaben im Sinne einer Einschätzung zu Einflussfaktoren und dem Umgang mit behindernden oder verzögernden Faktoren. In Freitextfeldern werden zudem Aussagen zu Möglichkeiten sowie Vor- und Nachteilen der in ausgewählten Thesen beschriebenen Entwicklungen getroffen.

2.1 *Ablauf der Delphi Analyse*

Die Forschungsarbeit hat im Mai 2012 begonnen. Ab August 2012 erfolgte die Durchführung der Delphi Befragung. Im Januar und Februar 2013 wurde die zweite Runde der Befragung durchgeführt und im Anschluss daran ausgewertet (vgl. Ablauf und Output in der nachfolgenden Abbildung 1).

Abbildung 1 Ablauf der Delphi Analyse

2.2 *Entwicklung von Thesen*

Zentrale Leitfragen der Studie sind (1) Wie verändern sich Geschäftsmodelle durch die Personalisierte Medizin? (2) Welche Auswirkungen hat die Personalisierte Medizin auf Forschung und Entwicklung von neuen Produkten und (3) Welche neuen Partnerschaften können entstehen? Ziel der Delphi Analyse ist es, mit Hilfe von Experteneinschätzungen zu Zukunftsthesen, Hinweise zu erhalten, welche Faktoren die Entwicklung neuer Geschäftsmodelle in der Personalisierten Medizin beeinflussen. Dazu wurden 20 knapp formulierte Thesen entwickelt und nach dem erwarteten Realisierungszeitraum, möglichen Hemmnissen und Barrieren gefragt. Grundlage für die Entwicklung der Thesen sind insbesondere die im Rahmen des Projektes „Dienstleistungspotenziale in der Personalisierten Medizin“ ermittelten Ergebnisse der Marktanalyse zur Personalisierten Medizin (Eppinger et al. 2011) sowie eine in diesem Zusammenhang erstelle Diskursanalyse (Almeyda und Anderson 2011).

Die Personalisierte Medizin wird in der vorliegenden Studie wie folgt definiert: „Personalisierte Medizin (auch als stratifizierte und stratifizierende Medizin bezeichnet) ist im Vergleich zur herkömmlichen Medizin dadurch gekennzeichnet, dass sie Individuen auf der Basis von Informationen bezüglich ihrer genetischen, molekularen oder zellulären Merkmale näher charakterisiert, die für einen Krankheitsverlauf und die Wirkung von Therapien ausschlaggebend sind. Dieses ermöglicht eine gezieltere Arzneimittelforschung und -entwicklung, sowie präzisere Diagnosen zur Therapieentscheidung und Therapiebegleitung.“ (Eppinger, et al. 2011, S. 7).

Die Thesen, die unterschiedliche Aspekte von Geschäftsmodellen thematisieren, werden analog zum Geschäftsmodell-Raster nach Osterwalder und Pigneur (2010) systematisiert und mit vier ausgewählten Experten im Hinblick auf ihre Schlüssigkeit und Verständlichkeit geprüft und überarbeitet. Des Weiteren erfolgt ein Review und Feedback und eine weitere Verdichtung des Thesenkatalogs durch das DPM Team der Universität Potsdam. Für die entwickelten Thesen werden die Experten nach dem Zeitpunkt ihrer Eintrittswahrscheinlichkeit gefragt. Dabei werden Zukunftshorizonte vorgegeben: „ab 2015“, „ab 2020“, „ab 2025“, „ab 2030“ und „Nie“.

Das Geschäftsmodell-Raster nach Osterwalder und Pigneur umfasst neun Bereiche, die eine formale Darstellung und Beschreibung von Geschäftsmodellen erlauben.

Der Bereich Key Partners umfasst das Partnernetzwerk, das genutzt wird, um den Leistungserstellungsprozess umzusetzen. Dazu gehören in der vorliegenden Analyse insbesondere Hochschulen und Forschungseinrichtungen, die Wissen akkumulieren und Technologien entwickeln, die die Grundlage bilden für Produkte und Dienstleistungen der Personalisierten Medizin (vgl. Thesen 1 bis 3). Weiterhin wird die Rolle der Medizin- und Bioinformatikdienstleister und ihre Verortung, mit den Möglichkeiten der Analyse großer Datenmengen für die Diagnostik in der Personalisierten Medizin, als weiterer Partner im Leistungserstellungsprozess untersucht (vgl. These 4 und 5).

Der Bereich Key Resources beinhaltet wesentliche Voraussetzungen, die nowendig sind, um Produkte und Dienstleistungen der Personalisierten Medizin zu entwickeln. Dabei wird in der Delphi Analyse insbesondere die notwendige

Forschungsinfrastruktur für die Personalisierte Medizin und das Zusammenspiel zwischen Diagnostik und Therapie adressiert (vgl. These 6 und These 7).

Im Bereich Cost Structure werden wesentliche finanzielle Konsequenzen zusammengefasst. In diesem Zusammenhang werden in der Delphi Analyse Thesen untersucht, die Auswirkungen des hohen Kostendrucks bei der Entwicklung von Produkten für die Personalisierte Medizin thematisieren (vgl. These 8 und These 9).

Im Bereich Customer Relationships werden Thesen entwickelt, die die Art der Kundenbeziehung beschreiben. Dabei wird in den Thesen eine veränderte Therapiepraxis postuliert sowie ein neues Nachfrageverhalten der Patienten, das veränderte Formen der Interaktion mit dem Patienten erfordern könnte (vgl. Thesen 10 bis 12).

Im Bereich Key Activities werden Elemente des Leistungserstellungsprozesses zusammengefasst, die einen Kundenwert generieren. In der Delphi Analyse werden Thesen formuliert, die eine Veränderung der Aktivitäten von Pharma- und Diagnostikunternehmen unterstellen, ausgelöst durch die Anforderungen der Personalisierten Medizin (vgl. These 13). Zudem werden neue Marktstrukturen beschrieben, die den Leistungserstellungsprozess von Produkten und Dienstleistungen in der Personalisierten Medizin verändern könnten (vgl. These 14).

Im Bereich Channels wird nach Osterwalder und Pigneur zusammengefasst über welche Kanäle Kunden erreicht werden. In die Delphi Analyse wird eine These aufgenommen, die das Internet und soziale Medien als neue Informations- und Vertriebskanäle vorsieht (vgl. These 15). Zudem wird ein höherer Aufwand in Logistik und Vertrieb durch die starke Ausdifferenzierung der Personalisierten Medizin unterstellt und in einer weiteren These formuliert (vgl. These 16).

Unter dem Bereich Value Proposition werden Wertversprechen zusammengefasst, die z. B. in einer höheren Performance der Produkte und Dienstleistungen zum Ausdruck kommen können. Mit der in die Delphi Analyse aufgenommenen These wird behauptet, dass die Personalisierte Medizin das Potenzial aufweist, Einsparungen im Gesundheitssystem auszulösen (vgl. These 17). Hintergrund dieser These sind dabei neue Möglichkeiten in der Patientenversorgung, die mit einer zielgerichteten Therapie und klinisch effizientere Produkten einhergehen.

Im Bereich Revenues werden Thesen formuliert, die zum einen die Erstattungsfähigkeit von Diagnostiktest aufgreifen (vgl. These 18) und zum anderen die Bereitschaft der Patienten zur Kostenübernahme unterstellen (vgl. These 19). Darüber hinaus wird die Prävention als weitere Möglichkeit der Generierung von Umsätzen in den Thesenkatalog aufgenommen (vgl. These 20).

Der im Geschäftsmodell-Raster (Osterwalder und Pigneur 2010) ebenfalls integrierte Bereich Customer Segments wird durch die Thesen der anderen Bereiche abgedeckt.

Der entwickelte Thesenkatalog ist im Folgenden dargestellt.

Key Partners

These 1: Das an Universitäten und Forschungseinrichtungen erzeugte Wissen bezogen auf die Personalisierte Medizin ist verwertungsreif. Welche Faktoren können diese Entwicklung verhindern oder verzögern?

These 2: Die Lücke zwischen der Forschung an Hochschulen und außeruniversitären Forschungseinrichtungen und der Anwendung in Unternehmen ist geschlossen. Welche Faktoren können diese Entwicklung verhindern oder verzögern?

These 3: Die Forschungsanstrengungen zur Aufklärung der komplexen Ursache-Wirkungsbeziehungen, auch bezogen auf andere Indikationsgebiete jenseits der Onkologie, haben einen Durchbruch in der Anwendung ermöglicht. Welche Faktoren können diese Entwicklung verhindern oder verzögern?

These 4: Medizin- und Bioinformatikdienstleister sind integraler Bestandteil der Wertschöpfungskette. Welche Faktoren können diese Entwicklung verhindern oder verzögern?

These 5: Die Medizin- und Bioinformatik ist eine eigenständige Business Unit in großen und mittleren Pharmaunternehmen. Welche Faktoren können diese Entwicklung verhindern oder verzögern?

Key Resources

These 6: Gezielte Forschungsförderung und der Ausbau der Forschungsinfrastruktur haben zu Exzellenzclustern der Personalisierten Medizin geführt. Welche Faktoren können diese Entwicklung verhindern oder verzögern?

These 7: Pharmaunternehmen entwickeln Diagnostiktests überwiegend gemeinsam mit Diagnostikunternehmen und vertreiben diese zusammen mit dem Medikament. Welche Faktoren können diese Entwicklung verhindern oder verzögern?

Cost Structure

These 8: Der hohe Kostendruck hat zu einer engeren Zusammenarbeit zwischen Pharma- und Diagnostikunternehmen, mit gemeinsamer Entwicklung und gemeinsamer Finanzierung bereits in den vor-klinischen Phasen in der Produktentwicklung geführt. Welche Faktoren können diese Entwicklung verhindern oder verzögern?

These 9: Der hohe Kostendruck hat bei den Pharmaunternehmen zu deutlichen strukturellen Veränderungen geführt. Welche Faktoren können diese Entwicklung verhindern oder verzögern?

Customer Relationships

These 10: Steigende Komplexität und steigende Informationsmengen haben die Therapiepraxis stark verändert. Welche Faktoren können diese Entwicklung verhindern oder verzögern?

These 11: Pharma- und Diagnostikunternehmen haben einen stärkeren Einfluss bei der Entwicklung von Behandlungsrichtlinien. Welche Faktoren können diese Entwicklung verhindern oder verzögern?

These 12: Der gestiegene Wissens- und Bildungsstand der Patienten hat zu einer direkten Nachfrage nach der Personalisierten Medizin (Diagnostik und Therapie) bei Ärzten und Krankenkassen geführt. Welche Faktoren können diese Entwicklung verhindern oder verzögern?

Key Activities

These 13: Durch die Personalisierte Medizin haben sich die Schwerpunktaktivitäten bei Diagnostik- und Pharmaunternehmen verändert. Welche Faktoren können diese Entwicklung verhindern oder verzögern?

These 14: Die Stratifizierung hat zu einer Fragmentierung des Marktes mit starker Nischenbildung und Spezialisierung einzelner kleiner Unternehmen und dem Einstieg neuer Wettbewerber geführt. Welche Faktoren können diese Entwicklung verhindern oder verzögern?

Channels

These 15: Internet und soziale Medien sind die wichtigste Informationsquelle für Patienten und damit ein zentraler Vertriebskanal für die Personalisierte Medizin. Welche Faktoren können diese Entwicklung verhindern oder verzögern?

These 16: Die starke Ausdifferenzierung der Personalisierten Medizin hat zu einer Fragmentierung der Produktpalette, zu höheren Preisen und zu einem hohen logistischen Aufwand geführt. Welche Faktoren können diese Entwicklung verhindern oder verzögern?

Value Proposition

These 17: Die Personalisierte Medizin hat zu erheblichen Einsparungen im Gesundheitswesen geführt. Welche Faktoren können diese Entwicklung verhindern oder verzögern?

Revenue

These 18: Die Kosten für Diagnostiktests werden in erheblichem Umfang durch die gesetzlichen Krankenversicherungen erstattet. Welche Faktoren können diese Entwicklung verhindern oder verzögern?

These 19: Der Wunsch nach besserer Therapie hat zu einer hohen Bereitschaft zur privaten Kostenübernahme geführt. Welche Faktoren können diese Entwicklung verhindern oder verzögern?

These 20: Die Prävention ist neben der Therapie eine wichtige Umsatzquelle für die Pharma- und Diagnostikunternehmen. Welche Faktoren können diese Entwicklung verhindern oder verzögern?

Nach der Einschätzung der Eintrittswahrscheinlichkeit der jeweiligen Thesen, werden die Experten in der ersten Befragungsrunde aufgefordert einzuschätzen, welche Faktoren die in der These beschriebene Entwicklung verhindern oder verzögern können. Dabei werden folgende Einflussfaktoren vorgegeben:

- Naturwissenschaftliche/Technologische Entwicklung
- Regulierung
- Erstattung
- Soziale Faktoren
- Verfügbarkeit von Personal
- Nicht adäquate und fehlende Standards
- Datenschutz
- Fehlende Akzeptanz bei Ärzten
- Fehlende Akzeptanz bei Patienten (Mehrfachnennungen möglich)

Des Weiteren haben die Experten die Möglichkeit, für jede These Kommentare in einem freien Feld einzugeben. Auch selektives Ausfüllen ist möglich; die Experten können Fragen auch unbeantwortet lassen. In der zweiten Befragungsrunde werden Thesen, die bereits eine konsensorientierte Expertenmeinung indizierten und/oder keine neuen Erkenntnisse erwarten ließen nicht berücksichtigt und der Thesenkatalog von 20 auf 11 Thesen reduziert. In der zweiten Befragungsrunde werden die Experten mit den Ergebnissen der ersten Befragungsrunde konfrontiert und erneut um eine Einschätzung zur Eintrittswahrscheinlichkeit gebeten (vgl. Abbildung 2).

Das an Hochschulen und Universitäten erzeugte Wissen bezogen auf die Personalisierte Medizin ist verwertungsreif.

Realisierungszeitraum:

In der ersten Befragungsrunde haben wir gefragt, ab welchem Zeitraum das Eintreffen der These als realistisch eingeschätzt wird.

48% der Experten gaben an „ab 2015", 24% gaben an ab „ab 2020". 14% schätzen das Eintreffen der These „ab 2015" als realistisch ein. 4% sagen ab 2030 und 10% wählten die Antwortoption „keine Antwort". Keiner der Experten wählte die Antwortoption „nie". Insgesamt haben in der ersten Runde 50 Experten abgestimmt.

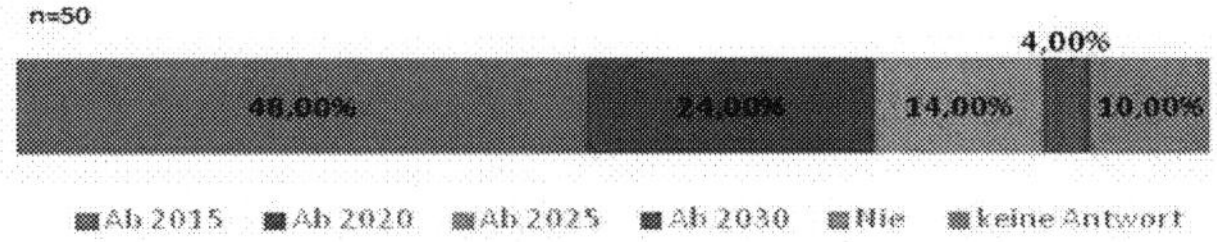

Ab welchem Zeitraum halten Sie das Eintreffen der These für realistisch? Wählen Sie aus einer der Antwortoptionen:

- ⊙ Ab 2015
- ⊙ Ab 2020
- ⊙ Ab 2015
- ⊙ Ab 2030
- ⊙ Nie
- ⊙ Keine Antwort

? *Bitte bewerten Sie im Hinblick auf das Eintreffen in der Zukunft auf der Grundlage der Gruppenantwort nochmals.*

Abbildung 2 Ergebnisse der ersten Befragungsrunde und erneute Abstimmung (Beispiel)

Des Weiteren werden die Experten mit den in der ersten Befragungsrunde ermittelten Faktoren konfrontiert, die das Eintreffen der These behindern oder verzögern. Die Experten werden aufgefordert, in Freitextfeldern möglichst konkrete Schritte zum Umgang mit den Faktoren anzuführen, die das Eintreten der These behindern oder verzögern. Mit diesem Vorgehen können Lösungsvorschläge und Handlungsempfehlungen erhoben werden.

Hinderliche oder verzögernde Einflussfaktoren

In der ersten Befragungsrunde haben wir gefragt, welche Faktoren diese Entwicklung verhindern oder verzögern können. 26% gaben die „Naturwissenschaftlich/Technologische Entwicklung“ als Faktor an. 68% gaben „Regulierung“ und 68% „Erstattung“ als Hemmnisse an. 36% nennen „Ethische/Soziale Faktoren“, 6% die „Verfügbarkeit von Personal“. 34% gaben „Nicht adäquate/Fehlende Standards und Normen“, 24% den „Datenschutz“ an. 32% nennen die „Fehlende Akzeptanz bei Ärzten“ und 12% „Fehlende Akzeptanz bei Patienten“. Insgesamt haben hier 50 Experten abgestimmt.

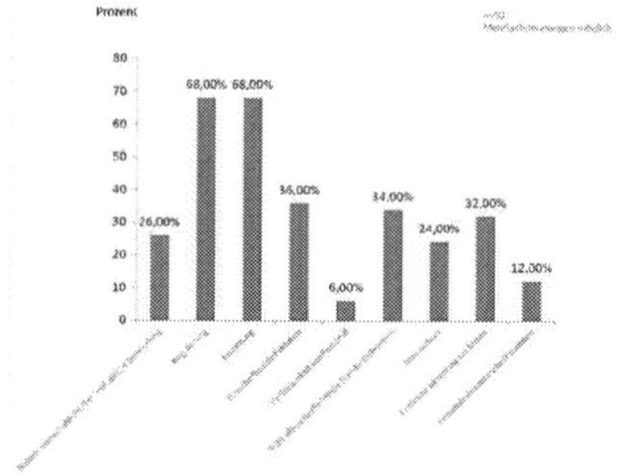

Wie können diese hinderlichen/verzögernden Faktoren überwunden werden? Bitte nutzen Sie das Freitextfeld für Ansatzpunkte aus Ihrer Sicht.

Abbildung 3 Ergebnisse der ersten Befragungsrunde und Abfrage zum Umgang mit hinderlichen und verzögernden Faktoren

2.3 *Zusammensetzung der Teilnehmergruppe*

Ziel ist die Befragung von Personen mit hoher Fachkompetenz im Bereich der Personalisierten Medizin. Entsprechend richtet sich die Befragung an Personen aus Forschung und Entwicklung in Unternehmen und Hochschulen, aus Pharma- und Diagnostikunternehmen und Verbänden sowie Vertretern von Interessensverbänden. Ihre Adressen werden aus öffentlich zugänglichen Datenbanken gefiltert. Es werden Personen aufgenommen, die im Rahmen des DPM Projektes auf Konferenzen und in Interviews als Experten identifiziert werden konnten. In der ersten Befragungsrunde werden 398 Experten eingeladen; davon haben insgesamt 50 Experten die Thesen beantwortet (35 vollständige Antworten und 15 unvollständige Antworten) und den Fragenbogen ausgefüllt. Die Rücklaufquote in der ersten Befragungsrunde beträgt somit 13 Prozent. In der zweiten Befragungsrunde werden die 35 Experten, die in der ersten Befragungsrunde den Thesenkatalog vollständig ausgefüllt haben, erneut befragt. Von den 35 Experten haben insgesamt 22 Experten den Thesenkatalog bearbeitet (16 vollständige Antworten und sechs unvollständige Antworten). Somit beträgt die Rücklaufquote in der zweiten Befragungsrunde 63. Die Befragung wurde anonymisiert und webbasiert durchgeführt (vgl. Homepage zur Delphi Analyse unter www.medizinbefragung.de). Sowohl für die erste als auch für die zweite Befragungsrunde werden Reminder versendet und telefonische Nachfassaktionen durchgeführt, um den Rücklauf sicherzustellen.

Tätigkeitsbereich der Experten in der ersten Befragungsrunde

Im Rahmen der ersten Befragungsrunde werden die Experten gebeten, eine Zuordnung zu einem Tätigkeitsbereich vorzunehmen, in dem sie aktiv sind. Diese Frage haben in der ersten Befragungsrunde 34 Experten beantwortet. Die an der ersten Befragungsrunde beteiligten Experten sind zu 53 Prozent im Wissenschaftsumfeld tätig, 41 Prozent in der Wirtschaft. Weitere 12 Prozent der Experten sind in der Politik oder bei Verbänden aktiv; 9 Prozent der Experten sind im Bereich der Patientenversorgung tätig. 9 Prozent sind dem Tätigkeitsbereich „Sonstiges“ zugeordnet.

Tätigkeitsbereich der Experten in der zweiten Befragungsrunde

Auch in der zweiten Befragungsrunde werden die Experten gebeten, eine Zuordnung zu einem Tätigkeitsbereich vorzunehmen, in dem sie überwiegend aktiv sind. Diese Frage haben in der zweiten Befragungsrunde 16 Experten beantwortet. Die an der zweiten Befragungsrunde beteiligten Experten sind zu 50 Prozent im Wissenschaftsumfeld tätig, 38 Prozent in der Wirtschaft. Weitere 13 Prozent der Experten sind in der Politik oder bei Verbänden aktiv, 6 Prozent der Experten sind im Bereich der Patientenversorgung tätig. 13 Prozent sind dem Tätigkeitsbereich „Sonstiges“ zugeordnet.

3 Erste Befragungsrunde

Im folgenden Kapitel werden die Einschätzungen der Experten zum Eintrittszeitpunkt der Thesen vorgestellt sowie die Bewertungen der in den Thesen beschriebenen Entwicklungen im Hinblick auf verhindernde und verzögernde Faktoren. Die Expertenangaben zum Eintrittszeitfenster werden für die jeweiligen Thesen als relativer Wert (in Prozentangaben) dargestellt. Durch Rundung der Prozent-Anteile können bei der Berechnung geringfügige Rundungsdifferenzen entstehen.

3.1 *Auswertung der ersten Befragungsrunde*

Tabelle 1 Ergebnisse der Thesen des Bereiches Key Partners

<table>
<tr><td colspan="2">These 1: Das an Universitäten und Forschungseinrichtungen erzeugte Wissen bezogen auf die Personalisierte Medizin ist verwertungsreif.</td></tr>
<tr><td>Eintrittswahrscheinlichkeit
▪ 48 % ab 2015
▪ 24 % ab 2020
▪ 14 % ab 2025
▪ 4 % ab 2030
▪ 0 % nie
▪ 10 % keine Antwort

(Anzahl der antwortenden Experten = 50)</td><td>Verhindernde und verzögernde Faktoren
▪ 68 % Regulierung
▪ 68.% Erstattung
▪ 36 % Soziale Faktoren
▪ 34 % Nicht adäquate und fehlende Standards
▪ 32 % Fehlende Akzeptanz bei Ärzten
▪ 26 % Naturwissenschaftliche/Technologische Entwicklung
▪ 24 % Datenschutz
▪ 12 % Fehlende Akzeptanz bei Patienten
▪ 6 % Verfügbarkeit von Personal</td></tr>
<tr><td colspan="2">Kommentare der Experten
▪ Die Entwicklung der Personalisierten Medizin ist unterschiedlich weit. Bei der biomarkerbasierten Prädiktion komplexer Erkrankungen zeichnen sich keine raschen Erfolge ab. In der Pharmakogenetik (Therapieerfolgsprädiktion) und der Krankheitsverlaufsprädiktion (z. B. biomarkerbasiertes Staging in der Onkologie) liegen bereits erste Ansätze zur Personalisierung vor. Breitere Anwendung wird vom Nettonutzen abhängig sein.
▪ „Aktuell ist die Personalisierte Medizin in den Startlöchern und verfährt [nach]: it sells more promises than products.“
▪ Marktmacht einzelner Akteure Innovationen zu verhindern, z. B. Pharmaindustrie
▪ Chancen werden nicht genutzt, z. B. zeigen Krankenkassen wenig Initiative Sparpotenziale für Innovationen zu nutzen
▪ Zu starke strategische Fokussierung auf science/tech push und bench to bedside. Vernachlässigung von bedside to bench in der transnationalen Forschung.
▪ Hinderlich sind etablierte Geschäftsmodelle der Pharmaindustrie, die gerade nicht die Personalisierung zum Gegenstand hat. Für sie würde es ein Risiko darstellen, ein erfolgreiches Geschäftsmodell aufzugeben.
▪ Die EMA als höchste regulatorische Behörde muss die Anforderungen an die Diagnostik klarer formulieren, analog der FDA.
▪ Fehlendes Wissen bei den Gesundheitsexperten
▪ Fehlende Implementierung im Curriculum des Medizinstudiums</td></tr>
</table>

These 2: Die Lücke zwischen der Forschung an Hochschulen und außeruniversitären Forschungseinrichtungen und der Anwendung in Unternehmen ist geschlossen.

Eintrittswahrscheinlichkeit	*Verhindernde und verzögernde Faktoren*
▪ 26 % ab 2015 ▪ 26 % ab 2020 ▪ 15 % ab 2025 ▪ 2 % ab 2030 ▪ 20 % nie ▪ 11 % keine Antwort (Anzahl der antwortenden Experten = 46)	▪ 41 % Regulierung ▪ 41 % Erstattung ▪ 30 % Naturwissenschaftliche/Technologische Entwicklung ▪ 26 % Nicht adäquate und fehlende Standards ▪ 17 % Datenschutz ▪ 15 % Soziale Faktoren ▪ 15 % Fehlende Akzeptanz bei Ärzten ▪ 15 % Verfügbarkeit von Personal ▪ 4 % Fehlende Akzeptanz bei Patienten

Kommentare der Experten

- Unzureichende strategische Ausrichtung der Hochschulen und Forschungseinrichtungen auf den tatsächlichen klinischen/medizinischen Bedarf
- Forschung an Hochschulen ist eher fixiert auf Publikationen und Drittmitteleinwerbung; es muss an den Hochschulen ein Bewusstsein geschaffen werden, mehr Wert auf Technologietransfer und Patentierung zu legen
- Die Lücke wird aufgrund der unterschiedlichen „Geschäftsmodelle" immer bestehen bleiben; Wissenschaft: Publikationen (schnell) Wirtschaft: Verwertung (Patente) kann lange dauern
- Noch nicht ausreichende Vernetzung; Umdenken bei Stakeholdern auf allen Seiten erforderlich
- Die Zusammenarbeit zwischen Wissenschaft und Unternehmen wird hier verstärkt vom gegenseitigen Verständnis der Restriktionen bzw. des Machbaren abhängen, z. B. Nutzen für die Unternehmen
- Zu geringer Austausch und zu geringe Akzeptanz bei Forschern und den Anwendern; häufig fehlende Strukturen, um diesen Prozess zu etablieren und zu beschleunigen
- Finanzierungslücke zwischen Grundlagenforschung und Anwendung in Unternehmen

These 3: Die Forschungsanstrengungen zur Aufklärung der komplexen Ursache-Wirkungsbeziehungen, auch bezogen auf andere Indikationsgebiete jenseits der Onkologie, haben einen Durchbruch in der Anwendung ermöglicht.

Eintrittswahrscheinlichkeit	*Verhindernde und verzögernde Faktoren*
▪ 16% ab 2015 ▪ 35% ab 2020 ▪ 21% ab 2025 ▪ 12% ab 2030 ▪ 7% nie ▪ 9% keine Antwort (Anzahl der antwortenden Experten = 43)	▪ 56% Naturwissenschaftliche/Technologische Entwicklung ▪ 42% Regulierung ▪ 37% Erstattung ▪ 26% Nicht adäquate und fehlende Standards ▪ 24% Fehlende Akzeptanz bei Ärzten ▪ 21% Soziale Faktoren ▪ 19% Verfügbarkeit von Personal ▪ 16% Datenschutz ▪ 9% Fehlende Akzeptanz bei Patienten

Kommentare der Experten

- Systematische Erforschung notwendig, wie die notwendige Komplexitätsreduktion praxisorientiert und evidenzbasiert erfolgen kann
- Frühzeitige Einbezug aller Interessensgruppen ist notwendig
- Zurzeit fehlen attraktive Geschäftsmodelle, die den push auslösen. Ein Umdenken weg von den heutigen Reimbursement systemen hin zu einer auf „outcome" orientierten Bezahlung wird dabei notwendig.

These 4: Medizin- und Bioinformatikdienstleister sind integraler Bestandteil der Wertschöpfungskette.

Eintrittswahrscheinlichkeit	*Verhindernde und verzögernde Faktoren*
▪ 57% ab 2015 ▪ 19% ab 2020 ▪ 7% ab 2025 ▪ 5% ab 2030 ▪ 2% nie ▪ 10% keine Antwort (Anzahl der antwortenden Experten = 42)	▪ 48% Erstattung ▪ 38% Verfügbarkeit von Personal ▪ 33% Regulierung ▪ 31% Nicht adäquate und fehlende Standards ▪ 31 % Datenschutz ▪ 21% Fehlende Akzeptanz bei Ärzten ▪ 19% Naturwissenschaftliche/Technologische Entwicklung ▪ 17% Soziale Faktoren ▪ 5% Fehlende Akzeptanz bei Patienten

Kommentare der Experten

- Medizin- und Bioinformatikfachpersonal nimmt in der weiteren Entwicklung der Personalisierten Medizin eine Schlüsselrolle ein. Bereits heute mangelt es an Fachkräften, was einen Einfluss auf die gesamte Wertschöpfungskette haben wird.
- Medizin- und Bioinformatikdienstleister sind bereits sehr wichtig. Es fehlen bessere Tools, um die erzeugten Datenmengen automatisiert auszuwerten.

These 5: Die Medizin- und Bioinformatik ist eine eigenständige Business Unit in großen und mittleren Pharmaunternehmen.	
Eintrittswahrscheinlichkeit	*Verhindernde und verzögernde Faktoren*
▪ 29 % ab 2015 ▪ 32 % ab 2020 ▪ 12 % ab 2025 ▪ 7 % ab 2030 ▪ 7 % nie ▪ 12 % keine Antwort (Anzahl der antwortenden Experten = 41)	▪ 37 % Verfügbarkeit von Personal ▪ 32 % Regulierung ▪ 22 % Erstattung ▪ 22 % Datenschutz ▪ 20 % Nicht adäquate und fehlende Standards ▪ 12 % Naturwissenschaftliche /Technologische Entwicklung ▪ 10 % Fehlende Akzeptanz bei Ärzten ▪ 7 % Soziale Faktoren ▪ 2 % Fehlende Akzeptanz bei Patienten
Kommentare der Experten ▪ Die Medizin- und Bioinformatik wird mit zunehmender Verbreitung des personalisierten Ansatzes in andere Indikationsgebiete außerhalb der Onkologie integraler Bestandteil vieler Business Units werden, aber keine eigene Business Unit. ▪ Es fehlt an gut ausgebildetem Personal (auch in der Forschung), die sowohl Medizin/Biologie als auch Informatik beherrschen.	

Tabelle 2 Ergebnisse der Thesen des Bereiches Key Resources

These 6: Gezielte Forschungsförderung und der Ausbau der Forschungsinfrastruktur haben zu Exzellenzclustern der Personalisierten Medizin geführt.	
Eintrittswahrscheinlichkeit	*Verhindernde und verzögernde Faktoren*
▪ 45 % ab 2015 ▪ 42 % ab 2020 ▪ 5 % ab 2025 ▪ 0 % ab 2030 ▪ 0 % nie ▪ 8 % keine Antwort (Anzahl der antwortenden Experten = 38)	▪ 32 % Verfügbarkeit von Personal ▪ 29 % Naturwissenschaftliche/Technologische Entwicklung ▪ 29 % Erstattung ▪ 26 % Regulierung ▪ 21 % Nicht adäquate und fehlende Standards ▪ 13 % Soziale Faktoren ▪ 13 % Datenschutz ▪ 8 % Fehlende Akzeptanz bei Ärzten ▪ 0 % Fehlende Akzeptanz bei Patienten
Kommentare der Experten ▪ Verfügbarkeit von öffentlichen und privaten Fördergeldern ▪ Politischer Wille ▪ Cluster existieren bereits, der Weg in die Anwendung ist noch langwierig	

<table>
<tr><td colspan="2">These 7: Pharmaunternehmen entwickeln Diagnostiktests überwiegend gemeinsam mit Diagnostikunternehmen und vertreiben diese zusammen mit dem Medikament.</td></tr>
<tr><td>Eintrittswahrscheinlichkeit
▪ 39 % ab 2015
▪ 24 % ab 2020
▪ 13 % ab 2025
▪ 13 % ab 2030
▪ 5 % nie
▪ 5 % keine Antwort

(Anzahl der antwortenden Experten = 38)</td><td>Verhindernde und verzögernde Faktoren
▪ 82 % Erstattung
▪ 63 % Regulierung
▪ 29 % Nicht adäquate und fehlende Standards
▪ 18 % Naturwissenschaftliche/Technologische Entwicklung
▪ 18 % Fehlende Akzeptanz bei Ärzten
▪ 11 % Soziale Faktoren
▪ 11 % Datenschutz
▪ 8 % Fehlende Akzeptanz bei Patienten
▪ 3 % Verfügbarkeit von Personal</td></tr>
<tr><td colspan="2">Kommentare der Experten
▪ Es muss eine Regelung geschaffen werden, damit die Diagnostikanbieter Planungssicherheit haben, dass der entwickelte Test zusammen mit dem Therapeutikum auf den Markt kommt und auch erstattet wird. Derzeit gilt der Grundsatz, dass Diagnostik nur erstattungsfähig ist, wenn es auch eine Therapie gibt; dieser Grundsatz müsste sich ändern, um individualisierte Medizin umzusetzen.
▪ In der EU sind Companions anders als in den USA nicht einheitlich reguliert und erstattet. Hier müsste eine Harmonisierung einsetzen.
▪ Fehlender bzw. zu geringer medizinischer Nutzen, ungünstiges Kosten-Nutzen-Verhältnis, nur geringer Anteil am Gesamt-Pharma- bzw. Diagnostikmarkt.</td></tr>
</table>

Tabelle 3 Ergebnisse der Thesen des Bereiches Cost Structure

<table>
<tr><td colspan="2">These 8: Der hohe Kostendruck hat zu einer engeren Zusammenarbeit zwischen Pharma- und Diagnostikunternehmen, mit gemeinsamer Entwicklung und gemeinsamer Finanzierung bereits in den vor-klinischen Phasen in der Produktentwicklung geführt.</td></tr>
<tr><td>Eintrittswahrscheinlichkeit
▪ 47 % ab 2015
▪ 32 % ab 2020
▪ 3 % ab 2025
▪ 3 % ab 2030
▪ 3 % nie
▪ 13 % keine Antwort

(Anzahl der antwortenden Experten = 38)</td><td>Verhindernde und verzögernde Faktoren
▪ 45 % Erstattung
▪ 42 % Regulierung
▪ 24 % Naturwissenschaftliche/Technologische Entwicklung
▪ 16 % Nicht adäquate und fehlende Standards
▪ 13 % Verfügbarkeit von Personal
▪ 13 % Datenschutz
▪ 11 % Fehlende Akzeptanz bei Ärzten
▪ 8 % Soziale Faktoren
▪ 3 % Fehlende Akzeptanz bei Patienten</td></tr>
</table>

Kommentare der Experten
▪ Zu hohes Investmentrisiko könnte die Unternehmen vor vor-klinischen Kooperationen zurückschrecken lassen. ▪ Das hat wohl weniger mit Kostendruck, als mit der Verfügbarkeit geeigneter Diagnostik in der frühen Entwicklung zu tun. ▪ Ist heute schon Realität, dass die Pharmaunternehmen den Diagnostikpart outsourcen. Größere Pharmafirmen haben bereits eigene Diagnostikabteilungen.

These 9: Der hohe Kostendruck hat bei den Pharmaunternehmen zu deutlichen strukturellen Veränderungen geführt	
Eintrittswahrscheinlichkeit	*Verhindernde und verzögernde Faktoren*
▪ 51 % ab 2015 ▪ 32 % ab 2020 ▪ 8 % ab 2025 ▪ 0 % ab 2030 ▪ 0 % nie ▪ 8 % keine Antwort (Anzahl der antwortenden Experten = 37)	▪ 51 % Erstattung ▪ 41 % Regulierung ▪ 16 % Naturwissenschaftliche/Technologische Entwicklung ▪ 11 % Nicht adäquate und fehlende Standards ▪ 11 % Fehlende Akzeptanz bei Ärzten ▪ 11 % Verfügbarkeit von Personal ▪ 8 % Datenschutz ▪ 5 % Soziale Faktoren ▪ 3 % Fehlende Akzeptanz bei Patienten
Kommentare der Experten	
▪ Diese Entwicklung hat bereits begonnen – jedoch unabhängig von der Personalisierten Medizin	

Tabelle 4 Ergebnisse der Thesen des Bereiches Customer Relationships

These 10: Steigende Komplexität und steigende Informationsmengen haben die Therapiepraxis stark verändert.	
Eintrittswahrscheinlichkeit	*Verhindernde und verzögernde Faktoren*
▪ 42 % ab 2015 ▪ 36 % ab 2020 ▪ 11 % ab 2025 ▪ 6 % ab 2030 ▪ 3 % nie ▪ 3 % keine Antwort (Anzahl der antwortenden Experten = 36)	▪ 53 % Fehlende Akzeptanz bei Ärzten ▪ 34 % Erstattung ▪ 33 % Regulierung ▪ 31 % Naturwissenschaftliche/Technologische Entwicklung ▪ 31 % Nicht adäquate und fehlende Standards ▪ 25 % Verfügbarkeit von Personal ▪ 25 % Datenschutz ▪ 22 % Soziale Faktoren ▪ 17 % Fehlende Akzeptanz bei Patienten

Kommentare der Experten

- Diese Komplexitätssteigerung muss aber nicht Folge von IM/PM sein, sondern kann auch Entwicklungen in anderen Feldern geschuldet sein
- Für bestimmte Indikationen wie der Onkologie kann die Therapiepraxis schon früher verändert sein, in der Breite aber erst später.
- Notwendig ist die frühzeitige Einbindung von allen Interessensgruppen, um eine Umsetzung zu realisieren. In vielen Ländern gibt es bereits erste Ansätze zu neuen Therapiestrategien basierend auf individuellen Patienteninformationen.
- Wäre eine Zuordnung eindeutig bestimmbarer biologischer Merkmale möglich, wäre die Komplexität datentechnologisch zu bewältigen. Unklar ist, ob diese Voraussetzung zutrifft.

These 11: Pharma- und Diagnostikunternehmen haben einen stärkeren Einfluss bei der Entwicklung von Behandlungsrichtlinien.

Eintrittswahrscheinlichkeit	*Verhindernde und verzögernde Faktoren*
▪ 14 % ab 2015	▪ 40 % Regulierung
▪ 17 % ab 2020	▪ 34 % Soziale Faktoren
▪ 14 % ab 2025	▪ 31 % Fehlende Akzeptanz bei Ärzten
▪ 3 % ab 2030	▪ 20 % Erstattung
▪ 46 % nie	▪ 11 % Nicht adäquate und fehlende Standards
▪ 6 % keine Antwort	▪ 9 % Naturwissenschaftliche/Technologische Entwicklung
(Anzahl der antwortenden Experten = 35)	▪ 9 % Datenschutz
	▪ 9 % Fehlende Akzeptanz bei Patienten
	▪ 0 % Verfügbarkeit von Personal

Kommentare der Experten

- Wissenschaftliche Erkenntnisse müssen klinisch validiert und regulatorisch stratifiziert werden; ohne Standards gibt es nur Ausuferung, aber kein nachhaltiges Wachstum.
- Im Bereich der Companion Diagnostika ist es wünschenswert, doch diese Mitsprache darf nicht zu einem Freifahrtschein für neue Therapien missbraucht werden.
- Unternehmen können nur zeigen, ob die neuen Ansätze funktionieren, aber sie werden nicht mehr Einfluss auf die Behandlungsrichtlinien haben.

These 12: Der gestiegene Wissens- und Bildungsstand der Patienten hat zu einer direkten Nachfrage nach der Personalisierten Medizin (Diagnostik und Therapie) bei Ärzten und Krankenkassen geführt.	
Eintrittswahrscheinlichkeit	*Verhindernde und verzögernde Faktoren*
▪ 51 % ab 2015 ▪ 34 % ab 2020 ▪ 14 % ab 2025 ▪ 0 % ab 2030 ▪ 0 % nie ▪ 0 % keine Antwort (Anzahl der antwortenden Experten = 35)	▪ 49 % Fehlende Akzeptanz bei Ärzten ▪ 40 % Erstattung ▪ 31 % Fehlende Akzeptanz bei Patienten ▪ 29 % Soziale Faktoren ▪ 17 % Regulierung ▪ 17 % Datenschutz ▪ 14 % Naturwissenschaftliche/Technologische Entwicklung ▪ 14 % Nicht adäquate und fehlende Standards ▪ 3 % Verfügbarkeit von Personal
Kommentare der Experten ▪ Diese Entwicklung hin zu mehr Autonomie bei Patienten ist jetzt schon als Trend zu beobachten und gilt (unabhängig von PM) vor allem für Personen mit hoher Gesundheitskompetenz, damit ist eine starke Abhängigkeit vom sozioökonomischem Status und Zugang zum Internet gegeben ▪ Patienten brauchen verlässliche, neutrale und nachprüfbare Informationen ▪ Für Ärzte sind nachfragende Patienten unbequem ▪ Es ist zu bezweifeln, dass es der gestiegene Wissens- und Bildungsstand der Patienten ist – eher die werbegetriggerte Nachfrage	

Tabelle 5 Ergebnisse der Thesen des Bereiches Key Activities

These 13: Durch die Personalisierte Medizin haben sich die Schwerpunktaktivitäten bei Diagnostik- und Pharmaunternehmen verändert.	
Eintrittswahrscheinlichkeit	*Verhindernde und verzögernde Faktoren*
▪ 43 % ab 2015 ▪ 31 % ab 2020 ▪ 9 % ab 2025 ▪ 9 % ab 2030 ▪ 6 % nie ▪ 3 % keine Antwort (Anzahl der antwortenden Experten = 35)	▪ 51 % Regulierung ▪ 51 % Erstattung ▪ 46 % Naturwissenschaftliche/Technologische Entwicklung ▪ 26 % Fehlende Akzeptanz bei Ärzten ▪ 20 % Nicht adäquate und fehlende Standards ▪ 17 % Datenschutz ▪ 14 % Soziale Faktoren ▪ 14 % Verfügbarkeit von Personal ▪ 11 % Fehlende Akzeptanz bei Patienten

Kommentare der Experten

- Bei einigen Pionier-Firmen ist dies bereits seit einigen Jahren der Fall; immerhin werden bereits jetzt bei 40 Prozent der Phase II-Projekten personalisierte Ansätze verfolgt.
- Die PM wird nicht so erfolgreich sein, dass sie den konventionellen Ansatz verdrängen kann
- Diagnostik- und Pharmaunternehmen laufen hier mit ganz unterschiedlichen Geschwindigkeiten; Diagnostik möchte und kann sofort etwas anbieten, die Pharmaindustrie eher nicht.

These 14: Die Stratifizierung hat zu einer Fragmentierung des Marktes mit starker Nischenbildung und Spezialisierung einzelner kleiner Unternehmen und dem Einstieg neuer Wettbewerber geführt.

Eintrittswahrscheinlichkeit	*Verhindernde und verzögernde Faktoren*
▪ 29 % ab 2015 ▪ 29 % ab 2020 ▪ 14 % ab 2025 ▪ 0 % ab 2030 ▪ 23 % nie ▪ 6 % keine Antwort (Anzahl der antwortenden Experten = 35)	▪ 54 % Erstattung ▪ 46 % Regulierung ▪ 26 % Naturwissenschaftliche/Technologische Entwicklung ▪ 20 % Fehlende Akzeptanz bei Ärzten ▪ 17 % Soziale Faktoren ▪ 14 % Nicht adäquate und fehlende Standards ▪ 14 % Datenschutz ▪ 11 % Verfügbarkeit von Personal ▪ 3 % Fehlende Akzeptanz bei Patienten

Kommentare der Experten

- Einige große Spieler werden die Haupttreiber am Markt sein.
- Spezialisierung einzelner kleiner Unternehmen kann nur funktionieren, wenn die Erstattung der Ergebnisse sichergestellt ist; sonst wird es wissenschaftlich möglich sein, aber wirtschaftlich nicht durchführbar.

Tabelle 6 Ergebnisse der Thesen des Bereiches Channels

These 15: Internet und soziale Medien sind die wichtigste Informationsquelle für Patienten und damit ein zentraler Vertriebskanal für die Personalisierte Medizin.

Eintrittswahrscheinlichkeit	*Verhindernde und verzögernde Faktoren*
▪ 49 % ab 2015 ▪ 14 % ab 2020 ▪ 11 % ab 2025 ▪ 3 % ab 2030 ▪ 20 % nie ▪ 3 % keine Antwort (Anzahl der antwortenden Experten = 35)	▪ 26 % Fehlende Akzeptanz bei Ärzten ▪ 23 % Datenschutz ▪ 20 % Regulierung ▪ 20 % Erstattung ▪ 20 % Fehlende Akzeptanz bei Patienten ▪ 17 % Nicht adäquate und fehlende Standards ▪ 11 % Naturwiss./Technologische Entwicklung ▪ 14 % Soziale Faktoren ▪ 0 % Verfügbarkeit von Personal

Kommentare der Experten ▪ Das Internet als Informationskanal, nicht aber als Vertriebskanal. Die Personalisierte Medizin braucht medizinische und persönliche Beratung. ▪ Internetnutzung ist stark vom sozialen Status und soziodemografischen Faktoren abhängig. Insbesondere für Ältere stellt diese eine Schwierigkeit dar.	
These 16: Die starke Ausdifferenzierung der Personalisierten Medizin hat zu einer Fragmentierung der Produktpalette, zu höheren Preisen und zu einem hohen logistischen Aufwand geführt.	
Eintrittswahrscheinlichkeit ▪ 12% ab 2015 ▪ 27% ab 2020 ▪ 18% ab 2025 ▪ 9% ab 2030 ▪ 26% nie ▪ 9% keine Antwort (Anzahl der antwortenden Experten = 34)	*Verhindernde und verzögernde Faktoren* ▪ 53% Erstattung ▪ 35% Regulierung ▪ 24% Naturwissenschaftliche/Technologische Entwicklung ▪ 18% Nicht adäquate und fehlende Standards ▪ 12% Fehlende Akzeptanz bei Ärzten ▪ 12% Datenschutz ▪ 9% Soziale Faktoren ▪ 3% Verfügbarkeit von Personal ▪ 0% Fehlende Akzeptanz bei Patienten
Kommentare der Experten ▪ Für erfolgreiche Therapien ist diese Aussage richtig, die PM wird aber keine allumfassende Bedeutung bekommen. ▪ Es ist nicht zwingend, dass diese Entwicklung jemals eintritt.	

Tabelle 7 Ergebnisse der Thesen des Bereiches Value Proposition

These 17: Die Personalisierte Medizin hat zu erheblichen Einsparungen im Gesundheitswesen geführt.	
Eintrittswahrscheinlichkeit ▪ 3% ab 2015 ▪ 21% ab 2020 ▪ 9% ab 2025 ▪ 18% ab 2030 ▪ 50% nie ▪ 0% keine Antwort (Anzahl der antwortenden Experten = 34)	*Verhindernde und verzögernde Faktoren* ▪ 41% Erstattung ▪ 38% Regulierung ▪ 18% Fehlende Akzeptanz bei Ärzten ▪ 12% Nicht adäquate und fehlende Standards ▪ 9% Naturwissenschaftliche/Technologische Entwicklung ▪ 9% Verfügbarkeit von Personal ▪ 6% Soziale Faktoren ▪ 6% Datenschutz ▪ 3% Fehlende Akzeptanz bei Patienten

Kommentare der Experten
▪ Derzeit ist nicht absehbar, ob es zu einer wesentlichen Verteuerung oder zu erheblichen Kosteneinsparungen kommt. Es bedarf dringend Studien, in denen die indirekten Kosten mitaufgelistet werden: Einsparung durch Nichttherapie, „fehlende“ Nebenwirkungen und schnellere Heilung durch geeigneteres Medikament. ▪ Zunächst ist Investment notwendig, später könnte man vielleicht sogar Einsparungen erwarten, wenn Therapie- und Präventionsstrategien gegriffen haben. ▪ Das Einsparpotential hängt an den Preisen für die Diagnostika und am Personalisierungsgrad in Verbindung mit Entwicklungs- und Herstellungskosten der Arzneimittel ▪ Die Sinnhaftigkeit jeder Maßnahme muss klinisch eindeutig nachgewiesen werden. ▪ Der technisch-wissenschaftliche Fortschritt führt in der Medizin selten zu Kostenersparnis. ▪ Versorgung ist noch nie billiger geworden

Tabelle 8 Ergebnisse der Thesen des Bereiches Revenue

These 18: Die Kosten für Diagnostiktests werden in erheblichem Umfang durch die gesetzlichen Krankenversicherungen erstattet.	
Eintrittswahrscheinlichkeit	*Verhindernde und verzögernde Faktoren*
▪ 15 % ab 2015 ▪ 35 % ab 2020 ▪ 29 % ab 2025 ▪ 6 % ab 2030 ▪ 12 % nie ▪ 3 % keine Antwort (Anzahl der antwortenden Experten = 34)	▪ 53 % Regulierung ▪ 68 % Erstattung ▪ 24 % Nicht adäquate und fehlende Standards ▪ 18 % Naturwissenschaftliche/Technologische Entwicklung ▪ 18 % Fehlende Akzeptanz bei Ärzten ▪ 18 % Soziale Faktoren ▪ 15 % Datenschutz ▪ 3 % Fehlende Akzeptanz bei Patienten ▪ 0 % Verfügbarkeit von Personal
Kommentare der Experten	
▪ Wenn die Tests wirksam sind, finanzieren die Krankenkassen sie auch, aber bisher gibt es nur wenige funktionierende Beispiele. ▪ Dies ist bereits der Fall. Die Erstattung des Diagnostikums geht jedoch noch nicht Hand in Hand mit der Zulassung des zugehörigen Medikaments. ▪ Die klassischen Kriterien zur Nutzenbewertung sind auf die Personalisierte Medizin nicht anwendbar. ▪ Die prekäre Finanzausstattung lässt öffentlich-rechtliche Gesundheitskassen die Erstattung von Diagnostika verzögern, was den optimalen Ressourceneinsatz behindert und verlangsamt. ▪ Politischer Wille ▪ Das ist für mich ein essentieller Ansatz, damit die Personalisierte Medizin eine Zukunft hat	

- Mit zunehmender Eigenverantwortung der Patienten werden sich die Krankenkassen gerne darauf zurückziehen und weiterhin viele Diagnostikkosten beim Patienten lassen.

These 19: Der Wunsch nach besserer Therapie hat zu einer hohen Bereitschaft zur privaten Kostenübernahme geführt.

Eintrittswahrscheinlichkeit	*Verhindernde und verzögernde Faktoren*
▪ 26% ab 2015 ▪ 29% ab 2020 ▪ 6% ab 2025 ▪ 12% ab 2030 ▪ 24% nie ▪ 3% keine Antwort (Anzahl der antwortenden Experten = 34)	▪ 35% Erstattung ▪ 35% Fehlende Akzeptanz bei Patienten ▪ 29% Soziale Faktoren ▪ 26% Regulierung ▪ 18% Fehlende Akzeptanz bei Ärzten ▪ 15% Nicht adäquate und fehlende Standards ▪ 3% Verfügbarkeit von Personal ▪ 0% Naturwiss./Technologische Entwicklung ▪ 0% Datenschutz

Kommentare der Experten

- Abhängig von der Einkommenssituation: Wer sich eine abgestimmte, nebenwirkungsärmere und wirksamere Therapie leisten kann, wird es machen, im großen Stil wird sich das aber durch die wirtschaftliche Situation des Großteils der Bevölkerung nicht durchsetzen
- „Hohe“ Bereitschaft ist in Deutschland unrealistisch, zumal die überzeugend wirksamen Therapien von der GKV erstattet werden müssen
- Solange die GKV als Vollversicherung ausgelegt ist, wird dies nicht der Fall sein
- Ich hoffe nicht, dass es dazu kommt und nur noch derjenige eine Therapie neuesten Standes erhält, der die richtige Versicherung gewählt hat
- Unklarheit unter den Patienten führt zu Misstrauen gegenüber Medizin und System
- Die Ressourcen sind grundsätzlich begrenzt

These 20: Die Prävention ist neben der Therapie eine wichtige Umsatzquelle für die Pharma- und Diagnostikunternehmen

Eintrittswahrscheinlichkeit	*Verhindernde und verzögernde Faktoren*
▪ 18% ab 2015 ▪ 18% ab 2020 ▪ 35% ab 2025 ▪ 3% ab 2030 ▪ 24% nie ▪ 3% keine Antwort (Anzahl der antwortenden Experten = 34)	▪ 56% Erstattung ▪ 38% Regulierung ▪ 26% Fehlende Akzeptanz bei Patienten ▪ 24% Fehlende Akzeptanz bei Ärzten ▪ 21% Naturwissenschaftliche/Technologische Entwicklung ▪ 12% Nicht adäquate und fehlende Standards ▪ 12% Soziale Faktoren ▪ 9% Datenschutz ▪ 0% Verfügbarkeit von Personal

Kommentare der Experten

- Entscheidend ist, dass es nicht nur hinreichend sensitive und spezifische Tests gibt, sondern auch Präventionsstrategien, die vermarktbar sind, jenseits von „Essen Sie mehr Obst!“
- Eine grundlegende wirksame Prävention wird kaum erreichbar sein.
- Eine Untersuchung ganzer Bevölkerungsschichten kann sich das Gesundheitssystem nicht leisten, so wird die Genomanalyse dem privaten Sektor vorenthalten bleiben.

3.2 Zusammenfassung zentraler Ergebnisse, erste Befragungsrunde

Im folgenden Kapitel werden wesentliche Ergebnisse der ersten Befragungsrunde zusammenfassend dargestellt. Zur Strukturierung dienen erneut die Bereiche des Geschäftsmodell-Rasters (vgl. Kapitel 3).

Key Partners

Schlüsselpartner sind insbesondere Hochschulen und Forschungseinrichtungen, die Wissen akkumulieren und Technologien entwickeln, die die Grundlage bilden für Produkte und Dienstleistungen der Personalisierten Medizin (vgl. Thesen 1 bis 3). Nach der überwiegenden Einschätzung der Experten, sind Wissen und Technologien für die Personalisierte Medizin bereits ab 2015 (48 Prozent) bzw. ab 2020 (24 Prozent) verwertungsreif. Hier ist jedoch eine differenziertere Betrachtung erforderlich. In ausgewählten Bereichen gibt es schon heute Anwendungen (z. B. Onkologie), während sich in anderen Bereichen (z. B. biomarkerbasierte Prädiktion) nach Einschätzung der Experten keine raschen Anwendungen abzeichnen. Als wesentliche Barriere bei der Überführung von Wissen und Technologien in Produkte und Dienstleistungen der Personalisierten Medizin werden die „Erstattung“ und „Regulierung“ genannt (jeweils 68 Prozent der Experten). An dieser Stelle verweisen die Experten auf die Notwendigkeit einer klaren Formulierung von Anforderungen an die Diagnostik durch die EMA und die wichtige Rolle der Krankenkassen im Hinblick auf die Erstattungsfähigkeit von Produkten und Dienstleistungen der Personalisierten Medizin.

Nach Einschätzung der Experten ist es zudem notwendig, die Forschungsarbeiten an Wissenschaftseinrichtungen stärker auf den tatsächlichen Bedarf in der Anwendung auszurichten. Das Schließen der Lücke zwischen Forschung und Anwendung erwarten rund 26 Prozent der Experten ab 2015 bzw. ab 2025 (vgl. These 2). Immerhin glauben noch knapp 20 Prozent der Experten, dass der Schulterschluss zwischen Forschung an Hochschulen und Forschungseinrichtungen und der Wirtschaft nie gelingen wird. Die unterschiedlichen Zielstellungen von Forschungseinrichtungen und Unternehmen machen eine Professionalisierung des Technologietransfers erforderlich und eine bessere Vernetzung der Akteure in Wissenschaft und Wirtschaft.

Einen Durchbruch bei den Forschungsbemühungen, auch in Indikationsgebieten außerhalb der Onkologie, schätzen 35 Prozent ab 2020 als realistisch ein, weitere 21 Prozent geben ab 2025 als Zeitfenster an. Somit sieht eine Mehrheit der Experten eher mittel- bis langfristige Realisierungszeiträume. Neben erkenntnistheoretischen Begrenzungen bei der Umsetzung in tatsächliche Anwendungen, werden seitens der Experten auch fehlende Geschäftsmodelle auf Abnehmerseite angesprochen, die einen wissenschaftlich/technologischen push nach sich ziehen würden.

Unbestritten ist die hohe Bedeutung der Medizin- und Bioinformatik für die weitere Entwicklung der Personalisierten Medizin mit Auswirkungen auf die komplette Wertschöpfungskette (vgl. These 4 und 5).

Der überwiegende Teil der Experten (57 Prozent) glaubt, dass die Integration der Medizin- und Bioinformatikdienstleister in die Wertschöpfungskette relativ kurzfristig, nämlich ab 2015 gelingen kann. Weitere 19 Prozent stimmen der These immerhin noch für einen mittelfristigen Realisierungszeitraum ab 2020 zu. Bei der Integration, wird u. a. auf die fehlenden Fachkräfte in diesem Bereich verwiesen, was eine wesentliche Barriere (38 Prozent) in der weiteren Entwicklung der Personalisierten Medizin darstellt. Zudem mangelt es noch an Tools, die eine schnelle Auswertung großer Datenmengen ermöglichen. Große Datenmengen bilden zunehmend die Grundlage in der Diagnostik für personalisierte medizinische Anwendungen. Bis zu endgültigen Analyseergebnissen müssen heute jedoch noch eine Vielzahl von unterschiedlichen Prozessschritten mit großen Datenmengen und unterschiedlichen Formaten durchlaufen werden. Dauert die Auswertung von Genomanalysen für personalisierte Therapieansätze heute noch vier bis sechs Wochen (Schapranow 2013, S. 8), können neue Medizin- und Bioinformatiklösungen einen Enabler für die Personalisierte Medizin darstellen.

Im Hinblick auf die Verortung in der Unternehmensorganisation (vgl. These 5), kann die Medizin- und Bioinformatik integraler Bestandsteil vorhandener Business Units werden oder -insofern sinnvoll- administrativ abgegrenzt werden. Die Mehrheit der Experten sehen auch hier eher kurzfristige (29 Prozent ab 2015) bis mittelfristige (31 Prozent ab 2020) Realisierungszeiträume. Notwendige Voraussetzung ist jedoch die Verfügbarkeit von Fachkräften, die die Bereiche Medizin/Biologie und Informatik beherrschen.

Key Resources

Als Key Resources wurden in der Analyse insbesondere die notwendige Forschungsinfrastruktur für die Personalisierte Medizin und das Zusammenspiel zwischen Diagnostik und Therapie adressiert (vgl. These 6 und These 7). Der Großteil der Experten geht davon aus, dass sich Exzellenzcluster der Personalisierten Medizin ab 2015 (45 Prozent) bzw. ab 2020 (42 Prozent) etablieren. Dies erfordert nach Einschätzung der Experten eine adäquate öffentliche und private Förderung sowie eine entsprechende politische Willensbildung.

Im Hinblick auf die gemeinsame Entwicklung von Diagnostiktests zwischen Pharma- und Diagnostikunternehmen (vgl. These 7), weisen die Experten auf regulatorische Barrieren hin, die eine gemeinsame Vermarktung von Diagnostik und Therapeutikum derzeit nicht erlauben. So gehen zwar 39 Prozent der Experten davon aus, dass die gemeinsame Entwicklung und Vermarktung bereits ab 2015 möglich ist, während 24 Prozent mit einem mittelfristigen Zeitraum, nämlich ab 2020 rechnen und jeweils ca. 13 Prozent der Experten diese Entwicklung erst langfristig, nämlich ab 2025 bzw. 2030 als realistisch einschätzen.

Die Experten fordern hier Richtlinien, die sicherstellen, dass Test und Therapeutikum am Markt etabliert werden können und erstattungsfähig sind. Dementsprechend stellen die Faktoren „Erstattung“ (82 Prozent) und „Regulierung“ (63 Prozent) die zentralen Barrieren bei der Umsetzung der in der These formulierten Annahmen dar.

Cost Structure

In der Delphi Analyse werden Thesen untersucht, die Auswirkungen des hohen Kostendrucks bei der Entwicklung von Produkten für die Personalisierte Medizin thematisieren (vgl. These 8 und These 9). Der Großteil der Experten sieht eine engere Zusammenarbeit zwischen Pharma- und Diagnostikunternehmen mit einer gemeinsamen Entwicklung und Finanzierung in vor-klinischen Phasen bereits ab 2015 (47 Prozent) bzw. ab 2020 (32 Prozent) als realistisch an. Neben den Faktoren „Erstattung“ (45 Prozent) und „Regulierung“ (42 Prozent) werden ein hohes Investitionsrisiko und die mangelnde Verfügbarkeit von Diagnostika in frühen Phasen als zentrale Barrieren dieser Entwicklung benannt (vgl. These 8). Es wird aber auch darauf hingewiesen, dass die in der These beschriebene Situation bereits auch schon heute teilweise besteht. Damit im Zusammenhang stehen strukturelle Veränderungen in den Pharmaunternehmen, die von über 50 Prozent der Experten bereits ab 2015 und von mehr als 30 Prozent ab 2020 erwartet werden (vgl. These 9).

Customer Relationships

In den Thesen 10 bis 12 werden eine veränderte Therapiepraxis sowie ein neues Nachfrageverhalten der Patienten beschrieben, das veränderte Formen der Interaktion mit dem Patienten erfordern könnte. Aufgrund gestiegener Komplexität und Informationsmengen erwartet ein großer Teil der Experten (42 Prozent) ab 2015 eine veränderte Therapiepraxis bzw. 36 Prozent der Experten ab 2020. Seitens der Experten wird erneut auf die Notwendigkeit einer differenzierten

Betrachtung hingewiesen. So kann die Therapiepraxis, z.B. in der Onkologie schon früher Veränderungen unterworfen sein, während ein Wandel, bezogen auf breite Indikationsfelder, erst zu einem späteren Zeitpunkt realistisch ist. Als eine wesentliche Barriere wird der Faktor „Fehlende Akzeptanz bei Ärzten“ herausgestellt (53 Prozent) gefolgt von dem Faktor „Erstattung“ mit 39 Prozent.

Interessant ist die Einschätzung der Experten zu These 11, in der ein stärkerer Einfluss der Pharma- und Diagnostikunternehmen auf die Entwicklung der Behandlungsrichtlinien unterstellt wird. Das Eintreffen halten immerhin 46 Prozent der Experten für unwahrscheinlich. Nach Einschätzung der Experten sollten Unternehmen demzufolge nur nachweisen das neue Ansätze funktionieren, ohne direkten Einfluss auf die Behandlungsrichtlinien nehmen zu können.

In These 12 wird der gestiegene Wissens- und Bildungsstand der Patienten angesprochen, der wiederum eine stärkere Nachfrage nach Produkten und Dienstleistungen der Personalisierten Medizin auslösen soll. Dies wird von den Experten in der Mehrheit (51 Prozent) bereits ab 2015 als wahrscheinlich angesehen. Die Experten weisen aber auch darauf hin, dass die adäquate Information der Patienten, im Sinne von neutralen, nachprüfbaren und verlässlichen Hinweisen und Auskünften, notwendig wird. Als eine wesentliche Barriere bei der Realisierung der These wird der Faktor „Akzeptanz bei Ärzten“ (49 Prozent) angeführt, für die nachfragende und/oder informierte Patienten auch als „unbequem“ angesehen werden könnten.

Key Activities

In der Delphi Analyse werden Thesen formuliert, die eine Veränderung der Aktivitäten von Pharma- und Diagnostikunternehmen unterstellen, ausgelöst durch die Anforderungen der Personalisierten Medizin (vgl. These 13). Das Eintreffen dieser These wird von rund 43 Prozent der Experten mit einem Realisierungszeitraum ab 2015 und von 31 Prozent ab 2020 als realistisch eingeschätzt. Des Weiteren weisen die Experten darauf hin, dass es einerseits schon heute Unternehmen gibt, die deutlich neue Schwerpunkte setzen im Hinblick auf die Personalisierte Medizin. Andererseits äußern sich die Experten auch skeptisch und bezweifeln, dass die Personalisierte Medizin über Nischenanwendungen hinaus zur Anwendung gelangen kann. Wesentliche hemmende Faktoren sind dabei die Faktoren „Erstattung“ (51 Prozent), „Regulierung“ (51 Prozent) sowie der Faktor „Naturwissenschaftliche/Technologische Entwicklung“ (46 Prozent).

In These 14 werden neue Marktstrukturen angesprochen, die den Leistungserstellungsprozess von Produkten und Dienstleistungen in der Personalisierten Medizin verändern könnten. Dabei wird in der These eine Fragmentierung des Marktes mit Nischenbildung und spezialisierten Anbietern unterstellt. Die Einschätzungen der Experten sind diesbezüglich stark verteilt über die unterschiedlichen Zeithorizonte. Während 29 Prozent das Eintreffen der These ab 2015 als realistisch einschätzen, halten 23 Prozent die These für unwahrscheinlich und glauben nicht an eine solche Entwicklung. Gründe dafür sind insbesondere die nach wie vor hohen Kosten in der Entwicklung neuer Anwendungen und für klinische Studien, die sich kleine Unternehmen kaum leisten könnten.

Channels

In die Delphi Analyse wird eine These aufgenommen, die das Internet und soziale Medien als neue Informations- und Vertriebskanäle vorsieht (vgl. These 15). Das Eintreffen dieser These sieht ein großer Teil der Experten ab 2015 (49 Prozent) als realistisch an, andererseits vertreten auch 20 Prozent der Experten die Auffassung, dass die in der These beschriebene Entwicklung nicht eintreten wird. Die Experten betonen dabei, dass das Internet zwar eine Informationsplattform sein kann aber kein Vertriebskanal. Diese Einschätzung wird auch durch die häufige Nennung der hemmenden Faktoren „Fehlende Akzeptanz bei Ärzten“ (26 Prozent), „Datenschutz“ (23 Prozent) und „Fehlende Akzeptanz bei Patienten“ (20 Prozent) unterstrichen.

In These 16 wird ein höherer Aufwand in der Logistik und höhere Preise durch die starke Ausdifferenzierung der Personalisierten Medizin unterstellt. Die Einschätzungen zum Eintreffen dieser These sind stark über alle Zeiträume verteilt und werden von 26 Prozent der Experten ausgeschlossen aber auch von 26 Prozent der Experten ab 2020 als realistisch eingeschätzt. Im Hinblick auf diese These bestehen offenkundig unterschiedliche Meinungen seitens der Experten. Als wesentliche Barriere wurde der Faktor „Erstattung“ benannt mit knapp 53 Prozent.

Value Proposition

Mit der in die Delphi Analyse aufgenommenen These wird behauptet, dass die Personalisierte Medizin das Potenzial aufweist, Einsparungen im Gesundheitssystem auszulösen (vgl. These 17). Hintergrund dieser These sind dabei neue Möglichkeiten in der Patientenversorgung, die mit einer zielgerichteten Therapie und klinisch effizientere Produkten einhergehen. Hier ist die Hälfte der Experten der Auffassung, dass diese These nicht eintreffen wird, während im Gegensatz dazu z.B. 21 Prozent diese Entwicklung ab 2020 für möglich halten. Bislang ist nach Auffassung eines Experten noch nicht absehbar, ob es durch die Personalisierte Medizin zu einer Verteuerung oder zu Kosteneinsparungen kommen wird. Die Hälfte der Experten halten eher eine Verteuerung des Gesundheitswesen für eine wahrscheinlichere Entwicklung. Interessant ist die Anregung eines Experten, der zunächst die konkrete Ermittlung von Einsparungen empfiehlt, die durch die Personalisierte Medizin ausgelöst werden können, wie z.B. Einsparungen, die sich durch Nichttherapie ergeben oder Einsparungen durch fehlende Nebenwirkungen oder eine schnellere Heilung.

Revenues

In These 18 wird die Erstattungsfähigkeit von Diagnostiktest angesprochen. Der größte Teil der Experten halten diese Entwicklung mittelfristig für möglich. 35 Prozent glauben, dass die Kosten für Diagnostiktests in erheblichem Umfang ab 2020 von den Krankenversicherungen erstattet werden und 29 Prozent der Experten sehen diese Entwicklung ab 2025. Die Experten weisen darauf hin, dass wirksame Tests und Tests mit wichtigen Konsequenzen auch erstattet werden, auch wenn es bislang dafür nur wenige Beispiele gibt. Ein Experte verweist hier auf den geringen finanziellen Spielraum der gesetzlichen Krankenversicherungen, was die Erstattungsfähigkeit der Diagnostiktests verzögert. Zudem wird angesprochen, dass die klassischen Bewertungsmaßstäbe, die Grundlage für Erstattungsentscheidungen sind, zunächst auf die Personalisierte Medizin angepasst werden müssen. Ein anderer Experte führt an, dass die zunehmende Eigenverantwortung der Patienten dazu beiträgt, viele Diagnostikkosten auf der Seite der Patienten zu belassen.

Die höhere Bereitschaft der Patienten Kosten zu übernehmen, wird in These 19 unterstellt, ausgelöst durch den Wunsch nach besserer Therapie. Dieser These stimmen die Experten nur bedingt zu. Zwar schätzen 26 Prozent der Experten die These ab 2015 und 29 Prozent der Experten die These ab 2020 als realistisch ein, andererseits sehen 24 Prozent der Experten diese Entwicklung nicht. Hintergrund der Experteneinschätzungen ist die unterschiedliche Einkommenssituation der Menschen, die bei Personen, die über die entsprechenden Mittel verfügen, eine entsprechende Bereitschaft zur privaten Kosten vermuten lässt, jedoch nicht bei großen Teilen der Bevölkerung (vgl. Kommentare zu These 19).

In These 20 wird der Frage nachgegangen, ob die Prävention neben der Therapie eine weitere Umsatzquelle für Unternehmen sein kann. Diese These folgen 24 Prozent der Experten nicht. Hier fehlt es nach ihrer Einschätzung schlichtweg an wirksamen und nützlichen Präventionsstrategien. Andere Experten sehen diese Entwicklung ab 2025 als realistisch an (35 Prozent); einige Experten (jeweils 18 Prozent) sehen diese Entwicklung ab 2020 bzw. ab 2015 realisiert. Eine wesentliche Barriere ist neben dem Faktor „Erstattung“ eine mangelnde Akzeptanz bei Patienten.

4 Die zweite Befragungsrunde

In der zweiten Befragungsrunde werden elf ausgewählte Thesen im Hinblick auf den jeweiligen Eintrittszeitraum erneut bewertet (vgl. Abfragebeispiel in Abbildung 2). Die Experten sind aufgefordert, in Freitextfeldern möglichst konkrete Schritte zum Umgang mit den Faktoren anzuführen, die das Eintreten der These behindern oder verzögern (vgl. Abfragebeispiel in Abbildung 3). Mit diesem Vorgehen können Lösungsvorschläge erarbeitet und Handlungsempfehlungen gegeben werden.

4.1 Auswahl der Thesen für die zweite Befragungsrunde

In der zweiten Befragungsrunde werden Thesen, die bereits eine konsensorientierte Expertenmeinung indizierten und durch eine erneute Bewertung keine neuen Erkenntnisse erwarten lassen, nicht mehr berücksichtigt (z.B. These 1). Dies gilt dann, wenn ein deutlich überwiegender Teil der Experten (mehr als 70 Prozent) das gleiche Zeitfenster adressiert. Kurzfristige Zeitfenster (ab 2015) und mittelfristige Zeitfenster (ab 2020) werden dabei zu einem kurz- bis mittelfristigem Zeitfenster (ab 2015 bis 2024) zusammengefasst. Zeitfenster ab 2025 und ab 2030 werden als langfristig angesehen und zu einem langfristigen Zeitfenster (ab 2025) zusammengefasst. Thesen, deren Realisierungszeiträume seitens der Experten sehr heterogen bewertet werden (z.B. These 2) und Thesen, die keinen deutlichen Konsens aufweisen und zudem ein zentrales Problemfeld mit hohem Einfluss auf die Geschäftsmodellgestaltung adressieren (z.B. These 14), werden erneut untersucht.

Erwartet ein überwiegender, aber nicht deutlich überwiegender Teil der Experten (mehr als 50 Prozent aber unter 70 Prozent) das Eintreffen der Entwicklung ab einem spezifischen Zeitfenster, wird die Abfrage der These in der zweiten Befragungsrunde empfohlen.

Die nachfolgende Übersicht verdeutlicht das gewählte Auswahlverfahren.

Tabelle 9 Auswahlschema zur Thesenreduktion für die zweite Befragungsrunde

These	Realisierungszeitraum (Konsens/Dissens)	Empfehlung zur 2. Befragungsrunde
1	▪ Deutlich überwiegender Teil der Experten[1] erwartet kurz- bis mittelfristigen Realisierungszeitraum	▪ 2. Befragungsrunde nicht erforderlich ▪ Kommentare verwertbar, es wird kein signifikanter Erkenntniszuwachs in Runde 2 erwartet

[1] Deutlich überwiegender Teil der Experten = mehr als 70 % der Experten

These	Realisierungszeitraum (Konsens/Dissens)	Empfehlung zur 2. Befragungsrunde
2	▪ Ein signifikanter Teil[2] der Experten erwartet kurz- bis mittelfristigen Realisierungszeitraum ▪ Aussagen zum erwarteten Realisierungszeitraum sind insgesamt heterogen	▪ 2. Befragungsrunde erforderlich ▪ Kommentare verwertbar, Erkenntniszuwachs in Runde 2 möglich
3	▪ Aussagen zum erwarteten Realisierungszeitraum sind noch heterogen ▪ Überwiegender Teil der Experten[3] sieht mittel- bis langfristige Realisierungszeiträume	▪ 2. Befragungsrunde empfohlen ▪ Kommentare verwertbar, Erkenntniszuwachs in Runde 2 möglich
4	▪ Deutlich überwiegender Teil der Experten erwartet kurz- bis mittelfristigen Realisierungszeitraum	▪ 2. Befragungsrunde nicht erforderlich ▪ Kommentare verwertbar, es wird kein signifikanter Erkenntniszuwachs in Runde 2 erwartet
5	▪ Überwiegender Teil der Experten erwartet kurz- bis mittelfristigen Realisierungszeitraum	▪ 2. Befragungsrunde nicht erforderlich ▪ Kommentare verwertbar, es wird kein signifikanter Erkenntniszuwachs in Runde 2 erwartet ▪ Inhaltliche Bezüge zu These 4
6	▪ Deutlich überwiegender Teil der Experten erwartet kurz- bis mittelfristigen Realisierungszeitraum	▪ 2. Befragungsrunde nicht erforderlich ▪ Kommentare verwertbar, es wird kein signifikanter Erkenntniszuwachs in Runde 2 erwartet
7	▪ Überwiegender Teil der Experten erwartet kurz- bis mittelfristigen Realisierungszeitraum ▪ These adressiert zentrales Problemfeld mit hohem Einfluss auf Geschäftsmodellgestaltung	▪ 2. Befragungsrunde empfohlen ▪ Kommentare verwertbar, Erkenntniszuwachs in Runde 2 möglich
8	▪ Deutlich überwiegender Teil der Experten erwartet kurz- bis mittelfristigen Realisierungszeitraum	▪ 2. Befragungsrunde nicht erforderlich ▪ Kommentare verwertbar, es wird kein signifikanter Erkenntniszu-

[2] Signifikanter Teil der Experten = mindesten 20 % der Experten

[3] Überwiegender Teil der Experten = mehr als 50 % aber weniger als 70 % der Experten

These	Realisierungszeitraum (Konsens/Dissens)	Empfehlung zur 2. Befragungsrunde
		wachs in Runde 2 erwartet
9	▪ Deutlich überwiegender Teil der Experten erwartet kurz- bis mittelfristigen Realisierungszeitraum ▪ Davon erwarten 50 % der Experten kurzfristigen Realisierungszeitraum	▪ 2. Befragungsrunde nicht erforderlich ▪ Kommentare verwertbar, es wird kein signifikanter Erkenntniszuwachs in Runde 2 erwartet
10	▪ Deutlich überwiegender Teil der Experten erwartet kurz- bis mittelfristigen Realisierungszeitraum	▪ 2. Befragungsrunde nicht erforderlich ▪ Kommentare verwertbar, es wird kein signifikanter Erkenntniszuwachs in Runde 2 erwartet
11	▪ Ein signifikanter Teil der Experten sieht die These als nicht realistisch an; ein ähnlich großer Anteil sieht kurz- bis langfristige Realisierungszeiträume	▪ 2. Befragungsrunde erforderlich ▪ Kommentare verwertbar, Erkenntniszuwachs in Runde 2 möglich
12	▪ Deutlich überwiegender Teil der Experten erwartet kurz- bis mittelfristigen Realisierungszeitraum ▪ Davon erwarten 51 % der Experten kurzfristigen Realisierungszeitraum	▪ 2. Befragungsrunde nicht erforderlich ▪ Kommentare verwertbar, es wird kein signifikanter Erkenntniszuwachs in Runde 2 erwartet
13	▪ Deutlich überwiegender Teil der Experten erwartet kurz- bis mittelfristigen Realisierungszeitraum	▪ 2. Befragungsrunde nicht erforderlich ▪ Kommentare verwertbar, es wird kein signifikanter Erkenntniszuwachs in Runde 2 erwartet
14	▪ Überwiegender Teil der Experten der Experten erwartet kurz- bis mittelfristigen Realisierungszeitraum ▪ These adressiert zentrales Problemfeld mit hohem Einfluss auf Geschäftsmodelle	▪ 2. Befragungsrunde empfohlen ▪ Kommentare verwertbar, Erkenntniszuwachs in Runde 2 möglich
15	▪ Überwiegender Teil der Experten der Experten erwartet kurz- bis mittelfristigen Realisierungszeitraum	▪ 2. Befragungsrunde empfohlen ▪ Kommentare verwertbar, Erkenntniszuwachs in Runde 2 möglich

These	Realisierungszeitraum (Konsens/Dissens)	Empfehlung zur 2. Befragungsrunde
	▪ Signifikanter Teil der Experten sehen keine Realisierungsmöglichkeit	
16	▪ Aussagen zum erwarteten Realisierungszeitraum sind heterogen	▪ 2. Befragungsrunde erforderlich ▪ Kommentare verwertbar, Erkenntniszuwachs in Runde 2 möglich
17	▪ Genau die Hälfte der Experten sieht keine Realisierungsmöglichkeit; signifikanter Teil der Experten sieht mittelfristigen Realisierungszeitraum	▪ 2. Befragungsrunde erforderlich ▪ Kommentare verwertbar, Erkenntniszuwachs in Runde 2 möglich
18	▪ Aussagen zum erwarteten Realisierungszeitraum sind heterogen ▪ Signifikanter Teil der Experten sieht mittel- und langfristige Realisierungszeiträume	▪ 2. Befragungsrunde erforderlich ▪ Kommentare verwertbar, Erkenntniszuwachs in Runde 2 möglich
19	▪ Großer Teil der Experten erwartet kurz- bis mittelfristige Realisierungszeitraum ▪ Signifikanter Teil der Experten sehen keine Realisierungsmöglichkeit	▪ 2. Befragungsrunde empfohlen ▪ Kommentare verwertbar, Erkenntniszuwachs in Runde 2 möglich
20	▪ Aussagen zum erwarteten Realisierungszeitraum sind heterogen ▪ Signifikanter Teil der Experten sieht langfristige (ab 2025) Realisierungsmöglichkeit	▪ 2. Befragungsrunde erforderlich ▪ Kommentare verwertbar, Erkenntniszuwachs in Runde 2 möglich

4.2 Auswertung der zweiten Befragungsrunde

Im folgenden Kapitel werden die Einschätzungen der Experten zu den ausgewählten Thesen sowie ihre Handlungsempfehlungen zum Umgang mit den drei am häufigsten genannten verhindernden und verzögernden Faktoren der ersten Befragungsrunde präsentiert. Die Expertenangaben zum Eintrittszeitfenster werden für die jeweiligen Thesen als relativer Wert (in Prozentangaben) dargestellt. Durch Rundung der Prozent-Anteile können bei der Berechnung geringfügige Rundungsdifferenzen entstehen.

Tabelle 10 Ergebnisse der ausgewählten Thesen des Bereiches Key Partners

These 2: Die Lücke zwischen der Forschung an Hochschulen und außeruniversitären Forschungseinrichtungen und der Anwendung in Unternehmen ist geschlossen.	
Eintrittswahrscheinlichkeit ▪ 0 % ab 2015 ▪ 32 % ab 2020 ▪ 27 % ab 2025 ▪ 9 % ab 2030 ▪ 23 % nie ▪ 9 % keine Antwort (Anzahl der antwortenden Experten = 22)	*Realisierungszeitraum* ▪ Überwiegender Teil der Experten[4] erwartet mittel- bis langfristige Realisierungszeiträume ▪ Signifikanter Anteil der Experten sieht die Entwicklung nicht, ähnlich wie in der ersten Befragungsrunde
Handlungsempfehlungen *Regulierung (41 %)* ▪ Mehr und frühere Einflussnahme der Praxis auf die Gesetzgebung (Verbandsarbeit) ▪ Regulierung neu definieren bzw. abbauen ▪ Gesetzgeber zu vereinfachten Regelungen anhalten ▪ „[…] Medizinprodukte und Medikamente bedürfen ja aus guten Gründen der Prüfung nach AMG und MPG. Aber von der ersten Hypothesengenerierung aus Assoziationsstudien hin zur Klinik ist es ein weiter Schritt, bei dem viele Marker den „Tod“ fehlender Reproduzierbarkeit, Sensitivität und Spezifität „sterben“. Eine Beschleunigung kann nur durch intensivierte Markervalidierung geschehen.“ ▪ Mehr Transparenz in der Neuzulassung von Laborparametern ▪ Abbau von Hindernissen in der Zusammenarbeit von Hochschulen und Unternehmen *Erstattung (41 %)* ▪ Unklarheiten bei der Kostenübernahme: Die staatliche Förderung könnte zunehmen, aber auch die entsprechende Abdeckung durch die Krankenkassen ▪ Kostenträger durch Wirtschaftlichkeitsberechnungen überzeugen ▪ Regulierung und Erstattung sind in Deutschland so unflexibel, dass sie auf neue Geschäftsmodelle nicht angemessen reagieren können; hier muss ein Umdenken stattfinden, um alternative Wege und Vorgehensweisen zu implementieren. ▪ Neue Erstattungsmodelle entwickeln ▪ Sicherstellung einer gleichzeitigen fairen Erstattung für Medikament und zugehörigen Tests ▪ Der Weg zur Erstattung neuer diagnostischer Verfahren in der GKV sollte transparent und zügig erfolgen; nur so gibt es Planungssicherheit für Unternehmen und auch die entsprechende Umsetzung durch die Unternehmen, neue Verfahren zu entwickeln und anzubieten	

[4] Überwiegender Teil der Experten= mehr als 50 % aber weniger als 70 % der Experten

Naturwissenschaftliche/ Technologische Entwicklung (30 %)

- Bessere Ausrichtung der naturwissenschaftlich/technologischen Entwicklung am Versorgungsbedarf, im Einklang mit den spezifischen Aspekten der gesetzlichen Krankenversicherung
- Frühzeitige Einbindung von Patienten als wichtigste Stakeholder
- Offene gesellschaftliche Diskussion über die Personalisierte Medizin - wodurch ethische Vorbehalte und Datenschutzprobleme angesprochen und nach Lösungen gesucht werden kann
- Hindernis durch Technologie/Naturwissenschaft lässt sich einfacher minimieren, wenn sich Investitionen in diesem Bereich lohnen. Dies ist nur der Fall, wenn neue Geschäftsmodelle auch eine Chance bekommen.
- Strukturelle Voraussetzungen für transnationale Forschung sind weitgehend geschaffen, aber die strategische Steuerung muss noch gestärkt werden, insbesondere bedside to bench und die strategische Verzahnung Forschung – Unternehmen bzw. Forschung – Versorgung; Standards und Normen, gemeinsame Leitbilder und gemeinsame strategische Ziele in Forschung und Unternehmen sind für das Schließen der Lücke ebenfalls essenziell
- Die großen Pharmaunternehmen müssten verstärkt und schneller die partiell sehr gut entwickelten Produkte aufkaufen, bzw. sich an deren Entwicklung beteiligen und die Ärzte motivieren, neue Erkenntnisse in Diagnostik und Therapie am Patienten anzuwenden
- Standardisierung vorantreiben
- Möglichkeiten der Finanzierung der „Innovation Gap“, Auflegen eines Fonds
- Bessere rechtliche Rahmenbedingungen an Hochschulen bezüglich Lizenzierungen von Patenten, bessere Anreizsysteme

These 3: Die Forschungsanstrengungen zur Aufklärung der komplexen Ursache-Wirkungsbeziehungen, auch bezogen auf andere Indikationsgebiete jenseits der Onkologie, haben einen Durchbruch in der Anwendung ermöglicht.

Eintrittswahrscheinlichkeit	*Realisierungszeitraum*
▪ 11 % ab 2015 ▪ 47 % ab 2020 ▪ 11 % ab 2025 ▪ 21 % ab 2030 ▪ 5 % nie ▪ 5 % keine Antwort (Anzahl der antwortenden Experten = 19)	▪ Aussagen zum erwarteten Realisierungszeitraum sind noch heterogen ▪ Schwerpunkt liegt mit 47% auf mittelfristigem Entwicklungszeitraum, der auch in der ersten Befragungsrunde häufig angegeben wurde

Handlungsempfehlungen

Naturwissenschaftliche/Technologische Entwicklung (56 %)

- Verbesserung der Reproduzierbarkeit von Forschungsergebnissen durch Validierung der Ergebnisse in prospektiven Studien und Förderung von in silico-Modellen
- Medizinischem Bedarf und klinischem Nutzen eine hohe Priorität bei der Bewertung von Forschungs- und Therapieansätzen einräumen

▪ Zusätzliche Ressourcen (Investitionen und Expertise) bereitstellen und disziplinübergreifend bereits vorhandene Ressourcen besser nutzen ▪ Fördermittel an gemeinsame Projekte von Wissenschaft und Industrie bzw. Ärzte binden, stärkere Vernetzung der Forschung und Anwendung neuer Forschungsmethoden ▪ Standards bei der Datengenerierung und der Zusammenführung verschiedener Datensätze einführen ▪ Naturwissenschaftlich/technische Entwicklungsmöglichkeiten kann nur eingeschränkt gesteuert werden, z. B. durch Reservierung von Forschungsgeldern für bestimmte Gebiete *Regulierung (42 %)* ▪ Flexible Regulierungen ▪ Bessere versorgungsübergreifende rechtliche Rahmenbedingungen und Incentivierungen ▪ Lösung für den Zugang von Unternehmen zu Daten(banken), die mit öffentlichen Mitteln erstellt worden sind *Erstattung (37 %)* ▪ Klärung der Erstattungssituation insbesondere für Kombinationen aus Diagnostikum und Therapeutikum

Tabelle 11 Ergebnisse der ausgewählten These des Bereiches Key Resources

These 7: Pharmaunternehmen entwickeln Diagnostiktests überwiegend gemeinsam mit Diagnostikunternehmen und vertreiben diese zusammen mit dem Medikament.	
Eintrittswahrscheinlichkeit	*Realisierungszeitraum*
▪ 33 % ab 2015 ▪ 39 % ab 2020 ▪ 17 % ab 2025 ▪ 0 % ab 2030 ▪ 6 % nie ▪ 6 % keine Antwort (Anzahl der antwortenden Experten = 18)	▪ Deutlich überwiegender Teil der Experten erwartet kurz- und mittelfristigen Realisierungszeitraum ▪ Tendenz in der ersten Befragungsrunde wird bestätigt
Handlungsempfehlungen *Erstattung (82 %)* ▪ Erweiterung des Leistungskatalogs ▪ Faire Bewertung des Beitrags von Pharmakon und Diagnostikum zum Gesamtpaket und entsprechende tragfähige Modelle zur Risiko-, Kosten- und Gewinnaufteilung. Ohne Erstattungsmöglichkeiten werden entsprechende Diagnostika auch nicht angeboten. Dies ist nur denkbar, wenn ein Pharmaunternehmen ein Diagnostikunternehmen so sehr beeinflusst, dass Pharmazeutikum und Diagnostikum als Paket angeboten werden (Pharmazeutikum bezahlt, Diagnostikum quasi als Geschenk dazu).	

▪ Es gibt einige wenige Pharmaunternehmen, die bereits heute die Diagnostikleistungen an das Produkt koppeln und damit die mühevollen Verhandlungen mit den Krankenkassen reduzieren ▪ Der Erfolg des Modells wird mittelfristig von der Relevanz der erzielten Therapieerfolge abhängen (durch klinische Studien nachzuweisen) ▪ Realistische und nicht von der Ökonomie getriebene Therapieziele *Regulierung (63 %)* ▪ Das GenDG müsste hinsichtlich der Pharmakogenetik weniger restriktiv werden ▪ „Regulatorik halte ich wieder für vorgeschoben! Der Weg von der Idee zur Testvalidierung nach den keineswegs unsinnigen Vorgaben des MPG ist länger als in der Frühzeit der PM/IM oft getönt wurde. Schauen Sie sich die Entwicklungszyklen für andere Medikamente an. Von der Idee zur Marktreife sind oft Jahrzehnte vergangen." *Nicht adäquate und fehlende Standards (29 %)*

Tabelle 12 Ergebnisse der ausgewählten These des Bereiches Customer Relationships

These 11: Pharma- und Diagnostikunternehmen haben einen stärkeren Einfluss bei der Entwicklung von Behandlungsrichtlinien.	
Eintrittswahrscheinlichkeit ▪ 6 % ab 2015 ▪ 18 % ab 2020 ▪ 12 % ab 2025 ▪ 12 % ab 2030 ▪ 53 % „nie" ▪ 0 % keine Antwort (Anzahl der antwortenden Experten = 17)	*Realisierungszeitraum* ▪ Überwiegender Teil der Experten sieht die These als nicht realistisch an
Handlungsempfehlungen *Regulierung (40 Prozent)* ▪ Mitentscheidung von Pharmaunternehmen und Diagnostikhersteller über Behandlungsrichtlinien angesichts kommerzieller Interessen umstritten ▪ „Diese Frage geht von falschen Gegebenheiten aus. Für die verantwortlichen Behandlungsrichtlinien sind alleine die versorgenden Arzt-Patientenmodelle wichtig. Diese sind so reguliert, ethisch abgesichert und das ist gut so. Eine Vertrauensbasis zu Pharma- und Diagnostikfirmen ist illusionär!" ▪ Die Regulierung auf gesetzlicher und untergesetzlicher Ebene sollte die Möglichkeit der Mitarbeit von Pharmaunternehmen an Behandlungsleitlinien verbessern, ohne die Neutralität zu gefährden ▪ Letztlich müssen unabhängige Stellen die Anwendungen in der Medizin entscheiden. Diese Entscheidungen müssen den Unternehmen klar sein, damit sie Investitionsentscheidungen treffen können *Soziale Faktoren (34 Prozent)* ▪ Offene gesellschaftliche Diskussion über PM	

- Patienten in den Mittelpunkt stellen

Fehlende Akzeptanz bei Ärzten (31 Prozent)
- Aufklärung über die Möglichkeiten der Personalisierten Medizin durch neue Diagnostika gegenüber Ärzten und Politik
- Mehr Kooperation zwischen Industrie und Krankenversicherung/Ärzten (klinisch tätigen Meinungsbildern)
- Maßnahmen zur Vermeidung von Bias, zur Stärkung der Evidenzbasierung und der Unabhängigkeit klinischer Studien und Studien der Versorgungsforschung
- „Ich habe gute Erfahrungen, mit soliden Forschungsdaten und Tierversuchen die Notwendigkeit der Diagnostik zu belegen und anschließend in einem ersten Heilversuch die Wirksamkeit der Therapie zu belegen."

Tabelle 13 Ergebnisse der ausgewählten These des Bereiches Key Activities

These 14: Die Stratifizierung hat zu einer Fragmentierung des Marktes mit starker Nischenbildung und Spezialisierung einzelner kleiner Unternehmen und dem Einstieg neuer Wettbewerber geführt.	
Eintrittswahrscheinlichkeit ▪ 24 % ab 2015 ▪ 29 % ab 2020 ▪ 18 % ab 2025 ▪ 12 % ab 2030 ▪ 18 % nie ▪ 0 % keine Antwort (Anzahl der antwortenden Experten = 17)	*Realisierungszeitraum* ▪ Überwiegender Teil der Experten der Experten erwartet kurz- bis mittelfristigen Realisierungszeitraum ▪ Tendenz der ersten Befragungsrunde wird bestätigt
Handlungsempfehlungen *Erstattung (54 %)* ▪ Überarbeitung der derzeit gängigen Erstattungsmodelle (DRGs) ▪ Einführung von fairen und klaren Erstattungsregelungen, um den Einstieg neuer Wettbewerber in größerem Rahmen zu ermöglichen und auch kleinen jungen Firmen eine Chance zu geben *Regulierung (46 %)* ▪ Reduzierung der Regulierung: Überregulierung kann von Start-ups und kleineren Firmen nicht finanziert werden *Naturwissenschaftliche/Technologische Entwicklung (26 %)* ▪ Erkenntnisgewinn, in welchem Maße eine weitergehende Stratifizierung medizinisch sinnvoll und klinisch praktikabel ist ▪ Spezialisierung bei gleichzeitiger Interdisziplinarität wird verstärkt für neue Therapieansätze notwendig ▪ Nutzenbeleg auch für Subgruppen, für kleine Unternehmen nicht leicht	

Tabelle 14 Ergebnisse der ausgewählten Thesen des Bereiches Channels

These 15: Internet und soziale Medien sind die wichtigste Informationsquelle für Patienten und damit ein zentraler Vertriebskanal für die Personalisierte Medizin.	
Eintrittswahrscheinlichkeit ▪ 50 % ab 2015 ▪ 31 % ab 2020 ▪ 0 % ab 2025 ▪ 6 % ab 2030 ▪ 13 % nie ▪ 0 % keine Antwort (Anzahl der antwortenden Experten = 16)	*Realisierungszeitraum* ▪ Deutlich überwiegender Teil der Experten erwartet kurz- bis mittelfristigen Realisierungszeitraum
Handlungsempfehlungen *Fehlende Akzeptanz bei Ärzten (26 %)* ▪ Eine stärkere Kontrolle von persönlichen Daten auf sozialen Netzwerken könnte zu einer höheren Akzeptanz bei Ärzten und Patienten führen ▪ Neutrale Plattformen im Internet, die nicht im Verdacht der Werbung stehen ▪ Mehr Weiterbildung für Ärzte *Datenschutz (23 %)* ▪ Standardisierung und Validierung der Informationsquellen ▪ Internationale Regelung und hohe einheitliche Standards für das direct-to-consumer genetic testing und verwandte Ansätze *Fehlende Akzeptanz bei Patienten (20 %)* ▪ Kommunikation zwischen Ärzten und Patienten verbessern ▪ Klärung der Rolle, die Patienten überhaupt als Nachfrager personalisierter Ansätze haben können (z. B. in der Onkologie, die an klinische Prozeduren gebunden ist) ▪ Verbesserung der Bereitstellung seriöser Infos über Arzneimittel im Internet ▪ Höhere Akzeptanz beim Patienten für neue Therapien durch verständliche Aufbereitung von wissenschaftlichen Daten und Aufklärung interessierter Patienten durch valide und neutrale Informationen durch geeignete Stelle	
These 16: Die starke Ausdifferenzierung der Personalisierten Medizin hat zu einer Fragmentierung der Produktpalette, zu höheren Preisen und zu einem hohen logistischen Aufwand geführt.	
Eintrittswahrscheinlichkeit ▪ 6 % ab 2015 ▪ 38 % ab 2020 ▪ 6 % ab 2025 ▪ 13 % ab 2030 ▪ 31 % nie ▪ 6 % keine Antwort (Anzahl der antwortenden Experten = 16)	*Realisierungszeitraum* ▪ Deutlich überwiegender Teil der Experten erwartet kurz- bis mittelfristigen Realisierungszeitraum

Handlungsempfehlungen
Erstattung (53 %) ▪ Überarbeitung der derzeitigen Erstattungsmodelle, da sie einer Ausdifferenzierung entgegenstehen ▪ Erstattung und Regulierung werden durch die Politik bestimmt. Damit sich die politische Einschätzung ändert, muss von Seiten der Forschung die Relevanz der Personalisierten Medizin aufgezeigt werden, etablierte Geschäftsmodelle müssen ihren Erfolg signalisieren ▪ „Schauen Sie die jüngsten Pressemitteilungen von Roche zu seinen onkologischen PM-/IM-Produkten an: Weniger Kunden, da untergruppenspezifisch indiziert, daher höhere Preise. Das ist zu erwarten und wird auch für andere PM-/IM-Produkte so sein." ▪ Um höhere Preise zu erlangen, bedarf es der Veränderung bestehender Erstattungsregelungen ▪ Subgruppen-Therapien werden nicht billiger, die Therapie und Medikation wird besser ▪ Nachweis der Kosteneffizienz
Regulierung (35 %) ▪ Politischer und gesellschaftlicher Diskurs über die Grenzen der Finanzierbarkeit durch auf dem Solidarprinzip beruhender Krankenversicherung ▪ Klärung der Priorisierung in der Versorgung auf übergeordneter Ebene (nicht nur für die Personalisierte Medizin)
Naturwissenschaftliche/Technologische Entwicklung (24 %) ▪ Stärkung von Grundlagenforschung und mehr Interdisziplinarität zwischen Biologen, IT und Bioinformatik ▪ Entwicklung von validierten in silico-Modellen

Tabelle 15 Ergebnisse der ausgewählten These des Bereiches Value Proposition

These 17: Die Personalisierte Medizin hat zu erheblichen Einsparungen im Gesundheitswesen geführt.	
Eintrittswahrscheinlichkeit	*Realisierungszeitraum*
▪ 0 % ab 2015 ▪ 13 % ab 2020 ▪ 6 % ab 2025 ▪ 13 % ab 2030 ▪ 69 % nie ▪ 0 % keine Antwort (Anzahl der antwortenden Experten = 16)	▪ Überwiegender Teil der Experten der Experten sieht keine Realisierungsmöglichkeit
Handlungsempfehlungen	
Erstattung (41 %) ▪ Systemänderung bei den DRGs; wahrscheinlich, dass weitere Kosten auf das Gesundheitswesen zukommen	

- Personalisierte Medizin wird das Gesundheitssystem effizienter, aber nicht billiger machen; dies liegt allein schon am höheren Aufwand für die Entwicklung personalisierter Medikamente und Tests sowie für die Anwendung (Beratung, Testung)
- Personalisierte Medizin wird zwar auf der einen Seite zu Einsparungen führen, etwa durch geringe Arzneimittelnebenwirkungen, andererseits sind maßgeschneiderte Therapien nicht zum Nulltarif zu haben. Dies sollte offen kommuniziert werden, dann steigt individuell auch die Bereitschaft für die PM zu zahlen. Da PM „Leben" oder „Leben mit höherer Lebensqualität" bedeutet, wird sich vor diesem Hintergrund auch der Markt entfalten
- Einsparungen sind erst dann zu erwarten, wenn die Personalisierte Medizin breit in der Versorgung Eingang gefunden hat; im Hinblick auf die Entwicklung sollte eine bessere Verzahnung mit der Industrie erfolgen
- „Einsparungen wird es aus meiner Sicht nicht geben, sondern allenfalls eine Umverteilung."

Regulierung (38 %)

Fehlende Akzeptanz bei Ärzten (18 %t)

- Ärzte zur konsequenten Umsetzung der Ergebnisse personalisierter Diagnostik anhalten
- Frühzeitige Schaffung von Evidenz über das Kosten-Nutzen-Verhältnis personalisierter Therapieansätze. Nutzung dieser Evidenz für den Einsatz in der Versorgung

Tabelle 16 Ergebnisse der ausgewählten Thesen des Bereiches Revenue

These 18: Die Kosten für Diagnostiktests werden in erheblichen Umfang durch die gesetzlichen Krankenversicherungen erstattet.	
Eintrittswahrscheinlichkeit ▪ 13 % ab 2015 ▪ 50 % ab 2020 ▪ 19 % ab 2025 ▪ 13 % ab 2030 ▪ 6 % nie ▪ 0 % keine Antwort (Anzahl der antwortenden Experten = 16)	*Realisierungszeitraum* ▪ Genau die Hälfte der Experten erwartet mittelfristigen Realisierungszeitraum
Handlungsempfehlungen *Erstattung (68 %)* ▪ Kleine Patientenstudien sind notwendig, um die Krankenkassen von der Erstattung der Diagnostikkosten zu überzeugen ▪ Erstattung muss neu entwickelt werden; möglicherweise sind KV-Sätze tatsächlich zu erhöhen ▪ Gewährleistung einer gleichzeitigen und fairen Erstattung von Medikament und zugehörigem Test durch entsprechende Regelungen des Gemeinsamen Bundesausschusses	

<table>
<tr><td colspan="2">

Regulierung (53 %)

- Das Problem besteht im „kurzfristigen Denken“ der GKV-Kassen, das durch das bestehende Gesundheitssystem getragen wird. Dies könnte durch eine verstärkte staatliche Einbindung (Zuweisungen per Gesundheitsfonds) überwunden werden
- Es bedarf einer Regelung der Erstattung für Diagnostikkits durch den Gesetzgeber
- Verstärkte Lobbyarbeit

Nicht adäquate und fehlende Standards (24 %)

- Standards und Qualitätssicherungsmaßnahmen für die Tests: klinische Validierung und frühzeitige Schaffung von Evidenz über das Kosten-Nutzen-Verhältnis. Nutzung dieser Evidenz für Erstattungsentscheidungen

</td></tr>
<tr><td colspan="2">

These 19: Der Wunsch nach besserer Therapie hat zu einer hohen Bereitschaft zur privaten Kostenübernahme geführt.

</td></tr>
<tr><td>

Eintrittswahrscheinlichkeit

- 31 % ab 2015
- 6 % ab 2020
- 31 % ab 2025
- 0 % ab 2030
- 19 % nie
- 13 % keine Antwort

(Anzahl der antwortenden Experten = 16)

</td><td>

Realisierungszeitraum

- Signifikanter Teil der Experten erwartet kurzfristigen Realisierungszeitraum
- Signifikanter Teil der Experten erwartet langfristigen Realisierungszeitraum

</td></tr>
<tr><td colspan="2">

Handlungsempfehlungen

Erstattung (35 %)

- Senkung der Kosten

Fehlende Akzeptanz von Patienten (35 %)

- Verstärkte Öffentlichkeitsarbeit, da PM für viele Menschen nicht greifbar ist. Die Diskussionen finden auf einem sehr abstrakten Niveau statt. Forderung an die Unternehmen die praktische Relevanz aufzuzeigen.
- Stärkung der Patientenrolle: Die Verantwortung für eine individualisierte Medizin darf sich nicht an ökonomischen Interessen orientieren, sondern am Patienten
- Offene Diskussion in der Gesellschaft über den möglichen Leistungsumfang der gesetzlichen Krankenversicherung
- Bereitstellung von qualitativ hochwertigen, herstellerunabhängigen, neutralen, für Laien verständlichen und allgemein zugänglichen Informationen über Nutzen, Risiken und Kosten von personalisierten Ansätzen im Vergleich zu konventionellen Ansätzen

Soziale Faktoren (29 %)

- Akzeptanz für Eigenleistungen bei allen Beteiligten erhöhen. Die Bereitschaft, über den als hoch empfundenen Kassenbeitrag hinaus zusätzliche Mittel auf zuwenden, ist in Deutschland nicht besonders groß. Zudem gibt es im SGB V einen gesetzlich verbürgten Anspruch der Patienten auf Teilnahme am medizinischen Fortschritt.
- Entwicklung neuer Finanzierungsmodelle für Patienten mit Bedarf, die nicht in der Lage sind, Behandlungen privat zu bezahlen.

</td></tr>
</table>

These 20: Die Prävention ist neben der Therapie eine wichtige Umsatzquelle für die Pharma- und Diagnostikunternehmen.	
Eintrittswahrscheinlichkeit ▪ 19 % ab 2015 ▪ 6 % ab 2020 ▪ 56 % ab 2025 ▪ 13 % ab 2030 ▪ 6 % nie ▪ 0 % keine Antwort (Anzahl der antwortenden Experten = 16)	*Realisierungszeitraum* ▪ Überwiegender Teil der Experten erwartet langfristigen Realisierungszeitraum (ab 2025)

Handlungsempfehlungen

Erstattung (56 %)

- Die Prävention setzt die schnelle Akzeptanz von Forschungsergebnissen voraus, das Hauptproblem ist die Erstattung
- Lobbyarbeit mit den Verantwortlichen bei Kostenträgern und KBV

Regulierung (38 %)

- Der Prävention wird in Deutschland zu wenig Beachtung geschenkt, deshalb ist dieser Markt unterentwickelt. Hier ist die Politik gefordert, z. B. durch eine Weichenstellung im Sozialrecht (Anreize schaffen z. B. für die Krankenkassen, Prävention stärker zu fördern)
- Prävention ist nur realisierbar, wenn große epidemiologische Studien durchgeführt werden können, die verschiedene Datensätze verbinden. Die größte Hürde stellen hier Regularien dar. Diese gilt es abzubauen und Patienten stärker in die Diskussion einzubinden.
- Prävention gerät immer mehr in das Blickfeld aller Beteiligten (Unternehmen, Patienten, Ärzte). Angemessene Erstattung sinnvoll, da das Einsparpotential an Folgekosten durch Erkrankung sehr hoch ist. Es wird ein Umdenken der regulierenden Behörden gefordert: Weg vom Therapiefokus hin zum Präventionsfokus, d. h. gesundheitserhaltende bzw. -fördernde Maßnahmen stärker priorisieren als medikamentöse Therapie.

Fehlende Akzeptanz bei Patienten (26 Prozent)

- „Die entscheidende Frage ist, ob mit Tests und erfolgreicher Krankheits- oder Krankheitsverlaufsprädiktion zugleich auch erfolgreiche und effektive Präventionsstrategien zur Verfügung stehen. Für die komplexen Erkrankungen ist da nichts konkret zu sehen. Solange es nur bei Empfehlungen wie „Essen Sie mehr Obst, rauchen Sie weniger!“ bleibt, gibt es auch keine Geschäftsmodelle.“
- „Prävention ist bereits jetzt ein bedeutendes Feld (z. B. Impfstoffe, Medikamente zur Primär, Sekundär- und Tertiär-Prävention), deren Bedeutung weiter zunehmen wird.“

Das Präventionsversprechen trägt bereits heute, wird jedoch voraussichtlich nicht einzulösen sein. Viele Produkte am Markt leben von nicht eingelösten Versprechungen

4.3 Zusammenfassung zentraler Ergebnisse, zweite Befragungsrunde

Im folgenden Kapitel werden die wesentlichen Ergebnisse der zweiten Befragungsrunde zusammengefasst. Zur Strukturierung dienen wie in der ersten Befragungsrunde (vgl. Kap. 2.2) die Bereiche des Geschäftsmodell-Rasters nach Osterwalder und Pigneur.

Key Partners

Im Hinblick auf das Schließen der Forschungslücke zwischen Hochschulen und außeruniversitären Forschungseinrichtungen sowie Unternehmen (These 2) sehen in der zweiten Befragungsrunde die Experten überwiegend mittlere (ab 2020) bis langfristige (ab 2025) Realisierungszeiträume. 23 Prozent der Experten sehen diese Entwicklung, ähnlich wie in der ersten Befragungsrunde, nicht. Gefordert werden eine vereinfachte und klare Regulierung sowie flexible und transparente Erstattungsmodelle, worauf auf neue Geschäftsmodelle reagieren können. Bei der naturwissenschaftlich/technologischen Entwicklung wird eine frühzeitige Einbindung des Patienten empfohlen.

Einen Durchbruch in der Anwendung durch erfolgreiche Forschung zur Aufklärung der komplexen Ursache-Wirkungsbeziehungen, auch bezogen auf Indikationsgebiete jenseits der Onkologie (These 3), erwartet der größte Anteil der Experten mittelfristig (ab 2020). Dies bestätigt die Ergebnisse der ersten Befragungsrunde. Thematisiert werden eine stärkere Verzahnung von Forschung und Versorgung und eine Verbesserung der Reproduzierbarkeit von Forschungsergebnissen durch Validierung der Ergebnisse in prospektiven Studien und Förderung von in silico-Modellen.

Key Resources

Im Hinblick auf die gemeinsame Entwicklung von Diagnostiktests durch Pharma- und Diagnostikunternehmen (These 7) und der anschließende Vertrieb zusammen mit dem Medikament erwartet ein überwiegender Teil der Experten kurzfristige (ab 2015) und mittelfristige (ab 2020) Realisierungszeiträume, womit die Tendenz der ersten Befragungsrunde bestätigt wird. Die Experten weisen auf regulatorische Barrieren hin, die eine gemeinsame Vermarktung von Diagnostik und Therapeutikum derzeit nicht erlauben. Sie fordern Richtlinien, die sicherstellen, dass Test und Therapeutikum am Markt etabliert werden können und erstattungsfähig sind.

Customer Relationships

Nach der Mehrheit der Experten in der zweiten Befragungsrunde wird der stärkere Einfluss der Pharma- und Diagnostikunternehmen auf die Entwicklung von Behandlungsrichtlinien nicht eintreten (These 11). Die Tendenz der ersten Befragungsrunde wird hierbei verstärkt. Es wird deutlich, dass die Experten eine Mitentscheidung von Pharma- und Diagnostikunternehmen auf die Behandlungsrichtlinien nicht für wünschenswert halten, da sie deren Neutralität anzweifeln. Sie fordern vielmehr, dass Entscheidungen, die Behandlungsrichtlinien betreffen, ausschließlich von Ärzten und Krankenkassen getroffen werden.

Key Activities

Der überwiegende Teil der Experten erwartet kurz- bis mittelfristig eine Fragmentierung des Marktes mit starker Nischenbildung und Spezialisierung einzelner kleiner Unternehmen sowie den Einstieg neuer Wettbewerber ausgelöst durch die Stratifizierung (These 14), wodurch neue Geschäftsmodelle indiziert werden. Hierbei werden die Ergebnisse der ersten Befragungsrunde bestätigt. Die Experten empfehlen eine Überarbeitung der derzeitigen Erstattungsmodelle und eine Reduzierung der Regulierung.

Channels

Im Hinblick auf die These, der zufolge das Internet und die sozialen Medien die wichtigsten Informationsquellen für Patienten werden und damit ein zentraler Vertriebskanal für die Personalisierte Medizin entsteht (These 15), erwartet ein deutlich überwiegender Teil der Experten einen kurz- bis mittelfristigen Realisierungszeitraum. Dies spiegelt die heterogenen Ergebnisse aus der ersten Befragungsrunde nicht wider. Um das Internet als Informationsplattform zu nutzen, müssen nach Einschätzung der Experten neutrale Plattformen geschaffen werden, die eine ergänzende Informationsquelle darstellen können. Dazu müssen geeignete Stellen neutrale, nachprüfbare und verlässliche Informationen aufbereiten und entsprechend verständlich aufklären. Auch die Aufbereitung von wissenschaftlichen und diagnostischen Daten in einer für den Patienten verständlichen Weise, kann ein Beitrag sein, um die Akzeptanz neuer Therapieformen zu erhöhen. Damit im Zusammenhang steht auch eine Bereitstellung von Informationen über Nutzen, Risiken und Kosten personalisierter Ansätze im Vergleich zu konventionellen Ansätzen. Durch eine konsequente Aufklärung zu den Möglichkeiten der Personalisierten Medizin kann möglicherweise ein Verständnis seitens der Patienten für die hohe Bedeutung der Datensammlung im Zusammenhang mit der Entwicklung und Umsetzung von personalisierten Ansätzen in der Gesundheitsversorgung entwickelt werden. Dazu ist es auch erforderlich, dass sich die Kommunikation zwischen Ärzten und Patienten verbessert.

Die These 16 beschreibt eine starke Ausdifferenzierung der PM, die zu einer starken Fragmentierung der Produktpalette, zu höheren Preisen und zu einem hohen logistischen Aufwand geführt hat. Die Abstimmung diesbezüglich ist auch in der zweiten Runde heterogen. Ein signifikanter Teil der Experten erwartet mittelfristige Entwicklungszeiträume, ein ebenfalls signifikanter Teil der Experten erwartet diese Entwicklung nicht. Der Wunsch nach veränderten Erstattungsmodellen wird auch hier von den Experten geäußert, da sie ihrer Meinung nach einer Ausdifferenzierung entgegenstehen. Gleichzeitig wird ein allgemeiner Diskurs über die Grenzen der Finanzierbarkeit des existierenden Gesundheitssystems gefordert.

Value Proposition

Erhebliche Einsparungen im Gesundheitswesen durch die Personalisierte Medizin (These 17) sehen 69 Prozent der Experten in der zweiten Befragungsrunde nicht und verstärken somit das Ergebnis der ersten Befragungsrunde. Die Experten geben an, dass sie verbesserte Diagnose- und Therapiekonzepte sowie Prävention mit der Personalisierten Medizin verbinden. Durch maßgeschneiderte Therapien erwarten die Experten aber keine direkten Kosteneinsparungen.

Revenue

Die Kostenübernahme für Diagnostiktests in einem erheblichen Umfang durch die gesetzlichen Krankenversicherungen (These 18) erwartet die Hälfte der Experten in der zweiten Befragungsrunde mittelfristig (ab 2020). Das mittelfristige Zeitfenster wurde auch in der ersten Befragungsrunde von den meisten Experten gewählt. Die Experten empfehlen eine Neuregelung der Erstattung. Hierfür bedarf es adäquater Standards und Qualitätssicherungsmaßnahmen für Tests, eine klinische Validierung und eine frühzeitige Klärung des Kosten-Nutzen-Verhältnisses.

Die hohe Bereitschaft zur privaten Kostenübernahme ausgelöst durch den Wunsch nach besserer Therapie (These 19) sehen die Experten differenziert. Knapp ein Drittel der Experten erwartet einen kurzfristigen, ein weiteres Drittel einen langfristigen Realisierungszeitraum. Anders als in der ersten Befragungsrunde wird kaum ein mittelfristiger Realisierungszeitraum (ab 2020) gesehen. Die Bereitschaft zu Eigenleistungen ist in Deutschland nicht sehr hoch, darüber hinaus verweisen die Experten auf die Entwicklung neuer Erstattungsmodelle für Patienten mit Bedarf, die nicht in der Lage sind, Behandlungen privat zu bezahlen. Ihrer Meinung nach bedarf es einer gesellschaftlichen Diskussion über die Personalisierte Medizin und auch den möglichen Leistungsumfang der gesetzlichen Krankenkassen, um die Akzeptanz zu erhöhen.

Dass die Prävention neben der Therapie eine wichtige Umsatzquelle für Pharma- und Diagnostikunternehmen (These 20) ist, wird von einem überwiegenden Teil der Experten erst langfristig (ab 2025) erwartet. Die Tendenz der ersten Befragungsrunde wird entsprechend verstärkt. Der Prävention wird bis dato in Deutschland zu wenig Beachtung geschenkt, doch sie gewinnt zunehmend an Bedeutung. Gleichzeitig wird in diesem Zusammenhang auf die Problematik von großen epidemiologischen Studien und der Zusammenführung verschiedener Datensätze verwiesen.

5 Fazit

Im folgenden Kapitel werden die wesentlichen Ergebnisse der ersten und zweiten Befragungsrunde entlang des Geschäftsmodell-Rasters nach Osterwalder und Pigneur vorgestellt, daraus Handlungsempfehlungen abgeleitet und die zentralen Hemmnisse diskutiert.

Key Partners

Die wissenschaftliche Entwicklung im Bereich der Personalisierten Medizin wird überwiegend positiv eingeschätzt. Die Experten sehen die Personalisierte Medizin insgesamt an der Schwelle zur Umsetzung in die medizinische Praxis. Die Schlüsselpartner sind vor allem Hochschulen und Forschungseinrichtungen, die nach Meinung der Experten bereits kurz- (ab 2015) bis mittelfristig (ab 2020) Wissen und verwertungsreife Technologien zur Verfügung stellen können. Diese sind jedoch in Teilbereichen unterschiedlich weit entwickelt, was eine differenzierte Betrachtung notwendig macht: Während es z.B. in der Onkologie bereits Anwendungen gibt, erwartet der größte Anteil der Experten einen Durchbruch in anderen Bereichen wie etwa der biomarkerbasierten Prädiktion erst mittelfristig. Dabei ist es wichtig, die Forschungslücke zwischen Wissenschaft und Anwendung zu schließen. Hier ist zu erwähnen, dass etwa ein Fünftel der Experten in beiden Befragungsrunden sehr skeptisch ist und eine Schließung dieser Lücke niemals in Erwägung zieht. Dennoch werden eine deutliche Ausrichtung am Versorgungsbedarf und eine stärkere Steuerung der Verzahnung von Forschung und Versorgung thematisiert. Hier wird eine bessere Vernetzung der beteiligten Akteure in Wissenschaft und Wirtschaft und eine Professionalisierung des Technologietransfers empfohlen. Gleichzeitig wird auf fehlende Geschäftsmodelle auf Abnehmerseite hingewiesen, die einen wissenschaftlichen/-technologischen Push-Effekt nach sich ziehen würden.

Unbestritten ist die hohe Bedeutung der Medizin- und Bioinformatikdienstleister für die weitere Entwicklung der Personalisierten Medizin. Sie werden nach mehrheitlicher Einschätzung der Experten zu Komponenten der Wertschöpfungskette bzw. integraler Bestandteil vorhandener Geschäftseinheiten in großen und mittleren Pharmaunternehmen oder – insofern sinnvoll – administrativ abgegrenzt. Dies sind Anzeichen dafür, dass die Personalisierte Medizin Einfluss auf Geschäftsmodelle haben wird, die allmählich beginnen werden, sich zu verändern.

Hierbei spielt jedoch die Verfügbarkeit von Fachkräften und eine Stärkung der interdisziplinären Zusammenarbeit zwischen Biologen, IT-Experten, Bioinformatikern und Medizinern eine ebenso große Rolle wie der Umgang mit großen Datenmengen. Der Ausbau der Personalisierten Medizin führt zu einem erhöhten Bedarf an Datenauswertung und -aufbereitung, für die einheitliche Standards und Normen geschaffen werden müssen. Darüber hinaus bedarf es neuer Medizin- und Bioinformatiklösungen, um die Personalisierte Medizin weiterzuentwickeln. Hier ist ein Mangel an effizienten Tools für die Auswertung großer Datenmengen als Grundlage in der Diagnostik für personalisierte, medizinische Anwendungen auszumachen. Einen möglichen Ansatzpunkt könnten neue Datenbanktechnologien liefern, die z. B. das Analysieren großer Mengen medizinischer Daten in Echtzeit ermöglichen (vgl. Plattner und Schapranow 2013). Eine andere Möglichkeit besteht in der Entwicklung von Instrumenten zur Vereinheitlichung von unterschiedlichen Datenbeständen.

Key Resources

Gezielte Forschungsförderung und der Ausbau der Forschungsinfrastruktur müssen sichergestellt sein. Ansatzpunkte für neue Geschäftsmodelle ergeben sich auch durch die gemeinsame Entwicklung von Diagnostiktests von Diagnostik- und Pharmaunternehmen und der anschließende Vertrieb zusammen mit dem Medikament. Ein Großteil der Experten sieht darin jedoch einen kurz- und mittelfristigen Realisierungszeitraum. Es werden neue Richtlinien gefordert, damit Test und Therapeutikum am Markt etabliert werden können und erstattungsfähig sind.

Cost Structure

Der hohe Kostendruck bei der Entwicklung von Produkten für die Personalisierte Medizin führt dazu, dass die Mehrheit der Experten eine engere Zusammenarbeit zwischen Pharma- und Diagnostikunternehmen mit einer gemeinsamen Entwicklung und Finanzierung in vorklinischen Phasen bereits kurz- und mittelfristig sieht. Barrieren stellen dabei die Erstattung, Regulierung, das hohe Investitionsrisiko sowie die mangelnde Verfügbarkeit von Diagnostika in frühen Phasen dar. Die Experten gehen in diesem Zusammenhang auch von strukturellen Veränderungen in den Pharmaunternehmen aus.

Customer Relationship

Aufgrund der gestiegenen Komplexität und Informationsmengen, die die Personalisierte Medizin mit sich bringt, sieht ein Großteil der Experten bereits kurz- und mittelfristig eine veränderte Therapiepraxis sowie ein verändertes Nachfrageverhalten der Patienten. Die Mehrheit der Experten hält jedoch im Zuge der Personalisierten Medizin einen stärkeren Einfluss von Pharma- und Diagnostikunternehmen bei der Entwicklung von Behandlungsrichtlinien für nicht gegeben. Gleichzeitig wird deutlich, dass viele Experten dies auch nicht für wünschenswert halten und fordern, dass Entscheidungen, welche Behandlungsrichtlinien betreffen, ausschließlich von Ärzten und Krankenkassen getroffen werden.

Dem höheren Wissensniveau und Bildungsstand von Patienten wird bereits ab 2015 eine direkte und erhöhte Nachfrage nach Produkten und Dienstleistungen der Personalisierten Medizin zugeordnet. Gleichzeitig besteht die Gefahr, dass der informierte Patient von den Ärzten als „unbequem“ wahrgenommen wird. War es bisher die Aufgabe des Arztes, seinen Patienten adäquat zu informieren, stellt der enorme Wissenszuwachs für die Ärzte selbst eine Herausforderung dar, mit diesem umzugehen. Die Forderung nach neuen Auskunftsstellen wird laut. Teilweise werden Hausärzte von anderen Akteuren als Barrieren betrachtet.

Key Activities

Im Zusammenhang mit den Anforderungen der Personalisierten Medizin wird von den Experten kurz- bis mittelfristig von einer Veränderung der Aktivitäten der Pharma- und Diagnostikunternehmen ausgegangen. Es werden bereits heute neue Schwerpunktsetzungen in Unternehmen wahrgenommen. Dass im Zuge der Stratifizierung Nischenmärkte für kleine und mittlere Unternehmen und Chancen für den Markteintritt neuer Wettbewerber entstehen, indiziert neue Geschäftsmodelloptionen. Diese Entwicklung wird durch den überwiegenden Teil der Experten kurz- bis mittelfristig erwartet. Ob die Nischen von kleinen Unternehmen besetzt werden können, wird von den Kosten und der zu erwartenden Profitabilität der Nische abhängen. Skeptiker sehen diese Restriktionen als große Barriere bei der Entwicklung von Nischenmärkten.

Channels

Ein großer Teil der Experten sieht bereits kurz- bis mittelfristig das Internet und soziale Medien als neue Informations- und Vertriebskanäle. Dennoch bedarf es neutraler Internetplattformen, die nachprüfbare und verlässliche Informationen aufbereiten, verständlich erklären und zur Verfügung stellen, die neben Ärzten und Apotheken eine ergänzende Informationsquelle sein können. Die Aufbereitung von wissenschaftlichen und diagnostischen Informationen in einer für den Patienten verständlichen Weise, kann ein Beitrag sein, um die Akzeptanz neuer Therapieformen zu erhöhen. Damit im Zusammenhang steht eine konsequente Aufklärung zu den Möglichkeiten der Personalisierten Medizin. Hier wäre ein Kosten-Nutzen- und Risiken-Vergleich gegenüber konventionellen Ansätzen wünschenswert. Durch eine konsequente Aufklärung zu den Möglichkeiten der Personalisierten Medizin kann möglicherweise ein Verständnis seitens der Patienten für die hohe Bedeutung der Datensammlung im Zusammenhang mit der Entwicklung und Umsetzung von personalisierten Ansätzen in der Gesundheitsversorgung entwickelt werden. Auch eine verbesserte Kommunikation zwischen Ärzten und Patienten könnte dazu beitragen. Dieser Ansatz steht jedoch mit dem streng regulierten Datenschutz vor allem in Deutschland in Konflikt.

Keine Einigkeit bei den Experten herrscht bezüglich des Eintrittszeitraums der These, dass eine starke Ausdifferenzierung der Personalisierten Medizin zu einer Fragmentierung der Produktpalette, zu höheren Preisen und zu einem hohen logistischen Aufwand führt. Es herrschte aber Einigkeit darin, dass Personalisierte Medizin aufgrund der Stratifizierung höhere Preise mit sich bringt. Gefordert werden neue Erstattungsmodelle.

Value Proposition

Dass die Personalisierte Medizin zu erheblichen Einsparungen im Gesundheitswesen führen wird, sieht in beiden Befragungsrunden die Mehrheit der Experten nicht. Verbesserte Diagnose- und Therapiekonzepte haben das Ziel den Patienten besser, da zielgerichteter, zu behandeln. Diese Vorteile werden zwar mit Einsparpotentialen verbunden, andererseits sind von maßgeschneiderten Therapien keine direkten Kosteneinsparungen zu erwarten. Die Personalisierte Medizin bedingt eine Anpassung der Erstattungspraxis, die bisher von den Experten nicht zufriedenstellend gelöst ist.

Revenue

Die Erstattungsfähigkeit von Diagnostiktests durch die Krankenkassen wird mittelfristig von den Experten für möglich gehalten, auch wenn dafür bisherige Erstattungsmodelle an die Personalisierte Medizin angepasst werden müssen. Es bedarf einheitlicher und klar kommunizierter Standards und Normen für Tests, einer klinischen Validierung und einer frühzeitigen Klärung des Kosten-Nutzen-Verhältnisses.

Eine höhere Bereitschaft der Patienten zur privaten Kostenübernahme wird mit sehr heterogenen Realisierungszeiträumen verknüpft. Zum einen ist die Bereitschaft für Eigenleistungen in Deutschland nicht besonders ausgeprägt, zum anderen bedarf es neuer Erstattungsmodelle für Menschen mit geringerem Einkommen. Auch hier wird der Wunsch nach einer gesellschaftlichen Diskussion über die Personalisierte Medizin und den möglichen Leistungsumfang der gesetzlichen Krankenkassen laut, um die Akzeptanz zu erhöhen.

Erst langfristig (ab 2025) wird davon ausgegangen, dass die Prävention neben der Therapie eine wichtige Umsatzquelle für Pharma- und Diagnostikunternehmen darstellen kann, da ihr in Deutschland immer noch zu wenig Beachtung geschenkt wird. Hier werden unter anderem fehlende wirksame und nützliche

Präventionsstrategien, als auch die nicht vorhandene bzw. zu geringe Erstattung und fehlende Akzeptanz beim Patienten als Barrieren angegeben.

Zentrale Hemmnisse

Über alle Bereiche hinweg werden die Faktoren „Erstattung“ und „Regulierung“ von den Experten als Haupthemmnisse für die Umsetzung der Personalisierten Medizin betrachtet. Hinter der Problematik der Erstattung steht die Frage, wer in welchen Fällen für die zusätzlichen Kosten aufkommen wird, die im Zuge der Einführung neuer Produkte und Dienstleistungen der Personalisierten Medizin entstehen. Im Fokus stehen hierbei die Gesetzlichen Krankenkassen. Inwieweit diese die neuen Leistungen der Personalisierten Medizin anerkennen und finanzieren, ist auch eine entscheidende Grundlage dafür, ob sich stärker diversifizierte Geschäftsmodelle entwickeln werden oder ob die bestehenden Geschäftsmodelle der Pharmaunternehmen weiterhin dominieren werden. Im Zusammenhang mit der Regulierung wurde besonders die Notwendigkeit der Schaffung klarer, einheitlicher Richtlinien zur Prüfung und Bewertung von Diagnostika hervorgehoben. Dieser Aspekt ist mit der Regulierung der Erstattung von Kosten für Tests, die gemeinsam mit einem Therapeutikum auf den Markt kommen, verbunden. Darüber hinaus wurde die Prüfung des Grundsatzes, dass Diagnostik nur erstattungsfähig ist, wenn auch eine entsprechende Therapie verfügbar ist, vorgeschlagen. Erstattung und Regulierung sollen auch einen Anreiz für neue und kleine Unternehmungen bieten und demzufolge wird mehr Flexibilität gefordert.

Damit in Verbindung stehen ethisch-soziale Überlegungen und die Frage nach der Finanzierung neuer und höchst wahrscheinlich teurerer Leistungen der Personalisierten Medizin. Sollen und können Patienten direkt als Nachfrager nach solchen Dienstleistungen fungieren und diese finanzieren oder müssen neue Erstattungsmodelle entwickelt werden? In welcher Höhe kann man Patienten Eigenleistungen zumuten? Hier wird dafür plädiert einen offenen gesellschaftlichen Diskurs zur Personalisierten Medizin zu führen.

Das vorliegende Buchkapitel zeigte die Trends in der Entwicklung neuer Geschäftsmodelle in der Personalisierten Medizin und deren Eintrittswahrscheinlichkeit auf. Sie zeigt, dass die Personalisierte Medizin von vielen Akteuren als Chance wahrgenommen wird. Im Verlauf der Zeit wird die Personalisierte Medizin neue Geschäftsmodelle hervorbringen und bestehende in Frage stellen. Dabei hat sie das Potenzial, den bestehenden Markt in Teilbereichen grundlegend zu verändern. Für Unternehmen ist es wichtig, mit einer aktiven Gestaltung an neuen Geschäftsmodellen an der Weiterentwicklung der Personalisierten Medizin teilzuhaben. Die Implementierung von Geschäftsmodellinnovationen ist ein langer Weg, denn die Akzeptanz von Geschäftsmodellen bildet sich meist erst über einen längeren Zeitraum, dennoch sollten Unternehmen nicht zögern ihn zu gehen.

6 Literaturverzeichnis

Almeyda, T. und Andersson, L. (2011): Nutzen und Risiken der Personalisierten Medizin aus gesellschaftlicher Perspektive: Analyse der Berichterstattung in den deutschen, britischen und US- amerikanischen Medien. IME Working Paper 2011-1.

Bortz, J. und Döring, N. (2002): Forschungsmethoden und Evaluation für Human- und Sozialwissenschaftler. Heidelberg: Springer.

Eppinger, E.; Almeyda, T.; Braun, A.; Kamprath, M.; Wieck, K. und Piatek, E. (2011): Marktanalyse der Personalisierten Medizin: Übersicht über Schlüsselakteure, Treiber, Potenziale und Barrieren für Unternehmen, IME Working Paper 2011-2.

Häder, M. und Häder. S. (2000): Die Delphi-Methode als Gegenstand methodischer Forschungen. In: Häder, M.; Häder, S. (Hrsg.) Die Delphi-Technik in den Sozialwissenschaften. Methodische Forschungen und innovative Anwendungen. Wiesbaden: Westdeutscher Verlag, S. 11–31.

Osterwalder, A. und Pigneur, Y. (2010): Business model generation: A handbook for visionaries, game changers, and challengers. New Jersey: John Wiley & Sons.

Plattner, H. und Schapranow, M. (2013): High-performance in-memory genome data analysis. Cham, Heidelberg, New York, Dordrecht, London: Springer

Rowe, G. und Wright, G. (2001): Expert opinions in forecasting: The role of the Delphi Technique. In: Armstrong J. (Hrsg.) Principles of forecasting. Boston: Kluwer Academic, S. 125–144.

Schapranow, M. (2013): In-memory database technology enables real-time genome data research, Vortrag SAP Life Science Forum, Dublin, 04. Juni 2013.

Neue Geschäftsmodelle in der Personalisierten Medizin

Martin Kamprath

Inhaltsverzeichnis

1 Einleitung

Das Thema Personalisierte Medizin (PM) ist aus betriebswirtschaftlicher Sicht automatisch mit der Diskussion um neue Geschäftsmodelle, vor allem bei Pharmaunternehmen, verbunden. Am prominentesten ist hier die Diskussion um „*Companion Diagnostic*“-Geschäftsmodelle, die im Gegensatz zu den „*One size fits all*“-Geschäftsmodellen auf stratifizierte Patientengruppen und einer engen Kooperation zwischen Diagnostik- und Pharmaunternehmen abzielen (Srai und Alinaghian 2013). Auch neue umstrittene Services, wie etwa über das Internet bestellbare Gentests für den Endverbraucher, sind Teil der Diskussion (Groves und Tutton 2013). Darüber hinaus gehen diese Diskussionen aber auch mit generellen Geschäftsmodellveränderungen einher, etwa dem Angebot zusätzlicher Services neben einem Hauptprodukt (unabhängig von der PM) (Foss und Rasmussen 2014). Die Service-Diskussion bleibt bisher auf einem weniger konkreten Level. Daher entsteht der Eindruck, dass Companion Diagnostics und Gentestverkauf die einzigen neuen Geschäftsmodellvarianten sind. Neue Services werden – wenn überhaupt – anekdotisch und einzeln vorgetragen. Dennoch experimentieren Pharmaunternehmen bereits mit neuen Geschäftsmodellen bzw. haben erste entsprechende Kooperationen etabliert.

Bisher wurden konkrete neue Geschäftsmodelle und deren Potenziale nicht systematisch zusammengetragen bzw. in ihrer Vielfalt aufgezeigt. Genau dies ist das Ziel dieses Kapitels. Eines der Hauptforschungsziele des fast vierjährigen DPM-Projektes war das Zusammentragen, Ableiten und Entwickeln neuer Geschäftsmodellpotenziale in der Personalisierten Medizin. Damit sind nicht nur neue Geschäftsfelder gemeint, sondern auch neue Mechanismen für bestehende Geschäftsfelder, d.h. wie Wertschöpfung und -abschöpfung neu gedacht werden können.

Das Kapitel richtet sich vorranging an Praktiker und Entscheider in der Gesundheitsbranche. Daher gibt es eine kurze Einführung zum Denken und zur (inneren) Haltung bei der Innovation von Geschäftsmodellen, da diese im Gegensatz zur Produktinnovation nicht von Naturwissenschaftlern und Ingenieuren, sondern vom Management entwickelt werden. Daran schließt sich eine kurze Vorstellung der Methoden an, die während des Forschungsprojektes genutzt wurden, um Potenziale für neue Geschäftsmodelle zu identifizieren. Final werden die unterschiedlichen Potenziale in einer Tabelle vorgestellt und kurz erläutert.

2 Die mentale Haltung bei der Suche nach neuen Geschäftsideen

Der Wille oder auch der Zwang sich mit neuen Geschäftsideen zu beschäftigen, treibt die unterschiedlichen Akteure in der als eher traditionell geltenden Gesundheitsbranche gerade in jüngster Zeit stark an. Auf kaum einer Konferenz oder einem Industriekongress fehlen Vorträge oder Workshops, die sich mit konzeptionellen Geschäftsideen oder neuen, tatsächlich existierenden Geschäftsmodellen und deren Hürden oder Erfolgsgeschichten befassen. Zu sehr wird der Wandel durch neue Technologien, neue Einsparungszwänge und durch (vermeintlich) neue gesellschaftliche Entwicklungen als Umbruch wahrgenommen, als dass die Akteure ihr *business as usual* weiter betreiben können. Ob diese Entwicklungen tatsächlich als große Umbrüche stattfinden werden, hängt von denjenigen ab, die erste Schritte wagen und zu tatsächlichen Veränderungen beitragen.

Das Risiko durch Veränderungen ist groß, da der Gesundheitssektor sehr viele Akteure umfasst und der Markt sehr stark reguliert wird. Diese Rahmenbedingungen scheinen auf den ersten Blick nicht gerade ein Nährboden für neuartige Geschäftskonzepte darzustellen. Von einer anderen Perspektive aus betrachtet, kann aber auch ein *work-around* um diese Einschränkungen ein Auslöser für besonders intelligente Lösungen sein – wenn erst einmal diese Einschränkungen akzeptiert und als Herausforderung angesehen werden, die es zu überwinden gilt.

Diese grundlegende Haltung soll die Bedingung darstellen, die nachfolgenden Ansätze, Methoden und Werkzeuge für die Entwicklung neuer Geschäftsideen und -modelle für die unterschiedlichen Akteure des Gesundheitssystems zu nutzen. Die hier vorgestellten Konzepte sollen die unterschiedlichen Unternehmen der Gesundheitsbranche animieren, nicht nur fließbandartig neue Ideen zu generieren, sondern vor allem ein verändertes Verständnis wecken, wie Geschäftsinnovationen jenseits vom Technologiedogma oder dem Denken in Produkt- und Prozesskategorien angegangen werden können. Wir setzen dazu stark auf den Geschäftsmodellansatz, der in erster Linie den Nutzwert für den Kunden in den Mittelpunkt stellt und in einem nachfolgenden zweiten Schritt definiert, wie dieser Nutzen in Produkten oder Dienstleistungen (oder beidem) „transportiert" werden kann. Hier kritisieren die Gesundheitsanbieter, dass diese Methoden nach dieser Logik nicht funktionieren, weil so davon ausgegangen wird, dass der Kunde mit dem Patienten gleichgesetzt wird – und der möchte entweder gesund werden oder sein Leiden verringern. Dies macht die Gestaltung von Geschäftsmodellen in der Gesundheitsbranche zu einer Besonderheit. Bei einer „Der Kunde ist der Patient"-Logik ist die Zielpopulation durch eine Funktion der darunterliegenden Biologie gekennzeichnet. Das heißt, die *Responder,* speziell bei Diagnostiktests oder Therapien, können nicht einfach ausgewählt werden (Koelsch et al. 2013).

Allerdings ist es wert, darüber nachzudenken, wer als Schlüsselakteur in diesem Netzwerk der Behandlung des *Responders* angesehen werden kann, um welche sich dann ein systemischer Nutzwert bildet. Das bedeutet, dass eine Logik erforderlich ist, die den finalen Nutzen für den Patienten in verschiedene Teilnutzen von unterschiedlichen Akteuren zerlegt. Diese erforderlichen Akteure sollen dazu gebracht werden, einen Sinn darin zu sehen, sich an der systemischen Nutzengenerierung zu beteiligen. Die Logik umfasst also die Grundaussage: *Was kann ich Akteur X anbieten, damit sein Problem gelöst wird, einen neuen oder verbesserten Nutzen für den Patienten Y zu generieren?*

Gerade diese Kundenzentrierung dreht die eigentliche Innovationshürde der vielfältigen, involvierten Akteure in eine Innovationsmöglichkeit um. Der in den klassischen Endkonsumentenmärkten definierte *Kunde* kann in der Gesundheitswirtschaft eine Vielzahl an unterschiedlichen, potentiellen Kundengruppen repräsentieren. Zur Identifizierung neuer Geschäftsmodelle lässt sich aufgrund dieser Frage der Begriff *Kunde* dann nicht nur auf Patienten, sondern auf die unterschiedlichsten Akteure des Gesundheitsmarktes, wie Ärzte, Krankenhäuser, Pflegedienste, Labore oder Pharmaunternehmen und Krankenkassen ausdehnen.

Gerade diese Vielzahl an Möglichkeiten neue „Kundengruppen" zu definieren, die das eine oder andere latente Bedürfnis haben, kann die Sicht schärfen, neue Geschäftsmöglichkeiten zu erkennen. Auch die Kombination verschiedener Nutzenversprechen (mit einem Produkt/Service unterschiedliche Akteure gleichzeitig anzusprechen) kann als Möglichkeit wahrgenommen werden, wenn man den Nutzen als einen systemischen Zusammenschluss oder als ein Bündel mehrerer Einzelnutzen begreift, die in ihrer Kombination einen größeren Zusatznutzen darstellen. Man spricht hier von sogenannten *Systemic Values*, also unterschiedlichen Wertversprechen als Teile eines Gesamtsystems, die optimal ineinander greifen (Pynnönen et al. 2011).

Mit anderen Worten kommt es auf eine sensible Erkennung von (latenten) Bedürfnissen an, die sich möglicherweise in ganz anderen Branchen herausgebildet haben und neue Möglichkeiten für eine Adaption in der Gesundheitsbranche bieten. Denken wir zum Beispiel daran, wie die Nutzung neuer Endgeräte im Telekommunikations- und Medienbereich Auswirkungen auf das Verhalten nicht nur von Patienten, sondern auch von Ärzten, Pflegepersonal oder Laboranten haben kann. Diese grundlegenden Überlegungen sollen den Einstieg für den Leser bilden, sich über bestimmte Methoden neuen, wie auch immer gearteten Kundengruppen zu nähern, um herauszufinden, welche möglicherweise unterschwelligen Probleme oder Bedürfnisse existieren und wie man diese final löst und dafür vergütet wird.

Im Folgenden soll der Leser noch einmal für die spezielle Sichtweise durch die Geschäftsmodell-Brille sensibilisiert werden. Der Hintergrund ist, dass am Ende des Kapitels neue Geschäftspotenziale aus den bisherigen Projektergebnissen abgeleitet werden, die jedoch voraussetzen, dass diese Potenziale durch passende Geschäftsmodelle auch genutzt werden. Mit anderen Worten, können diese Potenziale durch unterschiedlich ausgestaltete Geschäftsmodelle genutzt werden. Es kann also sein, dass auf der einen Seite einige Potenziale sehr lukrativ erscheinen und sich in kurzer Zeit dort unterschiedliche Wettbewerber positionieren. Auf der anderen kann es sein, dass erst das richtige Geschäftsmodell gefunden werden muss, damit sich das Potenzial in ein reales Geschäftsfeld umwandeln lässt.

In beiden Fällen wird es aber darauf ankommen, sich von der Fixierung auf bisherige Produkt- und Prozessinnovationen zu lösen, denn die reine Technologie an sich hat keinen Wert – die Anwendung ist entscheidend (Baden-Fuller und Mangematin 2013; Baden-Fuller und Haefliger 2013; Wirtz 2010). Das folgende Kapitel soll dazu animieren, den Fokus auf den tatsächlichen Wert, den man einem Patienten oder Kunden anbieten möchte, zu schärfen, um so auf einer abstrakteren, aber zielgerichteten Ebene Geschäftsmodelle zu entwickeln.

3 Geschäftsmodelle im Gesundheitsbereich grundlegend verstehen

Die Darstellungsweisen von Geschäftsmodellen sind ein wichtiger Startpunkt zu einem gemeinsamen Verständnis, wie Wertschöpfung und Wertabschöpfung zueinander führen. Die Geschäftsmodellliteratur bietet hier viele unterschiedliche Ansätze, die überwiegend für Endkonsumentenmärkte entwickelt wurden. In Kapitel Kapitel 1 wurde auf eine Vielzahl an Geschäftsmodell-Darstellungen hingewiesen (zur umfassenden Analyse der Business Model Frameworks siehe Kamprath 2012; Shafer et al. 2005; Osterwalder 2004). Aber es bleibt zu beachten, dass das Geschäftsmodell in erster Linie ein *Modell* ist, also eine individuell-kognitive Wahrnehmung als Abbildung der Wirklichkeit (Baden-Fuller und Morgan 2010; Baden-Fuller und Mangematin 2013).

Allein das unterschiedliche Verständnis zweier Menschen von dem, was ein Geschäftsmodell beschreibt, kann über den Erfolg der Entwicklung neuer Geschäftsmodelle entscheiden. Daher ist es wichtig, dass sich alle Beteiligten darüber verständigen, was ein Geschäftsmodell ist und wie es beschrieben werden kann.

3.1 Reflexion des eigenen Geschäftsmodells

Mittlerweile bieten viele Beratungsunternehmen entsprechende Geschäftsmodell-Workshops an. Nach unserer Erfahrung im Projekt herrscht aber immer noch ein teilweise babylonisches „Begriffswirrwarr" beim Verständnis, nicht zwangsweise von Geschäftsmodellen und deren Sinn und Inhalt, sondern eher darüber, wie einzelne Komponenten ausgestaltet oder charakterisiert werden.

Ob mit oder ohne fremde Hilfe sollten sich die Akteure im Gesundheitsbereich daher erst einmal über das eigene existierende Geschäftsmodell klar werden, um dann darauf aufbauend neue Geschäftsmodelle zu entwickeln. Studien und Erfahrungen in Workshops zeigen, dass das Verständnis bei Praktikern teilweise nur oberflächlich vorhanden ist, so dass das darunterliegende Potenzial des Ansatzes nicht erkannt werden kann (George und Bock 2011; Baden-Fuller und Mangematin 2013). Einen guten Ansatz bietet die detaillierte Checkliste von Achtenhagen et al. (2013) im Anhang (Tabelle 3), um abzuschätzen, ob der aktuelle Informationsstand ausreicht, um sich über das eigene Geschäftsmodell bewusst zu sein und ob die eigenen Aktivitäten darauf abzielen, das Geschäftsmodell stetig anzupassen und weiterzuentwickeln.

3.2 Geschäftsmodellvisualisierungen für die Gesundheitsbranche

Die Visualisierung von Geschäftsmodellen wird als Werkzeug gesehen, neue Ideen durch Brainstorming oder in Verknüpfung mit Kreativmethoden wie Design Thinking zu gewinnen. Im Unternehmenskontext hat sich das *Business Model Canvas (BMC)* von Alexander Osterwalder und Yves Pigneur (2010) durchgesetzt. Es reduziert sehr stark die Komplexität, hilft aber gerade (dadurch) in Gruppenprozessen einen Konsens über die Ausgestaltung des möglicherweise bereits existierenden oder eines zukünftigen Geschäftsmodells herzustellen. Das BMC mit seinen neun Komponenten ist mittlerweile das Standardinstrument um neue Geschäftsmodell*ideen* zu generieren. Daher soll an dieser Stelle nicht weiter auf dieses Modell eingegangen werden.

Hinsichtlich der Analyse existierender Geschäftsmodelle oder der Entwicklung neuer Geschäftsmodelle speziell für den Gesundheitssektor entwickelte Kevin Riley & Accociates (2013) das *modelH Canvas* als eine Adaption des BMC. Es ist eine Spezialversion und beinhaltet Geschäftsmodellblöcke, die besonders für den Gesundheitsbereich relevant sind (Abbildung 1).

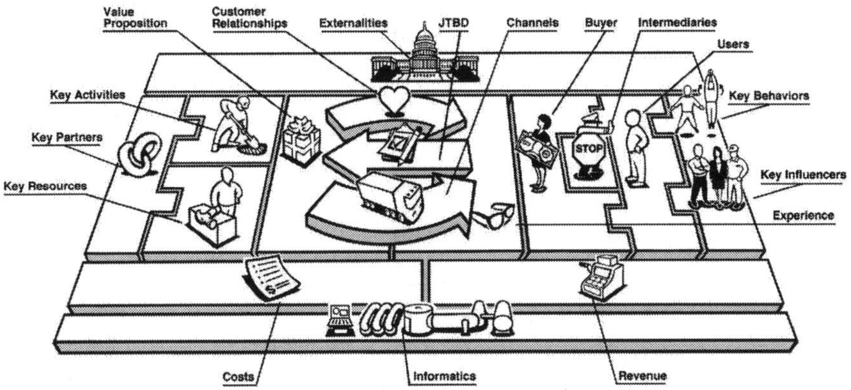

Source: modelH Business Model Canvas for Healthcare by Kevin Riley & Associates. Drawings by Mike Werner.

Abbildung 1 Das modelH Canvas (Kevin Riley & Accociates 2013)

Diese Geschäftsmodellabbildung wirkt komplexer, berücksichtigt aber auch die von den Akteuren stets betonten sektoralen Besonderheiten, wie die Unterscheidung verschiedener Marktseiten und regulatorische Einflüsse. Hier werden 17 Blöcke definiert, die zusätzliche Aspekte, wie Michael Porters „*Shared Value*"-Konzept (Porter und Kramer 2011) und Clayton Christensens „*Job to be done*"-Ansatz (Christensen etal. 2007) integrieren sollen (Tabelle 1).

Tabelle 1 Quelle: Kevin Riley & Associates (2013)

Users	… are the customers that a business model serves.
Buyers	… are the customers a business model sells to and may also be the user.
Intermediaries	… affect how a value proposition is seen and paid for by the buyer.
Jobs-to-be-Done (JTBD)	… are high-level goals the customer is trying to accomplish.
Value Propositions	… are products and services offered to customers to solve their JTBD.
Key Behaviors	… are the activities required of the user to complete their JTBD.
Key Influencers	… affect the user's understanding and ability to complete of their JTBD.
Channels	… are the way a company brings its value proposition to market.
Customer Relationships	… are connections a company creates with their buyers and users.
Experience	… is how buyers and users perceive channels and customer relationships.
Key Activities	… are the most important tasks required to create the value proposition.

Key Resources	… are the internal actors required to deliver the value proposition.
Key Partners	… are the external actors required to deliver the value proposition.
Costs	… are the most important financial drivers of a business model.
Revenue	… is the way a company makes money from its customers.
Informatics	… is the data and analytics needed to deliver and measure the value proposition.
Externalities	… are the external forces and regulations imposed upon a business model.

Die Autoren formulieren eine Reihen von Leitfragen zum Ausfüllen der Komponenten und ermöglichen so den Nutzern einen umfassenden Blick, eventuelle neue Geschäftspotenziale zu erkennen (Kevin Riley & Associates 2013). Nutzer aus dem Gesundheitsbereich können dieses Modell auch als zweiten Schritt zur Verfeinerung der Ideen nutzen, die mit dem BMC erstellt wurden.

Dieser Exkurs in die Geschäftsmodelllogik bildet den Grundbaustein, um neue Geschäftsideen zu erkennen, diese dann aber auch in funktionierende Geschäftsmodelle zu überführen.

4 Neue Geschäftsmodellpotenziale in einer Zeit zunehmender Personalisierung in der Medizin

Eines der wesentlichen Ziele des DPM-Projektes war die Identifizierung neuer Potenziale für neue Geschäftsideen und -modelle. Dabei war es unser Ziel in erster Linie Methoden und Datengrundlagen für Praktiker zu schaffen, dass diese befähigt werden, eigene, für sie sinnvolle Ideen zu entwickeln. Dazu wurde der Status Quo der Geschäftsmodelllandschaft in der Diagnostikindustrie erfasst (siehe Kapitel 8), sowie die in der Literatur diskutierten Geschäftsmodell-Entwicklungstendenzen ausgewertet (siehe Kapitel 1).

Im Projektverlauf wurde deutlich, dass das Geschäftsmodellkonzept einen passenden Analyserahmen und eine fortschrittliche Logik bieten kann, um nicht nur Dienstleistungspotenziale zu identifizieren, sondern auch vorhandene Technologieanwendungen und Strukturen neu zu denken. Damit ist die Geschäftsmodelllogik insgesamt holistischer.

Eine Herausforderung stellt dabei die Gesundheitsbranche dar, da Regulierungen, erklärungsbedürftige Produkte und eine Vielzahl an involvierten Akteuren den Handlungsspielraum aller Beteiligten stärker einschränken als in anderen Endkonsumentenmärkten. Wenn man die Kundenzentrierung nicht auf den Endkunden (Patienten) bezieht, sondern auf Kundengruppen, die in ihrer Summe eine Produkt-Service-Kombination für den Endpatienten anbieten, dann wird von Value Systems für unterschiedliche (institutionelle) Kundengruppen gesprochen (Pynnönen et al. 2011; Golnam et al. 2014). In diesen systemischen Erstellungsprozess sind Pharmaunternehmen, Diagnostikunternehmen, Fachärzte und Krankenhäuser und Krankenkassen eingebunden. Diese Denkgrundlage war der Ausgangspunkt für die praktische Ableitung von möglichen Geschäfts(modell)potenzialen. Diese Ideen erheben keinen Anspruch auf Vollständigkeit, Richtigkeit oder Umsetzbarkeit. Einige Ideen mögen unrealistisch oder eventuell sogar aus unterschiedlichen Perspektiven ethisch fragwürdig erscheinen. Daher sei betont, dass die folgenden Ideen Gedankenspiele darstellen, die aber eventuell den einen oder anderen Kern beinhalten, der zu einer Veränderung aktueller Praktiken und Geschäftsmodelle führen kann.

4.1 Methodischer Rahmen

Als Analyserahmen für die Ableitung von Potenzialen für neue Geschäftsmodelle nutzten wir im Rahmen des DPM-Projektes verschiedene Ansätze. Für die Entwicklung neuer Geschäftsmodelltypen setzen wir verstärkt auf eine Umweltanalyse, auf der dann ggf. kundenzentrierte Ansätze aufsetzen können und sogar sollten. Mit anderen Worten spannen wir mit diesen Sektoranalysen Felder auf, die dann detailliert von konkreten Geschäftsmodellen befüllt werden könnten.

Bisher fehlen in der Literatur spezifische Analyserahmen für Industrien bzw. der Unternehmensumwelten, die genauer auf den Informationsbedarf für Geschäftsmodelle abzielen. Methoden, wie PESTEL-, Five-Forces- oder SWOT-Analysen sind entweder zu generisch oder fokussieren nur Ausschnitte der Informationen, die man für die Entwicklung und Evaluation von Geschäftsmodellen benötigt. Daher bieten sich folgende beschriebene Ansätze für Industrie-Charakteristiken an: Die Szenarioanalyse, die Analyse der Industriewertschöpfungskette und die Analyse des Patientenpflegezyklus („Cycle of Care"). Für die Ideengenerierung nutzen wir zudem Methoden der Analogiebildung und übertrugen Konzepte aus anderen Branchen (Cross-Industry Innovation) (Enkel und Mezger 2013; Enkel und Dürmüller 2008), speziell aus der Kreativwirtschaft (Kamprath 2013).

Die Szenarioanalyse wurde bereits mit der Entwicklung von Szenarien in Verbindung gebracht. Im DPM-Projekt wurde dazu eine eigene Studie durchgeführt. Auch Chesbrough et al. (2013) sowie Pateli und Giaglis (2005) heben den Wert von Szenarien für das Finden neuer Geschäftsmodellkonzepte hervor. Für die Personalisierte Medizin existieren vor allem von Karger und Hüsing Zukunftsstudien, die auf neue Geschäftsmodelle schließen lassen (Karger et al. 2009; Karger und Hüsing 2011). Allerdings ist der Sinn der Szenariotechnik, dass sich die Involvierten im Prozess mit den Treibern und Marktveränderungen auseinandersetzen (van der Heijden 2004). Diese Auseinandersetzung ist das Ziel des Ansatzes, jedoch nicht zwangsweise das Resultat. Auf die Ableitung von Implikationen für zukünftige Geschäftsmodelle wurde schon im Kapitel der Delphistudie eingegangen (siehe Kapitel 13). Daher soll diese Methode an dieser Stelle nicht weiter vertieft werden.

Die Analyse der Industriewertschöpfungskette als Ansatzpunkt und Ideengeber ist in seiner Systematik zur Entwicklung neuer Geschäftsmodelle noch nicht genau methodisch bearbeitet worden (Zott und Amit 2013). Jedoch zeigt die Realität, dass zum einen neue technologische Entwicklungen die Industriewertschöpfungsketten an sich verändern und sich dadurch die Position von Unternehmen und ihren Geschäftsmodellen wandelt. So kann es zum Beispiel zur Integration oder Desintegration von Wertschöpfungsstufen kommen, weil sich Nutzenversprechen ändern, was wiederum veränderte Geschäftsmodelle und neue Geschäftsmöglichkeiten zur Folge hat (Kamprath und Glukhovskiy 2014).

Eine Wertschöpfungskettenanalyse (wie in Abbildung 2) kann somit Aktivitäten in einem unternehmensübergreifenden Wertschöpfungsprozess darstellen und Akteure, sowie Tätigkeiten identifizieren, die Nachfrager einer Leistung darstellen können.

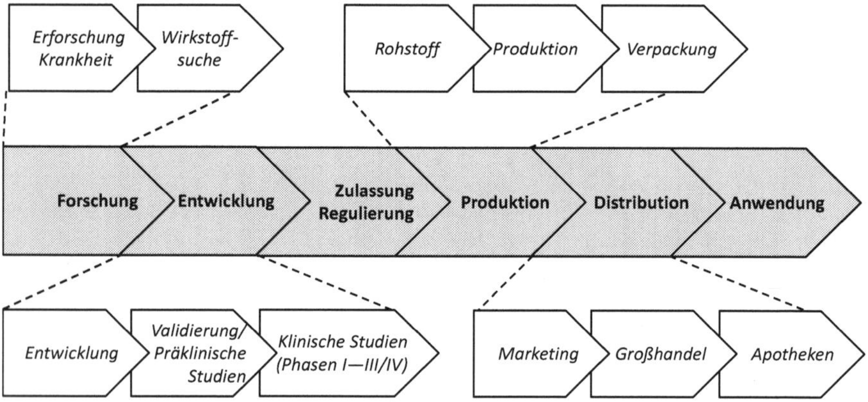

Abbildung 2 Die Wertschöpfungskette am Beispiel der pharmazeutischen Industrie (in Anlehung an Koch 2006, S. 108)

Ein konkretes Beispiel dieser Art ist die oftmals angesprochene neue Form der Zusammenarbeit zwischen Pharma- und Diagnostikunternehmen bei Therapien, die einen Diagnostiktest erfordern. Solche (Industrie-)Wertschöpfungskettenanalysen bieten Ansatzpunkte zur Definition von Bedarfsfeldern von neuen Dienstleistungen oder Produkten, die mittels unterschiedlicher Geschäftsmodelle erbracht werden können (Abbildung 3).

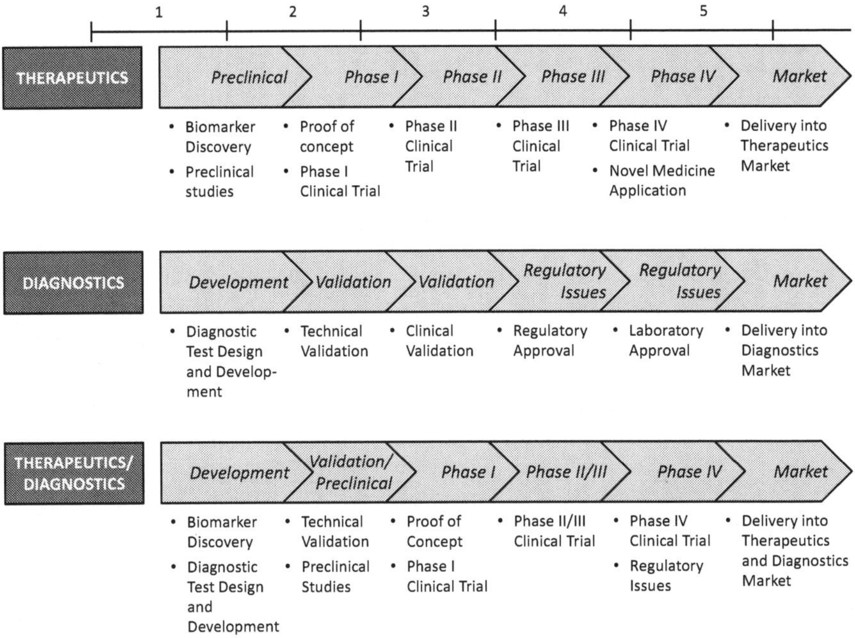

Abbildung 3 Die Wertschöpfungsketten der Pharma- und Diagnostikindustrie getrennt (oben und mittig) und integriert (unten) (Frost und Sullivan 2010, S. 48)

Eine andere Perspektive ist der Patientenpflegezyklus oder der *Cycle of Care*, der den Krankheitsverlauf des Patienten darstellt (siehe Abbildung 4). Der Krankheitsverlauf bietet noch einmal eine andere Perspektive, da hier nicht die Unternehmensaktivitäten mit der Auslieferung des Wertes an den Kunden enden, sondern die einzelnen Phasen des Patientenpflegezyklus jeweils das Ende einer Wertschöpfungskette aus Unternehmenssicht darstellen. Mit anderen Worten markiert jede Phase des Patientenpflegezyklus einen Punkt auf den sich eine komplette Wertschöpfungskette ausrichtet könnte, z.B. indem ein Produkt entwickelt wird, das die Diagnose für den Patienten erleichtert. Diese Perspektive ist vor allem deswegen interessant, da sich die Gesundheitsbranche durch den Einsatz personalisierter Medizin (und alle Behandlungsimplikationen, die darunter fallen) einen Gewinn an Lebensqualität für den Patienten verspricht und dieses Versprechen sich in einzelnen oder allen Phasen des *Cycle of Care* wiederspiegeln sollte.

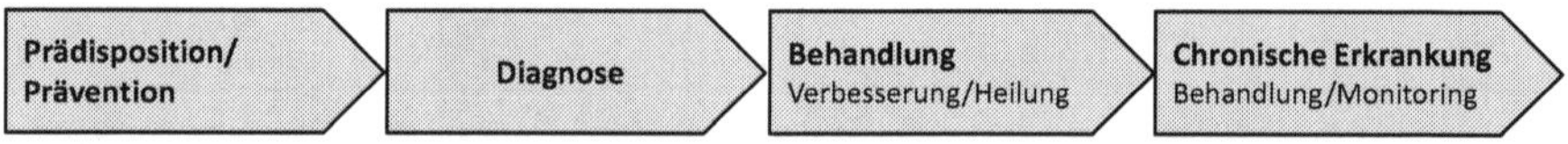

Abbildung 4 Eigene Darstellung in Anlehnung an Cooper et al. 2008, S. 4; Hüsing et al. (2008)

Karger et al. (2009) geben eine Übersicht über mögliche Dienstleistungspotenziale entlang des Patientenpflegezyklus (Abbildung 5). Allerdings werden teilweise nur Technologien genannt, die Teil einer Dienstleistung sein können, aber nicht sein müssen. Diese Sichtweise ist sehr produktorientiert, kann aber mit der Frage nach dem Nutzenversprechen verbunden werden: *Wie können die Technologien genutzt werden, um einen Wert X in dieser Phase Y für den involvierten Akteur Z zu generieren?*

Epidemiologie Ätiologie Infektiologie Immunologie Genetik Funktionelle Genomik Nutri-/ Pharmako-/ Toxigenomik Systembiologie	Gentests SNP Testing Whole genome genotyping	Gesundheits-aufklärung, Bildung Lebensführung Meidung Impfung Pharmako-prävention Individualisierte Präventions-programme Funktionelle Nahrungsmittel	Molekulare Bildgebung (PET, SPECT, MRI) Biochemische Tests Proteinchips	Pharmako-genetische/ proteomische Tests Medikamenten-Auswahl, Dosis-anpassung Molekulare Bild-gebung (Verlaufs-kontrolle) Sensoren Lab-on-a-chip, Point of Care Drug delivery: controlled release	Molekulare Bildgebung (Verlaufs-kontrolle mittels PET, SPECT, MRI) Biosensoren Lab-on-a-chip Telemonitoring

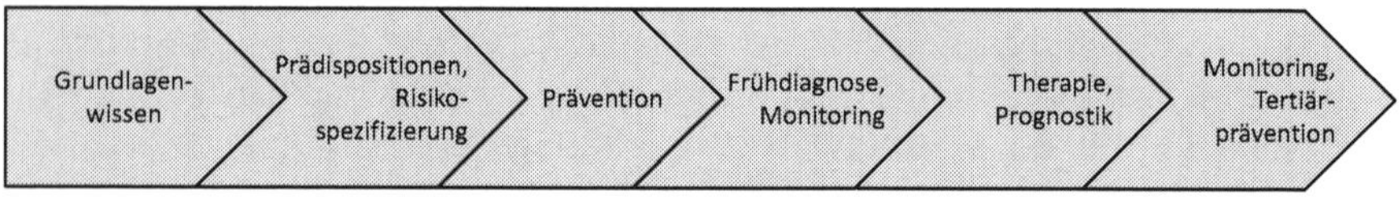

Abbildung 5 Patientenpflegezyklus und Technologie- und Servicepotenziale (Karger et al. 2009, S. 7)

Die Wertschöpfungskettenanalyse sowie der Patientenpflegezyklus bilden unsere Grundlagenraster, mit denen im Zusammenspiel mit Analogie- und Abstraktionsansätzen im folgenden Schritt neue Geschäftsmodellpotenziale für Produkte und Dienstleistungen identifiziert wurden. Zum Ende des DPM-Projekts wurden noch einmal alle Daten zusammengefasst, die in Konferenzbesuchen oder Expertengesprächen gesammelt wurden. In zwei Projektworkshops wurden dann anhand der genannten Methoden neue mögliche Geschäftspotenziale abgeleitet. Diese Ideen erscheinen als Grundlage geeignet, um über neue Geschäftsmodelle diskutiert zu können.

4.2 Potenziale neuer Geschäftsmodelle in der Personalisierten Medizin

Beispielhaft sind in der folgenden Tabelle Punkte aufgeführt, die Ansätze für die unterschiedlichen Akteure bieten (siehe Tabelle 2). Dabei fokussierten wir uns absichtlich nicht nur auf Diagnostik- und Pharmaunternehmen. Diese Ansätze sind für unterschiedliche Akteure im Gesundheitsbereich oder sogar für Unternehmen außerhalb dieser Branche interessant. Auf den Geschäftsmodelltyp der *Companion Diagnostics* soll hier nicht eingegangen werden, da diese keine grundlegenden Potenziale mehr sind und schon zu genüge diskutiert und praktiziert werden (Boon und van Merkerk 2009; Pickl et al. 2012).

Die hier gemachten Potenziale sind unterteilt in *neue Tätigkeitsfelder, Produktivitäts-/Effizienzsteigerung, neue Partnerkonstellationen* und *neue Erlösquellen.* Einige Potenziale sind nicht trennscharf nur einer Kategorie zuzuordnen. Selbstverständlich bieten neue Tätigkeitsfelder das Potenzial durch neue Partnerschaften neue Erlösquellen zu generieren. Daher sind die Potenziale eher dem Schwerpunkt zugeordnet, der in erster Linie adressiert wird und daher als sinnvoll erachtet wurde. Wiederholt soll noch einmal auf den gedankenexperimentellen Charakter hingewiesen werden. Einige Potenziale mögen unterschiedlich ethische Bewertungen mit sich bringen. Diese gilt es in Einklang mit bestehenden Rechten, Gesetzen und gesellschaftlichen Werten zu bringen, um nachhaltige Geschäftsmodelle (im Sinne ökologischer, sozialer und ökonomischer Verträglichkeit) aufzubauen.

Tabelle 2 Zukünftige Geschäftsmodellpotenziale (Eigene Darstellung)

Aktivitätsfeld für potenzielle Geschäftsaktivitäten	Potenziale für Geschäftsmodelle
Neue Tätigkeitsfelder	
Optimierung und Skalierung des Vertriebs; Plattformetablierung	Pharmaunternehmen können für kleine Diagnostikunternehmen Teile des Vertriebs und des Marketings übernehmen und es anstreben, zu einer Plattform für den Vertrieb von Diagnostikprodukten zu werden.

Validität von Diagnostiktests steigern	Expertise-Zentrum für Diagnostiktests könnten etabliert werden. Verschiedene Diagnostikunternehmen könnten Expertise für sämtliche Technologien und Einsatzgebiete bündeln, um Tests besser hinsichtlich ihrer Leistungsfähigkeit bewerten zu können. Diese unterstützen sowohl Diagnostikunternehmen in ihrer Exzellenz als auch Pharmaunternehmen bei der Auswahl und Qualitätssicherung von Diagnostiktests.
Zulassung	Weiterhin herrscht vor allem bei KMUs ein großer Bedarf an Unterstützung bei der Zulassung. Gerade die Diskussion über Möglichkeiten der verkürzten Zulassungszeiten bei „*Orphan Drugs*" aber auch bei Fehlern im Zulassungsprozess, zeigt das Optimierungspotenzial im administrativen Teil der Zulassung.
Erhebung, Zusammenführung und Analyse großer Mengen an Gesundheitsdaten (Big Data)	Als Service-Angebot oder als neue Schlüsselaktivität, bei der nicht nur große Datenmengen analysiert werden, sondern auch ein Wissen darüber besteht, wie und wo man diese Daten im Therapieentwicklungsprozess erheben kann, ist dieses Potenzial zukunftsweisend. Dies umfasst sämtliche Aspekte der Erhebung, Qualitätssicherung, Vernetzung, Auswertung, Aufbereitung, Datensicherheit und Kopplung mit relevanten Anwendungsfeldern.
Ausdehnung der Aktivitäten im Präventionsfeld des Patientenpflegezyklus'	Die Vielzahl der Daten, die heutzutage von Menschen gesammelt werden, die (noch) nicht erkrankt sind, kann Wirkungszusammenhänge von Lebensweisen, Genetik, Erkrankungen und Therapien erklären helfen. Vorsorge wird attraktiver, da für den Einzelnen gezieltere Empfehlungen für ein beschwerdefreieres Leben gegeben werden können.
Schutz von Datensammlung und -missbrauch	Als Gegenbewegung zur Datensammlung könnte es einen Bedarf nach Datensicherheit und einer geschützten Privatsphäre geben. Leistungen werden speziell angeboten, sie sich nach speziellen Verhaltenskodexen zertifizieren lassen.

Produktivitäts-/Effizienzsteigerung	
Wiedernutzung von gescheiterten Wirkstoffen (*Fallen Angels*)	Die existierenden Daten aus gescheiterten klinischen Studien können aufzeigen, ob *Responder* ein genetisches Merkmal teilen. Die Analyse bereits erhobener Daten birgt Potenzial. Denkbar wäre es Lizenzen von Wirkstoffen, die gescheitert sind, an Biotech-, Diagnostik- oder an Generika-Hersteller zu vergeben, die mit neuen Methoden nach Ansatzpunkten suchen. In eine ähnliche Richtung geht die Veröffentlichung von Daten gescheiterter Forschungen. Denkbar wären Kompensationsmechanismen für Unternehmen aber auch für Forschungseinrichtungen, die ihre Daten für Dritte zur Verfügung stellen.
Der umfassende Einsatz von Diagnostiktests und deren Testergebnisse in klinischen Studien	Klinische Studien müssen so konzipiert werden, dass sämtliche Patientenmerkmale und Biomarker erfasst werden. Zudem sollten diese Daten und relevante Proben sicher verwahrt und bei Bedarf wieder analysiert werden können, um verschiedene Wirkungen verstehen zu können. Dienstleistungen und Produkte rund um diese Datenerfassung könnten die Produktivität im Entwicklungs- und Zulassungsprozess erhöhen.
Internet of Things	Sensoren z. B. in intelligenten Verpackungen melden den Patienten und dem Arzt (z. B. Email/SMS), wann und ob die Medikation eingenommen wurde. Andere stellen fest, ob sich ein Patienten oder Pflegebedürftiger in Gefahr befindet.
Flexibilisierung des *Point of Care*	Miniaturisierung, sowie die „Ver-Dienstleistung" von Produkten/Geräten führt zu mobilen Lösungen gerade in Regionen, deren medizinische Infrastruktur schwächer wird. Fahrdienste erweitern ihren Aufgaben- bzw. Einsatzbereich und/oder Patienten übernehmen mehr Aktivitäten (z. B. bei der Erhebung oder der Überwachung von Gesundheitsparametern).
Neue Partnerkonstellationen	
Variabilität bei der Forschung	Akteure (evtl. im Zusammenschluss mit Stiftungen, Krankenkassen und Krankenhäusern) etablieren Technologieparks und *Corporate Accelerators*, die Geld, Equipment und Wissen (oder auch Daten) zur Verfügung stellen.

Kollaborative klinische Studien	Zwei oder mehr Unternehmen entwickeln und führen klinische Studien gemeinsam durch. Die Kosten (und damit das einhergehende Risiko) werden dadurch reduziert. So könnten auch Studien für kleinere Nischen synergetisch genutzt werden, wenn z. B. Krankheitsbilder sich in einem Anwendungsfeld ähneln, in denen es schwer ist, überhaupt Patienten zu finden (seltene Krankheiten). Diese Mehrfachverwendung könnte allerdings Verlängerungen im Prozess selbst nach sich ziehen (verschärfte Zulassungsregularien, Abstimmungsprozesse) (Santilli 2014).
Patienten-befähigung	Potenziale für neue Geschäftsmodelle ergeben sich aus unterschiedlichen Ansätzen, Patienten auf andere Weise in eine Dienstleistung einzubinden oder die Produktnutzung zu verändern. Darunter zählen Möglichkeiten der Selbsttestung, der Informationsvermittlung, der Datengenerierung, der Verantwortungsübernahme, der Nutzung von neuen Endgeräten und den Bedürfnissen nach Datensicherheit und Privatsphärenschutz.
Patienten-befähigung durch Gesundheits-Manager	Unternehmen, die sich darauf spezialisieren, Patienten zu informieren und durch eine Therapie zu begleiten werden nach Erfolg bezahlt. Durch individuelle Daten des Patienten werden zusätzliche Anreize, wie z. B. Prämien für den Gesundheits-Manager und nicht-monetäre Anreize für den Patienten, gestellt. Eine Umwandelung dieses Systems in einen Sanktionsmechanismus muss gesetzlich untersagt werden.
Neue Erlösquellen	
Neue Marktseiten	Bei der Definition des Nutzens stehen nicht nur die Patienten im Mittelpunkt, sondern deren Pfleger, ärztliche Betreuer oder Akteure, die Interesse an der Gesundheit des Patienten haben (z. B. Arbeitgeber). Durch vielschichtige Verknüpfungen könnten so Werte für andere Interessengruppen geschaffen werden, die vorher mit der Therapie noch nicht direkt adressiert waren.
Crowd funding	Alternative Finanzierungsformen in Form von „*Crowd funding*"-Ansätzen, können dazu führen, dass neue klinische Studien für Therapien durchgeführt werden können, für die wenig kommerzielles Interesse besteht (z. B. für Antibiotika-Forschung).

Personalized science	Der Ansatz beschreibt, wie eine wohlhabende Person (oder eine Gruppe) Forschungsbudgets in Form von Stipendien für Universitätskliniken für die Erforschung spezieller Krankheiten vergibt (Zhavoronkov und Cantor 2013). Ähnlich wie bei externen Experten-„*Crowd sourcing*"-Plattformen können sich Forscher oder Unternehmen für die Erforschung der Krankheit bewerben.

Einige diese Ansatzpunkte bieten in erster Linie Potenziale für neue Geschäftsideen, andere sind konkreter und beschreiben mögliche Teilmodelle von Geschäftsmodellen. Die Ausgestaltung der Geschäftsmodelle ist hingegen sehr einzelfallabhängig. Zudem ist für jedes Geschäftsmodell bzw. für jede Veränderung im Einzelfall zu prüfen, ob und inwiefern rechtliche Rahmenbedingungen und die ökonomische Tragbarkeit gegeben sind.

5 Zusammenfassung und Reflektion des Kapitels

Dieses Kapitel bietet einen praktischen, nach vorn gerichteten Blick auf die Veränderungen, die die Personalisierte Medizin als Überbegriff für unterschiedliche Technologieanwendungen und deren Implikationen für die Gesundheitsbranche mit sich bringt. Dazu zeigen die ersten Unterkapitel, wie Geschäftsmodellinnovationen – auch im Gegensatz zu Produkt- oder Service-Innovationen – eine gewisse (mentale) Haltung einfordern. Bei Geschäftsmodellinnovationen werden Kundenanforderungen sehr stark mit organisatorischen Veränderungen verknüpft. Dementsprechend wird als Ausgangsbasis für den Hauptteil des Kapitels das Wissen um und in Geschäftsmodellen als Voraussetzung gesehen. Der Hauptteil beschreibt kurz die Methoden, die im Rahmen des Projektes DPM genutzt wurden, um neue Geschäftsmodellpotenziale der Personalisierten Medizin zu identifizieren. Daran schließt sich eine Liste verschiedener identifizierter Geschäftsmodellpotenziale oder Teilmodelle existierender Geschäftsmodelle an, die als Inspiration für die Praxis gelten sollen bzw. schon dort Eingang gefunden haben.

Diese Potenziale sollen als Ideenanstoß verstanden werden. Kern dieser Überlegungen und den darauf aufbauenden Aktivitäten sind Veränderungen des Nutzens von Technologien, die neuen damit ermöglichten Therapien, sowie sich verändernde Patientenansprüche und –einbindungsmöglichkeiten. Sie eröffnen neue Aktivitätsfelder für Akteure im Gesundheitsbereich. Diese Liste mit radikalen und inkrementellen Veränderungsideen soll dazu animieren, das eigene Geschäftsmodell auf seine Aktualität hin zu überprüfen. Hier schließt sich der

der Kreis, die vorher angesprochene Haltung bei der Suche nach neuen Geschäftsmodellen einzunehmen – eine veränderte Haltung hinsichtlich…

- einer stärkeren Kundenzentrierung (bezüglich Geschäftskunden und Patienten),
- einem Umdenken weg von Produkten und Services hin zu dem tatsächlichen Wert, der (möglicherweise auch erst durch andere Zusatznutzen) erreicht wird,
- einem Verständnis über Aufbau und Funktion von Geschäftsmodellen,
- einem Sich-bewusst-werden über die Zusammenhänge der eigenen und fremden Aktivitäten, die das eigene Geschäftsmodell ausmachen,
- und einem Bewusstsein, dass auch kleine Veränderungen im Verbund eine große Wirkung erzielen können.

6 Literatur

Achtenhagen, L., Melin, L. und Naldi, L. (2013): Dynamics of business models – strategizing, critical capabilities and activities for sustained value creation. Long range planning, 46 (6), S. 427–442.

Baden-Fuller, C. und Haefliger, S. (2013): Business Models and Technological Innovation. Long Range Planning, 46 (6), S. 419–426.

Baden-Fuller, C. und Mangematin, V. (2013): Business models: A challenging agenda. Strategic Organization, 11 (4), S.418–427.

Baden-Fuller, C. und Morgan, M. S. (2010): Business models as models. Long Range Planning, 43 (2/3), S. 156–171.

Boon, W. P. C. und van Merkerk, R. O. (2009): Prospective positioning of industrial players: the case of theranostics. Technology Analysis & Strategic Management, 21 (4), S. 471–489.

Chesbrough, H., Minin, A. D. und Piccaluga, A. (2013): Business model innovation paths. In: L. Cinquini, A. D. Minin, und R. Varaldo (Ed.): New Business Models and Value Creation: A Service Science Perspective. Sxi - Springer per l'Innovazione/Sxi-Springer for Innovation. Milano, Springer Milan, S.45–66. http://link.springer .com/10.1007/978-88-470-2838-8 (Zugriff am 20.06.2014).

Christensen, C. M., Anthony, S. D., Berstell, G. und Nitterhouse, D. (2007): Finding the right job for your product. MIT Sloan Management Review, 48 (3), S. 38–50.

Enkel, E. und Dürmüller, C. (2008): Cross-Industry-Innovation: Der Blick über den Gartenzaun. In: O. Gassmann und P. Sutter (Hrsg.): Praxiswissen Innovationsmanagement. München, Carl Hanser Verlag, S. 223–247.

Enkel, E. und Mezger, F. (2013): Imitation Processes and their Application for Business Model Innovation: An Explorative Study. International Journal of Innovation Management, 17 (1).

Foss, N. J. und Rasmussen, K. A. (2014): Business Model Innovation in the Pharmaceutical Industry: The Supporting Role of Organizational Design. Rochester, NY, Social Science Research Network. http://papers.ssrn.com/abstract=2400982 (Zugriff am 17.07.2014).

Frost & Sullivan (2010): Advances in Personalized Medicine. Texas, USA, Frost & Sullivan.

George, G. und Bock, A. J. (2011): The Business Model in Practice and Its Implications for Entrepreneurship Research. Entrepreneurship Theory and Practice, 35 (1), S. 83–111.

Golnam, A., Moser, C., Gopal, A. und Wegmann, A. (2014): Value Map: An Innovative Tool for Business Model Innovation. XXV ISPIM Conference, „Innovation for Sustainable Economy & Society“, Dublin, Ireland.

Groves, C. und Tutton, R. (2013): Walking the tightrope: Expectations and standards in personal genomics. BioSocieties, 8 (2), S. 181–204.

Van der Heijden, K. (2004): Scenarios: The Art of Strategic Conversation. 2. Aufl. Wiley.

Hüsing, B., Hartig, J., Bührlen, B., Reiß, T. und Gaisser, S. (2008): Individualisierte Medizin und Gesundheitssystem. TAB. http://www.1aufbau.de/isiwAssets/docs/t/de/publikationen/Individualisierte-Medizin-und-Gesundheitssystem_1_.pdf (Zugriff am 20.07.2014).

Kamprath, M. (2012): Geschäftsmodelle in der Personalisierten Medizin – Operationalisierung und erste Ergebnisse. IME Working Paper Series, 2012-2. http://www.uni-potsdam.de/ime/images/DPM_Working_Paper_2012_3_IME.pdf (Zugriff am 12.08.2014).

Kamprath, M. (2013): The Use of Analogies for Business Model Ideation – Creative Industries as Source and Target for New Business Models. Proceedings of the 3rd INTERREG conference: “Creative industries: think tanks for innovative practices in management, strategy and organization?”, 7-8 November 2013 (Deauville, France). http://papers.ssrn.com/abstract=2475366 (Zugriff am 02.08.2014).

Kamprath, M. und Glukhovskiy, L. (2014): Geschäftsmodell-Stretching als Reaktion auf Veränderung der Branchenwertschöpfungskette in der Games-Industrie. In: D. Schallmo (Hrsg.): Kompendium Geschäftsmodell-Innovation: Grundlagen, aktuelle Ansätze und Fallbeispiele zur erfolgreichen Geschäftsmodell-Innovation. Wiesbaden, Springer, S. 349–384.

Karger, C. und Hüsing, B. (2011): Personalisierte Medizin im Gesundheitswesen der Zukunft: Einflussfaktoren und Szenarien. Schriften des Forschungszentrums Jülich: Reihe Gesundheit/Health, 44.

Karger, C., Robertz, N. und Hüsing, B. (2009): Personalisierte Medizin im Gesundheitssystem der Zukunft. Jülich, Forschungszentrum Jülich. http://publica.fraunhofer.de/eprints/urn:nbn:de:0011-n-1021797.pdf (Zugriff am 18.02.2010).

Kevin Riley & Accociates (2013): modelH Business Model Canvas Overview. http://healthmodelinnovation.com/wp-content/uploads/2013/12/modelH-Business-Model-Canvas-Overview.pdf (Zugriff am 12.08.2014).

Kevin Riley & Associates (2013): modelH Business Model How to Use the Canvas. http://healthmodelinnovation.com/wp-content/uploads/2013/12/modelH-Business-Model-Canvas-Template.docx (Zugriff am 19.06.2014).

Koch, J. W. (2006): Zur Wertschöpfungstiefe von Unternehmen. Deutscher Universitäts-Verlag.

Koelsch, C., Przewrocka, J. und Keeling, P. (2013): Towards a balanced value business model for personalized medicine: an outlook. Pharmacogenomics, 14 (1), S. 89–102.

Osterwalder, A. (2004): The business modell ontology - A proposition in a design science approach. Lausanne, Universite de Lausanne. http://www.hec.unil.ch/aosterwa/PhD/ (Zugriff am 28.06.2011).

Osterwalder, A. und Pigneur, Y. (2010): Business model generation: a handbook for visionaries, game changers, and challengers. Amsterdam, Modderman Druckwerk.

Pateli, A. G. und Giaglis, G. M. (2005) Technology innovation-induced business model change: a contingency approach. Journal of Organizational Change Management, 18 (2), S. 167–183.

Pickl, M., Ruge, E. und Venturi, M. (2012): Predictive markers in early research and companion diagnostic developments in oncology. New Biotechnology, 29 (6), S. 651–655.

Porter, M. E. und Kramer, M. R. (2011): Creating shared value. Harvard business review, 89 (1/2), S. 62–77.

Pynnönen, M., Ritala, P. und Hallikas, J. (2011): The new meaning of customer value: a systemic perspective. Journal of Business Strategy, 32 (1), S. 51–57.

Santilli, J. (2014): Clinical trial collaborations: An idea whose time has come. http://formularyjournal.modernmedicine.com/formulary-journal/news/blog-clinical-trial-collaborations-idea-whose-time-has-come (Zugriff am 17.07.2014).

Shafer, S., Smith, H. J. und Linder, J. C. (2005): The power of business models. Business Horizons, 48 (3), S.199–207.

Srai, J. S. und Alinaghian, L. S. (2013): Value Chain Reconfiguration in Highly Disaggregated Industrial Systems: Examining the Emergence of Health Care Diagnostics. Global Strategy Journal, 3 (1), S. 88–108.

Wirtz, B. (2010): Business model management: Design – Instrumente – Erfolgsfaktoren von Geschäftsmodellen. Wiesbaden, Gabler.

Zhavoronkov, A. und Cantor, C. R. (2013): From Personalized Medicine to Personalized Science: Uniting Science and Medicine for Patient-Driven, Goal-Oriented Research. Rejuvenation Research, 16 (5), S. 414–418.

Zott, C. und Amit, R. (2013): The business model: A theoretically anchored robust construct for strategic analysis. Strategic Organization, 11 (4), S. 403–411.

7 Anhang

Tabelle 3 Reflective Questions for Practitioners to Improve Management of Business Models Achtenhagen et al. (2013)

++ applies fully; + applies mostly; – applies somewhat; –– applies not at all

(Please note that it is not necessarily ideal for your company to score '++'on all questions – all companies are different and one size does not fit all! Important is that you think carefully about each of the issues below and assess to what degree they apply to your company!)

A: Strategizing actions for value creation	++	+	–	––
Do you know where and how value is generated in the company?				
Do you know which capabilities and competences your company possesses and which it lacks?				
Do you take concerted actions to develop or acquire lacking capabilities and competences?				
Do you continuously update a list of potential take-over targets?				
Do you keep close watch over your competition?				
Do you systematically review whether and how you could expand into new markets and products and/or services?				
Do you attempt to expand products into complete serviced product packages?				
Do you strive for operational excellence in all organizational processes?				
Do you monitor whether the quality of your products and services is at an optimal level?				

B: Identifying and experimenting with new business opportunities	++	+	–	––
Do you systematically interpret major economic and regulatory trends?				
Do you systematically retrieve information about changes in the marketplace?				
Do you make use of formal and informal systems for sharing information and assisting knowledge transfer across the company's units?				
Do you keep up to date with (expected) technological developments in your current and adjacent industries and consider how these could be applied in you company?				

Do you elicitly encourage the searching for and experimenting with new opportunities for value generation?				
Do you leave room for learning from mistakes and for experimenting with new product or market ideas?				

C: Balanced use of resources	++	+	–	––
Do you focus on achieving steady cash flows for current and future activities?				
Are you actively managing and developing your human resources?				
Do managers and other employees have the chance to continuously develop their personal skills?				
Do you hire people with specific skill sets?				
Are you aware of the recognition of your brand(s) and attempt to enhance that?				
Do you know where in the company which costs are generated?				
Do you attempt to achieve a high transparency of costs and cost drivers along the value chain?				
Do you reinvest profits into the company to facilitate further expansion and development?				

D: Leadership, culture and employees	++	+	–	––
Is an important role of top management to facilitate processes and coach employees?				
Are strategic impulses from employees collected, evaluated, and followed up in projects?				
Can you define your company's culture an what is special about it?				
Do you and your company have clear values which you live in the organization?				
Do you show commitment and loyalty to the employees?				
Do you conduct activities aimed at enhancing employees' trust and loyalty to the company?				
Do you sense which issues are important to the employees and act on them?				
Do you attempt to jointly analyze and build on lessons learned by the individual employees?				

Does your incentive system attempt to improve the quality of work within and between units?				
Do you focus on enhancing communication in the company?				
Do you strive for internal transparency regarding strategizing actions?				
Can employees take charge in the company?				
Can employees put into question current value-creation activities?				
Are employees responsible for their activities?				
Does your company have an employee turnover rate which is below that of your industry?				

E: Complementarities	++	+	–	––
Do you have interlinked performance measures, which include quantitative and qualitative targets?				
Do you actively monitor how different strategizing actions and critical capabilities interact for value creation?				
Do all employees understand the relevant business processes and how these are related?				
When changing strategizing and organizing activities, do you always assess possible impacts on other activities?				

Szenarien zur Zukunft personenbezogener Dienstleistungen im Gesundheitswesen

Hans-Dieter Nolting, Caroline Schmuker und Karsten Zich

Inhaltsverzeichnis

1 Einleitung

Das Bundesministerium für Bildung und Forschung hat bis 2012 die vordringliche Maßnahme „Personenbezogene Dienstleistungen in der Gesundheitswirtschaft – Anwendungsfeld Seltene Erkrankungen“ gefördert. Vier Forschungsverbünde sowie ein Metaprojekt haben sich mit der innovativen Gestaltung von Wertschöpfungsketten bei hochkomplexen, multidisziplinär zu versorgenden Krankheitsbildern befasst (Bieber und Geiger 2014). Gemeinsames Merkmal der Forschungsverbünde war die Anwendung von Konzepten und Methoden der Dienstleistungsforschung (Spath und Ganz 2009) auf die medizinisch-pflegerische Versorgung als einem spezifischen Sektor personenbezogener Dienstleistungen. Das IGES Institut hat im Rahmen des Metaprojekts untersucht, welche Entwicklungstrends im Gesundheitswesen erkennbar sind, die voraussichtlich erhebliche Auswirkungen auf die Dienstleistungsproduktion haben werden bzw. die speziell die charakteristischen Merkmale von personenbezogenen Dienstleistungen (Interaktion, Ko-Produktion usw.) berühren. Ziel ist es, die Herausforderungen und Fragestellungen zu beschreiben, welche die laufenden oder absehbaren Entwicklungen im Gesundheitssektor an die Dienstleistungsforschung im Allgemeinen bzw. an eine die personenbezogenen Dienstleistungen fokussierende Dienstleistungsforschung im Speziellen stellen. Im Folgenden wird kurz die Vorgehensweise des Projekts umrissen. Anschließend werden die wesentlichen Arbeitsergebnisse zusammengefasst.

2 Methodik

Basierend auf Literaturstudien und der spezifischen Expertise des IGES Instituts wurde zunächst eine Sammlung von potenziell relevanten Trends und Entwicklungen der Gesundheitswirtschaft durchgeführt. Die Sammlung stand unter der Leitfrage: „Welche übergeordneten Entwicklungen (Trends) werden die Produktion von medizinischen und pflegerischen Dienstleistungen und damit auch die Arbeitsgestaltung und Arbeitsbedingungen in den betreffenden Dienstleistungsberufen bzw. Dienstleistungstätigkeiten in der nahen Zukunft stark beeinflussen?“ Aus einer größeren Zahl von Entwicklungstrends wurden vier Themen ausgewählt, die für das deutsche Gesundheitssystem aktuell hohe Relevanz besitzen und von denen erhebliche Auswirkungen auch auf die Gestaltung von personenbezogenen Dienstleistungen ausgehen. Diese vier Themen – „Industrialisierung der Medizin“, „Integration, Hybridisierung und Entstehung von Systemanbietern“, „Ambulantisierung der Versorgung“ sowie „Wachsende Bedarfe, schrumpfende Kapazitäten“ – wurden im April 2012 im Rahmen eines Symposiums diskutiert. Jedes Thema wurde durch jeweils einen Vortrag eines Akteurs aus der gesundheitlichen und pflegerischen Versorgung „repräsentiert“.

Ziel der Veranstaltung war es, die realwirtschaftlichen Entwicklungstrends im Gesundheitswesen aus dem Blickwinkel der Dienstleistungsforschung zu befragen und zu diskutieren (Nolting et al. 2012).

Auf der Grundlage der vier Fokusthemen und unter Verwendung der bei der Tagung generierten Erkenntnisse und Stellungnahmen wurden im nächsten Schritt drei potenzielle Zukunfts-Szenarien entwickelt. Jedes Szenario zeigt ein spezifisches Modell der Organisation und Produktion von personenbezogenen Dienstleistungen in der Gesundheitsversorgung. Die drei Modelle „verarbeiten" dabei die zuvor explizierten Entwicklungstrends. Formal sind die Szenarien so aufgebaut, dass der Weg einer beispielhaften Patientin (sowie ggf. der Angehörigen) durch die jeweilige „Versorgungswelt" beschrieben wird. In die „Szenario-Erzählung" eingeschoben werden erläuternde Textkästen, die den systematischen Hintergrund zu den jeweils beschriebenen Dienstleistungsprozessen erläutern.

Die Szenarien wurden so konstruiert, dass sie nicht nur mit den zuvor identifizierten tatsächlichen Entwicklungstrends kompatibel sind, sondern auch jeweils unterschiedliche Lösungsansätze bzw. Konsequenzen im Hinblick auf vier zentrale Fragestellungen des Gesamtprojekts „Personenbezogene Dienstleistungen" beleuchten:

Inwieweit gelingt in dem Szenario …

- eine Gestaltung der Versorgungsprozesse unter Berücksichtigung der Interessen und Präferenzen der Patienten und ihrer Angehörigen?
  (Aspekt: Service Design, Integration der Kunden in die Dienstleistungsentwicklung)
- die Entwicklung neuer Dienstleistungen und Versorgungsangebote, die den Bedürfnissen von relevanten Teilgruppen der Patienten entsprechen und die heute unzureichend befriedigt werden?
  (Aspekt: Dienstleistungs-Innovationen)
- die Schaffung von Spielräumen für mehr Zuwendung und sinnvolle persönliche Interaktionen zwischen den Patienten und ihren Versorgern?
  (Aspekt: Dienstleistungen als Interaktionsarbeit, Ko-Produktion von Dienstleistungen)
- die Steigerung der Produktivität der Versorgung durch intensivere Nutzung von Informations- und Kommunikationstechnologien?
  (Aspekt: Produktivität von Dienstleistungen)

Ergänzend wurden ferner die Aspekte der Akzeptanz des jeweiligen Szenarios bzw. der dort umrissenen Zuständigkeiten, Prozesse usw. bei den betroffenen Beschäftigtengruppen (Ärzte, Pflegekräfte usw.) sowie die potenziellen Hindernisse für eine Verbreitung des jeweiligen Modells auf Systemebene zur Diskussion gestellt.

Die Szenarioanalyse ist eine etablierte Methode im Bereich der Politikanalyse, Zukunftsforschung und Technologiebewertung (zum Überblick vgl. Moniz 2005; Kosow und Gassner 2008). In Bezug auf das Gesundheitswesen in Deutschland sind Szenarioanalysen bisher zu Fragen der Systemgestaltung und Finanzierung auf der Makroebene durchgeführt worden (Nolting et al. 2004; Nolting et al. 2009). Die drei für dieses Projekt entwickelten Szenarien sind demgegenüber nur von eingeschränkter Reichweite: Sie beziehen sich jeweils nur auf einen Ausschnitt der gesundheitlichen Versorgung – je nach Szenario z.B. die stationäre Versorgung bei planbaren Eingriffen oder die ambulante Versorgung von schwerwiegenden bzw. eher seltenen Erkrankungen – und fokussieren vor allem Fragen der unmittelbaren Prozessgestaltung. Ferner sind sie wegen des konkret vorgesehenen Verwendungszusammenhangs – die Szenarien bildeten die Grundlage für ein zweites Symposium, das im Februar 2013 stattfand – nur relativ knapp und ausschließlich narrativ ausgearbeitet.

Von den vier Funktionen, die Szenarien gemäß einer Systematisierung von Kosow und Gassner (2008) erfüllen können, dominiert bei den drei hier entwickelten Szenarien die „Explorative Funktion bzw. Wissensfunktion“: Ausgehend von den mehr oder weniger gut beschriebenen Defiziten des jeweils fokussierten Teilbereichs der medizinischen Versorgung unter Status quo-Bedingungen wird eine mögliche alternative Zukunft entworfen. Neben der Exploration ungeklärter Fragen und alternativer Modelle der Dienstleistungsentwicklung im Gesundheitswesen leisten die Szenarien – das haben die Diskussionen im Rahmen des Symposiums bestätigt – auch Beiträge zur „Kommunikationsfunktion“ und zur „Zielbildungsfunktion“, indem sie beispielsweise ein gemeinsames Problemverständnis sowie die Konkretisierung und Priorisierung von Zielvorstellungen befördern (Kosow und Gassner 2008).

3 Ergebnisse

3.1 Vier Entwicklungstrends im Gesundheitswesen als Ausgangspunkte der Szenarienentwicklung

Der Szenarienentwicklung vorgeschaltet war die Analyse von dominierenden Entwicklungstrends, die die Gestaltung personenbezogener Dienstleistungen im Gesundheitswesen stark beeinflussen werden bzw. die dies bereits nachweisbar tun. Vier Trends wurden als Themen für eine vertiefte Auseinandersetzung ausgewählt.

„Industrialisierung der Medizin"

Der Begriff „Industrialisierung der Medizin" stammt aus Vorträgen von Eugen Münch, dem Gründer und heutigen Aufsichtsratsvorsitzenden der Rhön Klinikum AG (Münch 2006a, b) und bezeichnet hier nicht etwa die Drohkulisse einer „inhumanen Apparatemedizin" o.ä. sondern die Forderung nach einer stärker arbeitsteilig und nach rationalen Kriterien prozesshaft strukturierten Organisation der medizinischen Versorgung.

Münch vertritt die These, dass bestehende und noch wachsende Finanzierungs- und Qualitätsprobleme sowie die zukünftig drohende Gefahr von Leistungsrationierungen nicht zuletzt darauf zurückzuführen sind, dass Gesundheitsleistungen von der Nachfrageseite her zwar eindeutig ein „Massenprodukt" sind, jedoch auf der Angebotsseite – Münch thematisiert insbesondere die stationäre Versorgung durch die Krankenhäuser – bis in jüngste Zeit noch Prinzipien einer „vorindustriellen Manufakturproduktion" dominieren. Gemeint ist damit ist vor allem die traditionelle Organisation der Krankenhäuser in Form von spezialisierten Abteilungen, die vergleichsweise autonom und nur mangelhaft miteinander vernetzt arbeiten. Kennzeichnend für dieses Organisationsmodell ist laut Münch der Chefarzt als „Künstler-Handwerker", der sich mit Gehilfenpools" (Münch 2006a, b) umgibt, um „seine" Patienten mit den von ihm persönlich für adäquat erachteten Methoden zu behandeln.

Um auf Dauer eine stationäre medizinische Versorgung für die gesamte Bevölkerung zur Verfügung stellen zu können, müssten die Prozesse der Leistungserstellung – also die in Krankenhäusern typischerweise erbrachten personenbezogenen Dienstleistungen – den aus der industriellen Revolution erwachsenen Erkenntnissen über eine effiziente Massenproduktion stärker Rechnung tragen. Dazu gehört vor allem die Organisation der Leistungserstellung in Form von effizienzorientiert gestalteten Prozessen – in der Anwendung auf das Krankenhaus verwendet Münch zumeist den Terminus „Flussprinzip", womit der nach Stufen seiner Mobilität strukturierte Durchlauf des Patienten von der Aufnahme bis zur Entlassung gemeint ist (Münch 2012) – sowie die konsequente Beachtung des Prinzips der Kostendegression und Qualitätssteigerung durch Wiederholung und Routinisierung (Skaleneffekte).

Die Figur der „Industrialisierung der Medizin" meint somit letztlich nichts anderes, als die Forderung, dass ein Patient im Laufe seiner Krankengeschichte (bzw. des gerade aktuellen Behandlungszyklus) jeweils auf der medizinisch angemessenen und damit auch kosteneffektivsten Versorgungsstufe behandelt wird. Dabei gilt es sowohl Unter-, als auch Überversorgung zu vermeiden. Erstere kann bereits vorliegen, wenn kleine Klinikabteilungen schwierige und seltene Operationen durchführen, anstatt die Patienten an Schwerpunkthäuser weiterzuleiten, wo der Eingriff häufiger und mit größerer Routine durchgeführt wird. Überversorgung liegt dagegen vor, wenn einfache und häufige Eingriffe in Häusern der medizinischen Maximalversorgung durchgeführt werden, wenn also der Ressourceneinsatz nicht in einem angemessenen Verhältnis zu der Versorgungsaufgabe steht.

Der Entwicklungstrend einer Rationalisierung der Leistungserstellung in Krankenhäusern weist Verbindungen zu mehreren Themenstellungen der Dienstleistungsforschung auf:

a) Techniknutzung und Produktivität von personenbezogenen Dienstleistungen

Eine zentrale Rolle bei der Neugestaltung der Versorgungsprozesse nicht nur innerhalb des Krankenhauses, sondern auch in der vorstationären Phase – also bei der Entscheidung über die dem Gesundheitsproblem angemessene Einrichtung bzw. Versorgungsstufe – spielt die Nutzung von Informationstechnologien, konkret die Etablierung einer elektronischen Patientenakte.

b) Gestaltung von Wertschöpfungsprozessen in (kooperativen) Dienstleistungssystemen

Ein wesentliches Ergebnis der Neugestaltung der Prozesse im Krankenhaus ist die Veränderung der beruflichen Rollen der Ärzte, insbesondere auch der Chefärzte. Das Ziel der Konzentration von Versorgungsaufgaben, um qualitätsfördernde Routinisierung und Kostendegression verwirklichen zu können, geht mit einer verstärkten Arbeitsteilung sowie damit verbunden neuen Schnittstellen und Kooperationserfordernissen einher. Um die stark arbeitsteilig organisierte Prozessorientierung umsetzen zu können, werden tradierte Berufsbilder, insbesondere das des Arztes, stärker ausdifferenziert.

Münch (2006a) spricht von „Neuen Arztstrukturberufen“ und unterscheidet vier Varianten ärztlicher Tätigkeit: (1) „Universell ausgebildeter Arzt“, der insbesondere über kommunikative Kompetenz verfügt und als „Arzt des Vertrauens“ als der individuelle Betreuer und Begleiter des Patienten entlang der Prozesskette fungiert. (2) Der „fachärztliche Spezialist“ ist der „Spezialist für hoch differenzierte Einzelfunktionen“; er verfügt über besonders ausgeprägte Fachkenntnisse und fachliche Autonomie. (3) Der „Beratungsspezialist“ steht bei besonderem Beratungsbedarf z.B. bezüglich Behandlungsoptionen und deren Chancen und Risiken sowie für Zweitmeinungen zur Verfügung. (4) Der „ärztliche Betriebsleiter“ – auch als „Systembetreuer für die Gesamtprozessoptimierung“ bezeichnet – ist schließlich für die Prozess-, Informations- und Investitionssteuerung verantwortlich, soll also die Entwicklung des Gesamtsystems treiben. Die zuletzt genannte Funktion ist laut Münch die Rolle des Chefarztes im „Krankenhaus der Zukunft“ (Münch 2003).

c) Personenbezogene Dienstleistungen als Interaktionsarbeit, Ko-Produktion von Dienstleistungen

Zwischen den Rationalisierungsanforderungen der „medizinischen Massenproduktion“ und dem legitimen Bedürfnis der Patienten nach persönlicher und individueller Betreuung durch die Ärzte und Pflegekräfte besteht ein offensichtlicher Zielkonflikt. Ein Lösungsansatz könnte auch hier in der funktionalen Arbeitsteilung liegen, d. h. in der Etablierung des oben als Typ 1 der „neuen Arztstrukturberufe“ angesprochenen professionellen Patientenbegleiters. Münch sieht in einer solchen arbeitsteilig ausdifferenzierten Rolle Vorteile gegenüber der heute dominierenden ganzheitlichen Berufsauffassung der Ärzte: „Möglicherweise wird es, um ‚das Menschliche‘ in einer hoch technisierten Medizin zu erhalten, zur Entwicklung eines Mediziners führen, der (…) hoch kompetent und nur den Interessen des Patienten zugeordnet (wie in der Justiz die Anwälte) als medizinischer Vertreter im Interesse des Patienten das letzte Wort haben wird. Der heutige Mediziner, der alles in einem sein möchte, wird in der komplexen Medizin (…) scheitern oder gar korrumpiert werden“ (Münch 2008).

d) Qualität von Dienstleistungen als Wettbewerbsparameter

Die häufigste Kritik an Rationalisierungskonzepten in der Gesundheitsversorgung wie dem hier skizzierten betrifft die Befürchtung von Qualitätseinbußen bzw. der Leistungsrationierung auf Kosten der Patienten als Folge der Dominanz von Renditesteigerungszielen auf Seiten von Akteuren wie etwa privaten Klinikkonzernen. Dieser – auch von Münch als durchaus real anerkannten – Gefahr kann am ehesten durch eine deutliche Steigerung der Qualitätstransparenz der Versorgung bzw. des Qualitätsbewusstseins der Patienten in Verbindung mit einer Verstärkung des Anbieterwettbewerbs begegnet werden. Anbieter, die ihre Rationalisierungsgewinne auf Kosten der Qualität erzielen, sollen von den Patienten gemieden werden, was voraussetzt, dass entsprechende Informationen über die Qualität medizinischer Leistungen vorhanden sind und genutzt werden (können). Da der einzelne Patient mit dieser Aufgabe im Regelfall überfordert ist, müssen institutionelle Strukturen geschaffen werden, die diese Aufgabe übernehmen können.

Wesentliche Prinzipien des von Münch entworfenen Dienstleistungssystems „Krankenhausversorgung“ finden sich auch in anderen explizit geplanten und gestalteten Gesundheitsversorgungssystemen. Ein bekanntes Beispiel ist Kaiser Permanente, eine vor allem in Kalifornien tätige Health Maintenance Organisation (HMO). HMOs kombinieren die Erbringung von Versorgungsleistungen – oftmals in eigenen Krankenhäusern, Arztpraxen etc. – mit der Krankenversicherungsfunktion. Eine seinerzeit vieldiskutierte britische Studie hat die Leistungsfähigkeit des staatlichen britischen Gesundheitswesens (National Health System, NHS) mit der von Kaiser Permanente verglichen und festgestellt, dass beide Systeme pro Kopf etwa gleich viel Geld ausgaben, die Kaiser-Versicherten jedoch erheblich mehr an Leistungen und Qualität erhielten als die Untertanen Ihrer Majestät (Feachem et al. 2002; Ham et al. 2003). Als wesentliche Ursachen für diese Überlegenheit wurden zum Teil die identischen Faktoren identifiziert, die auch von Münch für sein Rationalisierungskonzept reklamiert werden: Die Organisation der Versorgung gemäß dem Prinzip der Behandlung auf der jeweils kosteneffektivsten Versorgungsstufe und ein in den USA deutlich stärker ausgebauter Qualitätswettbewerb, der die Anbieter zwingt, einen Großteil ihrer Rationalisierungsgewinne in die Verbesserung der Qualität zu investieren.

In Bezug auf das Themenfeld „Industrialisierung der Medizin" wurden folgende Fragestellungen identifiziert, die in die Szenarienentwicklung eingingen:

1. Inwieweit sind Konzepte einer stringenten Prozessorganisation in Verbindung mit entsprechend starker Arbeitsteilung in der medizinischen Versorgung mit einer Versorgung vereinbar, die den Erwartungen und Präferenzen der Patienten entspricht?

2. Ist eine systematische Entwicklung von Arbeitsteilung und Spezialisierung – inklusive der Figur eines auf Kommunikation spezialisierten ärztlichen Patientenbegleiters – der Entwicklung der medizinischen Versorgung sowie den Erwartungen der Patienten angemessener, als die Aufrechterhaltung des Anspruchs einer „ganzheitlichen Medizin" bzw. „ganzheitlicher Ärzte"?

3. Welche Auswirkungen auf die Medizinerausbildung hat die „Industrialisierung der Medizin" bzw. welche müsste sie haben? Blockieren die künftigen „Fachärzte für Prozessoptimierung" die Studienplätze für „richtige" Ärzte bzw. welche Anpassungen der Ausbildungssysteme sind erforderlich?

4. Welche Auswirkungen auf die nicht-ärztlichen Erbringer von personenbezogenen Dienstleistungen hat die „Industrialisierung der Medizin"? Werden sich die im Kontext der Einführung des pauschalierenden Entgeltsystems in der stationären Versorgung (DRG-System) beschriebenen Konsequenzen speziell für die Pflege (Fürstenberg et al. 2010) – Personalabbau und Arbeitsverdichtung – im Zuge einer stärkeren Industrialisierung noch verstärken oder wird es im Gegenteil zu einer stärkeren Delegation bisher ärztlicher Leistungen und damit zu einem Bedeutungsgewinn von nicht-ärztlichen Gesundheitsberufen kommen?

5. Durch welche Maßnahmen (regulatorisch, finanzierungstechnisch usw.) lassen sich die Chancen verbessern, dass die Vorteile einer „Industrialisierung" gehoben, aber die möglichen Nachteile eingedämmt werden?

Ambulantisierung der Versorgung

Überall im deutschen Gesundheitswesen gibt es eine seit Jahren andauernde, aber längst nicht abgeschlossene Entwicklung zur Reduktion der (voll-) stationären Versorgungsformen zugunsten eines Ausbaus von ambulanten oder teilstationären Formen. In der akutstationären, somatischen Versorgung wären z.B. das ambulante Operieren (§ 115b SGB V), der Ausbau der häuslichen Spezialpflege (Beatmungspatienten, künstliche Ernährung) sowie die generell wirksamen Anreize für die Krankenhäuser zur Verkürzung der Verweildauern durch das Pauschalvergütungssystem (DRG-System), mit der Folge einer Verlagerung von Versorgungsaufgaben in den ambulanten Bereich zu nennen.

In der akutstationären psychiatrischen Versorgung findet ein Ausbau teilstationärer Versorgungsangebote (Tages-/Nachtkliniken) sowie von Strukturen einer gemeindenahen, ambulanten Versorgung (z.B. ambulante psychiatrische Fachpflege), der Auf-/Ausbau von ambulanten Kriseninterventionseinrichtungen (Beratungsstellen, Krisenpensionen usw.) und eine Ausweitung der ambulanten Versorgungsaktivitäten der Kliniken durch Psychiatrische Institutsambulanzen (PIA) statt.

In der Altenpflege gewinnen ambulante Pflegesettings (betreutes Wohnen, Pflege-WGs etc.) an Bedeutung. Die Tendenz zum längeren Verbleib von Pflegebedürftigen im ambulanten Setting führt dazu, dass manche Pflegeheime zunehmend zu Hospizen werden, d.h. die Verweildauer bis zum Tod sich immer stärker verkürzt. Die Ambulantisierung der Pflege wird ferner auch von Kommunen und Wohnungsgesellschaften vorangetrieben, die in altersgerechte Liegenschaften investieren und zunehmend auch die erforderlichen Dienstleistungen organisieren („Wohnanlagen für das Wohnen bis Pflegestufe 2“).

Der Trend zur Ambulantisierung steht – zumindest teilweise – auch mit dem Trend zur „Industrialisierung“ in Zusammenhang, d.h. es wird versucht, die Versorgung/Pflege auf der jeweils kosteneffektivsten Stufe zu erbringen und das führt zum Primat der Ambulanz.

In Bezug auf das Themenfeld „Ambulantisierung der Versorgung“ wurden folgende Fragestellungen identifiziert, die in die Szenarienentwicklung eingingen:

1. Gibt es genügend bzw. genügend geeignete ambulante Dienstleistungserbringer? Sind die bisherigen Betriebsformen der ambulanten Versorgung für die Aufgaben geeignet, die auf sie verlagert werden sollen?

2. Welche Veränderungen im Hinblick auf Inhalte und Qualität der Dienstleistungen bzw. im Hinblick auf die Professionalität der Dienstleistungserbringung gehen mit der Ambulantisierung einher bzw. wie lassen sich negative Auswirkungen vermeiden? Geht Ambulantisierung mit dem Einsatz von weniger qualifiziertem oder erfahrenem Personal einher, d.h. gibt es eine Verlagerung

von qualifizierter Tätigkeit zu geringqualifizierter oder kommt es im Gegenteil zu positiven Beschäftigungseffekten – gerade bei Geringqualifizierten – ohne gleichzeitigen Verlust von qualifizierter Beschäftigung? Geht Ambulantisierung mit einer Absenkung des Lohn- und Gehaltsniveaus der DL-Beschäftigten (bei strukturell gleichen Versorgungsaufgaben) einher?

3. Sind die übergeordneten Strukturen der Regulierung im ambulanten Bereich genügend ausgebaut? Welchen Anpassungs- und Entwicklungsbedarf gibt es im ambulanten Sektor im Bereich der Qualitätssicherung/-kontrolle und der Qualitätstransparenz?

4. Entstehen durch die Ambulantisierung neue (und vermeidbare) Schnittstellen- und Koordinierungsprobleme? Wie werden sie vermieden oder gelöst?

5. Kommt es im Zuge der Ambulantisierung zur Entstehung und Nachfrage nach neuen oder andersartigen Dienstleistungen bzw. Dienstleistungsvarianten?

6. Inwieweit entstehen im Zuge der Ambulantisierung Versorgungslücken, die bei stationärer Versorgung vermieden werden und für die im ambulanten Bereich aktuell keine suffizienten Lösungen verfügbar sind (weil kein Angebot/Anbieter, weil keine Finanzierung usw.)?

7. Ist die Ambulantisierung mit positiven Auswirkungen auf die Wirtschaftlichkeit der Versorgung verbunden? Sind ambulante Versorgungsformen kosteneffektiver als vergleichbare stationäre Versorgungformen? Unter welchen konkreten Bedingungen ist das der Fall? Welche Faktoren spielen dabei eine signifikante Rolle (z.B. Technikeinsatz, Beschäftigungsformen)? Werden mögliche Wirtschaftlichkeitseffekte der Ambulantisierung durch gegenläufige Entwicklungen – wie bspw. eine Senkung der Indikationsschwellen bei ambulanten OPs oder Drehtüreffekte in der Psychiatrie – konterkariert? Welche Möglichkeiten des Gegensteuerns gibt es?

Integration, Hybridisierung und Entstehung von Systemanbietern

Die Aufgabe einer Überwindung der ausgeprägten sektoralen Zersplitterung der gesundheitlichen und sozialen Versorgung in Deutschland ist seit langem ein Mega-Thema. Im Kontext der Versorgung von seltenen Krankheiten gilt dies in besonderem Maße.

Den Mittelpunkt der Problematik bildet dabei stets die auf mehrere unabhängige Akteure verteilte Leistungserstellung mit den Folgen:

– Fehlende bzw. inkompatible Anreizkonstellationen, die nicht die Kooperation und Koordination der Leistungserstellung, sondern die Verfolgung von Partikularinteressen begünstigen;

- fehlende übergreifende Ergebnis- und Qualitätsverantwortung (accountability), mit der Konsequenz, dass Kontrollprozesse und Steuerungsinterventionen sich nur auf Teilprozesse oder Abschnitte von Teilprozessen, aber zu wenig auf (patientenrelevante) Outcomes beziehen sowie
- fehlende Anreize und Routinen für die erforderlichen Prozesse des Informationsaustausches zwischen den Beteiligten.

Seit Jahren etablierte – aber vielfach wenig erfolgreiche – Ansätze zur Überwindung der Koordinationsmängel sind die integrierten Versorgungsverträge (§ 140a SGB V), in denen sich Gruppen von Leistungserbringern verschiedener Versorgungssektoren zu einer strukturierten Kooperation – meist in Bezug auf definierte einzelne Indikationen oder Patientengruppen – zusammenschließen. Die Wirksamkeit dieser Konzepte wird vielfach durch die Tatsache begrenzt, dass diese Zusammenschlüsse ohne Veränderung der bestehenden betrieblichen und institutionellen Strukturen arbeiten und daher die partikularen Handlungsanreize erhalten bleiben.

Neben den herkömmlichen IV-Verträgen gibt es zunehmend Entwicklungen in Richtung einer tatsächlichen vertikalen Versorgungsintegration. Teilweise resultieren daraus neue Leistungsangebote, die man als hybride Produkte/ Dienstleistungen bezeichnen kann. Beispiele für diese Entwicklung finden sich in verschiedenen Bereichen:

- Ambulante Pflegeunternehmen (Homecare-Unternehmen) betreiben Versandapotheken, übernehmen die Hilfsmittelversorgung und bieten spezialisierte Management-Dienstleistungen (z. B. Case Management) für Krankenversicherungen und Leistungserbringer an. Ausgehend vom Tätigkeitsfeld der hochspezialisierten ambulanten Pflege (Beatmungspatienten, künstliche Ernährung usw.) haben sich in Deutschland mehrere große Unternehmen entwickelt, die ihr Angebotsportfolio vor allem um die Belieferung mit den entsprechenden Produkten erweitert haben. Darüber hinaus werden zunehmend auch Dienstleistungen für Kostenträger oder andere Leistungserbringer (Ärzte, Krankenhäuser) angeboten, die über Pflegeleistungen i. e. S. hinausgehen und sich dem weiten Feld der „Managed Care“ zuordnen lassen.
- Ärztevereinigungen gründen Pharmaunternehmen zur Herstellung von generischen Produkten. Die Ärzte verordnen dann bevorzugt die Produkte „ihres eigenen“ Herstellers.
- Pharmaunternehmen gründen Versorgungs-Managementgesellschaften, die mit Krankenkassen Verträge zur Sicherstellung der kompletten Versorgung in einem Indikationsgebiet (in dem sie auch Medikamente anbieten) einschließlich der Übernahme der Budgetverantwortung schließen. Die Managementgesellschaft liefert die Konzepte für optimierte Prozesse und kauft die

medizinischen Leistungen i. e. S. ihrerseits bei Gesellschaften von ärztlichen Leistungserbringern ein. Die Voraussetzungen für die Entstehung von Produkt-Dienstleistungs-Kombinationen sind durch das jüngst verabschiedete Gesetz zur Neuordnung des Arzneimittelmarkts (AmNoG) insofern verbessert worden, als der novellierte § 140b SGB V nunmehr auch Unternehmen der pharmazeutischen Industrie und den Herstellern von Medizinprodukten eine Teilnahme an Verträgen zur integrierten Versorgung (§ 140a-c SGB V) ermöglicht.

In Bezug auf das Themenfeld „Integration, Hybridisierung und Entstehung von Systemanbietern" wurden folgende Fragestellungen und Probleme formuliert:

1. Inwieweit wirkt sich die Hybridisierung tatsächlich in einem höheren Patientennutzen aus? Inwieweit werden Patienten-/Nutzerperspektiven überhaupt systematisch bei Innovationsprozessen aus diesem Themenfeld berücksichtigt?

2. Welche spezifischen Vorteile hat die vertikale Integration gegenüber Netzwerkmodellen bzw. ist es denkbar, dass auch Netzwerkmodelle ähnliche Vorteile generieren können?

3. Wie verändert sich die Position des Patienten, wenn er zum Bezieher einer immer komplexeren Paketleistung wird im Vergleich zum „Einzelbezug" von Sachleistungen? Verliert er nicht an Einfluss und Konsumenten-Souveränität (über die er im Gesundheitssektor ohnehin nur eingeschränkt verfügt)? Welche ergänzenden Maßnahmen im Bereich Qualitätstransparenz, Informationspflichten, Beratungsangebote etc. sind erforderlich, um die Patientenposition gegenüber hochintegrierten/hybriden personenbezogenen Dienstleistungen zu verbessern?

4. Wie wirkt sich die Verknüpfung von Dienstleistungen und Produkten auf die Dienstleistungsgestaltung aus? Führen diese Konzepte zu einer systematischen Innovation oder Optimierung speziell bezüglich der personenbezogenen Dienstleistungs(anteile) oder werden die Dienstleistungen zum „Give-away", mit dem sich teure Produkte besser verkaufen lassen?

5. Wie verändert sich die professionelle Rolle der Dienstleistungserbringer (Pflegekräfte, Ärzte usw.) in solchen hybriden bzw. vertikal integrierten Kontexten? Beeinträchtigt die Doppelrolle als Dienstleister und „Produktverkäufer" die Interaktionsarbeit?

6. Welche regulatorischen Konsequenzen sind daraus zu ziehen? Welcher regulatorische Rahmen ist erforderlich, um die Vorteile von Hybridisierung und vertikaler Integration nutzen zu können und gleichzeitig die Nachteile zu minimieren?

Wachsende Bedarfe, schrumpfende Kapazitäten

Die Prognose eines absehbaren und zunehmenden Auseinanderklaffens von DL-Nachfrage und Arbeitskräfteangebot im Gesundheits- und Pflegebereich gehört inzwischen zu den kaum noch hinterfragten Zukunftsszenarien. Die Ärzteorganisationen weisen seit Jahren auf einen bereits bestehenden und in absehbarer Zeit angeblich dramatisch wachsenden Ärztemangel hin. Vertreter der gesetzlichen Krankenkassen – aber z. B. auch der medizinischen Fakultäten an den deutschen Universitäten – widersprechen dieser Auffassung bzw. relativieren sie. Das Statistische Bundesamt und das Bundesinstitut für Berufsbildung haben bei den Pflegeberufen erst kürzlich eine dramatische Deckungslücke prognostiziert. Für den deutschen Arbeitsmarkt insgesamt wird ein „massiver Arbeitskräftemangel" ab dem Jahr 2025, für die Untergruppe der „Gesundheitsberufe ohne Approbation" jedoch bereits ab 2018 prognostiziert (Afentakis und Maier 2010).

Die Dichte der medizinischen Versorgung in ländlichen Regionen nimmt sowohl im stationären, als auch im ambulanten Bereich ab. Dies führt für die Patienten zu längeren Wege- und Wartezeiten und für die (verbliebenen) Leistungserbringer zu höheren Arbeitsbelastungen. Um eine Mindestversorgung aufrecht zu erhalten (z. B. Notfallversorgung, stationäre Grundversorgung) sind immer mehr steuernde Eingriffe der zuständigen Institutionen (Kassenärztliche Vereinigungen, Bundesländer, Krankenkassen) erforderlich. Es werden aber auch Ansätze zu neuen Lösungen erkennbar, wie etwa das speziell für die medizinische Grundversorgung in dünn besiedelten ländlichen Regionen von der Universität Greifswald entwickelte Modell der „Arztentlastenden, Gemeindenahen, E-Health-gestützten, Systemischen Intervention" (AGnES). In diesem Modell werden zur Entlastung der Hausärzte spezielle Fachkräfte zur Durchführung von Hausbesuchen eingesetzt – in der Regel entsprechend fortgebildete Medizinische Fachangestellte. Die Versorgungskompetenz dieser AgnES-Fachkräfte wird durch die Möglichkeit der telemedizinischen Konsultation und Datenübertragung vom Einsatzort in der Wohnung des Patienten erweitert (Hoffmann et al. 2010).

In Bezug auf das Themenfeld „Wachsende Bedarfe, schrumpfende Kapazitäten" lassen sich folgende Fragestellungen formulieren:

1. Inwieweit ist zu erwarten, dass zumindest ein Teil der erwarteten Bedarfsdeckungslücke durch Produktivitätssteigerungen bei den in Rede stehenden personenbezogenen Dienstleistungen aufgefangen wird (z. B. niedrigere Relation von ausgebildeten Pflegekräften zu Pflegebedürftigen; niedrigere Relation von Ärzten pro Patienten)?

2. Welche Rolle kann/wird im Hinblick auf eine Produktivitätssteigerung von personenbezogenen Dienstleistungen der Technikeinsatz spielen? Lässt sich das

Potenzial quantifizieren? Welche Technologien haben das größte Potenzial? Welche Bedingungen fördern/hemmen die Produktivitätssteigerung im Bereich der medizinisch-pflegerischen Versorgung?

3. Welche Rolle werden andere strukturelle und prozessuale Maßnahmen spielen (z. B. Delegation ärztlicher Leistungen; Ausweitung der Rolle von nichtärztlichen Fachkräften).

4. Welche Auswirkungen auf die Dienstleistungsqualität, die Arbeitsbedingungen usw. haben bzw. hätten typische produktivitätssteigernde Maßnahmen, wie mehr Technikeinsatz, stärkere Arbeitsteilung usw.?

5. Welche Chancen haben die Gesundheitsberufe in dem sich verschärfenden Wettbewerb mit anderen Berufsfeldern/Branchen um das demographiebedingt sinkende Angebot an Arbeitskräften (Studierenden, Auszubildenden)? Welche Veränderungen der Rahmenbedingungen (Einkommen, Arbeitsbedingungen) sind erforderlich, damit die Gesundheitsberufe in diesem Wettbewerb künftig bestehen können?

6. Wie können mehr Arbeitskräfte ohne abgeschlossene Berufsausbildung für eine Tätigkeit im Pflegebereich gewonnen (motiviert) und entsprechend qualifiziert werden?

7. Wie kann man eine Umkehrung der laufenden Trends in der Beschäftigungsstruktur – vom Trend zur Teilzeit wieder zu mehr Vollzeit – bewirken? Wie groß wären die Effekte von Maßnahmen zur Verbesserung der Vereinbarkeit von Familie und Beruf?

8. Welche (potenzielle) Bedeutung werden informelle (zivilgesellschaftliche) und familiäre Versorgungsformen in einem künftigen Szenario mit starkem Arbeitskräftemangel in der Pflege haben? Wie kann man die Bereitschaft zur Beteiligung an informellen und zivilgesellschaftlichen Versorgungsformen steigern, wie kann man die betreffenden Personen qualifizieren, unterstützen, gratifizieren?

3.2 Drei Szenarien zur Zukunft personenbezogener Dienstleistungen im Gesundheitswesen

Ausgehend von den beschriebenen Entwicklungstrends wurden von IGES drei Szenarien entwickelt, die jeweils ein mögliches zukünftiges Dienstleistungssystem in der Gesundheitsversorgung zeigen. Im Folgenden werden die drei Szenarien kurz zusammengefasst. Die ausführlichen Szenarien sind auf der IGES-Website zugänglich (IGES 2013).

3.2.1 Szenario I: „Alles aus einer Hand“

Ausgangspunkt des Szenarios ist einerseits folgende Problemlage: Bei komplexen Krankheiten führt eine mangelhafte Versorgungskoordination dazu, dass die grundsätzlich möglichen gesundheitlichen Outcomes nicht erreicht werden. So werden beispielsweise Arzneimitteltherapien im Alltag nicht adäquat umgesetzt, ergänzende Therapien werden nicht im erforderlichen Maße verordnet usw. Zum anderen knüpft das Szenario an einer beobachtbaren Entwicklung bei den Leistungsanbietern an: Hersteller von Produkten – z. B. Arzneimitteln – folgen zunehmend einer Orientierung am gesundheitlichen Nutzen („value“). Im Fokus steht nicht mehr allein das Produkt und seine Wirkungen, sondern der Gesamtnutzen eines Behandlungskonzepts – welches das Produkt einschließt – für den Patienten. Hintergrund dieser Entwicklung ist auch die Beobachtung, dass das Nutzenpotenzial der eigenen Produkte unter den herrschenden Rahmenbedingungen der Versorgung nicht ausgeschöpft wird. Als Konsequenz kümmern sich Produkthersteller zunehmend um eine Verknüpfung ihrer Produkte mit relevanten Versorgungsdienstleistungen.

Szenario I greift damit den Entwicklungstrend auf, der unter der Überschrift „Integration, Hybridisierung und Entstehung von Systemanbietern“ diskutiert worden ist. Grundgedanke ist die Verknüpfung von Produkten mit geeigneten Dienstleistungen zu einer integrierten Gesamtleistung, wodurch für den Kunden ein höherer Nutzen entstehen soll als beim getrennten und unkoordinierten Bezug der einzelnen Komponenten. Das Szenario illustriert diese Leitidee am Beispiel eines Arzneimittelherstellers, der „um sein Alzheimer-Medikament herum“ eine Dienstleistungsstruktur aufbaut, die sicherstellen soll, dass das Potenzial des Produkts auch in der alltäglichen Versorgungsrealität umgesetzt wird. Um dies zu erreichen, werden nicht nur die unmittelbar mit der Medikation verknüpften Prozesse integriert, sondern auch ergänzende Gesundheits-, Pflege- und häusliche Unterstützungsleistungen einbezogen:

- Eine Tochtergesellschaft des Pharma-Unternehmens („Curamenz AG“) konzipiert die Versorgungsprozesse, organisiert die geeigneten Leistungserbringungsstrukturen und koordiniert durch ein Fall-Management die Versorgung der Patienten, die sich in dieses Programm („ELMA“) eingeschrieben haben.
- Der Arzneimittelhersteller hat mit Krankenkassen einen Vertrag geschlossen, der ihm einen höheren Erstattungspreis für sein Medikament sichert, sofern definierte patientenbezogene Ziele (outcomes) erreicht werden.
- Das Leistungsversprechen des Modells gegenüber den Patienten und deren Angehörigen umfasst (a) die Entlastung der Angehörigen durch einen Fallmanager, der die Versorgung koordiniert, (b) die Versorgung durch ein Netzwerk von besonders qualifizierten Leistungserbringern sowie (c) die optimale Umsetzung des spezifischen Behandlungskonzepts. Gegenüber den Krankenver-

sicherungen ist das Leistungsversprechen das Erreichen vertraglich definierter gesundheitsbezogener Ergebnisse (outcomes).

Abbildung 1 zeigt die Grundstruktur des Szenarios. Den patientenbezogenen Dienstleistungsprozess zeigt Abbildung 2. Das komplette Szenario ist auf der IGES-Website zugänglich (IGES 2013a).

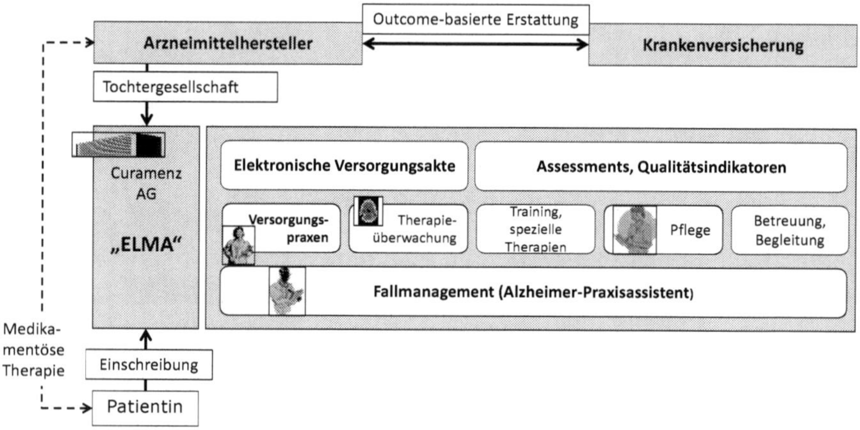

Abbildung 1 Szenario I: Alles aus einer Hand (IGES 2013a)

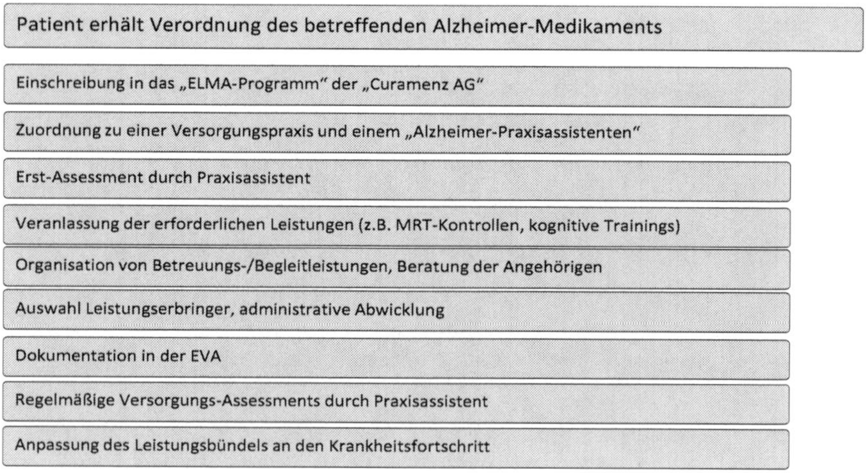

Abbildung 2 Kernprozesse im Szenario I; (IGES 2013a)

3.2.2 Szenario II: „Premiumversorgung per Zusatzversicherung“

Ausgangspunkt für das zweite Szenario sind Probleme der stationären Versorgung: Die Versorgung ist bei planbaren Krankenhausbehandlungen oft zu wenig strukturiert und erfolgt vielfach nicht in den Krankenhäusern, die für das jeweilige Gesundheitsproblem die höchstmögliche Kompetenz und Effizienz haben. Ein wesentlicher Grund dafür ist, dass der Zulauf und die Steuerung der Patienten durch die Einweiser häufig erfahrungs- und z. T. beziehungsgeleitet erfolgt sowie überwiegend regional eng ausgerichtet ist. Ferner bestehen Schnittstellenprobleme, die zu Informationsdefiziten, Mehrfachdiagnostik usw. führen. Die Dienstleistungsqualität im Krankenhaus kann gesteigert werden, wenn es gelingt, die skizzierten Produktivitätsmängel abzustellen. Das Szenario greift somit Elemente auf, die unter der Überschrift „Industrialisierung der Medizin“ erörtert wurden.

Szenario II verfolgt die Leitidee, dass es möglich ist, medizinische – insbesondere stationäre – Leistungen von besonders hoher Qualität in einem Kombinationsmodell aus Versorgung und Zusatzversicherung anzubieten: MEDPREMIUM ist ein bundesweit tätiger, relativ engmaschiger Verbund von Krankenhäusern. Die Versicherten schließen bei MEDPREMIUM eine Zusatzversicherung ab, die ihnen im Bedarfsfall – d.h. bei einem planbaren stationären Behandlungsanlass – den Anspruch auf Nutzung der MEDPREMIUM-Strukturen gewährt. Das Leistungsversprechen von MEDPREMIUM bezieht sich vor allem auf eine – der Regelversorgung vermeintlich überlegene – medizinische Qualität. Dies soll u. a. dadurch erreicht werden, dass die Patienten durch Steuerungsärzte sowie definierte Versorgungspfade jeweils in den für sie medizinisch optimalen Versorgungskontext gelenkt werden. Darüber hinaus bietet das Modell den Patienten einen festen ärztlichen Ansprechpartner, der den gesamten Behandlungsprozess koordiniert und ihnen für Fragen zur Verfügung steht.

Charakteristisch für MEDPREMIUM ist unter anderem, dass die innerhalb der stationären Versorgung vielfach bereits etablierte stringente Prozessoptimierung auf den vor- und nachstationären Bereich ausgedehnt wird. Um das Versprechen höherer Qualität einzulösen, werden jedoch nicht nur Informationsflüsse und medizinische Prozesse im engeren Sinne optimiert, sondern auch die Patientenorientierung wird systematisch in das Prozessdesign einbezogen. Strukturell hat MEDPREMIUM Ähnlichkeiten mit amerikanischen Managed Care-Organisationen, insofern es mit einer Beschränkung der Leistungsinanspruchnahme auf die Einrichtungen der Organisation einher geht und zahlreiche Mechanismen zur Steuerung der Patienten etabliert sind.

Abbildung 3 zeigt die Struktur des Szenarios, Abbildung 4 den typischen Dienstleistungsprozess aus der Perspektive eines Patienten. Das komplette Szenario ist im Internet zugänglich (IGES 2013b).

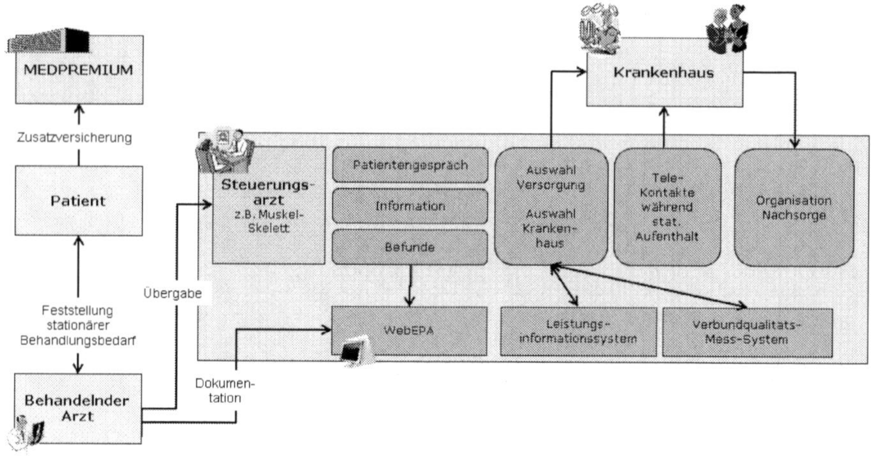

Abbildung 3 Szenario II: Premiumversorgung per Zusatzversicherung; (IGES 2013b)

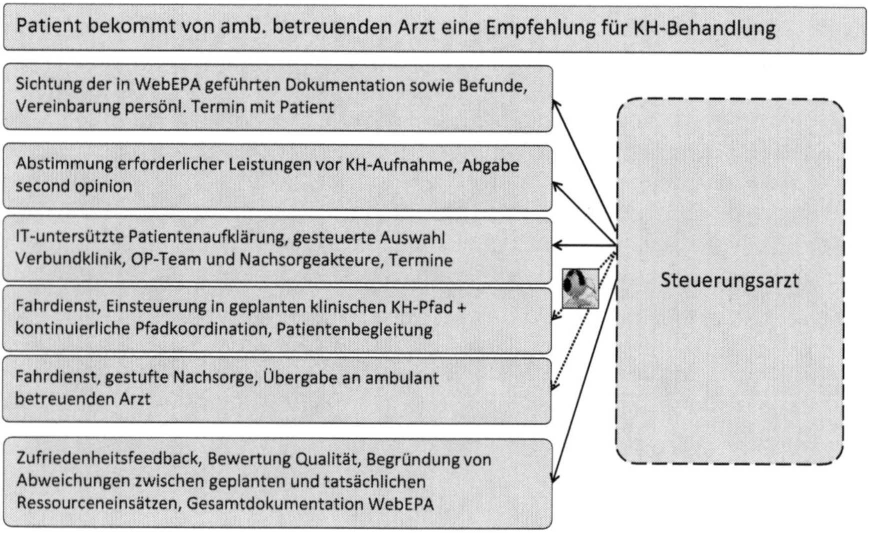

Abbildung 4 Kernprozesse im Szenario II; (IGES 2013b)

3.2.3 Szenario III: „Das Versorgungspartner-Netzwerk"

Das dritte Szenario fokussiert die ambulanten Versorgungsprozesse bei schwerwiegenden chronischen Erkrankungen. An der Versorgung von komplexen Krankheitsbildern sind in der Regel mehrere unterschiedliche Leistungserbringer beteiligt. Dadurch entstehen zahlreiche Schnittstellen und Koordinationserfordernisse mit der Gefahr von Informationsdefiziten. Eine unzureichende Gesamtkoordination führt oftmals zu einer suboptimalen Versorgungsqualität. Moderne Informations- und Kommunikationstechnologien (IKT) bieten zwar grundsätzlich die Möglichkeit einer besseren Koordination, sie werden im Gesundheitswesen jedoch unzureichend genutzt. Um das Potenzial der IKT zu heben, muss die Technik mit neuartigen Dienstleistungen verknüpft werden.

Das in Szenario III vorgestellte „Versorgungspartner-Netzwerk (VpN)" ist eine Plattform für die Koordination der ambulanten Versorgung von Patienten mit sehr komplexen Krankheitsbildern. Auf der Plattform werden die Versorgungsbedarfe der Patienten systematisch dokumentiert, die adäquaten Leistungen identifiziert und der Kontakt zu geeigneten Leistungserbringern hergestellt. Das Charakteristische des VpN-Konzepts besteht darin, dass durch die Integration von spezialisierten Dienstleistungen die Funktionsfähigkeit und Akzeptanz sichergestellt sowie die Produktivität des Ansatzes gesteigert werden. Im Zentrum stehen einerseits eine Elektronische Versorgungsakte (EVA) und andererseits die Person des VpN-Koordinators. In der EVA werden die individuellen Versorgungsbedarfe – z. B. spezialisierte Pflege, Hilfsmittel – dokumentiert. Die Informationen in der EVA werden vom Patienten für registrierte Leistungserbringer freigeschaltet, die sich um die Lieferung der Leistung bewerben können. Darüber hinaus wird die technische Infrastruktur genutzt, um die Informationsflüsse zwischen Patienten und Ärzten bzw. Ärzten untereinander effektiver zu gestalten. Die VpN-Koordinatoren sind die persönlichen Ansprechpartner der Patienten, sie koordinieren die Versorgung und unterstützen die Dokumentation usw. Das VpN wird vor allem durch Lizenzgebühren finanziert, die bestimmte Leistungserbringer entrichten, um Zugang zu der Plattform zu erhalten. Hervorzuheben ist die Offenheit des Konzepts: Die Plattform kann grundsätzlich von qualifizierten Leistungserbringern aller relevanten Versorgungsebenen sowie Patienten aller Krankenkassen genutzt werden.

Das Szenario lehnt sich inhaltlich sehr eng an das von einem der Verbundpartner der vordringlichen Maßnahme – der Ambulanz für ALS und andere Motoneuronerkrankungen der Charité (Prof. Dr. Thomas Meyer) – entwickelte und betriebene Modell „Ambulanzpartner" (www.ambulanzpartner.de) an. Ziel des Szenarios war es u. a. die dort bereits für spezielle Patientengruppen realisierten Konzepte einer Versorgungsintegration durch spezifische technikgestützte Dienstleistungen im Hinblick auf die Verallgemeinerbarkeit zu diskutieren.

Abbildung 5 zeigt die Grundstruktur des in Szenario III umrissenen Dienstleistungssystems und Abbildung 6 die Kernprozesse der Patientenversorgung. Das komplette Szenario ist im Internet zugänglich (IGES 2013c).

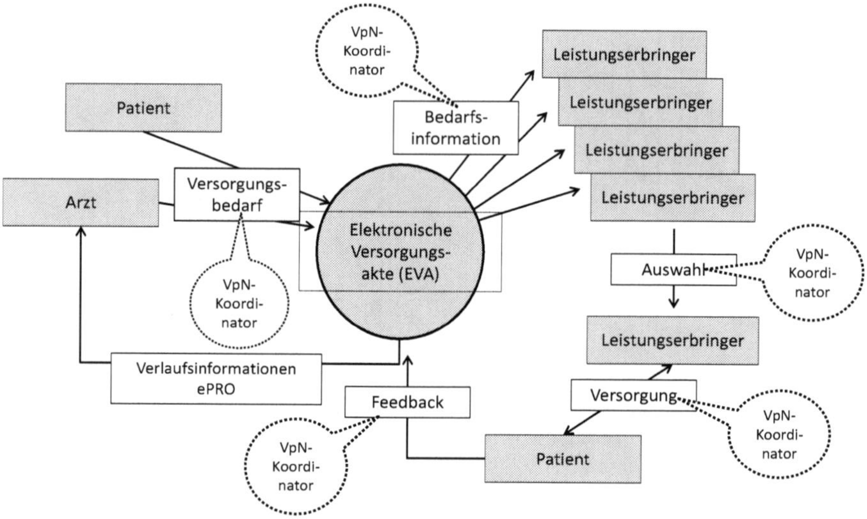

Abbildung 5 Szenario III: Das Versorgungspartner-Netzwerk; (IGES 2013c)

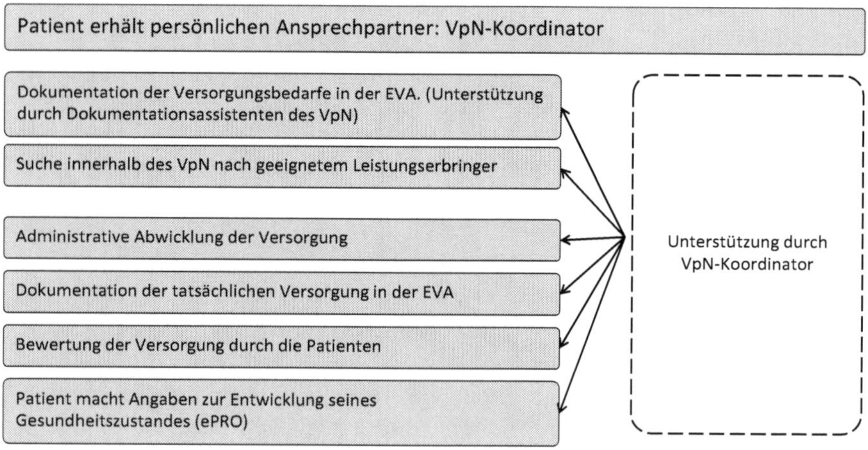

Abbildung 6 Kernprozesse im Szenario III; (IGES 2013c)

4 Diskussion

Für das Gesundheitswesen kann es geradezu als charakteristisch gelten, dass die wesentlichen Dienstleistungsprozesse meist nicht das Ergebnis von systematischen Gestaltungsprozessen im Sinne eines Service Engineering/Service Design sind. Stattdessen dominieren tradierte Strukturen und Abläufe, die sich als Ergebnis des meist wenig koordinierten Zusammenwirkens der Beteiligten mit ihren partikularen Interessenlagen herausgebildet haben.

Im Rahmen des Projekts wurden vier dominierende Entwicklungstrends identifiziert. Als Ergebnis lässt sich festhalten, dass es in allen vier Entwicklungssträngen – bei aller Verschiedenheit hinsichtlich der konkret adressierten Versorgungsthemen – darum geht, die bestehenden Wertschöpfungsketten mehr oder weniger grundlegend neu zu organisieren. Die Vorträge und Diskussionen auf den von IGES veranstalteten Symposien haben dabei deutlich gemacht, dass es große Überschneidungen gibt zwischen den zentralen Fragestellungen der Dienstleistungsforschung und den Aktionsfeldern, mit denen sich die Protagonisten in den vier Themengebieten auseinander setzen. Mit der Konstruktion von drei Zukunftsszenarien wurde das Ziel verfolgt, diese Impulse aufzugreifen und denkbare Gestaltungslösungen zu präsentieren, anhand derer eine Diskussion der Konsequenzen, Vor- und Nachteile möglich ist.

Im Hinblick auf das einleitend formulierte Ziel des IGES-Projekts im Rahmen der vordringlichen Maßnahme, nämlich die Beschreibung der Herausforderungen und Fragestellungen welche die laufenden oder absehbaren Entwicklungen im Gesundheitssektor an eine die personenbezogenen Dienstleistungen fokussierende Dienstleistungsforschung stellen lassen sich folgende Schlussfolgerungen ziehen:

In allen vorgestellten Trends und Projekten wird das Ziel verfolgt, durch Etablierung neuer Formen der Interaktion zwischen Gesundheitsdienstleistern und Patienten sowohl die Dienstleistungsqualität zu erhöhen, als auch bestehende Unwirtschaftlichkeiten aufgrund von Koordinationsmängeln zu beseitigen und damit die Dienstleistungsproduktivität zu erhöhen.

Bevorzugte Mittel sind dabei (a) ein systematisches Design der relevanten Dienstleistungsprozesse und daraus abgeleitet der (zusätzlichen) Infrastrukturen sowie (b) der gegenüber dem Status quo deutlich intensivierte Einsatz von Informations- und Kommunikationstechnologien (meist in Form von elektronischen Patienten- oder Fallakten).

Wichtiger noch dürfte (c) die Etablierung der neuartigen Dienstleistungsfunktion der „Koordinatoren“ sein, die unter verschiedenen Titeln (Bezugstherapeut, Fallmanager, Begleitarzt usw.) in allen diskutierten Konzepten auftreten.

Eine Dienstleistungsforschung, die diese Entwicklungen unterstützen will, müsste daher vor allem die in Abschnitt 3.1 in Bezug auf die beschriebenen Entwicklungstrends aufgelisteten Fragestellungen adressieren. Besonders hervorzuheben sind dabei u. E. zwei übergreifende Themenkomplexe, die für das Gesundheitswesen bzw. auch die personenbezogenen Dienstleistungen in anderen Branchen besondere Relevanz besitzen:

Eine systematische Schwachstelle bei allen Entwicklungen der Dienstleistungsproduktion im Gesundheitswesen ist die – im Vergleich zu den meisten Güter- und auch vielen anderen Dienstleistungsmärkten – unterentwickelte Funktion der Nutzer (Patienten, Angehörige, Versicherte) als kompetente Nachfrager. Wo in anderen Märkten Fehlentwicklungen im Wettbewerb scheitern, besteht im Gesundheitswesen wegen der ausgeprägten Informationsasymmetrien zwischen Leistungserbringern, Versicherungen und regulierenden Institutionen auf der einen Seite und den Patienten auf der anderen Seite stets die Gefahr, dass sich Strukturen und Prozesse etablieren, die die Nutzerinteressen nicht adäquat berücksichtigen. Die Tatsache, dass Leistungserbringer, Versicherungen oder (para-)staatliche Institutionen jeder für sich stets reklamieren, die eigentlichen Vertreter der Patienteninteressen zu sein, unterstreicht u. E. eher das Problem.

Eines der wichtigsten Themengebiete der Forschung zu personenbezogenen Dienstleistungen sollte daher die Suche nach Wegen zur Stärkung der Konsumentenrolle der Nutzer sein. Zu dieser Aufgabe gehören bspw. Fragestellungen in Bezug auf die Messung, Darlegung und Kommunikation von Dienstleistungsqualität, um einen qualitätsbezogenen Wettbewerb zu ermöglichen. Die Qualitätsmessung und -darstellung im Gesundheitsbereich ist nach wie vor kaum darauf ausgerichtet, Entscheidungen von Patienten zu unterstützen bzw. den Patienten und ihren Ärzten eine Grundlage für eine partizipative Entscheidungsfindung (shared decision making) zu liefern. Erforderlich ist hier insbesondere auch das Nachdenken über geeignete institutionelle Strukturen, die die Konsumentenrolle der Patienten in Teilen übernehmen können, da sich das Problem der Informationsasymmetrie auf der Ebene des einzelnen kranken Menschen nicht grundsätzlich lösen lässt. Die beschriebenen Entwicklungstrends hin zu stärker integrierten Strukturen und Angeboten im Gesundheitswesen verstärken die Notwendigkeit von systematischen Maßnahmen zur Stärkung der Nutzerposition, da die zu beurteilenden Dienstleistungsbündel immer komplexer und die heute dominierenden informellen Strategien der Orientierung im Gesundheitswesen (Empfehlung eines „guten Arztes“ durch Freunde und Bekannte) dadurch immer dysfunktionaler werden.

Das zweite u. E. besonders hervorzuhebende Themenfeld für eine personenbezogene Dienstleistungsforschung betrifft die fast in allen Innovationsprojekten anzutreffende Figur des „Koordinators“, der unter Rückgriff auf eine deutlich ausgebaute Basis von personenbezogenen Daten (EPA) einerseits zu einem neuen und besonders wichtigen Interaktionspartner des Patienten werden soll („Patientenbegleiter") und andererseits aufgrund seines besonders umfassenden Wissens über Prozesse, Strukturen und Anbieter in der Lage sein soll, einen sowohl unter Qualitäts- als auch Wirtschaftlichkeitsgesichtspunkten optimalen „Durchlauf" des Patienten durch das Versorgungssystem zu organisieren. Aufgabe der Dienstleistungsforschung wäre es, diese neuartige Figur sowohl von der Seite der Person (Qualifikationsvoraussetzungen, Ausbildungsinhalte usw.), als auch ihrer Funktionen in den jeweiligen Versorgungskontexten stärker zu beleuchten.

5 Literatur

Afentakis, A. und Maier, T. (2010): Projektionen des Personalbedarfs und -angebots in Pflegeberufen bis 2025. Statistisches Bundesamt, Wirtschaft und Statistik 11/2010, S. 990–1002.

Bieber, D. und Geiger, M. (Hrsg.) (2014): Personenbezogene Dienstleistungen im Kontext komplexer Wertschöpfung. Wiesbaden: Springer VS.

Feachem, R. G. A, Sekhri, N. K. und White K. L. (2002): Getting more for their dollar: a comparison of the NHS with California's Kaiser Permanente. British medical Journal, 324: S. 135–143.

Fürstenberg, T., Zich, K., Nolting, H.-D., Laschat, M., Klein, S. und Häussler, B. (2010): G-DRG-Begleitforschung gemäß § 17b Abs. 8 KHG. Endbericht des ersten Forschungszyklus (2004–2006). Düsseldorf: Deutsche Krankenhaus Verlagsgesellschaft. (ISBN: 978-3-940001-70-2).

Ham, C., York, N., Sutch, S. und Shaw, R. (2003): Hospital bed utilization in the NHS, Kaiser Permanente, and the US Medicare Programme: Analysis of routine data. British Medical Journal, 327:S. 1257.

Hoffmann, W., Dreier, A. und van den Berg, N. (2010): Arztentlastende Delegationsmodelle: AgnES und Co. In: Günster, C., Klose, J. und Schmacke, N. (Hrsg.): Versorgungs-Report. Schwerpunkt Chronische Erkrankungen. Stuttgart: Schattauer. S. 227–337.

IGES Institut (2012): Die Zukunft personenbezogener Dienstleistungen im Gesundheitswesen. Dokumentation der Tagung am 18.04.2012. http://www.iges.de/ueber_iges/aktivitaeten/veranstaltungen/personenbezogenp_dienstleistungen/archiv_2012/index_ger.html (Zugriff am 20.06.2014)..

IGES Institut (2013a): Drei Szenarien zur Zukunft personenbezogener Dienstleistungen im Gesundheitswesen. Szenario I: Alles-aus-einer-Hand. http://www.iges.de/ueber_iges/aktivitaeten/veranstaltungen/personenbezogenp_dienstleistungen/e12925/infoboxContent12926/Szenario-1-Alles-aus-einer-Hand_ger.pdf (Zugriff am 20.06.2014).

IGES Institut (2013b): Drei Szenarien zur Zukunft personenbezogener Dienstleistungen im Gesundheitswesen. Szenario II: Premium-Versorgung per Zusatzversicherung. http://www.iges.de/ueber_iges/aktivitaeten/veranstaltungen/personenbezogenp_dienst leistungen/e12925/infoboxContent12927/Szenario-2-MEDPREMIUM_ger.pdf (Zugriff am 20.06.2014).

IGES Institut (2013c): Drei Szenarien zur Zukunft personenbezogener Dienstleistungen im Gesundheitswesen. Szenario III: Das Versorgungspartner-Netzwerk. http://www.iges.de/ueber_iges/aktivitaeten/veranstaltungen/personenbezogenp_dienstleistu ngen/e12925/infoboxContent12928/Szenario-3-Versorgungspartner-Netzwerk_ger.pdf. (Zugriff am 20.06.2014).

Kosow, H. und Gassner, R. (2008): Methoden der Zukunfts- und Szenarioanalyse. Überblick, Bewertung und Auswahlkriterien. Werkstattbericht Nr. 103. IZT, Institut für Zukunftsstudien und Technologiebewertung, Berlin. http://www.izt.de/fileadmin/downloads/pdf/IZT_WB103.pdf (Zugriff am: 15.02.2013).

Moniz, A.B (2005): Scenario-building methods as a tool for policy analysis. MPRA Paper No. 8094. http://mpra.ub.uni-muenchen.de/8094/1/MPRA_paper_8094.pdf.

Münch, E. (2003): Der leitende Krankenhausarzt im Krankenhaus der Zukunft. http://www.rhoen-klinikum-ag.com/rka/cms/rka_2/deu/download/2003_0529_Der_le itende_Krankenhausarzt_im_ Krankenhaus_der_Zukunft_Folien.pdf (Zugriff am: 15.02.2013).

Münch, E. (2006a): Krankenhäuser auf dem Weg in die Gesundheitswirtschaft - Krankenhausarchitektur als gebaute Funktionalität. http://www.rhoen-klinikum-ag.com /rka/cms/rka_2/deu/download/2006_0401_Krankenhaeuser_auf_dem_Weg_in_die_G esundheitswirtschaft___Krankenhausarchitektur.pdf (Zugriff am 15.02.2013).

Münch, E. (2006b): Rationalisierte Versorgung in der Zukunft – Das neue ärztliche Berufsbild. http://www.rhoen-klinikum-ag.com/rka/cms/rka_2/deu/download/2006_ 1124_Rationalisierte_Versorgung_in_der_Zukunft___neues_aerztliches_Berufsbild.p df (Zugriff am: 15.02.2013).

Münch, E. (2008). Klinikmanagement, Wissensmanagement, IT-Netzwerke, das neue ärztliche Berufsbild, geeignte Manager. http://www.rhoen-klinikum-ag.com/rka/cms/ rka_2/deu/download/2000_1121_Klinikmanagement_Wissensmanagement_IT_Netz werke_das_neue_aerztliche_Berufsbild_geeigneter_Manager[1].pdf (Zugriff am: 15.02.2013)

Münch, E. (2012): Die Zukunft personenbezogener Dienstleistungen im Gesundheitswesen, Industrialisierung der Medizin-Netzwerkprozesse. http://www.rhoen -klinikum-ag.com/rka/cms/rka_2/deu/download/2012_0418_EM_Vortrag_IGES_Tag ung.pdf (Zugriff am: 18.04.2013).

Nolting, H.-D., Hagenmeyer, E.-G., Reschke, P., Ryll, A., Schiffhorst, G. (2004): Das deutsche Gesundheitswesen im Jahr 2012 – Szenarioentwicklung und Simulation der Konsequenzen. In: Bertelsmann Stiftung (Hrsg.): Eigenverantwortung. Ein gesundheitspolitisches Experiment. S. 63–88. Gütersloh: Verlag Bertelsmann Stiftung.

Nolting, H.-D., Albrecht, M., Schwinger, A., Wasem, J., Overstijns, T., Mangen, M. und Klesse, M. (2009). Perspektive 2020. Gesundheit als Chance. 5. Delphi-Studie zur Zukunft des Gesundheitswesens. Neuss: Janssen-Cilag GmbH. ISBN: 978-3-00-027311-7

Nolting, H. -D, Marschall, J., Schmuker, C. und Schwinger, A. (2012): Dokumentation der Veranstaltung „Zur Zukunft personenbezogener Dienstleistungen im Gesundheitswesen". Berlin, 18. April 2012. Verfügbar unter: www.pb-dl.de

Spath, D. und Ganz, W. (Hrsg.) (2009): Die Zukunft der Dienstleistungswirtschaft. München: Hanser.

Der Zugang zu Innovationsquellen für die Personalisierte Medizin – Nutzung des Patentverwertungssystems öffentlicher Forschungseinrichtungen

Marco Sokianos

Inhaltsverzeichnis

1 Einleitung

1.1 Ausgangssituation und Zielsetzung

Wissenschaftliche Theorien, neue Entdeckungen und Erfindungen aus unterschiedlichsten Disziplinen, etwa der Physik, der Biologie oder auch der Chemie, können einen bedeutenden Einfluss auf die medizinische Diagnostik und die Therapie von Erkrankungen haben.

Im Gegensatz zu reinen Entdeckungen (z. B. Röntgen-Strahlen) und wissenschaftlichen Theorien können *technische Erfindungen* (z. B. ein technisches Gerät, das Röntgenstrahlung erzeugen kann), die auf einem erfinderischen Schritt beruhen, neu und gewerblich anwendbar grundsätzlich *patentierbar sein.*[1] Das Patent verleiht seinem Inhaber auf begrenzte Zeit die Möglichkeit andere von der Nutzung der geschützten Erfindung auszuschließen, wodurch mitunter erhebliche Wettbewerbsvorteile erzielt werden können.

In Zeiten in denen viele Arzneimittel-Patente auslaufen und ein zunehmender globaler Wettbewerb vorherrscht, besteht ein gewisser Innovationsdruck auf die pharmazeutische Industrie[2], die gegenwärtig zunehmend auf die Erforschung neuer Therapiekonzepte[3] – etwa dem der Personalisierten Medizin – setzt.

Das Konzept sieht einfach ausgedrückt vor, durch einen molekulargenetischen Test vor der Gabe eines spezifischen Wirkstoffes dessen Wirksamkeit beim Patienten zu bestimmen oder auch die Wahrscheinlichkeit des Auftretens von Nebenwirkungen vor Gabe des Medikamentes vorherzusagen.[4]

Es sind insbesondere Erkenntnisse der molekularen Grundlagenforschung und die Entwicklung schneller Hochdurchsatztechnologien zur Sequenzierung von Genen, die den Weg zu diesem neuen Behandlungskonzept eröffnen.[5]

Monetär betrachtet wird der Großteil der Forschungsleistung in Deutschland zwar in privaten Unternehmen geleistet, ein nicht unbedeutender Anteil jedoch auch in Hochschulen und außeruniversitären Forschungsorganisationen, etwa der Max-Planck-Gesellschaft, der Helmholtz Gemeinschaft und den Leibnitz Instituten.[6]

---

[1] §§ 1–5 PatG

[2] Vgl. Köllen, K. „Patentschutz läuft aus – Pharmabranche drohen Milliarden Verluste“ in: Wirtschaftswoche (online), 4.01.2012.

[3] Vgl. Kempe, L. „Medica 2013: Personalisierte Medizin: Modeerscheinung oder Megatrend?“ in: Deutsches Ärzteblatt online.

[4] Vgl. Ebenda.

[5] Vgl. Ebenda.

[6] Vgl. Bundesbericht Forschung und Entwicklung (2014), S.46 ff.

Damit auch für die Medizin bedeutsame (Grundlagen-)Forschungsergebnisse wissenschaftlicher Einrichtungen, etwa validierte *Biomarker* oder die *RNA-Interferenz-Technologie*, der Industrie als Innovationsquellen dienen und ihren Weg in die klinische Anwendung finden können, sind Technologietransfer Aktivitäten erforderlich. Als wichtige Mechanismen des Technologietransfers neuer wissenschaftlicher Erkenntnisse aus öffentlichen Forschungseinrichtungen in die wirtschaftliche Anwendung werden unter anderem die Nutzung patentierter Technologien durch Lizenznahme von Unternehmen, sowie die technologiebasierte Ausgründung (Spin-off) angesehen.[7]

In Deutschland wurde im Jahr 2002 der § 42 des Arbeitnehmererfindergesetzes, mit dem primären Ziel, den Wissens- und Technologietransfer an den Hochschulen zu fördern, dadurch Innovationen zu stimulieren und den Hochschulen zu neuen Einnahmen zu verhelfen, novelliert.[8] Kernelement der Gesetzesänderung war, das bis dahin gültige „Hochschullehrerprivileg" des § 42 ArbnErfG abzuschaffen. Das Privileg besagte, dass Erfindungen von Professoren, Dozenten und wissenschaftlichen Assistenten, die im Rahmen ihrer Tätigkeitsausübung entstanden sind, als freie Erfindungen angesehen wurden und nicht etwa als gebundene Erfindungen, wie es bei Erfindungen anderer Berufsgruppen im Angestelltenverhältnis – etwa auch bei angestellten Wissenschaftlern der Max-Planck-Gesellschaft (einer außeruniversitären Forschungs-organisation) – grundsätzlich üblich ist. Dadurch oblag es den Hochschullehrern, ihre Erfindung zum Patent anzumelden und kommerziell zu verwerten oder diese „brach liegen zu lassen". Sie hatten jedoch auch sämtliche mit der Schutzrechtsanmeldung verbundene Kosten und Risiken zu tragen und die notwendige Zeit für Verwertungsmaßnahmen zu investieren. Auf der anderen Seite stand den Hochschullehrern bei erfolgreicher Verwertung auch der gesamte generierte Erlös zu.[9]

Aufgrund der mit der Schutzrechtsanmeldung verbundenen Risiken und Kosten sowie einem häufig unzureichenden Wissen über die Patentierung und Verwertung von Inventionen verzichteten die Hochschullehrer häufig auf eine Schutzrechtsanmeldung und bevorzugten es, Ihre Forschungsergebnisse, Ihrer wissenschaftlichen Reputation zu Liebe, zu publizieren[10], was eine spätere Patentanmeldung in Deutschland aufgrund fehlender Neuheit unmöglich machte. Professionelle Strukturen, die sich ausschließlich mit dem Management des geistigen Eigentums und insbesondere mit der Verwertung von universitären Inventionen befassten, gab es zu diesem Zeitpunkt an den deutschen Universitäten nur sehr

---

[7] Vgl. Europäische Kommission (2003), Mitteilung der Kommission. Die Rolle der Universitäten im Europa des Wissens KOM 58. Brüssel., S. 8.

[8] Vgl. BT-Drucks. 14/5975 (2001), Entwurf eines Gesetzes zur Änderung des Gesetzes über Arbeitnehmererfindungen, S. 2

[9] Vgl. ebenda, S. 5.

[10] Vgl. BT-Drucks. 14/5975, S. 5.

selten oder sie fehlten völlig, da die Hochschulen auch keinen rechtlichen Zugriff[11] auf die Erfindungen Ihrer Wissenschaftler hatten und somit keinen Anreiz, entsprechende Einrichtungen zu betreiben.

Mit Inkrafttreten des novellierten Arbeitnehmererfinderrechts am 07. Februar 2002 wurde auch den Hochschulen das Recht eingeräumt, über Erfindungen all Ihrer Beschäftigten, also auch den Hochschullehrern, zu verfügen.[12] Diese Gesetzesänderung war erforderlich, weil viele Forschungsergebnisse nur dann in die gewerbliche Anwendung überführt werden können, wenn das verwertende Unternehmen ein Nutzungsrecht in Form einer Lizenz erhält[13].

Verfügte die größte deutsche Forschungsorganisation für Grundlagenforschung – die Max-Planck-Gesellschaft – bereits seit 1970 über eine professionelle Patentverwertungsagentur[14] nach amerikanischen Vorbild, begann man erst 2001 damit auch für Hochschulen eine Infrastruktur für das Management und die Verwertung von Hochschulerfindungen, vornehmlich in Form des Auf- und Ausbaus eines Netzwerkes von Patentverwertungsagenturen (kurz: PVA) zu etablieren.[15]

Ziel des folgenden Beitrags ist es, dem Leser einen Einblick in das deutsche Patentverwertungssystem für öffentliche Hochschulen sowie dem der Max-Planck-Gesellschaft (der führenden außeruniversitären Grundlagenforschungseinrichtung Deutschlands) zu gewähren und darüber hinaus den Patentverwertungsprozess für Erfindungen aus öffentlicher Forschung zu skizzieren.

1.2 Vorgehensweise und Methodik

Um die Strukturen des deutschen Patentverwertungssystems für Hochschulen und die Max-Planck-Gesellschaft aufzeigen zu können, wurde eine umfangreiche Literatur- und Dokumentenanalyse sowie eine Reihe von Interviews mit Experten aus Patentverwertungsagenturen durchgeführt

2 Patentverwertung an öffentlichen Forschungseinrichtungen

Der Technologietransfer aus wissenschaftlichen Einrichtungen kann in vielfältiger Art und Weise erfolgen, etwa durch die Publikation neuer Erkenntnisse, im Rahmen von Beratungsverträgen, durch Kooperationen aber auch durch die Verwertung von Patenten.

[11] Vgl. ebenda.
[12] Vgl. Götting & Schwipps (2004), Grundlagen des Patentrechts. Wiesbaden: Teubner, S. 92.
[13] Vgl. Europäische Kommission, 2003, S. 8.
[14] Vgl. Unternehmenspräsentation (2014), Max-Planck-Innovation.
[15] Vgl. BT-Drucks. 14/5975, 2001, S. 2.

Von dieser Möglichkeit machen außeruniversitäre Forschungseinrichtungen bereits seit mehreren Jahrzehnten Gebrauch, etwa die Max-Planck-Gesellschaft. Zu diesem Zweck unterhält die Max-Planck-Gesellschaft bereits seit 1970 eine privatrechtlich organisierte Patentverwertungsagentur, die für die schutzrechtliche Sicherung und den Transfer von Erfindungen aus Max-Planck-Instituten zuständig ist.[16]

Da die Hochschulen mit der Abschaffung des Hochschullehrer-Privilegs im Jahr 2002 auch das Recht erhalten haben, Erfindungen ihrer Beschäftigten in Anspruch zu nehmen, begann man noch vor Inkrafttreten der Gesetzesänderung mit dem Auf- und Ausbau eines Netzwerkes von *Patentverwertungsagenturen für Hochschulen*, zu dessen Finanzierung innovationspolitische Fördermaßnahmen des Bundes[17] ergriffen wurden.

2.1 Definition und Aufgaben von Patentverwertungsgesellschaften

Für den Begriff „Patentverwertungsagentur" findet sich in der Literatur kein einheitlicher Begriff. Daher wird eine eigene kurze Definition vorgenommen:

Als Patentverwertungsagentur (PVA) wird in Deutschland im Allgemeinen eine Einrichtung bezeichnet, deren Kernkompetenz in der schutzrechtlichen Bewertung, Sicherung und in der Verwertung von Erfindungen aus wissenschaftlichen Einrichtungen besteht. In Amerika bezeichnet man eine solche Einrichtungen als „(University) Technology Transfer Office[18]" oder auch „Office of Technology Licensing[19]".

Die Agenturen können als eine Art Intermediär gesehen werden, dessen Ziel es ist, durch die Patentverwertung akademischer Erfindungen den Technologietransfer zwischen wissenschaftlichen Einrichtungen und Unternehmen zu fördern.

Zu den Kernaufgaben einer Patentverwertungsagentur zählen[20]:

- die Evaluation von Hochschulerfindungen hinsichtlich Patentierbarkeit und Marktpotential,
- die Entwicklung von Patentierungs- und Vermarktungsstrategien für Erfindungen und deren Umsetzung (was die schutzrechtliche Sicherung von Erfindungen umfasst),

---

[16] Vgl. Unternehmenspräsentation (2014), Max-Planck-Innovation.

[17] Das erste Förderprogramm stellte die Verwertungsförderung dar, später wurde das SIGNO Programm (BMWi) ins Leben gerufen.

[18] Siehe dazu: https://content.cu.edu/techtransfer/

[19] Siehe dazu: http://otl.stanford.edu/

[20] Kenntnis durch Experteninterviews

- die Kommunikation und Zusammenarbeit mit akademischen Erfindern,
- die Identifizierung von potentiellen Interessenten in der Wirtschaft,
- die kontinuierliche Beobachtung und Einschätzung der globalen Technologiemärkte,
- die Ausgestaltung und Verhandlung von Verträgen mit Patentkäufern und Lizenznehmern,
- die Überwachung von Lizenzrückflüssen, sowie
- das umfassende Management des Patent-Portfolios was die fristgerechte Zahlung von Patentaufrechterhaltungsgebühren beinhaltet.

2.2 Gängige Formen der Patentverwertung für Erfindungen aus der Wissenschaft

Der Technologietransfer aus akademischen Einrichtungen in die Industrie kann durch unterschiedliche Formen der Patentverwertung erfolgen. Dazu zählen vordergründig:

- die Lizenzvergabe,
- der Patentverkauf und
- die Gründung von Spin-Offs, die mit entsprechenden Nutzungsrechten ausgestattet werden.

Die rechtlichen Gestaltungsmöglichkeiten der Patentverwertung gehen auf § 15 PatG zurück: § 15 Abs. 1 räumt dem Schutzrechtsinhaber die Möglichkeit der beschränkten oder unbeschränkten Übertragung der mit dem Patent verbundenen Rechte[21] auf einen Dritten ein (*Patentverkauf*). § 15 Abs. 2 gestattet dem Patentinhaber darüber hinaus, diese Rechte gänzlich oder teilweise zum Gegenstand von ausschließlichen oder nicht ausschließlichen *Lizenz*-vereinbarungen zu machen.

Beide Verwertungsmöglichkeiten unterscheiden sich insbesondere hinsichtlich des Kontrollverlustes des einstigen Schutzrechtsinhabers über seine geschützte Technologie[22] und im Hinblick auf die Zahlungsfrequenz des Technologieabnehmers.

---

[21] Dazu zählen laut Gesetz: Das Recht auf das Patent, der Anspruch auf Erteilung des Patentes und das Recht aus dem Patent.

[22] Vgl. Wege (2013), Management Geistigen Eigentums. (J. Ensthaler, und P. Wege, Hrsg.), S. 176.

2.2.1 Lizenzvergabe

Die Lizenzvergabe (weitere Bezeichnung: Auslizensierung) ist wohlmöglich die am häufigsten angewandte Form der Patentverwertung.[23] Der Schutzrechtsinhaber, der Dritten seine Technologie zur Nutzung durch Lizenznahme anbietet, wird als *Lizenzgeber* (engl. *licenser* oder auch *licensor*) bezeichnet. Der Dritte, der ein Nutzungsrecht an einer Technologie durch Lizenznahme erlangt, wird als *Lizenznehmer* (engl. *licensee*) bezeichnet. In der Regel zahlt er dem Lizenzgeber für die Erlaubnis, seine Technologie nutzen zu dürfen, *regelmäßig Nutzungsentgelte*, die Lizenzgebühren genannt werden. Der Lizenzgeber bleibt jedoch der Inhaber des Patentes; er „verleiht" nur Rechte aus dem Patent an einen Lizenznehmer. Das *Gestaltungsinstrument* der Patentverwertung durch Lizenzvergabe ist der *Lizenzvertrag*.[24] Er dient der Konkretisierung jener Rechte, die dem Lizenznehmer durch die Lizenzvergabe eingeräumt werden, sowie dazu, die Art- und den Umfang der zu erbringenden Kompensationsleistung rechtsbindend festzulegen.[25] Es kann in ausschließliche und nicht-ausschließliche Lizenzen unterschieden werden (§ 15 Abs. 2 Satz 1 PatG; vgl. Abb.1). Bei der *ausschließlichen Lizenzvergabe* erhält *nur ein Lizenznehmer* das exklusive Recht die Erfindung zu nutzen, bei der *nicht-ausschließlichen* (oder auch einfachen) *Lizenzvergabe* hingegen kann der Inhaber des Patentes sich die Möglichkeit offen halten *mehreren Parteien* ein Nutzungsrecht an seinem Patent einzuräumen.[26] Im akademischen Technologietransfer ist es üblich, dass der Lizenznehmer neben dem reinen Nutzungsrecht an der Erfindung einen umfangreichen Zugang zu Know-how erhält. Dieses Wissen kann beispielweise in der Bereitstellung wissenschaftlicher Studien, Forschungsberichten, Funktionsmustern und Prototypen bestehen.[27]

2.2.2 Patentverkauf

Der Patentverkauf stellt eine weitere Form der Patentverwertung dar. Juristisch spricht man von einer Übertragung eines Schutzrechtes auf einen Dritten. Beim Patentverkauf wechselt der Inhaber des Patentes.[28] Der Schutzrechtsinhaber, der sein Patent auf einen Dritten übertragen möchte, wird als Verkäufer, der Dritte, auf den das Schutzrecht übertragen werden soll, als Käufer bezeichnet.

Durch den Verkauf entledigt sich der (frühere) Inhaber jedes weiteren mit der Technologie verbundenen Risikos, insbesondere des Risikos eines kommer-

---

[23] Vgl. Bader, Ziegler und Ruether (2011): Handbook: External patent exploitation, S. 8.
[24] Vgl. Wege 2013, S. 176.
[25] Vgl. Ebenda.
[26] Vgl. Bader, Ziegler und Ruether, Handbook: External patent exploitation, 2011, S. 8.
[27] Vgl. Ebenda.
[28] Vgl. Wege 2013, S. 176.

ziellen Misserfolges. Sollte die Technologie später jedoch zu einem großen kommerziellen Erfolg werden, kann er nach dem Verkauf keine weiteren Kompensationsleistungen, etwa in Form einer Umsatz- oder Gewinnbeteiligung erwarten.

2.2.3 Spin-Offs

Die dritte Möglichkeit zur Kommerzialisierung von technischen Schutzrechten durch externe Patentverwertung besteht in der Gründung von Spin-Offs (deutsche Bezeichnung: Ausgründungen). Die Idee dabei ist, dass eine Organisationseinheit (z. B. ein universitäres Forschungsprojekt, in dem IP generiert wurde) aus bestehenden Institutionsstrukturen herausgelöst und in ein eigenständiges Unternehmen überführt wird.[29]

Es entsteht eine neue rechtliche Einheit, die mit Wissen (Know-how) und Mitarbeitern aus der ehemaligen Ursprungsorganisation ausgestattet wird, so dass Produktideen in der Regel effizienter umgesetzt, weiterentwickelt und vermarktet werden können, als in den ehemaligen Strukturen.[30] Die ehemalige Ursprungsgesellschaft hält ein enges Verhältnis zur Ausgründung und partizipiert am Erfolg der Ausgründung, als Gegenleistung für die Einräumung der Benutzungsrechte (Lizenz) am Know-how, das zuvor in der alten Gesellschaft generiert wurde.[31] Die Partizipation am Erfolg kann etwa in einer Unternehmensbeteiligung gegen Lizenz bestehen. Die Ausgründung aus Universitäten gilt als sehr effiziente Form des Technologietransfers aus der Wissenschaft in die wirtschaftliche Anwendung.

2.3 Patentverwertungsagenturen zur Verwertung von Hochschulerfindungen

„Da keine Kriterien existieren, nach denen sich Unternehmen, die sich mit Patentverwertung beschäftigen Patentverwertungsagentur nennen können“[32], ist es schwer, eine genaue Angabe darüber zu machen, wie viele Patentverwertungsagenturen es in Deutschland tatsächlich gibt. Beruhend auf Angaben des PTJ (Projektträger Jülich) wird davon ausgegangen, dass in Deutschland Anfang des Jahres 2013 mindestens 22 solcher Agenturen existieren, die sich schwerpunktmäßig mit der Patentverwertung von Hochschulerfindungen beschäftigen.

---

[29] Vgl. Achleitner und Markgraf (2013), Schlagwort: Spin-off, Gabler Wirtschaftslexikon online.
[30] Vgl. Ebenda.
[31] Vgl. Sokianos, N. (1998): Lexicon Produktionsmanagement, S. 403.
[32] Vgl. BT-Drucks. 17/7759 (2011): Sachstand zur Verwertung öffentlich finanzierter Forschungsergebnisse durch Patentverwertungsagenturen im Rahmen des Förderprogramms SIGNO Hochschulen, 1-12. Berlin. S. 2.

Tabelle 1 Übersicht über Patentverwertungsagenturen für Hochschulen

Hochschulverbund	Patentverwertungsagentur	Gründungsjahr
Baden-Württemberg	Campus Technologies Freiburg GmbH (CTF)	2002
	technology transfer heidelberg GmbH	k.A.
	engage AG	2003
	Technologie-Lizenz-Büro (TLB)	1995
Bayern	Bayrische Patentallianz GmbH	2007
Berlin	ipal GmbH*	2001
Brandenburg	ZAB GmbH - Brainshell	2002
Bremen	InnoWi GmbH	2001
Hamburg	TuTech Innovation GmbH	1992
Hessen	GINo	2001
	Innovectis GmbH	2000
	TransMIT	1996
Mecklenburg-Vorpommern	PVA Mecklenburg-Vorpommern AG	2001
Niedersachsen	EZN GmbH	1982
	MBM ScienceBrindge GmbH	2004
Nordrhein-Westfalen	PROVendis GmbH	2001
	rubitec GmbH	1998
Rheinland-Pfalz	IMG GmbH	1996
Saarland	Wissens- u. Technologietransfer GmbH (WUT)	2001

Sachsen	GWT-TUD GmbH - Sächsische PVA	1996
Sachsen-Anhalt	ESA	2001
Schleswig-Holstein	PVA Schleswig Holstein GmbH (PVA SH)	2002
Thüringen	PATON - PVA	2002

Die in Tabelle 1 aufgeführten Patentverwertungsagenturen sind in der Regel *für die Betreuung einer Vielzahl unterschiedlicher Hochschulen.* Dementsprechend sind nur sehr wenige Patentverwertungseinrichtungen auf eine bestimmte Technologiebranche spezialisiert[33], der überwiegende Anteil der Agenturen betreut Erfindungen mehrerer Technologiebereiche (etwa Physik, Biologie, Chemie, Ingenieurwesen).

Die Abbildung 1[34] zeigt die Entwicklung der durch die Patentverwertungsagenturen bearbeiteten Erfindungsmeldungen aus Hochschulen, der daraus resultierenden Anzahl an Patentanmeldungen, sowie der Anzahl an zustande gekommenen Verwertungsabschlüssen (linke Ordinatenachse). An der rechten Ordinatenachse des Diagramms sind die Verwertungseinnahmen abgetragen.

Wie im Diagramm zu sehen ist, stieg das Aufkommen an bundesweiten Erfindungsmeldungen in den ersten zwei Jahren nach Gründung der Patentverwertungsagenturen relativ stark – von 1.300 Meldungen in 2002 auf über 1.800 im Jahr 2004 – an. Der Anstieg erscheint wenig verwunderlich, berücksichtigt man, dass das Hochschullehrerprivileg erst im Jahr 2002 abgeschafft wurde und sich die Kenntnis über die Neuerung und die neuen Möglichkeiten der Patentverwertung durch die Hochschulen zuerst unter den Wissenschaftlern verbreiten musste. In den folgenden Jahren schwankten die bundesweiten Erfindungsmeldungen etwa um diesen Wert von 1.800 jährlichen Meldungen. Seit 2008 ist ein leichter Anstieg der Erfindungsmeldungen zu verzeichnen.

[33] Eine Spezialisierung auf den medizinischen Bereich und/oder Lebenswissenschaften weisen etwa die „Technology Transfer Heidelberg GmbH“
*Die IPAL ist seit Mai 2013 nicht mehr für die Verwertung neuer Hochschulpatente zuständig. Die Verwertung von Hochschulerfindung der Charite erfolgt durch die Ascenion GmbH, die Verwertung der TU Berlin wird durch diese selbst organisiert.

[34] Berücksichtigte PVA: BayPat, Brainshell, BW-TU, CTF, EMBLEM-DKFZ, ESA, EZN, GINo, IMG, Innovectis, InnoWi, Ipal, KWT, MBM, PATON, Provendis, PVA MV, PVA SH, rubitec, SPVA, TLB, TransMIT, TuTech

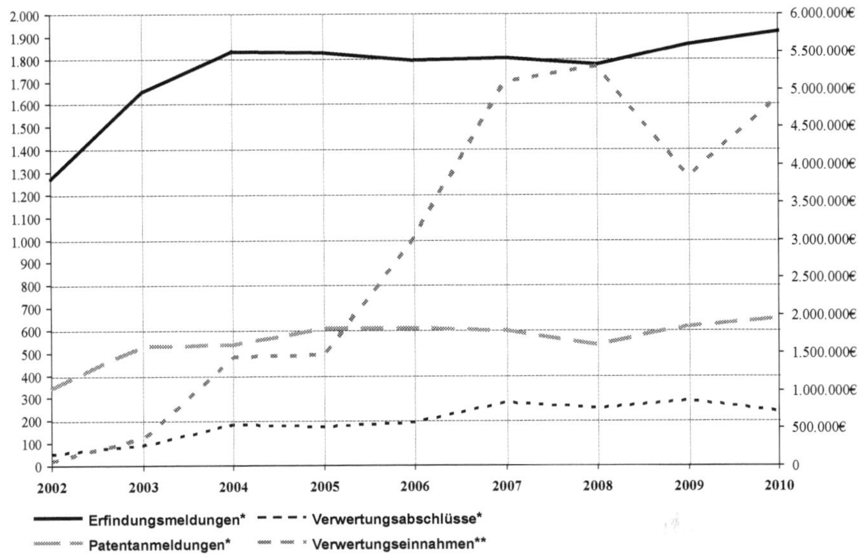

Abbildung 1 Entwicklung der Erfindungsmeldungen, Patentanmeldungen, Verwertungsabschlüsse & Verwertungseinnahmen der Patentverwertungsagenturen insgesamt 2002–2010 (Eigene Abbildung i. A. a. Cuntz et al. 2012, S.10; nach eigenen Berechnungen beruhend auf * statistischen Daten des PTJ, ** statistische Daten des PTJ, bereitgestellt durch EFI)

In der Zeit von 2002 bis 2010 hat etwa jede dritte Erfindungsmeldung, die bei einer Patentverwertungsagentur eingegangen ist, zur Anmeldung eines Schutzrechtes geführt. Die Transferorganisationen melden *jährlich etwa 600 Patente für Hochschulerfindungen* an.

Hinsichtlich der Entwicklung der Verwertungsabschlüsse lässt sich sagen, dass es seit dem Jahr 2004 zu mehr Vertragsabschlüssen kam, als in den ersten beiden „Gründungsjahren". 2007 nahmen die Verwertungsabschlüsse leicht zu, es kam zu etwa 250 Verträgen mit der Wirtschaft. In den Jahren 2008 und 2009 kam es in etwa zu einem ähnlichen Aufkommen an Vertragsabschlüssen. Für etwa jede sechste durch PVA zum Patent angemeldete Erfindung wurde im Laufe der Zeit ein Verwertungsvertrag abgeschlossen.

Die aus Verwertungsabschlüssen resultierenden Einnahmen der Patentverwertungsagenturen stiegen bis zum Jahr 2008 an. Zwischen den Jahren 2004 und 2005 befanden sie sich auf etwa gleichem Niveau. Deutliche Einnahmezuwächse sind während der Jahre 2005 und 2007 zu verzeichnen. Zwischen 2008 und

2009 gab es einen starken Rückgang der Verwertungseinnahmen. Es lässt sich die Annahme treffen, dass zwischen dem Rückgang der Einnahmen und der allgemein schwierigen wirtschaftlichen Lage, die zu diesem Zeitpunkt in der Europäischen Union und auch im amerikanischen Währungsraum bestimmend war, eine Kausalität bestehen könnte. Seit 2009 stimmt der Trend wieder und die Einnahmen aus Patentverwertungen nehmen erneut zu.

Letztendlich ist die Verwertung weniger einzelner patentierter Hochschulerfindungen für die Generierung relativ hoher Verwertungseinnahmen ausschlaggebend.[35] Erfindungen, die durch ihre Vermarktung besonders herausragende Einnahmen generieren, werden als „Nugget" oder „Blockbuster" bezeichnet.

2.4 Die Max-Planck-Innovation GmbH - Zentrale Patentverwertungsagentur der Max-Planck-Institute

Im Gegensatz zu den *Hochschulen*, die zu Zwecken der schutzrechtlichen Sicherung und der Verwertung von Forschungsergebnissen Ihrer Beschäftigten mit *externen Verwertungsagenturen* zusammenarbeiten, die nicht unmittelbar in die hochschuleigene Organisationsstruktur eingebunden sind, verfügt die *Max-Planck-Gesellschaft* über eine *eigene, zentrale Patentverwertungsagentur*[36], die mit ihren Kompetenzen im Technologietransfer ausschließlich Max-Planck-Instituten zur Verfügung steht.

Das Unternehmen wurde bereits 1970 als Garching-Instrumente GmbH gegründet und firmiert seit dem Jahr 2005 unter dem Namen „Max-Planck-Innovation GmbH".[37] Sie nimmt klassische Aufgaben einer Patentverwertungsagentur war, etwa die Bewertung und schutzrechtliche Sicherung von Erfindungen sowie die Auslizensierung an Unternehmen, berät darüber hinaus auch Spin-Offs, die sich aus der Max-Planck-Gesellschaft ausgründen und hält teilweise Beteiligungen an ihnen.

Durch die Verwertung der Erfindungen aus den Max-Planck-Instituten generiert die Max-Planck-Innovation GmbH bemerkenswerte Erlöse, in 2012 betrugen die Einnahmen aus Lizenzgeschäften 20,7 Mio. Euro[38]. Sie kommen in erster Linie der Max-Planck-Gesellschaft und zu dreißig Prozent den Erfindern zu Gute.

---

[35] Kenntnis aus Experteninterview.
[36] Vgl. Unternehmenspräsentation Max-Planck-Innovation GmbH, 2014.
[37] Vgl. Unternehmenspräsentation Max-Planck-Innovation GmbH, 2014.
[38] Vgl. Max-Planck-Innovation GmbH, 2014.

Die nachfolgende Abbildung zeigt die Entwicklung der durch die Max-Planck-Innovation bearbeiteten Erfindungsmeldungen und der daraus resultierenden Anzahl an Patentanmeldungen

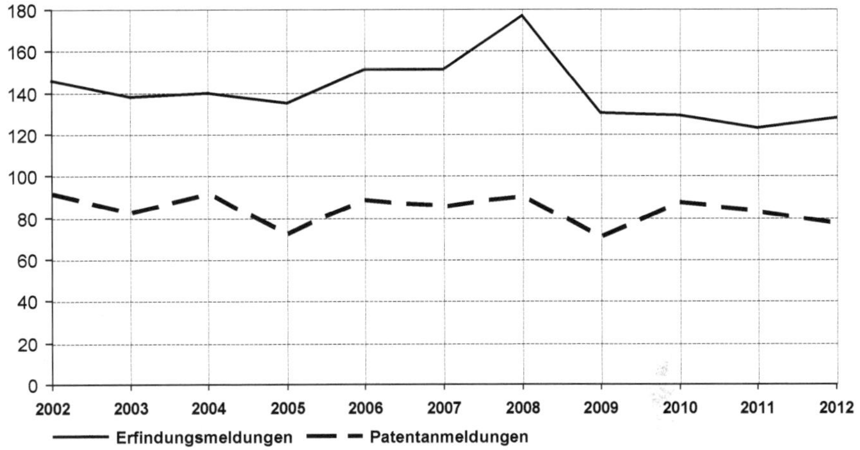

Abbildung 2 Erfindungs-,Patentanmeldungen & Verwertungsabschlüsse der Max-Planck-Innovation 2002–2012 (Max-Planck-Innovation GmbH, Eigene Darstellung)

Zwischen den Jahren 2002 und 2012 sind bei der Max-Planck-Innovation *im Jahresdurchschnitt etwa 140 Erfindungsmeldungen* eingegangen, wobei die Anzahl der Meldungen im Jahr 2008 mit fast 180 Erfindungsmeldungen im besagten Zeitraum ihren Höhepunkt fand. 2009 kam es zu einem Rückgang der jährlichen Erfindungsmeldungen, auf etwa 130 Stück. Auf etwa gleichem Niveau bewegte sich die Anzahl der Meldungen in den Folgejahren bis einschließlich 2012. Aus eingehenden Erfindungsmeldungen werden im Jahresdurchschnitt rund 80 Patentanmeldungen generiert.

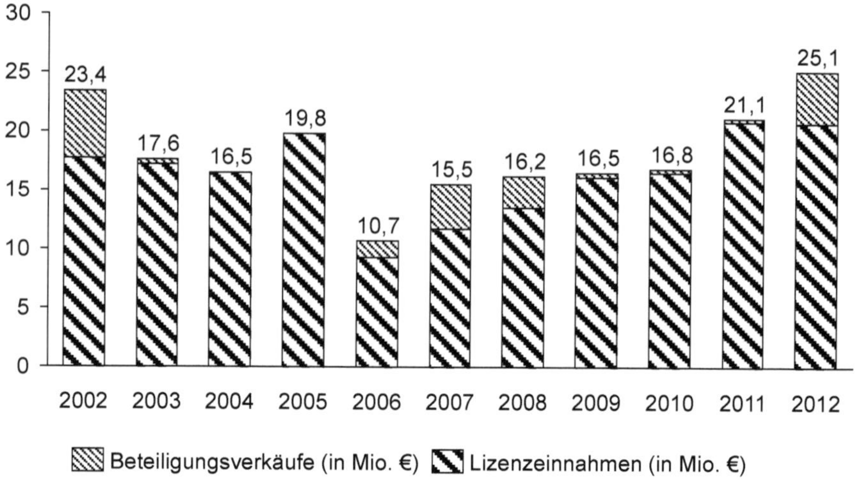

Abbildung 3 Erlöse der Max-Planck-Innovation aus Lizenzgeschäften und Beteiligungsverkäufen (2002–2012) Max-Planck-Innovation GmbH, Eigene Darstellung

Wie unter Abbildung 3 ersichtlich, zeigen die großen kommerziellen Erfolge der Max Planck Innovation deutlich, dass sich mit Wissenswerten hohe Einnahmen erzielen lassen. Die Gesellschaft konnte zwischen 2002 und 2012 insgesamt 199,2 Mio. Euro an Einnahmen verzeichnen. Die Haupteinnahmen resultieren aus dem Lizenzgeschäft und betrugen zwischen den Jahren 2002 und 2012 179,8 Mio. Euro. Durch den Verkauf von Beteiligungen an Ausgründungen wurden weitere Einnahmen in Höhe von 19,4 Mio. Euro erzielt. Patentverkäufe führt die Gesellschaft nicht durch, es werden ausschließlich Nutzungsrechte gehandelt.

Einer der bisher größten Erfolge im Verwertungsgeschäft der Max Planck Gesellschaft geht auf die Erfindung des Flash-Verfahrens – ein Verfahren, dass die Magnetresonanztomografie revolutioniert hat – zurück: Es bescherte der Gesellschaft Lizenzeinnahmen von mehr als 155 Mio. Euro.[39]

2.5 *Der (exemplarische) Patentverwertungsprozess*

Wie in Abbildung 4 ersichtlich, beginnt der Transferprozess mit der Erfindungsmeldung einer angestellten Wissenschaftlerin bzw. eines angestellten Wissenschaftlers, zu der sie gem. § 5 Abs. 1 Arbeitnehmererfindergesetz

[39] Vgl. http://www.mpg.de/924902/Wissen_und_Wirtschaft?seite=2

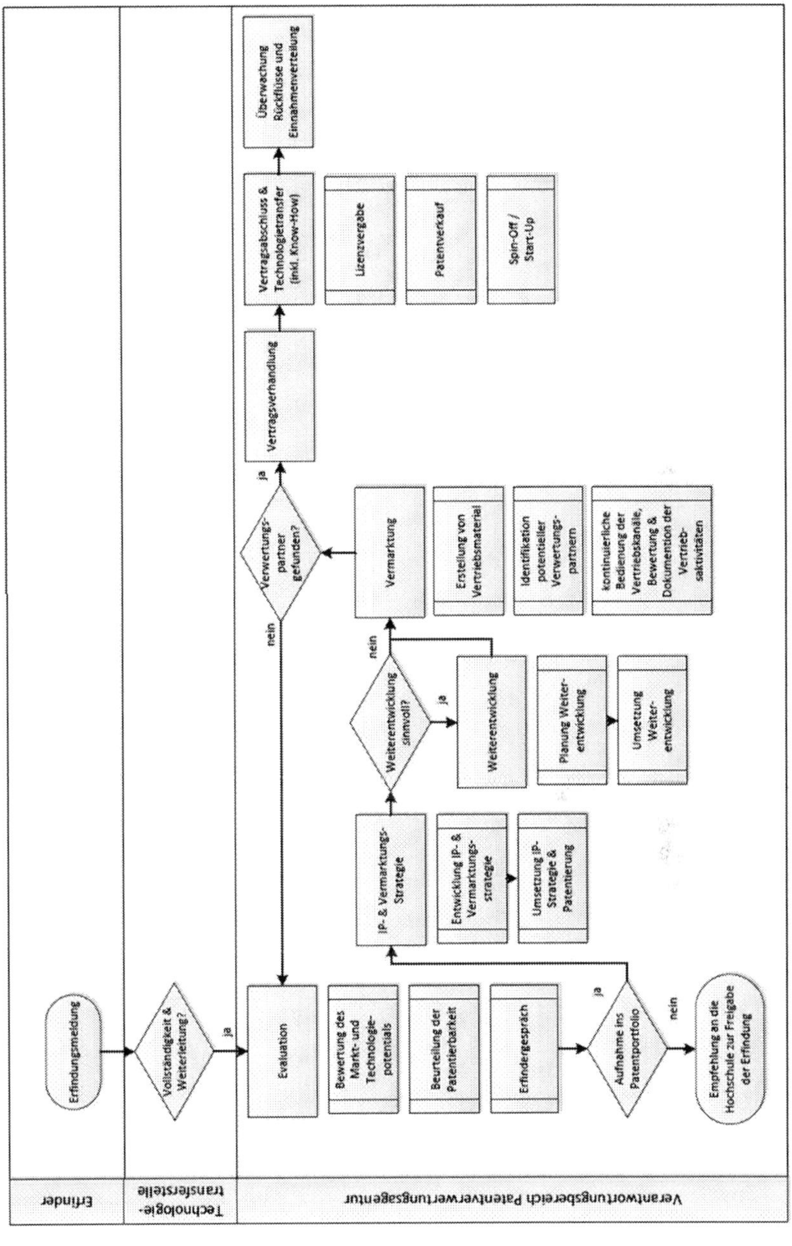

Abbildung 4 Exemplarische Darstellung des Patentverwertungsprozesses (Eigene Darstellung)

verpflichtet ist. Hochschulbeschäftigte melden Ihre Erfindung in der Regel einer dafür zuständigen Stelle innerhalb der hochschuleigenen Organisationsstruktur. Bei der Max-Planck-Gesellschaft erfolgt die Meldung durch die Erfinderinnen und Erfinder direkt bei der zuständigen Verwertungsagentur, der Max-Planck-Innovation GmbH.

Die eingehenden Erfindungsmeldungen müssen umfassend bewertet werden, zum einen hinsichtlich ihres Marktpotentials, zum anderen hinsichtlich ihrer Patentierbarkeit. Dazu werden die Technologiemärkte analysiert, Recherchen in Patent- und Fachdatenbanken durchgeführt, und es erfolgt ein persönliches Gespräch mit dem Erfinder. Häufig haben die Erfinder bereits wertvolles Wissen darüber, welche Unternehmen an ihrer Invention interessiert sein könnten. Es gilt darüber hinaus sicherzustellen, dass der Erfinder seine Invention noch nicht, etwa im Rahmen einer Publikation, offenbart hat, da in Deutschland absolute Neuheit Voraussetzung für die Patenterteilung ist. Die Mitarbeit des Erfinders kann darüber hinaus für die Formulierung der Patentanmeldung erforderlich sein, da er letztendlich „der“ Experte für die von ihm gemachte Erfindung ist.

Sofern die Erfindung als patentier- und kommerzialisierbar eingestuft wurde, wird diese in das Patentportfolio der jeweiligen Agentur aufgenommen und die prioritätsbegründende Anmeldung beim Patentamt eingereicht. Darüber hinaus ist die Patent- und Verwertungsstrategie zu erarbeiten und umzusetzen. Dies umfasst unter anderen eine Erweiterung des Patentschutzes auf bestimmte Länder, in denen Marktpotential gesehen wird.

Erfindungen aus der Wissenschaft sind meist dadurch gekennzeichnet, dass sie sich in einem frühen bis sehr frühen technologischen Entwicklungsstadium befinden. Da die Validierung von Technologien deren Marktattraktivität in der Regel deutlich erhöht, sind häufiger Weiterentwicklungsmaßnahmen, etwa der Bau eines Prototyps, oder die Durchführung von Studien, die den Nachweis der technischen Umsetzbarkeit einer Erfindung belegen, zu initiieren um somit eine Verwertung zu erleichtern. Zur Finanzierung der erforderlichen Maßnahmen kann auch auf staatliche Förderprogramme zur Technologievalidierung, etwa das VIP-Programm[40] („Validierung des Innovationspotentials wissenschaftlicher Forschung“) des Bundesministeriums für Bildung und Forschung oder auch das SIGNO-Programm[41] des Bundesministeriums für Wirtschaft und Energie, zurückgegriffen werden.

Für die konkrete Vermarktung einer Erfindung sind Unternehmen zu identifizieren und zu kontaktieren, die Interesse an der Technologie haben könnten. Den

[40] Mehr Informationen unter http://www.bmbf.de/de/2391.php .

[41] Vgl. Bekanntmachung einer Ergänzung der Richtlinie zur Förderung von Hochschulen und Unternehmen bei der rechtlichen Sicherung und wirtschaftlichen Verwertung ihrer innovativen Ideen (SIGNO) vom 21. März 2012, BMWi, 2012.

wichtigsten „Kanal" zur Kontaktaufnahme mit potentiellen Lizenznehmer stellen, Aussagen eines erfahrenen Mitarbeiters der Max-Planck-Innovation GmbH zufolge, persönliche Netzwerke dar: Auf einschlägigen Konferenzen bestimmter Branchen (z.B. Biotechnologie, Lebenswissenschaften, Halbleiter) treffen Mitarbeiter aus Industrie, Wissenschaftler und Lizenzmanager aus Verwertungsagenturen häufig zusammen, so dass sich im Zeitverlauf ein engmaschiges Netzwerk herausbildet.

Viele größere Patentverwertungsagenturen, die überwiegend Hochschulerfindungen betreuen, haben sich darüber hinaus in einem Dachverband – der Technologie Allianz e. V. – organisiert und nutzen neben Konferenzen und Veranstaltungen von Innovationsnetzwerken[42] die Möglichkeit, Exposés der Erfindungen, die sie in ihrem Portfolio halten, in die Online-Erfindungs-datenbank „Invention Store[43]" der Technologie Allianz einzustellen, um somit die Sichtbarkeit ihrer Erfindungen im Markt zu erhöhen.

Da Patente über ihre Laufzeit progressiv Kosten generieren, ist in regelmäßigen (jährlichen) Abständen durch die Patentverwertungsagenturen zu prüfen, wie sich die entsprechenden Technologiemärkte sowie die sich daraus ergebenden Verwertungsmöglichkeiten einer Technologie entwickeln. Dementsprechend ist zu entscheiden, ob eine Technologie im Portfolio gehalten werden sollte oder nicht (Portfoliomanagement). Ein beispielhaftes Portfolio zeigt Abbildung 5.

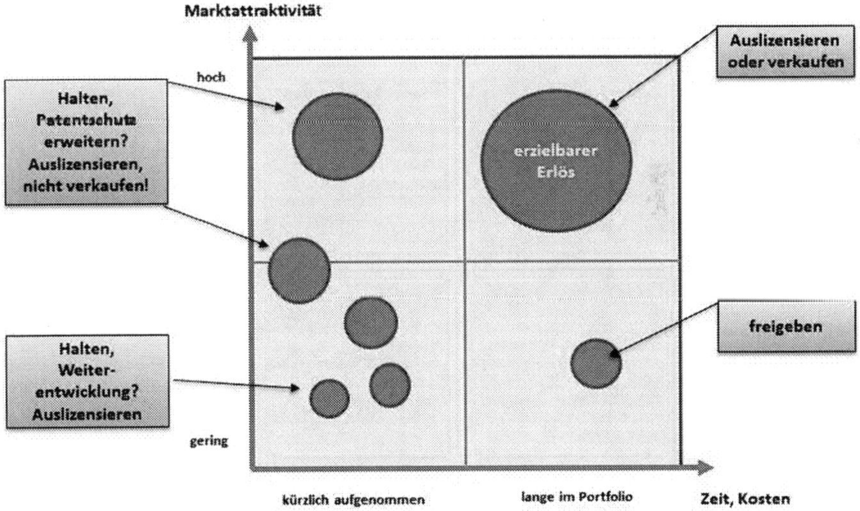

Abbildung 5 Beispielhaftes Patentportfolio (vereinfachte Darstellung)

[42] Beispiel: DiagnostikNet Berlin Brandenburg
[43] Vgl. www.inventionstore.de

Ist ein Verwertungspartner für eine Technologie gefunden, gilt es, die Vertragsverhandlungen, die sich durchaus über eine längere Zeitdauer erstrecken können, zu führen und der Lizenzvertrag zu gestalten. An diesem Teilprozess sind insbesondere erfahrene Voll-Juristen beteiligt.

Sofern eine Technologie verwertet ist, sind die Kompensationsleistungen zu überwachen und die Einnahmen zu verteilen. Hochschulerfinder werden gemäß § 42 Nr. 4 Arbeitnehmererfindergesetz mit 30 Prozent an den erzielten Erlösen beteiligt. Erfinderinnen und Erfinder der Max-Planck-Gesellschaft erhalten von den Erlösen, die mit Ihrer Erfindung erzielt wurden, 30 Prozent der Bruttolizenzeinnahmen auf Grundlage der Erfinderreglung der Max-Planck-Gesellschaft vom 9. März 1967.

2.6 Patentverwertung und Personalisierte Medizin

Es ist davon auszugehen, dass sich die medizinischen Behandlungskonzepte der Zukunft noch stärker auf molekulargenetische Erkenntnisse und Zusammenhänge stützten werden.

Forschungsgruppen aus Universitäten und außeruniversitären Forschungseinrichtungen, wie etwa die Max-Planck-Gesellschaft, sind seit Jahren bemüht, Wissenslücken hinsichtlich der molekulargenetischen Zusammenhänge und Krankheit zu schließen.

Erfindungen, die in öffentlichen Einrichtungen auf diesem Gebiet gemacht werden, können der Industrie als wertvolle Innovationsquellen dienen.

So erregte auch die bahnbrechende Erfindung des deutschen Biochemikers Thomas Tuschl für großes Aufsehen: Der Forscher erfand im Jahr 2001 mit seiner Arbeitsgruppe eine neuartiges Verfahren, das die zielgerichtete Deaktivierung einzelner Gene des Menschen ermöglicht.[44] Man hofft, dass Mithilfe der RNAi-Technologie künftig viele Erkrankungen, etwa Krebs, Hepatitis oder HIV-Infektionen, behandelt werden können.[45]

Der Erfinder des Verfahrens, Thomas Tuschl, machte seine Erfindung während seiner Zeit am Max-Planck-Institut für biophysikalische Chemie in Göttingen und wurde bei der umfangreichen schutzrechtlichen Sicherung seiner Erfindung durch die Max Planck Innovation begleitet. Dem bereits 1999 von Tuschl mitgegründete Unternehmen, die Alnylam Pharmaceuticals Inc. mit Hauptgeschäftssitz in Cambridge (USA), wurde durch die die Max-Planck-Innovation ein ex-

---

[44] Vgl. http://www.max-planck-innovation.de/de/aktuelles/newsletter/4_2010/tuschl.php

[45] Vgl. Hohmann, C. „Heilsames Schweigen der Gene“, in: Pharmazeutische Zeitung (online), Ausg. 06/2007.

klusives Nutzungsrecht an der Erfindung eingeräumt.[46] Im Jahr 2007 wurde das Unternehmen für einen hohen dreistelligen Millionen-Dollar-Betrag von Roche Pharma übernommen.[47] Es ist davon auszugehen, dass die Max-Planck-Innovation auch heute noch in hohem Ausmaß von der Erfindung Thomas Tuschls profitiert.

Auch wenn zum Zeitpunkt keine Studien gefunden werden konnten, die Antwort auf die Frage geben, wie viele Erfindungen aus dem Bereich der Molekularbiologie, die für die (Personalisierte)Medizin nützlich sein könnten, sich in den Patentportfolios von Verwertungsagenturen öffentlicher Forschungseinrichtungen befinden, gaben Interviews Hinweise darauf, dass der Anteil nicht unerheblich sein dürfte.

Bereits heute sind Biomarker Gegenstand vieler Lizenzverträge zwischen Patentverwertungsagenturen und der Industrie.[48]

Eine Suchabfrage nach dem Begriff „Biomarker“ in der Technologieangebotsdatenbank der Technologieallianz (www.inventionstore.de) generiert 24 Treffer, eine Suche nach dem Begriff „monoclonal antibody“ 36 Treffer.[49] Die Suche nach den gleichen Begriffen in der Angebotsdatenbank der Max Planck Innovation ergab für den Begriff „biomarker“ drei Treffer, für den Begriff „monoclonal antibody“ neun Treffer.[50]

Berücksichtig man Prognosen, nach denen der Markt für Biomarker von einem Volumen in Höhe von 29,3 Mrd. US-Dollar in 2013 auf bis zu 53,6 Mrd. US-Dollar in 2018 ansteigen könnte[51], so erscheint es nicht unwahrscheinlich, dass auch Biomarker aus öffentlicher Forschung zunehmend in das Interesse der Industrie rücken könnten.

3 Fazit und Ausblick

Mit der Abschaffung des sogenannten Hochschullehrer-Privilegs erhielten auch die Hochschulen das Recht, Erfindungen Ihrer Wissenschaftlerinnen und Wissenschaftler in Anspruch zu nehmen, ein Recht, das außeruniversitären Forschungseinrichtungen schon lange zustand. Zur schutzrechtlichen Sicherung und

---

[46] Vgl. http://www.businessweek.com/news/2012-10-10/gevo-alnylam-megaupload-google-intellectual-property

[47] Vgl. http://www.roche.com/de/media/media_releases/med-cor-2007-07-09.htm

[48] Vgl. Kruber, K., Walkenhorst, J. „Knowledge Transfer and Patenting Strategy in Predictive Medicine“ (2009), S.4 in: Predictive Diagnostics and Personalized Treatment

[49] Abgefragt unter www.inventionstore.de am 20.5.2014

[50] Abgefragt unter http://www.maxplanckinnovation.de/de/industrie/technologieangebote/ am 20.5.2014

[51] Vgl. bcc research, (2014), Biomarkers: Technologies and Global Markets

Verwertung des geistigen Eigentums aus Hochschulen ist ein bundesweites Netzwerk, bestehend aus in der Regel extern arbeitenden Patentverwertungsagenturen, aufgebaut worden.

Die Agenturen sind für die Betreuung einer Vielzahl von Hochschulen zugleich zuständig und nicht exklusiv für einzelne Hochschulen. Dementsprechend weisen die Agenturen selten einen Schwerpunkt in einer bestimmten Technologiebranche auf. Vielmehr bieten sie der Industrie einen direkten Zugang zu Hochschulerfindungen aus sämtlichen Technologiebereichen, also auch Bereichen mit großen Potentialen für die Medizin der Zukunft.

Die Einnahmen der Patentverwertungsagenturen zwischen den Jahren 2002 und 2010 sind im Vergleich zur Patentverwertungsagentur der Max-Planck-Gesellschaft noch verschwindend gering. Die Max-Planck-Innovation ist jedoch seit mehreren Jahrzehnten im Geschäft der Patentverwertung aktiv und es ist allgemein bekannt, dass es sehr viele Jahre dauern kann, bis mit dem Geschäft der Patentverwertung hohe Einnahmen erzielbar sind; häufig 10 bis 15 Jahre. Das Office of Technology Licensing Stanford etwa, erzielte erst nach mehr als 15 Jahren langfristig den Break-even.[52]

In der Regel sind es wenige Patente, mit denen sich sehr hohe Einnahmen erzielen lassen.

In Anbetracht dessen, dass Biomarker immer häufiger wichtiger Bestandteil in unterschiedlichen Phasen des Arzneimittelentwicklungsprozesses sind[53], erscheint es nicht unwahrscheinlich, dass künftig auch *Patente* aus öffentlichen Forschungseinrichtungen – *die Biomarker zum Gegenstand haben* – zunehmend in den Blickpunkt der Industrie gelangen, Lizenzverträge geschlossen werden und auf dieser Grundlage neue Kooperationen zwischen Akademia und Industrie zu Stande kommen könnten, mit dem gemeinsamen Ziel Innovationen in der Medizin voranzutreiben.

4 Literaturverzeichnis

Achleitner, A. - K. und Markgraf, D. (2013): Gabler Wirtschaftslexikon. (Gabler, Herausgeber) Stichwort: Spin-off: http://wirtschaftslexikon.gabler.de/Archiv/145504/spin-off-v3.html /(Zugriff am 12.04.2014).

Bader, M., Ziegler, N. und Ruether, F. (2011): Handbook: External patent exploitation. St. Gallen: University of St. Gallen, Institute of Technology Management.

[52] Vgl. Unternehmenspräsentation (2013), OTL Stanford.

[53] Vgl. Stock, G. und Sydow, S. „Personalisierte Medizin – Paradigmenwechsel in der Arzneimittelforschung und –therapie (2013), in: Bundesgesundheitsblatt Ausg. 11/2013, S. 1496.

bcc Research (2014): Biomarkers: Technologies and Global Markets. http://www.bccresearch.com/market-research/biotechnology/biomarkers-markets-bio061c.html (Zugriff am 30.04.2014).

BT-Drucks. 14/5975. (2001): BT-Drucks. 14/5975. Entwurf eines Gesetzes zur Änderung des Gesetzes über Arbeitnehmererfindungen, 1–8. Berlin.

BT-Drucks. 17/7759. (2011): BT-Drucks. 17/7759. Sachstand zur Verwertung öffentlich finanzierter Forschungsergebnisse durch Patentverwertungsagenturen im Rahmen des Förderprogramms SIGNO Hochschulen, Berlin, S. 1–12.

Bundesministerium für Bildung und Forschung. (2014): Bundesbericht Forschung und Innovation. Berlin: BMBF.

Bundesministerium für Wirschaft und Technologie. (2011): Richtlinie zur Förderung von Hochschulen und Unternehmen bei der Sicherung und wirtschaftlichen Verwertung ihrer innovativen Ideen (SIGNO). Bundesanzeiger, Berlin, S. 3364–3369.

Bundesministerium für Wirtschaft und Technologie. (2012): Ergänzung der Richtlinie zur Förderung von Hochschulen und Unternehmen bei der Sicherung und wirtschaftlichen Verwertung ihrer innovativen Ideen (SIGNO). Bundesanzeiger. Berlin.

Ensthaler, J. (2013): Management Geistigen Eigentums. (J. Ensthaler, und P. Wege, Hrsg.) Berlin: Springer.

Europäische Kommission. (2003): Mitteilung der Kommission. Die Rolle der Universitäten im Europa des Wissens KOM 58. Brüssel.

Gabler Verlag. (2013): Gabler Wirtschaftslexikon Online. http://wirtschaftslexikon.gabler.de/Definition/technologietransfer.html (Zugriff am 18.04.2014).

Götting, H. - P. und Schwipps, K. (2004): Grundlagen des Patentrechts. Wiesbaden: Teubner.

Hohmann, C. (2007): Heilsames Schweigen der Gene. Pharmazeutische Zeitung. Ausg. 06/2007. http://www.pharmazeutische-zeitung.de/index.php?id=2577 (Zugriff am 30.04.2014).

Kempe, L. (2013) „Medica 2013: Personalisierte Medizin: Modeerscheinung oder Megatrend?“ Deutsches Ärzteblatt 2013, 110 (46), 4, http://www.aerzteblatt.de/archiv/149247/Medica-2013-Personalisierte-Medizin-Modeerscheinung-oder-Megatrend (Zugriff am 30.04.2014).

Kruber, K. und Walkenhorst, J. (2009): Knowledge Transfer and Patenting Strategy in Predictive Medicine. in: Predictive Diagnostics and Personalized Treatment: Dream or Reality (O. Golubnitschaja, Hrsg.) New York: Nova Science Publishers.

Köllen, K. (2012): „Patentschutz läuft aus – Pharmabranche drohen Milliarden Verluste“, Wirtschaftswoche (online). http://www.wiwo.de/unternehmen/industrie/patentschutz-laeuft-aus-pharma-branche-drohen-milliardenverluste-/6016302.html (Zugriff am 09.04.2014).

Max Planck Innovation GmbH (2014): Unternehmenspräsentation, München.

Max Planck Innovation (2014): Grundlegendes RNAi-Patent (Tushl II) der Max-Planck-Gesellschaft vom Europäischen Patentamt (EPA) im Einspruchsverfahren vollumfänglich bestätigt. Newsletter 4/2010. http://www.max-planck-innovation.de/de/aktuelles/newsletter/4_2010/ tuschl.php (Zugriff am 30.04.2014).

Slind-Flor, V. (2012): Gevo, Alnylam, Megaupload, Google: Intellectual Property. Bloomberg Businessweek. http://www.businessweek.com/news/2012-10-10/gevo-alnylam-megaupload-google-intellectual-property (Zugriff am 30.04.2014).

Sokianos, N. (1998): Lexicon Produktionsmanagement. Landsberg/Lech: Verlag moderne industrie AG.

Stock, G. und Sydow. S. (2013): Personalisierte Medizin - Paradigmenwechsel in der Arzenimittelforschung und -therapie. Bundesgesundheitsblatt 2013, Springer, S. 1495–1501.

Wege, P. (2013): Management Geistigen Eigentums. (J. Ensthaler, und P. Wege, Hrsg.) Berlin: Springer.

Das Internet der Dinge als Grundlage für innovative e-Health-Dienste

Jürgen Anke und Andreas Schwatke

Inhaltsverzeichnis

1 Einführung

Erfolgreiche Innovatoren sind in der Lage, neue technische Möglichkeiten richtig einzuschätzen und konsequent zur Schaffung überzeugender Kundennutzen anzuwenden. Einer der wichtigsten technologischen Trends derzeit ist das Internet der Dinge, welches die Vernetzung von Alltagsgegenständen mit dem Internet zum Kern hat. Es bietet eine ideale Basis für datenbasierte Dienstleistungen und eine neue Qualität in der Gestaltung von informationsintensiven Beziehungen von zwischen Personen und Organisationen. Damit kann eine deutlich vielseitigere Integration des „externen Faktors" in den Dienstleistungsprozess erzielt werden.

Kernthese dieses Beitrags ist, dass das Internet der Dinge ein wichtiger technologischer Treiber für die Umsetzung von Serviceinnovationen für neuartige Dienstleistungen im Gesundheitswesen ist. Dazu werden wir kurz die Entstehung und den aktuellen Entwicklungsstand des Internet der Dinge erläutern, und daraus die wesentlichen Treiber für Serviceinnovationen ableiten.

Anschließend greifen wir nach einer kurzen Beschreibung der Grundidee von e-Health diese Treiber auf, um mit Bezug auf elektronische medizinische Dienstleistungen (e-Health) und ihren speziellen Anforderungen zu zeigen, welchen Beitrag das Internet der Dinge für die Serviceentwicklung in dieser Domäne leisten kann. Weiterhin stellen wir wichtige Erfolgsfaktoren für die Gestaltung von e-Health-Diensten im Internet der Dinge vor.

In einer Fallstudie zu einem Dienst für die Diabetes-Prävention wird dies konkretisiert. In diesem System führen Diabetiker ein Online-Tagebuch über Aktivitäten und Blutzuckerspiegel, die mittels entsprechender Sensorik automatisch erfasst werden. Auf dieser Basis berechnet das System die individuell zu spritzende Insulindosis. Wir gehen auf die Konzeption und Realisierung dieses Dienstes ein und zeigen, wie die einzelnen Akteure mit Unterstützung des Systems zusammenwirken. Die ersten Ergebnisse aus der praktischen Nutzung dieses Systems liegen vor und werden von uns kurz vorgestellt.

Abschließend fassen wir die wichtigsten Ergebnisse zusammen und wagen einen Ausblick auf die weitere Entwicklung des Themas e-Health Serviceinnovationen und ihren Bezug zur personalisierten Medizin.

2 Was ist das Internet der Dinge?

Zunächst wollen wir uns der Frage widmen, was genau das Internet der Dinge ist, und wie es entstand. Dabei legen wir den Schwerpunkt weniger auf technische Herausforderungen, sondern auf ein einheitliches Verständnis der zentralen Konzepte aus fachlicher Sicht. Dies ist die Grundlage für eine Betrachtung der Auswirkungen, die das Internet der Dinge auf Dienstleistungsinnovationen hat.

2.1 Kurzer Rückblick

Das heutige Verständnis des Begriffs „Internet der Dinge“ ist eine Kombination verschiedener technischer Konzepte, die sich über einen längeren Zeitraum unabhängig voneinander entwickelt haben. Dazu gehören drahtlose Sensornetzwerke, eingebettete Systeme, Mobilkommunikation, Telemetrie, Ubiquitous Computing und Rechnernetze (Vasseur und Dunkels 2010) sowie seit neuestem auch Cyber-physische Systeme. Um die Einordnung auch im Hinblick auf die zunehmende Berichterstattung in Massenmedien zu erleichtern, werden nachfolgend die wichtigsten Konzepte erläutert, die zum heutigen Verständnis des Internets der Dinge führen.

2.1.1 Telemetrie/Machine-to-Machine (M2M)

Der Begriff „Telemetrie“ setzt sich zusammen aus den griechischen Wörtern „tele“ (fern) und „metron“ (messen) und beschreibt Konzepte für die Fernerfassung diverser Werte. Die Machine-to-Machine Kommunikation (M2M) ist elementarer Bestandteil davon und beschreibt die autonome Kommunikation zwischen technischen Geräten. Entsprechende Systeme sind seit langer Zeit im Einsatz, beispielsweise zur Erfassung von Wetterdaten oder zum Überwachen von Fahrzeugen in LKW-Flotten (Vasseur und Dunkels 2010). Dabei ist unerheblich, ob die Daten über eine kabelgebundene oder drahtlose Kommunikation übermittelt werden und welche Entfernung zwischen den Kommunikationsteilnehmern besteht. Vielfach werden heute dafür Mobilfunknetzwerke verwendet. Charakteristisch für Telemetrie sind hochspezialisierte Lösungen mit proprietären Kommunikationsprotokollen, die sehr stark auf den Aspekt des Monitorings ausgerichtet sind.

2.1.2 Ubiquitous Computing

Anfang der 90er Jahre brachte Mark Weiser in seinem wegweisenden Beitrag „The Computer for the 21st Century“ die Idee auf, dass Computer in Zukunft mit der realen (physischen) Welt verschmelzen und damit unsichtbar werden (Weiser 1991). Damit war der Begriff des allgegenwärtigen Computings („Ubiquitous Computing“) geboren. Indem Alltagsgegenstände eigene Rechenleistung sowie Sensorik und Aktorik erhalten und sich untereinander vernetzen, sind sie in der Lage ihren Zustand oder Umgebung zu erfassen, zu übertragen, auszuwerten sowie mit anderen Kommunikationspartnern auszutauschen.

Menschen interagieren regulär mit diesen Objekten, um deren physische Funktion zu nutzen. Gleichzeitig gibt es aber ein digitales Abbild des Objektes, welches angereichert mit Kontextinformationen dem Benutzer eine Unterstützung bieten kann. Neben ihrem aktuellen Zustand kennen diese Objekte zusätzlich auch ihre Historie, was völlig neuen Analysemöglichkeiten den Weg bereitet (Friedewald 2010).

Wesentliche Charakteristik von Ubiquitous Computing ist also *die Ausrüstung von Alltagsgegenständen mit Informationstechnik* und der Paradigmenwechsel von einem universellen sichtbaren Rechner (PC auf dem Schreibtisch) zu einer großen Zahl von kleinen, hochspezialisierten Rechnern in unserer Umgebung.

2.1.3 Internet der Dinge

Der Begriff „Internet der Dinge" (auch „Internet of Things", abgekürzt „IoT") stammt aus dem Jahr 1999. Darunter wurde ursprünglich eine Infrastruktur verstanden, in der physische Objekte mittels einer automatischen Identifikation auf digital gespeicherte Daten verweisen konnten: „Der besondere Akzent des Internets der Dinge liegt somit auf der kommunikationstechnischen Verknüpfung der virtuellen mit der dinglichen Welt." (Friedewald 2010, S. 44).

Mittels automatischer (maschinenlesbarer) Identifikation physischer Objekte konnten diese einfacher in IT-unterstützte Prozesse integriert werden. Gerade in der Logistik und im Handel ist dieser Aspekt ein wichtiges Mittel zur Steigerung der Effizienz. So gibt es auch die Auslegung des Begriffs „Internet der Dinge" in der Form, dass sich der Fluss physischer Pakete in der Logistik analog zum Fluss von IP-Paketen im Internet automatisch koordinieren lassen (Mattern und Flörkemeier 2010, S. 108). Die automatische Identifikation wird zum Beispiel mittels des weitverbreiteten Barcodes oder über Funketiketten auf Basis von RFID (Radiofrequenz-Identifikation) hergestellt.

Einen großen Anteil an diesen Konzepten haben die AutoID-Labs am MIT und der Hochschule St. Gallen sowie die Standardisierungsorganisation GS1. Insbesondere die GS1-Standards rund um den Electronic Product Code (EPC) beschreiben die ursprünglich geforderte Infrastruktur zum Austausch von Daten über physische Objekte sehr umfassend.

Zur weiteren Entwicklung des Internets der Dinge stellt Friedewald fest: „In den technisch komplexeren Langfristentwürfen, die sich dann kaum noch von der Vision des Ubiquitous Computings unterscheiden lassen, kommen autonome Datenverarbeitungskapazitäten, Sensoren und Aktuatoren hinzu, mit deren Hilfe die Gegenstände auf ihre Umwelt reagieren und miteinander kommunizieren können." (Friedewald 2010, S. 44).

2.1.4 Cyber-physische Systeme (CPS)

Eine sehr gelungene Charakterisierung von Cyber-Physischen Systemen stammt von Geisberger und Broy: „Cyber-Physical Systems umfassen eingebettete Systeme, also Geräte, Gebäude, Verkehrsmittel und medizinische Geräte, aber auch Logistik-, Koordinations- und Managementprozesse sowie Internet-Dienste, die

- mittels *Sensoren* unmittelbar physikalische Daten erfassen und mittels *Aktoren* auf physikalische Vorgänge einwirken,
- Daten auswerten und speichern sowie auf dieser Grundlage aktiv oder reaktiv mit der physikalischen und der digitalen Welt interagieren,
- mittels digitaler Netze untereinander verbunden sind, und zwar sowohl drahtlos als auch drahtgebunden, sowohl lokal als auch global,
- weltweit verfügbare Daten und *Dienste* nutzen,
- über eine Reihe *multimodaler Mensch-Maschine-Schnittstellen* verfügen, also sowohl für Kommunikation und Steuerung differenzierte und dedizierte Möglichkeiten bereitstellen, zum Beispiel Sprache und Gesten."

(Geisberger und Broy 2012, S. 22)

Damit können CPS die aktuelle Situation der Anwendung und der Umgebung aufnehmen und gemeinsam mit den Nutzern steuern. Es sind daher „offene *soziotechnische Systeme,* die durch die hochgradige Vernetzung der physikalischen, sozialen und virtuellen Welt sowie durch die intelligente Nutzung von Informations- und Kommunikationstechnologien entstehen." (Geisberger und Broy 2012, S. 17).

CPS kommen nach heutigem Verständnis der Vision des Internet der Dinge am nächsten. Sie sind auch die eigentliche *Gestaltungseinheit* für Anwendungen im Internet der Dinge, Dienste und Daten. Der entscheidende Unterschied liegt darin, dass ein CPS das Ergebnis einer bewusst initiierten und gesteuerten Ingenieursleistung in einem Projekt ist, während das Internet der Dinge durch eine Vielzahl von CPS und deren Vernetzung untereinander sukzessive entsteht. Man könnte daher CPS auch als „IoT-Anwendungen" bezeichnen.

2.2 Heutiges Begriffsverständnis

Bei der Verwendung des Begriffs „Internet der Dinge" sind alle vorgenannten Aspekte enthalten. Es beschreibt die Verschmelzung von physischen Dingen (Alltagsgegenständen) mit Informationstechnologie sowie ihre Vernetzung mit anderen Maschinen, Menschen und Informationssystemen. Da Menschen und Maschinen gleichermaßen als Kommunikationsteilnehmer in das Internet eingebunden sind, kann die Interaktion von Menschen mit ihrer Umwelt völlig neu gestaltet werden. Je nach Ausprägung unterstützen Alltagsgegenstände den Nutzer in der Bedienung oder automatisieren kontextabhängig Abläufe, indem sie sich mit anderen Objekten vernetzen (z. B. beim Verlassen der Wohnung den Herd ausschalten).

Im allgemeinen Sprachgebrauch werden M2M, Internet der Dinge, CPS, Web 3.0 oder aber auch „Web of Things" häufig gleichgesetzt. Das ist neben einer großen Überlappung der Konzepte auch der hohen Entwicklungsgeschwindigkeit und unscharfen Definition geschuldet.

2.3 Eigenschaften und technischer Aufbau von IoT-Anwendungen

Um Anwendungen im Internet der Dinge zu realisieren, ist das reibungslose Zusammenspiel verschiedener technischer Komponenten notwendig. Diese sind in Abbildung 1 als Überblick dargestellt und im Folgenden kurz erläutert.

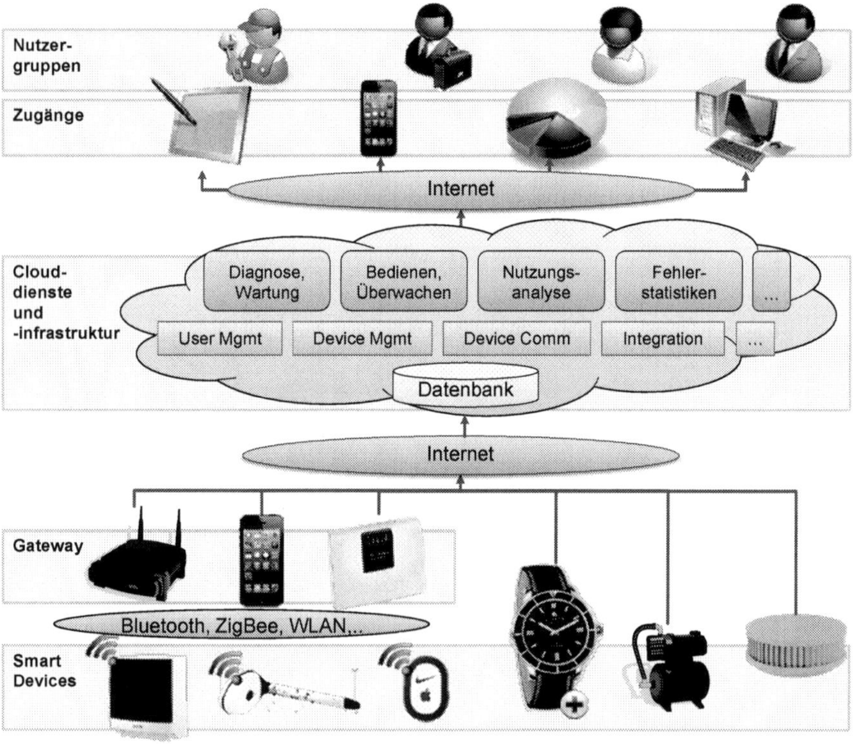

Abbildung 1 Aufbau von IoT-Anwendungen (eigene Abbildung)

Aus Sicht der Geschäftsmodellinnovationen ist besonders wichtig zu verstehen, welche Möglichkeiten und Einschränkungen die Technik derzeit bietet.

2.3.1 Smart Devices

Ein intelligentes Objekt („Smart Device") enthält Sensorik/Aktorik zur Interaktion mit der physischen Welt, einen Mikrocontroller oder eine andere Verarbeitungsmöglichkeit für Daten sowie eine Kommunikationseinheit zur Interaktion mit der digitalen Welt. Zum Betrieb dieser Komponenten ist zudem eine entsprechende Energieversorgung erforderlich (Vasseur und Dunkels 2010).

Je nach Ausprägung sind diese Komponenten fest in das physische Objekt integriert oder (wie z.B. im Falle der bekannten ActivityTracker) an das Objekt nachträglich – auch temporär – angebracht.

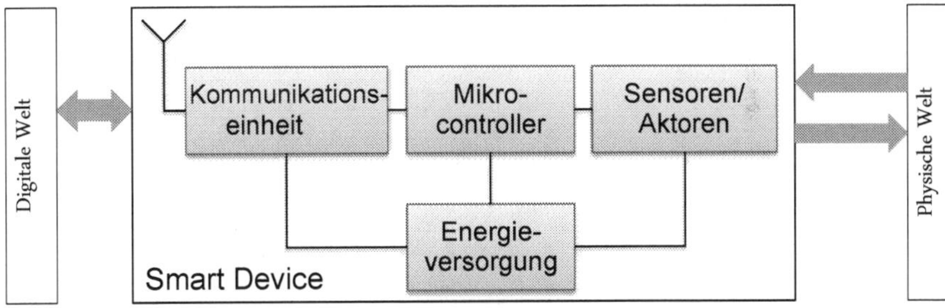

Abbildung 2 Aufbau eines Smart Device (nach Vasseur und Dunkels 2010, S. 119)

Ein zentrales Element von jeder IoT-Anwendung sind Komponenten zur Erfassung von physischen Objekten oder Umweltzuständen. Sie sind wichtige Lieferanten für Kontextinformationen, wie es z.B. bei ortsbezogenen Informationsdiensten für Smartphones bereits etabliert ist (Mattern und Flörkemeier 2010). Die wichtigsten Vertreter davon sind Sensoren, Identifikationstechnik und Lokalisierungstechnik.

- Sensoren dienen der Erfassung von physikalischen Größen, wie z.B. Temperatur, Druck, Luftfeuchte, Helligkeit, Beschleunigung und Abständen. Je nach Ausprägung sind Sensoren fester Bestandteil einer Baugruppe oder autonom agierende, selbstorganisierende drahtlose Sensornetzwerke (Wireless Sensor Networks, WSN).
- Die automatische Identifikation von Objekten mittels Barcodes ist seit Jahrzehnten etabliert. Die moderne Radiofrequenz-Identifikation (RFID) hat in den letzten 15 Jahren ebenfalls eine starke Verbreitung erfahren.

Gegenüber Barcode hat RFID je nach Ausführung einige Vorteile. Dazu gehören das Lesen und Schreiben von Zusatzdaten auf dem RFID-Chip sowie Identifikation ohne Sichtverbindung zwischen Lesegerät und Objekt.

- Zur Erfassung des Standorts eines Objektes außerhalb von Gebäuden kommt dafür in der Regel die satellitengestützte Lokalisierung mittels des Global Positioning System (GPS) zum Einsatz. In geschlossenen Räumen kann mit einer Vielzahl von Techniken gearbeitet werden, die zu unterschiedlichen Kosten und Genauigkeiten die Position von Objekten ermitteln. Dazu gehören Muster an der Wand, vom Objekt die per Laser erfasst werden genauso wie Funksender, die von speziellen Empfängern den Abstand per Laufzeit oder Signalstärke messen. Zudem gibt es auch verschiedene Varianten, RFID-Chips als Basis für die Lokalisierung von Objekten einzusetzen.

Je nach Anwendungsfall können Kombinationen verschiedener Parameter erfasst werden. Dabei ist neben den Kosten auch die Messgenauigkeit bedeutsam, da diese die Qualität der Analyseergebnisse entsprechend beeinflusst.

Es ist wichtig zu verstehen, dass Smart Objects in keiner Weise wie technische Geräte aussehen müssen. Gute Beispiele dafür sind intelligente Pflaster (Proteus Digital Health 2014) oder intelligente Bekleidung (Tröster 2007).

2.3.2 Internet-basierte Vernetzung

Damit Smart Devices ihre Daten weitergeben und Internetdienste nutzen können, müssen sie mit dem Internet verbunden werden. Diese kann auf zwei Wegen erfolgen.

- Das intelligente Objekt z.B. verfügt über Mobilfunk oder Satellitenkommunikation über einen direkten Zugang zum Internet. Dazu müssen die Geräte das Internet Protocol (IP) zur Kommunikation nutzen können. Diese Variante ist besonders bei mobilen Objekten geeignet, deren Einsatzumgebung schwer vorhersehbar ist oder die möglichst unabhängig von der Infrastruktur Dritter agieren sollen.
- Die zweite Variante ist Bildung eines lokalen Netzes mit einem Gateway („Basisstation“) zum Internet. Beispiele sind Home Area Network (für Smart Home), Personal Area Networks (am Körper), sowie Vernetzung von Maschinen in Produktionsanlagen oder Komponenten in Fahrzeugen. Hier finden andere Kommunikationsprotokolle Verwendung, die besondere Eigenschaften für den jeweiligen Einsatzzweck haben. Dazu gehören z.B. Unterstützung von Echtzeit (z.B. Feldbusse), Energieeffizienz (z.B. Bluetooth Low Power) oder ad-hoc Vernetzung (z.B. Zigbee).

In jedem Fall besitzen die Objekte über das lokale Netz einen Zugang zu einem Gateway (z. B. Smartphone, WLAN-Router, usw.), der mit dem Internet verbunden ist.

Jede dieser beiden Varianten besitzt unterschiedliche Vor- und Nachteile hinsichtlich Installationsaufwand, Übertragungskosten, Hardwarekosten und Energieverbrauch. Im konkreten Anwendungsfall ist daher eine individuelle Entscheidung notwendig.

2.3.3 Cloud-Dienste und -infrastruktur

Über das Internet können Smart Devices mit Cloud-Diensten kommunizieren. Diese in Rechenzentren betriebenen Softwarefunktionen stellen den zentralen Integrationspunkt für Benutzer, Applikationen und Geräte dar. Neben der für heutige Clouds üblichen skalierbaren Infrastruktur mit Speicher, Rechenleistung und Netzwerkanbindung werden Dienste in zwei Kategorien realisiert.

- *Basisdienste* stellen anwendungsunabhängige Funktionen bereit. Dazu gehören u.a. die Verwaltung von Benutzern und Zugriffsrechten sowie die Verwaltung und das Management von Geräten. Weiterhin sind Dienste für die Speicherung und Analyse von Daten und die Bereitstellung von Programmierschnittstellen (API) für Drittanwendungen üblicherweise verfügbar.
- *Anwendungsdienste* bündeln Funktionalitäten, die für bestimmte fachliche Einsatzzwecke konzipiert wurde. Dazu gehören sowohl bestimmte Interaktionen mit Geräten wie Fernsteuerung, Ferndiagnose, Diebstahlsicherung, zustandsbasierte Wartung als auch Analysen über die Nutzung, Fehlerstatistiken und weiteres.

Da sowohl Rechenleistung in der Cloud als auch in den meisten Smart Devices verfügbar ist, kann die Aufbereitung von Sensordaten je nach gewünschter Reaktionsgeschwindigkeit und Ressourcenverfügbarkeit aufgeteilt werden. Ein wichtiger Vorteil der Verbindung von Cloud-Diensten und Smart Devices besteht darin, dass Geräte, Nutzer und Applikationen diese Dienste ortsunabhängig nutzen können. Damit ist insbesondere die statistische Auswertung von Daten aus vielen Geräten möglich. Ebenso können Daten aus internen und externen Quellen (Kundendaten, Wetterdaten, Verkehrsinformation usw.) als Kontextinformationen genutzt oder dem Smart Device bereitgestellt werden.

2.3.4 Benutzerschnittstelle und Clients

Menschliche Benutzer greifen ebenfalls über die Cloud auf Daten von Smart Devices oder deren Auswertungen zu. Ebenso interagieren sie mit den Devices über entsprechende Dienste, z. B. zur Überwachung und Steuerung. Je nach Nutzergruppe und deren Anforderung stehen verschiedene Dienste in einer Art und Weise bereit, die dem Arbeitskontext der Nutzer entspricht. So kann ein Autofahrer seine Standheizung im Auto per Smartphone App steuern und regeln, während ein Servicetechniker mittels Tablet komplexe Diagnosen im Fehlerfall durchführt. Auswertungen für die Optimierung von Marketing und Entwicklung wiederum werden webbasiert ausgeliefert oder in bestehende Anwendungen integriert. Besonders im Kontext von Nutzern, die nicht an klassischen PC-Arbeitsplätzen tätig sind, kommen zunehmend multimodale Benutzerschnittstellen zum Einsatz. Diese umfassen z.B. Sprachein- und –ausgabe, Gestensteuerung und Augmented Reality Darstellungen.

2.4 Bestehende Anwendungsszenarien

Die wichtigsten Anwendungen sind nach Friedewald (2010) im Handel, der industrielle Produktion und Transportlogistik. Weiterhin sind entsprechende Techniken auch in der Personenidentifikation verfügbar.

- Im *Handel* werden Produkte und Gebinde mittels RFID und Barcode lückenlos verfolgt. Damit wird die Steuerung von Lieferketten, Bestandsmanagement und Bestellwesen unterstützt. Zudem ist RFID auch ein weitverbreiteter Diebstahlschutz im Einzelhandel.
- In der *Industrie* kommt RFID vor allem für die unternehmensinterne Verfolgung von Werkzeugen, Transportbehältern sowie in der Messung des Fertigungsfortschritts zum Einsatz. Mit dem dadurch erreichten Transparenzgewinn lassen sich Maschinen und Anlagen besser auslasten und die Produktion besser steuern. RFID ist zudem eine häufig eingesetzte Technik für Wegfahrsperren und kann für den Fälschungsschutz eingesetzt werden. Die Ferndiagnose und Fernsteuerung von Anlagen und Maschinen ist inzwischen ebenfalls etabliert. Damit kann die Verfügbarkeit von Anlagen erhöht und Serviceprozesse effizienter erledigt werden.
- Die *Transportlogistik* erfordert zur Steuerung von Aufträgen, Transportplanung und Abrechnung jederzeit den aktuellen Standort aller Waren. Dies kann ebenfalls per RFID realisiert werden. Zusätzlich kommen Techniken wie GPS und Sensorik für Spezialanforderungen beim Transport von Wertgegenständen sowie verderblichen Gütern zum Einsatz.

Wie dargestellt sind viele etablierte Anwendungen eher im Umfeld der automatischen Identifikation angesiedelt. Sie schöpfen ihre Mehrwerte vor allem aus der schnelleren Synchronisation zwischen realen und digitalen Zuständen, die vorher arbeitsintensiv und zeitverzögert durch manuelles Zählen, Erfassen und Eingeben in die Systeme erzeugt werden musste.

Neben geschäftlichen Einsatzfeldern sind heute bereits vielfältige private Anwendungen verfügbar. Dazu gehören Navigations- und vernetzte Unterstützungssysteme im Auto genauso wie Geräte für die Aufzeichnung von Sportaktivitäten oder Bewegung im Allgemeinen („ActivityTracker"). Auch das intelligente Heim („Smart Home") ist knapp 25 Jahre nach dem sich Mark Weiser in seinem Beitrag ausführlich mit dieser Thematik befasst hat, auf dem besten Weg, in die Haushalte Einzug zu halten (Weiser 1991).

2.5 *Aktueller Stand der Entwicklung*

Anhand der vorherigen Abschnitte ist deutlich geworden, dass es sich beim Internet der Dinge um einen globale Infrastruktur handelt, die durch immer neue vernetzte Alltagsgegenstände schrittweise entsteht. Die Betrachtung der Treiber und Hemmnisse hilft zu verstehen, welche weitere Entwicklung erwartet werden kann.

2.5.1 Treiber

Nahezu täglich kommen zurzeit neue Produkte und Lösungen mit IoT-Bezug auf den Markt. Dieser enorme Bedeutungszuwachs ist vor allem auf die rasante Entwicklungsgeschwindigkeit in der Informationstechnik und ihre Marktdurchdringung zurückzuführen (Mattern und Flörkemeier 2010).

- Fallende Preise für Speicher, Rechenleistung und Sensorik bei exponentiell steigender Leistung.
- Anhaltender Trends zur Miniaturisierung, steigenden Energieeffizienz und vielfältigen Energiegewinnung.
- Verfügbarkeit leistungsfähiger Internetzugänge sowohl stationär als auch mobil zu geringen Kosten.
- Hohe Verbreitung von Smartphones ermöglicht einer großen Anzahl Menschen, jederzeit und von jedem Ort aus den Zugriff auf Anwendungen und Dienste in Form von Apps mit angeschlossenen Cloud-Diensten.

2.5.2 Hemmnisse

Trotz aller Entwicklungsgeschwindigkeit darf nicht übersehen werden, dass es noch eine Reihe von technischen Hürden und Entwicklungshemmnissen gibt. Dazu gehören zum Beispiel Interoperabilität, Skalierbarkeit, automatische Konfiguration, Sicherheit, Schutz der Privatsphäre, Umgang mit großen Datenmengen und viele andere (Mattern und Flörkemeier 2010).

Neben technischen Herausforderungen besteht für Serviceinnovatoren die große Herausforderung darin, für ein entwickeltes Servicekonzept technische Machbarkeit und praktische Anwendbarkeit so zu verbinden, dass dabei auch für alle Beteiligten ein ökonomischer Nutzen entsteht.

2.6 *Potenziale für Serviceinnovationen*

Der Wert von IoT liegt nicht in der Technologie oder den gewonnenen Daten. Dieser entsteht erst, wenn die gewonnenen Daten sowie neue Interaktionsmöglichkeiten zur Schaffung eines Nutzens verwendet werden. Dieser Nutzen schöpft sich im Wesentlichen aus den folgenden drei charakteristischen Merkmalen von IoT-Anwendungen (vgl. Mattern und Flörkemeier 2010, S. 107 und Wright und Steventon 2007, S. 18):

- *Datenerfassung und -verteilung:* Kostengünstige, zeit- und ortsunabhängige Erfassung und Übertragung verschiedener physikalischer Parameter mit hoher Datenqualität, insbesondere Genauigkeit, Aktualität und Auflösung.
- *Datenanalyse:* Schnelle Auswertung von Daten zur Gewährleistung hoher Reaktionsgeschwindigkeit, Entscheidungsunterstützung, Prozessautomatisierung sowie Prognosen, Erkennen von Mustern und Zusammenhängen.
- *Datenzugriff:* Bereitstellung von Daten, Analyseergebnissen und Interaktionsmöglichkeiten zur Koordination der Beteiligten.

Welche Möglichkeiten verschafft das Internet der Dinge nun konkret für neuartige Dienstleistungen? Nach Böhmann et al. ist ein Service „ein kooperativer Prozess, in dem durch konsequente Ausrichtung und Anpassung auf einen bestimmten Nutzungskontext Wert geschaffen wird“ (Böhmann et al. 2014). Dabei erfordern Kontextbezug und Kooperation in besonderem Maße Informationsaustausch. Der Umfang des Informationsaustauschs wird vor allem durch Informationssysteme bestimmt. Folgerichtig finden spielen Innovationen bei der Entwicklung von service-orientierten Geschäftsmodellen eine zentrale Rolle (Böhmann et al. 2014).

Die Verbindung von Technologie und Dienstleistungsprozess findet in sogenannten Servicesystemen statt. Dabei handelt es sich um „an einem Wertversprechen ausgerichtete soziotechnische Systeme, die interaktive Wertschöpfung ermöglichen.“ (Böhmann et al. 2014, S. 84). Es wird deutlich, dass Servicesysteme den Gedanken von CPS in die Domäne der Dienstleistungen übertragen.

Für Dienstleistungsinnovationen können die o. g. Eigenschaften von IoT-Anwendungen wie folgt genutzt werden: „Die Entwicklung der Informations- und Kommunikationstechnik eröffnen die Möglichkeiten zur innovativen Gestaltung dieser Interaktion. Insbesondere die Verbreitung stationärer und mobiler Internetzugänge sowie die Entwicklung von intelligenten Sensoren erlauben die Entwicklung neuer Formen der informationsintensiven Interaktionen in Servicesystemen.“ (Böhmann et. al. 2014, S. 86).

Wright und Steventon (2007) schlagen zur Beschreibung solcher „smarter Umgebungen“ das Konzept „iSpaces“ vor. Es beschreibt den Aufbau solcher Umgebungen und verbindet damit die Interaktion zwischen Nutzer, physischen Objekten und digitalen Services. Es wird gezeigt, wie automatisch erfasste Daten über Umweltparameter und –zustände über das Internet transportiert und ausgewertet werden, um dem Benutzer in seiner konkreten Umgebung kontextbezogene Unterstützung anzubieten.

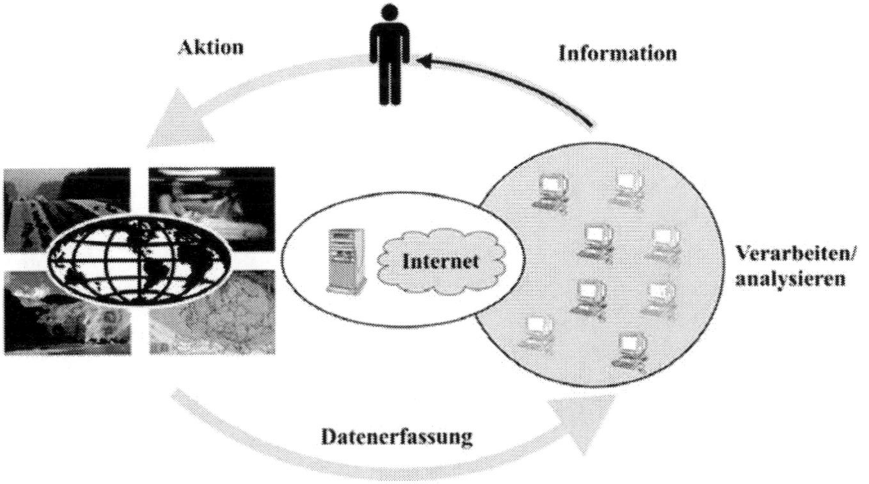

Abbildung 3 Schema eines generischen "iSpace"-Systems (Wright und Steventon 2007, S. 19)

Zusammenfassend lässt sich feststellen, dass die Eigenschaften von Anwendungen im Internet der Dinge klare Vorteile für die Schaffung von Dienstleistungsinnovationen bieten. Die Verknüpfung von Dienstleistungsprozess und technischen Möglichkeiten realisieren Servicesysteme. Für die einzelnen Anwendungsdomänen müssen dabei zusätzliche fachliche Anforderungen Berücksichtigung finden, wie im nächsten Abschnitt für e-Health dargestellt.

3 e-Health als Domäne des Internet der Dinge

Die zunehmende Alterung der Bevölkerung und höhere Lebenserwartung führt zu höherer Nachfrage nach Gesundheitsleistungen. Unter Berücksichtigung der schwierigen Finanzierung entsteht der Wunsch, durch Einsatz von Technologie die Effizienz im Gesundheitssystem zu steigern und die Versorgungsqualität dabei zu erhalten oder sogar zu verbessern (Friedewald 2010).

Daher wird das Gesundheitswesen als eine der mittel- und langfristigen Anwendungsgebiete für das Internet der Dinge betrachtet. Die Unterstützung ist für Diagnose, Therapie, Pflege und Dokumentation denkbar (Friedewald 2010, S. 18). Die Anwendung von Informations- und Kommunikationstechnik in der Domäne Gesundheit wird unter dem Begriff „e-Health“ zusammengefasst.

3.1 Mögliche Einsatzgebiete

Das Internet der Dinge kann im Gesundheitsbereich vielfältig eingesetzt werden. Daraus ergeben sich folgende Einsatzmöglichkeiten:

- *Krankenhäuser* weisen Arbeitsbedingungen auf, die gekennzeichnet sind durch hohe Mobilität und kooperative Arbeitsteilung, den Einsatz von räumlich verteilten Geräte sowie ein ständiges Wechseln zwischen verschiedenen Aktivitäten (Friedewald 2010). Das Personal kann dabei mittels Smartphone oder Tablets für Rettungskräfte, Ärzte oder Krankenschwestern zur Datenverwaltung auf den Stationen unterstützt werden. Gleichermaßen kann auch die Logistik in Krankenhäusern mittels IoT optimiert werden, wie etwa durch RFID-Systeme für Medikamente, Blutkonserven oder Krankenhausbetten (Orwat et al. 2008, S. 7).
- Für die *häusliche Pflege und medizinische Versorgung* spielen besonders die automatische Fern- und Selbstüberwachung bzw. –diagnose eine Rolle. Dabei werden mittels diverser Sensoren z.B. Vitaldaten übertragen und analysiert (Orwat etal. 2008, S.6). Dabei werden sowohl Vitalparameter als auch Bewegungsdaten erfasst und für die medizinische Versorgung genutzt.
- In diese Kategorie zählt auch das stark wachsende Feld „Ambient Assisted Living“ (AAL), welches Konzepte für das unabhängige Leben im Alter mittels geeignet ausgestatteter Umgebungen beschreibt. Dabei gibt es interessante pilotierte Anwendungsfälle wie Sturzprävention, Füllstandsmessung und altersgerechte Heimautomatisierung (Hochgatterer etal. 2014). Für AAL-Umgebungen sind Techniken wie Lage- und Drucksensoren in Teppichen ebenso einsetzbar wie Bildanalyse und Präsenzerkennung. In Notfällen können je nach Situation Pflegekräfte oder ein Notarzt herbeigerufen werden. Eine besondere Herausforderung sind die altersgerechte Gestaltung der Dienste sowie Zuverlässigkeit und Leistungsfähigkeit der Technik (Friedewald 2010, S. 18–19).
- Zur Optimierung der Dokumentation und Datenaustauschs zwischen den Beteiligten Akteuren im Gesundheitssystem können IoT-Dienste verwendet werden. Hierbei können als Beispiel mit RFID ausgestattete Medikamente dienen, die zur Sicherstellung der der korrekten Medikamentierung herangezogen wird (Orwat etal. 2008).

Wenngleich diese Szenarien sehr aussichtsreich und überzeugend sind, befinden sich viele Systeme noch in der Experimental- oder Prototypstufe (Orwat et al. 2008). Mit fortschreitender Reife dieser Anwendungen ist auch eine eigene Terminologie entstanden, die nachfolgend erläutert wird.

3.2 Begriffsabgrenzung e-Health, Telemedizin und Telemonitoring

Für den Begriff *e-Health* gibt es keine einheitliche Definition. Die WHO versteht darunter u. a. Behandlung von Patienten, Forschung, Ausbildung und Verfolgung der Ausbreitung von Krankheiten und Überwachung der Gesundheit der Bevölkerung. Dazu können im konkreten Fall auch Entscheidungsunterstützungssysteme für Therapieempfehlungen, robotergestützte Chirurgie, elektronische Patientenakten und Gesundheitskarten zählen (Häckl 2010, S. 63–64).

Unter dem deutlich klarer definierten Teilbereich *Telemedizin* versteht man das Erbringen von Gesundheitsleistungen zur Diagnose, Therapie oder Prävention durch Gesundheitsberufstätige unter Überwindung von räumlichen Entfernungen (Häckl 2010, S. 66). Die medizinischen Prozesse werden in das Wohnzimmer des Patienten verlegt, ohne als Zweig von „e-Health" neue Prozesse zu schaffen sondern um bestehende zu optimieren. Als Bestandteil eines Versorgungskonzepts sollen die telemedizinischen Prozesse die Behandlungsqualität sowie den Kosten- und Ressourceneinsatz effizienter gestalten.

Telemonitoring, ein Untersegment der Telemedizin, hingegen ist ein teilweise automatisierter Prozess für die Übertragung von Informationen über den Gesundheitsstatus von Patienten im ambulanten Bereich über eine Entfernung zu einem medizinischen Leistungserbringer. Dazu werden Vitalparameter und Gesundheitsinformationen beim Patienten meist in regelmäßigen Zeitabstanden erhoben und übertragen, um den Behandlungsprozess zu optimieren und jederzeit eine für den Patienten optimale Versorgung zu gewährleisten.

3.3 Geschäftsmodellinnovationen für e-Health

Auch für die Entwicklung innovativer Dienstleistungen im Gesundheitswesen gilt wie dargestellt, dass der Nutzen vor allem aus der besseren Gestaltung informationsintensiver Interaktions- und Koordinationsprozessen entsteht. Die zentralen Gestaltungsparameter für diese Beziehungen sind nach van Limburg und van Gemert-Pijnen (2010):

3.3.1 Höhere Informationsqualität

- *Zwischen Patient und Arzt:* Mittels IoT können diese Informationen für Diagnose und Therapie unterstützen nicht nur ortsunabhängig erfasst, sondern auch noch schnell ausgewertet und den richtigen Beteiligten schnell zugänglich gemacht werden.

- *Zwischen Ärzten:* Dazu gehört z.B. das online-gestützte Einholen von Zweitmeinungen sowie schnelle Einbindung von Spezialisten.
- *Für den Patienten selbst:* Bei entsprechender Transparenz über die eigene Situation sind Patienten in der Lage, selbständig schädliche Situationen aktiv zu vermeiden. Dazu gehören z.B. Rauchen, Bewegungsmangel sowie mögliche Nebenwirkungen aktueller Medikamente, Therapien oder sonstiger Bedingungen. Auch der Austausch mit anderen Patienten kann digital unterstützt werden.

Serviceinnovationen können gezielt die Austauschbeziehungen zwischen den Beteiligten optimieren. Gerade der Einbezug von Patienten kann mittels intuitiver und ansprechender Benutzeroberflächen sowie interessanten Preismodellen sicherlich deutlich optimiert werden.

3.3.2 Effektive Behandlung

Eine Therapie im Rahmen des Disease Managements besteht üblicherweise aus mehreren Schritten von medizinischem Fachpersonal. Mit e-Health Diensten können diese Therapieschritte besser nachvollzogen und dokumentiert werden, damit jeder Beteiligte den aktuellen Stand genau kennt und gegebenenfalls seine eigenen Aktivitäten darauf abstimmt. Zudem besteht die Chance, dass der Patient stärker an der korrekten Durchführung seiner Aufgaben (z.B. Medikamenteneinnahme) mitwirkt, wenn er stärker einbezogen ist.

Für eine Serviceinnovation besteht hier der Anknüpfungspunkt im Aufbau von Netzwerken, die die Koordination von Therapieschritten einfach beschreibbar und überwachbar darstellt.

3.3.3 Der Patient im Mittelpunkt

Durch die zunehmende Verfügbarkeit medizinischer Informationen im Internet sind Patienten entsprechend besser informiert. Damit können sie informierter und selbstbewusster die für sie passende Gesundheitsleistung nachfragen. Dadurch ändert sich die Rolle des Patienten im System dahingehend, dass das Gesundheitssystem als Dienstleister gezielt auf die Anforderungen des Patienten (als Kunden) eingehen kann.

Hierbei entstehen interessante Potenziale für „Patient Relationship Management“. Diese erlaubt bei geschickter Gestaltung und Einbezug des Patienten das gezielte Angebot von Zusatzleistungen. Derzeit ist die Transparenz vermutlich auf beiden Seiten nicht gegeben – der Gesundheitsdienstleister kennt die speziellen Anforderungen des Patienten nicht und der Patient möglicherweise nicht alle Serviceleistungen.

In ihrem Beitrag zu Geschäftsmodellen für e-Health weisen van Limburg und van Gemert-Pijnen darauf hin, dass bisherige e-Health Dienste wie e-Commerce Angebote entworfen wurden. Aufgrund der Tatsache, dass im Gesundheitswesen die Rollen von Leistungsempfänger, Leistungserbringer und Kostenträger auseinanderfallen, sind die Modelle komplexer als bei einem normalen Handelsgeschäft (van Limburg und van Gemert-Pijnen).

3.4 Erfolgsfaktoren bei der Entwicklung von e-Health Services

Damit e-Health erfolgversprechend angeboten werden können, sind einige wichtige Faktoren zu berücksichtigen. Diese sind zum Teil spezifisch für die Domäne des Gesundheitswesens, andere sind in analoger Form auch für andere Domänen zutreffend.

- *Vernetzung zwischen Akteuren schaffen:* Die Verbindung zwischen Versorgungsmanagementgesellschaften, Krankenkassen und Versicherten mit Anbietern von telemedizinischen Plattformen erfordert eine enge Zusammenarbeit, um gemeinschaftlich den steigenden Kostendruck auf die Gesellschaft zu reduzieren und eine langfristig gesündere Zukunft zu schaffen.
- *Standardisierung vorantreiben:* Bereits jetzt werden die IT-Systeme von Krankenhäusern über verschiedene Kommunikationsstandards miteinander verbunden. Die Integration solcher Standards in telemedizinische Anwendungen ermöglicht nicht nur die Integration in den Klinikbetrieb sondern kann auch Wege neuer Versionen dieser Standards aufzeigen.
- *Plattformkonzepte zur Senkung von Betriebs- und Entwicklungskosten:* Durch die Schaffung einer Mandantenfähigkeit, mit Betrachtung der Datenschutz- und Datensicherheitsaspekte einer elektronischen Patientenakte, können unterschiedlichste Akteure mit jeweils angepassten Anwendungen auf die Daten zugreifen. Dadurch werden Parallelentwicklungen für unterschiedliche Szenarien unnötig und eine Reduktion der Betriebs- und Entwicklungskosten erreicht.
- *Ausgewogene Geschäftsmodelle mit klaren Nutzen und Anreiz- bzw. Vergütungssystemen:* Für Versorgungsmanagementgesellschaften und Betreiber telemedizinscher Plattformen ergeben sich durch geeignete Lizenzabkommen Win-Win-Situationen.
- *Intermediäre als Trustcenter oder Broker:* Große IKT-Unternehmen sind als Betreiber von Plattformen in der Lage, telemedizinische Konzepte erfolgversprechend aufzusetzen, nach den gesetzlichen Anforderungen im großen Stil zu betreiben und als neutraler Dritter die Dienste für verschiedene Akteure im Gesundheitssystem zu erbringen.

- *Datenschutz/Datensicherheit berücksichtigen:* Die elektronische Patientenakte unterliegt strengen Datenschutz- und Datensicherheitsanforderungen, die Rückschlüsse durch Dritte auf den Patienten selbst und seine medizinischen Daten nicht zulassen.
- *Medizinprodukte:* Die Anwendungen, die sich der Daten der elektronischen Patientenakte bedienen, sind als Medizinprodukt zu betrachten, wenn eine Diagnose oder Überwachung mit den Daten ermöglicht wird. Damit ist die Entwicklung aller Bestandteile dieser Anwendung nach Medizinproduktegesetz (MPG) durchzuführen.

Damit sind sowohl das grundlegende Verständnis für das Internet der Dinge geschaffen als auch Besonderheiten von e-Health-Diensten erläutert. Auf dieser Grundlage widmen wir uns nachfolgend einer konkreten Fallstudie für einen e-Health-Dienst.

4 Fallstudie: Monitoring Portal zur Diabetes Prävention

Die im Folgenden beschriebene Fallstudie bezieht sich auf ein Produkt der Deutschen Telekom Healthcare And Security Solutions GmbH (DTHS). Gemeinsam mit der Central Krankenversicherung als erstem Kunden wurde zur CeBIT 2013 der Start der „Initiative Diabetes“ bekannt gegeben. Die Entwicklung der Plattform und des Portals wird bei T-Systems Multimedia Solutions GmbH umgesetzt und befindet sich derzeit in der Erweiterung für neue Indikationen und der Verwendung als Medizinprodukt für echte telemedizinische Diagnostik und Therapiebegleitung.

In der Rolle der Privaten Krankenversicherung lädt die Central ihre an Diabetes erkrankten Versicherten auf das Portal ein, um die initiale Einstellung und den nötigen Lebenswandel durch telemedizinisches Coaching effektiv zu begleiten.

Die Deutsche Telekom AG hat unter anderem mit der Gründung der DTHS als eigene GmbH vermittelt, dass der Geschäftsfokus wesentlich stärker auf den Gesundheitsmarkt gelegt werden wird, als es in der Vergangenheit der Fall war.

4.1 Volkskrankheit Diabetes

Diabetes mellitus ist eine Stoffwechselerkrankung, die sich durch erhöhten Blut- und Urinzucker auszeichnet. Die durch Glukoseaufnahme angeregte Insulin-ausschüttung der Inselzellen der Bauchspeicheldrüse regt die Glukoseaufnahme in den Muskel- und Fettzellen an und führt hiermit zu einer Reduktion der Glukose im Blut (Renz-Polster 2008, S. 851–855).

Die Medizin unterscheidet zwei Arten der Diabetes: Typ-1- und Typ-2-Diabetes (auch als Altersdiabetes bezeichnet). Während die Typ-1-Diabetiker an einer vollständigen Zerstörung der insulinproduzierenden Zellen und damit unter absolutem Insulinmangel leiden, stellt sich bei Typ-2-Diabetes eine Insulinresistenz und begleitend eine Störung der Insulinproduktion ein. Etwa 90% aller Diabetiker leiden an Typ-2-Diabetes und betroffen sind schätzungsweise 7% der deutschen Bevölkerung. Die Tendenz der Diabeteserkrankungen ist europaweit steigend. Insbesondere problematisch ist die Beobachtung bei Jugendlichen und Kindern, die sehr früh an Diabetes erkranken und an den Folgeerkrankungen leiden. Gründe hierfür liegen in der schlechten Ernährung. Die ständige, übermäßige Aufnahme von Glukose führt zu der zuvor beschriebenen Insulinresistenz und den Störungen (Renz-Polster 2008, S. 858).

Diabetes ist eine Erkrankung, die ohne ein richtiges Krankheitsgefühl auskommt. Ärzte haben auch deshalb das Problem ihren Patienten die Dringlichkeit einer Therapie klarzumachen. Die Langzeitfolgen können durchaus extreme Auswirkungen haben. Sie führen von Sensibilitätsstörungen bis hin zu Amputationen der Gliedmaßen und Blindheit. Die Sensibilitätsstörungen führen dazu, dass der Patient kleinere Wunden nicht mehr bemerkt, die zum Beispiel durch Druckstellen in den Schuhen entstanden sein können. Die Wundheilung bei Diabetikern ist eingeschränkt und kann sich bis hin zu diabetischer Gangrän entwickeln. Die Blutversorgung ist in diesem Fall durch den hohen Glukosespiegel so sehr gestört, dass das betroffene Gewebe nach und nach abstirbt. Die betroffenen Gliedmaßen müssen im schlimmsten Falle amputiert werden (Renz-Polster 2008, S. 871).

Insgesamt kann durch den erhöhten Glukosespiegel eine andauernde Gefäßschädigung beobachtet werden. Diese Kapillarverstopfung führt neben gestörter Wundheilung auch zu weiteren Risiken für den Patienten wie beispielsweise Herzerkrankungen, Nierenschäden und dem oben bereits angesprochenen sog. Diabetischen Fuß (Herold 2014, S. 22–725).

Die Diabetes-Therapie lässt sich in fünf Pfeiler einteilen.

- *Lebensstil:* Insulinabhängige Diabetiker sind gezwungen ihren Lebensstil an die Erkrankung anzupassen. Dies beinhaltet eine Regelmäßigkeit bei der Einnahme der Mahlzeiten, körperliche Aktivität und die Vermeidung von zusätzlichen Gefäßkrankheiten wie zum Beispiel durch das Rauchen.
- *Stoffwechselkontrolle durch den Patienten:* Je mehr der Patient über seinen eigenen Stoffwechsel weiß und lernt, desto besser kann er die Insulinzufuhr steuern. Durch das Selbst-Monitoring kann die Entgleisung des Blutzuckerspiegels verhindert werden.

- *Ernährung:* Eine leider selten erfolgreiche, aber effektive Therapieform ist die konsequente Umstellung der Ernährung zur Senkung der Körpermasse. Durch die Reduktion von 10% der Körpermasse können die Stoffwechselentgleisungen der meisten Diabetiker normalisiert werden.
- *Medikamentöse Therapie:* In Abhängigkeit von Stadium und Alter des Patienten können entweder oral zugeführte Medikamente oder Insulininjektionen den Blutzuckerspiegel bei einer Mahlzeit wieder in ein normales Level bewegen.
- *Ärztliche Führung:* Die therapeutischen Entscheidungen müssen die Lebensumstände des Patienten und dessen Ressourcen berücksichtigen. Durch Begleitung, Ernährungsberatung und Schulungen wird die Veränderung des Lebensstils und der Ernährungsgewohnheiten für den Patienten vereinfacht.

(Renz-Polster 2008, S. 870–871)

Diabetiker sterben nicht durch den erhöhten Blutzuckerspiegel selbst, sondern an den Folgeerkrankungen. Diese indirekten Kosten belasten die Krankenkassen deutlich mehr als die eigentliche Diabetestherapie. Die durch Folgeerkrankungen entstehenden Kosten steigen auf über das Vierfache der durchschnittlichen Ausgaben für gesetzlich Versicherte (Finck et al. 2013, S. 147).

4.2 Präventionskonzepte

Betrachtet man verschiedene Präventionskonzepte, so lässt sich die Aufteilung in Primärprävention und Sekundärprävention vornehmen. Ziel der *Primärprävention* ist es, die initiale Erkrankung zu verhindern oder zumindest das Risiko zu reduzieren. Ein sehr plastisches Beispiel ist hierfür die Kampagne zur Raucherentwöhnung der Bundeszentrale für gesundheitliche Aufklärung. Durch virtuelle Betreuung des Rauchers soll dieser online animiert werden das Rauchen aufzugeben und somit die gesundheitlichen Folgen der Sucht zu vermeiden.

Die *Sekundärprävention* hat das Ziel wie zum Beispiel bei einer Erkrankung wie Diabetes die oben genannten Langzeitfolgen zu verhindern und den Patienten den Lebenswandel und den Verlust an Lebensqualität so leicht wie möglich zu machen.

Präventionskonzepte existieren schon seit einiger Zeit und haben unterschiedlichste Ausprägungen beim Einsatz von Technologie und Methodik. Bestes Beispiel für die Primärprävention sind die verschiedenen Kampagnen der deutschen Krankenkassen. Jede Kasse bietet seinen Versicherten unterschiedliche Programme zur Vorsorge oder für ein gesünderes Leben an. Diese Angebote sind meist durch telefonische Beratung oder Onlineservices in Form von Informationsportalen innerhalb des Internetauftritts der Kassen zu finden.

Zusätzlich zur Art des Präventionsansatzes muss nach öffentlich zugänglichen Portalen oder Programmen, die nur einer ausgewählten Nutzergruppe zur Verfügung stehen, unterschieden werden. Öffentliche Portale sind in der Regel entweder werbefinanziert oder durch Bundesministerien betrieben. Beispiele dafür sind www.fatsecret.de (Fatsecret.com 2014) als Unterstützungsportal für die Diäteinhaltung oder das Raucherportal der Bundeszentrale für gesundheitliche Aufklärung BZgA unter www.rauch-frei.info (BzGA 2014). Das Interesse der Krankenkassen an einer langfristig gesünderen Versichertenstruktur ist ein rein wirtschaftliches. Die angebotenen Konzepte zur Prävention, welche Ausprägung sie auch im Einzelfall haben, sind daher nur den eigenen Versicherten zur Verfügung gestellt. Abgesehen von der Reduktion der Kosten in der Betreuung und Therapie von Patienten hat ein erfolgreiches Präventionskonzept zusätzlich einen nicht zu vernachlässigenden Marketingeffekt.

4.3 Serviceentwicklung

Langzeitprävention ist für Krankenkassen ein wichtiger Faktor. Wie eingangs erwähnt können die Kosten bei Diabetes durch Langzeitkomplikationen stark ansteigen. Durch Coaching und persönliches Monitoring der Vitalwerte lässt sich der Lebenswandel professionell begleiten, nicht nur die laufenden Kosten der Einstellung des Diabetikers sinken, auch die Gewöhnung an die neue Lebenssituation wird angenehmer gestaltet.

Die naheliegende Variante wäre es nun also im Geschäftsmodell vorzusehen, dass private wie gesetzliche Krankenversicherungen das Monitoring Portal lizensieren und ihre Versicherten somit begleiten. Viel interessanter hingegen sind Gesellschaften des Versorgungsmanagements. Im sogenannten Disease-Management werden chronisch Erkrankte heute bereits telefonisch von Fachexperten begleitet. Diese Betreuung können beispielsweise Krankenkassen für ihre Versicherten einkaufen. Stellt eine Managementgesellschaft seinen Kunden, den Kassen, ein Monitoring Portal zur Verfügung, lassen sich zum einen Skaleneffekte bei der möglichen Nutzerzahl und damit den Lizenzgebühren beobachten, zum anderen ist bereits die Betreuung durch Spezialisten für alle Versicherten sichergestellt, ohne das jede einzelne Krankenkasse ein eigenes Betreuungskonzept vorlegen muss.

Des Weiteren lässt sich technologisch wie auch im Konzept eine Erweiterung der durch das Monitoring Portal unterstützte Indikationen einfach umsetzen. Weitere Indikationen chronischer Erkrankungen, die auch mit Diabetes im Zusammenhang stehen können, sind unter anderem Herz/Kreislauferkrankungen, Asthma oder Chronisch obstruktive Lungenerkrankungen.

Insgesamt werden durch die verschiedenen Betreuungskanäle die Versicherten mit entsprechender chronischer Erkrankung langfristig motiviert und vor allem proaktiv unterstützt ihre Erkrankung in den Griff zu bekommen. Langfristig versprechen sich die Kassen und Managementgesellschaften die hohen Folgebelastungen durch schwerwiegende und Kostenintensive Eingriffe zu vermeiden.

4.4 Umsetzung und Betrieb

Das Monitoring Portal ist (am Beispiel Diabetes) ein Zusammenspiel aus mehreren datenliefernden- und datenspeichernden Komponenten. Kernelement ist die eigentliche Plattform, die zum einen die Nutzerdaten und zum anderen die Bewegungsdaten, also die Vitalparameter der Versicherten abspeichert. Die Trennung der Daten ist nach den höchsten Datensicherheits- und Datenschutzrichtlinien in Deutschland entwickelt und stellt unter anderem sicher, dass die Daten getrennt voneinander verschlüsselt und abgelegt sind und nur über eine wiederum verschlüsselte Matchingtabelle zusammengeführt werden können.

Das Portal selbst bietet die Möglichkeit verschiedener über Log-In gesteuerter Ansichten und Bereiche. Teilnehmer der Versicherungen sehen ihren persönlichen Bereich, die Coaches und Berater entsprechend die Funktionalitäten und Daten der ihnen zugeordneten Versicherten.

Neben den normalen browsergestützten Erfassungsmöglichkeiten sind im Falle der Diabetes Prävention noch Activitytracker, Schrittzähler und Glukosemessgeräte für das Smartphone an das Portal angebunden. Wichtige Vitalparameter werden hierüber aufgezeichnet. Die Daten der Messgeräte zum Blutzuckerspiegel und zum täglichen Kalorienverbrauch werden automatisch im eigenen Nutzerbereich des Portals abgespeichert und sind in diesem Fall dem Coach und dem Versicherten zugänglich.

Die automatische Erfassung von Bewegungsdaten stellt im Falle des Monitoring Portals einen wichtigen Mehrwert dar. Jeder Diabetiker ist mit einem Blutzuckermessgerät ausgestattet, um bei Speisen und Getränken gegebenenfalls abzuschätzen wie viel Insulin zu spritzen sei. Ebenfalls wird jeder Diabetiker von seinem Hausarzt angehalten ein Tagebuch über den Blutzuckerspiegel zu führen. Die automatische Integration der Werte von Schrittzähler und Messgerät erleichtern es dem Diabetiker erheblich ein lückenlos geführtes Tagebuch zu erhalten, das als Ausdruck zum Beispiel dem Hausarzt zur Verfügung gestellt werden kann.

Nicht nur die Messgeräte tragen zum Erfolg bei. Das Fach-Coaching des Versorgungsmanagements erfolgt in einer direkten Betreuung, jeder Teilnehmer hat einen direkten Ansprechpartner als Coach. Dieser Coach ist dafür verantwortlich den proaktiven Kontakt zum Teilnehmer zu suchen. Das Portal erweitert die Möglichkeiten der Kontaktaufnahme um direktes Messaging innerhalb des Portals. Ebenfalls hat ein Coach Zugriff auf die Vitalparameter „seiner“ Teilnehmer.

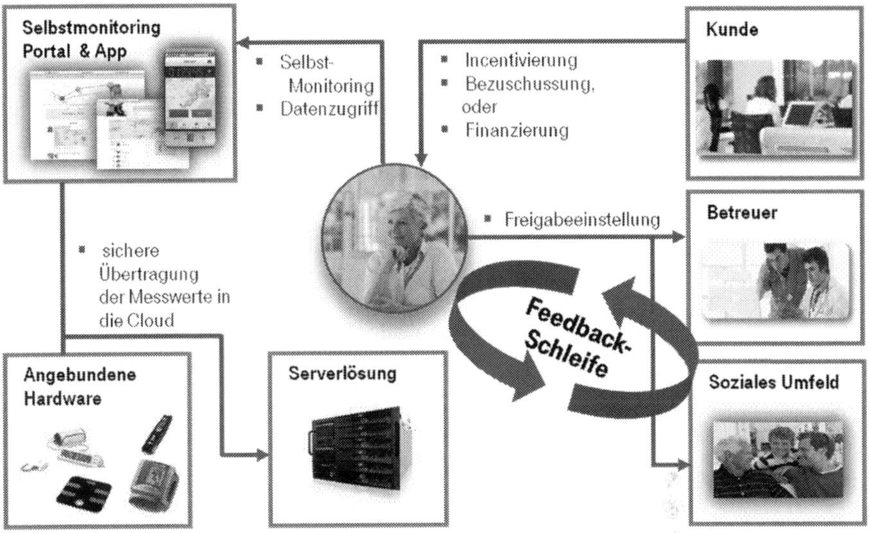

Abbildung 4 Schaubild der Servicezusammenhänge

Aber nicht nur der Coach ist für die Motivation des Teilnehmers zuständig. Da in der Konzeption des Portals auch Social-Media-Aspekte eingeflossen sind, können die Teilnehmer eigenständig Communities gründen. Ebenfalls kann (und sollte) das Portal als zentraler Informations-Hub für den Teilnehmer dienen.

Die Ausweitung der Indikationen macht es in Zukunft nötig, weitere Geräte direkt an die Plattform anzubinden. Beispielsweise sollen bei der Unterstützung von an Hypertonie Erkrankten einfache Erinnerungs- und Dokumentationsfunktionen per Bluetooth Device realisiert werden, die auch ähnlich einem Tagebuch für Diabetiker, die Medikamenten-Compliance (Adhärenz) dokumentieren und unterstützen sollen.

4.5 Ergebnisse/Erfahrungen

Die Unterstützung im Disease-Management durch das Monitoring Portal Diabetes kann bereits jetzt als Erfolg bezeichnet werden. Der Startschuss fiel pünktlich zur CeBIT 2013 und das Feedback der Versicherten wie auch der Kassen ist durchweg als positiv zu bezeichnen. Unter anderem gibt es unter der Adresse https://www.initiative-diabetes.de/web/pportal/initiative den Videoerfolgsbericht eines Teilnehmers des Diabetes-Portals.

Die Ausdehnung auf neue Indikationen und der erfolgreiche Einstieg in das Disease-Management sind ebenfalls eindeutige Signale für einen erfolgreichen Markteinstieg.

Auch die Kassen und das Versorgungsmanagement sind sich einig, dass die Ausdehnung der Betreuungsmöglichkeiten in die Welt des Internets innerhalb eines Portals lohnenswert ist.

Um weiteren Erfolg sicherzustellen ist die Betrachtung der Zusammenhänge zwischen den Innovatoren und den Kunden sinnvoll. E-Health wird beim Innovator als Überbegriff für die Bereiche Telemedizin und Telemonitoring verstanden. Um aber auch einen Erfolg für Innovatoren sicherzustellen ist es nötig ein Portalansatz wie oben beschrieben als skalierbares und universell einsetzbares Produkt zu vermarkten. Dies wird als White-Label-Lösung bezeichnet. Mit überschaubarem Aufwand kann das Portal an verschiedenste Kunden (Versorgungsmanagement) angepasst werden, auch die Integration für das Telemonitoring/Telemedizinkonzept anderer Indikationen ist bereits vorgesorgt.

Bemerkenswert an dem Geschäftsmodell ist, dass die eigentlichen Innovatoren der telemedizinischen Lösungen komplett im Hintergrund stehen. Es handelt sich sozusagen um ein B2B2B2C-Modell bestehend aus dem Anbieter der Telemedizinlösung, Versorgungsmanagement, Krankenkasse und dem Versicherten als Kunden.

5 Fazit und Ausblick

Anhand der in diesem Beitrag dargestellten Entwicklungen von e-Health-Services auf Basis des Internets der Dinge, lassen sich zwei wesentliche Erkenntnisse ableiten:

1. Das Potenzial für innovative Gesundheitsdienstleistungen ist unter Zuhilfenahme dieser Technologien enorm, erfordert aber weitere technische und regulatorische Maßnahmen, um wirksam zu werden.
2. Die Entwicklung und Ausgestaltung solcher Dienste ist eine sehr komplexe Aufgabe, für deren systematische Durchführung derzeit geeignete Vorgehensmodelle, Methoden und Werkzeuge fehlen.

Diese beiden Aspekte sollen als Fazit des Beitrags kurz diskutiert werden.

5.1 Bewertung von IoT-basierten e-Health-Diensten

Wie gezeigt wurde, sind die Möglichkeiten des Internet der Dinge eine hervorragende Grundlage, Serviceinnovationen im Gesundheitswesen zu realisieren. Die derzeit verfügbaren Anwendungen stellen dafür erst den Anfang dar.

Die individuelle medizinische Versorgung schafft eine Reduktion für Diagnosekosten, vor allem aber sind Effekte in der Therapie möglich. Durch das Selbst-Monitoring und die Möglichkeiten der ambulanten Betreuung von Patienten kann die Verweildauer der Patienten in Krankenhäusern (zum Beispiel bei stationärer Überwachung) reduziert und die Lebensqualität der Patienten erhöht werden. Dazu sind jedoch einige Hürden zu überwinden:

- *Technik:* Heutige Telemonitoring-Lösungen sind häufig zu schwer, haben zu kurze Akkulaufzeiten und fühlen sich als Fremdkörper an. Hier sind neue Entwicklungen im Gebiet „Wearable Computing" in textiler Elektronik, organischen Displays und regenerativer Energiegewinnung auf dem besten Weg eine echte Verbesserung zu erzielen. Ebenso gibt es bereits jetzt schon implantierbare RFID-Chips sowie „verdaubare" organische Sensorik (Proteus Digital Health 2014).
- *Benutzerfreundlichkeit:* Bisher sind die meisten ActivityTracker, mobile Sensoren oder sonstige Erfassungsgeräte eher umständlich in Betrieb zu nehmen und zu benutzen. Dies ist insbesondere für ältere Menschen nicht zumutbar. Zukünftige Lösungen sollten mittels einfachster Handgriffe nutzbar sein und auch mögliche Fehlfunktionen entweder automatisch bzw. durch Servicetechniker aus der Ferne behoben werden.
- *Standardisierung:* Derzeit sind die produktiv eingesetzten Lösungen weitestgehend proprietär. Dies betrifft weniger die technischen Kommunikationsprotokolle, sondern vor allem die Datenformate und Schnittstellen auf Anwendungsebene. Deren Standardisierung soll sicherstellen, dass Dienste verschiedener Anbieter miteinander kombiniert werden können. Es bleibt abzuwarten, ob diese Standardisierung über die Gesetzgebung, Normungsinstitute oder Industrieallianzen erreicht wird.
- *Rechtssicherheit:* Hier gibt es die offensichtliche Notwendigkeit, gerade mit den hochsensiblen Gesundheitsdaten sorgsam und im Sinne der Patienten umzugehen. Das Bundesdatenschutzgesetz regelt zwar den Umgang mit personenbezogenen Daten, allerdings ist die tatsächliche Nutzung der Daten für den Benutzer intransparent. Zusätzlich wird in Zukunft die Frage, ob Software auch Medizinprodukt ist, relevant. Da Anwendungen, die mit persönlichen (medizinischen) Daten umgehen, immer öfter im Selbst-Monitoring eingesetzt werden und dadurch auch (Selbst-) Diagnosen theoretisch zulassen, müssen die Hersteller sicherstellen, dass nach strengen Qualitätssystemen (ISO 13485) entwickelt wird. Was bei Geräten wie einem Glukose-Messgerät für das iPhone bereits lange notwendig ist, wird in naher Zukunft auch für die dazugehörigen Anwendungen (zum Beispiel die kostenfreie App zum Ausgeben der Messdaten) relevant.
- *Komplexe Wertschöpfung:* Für die Gestaltung von e-Health-Services sind eine Reihe von Anbietern seitens der Informationstechnik und Tele-

kommunikation, Medizintechnik sowie Ärzte, Krankenhäuser, Pflegeeinrichtungen, Krankenkassen bis hin zur Wohnungswirtschaft mit ihren jeweiligen Interessen und Leistungen zu berücksichtigen. Diese Komplexität stellt ein Innovations- und Markthemmnis dar (Friedewald 2010, S. 19).

Generell lässt sich absehen, dass die Überwindung technischer Einschränkungen zu physischen Abmaßen, Datenübertragungsgeschwindigkeit, Energieversorgung und Langlebigkeit eine reine Zeitfrage ist. Ebenso ist zu erwarten, dass sich mit steigendem Einsatz solcher Techniken die ungeklärten Themen in der Gesetzgebung gelöst werden. Dies betrifft neben dem Medizinproduktegesetz auch das Sozialgesetzbuch, worin Anpassungen an den Stand der Technik und die Möglichkeiten, die die Entwicklung eröffnet, nötig werden.

Hingeben bleiben die Fragen zur richtigen Servicegestaltung, ausgewogenem Umgang mit Daten sowie transparenter Kommunikation zu den Nutzern bestehen.

5.2 Vorgehen zur systematischen Serviceentwicklung im IoT

Bei der Entwicklung und Gestaltung von Diensten im Internet der Dinge für Gesundheitsanwendungen müssen eine Reihe verschiedener Aspekte bedacht und aufeinander abgestimmt werden. Dazu gehört neben der Adressierung eines echten Bedarfs auch die technischer Machbarkeit und ökonomischer Sinnhaftigkeit.

Weiterhin ist gerade bei Diensten, die eine große Anzahl von Benutzern sowie eine Einbettung in Netzwerke haben, die Sicherstellung der Akzeptanz bei Benutzern ein nicht zu unterschätzender Punkt. Diese bestimmt maßgeblich, wie gut das Gesamtsystem funktioniert und damit auch wie nachhaltig der entworfene Dienst ist.

Um dieser komplexen Gestaltungsaufgabe gerecht zu werden, sind Fachleute aus verschiedenen Disziplinen notwendig. Dazu gehören neben Medizinern, Informatikern, Betriebswirten und Juristen auch Gesundheitsökonomen und Usability Designer. Damit diese auch systematisch und strukturiert an einer solchen Entwicklung arbeiten können, sind Vorgehensmodelle und Methoden sowie Werkzeuge essenziell. Für einzelne Fälle ist die Entwicklung von e-Health-Diensten beschrieben, z. B. für einen persönlichen Gesundheitsassistenten im Rahmen eines Bewegungsförderprogramms (Knebel 2011). Eine Generalisierung ist daraus nicht ohne weiteres möglich; vielmehr ist daran die Komplexität der Aufgabe sehr plastisch illustriert.

Die systematische Entwicklung von IT-gestützten Dienstleistungen ist aus Sicht der Wissenschaft ein offenes Forschungsthema. Derzeit sind für einzelne Fragestellungen wie fachliche Dienstleistungsentwicklung mit „Service Engineering" sowie in der IT-Welt mit „Software Engineering" und „Systems Engineering" diverse Vorgehensmodelle verfügbar. Jedoch sind diese weder auf neuere Methoden für Geschäftsmodellinnovationen noch für die speziellen Eigenschaften und Anforderungen des Internets der Dinge optimiert.

Eine gemeinsame Sicht mit klaren Konstruktionsregeln und Vorgehensmodellen, insbesondere unter Einbeziehung der Möglichkeiten cyber-physischer Systeme sind derzeit noch nicht vorhanden: „Die vollständige Ausschöpfung des Potenzials [von CPS] erfordert aber gezielte wissenschaftliche Anstrengungen bei der Entwicklung solcher Systeme im Hinblick auf Methodik, Technologie, Kostenbeherrschung und funktionale Angemessenheit." (Broy 2010, S. 17). Diese sollen im gerade entstehenden Forschungsfeld „Service System Engineering" vorangetrieben werden (Böhmann et al. 2014).

Ein Ziel der weiteren Forschung, gerade in der Wirtschaftsinformatik sollte also sein, die systematische Serviceentwicklung derart zu unterstützen, dass mit den Möglichkeiten des IoT gezielt Geschäftsmodellinnovation realisiert werden können. Die Arbeit an diesen Fragen ist sicherlich sehr lohnenswert, da es auch in anderen Anwendungsdomänen des Internets der Dinge, wie z. B. Produktion („Industrie 4.0"), Energiewirtschaft („Smart Grid") oder dem vernetzten Zuhause („Smart Home") sehr ähnliche Fragestellungen wie im Gesundheitswesen geben wird.

5.3 Einordnung in die personalisierte Medizin

Das Konzept der „personalisierten Medizin" (auch „individualisierte Medizin") beschreibt eine auf die individuellen Bedürfnisse des Einzelnen angepasste Vorsorge, Diagnostik, Früherkennung und Therapie von Krankheiten. Bislang wurde darunter vor allem die Anpassung von Medikamenten an die molekularbiologischen Eigenheiten des Patienten verstanden. Von dieser Anpassung verspricht man sich erhöhte Wirksamkeit der Therapie sowie in der Vermeidung chronischer Krankheiten durch Präventionsmaßnahmen bzw. in der Verschiebung des Zeitpunkts der Erkrankung. Zudem soll damit die Lebensqualität der Patienten verbessert sowie ein Beitrag zu den Qualitäts- und Kostenzielen in der Gesundheitsversorgung geleistet werden (Hüsing et al. 2008, S. 7–8).

Neben dem Einsatz von Biomarkern sind für komplexe Krankheiten ebenfalls Umweltfaktoren zu erforschen: „Hierfür müssen die bisher etablierten Instrumente zur Erfassung und Messung von Umweltfaktoren qualitativ weiterentwickelt werden, um z. B. kontinuierliche Messungen in Echtzeit bezogen auf Individuen durchführen zu können. Hierzu gehören z. B. miniaturisierte Messsonden zur Überwachung von Aktivitäten und Körperfunktionen und die telemetrische Übermittlung der Messwerte." (Hüsing et al. 2008, S. 13).

Damit wird deutlich, dass in einem erweiterten Begriffsverständnis von personalisierter Medizin ebenfalls die Erhebung von Lebensgewohnheiten, wie Bewegung oder Essgewohnheiten für Individualisierung von Interventionen relevant ist. Die entsprechenden Parameter können – wie in der gezeigten Fallstudie dargestellt – mit IT-Unterstützung und Konzepten des Internets der Dinge technisch unterstützt werden. Die effektive Nutzung dieser Möglichkeiten bietet für Anbieter personalisierter Therapien große Chancen.

6 Literaturverzeichnis

Böhmann, T., Leimeister, J.M. und Möslein, K. (2014): Service-Systems-Engineering. In: Wirtschaftsinformatik 56 (2), S. 83–90.

Broy, M. (2010): Cyber-Physical Systems. Innovation Durch Software-Intensive Eingebettete Systeme. In: Cyber-Physical Systems.

BzGA (2014): Rauchfrei. Hg. v. Bundeszentrale für gesundheitliche Aufklärung. http://www.rauchfrei-info.de/, (Zugriff am 28.05.2014).

Fatsecret.com (Hg.) (2014): Fatsecret Deutsch. http://www.fatsecret.de/, (Zugriff am 28.05.2014).

Finck, H., Holl, R. W. und Ebert, O. (2013): Die soziale Dimension des Diabetes mellitus. In: Deutsche Diabetes Bericht. Mainz: Kirchheim + Co, S. 141–150.

Friedewald, M. (2010): Ubiquitäres Computing. Das „Internet der Dinge" – Grundlagen Anwendungen Folgen. Berlin: Ed. Sigma (Studien des Büros für Technikfolgen-Abschätzung beim Deutschen Bundestag, 31).

Geisberger, E.und Broy, M. (Hrsg.) (2012): > agendaCPS. Integrierte Forschungsagenda Cyber-Physical Systems. acatec Deutsche Akademie der Technikwissenschaften. http://www.acatech.de/fileadmin/user_upload/Baumstruktur_nach_Website/Acatech/root/de/Material_fuer_Sonderseiten/Cyber-Physical-Systems/acatech_STUDIE_agendaCPS_Web_20120312_superfinal.pdf.

Häckl, D. (2010): Neue Technologien im Gesundheitswesen. Rahmenbedingungen und Akteure. 1. Aufl. Wiesbaden: Gabler (Schriftenreihe der HHL - Leipzig Graduate School of Management).

Herold, G. (2014): Innere Medizin. Eine vorlesungsorientierte Darstellung ; unter Berücksichtigung des Gegenstandskataloges für die Ärztliche Prüfung ; mit ICD-10 Schlüssel im Text und Stichwortverzeichnis. Köln: Herold.

Hochgatterer, A.; Drobics, M.; Kropf, J.; Bammer, M.; Kastner, P. und Fritz, M. (2014): Ambient Assisted Living – Intelligente Assistenz durch M2M-Technologien. In: Elektrotech. Inftech. 131 (1), S. 26–32.

Hüsing, B., Hartig, J., Bührlen, B., Reiß, T. und Gaisser, S. (2008): Individualisierte Medizin und Gesundheitssystem. Zukunftsreport. Hg. v. TAB – Büro für Technikfolgenabschätzung im deutschen Bundestag (Arbeitsbericht 126).

Knebel, U. (2011): IT-gestützte Gesundheitsförderungsprogramme. Univ, Wiesbaden, München. http://dx.doi.org/10.1007/978-3-8349-6702-2.

Mattern, F. und Flörkemeier, C. (2010): Vom Internet der Computer zum Internet der Dinge. In: Informatik Spektrum 33 (2), S. 107–121.

Orwat, C.; Rashid, A.; Wölk, M.; Holtmann, C.; Scheermesser, M. und Kosow, H. (2008): Pervasive Computing in der medizinischen Versorgung. Einführung in den Schwerpunkt. In: Technikfolgenabschätzung – Theorie und Praxis 17 (1), S. 5–12.

Proteus Digital Health (2014): Digital Health Feedback System. http://www.proteus.com/technology/digital-health-feedback-system/, (Zugriff am 28.05.2014).

Renz-Polster, H. (Hrsg.) (2008): Basislehrbuch Innere Medizin. Kompakt, greifbar, verständlich. 4., vollst. überarb. Aufl. München, Jena: Elsevier, Urban & Fischer (StudentConsult).

Tröster, G. (2007): Kleidsamer Gesundheitsassistent – Computer am Körper, im Körper. In: Friedemann Mattern (Hg.): Die Informatisierung des Alltags. Leben in smarten Umgebungen. 1. Aufl. Berlin, Heidelberg: Springer Berlin Heidelberg, S. 103–126.

van Limburg, A. H. M. und van Gemert-Pijnen, J. (2010): Towards Innovative Business Modeling for Sustainable eHealth Applications. In: 2010 Second International Conference on eHealth, Telemedicine, and Social Medicine (ETELEMED). St. Maarten, Netherlands Antilles, S. 11–16.

Vasseur, J.-P.und Dunkels, A. (2010): Interconnecting smart objects with IP. The next Internet. Burlington, MA: Morgan Kaufmann Publishers/Elsevier.

Weiser, M. (1991): The computer for the 21st century. In: Scientific American 265 (3), S. 94–104.

Wright, S.; Steventon, A. (2007): Smarte Umgebungen – Vision, Chancen und Herausforderungen. In: Friedemann Mattern (Hg.): Die Informatisierung des Alltags. Leben in smarten Umgebungen. 1. Aufl. Berlin, Heidelberg: Springer Berlin Heidelberg, S. 17–38.

Autoren und Herausgeber

Nicole Ambacher

Nicole Ambacher, M.A. ist freiberuflich als Zukunftsforscherin tätig. Ihre Schwerpunkte liegen dabei auf Corporate Foresight, Delphi-Studien und der Entwicklung von Szenarien im Gesundheitswesen. Sie war für die methodische Konzeption und Umsetzung der Delphi-Studie "Neue Geschäftsmodelle in der Personalisierten Medizin" verantwortlich.

Email: nicole.ambacher@expertsight.com

Linnea Andersson

Linnea Anderson hat ihr BA Studium der Europawissenschaften an der University of Queensland und Monash University in Australien absolviert. Aktuell studiert sie im Master Studium europäische Literatur an der Humbolt Universität zu Berlin und arbeitete als wissenschaftliche Hilfskraft bei Potsdam Transfer.

Dr.-Ing. Jürgen Anke

Dr.-Ing. Jürgen Anke ist Senior Business Developer bei der T-Systems Multimedia Solutions GmbH sowie Lehrbeauftragter für Wirtschaftsinformatik an der Hochschule für Telekommunikation in Leipzig. Seit mehr als zehn Jahren befasst er sich in Wissenschaft und Praxis mit diversen Aspekten des Internets der Dinge. Derzeit liegt der Schwerpunkt seiner Arbeit auf der systematischen Entwicklung von innovativen Geschäftsmodellen für digitale Dienstleistungen auf der Basis vernetzter Geräte.

Email: juergen.anke@t-systems.com

Steve Boßelmann

Diplom-Informatiker Steve Boßelmann ist wissenschaftlicher Mitarbeiter und Doktorand am Lehrstuhl für Service und Software Engineering der Universität Potsdam. In seiner Forschung befasst er sich mit Prozessmanagement, Geschäftsmodellierung und modellgetriebener Softwareentwicklung. Er war von 2011 bis 2014 Mitarbeiter im Verbundprojekt „Dienstleistungspotenziale in der Personalisierten Medizin“.

Email: bossel@cs.uni-potsdam.de

Prof. Dr. Andreas Braun

Dr. Andreas Braun (MBA) arbeitet als Vertretungsprofessor an der BSP Business School Berlin Potsdam. Seine Forschungsinteressen liegen im Bereich Innovations- und Organisationsmanagement. Während seiner Zeit als wissenschaftlicher Mitarbeiter an der Universität Potsdam forschte und leitete er in Stellvertretung das Verbundprojekt „Dienstleistungspotenziale in der Personalisierten Medizin“.

Email: andreas.braun@businessschool-berlin-potsdam.de

Prof. Dr. Dr. Jürgen Ensthaler

Univers.-Prof. Dr. Jürgen Ensthaler hat Rechtswissenschaft und Wirtschaftswissenschaften studiert und wurde an der Universität Göttingen habilitiert. Prof. Ensthaler ist seit 1991 Univers.-Prof., seit 2006 an der Technischen Universität Berlin. Seine Forschungsschwerpunkte sind das moderne Unternehmensrecht (insbes. Technikrecht), das Vertriebs- und Absatzmittlerrecht und auch der Gewerbliche Rechtsschutz (insbes. Patentrecht). Prof. Ensthaler hat auf den genannten Gebieten zahlreiche Forschungsgebiete für die Europäische Kommission, für Bundesministerien und auch für Unternehmensverbände geleitet und bearbeitet.

Email: juergen.ensthaler@tu-berlin.de

Dr. Elisabeth Eppinger

Dr. Elisabeth Eppinger, M. A. ist wissenschaftliche Mitarbeiterin am Lehrstuhl für Innovationsmanagement und Entrepreneurship. In ihrer Forschung befasst sie sich mit Innovationen und Schutzrechten geistigen Eigentums, sowie Innovationskooperationen und Geschäftsmodellen. Sie leitete das Verbundprojekt „Dienstleistungspotenziale in der Personalisierten Medizin“.

Email: elisabeth.eppinger@ime.uni-potsdam.de

Prof. Dr. Steffen Fleßa

Dipl.-Kfm. Dr. rer. pol. Steffen Fleßa ist Professor für Allgemeine Betriebswirtschaftslehre und Gesundheitsmanagement an der Ernst-Moritz-Arndt-Universität Greifswald. Seine Forschungsschwerpunkte sind Krankenhausmanagement, Innovationsmanagement sowie internationales Gesundheitswesen. Er ist Projektleiter der Module „Gesundheitsökonomische Evaluation der Individualisierten Medizin“ sowie „Nachhaltigkeit von Forschungsverbünden“ des

GANI_MED-Projektes. Zahlreise Veröffentlichungen, u.a. zum Thema Innovationsmanagement.

E-Mail: Steffen.Flessa@uni-greifswald.de

Bastian Halecker

Dipl. Kfm. (FH) Bastian Halecker ist wissenschaftlicher Mitarbeiter am Lehrstuhl für Innovationsmanagement und Entrepreneurship. Seine Forschung fokussiert sich auf das Thema Geschäftsmodellinnovation in etablierten Unternehmen. Dabei werden im Rahmen eines aktionsorientierten Forschungsansatzes die Themenfelder Systems Thinking und Zukunftsforschung (u.a. Szenarien) kombiniert und gemeinsam mit Unternehmen angewendet. Seit 2012 arbeitet er im Verbundprojekt „Dienstleistungspotenziale in der Personalisierten Medizin“.

Email: bastian.halecker@ime.uni-potsdam.de

Dr. Frank Hartmann

Dr. Frank Hartmann ist wissenschaftlicher Mitarbeiter in der Forschungsgruppe Innovations- und Regionalforschung an der Technischen Hochschule Wildau [FH]. Sein Forschungsinteresse liegt in den Bereichen der Antizipation möglicher Folgen neuer Technologien und der Erklärung innovationsorientierter Regionalentwicklung.

Email: Frank.Hartmann@th-wildau.de

Prof. Dr. Katharina Hölzle

Prof. Dr. Katharina Hölzle ist Inhaberin des Lehrstuhls für Innovationsmanagement und Entrepreneurship an der Universität Potsdam. Zuvor hatte sie eine Stiftungs-Juniorprofessur der Deutschen Telekom Laboratorien an der Technischen Universität Berlin inne. Sie lehrt die Fächer Entrepreneurship, Innovations- und Technologiemanagement. Gleichzeitig ist sie Dozentin an der Hasso-Plattner School of Design Thinking, am Hasso-Plattner-Institut und an der Technischen Universität Berlin. Ihre Forschungsgebiete sind Innovationsbarrieren, individuelles Innovationsverhalten, Kundenintegration in den Innovationsprozess, Open Innovation und Strategic Foresight.

Email: katharina.hoelzle@ime.uni-potsdam.de

Irene Janzen

M.Sc. Irene Janzen ist Qualitätsingenieurin bei der Daimler AG. Sie studierte an der Universität Bremen Wirtschaftsingenieurwesen, welches sie 2012 mit einer Masterarbeit am Institut für Projektmanagement und Innovation (IPMI) abschloss. Im Rahmen dieser Arbeit untersuchte sie die US-Patentaktivitäten im Bereich der Personalisierten Medizin.

Email: irene_janzen@web.de

Martin Kamprath

Dipl.-Kfm. Martin Kamprath ist wissenschaftlicher Mitarbeiter am Lehrstuhl für Innovationsmanagement und Entrepreneurship. Seine Forschungsfelder liegen in den Bereichen Geschäftsmodelle, Szenariotechniken, sowie Industriekonvergenzen und „Cross-Industry" Innovationen. Seit 2011 arbeitet er im Verbundprojekt „Dienstleistungspotenziale in der Personalisierten Medizin".

Email: martin.kamprath@ime.uni-potsdam.de

Prof. Dr.-Ing. Tiziana Margaria-Steffen

Prof. Dr.-Ing. Tiziana Margaria-Steffen ist Inhaberin des Lehrstuhls für Service und Software Engineering an der Universität Potsdam. In ihrer Forschung beschäftigt sie sich u.a. mit Prozessmodellierung und modellgetriebenen Ansätzen, die Organisationen und Betriebe in ihren Arbeitsweisen intersektoral und holistisch beschreiben. Besonderer Schwerpunkt der Modellierung ist die Nachweisbarkeit von Compliance und Governance auf der Prozessebene. In diesem Projekt wird dieser Ansatz auch auf die Geschäftsmodellebene ausgedehnt. Sie leitet den informatischen Anteil des Verbundprojekts „Dienstleistungspotenziale in der Personalisierten Medizin".

Email: margaria@cs.uni-potsdam.de

Dr. Paul Marschall

Dipl. Volkswirt Dr. rer. pol. Paul Marschall ist wissenschaftlicher Mitarbeiter am Lehrstuhl für Allgemeine Betriebswirtschaftslehre und Gesundheitsmanagement der Ernst-Moritz-Arndt-Universität Greifswald. Forschungsschwerpunkte sind: Gesundheitsökonomische Evaluationen, Versorgungsforschung und Internationales Gesundheitswesen. Seit 2010 arbeitet im Modul „Gesundheitsökonomische Evaluation der Individualisierten Medizin“ des Forschungsprojekts “GANI_MED – Greifswald Approach to Individualized Medicine”.

E-Mail: Paul.Marschall@uni-greifswald.de

Prof. Dr. Dana Mietzner

Dana Mietzner ist Professorin für Allgemeine Betriebswirtschaftslehre mit dem Schwerpunkt Innovations- und Regionalmanagement an der Technischen Hochschule Wildau (FH). Aktuelle Forschungsinteressen sind kollaborative Innovationsprozesse sowie Methoden und Prozesse der strategischen Vorausschau in Unternehmen und im Rahmen der Regionalentwicklung. Sie leitet die Forschungsgruppe Innovation und Regionalforschung an der Technischen Hochschule Wildau.

Email: Dana.Mietzner@th-wildau.de

Hans-Dieter Nolting

Hans-Dieter Nolting, Diplom-Psychologe, Jahrgang 1960, studierte Psychologie und Philosophie in Berlin und Bordeaux. Er ist geschäftsführender Gesellschafter und seit 1991 für das IGES Institut tätig. Vor seiner Tätigkeit beim IGES war er von 1986 bis 1991 wissenschaftlicher Angestellter am Institut für Sozialmedizin und Epidemiologie des Bundesgesundheitsamtes (heute: Robert Koch Institut). Er ist im IGES Institut für die Geschäftsbereiche Qualität-Evaluation-Reporting, Arbeitswelt & Demographie sowie Markt- und Sozialforschung verantwortlich.

Email: Hans-Dieter.Nolting@iges.de

Marco Sokianos

Marco Sokianos ist Wirtschaftsingenieur und wissenschaftlicher Mitarbeit am Lehrstuhl für Wirtschafts-, Unternehmens- und Technikrecht sowie dem Centre for Entrepreneurship der TU Berlin. Seine Interessenschwerpunkte liegen im Bereich des Technologietransfers, dem Innovations- und Technologiemanagement insbesondere von medizinischen Technologien.

Email: marco.sakianos@tu-berlin.de

Silvia Schmid

Diplom-Soziologin Sylvia Schmid ist Doktorandin am Lehrstuhl für Innovationsmanagement und Entrepreneurship. Ihr Forschungsinteresse liegt in der Prozessanalyse und -gestaltung von F&E- und Gründerteams. Seit 2013 arbeitet sie als wissenschaftliche Mitarbeiterin im Verbundprojekt „Dienstleistungspotenziale in der Personalisierten Medizin“.

Email: sylvia.schmid@ime.uni-potsdam.de

Caroline Schmuker

Caroline Schmuker ist wissenschaftliche Mitarbeiterin im Bereich Qualität – Evaluation – Reporting des IGES Institut. Ihre Arbeitsschwerpunkte liegen auf Fragestellungen zur Ausgestaltung des Gesundheitssystems sowie auf der quantitativen Datenanalyse. Ferner begleitet und evaluiert sie Projekte zur Integrierten Versorgung.

E-Mail: Caroline.Schmuker@iges.de

Andreas Schwatke

Dipl.-Wi.-Ing. Andreas Schwatke ist Mitarbeiter bei T-Systems Multimedia Solutions GmbH in Berlin und befasst sich mit Business Development und Projektmanagement für telemedizinische Lösungen und der Softwareentwicklung von Anwendungen im gesetzlich geregelten Bereich des Medizinproduktegesetzes.

Email: andreas.schwatke@t-systems.com

Karen Smolka

Karen Smolka, B.Sc., derzeit in einem privaten Unternehmen der Gesundheitsindustrie tätig, war Studentin an der Universität Potsdam und hat BWL mit dem Schwerpunkt Innovationsmanagement und Entrepreneurship studiert. Im Rahmen ihrer Abschlussarbeit befasste sie sich mit den Folgen der Personalisierten Medizin für die dominanten Logiken der Pharma- und Diagnostikindustrie.

Email: karen.smolka@gmail.com

Dr. Lothar Walter

Dr. Lothar Walter ist als Akademischer Oberrat am Institut für Projektmanagement und Innovation (IPMI) der Universität Bremen beschäftigt und forscht auf dem Gebiet des Intellectual Property Management. Dabei stehen Fragen des Methodischen Erfindens mit TRIZ, die internationale Patentarbeit und die Informationserschließung aus Patenten mit computergestützten Textanalysen im Vordergrund. In diesem Zusammenhang hat er die US-Patentanalysen für das Verbundprojekt „Dienstleistungspotenziale in der Personalisierten Medizin" koordiniert.

Email: lothar.walter@innovation.uni-bremen.de

Alexander Wickert

Diplom-Informatiker Alexander Wickert ist wissenschaftlicher Mitarbeiter und Doktorand am Lehrstuhl für Service und Software Engineering der Universität Potsdam. In seiner Forschung befasst er sich mit modellgetriebener Softwareentwicklung und Geschäftsmodellen, sowie dem Semantic Web. Von 2012 bis 2014 arbeitete er im Verbundprojekt „Dienstleistungspotenziale in der Personalisierten Medizin" mit.

Email: awickert@cs.uni-potsdam.de

Katja Wieck

Katja Wieck ist wissenschaftliche Mitarbeiterin im Verbundprojekt „Dienstleistungspotenziale in der Personalisierten Medizin" im Teilprojekt zur Prüfung der rechtlichen Rahmenbedingungen der Personalisierten Medizin am Lehrstuhl für Wirtschafts-, Unternehmens- und Technikrecht an der Technischen Universität Berlin. Ihre Interessenschwerpunkten liegen im Pharma-, Patent- und Kartellrecht; ihr Arbeitsschwerpunkt im Verbundprojekt auf Fragen der Arzneimittelzulassung, des Medizinprodukterechts und der Qualitätssicherung in der Personalisierten Medizin.

Email: katja.wieck@tu-berlin.de

Karsten Zich

Karsten Zich ist Special Expert im Bereich Qualität – Evaluation – Reporting des IGES Institut. Seine Schwerpunkte bilden Projekte zur Kapazitäts- und Strukturplanung sowie Entwicklung von Versorgungs- und Unterstützungsstrukturen in den Bereichen Medizin, Pflege und Rehabilitation. Weitere Tätigkeitsfelder sind die Konzipierung und Implementierung von Reporting-, Steuerungs- und Informationssystemen für Gesundheitseinrichtungen, Gemeinschaften von Leistungserbringern und Patienten/Bevölkerung.

E-Mail: Karsten.Zich@iges.de

13016370R00302

Printed in Poland
by Amazon Fulfillment
Poland Sp. z o.o., Wrocław